a b

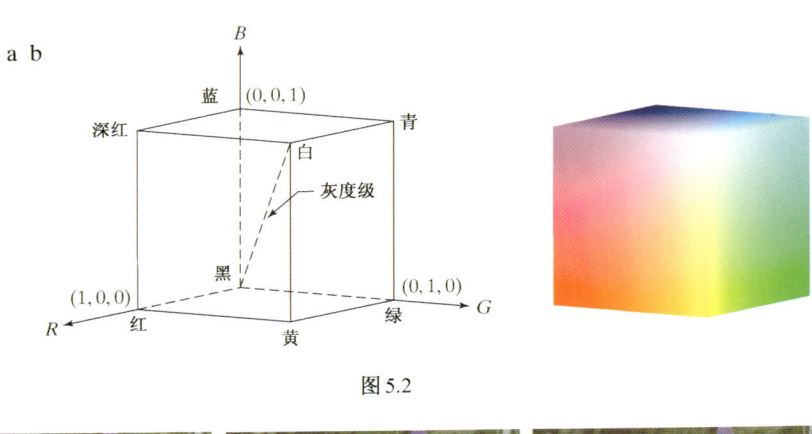

图 5.2

a b c
d e

图 5.4

a b

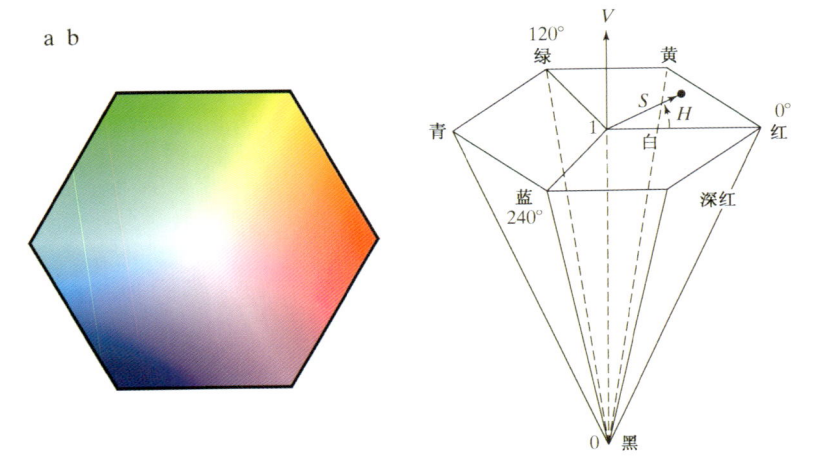

图 5.5

图5.6

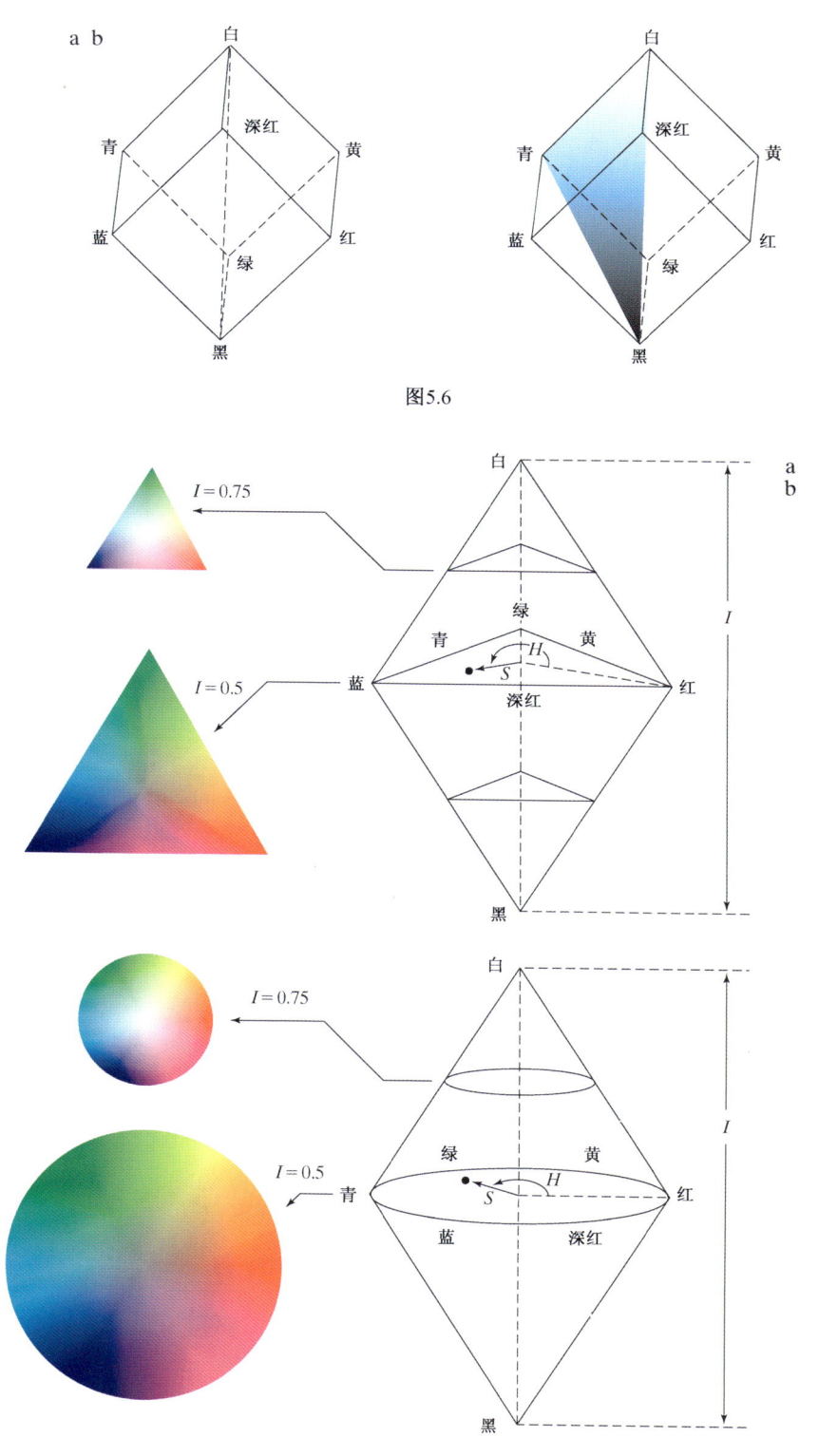

图5.8

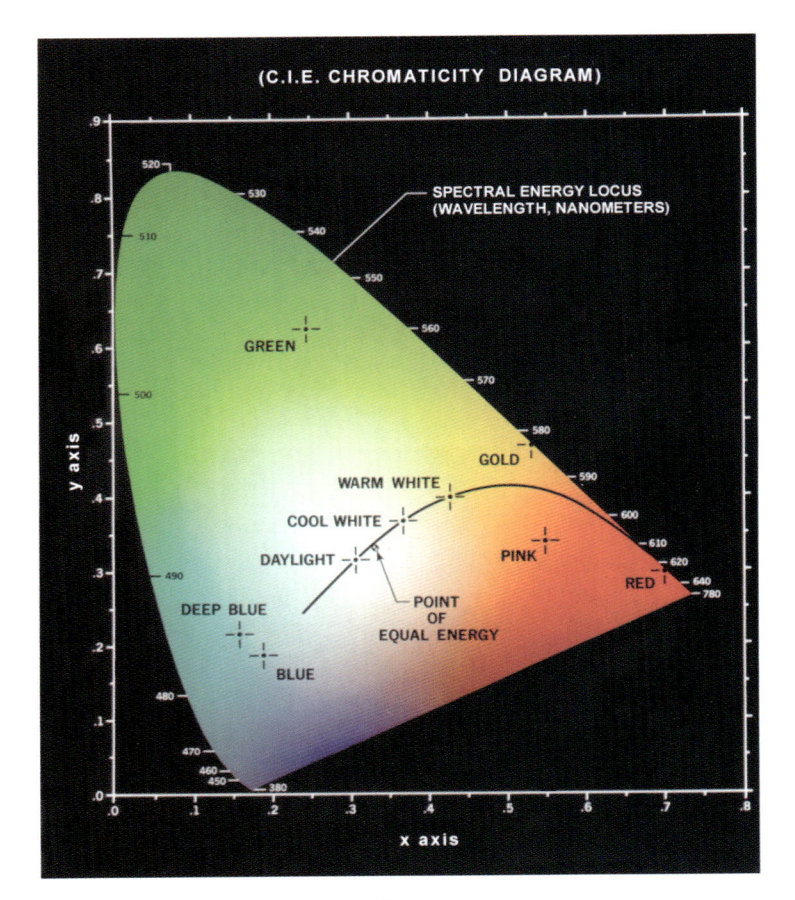

图 5.10

图 5.11

a b

图 5.12

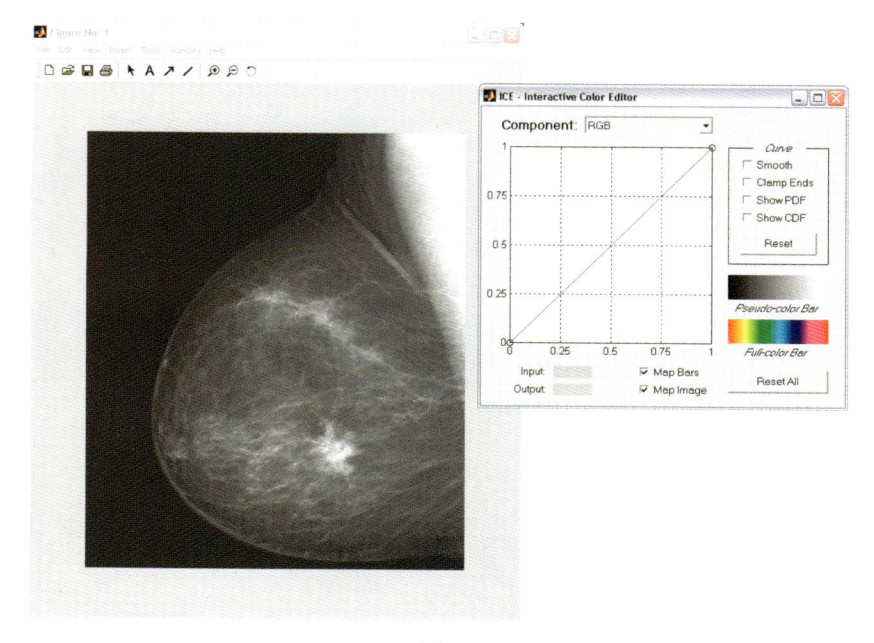

图5.15

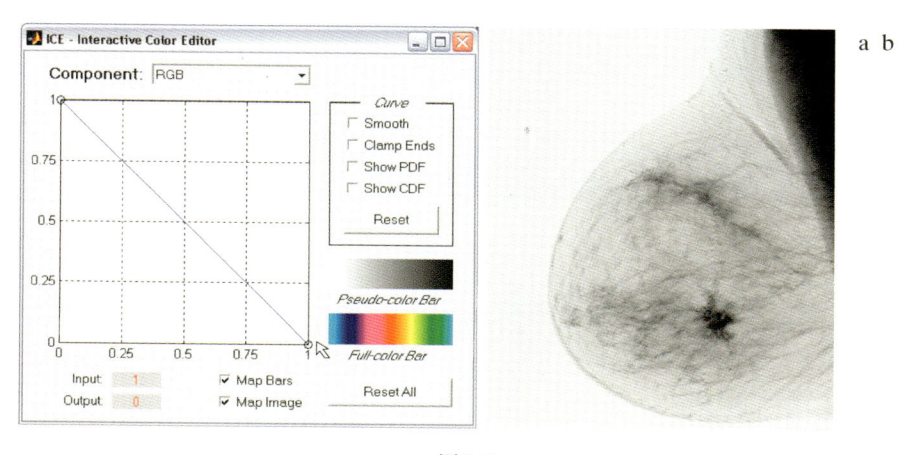

图5.16

图5.17

a b c
d e f

图 5.18

a b
c d

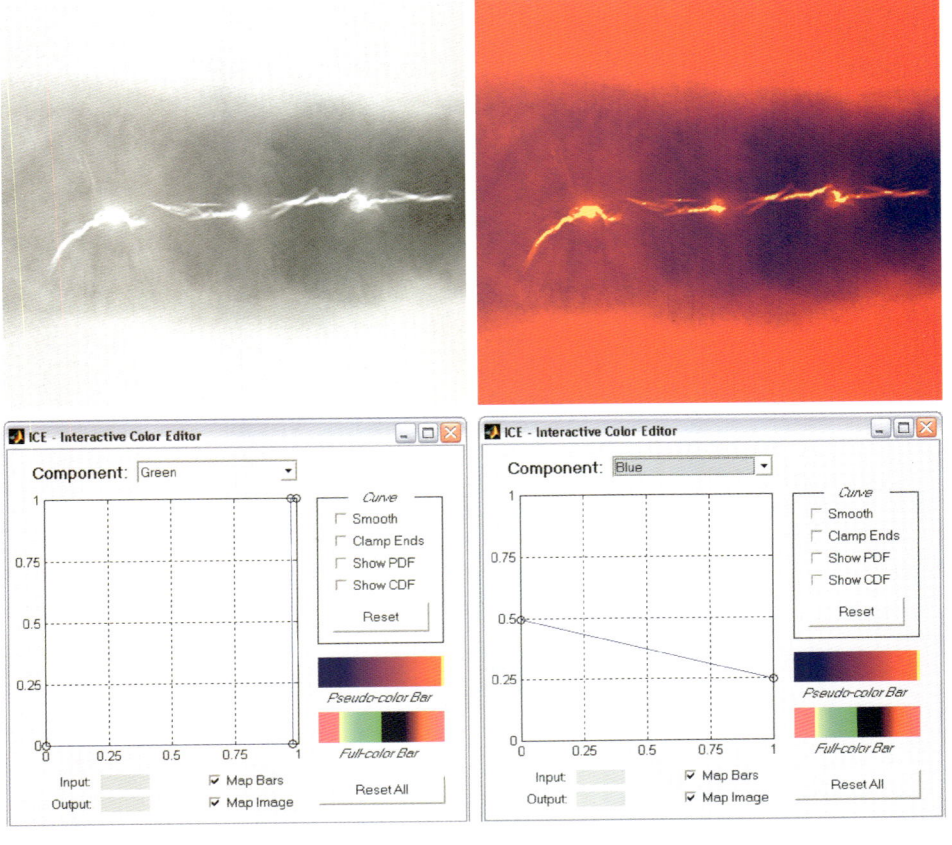

图 5.19

a b c
图 5.20

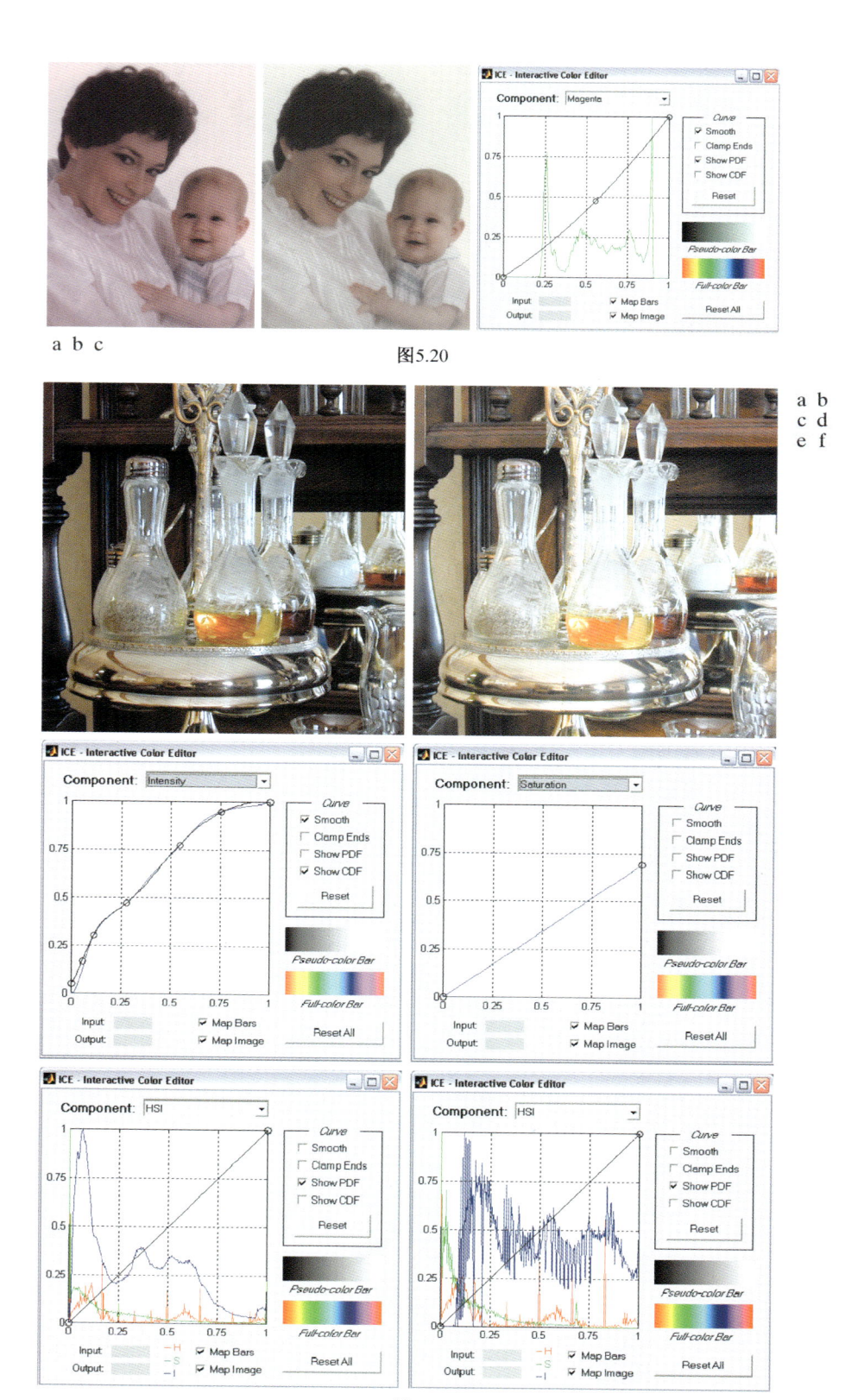

a b
c d
e f

图 5.21

a b
c d

图 5.22

a b c
图 5.24

a b
图 5.25

a b c
d e f

图5.27

a b
c d

图5.28

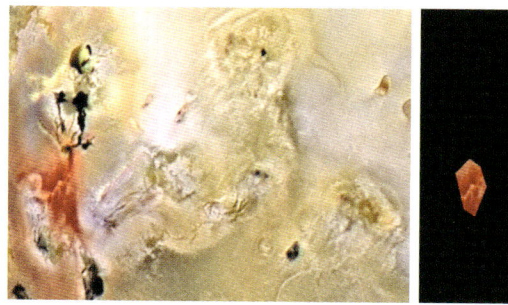

a b

图5.30

国外电子与通信教材系列

数字图像处理
（MATLAB 版）
（第二版）（本科教学版）

Digital Image Processing Using MATLAB

Second Edition

［美］ Rafael C. Gonzalez
Richard E. Woods　著
Steven L. Eddins

阮秋琦　译

电子工业出版社
Publishing House of Electronics Industry
北京·BEIJING

内 容 简 介

本书将图像处理基础理论论述与以 MATLAB 为主要工具的软件实践方法相对照，集成了冈萨雷斯和伍兹所著《数字图像处理》一书中的重要内容和 MathWorks 公司的图像处理工具箱，特色在于重点强调了怎样通过开发新代码来增强这些软件工具的功能。全书在介绍 MATLAB 编程基础知识后，讲述了图像处理的主要内容，具体包括灰度变换、线性和非线性空间滤波、频率域滤波、图像复原与重建、彩色图像处理、图像压缩、图像分割、区域和边界表示与描述等。

本书根据一般学校的授课侧重进行了适当的缩减，以更好地适应教学需求，其中删除了原著中关于几何变换和图像配准、小波、形态学图像处理等内容，形成了适合本科教学层次的版本。本书可供从事信号与信息处理、计算机科学与技术、通信工程、地球物理等专业的大专院校师生学习参考。

Rafael C. Gonzalez, Richard E. Woods, Steven L. Eddins
Digital Image Processing Using MATLAB, Second Edition
ISBN: 9780071084789, Copyright © 2011 by Gatesmark, LLC.

All rights reserved. No part of this publication may be reproduced or transmitted in any or by any means, electronic or mechanical, including without limitation photocopying, recording, taping, or any database, information or retrieval system, without the prior written permission of the publisher.

This authorized Chinese adaptation is jointly published by McGraw-Hill Education(Asia) Co. and Publishing House of Electronics Industry. This edition is authorized for sale in the People's Republic of China only, excluding Hong Kong, Macao SAR and Taiwan.

Copyright © 2020 by McGraw-Hill Education (Singapore) PTE. LTD and Publishing House of Electronics Industry.

版权所有。未经出版人事先书面许可，对本出版物的任何部分不得以任何方式或途径复制或传播，包括但不限于复印、录制、录音，或通过任何数据库、信息或可检索的系统。

本授权中文简体字改编版由麦格劳-希尔（亚洲）教育出版公司和电子工业出版社合作出版。此版本经授权仅限在中国大陆销售。

版权© 2020 由麦格劳-希尔（亚洲）教育出版公司与电子工业出版社所有。

本书封面贴有 McGraw-Hill Education 公司防伪标签，无标签者不得销售。

版权贸易合同登记号　图字：01-2012-6205

图书在版编目(CIP)数据

数字图像处理：MATLAB 版：第二版：本科教学版/(美)拉斐尔·C. 冈萨雷斯(Rafael C. Gonzalez)，(美)理查德·E. 伍兹(Richard E. Woods)，(美)史蒂文·L. 埃丁斯(Steven L. Eddins)著；阮秋琦译.
北京：电子工业出版社，2020.6
书名原文：Digital Image Processing Using MATLAB, Second Edition
国外电子与通信教材系列
ISBN 978-7-121-38811-8

Ⅰ.①数… Ⅱ.①拉… ②理… ③史… ④阮… Ⅲ.①Matlab 软件－应用－数字图象处理－高等学校－教材 Ⅳ.①TN911.73

中国版本图书馆 CIP 数据核字(2020)第 047123 号

责任编辑：谭海平
印　　刷：涿州市京南印刷厂
装　　订：涿州市京南印刷厂
出版发行：电子工业出版社
　　　　　北京市海淀区万寿路 173 信箱　邮编：100036
开　　本：787×1092　1/16　印张：25　字数：743 千字　彩插：4
版　　次：2014 年 1 月第 1 版
　　　　　2020 年 6 月第 2 版
印　　次：2022 年 12 月第 6 次印刷
定　　价：79.80 元

凡所购买电子工业出版社图书有缺损问题，请向购买书店调换。若书店售缺，请与本社发行部联系，联系及邮购电话：（010）88254888，88258888。
质量投诉请发邮件至 zlts@phei.com.cn，盗版侵权举报请发邮件至 dbqq@phei.com.cn。
本书咨询联系方式：（010）88254552，tan02@phei.com.cn。

译 者 序

数字图像处理起源于20世纪20年代,当时通过海底电缆从英国伦敦到美国纽约采用数字压缩技术传输了第一幅数字照片。此后,遥感、医学等领域的应用使得图像处理技术逐步受到关注并得到相应的发展。由于技术手段的限制,早期图像处理科学与技术的发展相当缓慢。直到第三代计算机问世后,数字图像处理才开始迅速发展并得到普遍应用。CT的发明、应用及其发明者获得备受科技界瞩目的诺贝尔奖,使得数字图像处理技术大放异彩。目前数字图像处理科学已成为工程学、计算机科学、信息科学、统计学、物理学、化学、生物学、医学甚至社会科学等领域中各学科之间学习和研究的对象。随着信息高速公路、数字地球、智能感知、物联网、大数据、人工智能概念的提出及Internet的广泛应用,数字图像处理技术的需求与日俱增。其中,图像信息以其信息量大、传输速度快、作用距离远等一系列优点成为人类获取信息的重要来源及利用信息的重要手段,因此图像处理科学与技术逐步向其他学科领域渗透并为其他学科所利用是必然的。图像处理科学又是一门与国计民生紧密相连的应用科学,它已给人类带来了巨大的经济和社会效益,不久的将来它不仅在理论上会有更深入的发展,在应用上亦是科学研究、社会生产乃至人类生活中不可缺少的强大工具。它的发展及应用与我国的现代化建设联系之密切、影响之深远是不可估量的。在信息社会中,数字图像处理科学无论是在理论上还是在实践中都有着巨大的潜力。

本书是冈萨雷斯博士继 *Digital Image Processing Using MATLAB* 第一版问世后的又一次提升。它把冈萨雷斯和伍兹所著的《数字图像处理》的重要理论与 MATLAB 的图像处理工具有机地结合在一起,为图像处理领域的科技工作者提供了一本通俗实用的参考书。众所周知,MathWorks 公司是科学计算方面的公认引领者,它开发的 MATLAB 图像处理工具箱为数字图像处理提供了一个稳定的、宽泛的软件实现平台。本书的特色在于重点强调了怎样通过开发新代码来增强这些软件工具的功能。本书开发的新的图像处理函数大大增强了图像处理工具箱的功能,对从事数字图像处理科学和技术研究的教师、工程技术人员及学生具有重要的参考价值。

目前,为培养与国际接轨的高水平人才,我国教育部在质量工程实施中大力鼓励高等学校开展双语授课和全英文授课。电子工业出版社为适应教育部的质量工程计划和解决双语教材缺乏的现状,在征得出版商同意的情况下,根据我国教学计划的特点对本书进行了适当改编。其中,英文版添加了标题的译文,并对重点术语和理解难点以脚注的方式进行了补充说明;中文版则根据一般学校的授课侧重进行了适当缩减,以更好地适应教学需求,为读者学习与参考提供方便。

本书在介绍 MATLAB 编程基础知识后,主要围绕数字图像处理的主干内容展开。

本书共分8章,具体内容包括绪言、灰度变换与空间滤波、频率域滤波、图像复原与重建、彩色图像处理、图像压缩、图像分割、表示与描述。

由于时间仓促和水平所限,本书的翻译难以达到"信、达、雅"的高标准,退而求其次,尽量做到译文准确,译文风格统一。此外,为了本书的可实现性,书中的程序都进行了运行实验,基本上没有问题。从本书的配套网站可以下载所有的程序源码,有助于读者的实践学习。

本书的程序运行验证得到了阮宇智、王雪峤等的帮助,译者深表感谢。由于译者水平所限,书中难免会有许多错误和不当之处,恳请读者提出宝贵的建议和批评。

译　者

于北京交通大学

前　言

像此前的版本一样，本书的关注点基于这样一个事实，即在数字图像处理领域求解时通常要求广泛的实验工作，包括软件模拟和大量样本图像的测试。虽然典型算法的开发是以理论支撑为基础的，但这些算法的实际实现几乎总是要求估计参数，并常常进行算法的修正和候选解决方案的比较。这样，灵活的选择、全面的理解及由许多资料证明的软件开发环境就是关键因素，这些因素在成本、开发时间和图像处理求解的可移植性上都具有重要意义。

尽管这些很重要，但却很少有以教材形式编写的涉及数字图像处理的理论原理和软件实现方面的材料。2004 年所写的本书的第一版正好满足了这一需要。本书的新版本继续秉承这一宗旨，它的主要目标是提供一个可用现代软件工具实现图像处理算法的基础。本书自成体系，并且对具有数字图像处理、数学分析及计算机编程基本背景的人来说更易阅读，所有这些内容在技术学科初级或高级课程中都可以找到。同时，也希望读者具备 MATLAB 的初级知识。

为了实现这一目的，需要满足两个关键因素。第一个因素是选择图像处理素材，它在该领域涵盖在正规课程中。第二个因素是选择被充分支持和证明的软件工具，并在现实社会中有广泛的应用。

为了满足第一个因素，后续章节中的多数理论概念选自冈萨雷斯和伍兹所著的《数字图像处理》一书，该书在 40 多年中被全世界教师选为引领性教材。所选择的软件工具来自 MATLAB 图像处理工具箱，它在教育和工业应用中同样占有类似的地位。在本书当前版本的准备中，所遵循的基本策略是，继续提供已为大家接受的理论概念和软件工具的实现技巧。

本书沿用《数字图像处理》一书的主线组织。通过这种方法，读者很容易参考所讨论的数字图像处理概念，并且作为进一步阅读的最新参考。

遵循这种方法使我们有可能以简明扼要的方法提供理论材料，从而集中精力解决图像处理问题的软件实现。因为图像处理工作在 MATLAB 计算环境下，所以图像处理工具箱提供了极大的便利，不仅体现在计算工具的宽泛性上，而且体现在它支持今天所用的大多数操作系统上。本书的突出特点是强调如何开发新的代码来增强已有的 MATLAB 和工具箱，这在图像处理领域中是一个重要的特性，正如此前提到的那样，这是大量算法开发和实验工作所需要的特点。

介绍 MATLAB 函数和编程基础后，本书致力于图像处理的主流领域论述。涵盖的主要领域包括灰度变换、线性和非线性空间滤波、频率域滤波、图像复原和重建、彩色图像处理、图像压缩、图像分割、区域和边界表示与描述。这些内容是如何用 MATLAB 和工具箱函数求解图像处理问题的补充。在没有所需函数的情况下，编写一个新函数也是本书教学所关注的一部分。在后续章节中包含了 120 多个新函数。这些函数使得图像处理工具箱的可用范围增加了近 45%，同时，如何求解新的图像处理问题也进一步说明了这一重要目的。

这些以教材形式出现的内容不能作为软件手册。虽然本书自成体系，但我们还是建成了一个综合网站，该网站被设计用于支持许多领域（见 1.5 节）。对于学生来说，为便于跟踪课程学习或者其他从事编程的人员自学，网站包括了背景材料的辅导和综述，以及项目方案和本书包括的所有图像的数据库。对于教师来说，网站包含课堂讲授材料和本书所用的所有图像、图形的PPT。个别熟悉图像处理和工具箱基础的人员会发现该网站包含最新参考、最新技术及在其他地方不容易找到的许多热点支持材料。购书者可以免费下载本书开发的所有新函数的可执行文件。

　　如大多数这种类型的作品那样，在手稿完成前，我们一直努力地修改它。因此，我们在内容的取舍方面已尽了最大努力，我们相信这些内容均是基本内容，读者在了解这些内容后就可以尽快地掌握相关知识。我们相信，本书的读者将从这些努力中受益，并因此可以及时找到有用的材料。

Rafael C. Gonzalez
Richard E. Woods
Steven L. Eddins

致　　谢

感谢学术界、工业界和政府部门中为本书做出贡献的许多人，他们以各种方式做出的贡献非常重要。感谢我们的同事 Mongi A. Abidi，Peter J. Acklam，Serge Beucher，Ernesto Bribiesca，Michael W. Davidson，Courtney Esposito，Naomi Fernandes，Susan L. Forsburg，Thomas R. Gest，Chris Griffin，Daniel A. Hammer，Roger Heady，Brian Johnson，Mike Karr，Lisa Kempler，Roy Lurie，Jeff Mather，Eugene McGoldrick，Ashley Mohamed，Joseph E. Pascente，David R. Pickens，Edgardo Felipe Riveron，Michael Robinson，Brett Shoelson，Loren Shure，Inpakala Simon，Jack Sklanski，Sally Stowe，Craig Watson，Greg Wolodkin 和 Mara Yale。还要感谢本书图题中注明的公司，是它们允许我们使用了这些图片。

Rafael C. Gonzalez
Richard E. Woods
Steven L. Eddins

本 书 网 站

本书完全自成体系，其配套网站 www.ImageProcessingPlace.com 在大量的重要领域提供额外的支持。采用本书作为教材的教师、学生和其他读者，在该网站中输入序列号即可获得作者提供的相关英文教辅资源，详细说明见封三。

对学生和其他读者来说，网站包括：
- 诸如 MATLAB、概率、统计、向量和矩阵等领域的回顾；
- 示例计算机项目；
- 包含本书讨论的很多主题的辅导章节；
- 包含本书中全部图像的数据库。

对教师来说，网站包括：
- PPT 形式的课堂演示材料；
- 至其他教育资源的大量链接。

对从业者来说，网站包含了附加的专题，如：
- 至商业网站的链接；
- 所选的新参考文献；
- 至商业图像数据库的链接。

就新主题、数字图像和本书出版后出现的其他相关材料与本书当前版本之间保持一致性而言，网站是一个理想的工具。虽然在本书的制作中给予了很多关注，但网站对于收集本书付印之后的所有错误仍然是一个方便的场所。

作者简介

Rafael C. Gonzalez

1965年获得迈阿密大学电气工程学士学位，1967年和1970年在佛罗里达大学分别获得电气工程硕士和博士学位。1970年加盟田纳西大学诺克斯维尔分校(UTK)电气工程与计算机科学系。1973年晋升为副教授，1978年晋升为教授，1984年被评为杰出贡献教授，1994年到1997年任系主任，现在是UTK电气工程与计算机科学系的退休名誉教授。

Gonzalez博士是田纳西大学图像与模式分析实验室、机器人与计算机视觉实验室的创始人。1982年他创建了Perceptics公司，1992年前一直任董事长。在此期间的最后三年全职受聘于1989年成立的西屋股份有限公司。

在他的指导下，Perceptics公司在图像处理、计算机视觉、光盘存储技术方面获得了极大成功。在前10年，Perceptics公司引进了一系列的创新产品，包括：世界上首个自动读取行驶车辆车牌的商用计算机视觉系统，在美国6个地区生产并由美国海军使用的一系列大规模图像处理和归档系统（用于检测三叉戟Ⅱ型潜艇项目中导弹的火箭发动机），为苹果计算机设计的图像板系列，以及万亿(10^{12})字节的光盘生产线。

Gonzalez博士还是模式识别、图像处理和机器学习领域的企业顾问与政府顾问。他在这些工作领域的科技荣誉包括：1977年获UTK工学院职员成就奖；1978年获UTK校长研究学者奖；1980年获马格纳沃克斯工程教授奖，1980年获马丁·布鲁克斯杰出教授奖；1981年成为田纳西大学的IBM教授，1984年被命名为杰出服务教授；1985年被迈阿密大学授予著名校友奖；1986年获斐陶斐荣誉学会学者奖；1992年获田纳西大学内森·道格工程优秀奖。工业成就方面的荣誉包括：1987年获IEEE颁发的田纳西商业发展杰出工程师奖；1988年获艾伯特·罗斯·纳特商业图像处理优秀奖；1989年获B·奥托·惠勒优秀技术传播奖；1989年获库珀斯-莱布兰企业家年度奖；1992年获IEEE第3区杰出工程师奖；1993年获技术发展自动成像协会国家奖。

Gonzalez博士在模式识别、图像处理和机器人领域撰写或与人合著了100多篇论文，主编了2本专业图书，撰写了5本教材，并被列入全美名人传记、工程名人传记和世界名人传记。他是两个美国专利的持有者或合有者，是 *IEEE Transaction on Systems*、*Man and Cybernetics* 和 *International Journal of Computer and Information Sciences* 的副主编，是多个专业和名誉学会的会员（包括工程荣誉学会、斐陶斐荣誉学会、电气工程学荣誉学会和科学研究学会），还是IEEE会士。

Richard E. Woods

田纳西大学诺克斯维尔分校电气工程学士、硕士和博士，从业经历包括企业家、科技工作者、政府顾问和工业事物管理者。他创办了MedData交互公司（一家专门开发医用掌上计算机系统的高科技公司），还是Perceptics公司的奠基人和副总裁，负责公司定量图像分析和自动判定产品的开发。

在Perceptics和MedData公司任职之前，Woods博士是田纳西大学电气工程与计算机科学系助理教授，此前是Union Carbide公司的计算机应用工程师。作为顾问，他参与开发了大量专用的数字处理器，服务于包括 NASA、弹道导弹系统司令部和橡树岭国家实验室在内的各种空间机构及军方机构。

Woods 博士发表或与人合作发表了大量有关数字信号处理方面的文章，是本领域引领性教材《数字图像处理》的合著者，是多个专业学会的会员，包括工程荣誉学会、斐陶斐荣誉学会和 IEEE。1986 年被评为田纳西大学杰出工程校友。

Steven L. Eddins

MathWorks 公司图像处理开发组项目经理，领导开发了公司多个版本的图像处理工具箱，专业兴趣包括构建基于最新研究的图像处理算法的软件工具。

在 1993 年加盟 MathWorks 公司之前，Eddins 博士是伊利诺伊大学芝加哥分校电气工程与计算机科学系教师，为研究生和高年级本科生讲授数字图像处理、计算机视觉、模式识别、滤波器设计课程，并从事图像压缩方面的研究工作。Eddins 博士于 1986 年在佐治亚理工学院电气工程系获学士学位，1990 年获博士学位，是 IEEE 高级会员。

目 录

第 1 章　绪言 ··· 1
　本章概述 ·· 1
　1.1　背景 ··· 1
　1.2　什么是数字图像处理 ·· 2
　1.3　MATLAB 和图像处理工具箱基础 ·· 2
　1.4　本书涵盖的图像处理范围 ·· 3
　1.5　本书的网站 ·· 4
　1.6　符号 ··· 4
　1.7　基本原理 ··· 4
　　　1.7.1　MATLAB 桌面 ·· 5
　　　1.7.2　使用 MATLAB 编辑器/调试器 ·· 6
　　　1.7.3　获取帮助 ··· 6
　　　1.7.4　保存和检索工作会话数据 ·· 6
　　　1.7.5　数字图像表示 ··· 7
　　　1.7.6　图像的输入/输出和显示 ··· 8
　　　1.7.7　类和图像类型 ··· 9
　　　1.7.8　M 函数编程 ··· 11
　1.8　本书中参考文献的组织方式 ··· 21
　小结 ·· 22

第 2 章　灰度变换与空间滤波 ··· 23
　本章概述 ·· 23
　2.1　背景 ··· 23
　2.2　灰度变换函数 ··· 23
　　　2.2.1　函数 imadjust 和 stretchlim ·· 24
　　　2.2.2　对数及对比度拉伸变换 ·· 26
　　　2.2.3　指定任意灰度变换 ·· 27
　　　2.2.4　用于灰度变换的一些实用 M 函数 ··· 28
　2.3　直方图处理与函数绘图 ··· 32
　　　2.3.1　生成并绘制图像直方图 ·· 32
　　　2.3.2　直方图均衡化 ··· 36
　　　2.3.3　直方图匹配(规定化) ·· 38
　　　2.3.4　函数 adapthisteq ·· 42
　2.4　空间滤波 ··· 43
　　　2.4.1　线性空间滤波 ··· 43
　　　2.4.2　非线性空间滤波 ··· 48
　2.5　图像处理工具箱的标准空间滤波器 ··· 50

2.5.1　线性空间滤波器 ··· 50
　　　2.5.2　非线性空间滤波器 ·· 53
　小结 ··· 54

第3章　频率域滤波

　本章概述 ··· 55
　3.1　二维离散傅里叶变换 ··· 55
　3.2　在MATLAB中计算和观察二维DFT ··· 58
　3.3　频率域滤波 ··· 60
　　　3.3.1　基础 ·· 60
　　　3.3.2　DFT滤波的基本步骤 ··· 64
　　　3.3.3　用于频率域滤波的M函数 ·· 65
　3.4　从空间滤波器获得频率域滤波器 ··· 66
　3.5　在频率域中直接生成滤波器 ··· 69
　　　3.5.1　创建用于实现频率域滤波器的网格数组 ·································· 69
　　　3.5.2　低通(平滑)频率域滤波器 ·· 70
　　　3.5.3　绘制线框图和表面图 ·· 72
　3.6　高通(锐化)频率域滤波器 ·· 75
　　　3.6.1　一个用于高通滤波的函数 ·· 75
　　　3.6.2　高频强调滤波 ·· 77
　小结 ··· 78

第4章　图像复原与重建

　本章概述 ··· 79
　4.1　图像退化/复原处理的模型 ··· 79
　4.2　噪声模型 ··· 80
　　　4.2.1　使用函数`imnoise`对图像添加噪声 ··· 80
　　　4.2.2　使用规定分布生成空间随机噪声 ·· 81
　　　4.2.3　周期噪声 ·· 86
　　　4.2.4　估计噪声参数 ·· 89
　4.3　仅有噪声的复原——空间滤波 ··· 92
　　　4.3.1　空间噪声滤波器 ·· 93
　　　4.3.2　自适应空间滤波器 ·· 96
　4.4　使用频率域滤波降低周期噪声 ··· 97
　4.5　退化函数建模 ··· 97
　4.6　直接逆滤波 ··· 99
　4.7　维纳滤波 ··· 100
　4.8　由投影重建图像 ··· 102
　　　4.8.1　背景 ·· 102
　　　4.8.2　平行射线束投影和雷登变换 ·· 104
　　　4.8.3　傅里叶切片定理与滤波反投影 ·· 105
　　　4.8.4　滤波器实现 ·· 107

  4.8.5 使用扇形射线束滤波反投影的重建 ··· 108
  4.8.6 函数 `radon` ··· 108
  4.8.7 函数 `iradon` ··· 110
  4.8.8 处理扇形射线束数据 ··· 113
小结 ··· 118

第5章 彩色图像处理
本章概述 ··· 119
5.1 MATLAB 中彩色图像的表示 ··· 119
  5.1.1 RGB 图像 ··· 119
  5.1.2 索引图像 ··· 121
  5.1.3 处理 RGB 和索引图像的函数 ··· 123
5.2 彩色空间转换 ··· 125
  5.2.1 NTSC 彩色空间 ··· 125
  5.2.2 YCbCr 彩色空间 ··· 126
  5.2.3 HSV 彩色空间 ··· 126
  5.2.4 CMY 和 CMYK 彩色空间 ··· 127
  5.2.5 HSI 彩色空间 ··· 128
  5.2.6 与设备无关的彩色空间 ··· 133
5.3 彩色图像处理基础 ··· 139
5.4 彩色变换 ··· 140
5.5 彩色图像的空间滤波 ··· 146
  5.5.1 彩色图像平滑 ··· 146
  5.5.2 彩色图像锐化 ··· 148
5.6 直接在 RGB 向量空间的处理 ··· 149
  5.6.1 使用梯度进行彩色边缘检测 ··· 149
  5.6.2 在 RGB 向量空间中进行图像分割 ··· 152
小结 ··· 155

第6章 图像压缩
本章概述 ··· 156
6.1 背景 ··· 156
6.2 编码冗余 ··· 159
  6.2.1 霍夫曼码 ··· 161
  6.2.2 霍夫曼编码 ··· 165
  6.2.3 霍夫曼解码 ··· 169
6.3 空间冗余 ··· 175
6.4 不相关信息 ··· 179
6.5 JPEG 压缩 ··· 181
  6.5.1 JPEG ··· 181
  6.5.2 JPEG 2000 ··· 186
6.6 视频压缩 ··· 192

6.6.1　MATLAB 图像序列和电影 192
6.6.2　时间冗余和运动补偿 195
小结 201

第 7 章　图像分割 202
本章概述 202
7.1　点、线和边缘检测 202
7.1.1　点检测 203
7.1.2　线检测 204
7.1.3　使用函数 edge 检测边缘 205
7.2　使用霍夫变换进行线检测 212
7.2.1　背景知识 212
7.2.2　工具箱霍夫函数 213
7.3　阈值处理 216
7.3.1　基础知识 216
7.3.2　基本的全局阈值处理 217
7.3.3　使用 Otsu 方法进行最佳全局阈值处理 219
7.3.4　使用图像平滑改进全局阈值处理 222
7.3.5　使用边缘改进全局阈值处理 223
7.3.6　基于局部统计的可变阈值处理 226
7.3.7　使用移动平均的图像阈值处理 229
7.4　基于区域的分割 231
7.4.1　基本表达式 231
7.4.2　区域生长 231
7.4.3　区域分离与聚合 234
7.5　使用分水岭变换的分割 238
7.5.1　使用距离变换的分水岭分割 239
7.5.2　使用梯度的分水岭分割 240
7.5.3　标记控制的分水岭分割 241
小结 243

第 8 章　表示与描述 244
本章概述 244
8.1　背景 244
8.1.1　提取区域及其边界的函数 245
8.1.2　本章中使用的其他 MATLAB 和工具箱函数 248
8.1.3　一些基本的实用 M 函数 249
8.2　表示 250
8.2.1　链码 250
8.2.2　使用最小周长多边形的多边形近似 252
8.2.3　标记 258
8.2.4　边界线段 260

         8.2.5 骨骼 260
   8.3 边界描述子 262
         8.3.1 一些简单的描述子 262
         8.3.2 形状数 262
         8.3.3 傅里叶描述子 263
         8.3.4 统计矩 266
         8.3.5 角点 267
   8.4 区域描述子 272
         8.4.1 函数 regionprops 273
         8.4.2 纹理 274
         8.4.3 不变矩 282
   8.5 使用主分量进行描述 285
   小结 292

附录 A M 函数汇总 293

附录 B ICE 和 MATLAB 图形用户界面 309

附录 C 附加的自定义 M 函数 328

参考文献 372

索引 375

第1章 绪　　言

本章概述

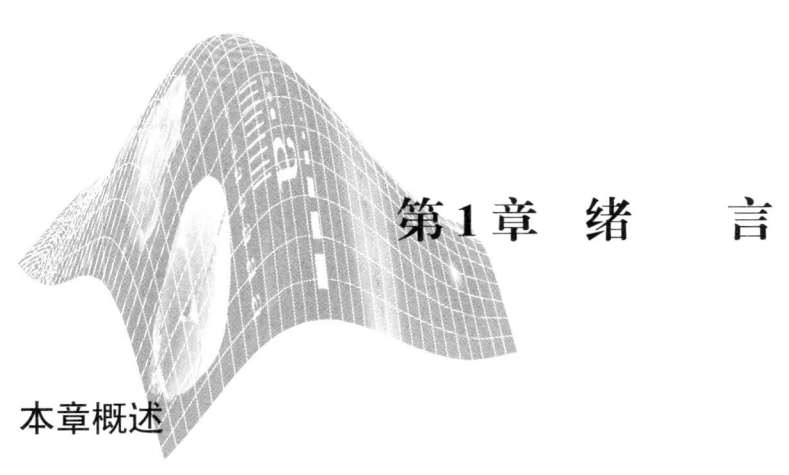

数字图像处理的特点是需要大量的实验工作来确定给定问题的求解方法。本章简要介绍如何把数字图像处理中的基础理论和现代软件集成为一个原型环境，目的是为求解图像处理中的各类问题提供一组具有良好支持的工具。

1.1 背景

图像处理系统基础设计的一个重要特点是测试和实验的有效程度，正常情况下，在得到可接受的解决方法之前，测试和实验是需要的。这一特点意味着系统方法和快速原型候选解决方案的能力在减少运算开销和时间方面起着重要作用。

在软件环境的充分支持下，以教学素材的方式填补理论和应用之间的空白的著作并不多。本书的主要目的是将宽泛的理论概念和用现代图像处理软件工具实现这些概念所需的知识集成在一起。在后续章节中，素材的基础理论主要来自冈萨雷斯和伍兹所著的教材《数字图像处理》。软件代码和支持工具基于 MathWorks 公司的 MATLAB 和图像处理工具箱中的软件包(见 1.3 节)。本书的素材与冈萨雷斯和伍兹所著的教材《数字图像处理》描述的结构、符号及风格相同，这样两本书相互参考就简单多了。

本书自成体系。为了掌握本书的内容，读者应具备图像处理方面的基础知识，学习过本科高年级或研究生一年级的正规课程，或者具有自学编程所必需的背景。我们还假设读者熟悉 MATLAB 及初步的计算机编程基础知识。因为 MATLAB 是面向矩阵的语言，所以具备矩阵分析的基本知识也很有帮助。

本书的特点是以原理为基础。它通过教材而非手册的形式进行组织和介绍。因而，在开发任何新的程序之前，都首先介绍理论和软件的基本概念，然后通过大量的例子来说明和深入阐述本书的内容，这些例子涵盖了从医学和工业检测到遥感和天文学的范畴。这一方法可以从简单概念到图像处理算法的复杂实现循序渐进地介绍。但已经熟悉 MATLAB、图像处理工具箱(IPT)和图像处理基础的读者可以直接转入感兴趣的具体应用，在这种情况下，书中的函数可作为工具箱函数的一种扩展来使用。本书开发的所有新函数都备有文本资料，并且每个函数的代码不是包括在各章节中，就是包含在附录 C 中。

在后续章节中开发了 120 多个自定义函数。这些函数将图像处理工具箱中大约 270 个函数集扩展了近 45%。另外，为致力于具体应用，关于新函数还列举了例子，这些例子说明了把已有的 MATLAB 和图像处理工具箱函数与新的源码结合在一起的方法，以便在数字图像处理较宽

> 相对于"标准的"MATLAB 和图像处理工具箱函数，这里使用术语"自定义函数"来表示本书中开发的函数。

泛的领域内开发原型求解方案。工具箱函数及本书开发的函数可在大多数操作系统下运行。本书的配套网站提供了一个完整的函数列表（见 1.5 节）。

1.2 什么是数字图像处理

一幅图像可以定义为一个二维函数 $f(x,y)$，其中 x 和 y 是空间坐标，而 f 在任意坐标 (x,y) 处的幅度称为图像在该点处的亮度或灰度。当 x、y 和 f 的幅度值都是有限的离散值时，称该图像为数字图像。数字图像处理研究领域就是借助于计算机来处理数字图像的。注意，数字图像是由有限数量的元素组成的，每个元素都有一个特殊的位置和数值。这些元素称为图片元素(picture element)、图像元素(image element)和像素(pixels, pels)。像素是用来定义数字图像元素的最广泛的术语。1.7.5 节将讨论这些正式的定义。

视觉是人类最高级的感知，因此，图像在人类感知中起着最重要的作用并不奇怪。然而，与人类不同，人类视觉被限制在电磁波谱的可见波段，而成像机器的视觉几乎覆盖了全部电磁波谱，其范围从伽马射线到无线电波。它们还可以对人类不常涉及的图像源产生的图像进行处理，包括超声波、电子显微镜和计算机生成的图像。这样，数字图像处理就包含了很宽广的各种应用领域。

图像处理涉及的领域到底有多宽广，作者们通常并无一致的见解。有时把图像处理定义为其输入和输出都是图像的一门学科。但我们认为这有其局限性，并有点儿人为界定的意思。例如，在这一定义之下，甚至计算图像平均灰度这样平凡的任务都将认为不是图像处理操作。另一方面，在一个领域中，如计算机视觉，其最终目的是用计算机模仿人类视觉，包括学习和推理，并根据视觉输入采取相应的操作。这个领域本身是人工智能(AI)的分支，其目标就是模仿人类智能。人工智能的研究领域从发展的意义上看还处于初期阶段，其进展比通常预期的要慢得多。图像分析领域(也称图像理解)则处在图像处理和计算机视觉中间的位置。

图像处理和计算机视觉之间并没有清晰的分割界限，但我们可以通过考虑三种类型的计算机化处理来加以划分：低级、中级和高级处理。低级处理包括原始操作，如降低噪声的图像预处理、对比度增强和图像锐化。低级处理的特点是其输入与输出都是图像。中级处理包括诸如分割这样的任务，即把图像分为多个区域或目标，然后对这些目标进行描述，以便把它们简化为适合计算机处理的形式，并对单个目标进行分类(识别)。中级处理的特点是，其输入通常是图像，但输出是从这些图像中提取的属性(如边缘、轮廓和单个目标的特性)。最后，高级处理通过执行通常与人类视觉相关的感知函数，来对识别的对象进行总体确认。

基于前面的说明，可知图像处理和图像分析的重叠之处就是图像中单个区域或目标的识别。这样，我们在本书中所谓的数字图像处理就既包括输入和输出都是图像的处理，又包括从图像中提取特征的过程。正如我们将在后续章节中看到的那样，数字图像处理已成功用于许多领域，给人们带来了巨大的社会和经济价值。

1.3 MATLAB 和图像处理工具箱基础

MATLAB 是一种用于技术计算的高性能语言。它将计算、可视化和编程集成在一种易于使用的环境中，以人们熟悉的数学方法来表示问题及其求解。其典型应用包括如下方面：
- 数学和计算
- 算法开发
- 数据获取

- 建模、仿真和原型设计
- 数据分析、检测和可视化
- 科学和工程图形学
- 应用开发，包括图形用户界面构建

　　MATLAB 是一个交互式系统，其基本数据元素是矩阵。这就允许我们用公式化的方法求解许多技术计算问题，特别是涉及矩阵表示的问题。有时，MATLAB 甚至可以调用用 C 这类非交互式语言所写的程序。

　　MATLAB 是 Matrix Laboratory（矩阵实验室）的缩写，其设计初衷是成为处理矩阵和线性代数的软件，在此之前这主要是通过 FORTRAN 语言来实现的。今天，MATLAB 已成为强大的数值计算软件，适用于现代处理器和存储器架构。

　　在高校，MATLAB 是数学、工程和科学理论入门课程与高级课程的标准计算工具。在业界，MATLAB 是研究、开发和分析的首选计算工具。MATLAB 中补充了许多针对于特定应用的工具箱。图像处理工具箱是一个 MATLAB 函数（称为 M 函数或 M 文件）集，它扩展了 MATLAB 环境求解图像处理问题的能力。其他有时用于补充图像处理工具箱的是信号处理、神经网络、模糊逻辑和小波工具箱。

> 我们可把图像作为矩阵来处理，因而 MATLAB 软件就成了图像处理应用的自然选择。

　　MATLAB/Simulink 的学生版是一个包括 MATLAB、图像处理工具箱和其他几个有用工具箱的全部特性的产品。学生版可在大学书店和 MathWorks 的网站（www.mathworks.com）以较大的折扣购买。

1.4 本书涵盖的图像处理范围

　　本书的每一章中都包含用于实现所讨论图像处理方法的 MATLAB 和图像处理工具箱内容。当实现某个特定方法的 MATLAB 或工具箱函数不存在时，就开发一个新的函数并提供相应的资料。如前所述，本书提供所有新函数的完整清单。剩余 7 章的内容如下。

　　第 2 章：灰度变换与空间滤波。本章详细说明如何使用 MATLAB 和图像处理工具箱来实现灰度变换函数，涵盖并详细说明线性和非线性空间滤波器。

　　第 3 章：频率域滤波。本章探讨如何使用工具箱函数来计算正/反二维快速傅里叶变换，如何显示傅里叶谱，以及如何在频率域中实现滤波。此外，还将说明由特定空间滤波器生成频率域滤波器的方法。

　　第 4 章：图像复原与重建。本章介绍传统的线性复原方法，如维纳滤波；讨论并说明迭代的非线性方法；探讨投影图像重建及其在计算机断层成像中的应用。

　　第 5 章：彩色图像处理。本章讨论伪彩色和全彩色图像处理，探讨可用于数字图像处理的彩色模型，并使用附加的彩色模型扩展彩色处理中图像处理工具箱的性能。本章还将介绍边缘检测和区域分割中彩色的应用。

　　第 6 章：图像压缩。工具箱中没有任何关于数据压缩的函数。本章开发一组用于数据压缩的函数。

　　第 7 章：图像分割。本章解释并说明用于图像分割的工具箱函数集，并探讨用于霍夫变换处理的函数，开发自定义区域生长和阈值处理函数。

　　第 8 章：表示与描述。本章开发用于目标表示与描述（包括链码和多边形表示）的几个新函数，还开发用于目标描述（包括傅里叶描绘子、纹理和不变矩）的几个新函数。这些函数是对图像处理工具箱中区域特性函数的补充。

　　除前述内容外，本书还包括三个附录。

附录 A：综述图像处理工具箱和本书开发的自定义图像处理函数，还包括相应的 MATLAB 函数。这些有用的参考资料为读者提供了工具箱和本书中所有函数的概览。

附录 B：讨论 MATLAB 中图形用户界面(GUI)的实现。GUI 补充了本书的内容，因为它们简化了交互操作并使得交互函数的控制更加直观。

附录 C：开发函数时，正文中会包含这些自定义函数的代码。有些函数的清单只在该附录中列出，目的在于不影响正文阅读的连续性。

1.5 本书的网站

本书的一个重要特点是提供网站支持(参见本书封三的说明)，其网址为 www.ImageProcessingPlace.com。该网站对本书提供如下支持：

- 可用的 M 文件，包括本书中所有 M 文件的可执行版本
- 指南
- 项目
- 授课材料
- 数据库链接，包括本书中的所有图像
- 本书的更新
- 出版背景

该网站还支持《数字图像处理》一书，因而在教学和课题研究方面可提供全面的支持。

1.6 符号

本书中的公式使用人们熟悉的斜体和希腊字符排版，例如 $f(x,y) = A\sin(xu+vy)$ 和 $\phi(u,v) = \arctan[I(u,v)R(u,v)]$。所有 MATLAB 函数名和符号都以等宽字体排版，如 `fft2(f)`、`logical(A)` 和 `roipoly(f,c,r)`。

当某个 MATLAB 或图像处理工具箱函数首次出现时，会在页边使用如下图标来加以强调：

function name

类似地，本书中开发的某个新(自定义)函数首次出现时，会在页边使用如下图标来加以强调：

function name

符号▬▬▬以一种直观的方式表示某个函数清单的结束。

当表示的是键盘上的按键时，我们使用粗体字，如 **Return** 和 **Tab**。当表示的是计算机屏幕上的条目或菜单时，也用粗体字表示，如 **File** 和 **Edit**。

1.7 基本原理

MATLAB 在数字图像处理领域的强大作用是，提供了一个宽泛的处理多维数组的函数集合，而图像(二维数字数组)不过是多维数组的一种特殊情况。正如已经指明的那样，图像处理工具箱是一个把 MATLAB 数值计算环境扩展到图像处理的函数集合。本节将介绍 MATLAB 的基础，讨论一些基本的图像处理工具箱的属性和函数，并开始讨论编程概念。因此，本节的内容是本书其余部分针对有关软件的大量讨论的基础。

1.7.1 MATLAB 桌面

MATLAB 桌面是 MATLAB 的主要工作环境。它是针对诸如运行 MATLAB 命令、观察输出、编辑和管理文件与变量、观察会话历史等任务的一个图形工具集。图 1.1 显示了默认配置的桌面。所显示的桌面构成是：命令窗口、工作空间浏览器、当前目录浏览器和命令历史窗口。图 1.1 还显示了一个图形窗口，它用于显示图像和图形。

图 1.1 MATLAB 桌面及其主要组成部分

"命令窗口"是用户在提示符(>>)处键入 MATLAB 命令的地方。例如，用户可以调用一个 MATLAB 函数，或给变量赋值。MATLAB 以用户在会话中创建变量集的形式确认工作空间，它们的值和属性可以在"工作空间浏览器"中看到。

最上面的矩形窗口显示了用户的当前目录，当前目录通常包含用户在某个给定时间正用文件的路径。当前目录可用箭头或"当前目录域"右侧的浏览器按钮(⬚)来改变。当前目录中的文件可用"当前目录浏览器"来查看和操作。

> 目录在 Windows 中称为文件夹。

"命令历史窗口"显示"命令窗口"执行过的 MATLAB 语句的运行记录。运行记录包括当前的会话和过去的会话。在"命令历史窗口"，用户可以在过去的语句上右键单击鼠标来复制它们、重新执行它们，或者将它们保存到一个文件中。这些特性可用于在工作会话中试验各种命令，或重现过去会话中执行过的工作。

MATLAB 使用搜索路径寻找 M 文件和其他与 MATLAB 有关的文件，这些文件在计算机文件系统中以目录的方式来组织。在 MATLAB 中运行的任何文件都必须驻留在当前目录中或搜索路径上的目录中。默认情况下，由 MATLAB 和 MathWorks 工具箱提供的文件包含在搜索路径中。了解哪些目录在搜索路径上，或者添加/修改搜索路径的最简单的方法是，从桌面上的 **File** 菜单中选择 **Set Path**，然后使用 **Set Path** 对话框。这是一个把常用目录添加到搜索路径上以避免不得不重复浏览这些目录位置的良好做法。

在提示符处键入 clear，可以从工作空间中删除所有变量，删除所有变量会释放系统内存。类似地，键入 clc，可清除命令窗口的内容。其他用法和语法形式，请读者参阅帮助页。

1.7.2 使用 MATLAB 编辑器/调试器

MATLAB 编辑器/调试器(或只是编辑器)是最重要和最通用的桌面工具之一，其主要目的是创建和编辑 MATLAB 函数与脚本文件。因为这些文件名使用扩展名.m，如 pixeldup.m，所以将这些文件称为 M 文件。MATLAB 编辑器以不同颜色强调不同的 MATLAB 代码元素；同时，它分析代码以提供改进建议。编辑器是处理 M 文件的首选工具。使用编辑器，用户可以在代码执行期间设置调试断点、检查变量，并单步执行代码行。最后，编辑器可以发布 MATLAB 的 M 文件，并生成诸如 HTML、LaTeX、Word 和 PowerPoint 等格式的输出。

要打开编辑器，可在"命令窗口"提示符处键入 edit。类似地，在提示符处键入 edit filename，可以在一个编辑器窗口中打开 M 文件 filename.m，做好编辑的准备。该文件必须在当前目录中，或者在搜索路径的目录中。

1.7.3 获取帮助

获取帮助的主要方法是使用 MATLAB 的"帮助浏览器"，单击桌面工具栏上的问号(?)，或者在"命令窗口"提示符处键入 doc(一个字)，"帮助浏览器"会作为一个单独的窗口打开。"帮助浏览器"由两个窗口组成，即用于寻找信息的"帮助导航器窗口"(help navigator pane)和用于查看信息的"显示窗口"(display pane)。"帮助导航器窗口"上的自我解释标签用于执行搜索。例如，某个特定函数的帮助可按如下方式获得：选择 **Search** 标签，然后在 **Search for** 字段键入该函数的名称。在代码开发和其他 MATLAB 任务期间，在 MATLAB 会话开始时打开"帮助浏览器"是一种良好的做法。

获得某个特定函数帮助的另一种方法是，在命令提示符处键入 doc，后跟该函数的名称。例如，键入 doc file_name，会在"帮助浏览器"显示窗口中显示名为 file_name 的函数的参考页面。若"帮助浏览器"未打开，则该命令会打开"帮助浏览器"。doc 函数同样适用于用户书写的包含帮助文本的 M 文件。关于 M 文件帮助文本的解释，请读者参阅 1.7.8 节。

当我们在后面的章节中介绍 MATLAB 和图像处理工具箱函数时，通常仅给出代表性的语法形式和描述。无论是从空间限制方面来说，还是从避免偏离特定的讨论方面来说，这都是必要的。在这些情形下，我们只是简单地介绍以具体讨论时所要求的形式执行该函数的语法。借助于与 MATLAB 文档工具相一致的形式，读者不用花太多的精力就可详细地研究一个感兴趣的函数。

最后，1.3 节中提及的 MathWorks 网站中包含一个大数据库，该数据库中含有大量的帮助材料、有用的函数和其他资源，而这些内容可能并未包含在本地文档中。关于其他 MATLAB 和 M 函数资源，请读者查阅本书的网站(见 1.5 节)。

1.7.4 保存和检索工作会话数据

保存和载入整个工作会话("工作空间浏览器"的内容)或在 MATLAB 中选取工作空间变量，有几种方法。最简单的方法如下：要保存整个工作空间，可以首先右键单击"工作空间浏览器"窗口中的任何空白处，然后从出现的菜单中选择 **Save Workspace As**。这将打开一个目录窗口，该窗口允许我们命名文件，在系统中选择任何文件夹，并在文件夹中存储文件。再后单击 **Save** 按钮。为保存从工作空间中选取的变量，可以首先单击鼠标左键以选取该变量，并在突出显示区单击右键。然后，在出现的菜单中选择 **Save Selection As**。这将打开一个窗口，从中可选择一个文件夹来保存该变量。要选择多个变量，可首先采用 Shift+单击或 Ctrl+单击的方式，然后采用前面保存单个变量的方法。所有文件都以二进制格式保存，扩展名为.mat。如前所述，这些保存的文件通常称为 MAT 文件。例如，假设有一个名为 mywork_2009_02_10 的会话，在保存后，它将以 MAT 文件 mywork_2009_02_10.mat 出现。

类似地，名为 final_image 的图像（在工作空间中它是单个变量），保存后将以 final_image.mat 的形式出现。

要载入保存的工作空间和/或变量，可在"工作空间浏览器"窗口的工具栏上左键单击文件夹图标。这将打开一个窗口，从中可以选择包含感兴趣 MAT 文件的一个文件夹。在选中的 MAT 文件上双击或选择 **Open**，会使得该文件的内容恢复到"工作空间浏览器"窗口中。

在提示符处键入带有合适文件名及路径信息的 save 和 load 命令，也可以实现前几段中描述的相同结果。这种方法不太方便，但在菜单方法中正好要求这种格式时，只能用此方法。函数 save 和 load 也可用于书写那些保存和载入工作空间变量的 M 文件。作为练习，这里鼓励读者使用"帮助浏览器"从这两种功能中学习更多的内容。

1.7.5 数字图像表示

一幅图像可定义为一个二维函数 $f(x,y)$，其中 x 和 y 是空间（平面）坐标，且任何坐标对 (x,y) 处的幅度 f 称为图像在这一点的亮度或灰度。术语灰度级通常指单色图像的亮度。彩色图像是由多幅单色图像组合而成的。例如，在 RGB 彩色系统中，一幅彩色图像是由三幅单色图像组成的，这三幅图像分别称为红(R)、绿(G)、蓝(B)原色(或分量)图像。因此，为单色图像开发的技术也可以扩展到彩色图像，方法是分别处理这三幅分量图像。彩色图像处理的内容将在第 6 章中涉及。图像关于 x 坐标、y 坐标和幅度是连续的。要将这样的一幅图像转换为数字形式，要求对坐标和幅度进行数字化。将坐标值数字化称为采样，将幅度值数字化称为量化。因此，当 x、y 和幅度值 f 都是有限的离散量时，我们称该图像为数字图像。

坐标约定

采样和量化得到的是一个实数矩阵。本书中采用两种主要方法来表示数字图像。假设对一幅图像 $f(x,y)$ 采样后得到一幅 M 行、N 列的图像。我们称这幅图像的大小是 $M \times N$，坐标的值是离散量。为使符号表示清晰和方便，这些离散的坐标都取整数值。在很多图像处理的书籍中，图像平面的原点都被定义在 $(x,y) = (0,0)$ 处。图像中第一行的下一个坐标点为 $(x,y) = (0,1)$。符号 $(0,1)$ 用于表示第一行的第二个样本。图像被采样后，并不意味着它们是实际的物理坐标值。图 1.2(a) 显示了这一坐标约定。注意 x 的范围是从 0 到 $M-1$，y 的范围是从 0 到 $N-1$，以整数递增。

图像处理工具箱中表示数组所用的坐标约定，与前段所述的约定有两处较小的不同。首先，工具箱用 (r,c) 而非 (x,y) 来表示行与列。然而，坐标的顺序与前面的讨论是一样的。在这种情况下，坐标组 (a,b) 的第一个元素表示行，第二个元素表示列。另一个不同是该坐标系的原点在 $(r,c) = (1,1)$ 处。因此，r 的范围是从 1 到 M，c 的范围是 1 到 N，以整数递增。图 1.2(b) 说明了这一坐标约定。

图像处理工具箱文档中将图 1.2(b) 中的坐标称为像素坐标。尽管不太常用，但工具箱还使用了另外一种称为空间坐标的坐标约定，它以 x 表示列，以 y 表示行，这与我们所用的 x 和 y 相反。除非特别声明，否则我们在本书中并不使用工具箱的空间坐标约定，但很多 MATLAB 函数使用这种约定，读者一定会在工具箱和 MATLAB 文档中遇到这种约定。

作为矩阵的图像

图 1.2(a) 中的坐标系和前面讨论的内容将导致数字图像的如下表示：

$$f(x,y) = \begin{bmatrix} f(0,0) & f(0,1) & \cdots & f(0,N-1) \\ f(1,0) & f(1,1) & \cdots & f(1,N-1) \\ \vdots & \vdots & \ddots & \vdots \\ f(M-1,0) & f(M-1,1) & \cdots & f(M-1,N-1) \end{bmatrix}$$

等式右边定义的是一幅数字图像。这个矩阵的每个元素都称为图像元素、图片元素或像素。本书之后的全部讨论均使用术语图像和像素来表示数字图像及其元素。

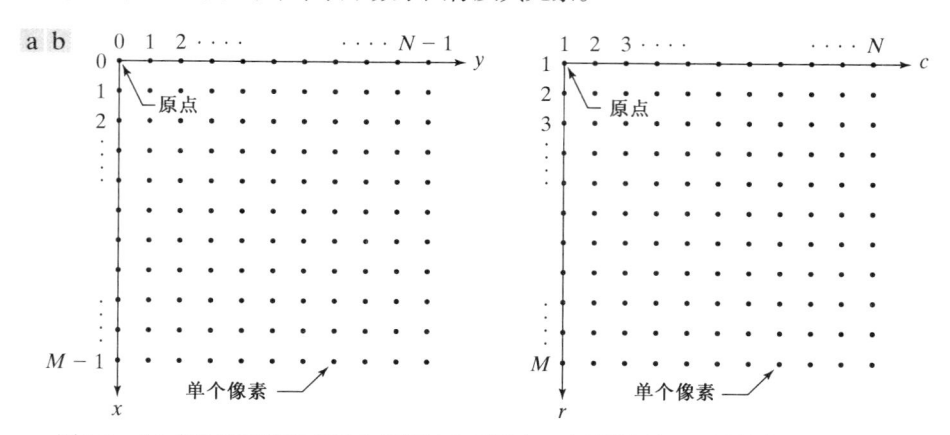

图 1.2　(a)多数图像处理书籍中所用的坐标约定；(b)图像处理工具箱中所用的坐标约定

一幅数字图像可以表示成一个 MATLAB 矩阵，如下所示：

$$f = \begin{bmatrix} f(1,1) & f(1,2) & \cdots & f(1,N) \\ f(2,1) & f(2,2) & \cdots & f(2,N) \\ \vdots & \vdots & \ddots & \vdots \\ f(M,1) & f(M,2) & \cdots & f(M,N) \end{bmatrix}$$

> 文献中交替使用术语矩阵和数组。但要记住矩阵是二维的，而数组可是任意有限维的。

式中，$f(1,1) = f(0,0)$。显然，这两种表示除原点平移了之外都是相同的。符号 $f(p,q)$ 表示第 p 行第 q 列的元素。例如，$f(6,2)$ 是指矩阵 f 中第 6 行、第 2 列的元素。一般我们使用字母 M 和 N 分别表示矩阵中的行与列。一个 $1 \times N$ 的矩阵被称为一个行向量，而一个 $M \times 1$ 的矩阵被称为一个列向量。一个 1×1 的矩阵则被称为标量。

MATLAB 中的矩阵存储在名如 A、a、RGB、real_array 等的变量中。变量必须以字母开头，只能由字母、数字和下画线组成。如前段说明的那样，本书中的所有 MATLAB 量都用等宽字符表示。对数学表达式，我们使用常见的斜体罗马字母，如 $f(x,y)$。

1.7.6　图像的输入/输出和显示

使用函数 imread 可将图像读入 MATLAB 环境中，该函数的基本语法是

```
imread('filename')
```

此处，filename 是一个含有图像文件全名的字符串(包括任何可用的扩展名)。例如，语句

> 函数 imread 支持多数流行的图像/图形格式，包括 JPEG、JPEG 2000 和 TIFF。

```
>> f = imread('chestxray.jpg');
```

将 JPEG 文件 chestxray 读入图像数组 f。注意，单引号(')是用来界定字符串 filename 的，语句结尾处的分号是 MATLAB 用于抑制输出的。若语句中没有分号，则 MATLAB 会将该行指定的操作结果显示在屏幕上。提示符(>>)会出现在命令行的开始处，正如其出现在 MATLAB 命令窗口中一样(见图 1.1)。

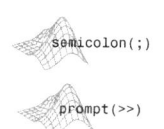

使用函数 imshow 可将图像显示在 MATLAB 桌面上，该函数的基本语法为

```
imshow(f)
```

其中，f 是一个图像数组。下面的语句(也显示在图 1.1 所示的命令窗口中)使用 imshow 函数，从磁盘中读取并显示名为 rose_512.tif 的图像：

```
>> f = imread('rose_512.tif');
>> imshow(f)
```

图 1.1 显示了上述语句在屏幕上的输出。注意，图号出现在"图形窗口"的左上部。若随后使用 imshow 显示另一幅图像 g，则 MATLAB 会用新图像取代图形窗口中的图像。要保留第一幅图像并输出第二幅图像，可按如下方式使用函数 figure：

```
>> figure, imshow(g)
```

图像被函数 imwrite 写入当前目录，函数 imwrite 具有如下的基本语法：

$$imwrite(f, 'filename')$$

函数 imwrite 还可以有其他参数，具体取决于将被写的文件格式。在后续章节中的大多数工作不是处理 JPEG 图像，就是处理 TIFF 图像，因此这里我们主要关注这两种格式。仅适用于 JPEG 图像的一种更为通用的 imwrite 语法是

$$imwrite(f, 'filename.jpg', 'quality', q)$$

其中 q 是从 0 到 100 之间的一个整数(对于 JPEG 压缩，数字越小，劣化越高)。

仅适用于 TIFF 图像的一种更为通用的 imwrite 语法形式为

$$imwrite(g, 'filename.tif', 'compression', 'parameter', ...$$
$$'resolution', [colres rowres])$$

其中，'parameter'可是如下主要数值之一：'none'(代表无压缩)、'packbits'(默认用于非二值图像)、'lwz'、'deflate'、'jpeg'、'ccitt'(仅针对二值图像，默认值)、'fax3'(仅针对二值图像)和'fax4'。1×2 数组[colres rowres]包含两个整数，它以点数/单位给出列分辨率和行分辨率(默认值是[72 72])。例如，若图像的尺寸单位是英寸，则 colres 是垂直方向上的点(像素)数/英寸(dpi)，而 rowres 是水平方向上的点数/英寸。使用单个标量 res 指定分辨率等同于写为[res res]。

1.7.7 类和图像类型

虽然我们使用整数坐标，但是在 MATLAB 中像素值(灰度)并未限制为整数。表 1.1 中列出了 MATLAB 和图像处理工具箱为描述像素值所支持的各种类。表中的前 8 项是数值类，第 9 项是字符类，且如显示的那样，最后一项是逻辑类。

表 1.1 MATLAB 中用于图像处理的类。MATLAB 还支持 int64 和 uint64 类，但工具箱不支持

名 称	描 述
double	双精度浮点数，范围为$\pm 10^{308}$(8 字节/元素)
single	单精度浮点数，范围为$\pm 10^{38}$(4 字节/元素)
uint8	无符号 8 比特整数，范围为[0, 255](1 字节/元素)
uint16	无符号 16 比特整数，范围为[0, 65535](2 字节/元素)
uint32	无符号 32 比特整数，范围为[0, 4294967295](4 字节/元素)
int8	有符号 8 比特整数，范围为[−128, 127](1 字节/元素)
int16	有符号 16 比特整数，范围为[−32768, 32767](2 字节/元素)
int32	有符号 32 比特整数，范围为[−2147483648, 2147483647](4 字节/元素)
char	字符(2 字节/元素)
logical	值为 0 或 1(1 字节/元素)

类 uint8 和 logical 广泛用于图像处理,当以 TIFF 或 JPEG 图像文件格式读取图像时,它们是经常遇到的常用类。这些类使用 1 字节来表示每个像素。某些科学数据源,如医学成像,要求的动态范围比 uint8 提供的更大,因此这样的数据经常使用类 uint16 和 int16。这些类为每个矩阵元素使用 2 字节。浮点类 double 和 single 用于计算灰度的运算,如傅里叶变换(见第 3 章)。双精度浮点类为每个数组元素使用 8 字节,而单精度浮点类为每个数组元素使用 4 字节。尽管工具箱支持类 int8、uint32 和 int32,但在图像处理中并不常用这些类。

工具箱支持 4 种图像类型:
- 灰度级图像(Gray-scale images)
- 二值图像(Binary images)
- 索引图像(Indexed images)
- RGB 图像(RGB images)

> 在早期版本的工具箱中,灰度级图像称为灰度图像。在本书中,我们会在处理单色图像时交替使用这两个术语。

大多数单色图像的处理运算都是使用二值图像或灰度级图像进行的,所以下面首先重点研究这两种类型的图像。索引图像和 RGB 彩色图像将在第 6 章讨论。

灰度级图像

一幅灰度级图像是一个数据矩阵,矩阵的值表示灰度的浓淡。当灰度级图像的元素是 uint8 类或 uint16 类时,它们分别具有范围为[0, 255]和[0, 65535]的整数值。如果图像是 double 类或 single 类,那么其值就是浮点数(见表 1.1 中的前两项)。尽管也可使用其他范围的值,但 double 类或 single 类灰度级图像的值通常会归一化到范围[0, 1]。

二值图像

二值图像在 MATLAB 中具有非常特殊的意义。一幅二值图像是一个取值只有 0 和 1 的逻辑数组。因而,它是一个只包含 0 和 1 的数据类的数组,譬如 uint8,在 MATLAB 中并不认为是二值图像。使用函数 logical 可将数值数组转换为二值图像。因此,如果 A 是一个由 0 和 1 构成的数值数组,那么可用下列语句创建一个逻辑数组 B:

$$B = \text{logical}(A)$$

如果 A 中含有除 0 和 1 之外的其他元素,那么使用 logical 函数可以将所有非零值变换为逻辑 1,而将所有 0 值变换为逻辑 0。关系和逻辑运算符也可出现在逻辑数组中。

下面使用函数 islogical 来测试一个数组是否是 logical 类:

$$\text{islogical}(C)$$

如果 C 是逻辑数组,那么此函数返回 1,否则返回 0。使用通用的类转换语法,可将逻辑数组转换为数值数组:

$$B = \text{class\_name}(A)$$

其中,class_name 可以是 im2uint8、im2uint16、im2double、im2single 或 mat2gray。工具箱函数 mat2gray 把一幅图像转换为标定到范围[0, 1]的 double 类的数组。调用语法是

$$g = \text{mat2gray}(A, [Amin, Amax])$$

其中,图像 g 具有范围从 0(黑)到 1(白)的值,指定参数 Amin 和 Amax 的作用如下:若 A 中的值小于 Amin,则在 g 中变为 0;若 A 中的值大于 Amax,则在 g 中变为 1。语法

$$g = \text{mat2gray}(A)$$

将 Amin 和 Amax 的值设置为 A 中的实际最小值和最大值。mat2gray 的第二种语法非常有用，因为它独立于输入的类而把整个输入值的范围标定为[0, 1]，这样就去除了裁剪步骤。

术语说明

我们应重点关注本节介绍的"类"和"图像类型"两个术语的用法。通常，我们称一幅图像为"class image_type 图像"，其中 class 是来自表 1.1 中的一项，image_type 是本节开始时定义的图像类型之一。这样，一幅图像就由类(class)和类型(type)来表征。例如，讨论"uint8 灰度级图像"的一条语句简单地指一幅灰度级图像，该图像的像素是 uint8 类的。工具箱中的一些函数支持表 1.1 中列出的所有数据类，而其他函数则专用于构建有效的类。

1.7.8 M 函数编程

MATLAB 最强大的特性之一是其为用户提供编写新函数的能力。正如我们马上将要看到的那样，MATLAB 的函数编程是非常灵活且容易学习的。

M 文件

MATLAB 中的 M 文件既可以是简单地执行一系列 MATLAB 语句的脚本，又可以是能够接收参数并产生一个或多个输出的函数。本节的重点是 M 文件函数。这些函数同时将 MATLAB 和图像处理工具箱的功能扩展到了可以访问用户定义的特定应用。

M 文件由文本编辑器创建，并以形如 filename.m 的文件名存储，如 average.m 和 filter.m。M 文件的组成部分如下：

- 函数定义行
- H1 行
- 帮助文本
- 函数体
- 注释

函数定义行具有如下形式：

```
function [outputs] = name(inputs)
```

例如，一个计算两幅图像的和与积(两个不同的输出)的函数应该有如下形式：

```
function [s, p] = sumprod(f, g)
```

其中，f 和 g 是输入图像，s 是和图像，p 是积图像。名称 sumprod 是任意选择的(满足全段结尾处的某种约束条件)，但单词 function 总是出现在左侧，如上所示。注意，输出参量括在方括号内，输入参量括在圆括号内。如果函数只有单个输出参量，那么可以不使用括号直接列出。如果函数没有输出，那么可以只使用单词 function，而不需要括号或等号。函数名必须以字母开头，余下的字符可以是字母、数字和下画线的任意组合，但不允许有空格。MATLAB 可以识别长达 63 个字符的函数名，再后的字符将被忽略。

函数可以在命令提示符处调用。例如，

```
>> [s, p] = sumprod(f, g);
```

函数也可以作为其他函数的元素，在这种情况下，这些函数就称为子函数。正如前面一段中提到的那样，如果输出只有一个变量，那么不写括号也是可以的，如下所示：

```
>> y = sum(x);
```

H1 行是第一个文本行，它是函数定义行后面的单独的注释行。函数定义语句和 H1 行之间可以没有空行或前导空格，H1 行的一个例子如下：

```
%SUMPROD Computes the sum and product of two images.
```

当用户在 MATLAB 提示符后键入

```
>> help function_name
```

时，H1 行是最先出现的文本。键入 lookfor keyword，就会显示含有字符串 keyword 的所有 H1 行。这一行为 M 文件提供了非常重要的概要信息，因此应尽可能地描述它。

帮助文本是紧跟在 H1 行后面的文本块，两者之间没有空行。帮助文本用来为函数提供注释和在线帮助。当用户在提示符后键入 help function_name 时，MATLAB 会显示函数定义行和第一个非注释(执行语句或空白语句)行之间的全部注释行。帮助系统会忽略帮助文本块之后出现的所有注释行。

函数体包含了执行计算和给输出变量赋值的所有 MATLAB 代码。本章后面会给出一些 MATLAB 代码的例子。

符号"%"后面的非 H1 行或帮助文本的所有行，都被认为是函数注释行，并且也不认为是帮助文本块的一部分。代码行的末尾允许附加一些注释。

M 文件可以使用任何文本编辑器来创建和编辑，并且可以扩展名.m 保存到指定的目录下，通常会保存到 MATLAB 搜索路径中。创建或编辑 M 文件的另一种方法是在提示符后使用 edit 函数。例如，如果文件位于 MATLAB 搜索路径的目录中或位于当前目录中，那么键入

```
>> edit sumprod
```

就会打开文件 sumprod.m 并进行编辑。如果找不到文件，那么 MATLAB 会根据用户给出的选项来创建这个文件。MATLAB 编辑器窗口有很多下拉菜单，可以完成诸如保存文件、查看文件、调试文件等任务。文本编辑器可以执行一些简单的检查，并且使用不同的颜色来区分各种代码元素，因此在书写或编辑 M 文件时推荐使用该文本编辑器。

算术运算符

MATLAB 有两种不同类型的算术运算。矩阵算术运算按线性代数的规则定义，数组算术运算则逐个元素地执行，且可使用多维数组。句点字符(.)用来区分数组运算与矩阵运算。例如，A*B 表示传统意义的矩阵乘法，而 A.*B 则表示数组乘法，这种乘法的乘积是与 A 和 B 大小相同的数组，其中的每个元素都是 A 和 B 中对应元素的乘积。换句话说，假如 C= A.*B，则 C(I,J) = A(I,J)*B(I,J)。由于加法和减法对矩阵运算和数组运算是相同的，因此不使用字符对.+和.-。

书写像 B=A 这样的表达式时，MATLAB 将做一个 B 等于 A 的"记录"，但并不真将 A 中的数据复制到 B 中，除非在后面的程序中 A 的内容有了变化。这一点很重要，因为使用不同的变量来"存储"相同的内容有时可以增强代码的透明性和可读性。这样，在写 MATLAB 代码时，除非绝对必要，MATLAB 不会复制信息。表 1.2 中列出了 MATLAB 的算术运算符，其中 A 与 B 是矩阵或数组，而 a 与 b 是标量。所有的操作数都可以是实数或复数。如果操作数是标量，那么数组运算符中的点是不需要的。因为图像是二维数组，而数组等同于矩阵，所以表中所有的运算符都是适用于图像的。

表 1.2 数组和矩阵的算术运算符,其中字符 a 与 b 是标量

运算符	名称	MATLAB 函数	注释和例子
+	数组和矩阵加	plus(A,B)	a+b、A+B 或 a+A
-	数组和矩阵减	minus(A,B)	a-b、A-B、A-a 或 a-A
.*	数组乘	times(A,B)	C=A.*B, C(I,J)=A(I,J)*B(I,J)
*	矩阵乘	mtimes(A,B)	A*B,标准矩阵乘或 a*A,标量乘法会乘以 A 的所有元素
./	数组右除*	rdivide(A,B)	C=A./B, C(I,J)=A(I,J)/B(I,J)
.\	数组左除*	ldivide(A,B)	C=A.\B, C(I,J)=B(I,J)/A(I,J)
/	矩阵右除	mrdivide(A,B)	A/B 是计算 A*inv(B) 的首选方法
\	矩阵左除	mldivide(A,B)	A\B 是计算 inv(A)*B 的首选方法
.^	数组乘幂	power(A,B)	若 C=A.^B,则 C(I,J)=A(I,J)^B(I,J)
^	矩阵乘幂	mpower(A,B)	该运算符的讨论见在线帮助
.'	向量和矩阵转置	transpose(A)	A.',标准向量和矩阵的转置
'	向量和矩阵复共轭转置	ctranspose(A)	A',标准向量和矩阵的共轭转置。当 A 是实数时,A.'=A'
+	一元加	uplus(A)	+A 与 0+A 相同
-	一元减	uminus(A)	-A 与 0-A 或 -1*A 相同
:	冒号		在本节稍后讨论

* 在除法中,若分母是 0,则 MATLAB 将结果报告为 Inf(表示无穷大)。若分子和分母都是 0,则结果报告为 NaN(不是一个数)。

数组运算与矩阵运算之间的不同是很重要的。例如,考虑下列运算:

$$A = \begin{bmatrix} a_1 & a_2 \\ a_3 & a_4 \end{bmatrix} \text{和} B = \begin{bmatrix} b_1 & b_2 \\ b_3 & b_4 \end{bmatrix}$$

> 本书中交替使用术语"数组运算"和术语"相应元素间的运算"及"对应元素运算"。

A 和 B 的数组乘法给出结果如下:

$$A*B = \begin{bmatrix} a_1b_1 & a_2b_2 \\ a_3b_3 & a_4b_4 \end{bmatrix}$$

而矩阵乘法给出熟悉的结果如下:

$$A*B = \begin{bmatrix} a_1b_1+a_2b_3 & a_1b_2+a_2b_4 \\ a_3b_1+a_4b_3 & a_3b_2+a_3b_2 \end{bmatrix}$$

涉及图像的大多数算术、关系和逻辑运算都是数组运算。

关系运算符

表 1.3 中列出了 MATLAB 的关系运算符。这些运算符是数组运算符,即它们可以对相同维数的数组中的对应元素进行比较。两个操作数必须具有相同的维数,除非操作数是标量。在这种情况下,MATLAB 会针对其他操作数的每个元素测试该标量,得到一个与操作数相同大小的逻辑数组,在满足指定关系的位置为 1,在其他位置为 0。若两个操作数都是标量,并且满足指定的关系,则结果为 1,否则为 0。

逻辑运算符

表 1.4 中列出了 MATLAB 的逻辑运算符。与常用逻辑运算符不同的是,表 1.4 中的运算符既能对逻辑数据进行运算,又能对数值数据进行运算。在所有的逻辑测试中,MATLAB 将逻辑 1 或非零数值量作为 true("真")处理,而将逻辑 0 或数值 0 作为 false("假")处理。例如,当两个操作数都为逻辑 1 或非零数值时,两个操作数"与"运算(AND)的结果为 1;当两个操作数中的任何一个是逻辑 0 或数值 0 时,或两个操作数都为逻辑 0 或数值 0 时,"与"运算的结果为 0。

表1.3 关系运算符

运算符	名称
<	小于
<=	小于等于
>	大于
>=	大于等于
==	等于
~=	不等于

表1.4 逻辑运算符

运算符	名称
&	对应元素"与"
|	对应元素"或"
~	对应元素和标量"非"
&&	标量"与"
||	标量"或"

运算符&和|针对数组进行运算，它们分别针对输入的对应元素进行"与"(AND)运算和"或"(OR)运算。运算符&&和||仅针对标量进行运算，它们主要用于各种形式的if、while和for循环中。

流程控制

基于一组预定义条件控制运算流的能力是所有编程语言的核心。事实上，条件分支是1940年指导通用计算机表示法的两个关键进展之一(另一进展是使用存储器容纳程序和数据)。MATLAB提供了8个流程控制语句，如表1.5所示。记住上一节中给出的观察结果，即MATLAB将逻辑1或非零数值量视为真，而将逻辑0或数字0视为假。

表1.5 流程控制语句

语句	描述
if	if与else和elseif一起，执行基于指定逻辑条件的一组语句
for	对一组语句执行规定的次数
while	根据规定的逻辑条件，对一组语句执行不确定的次数
break	中止执行for或while循环
continue	将控制传递到for或while循环的下一次迭代，跳过循环体中所有剩余的语句
switch	switch与case和otherwise一起，根据规定的值或字符串执行不同的语句组
return	使执行返回到调用函数
try⋯catch	若在执行过程中检测到错误，则改变流程控制

数组索引

MATLAB支持大量强有力的索引方案，这些索引方案可简化数组运算并提升程序的效率。本节讨论一维和二维(即向量和矩阵)情形下的基本索引技术，以及用于二值图像的索引技术。

如1.7.5节讨论的那样，一个1×N的数组称为行向量。这样，一个向量的元素就可以使用单个索引值(也称下标)来访问。因此，v(1)是向量v的第一个元素，v(2)是其第二个元素，以此类推。在MATLAB中，向量的元素用方括号括起并用空格或逗号隔开。例如，

```
>> v = [1 3 5 7 9]
v =
    1 3 5 7 9
>> v(2)
ans =
    3
```

使用转置运算符(.')，可将行向量转换为列向量(反之亦然):

```
>> w = v.'
w =
    1
```

```
            3
            5
            7
            9
```

> 使用无句点的单引号来计算共轭转置。当数据为实数时,两种转置可交替使用,详见表 1.2。

要访问元素块,可使用 MATLAB 中的冒号。例如,若要访问 v 的前三个元素,则可以写为

```
>> v(1:3)
ans =
     1    3    5
```

> colon (:)

类似地,可以使用如下语句访问第三个到最后一个元素:

```
>> v(3:end)
ans =
     5    7    9
```

> end

其中,end 表示向量中的最后一个元素。还可以用一个向量作为另一个向量的索引:

```
>> v([1 4 5])
ans =
     1    7    9
```

此外,索引并不限于相邻的元素。例如,

```
>> v(1:2:end)
ans =
     1    5    9
```

其中,符号 1:2:end 表示从 1 开始,以 2 为加数相加,当计数到达最后一个元素时则停止。

在 MATLAB 中,矩阵可以方便地表示为一系列行向量,这些行向量由方括号括起并由分号分隔。例如,键入

```
>> A = [1 2 3; 4 5 6; 7 8 9]
```

给出一个 3×3 矩阵:

```
A =
     1    2    3
     4    5    6
     7    8    9
```

我们可按处理向量的方式来选取矩阵中的元素,但需要两个索引:一个对应于行,另一个对应于列。也可以使用一个冒号作为索引来选择整行、整列或整个矩阵:

```
>> A(2,:)
ans =
     4    5    6
```

> sum

```
>> sum(A(:))
ans =
    45
```

函数 sum 计算其参数的每一列的和,单冒号索引把 A 变换为列向量,并将结果传递给 sum。

另一种相当有用的索引形式是逻辑索引(logical indexing)。逻辑索引具有形式 A(D),其中 A 是一个数组,D 是与 A 大小相同的逻辑数组。表达式 A(D) 提取 A 内与 D 中 1 值元素相对应的所有元素。例如,

```
>> D = logical([1 0 0; 0 0 1; 0 0 0])
D =
```

```
              1    0    0
              0    0    1
              0    0    0
    >> A(D)
    ans =
         1
         6
```

对图像处理有用的最后一类索引是线性索引(linear indexing)。线性索引表达式使用单一下标来索引矩阵或高维数组。对于一个 $M \times N$ 的矩阵(见 1.7.5 节)，元素 (r, c) 可用单一下标 $r + M(c - 1)$ 来访问。这样，A(2,3)就可选为 A([8])或 A(8)。

函数句柄、单元数组和结构

后续章节中我们将会看到，M 函数编程中还广泛使用了几种其他的数据类型。本节介绍在本书后续章节中非常重要的三种数据类型。

函数句柄是一种 MATLAB 数据类型，其中包含引用函数时所用的信息。使用函数句柄的主要优点之一是，可以将函数句柄作为调用中的参量传递给另一个函数。正如我们将在下一节中看到的那样，若一个函数句柄携带 MATLAB 计算一个函数所需要的所有信息，则可使程序变得更易实现。函数句柄还可以改进重复运算的性能，并且除传递给其他函数外，它们还可保存到数据结构或文件中，以备将来使用。

@ function handle operator

函数句柄有两种不同的类型，这两种类型都用函数句柄运算符@来创建。第一个函数句柄类型是命名(也称简单)函数句柄。要创建命名函数句柄，可在运算符@的后面跟一个希望的函数名称。例如，

```
    >> f = @sin
    f =
        @sin
```

函数 sin 可通过调用函数句柄 f 来间接调用：

```
    >> f(pi/4)
    ans =
        0.7071
    >> sin(pi/4)
    ans =
        0.7071
```

第二个函数句柄类型是匿名函数句柄(anonymous function handle)，它由代替函数名的 MATLAB 表达式形成。构建匿名函数句柄的通用格式是

```
    @(input-argument-list) expression
```

例如，如下匿名函数句柄可得到输入的平方：

```
    >> g = @(x) x.^2;
```

而如下句柄可计算两个变量平方之和的平方根：

```
    >> r = @(x, y) sqrt(x.^2 + y.^2);
```

匿名函数句柄的调用方式与命名函数句柄的调用方式类似。

单元数组提供了一种在一个变量名下组合一套对象(如数字、字符、其他单元数组)的方法。例如,假定我们正在处理:(1)一幅大小为 512×512 像素的 uint8 图像 f;(2)由大小为 188×2 的数组的各行组成的二维坐标序列 b;(3)包含两个字符名的单元数组 char_array={'area','centroid'}(花括号用来括起单元数组的内容)。这三个不同的实体可以使用单元数组组合为单个变量 C:

$$C = \{f, b, char\_array\}$$

在提示符处键入 C,将输出下列结果:

```
>> C
C =
    [512x512 uint8]    [188x2 double]    {1x2 cell}
```

换句话说,所显示的输出并不是各个变量的值,而是它们的某些特性的描述。要查看该单元的一个元素的全部内容,可用花括号括起该元素的数值位置。例如,要查看 char_array 的内容,可键入

```
>> C{3}
ans =
    'area'  'centroid'
```

在 C 的一个元素中用圆括号代替花括号,可给出该变量的描述:

```
>> C(3)
ans =
    {1x2 cell}
```

最后,我们要指出单元数组包含参量的副本,而不包含指向这些参量的指针。这样,如果在前述例子中 C 的任何参量在 C 创建后改变了,那么这种改变不会反映在 C 中。

结构类似于单元数组,它们都可将不同的数据组合为单个变量。但与单元数组不同的是,在单元数组中,单元的地址由数字寻址,而结构的元素则由用户定义的称为字段的名称寻址。例如,如果 f 是一幅输入图像,那么可以写成

```
function s = image_stats(f)
s.dm = size(f);
s.AI = mean2(f);
s.AIrows = mean(f, 2);
s.AIcols = mean(f, 1);
```

> [M,N]=size(f)返回二维图像 f 的行数和列数。mean2(f)计算 f 中元素的平均值。若 v 是一个向量,则 mean(v)返回 v 中元素的平均值。若 A 是一个矩阵,则 mean(A)将 A 的列当做向量来处理,返回平均值的一个行向量。

其中的 s 是一个结构。在这种情况下,结构字段是 dm(一个 1×2 向量)、AI(一个标量)、AIrows(一个 M×1 向量)和 AIcols(一个 1×N 向量),M 和 N 是图像的行数和列数。注意分隔结构及其不同字段的点的用法。字段名是任意的,但它们必须以非数字的字符开始。

代码优化

MATLAB 是特别为数组运算设计的编程语言。利用这一优点,可以使计算速度明显加快。本节讨论优化 MATLAB 代码的两种重要方法:预分配数组和向量化循环。

预分配是指在进入一个计算数组元素的 for 循环之前,初始化数组。为说明预分配的重要性,我们从一个简单的实验开始。假定我们要创建一个 MATLAB 函数,它计算

$$f(x) = \sin(x/100\pi)$$

其中,$x = 0, 1, 2, \cdots, M-1$。下面是该函数的第一种形式:

```
function y = sinfun1(M)
x = 0:M - 1;
for k = 1:numel(x)
    y(k) = sin(x(k) / (100*pi));
end
```

> numel(x)给出数组 x 的元素数。

M=5 时的输出是

```
>> sinfun1(5)
ans =
     0    0.0032    0.0064    0.0095    0.0127
```

MATLAB 函数 tic 和 toc 可用于测量函数执行的时间。我们首先调用 tic，然后调用该函数，再后调用 toc：

```
>> tic; sinfun1(100); toc
Elapsed time is 0.001205 seconds.
```

(如果分行键入前面的三个语句，那么时间测量将包含键入后两行所要求的时间)。

如在前段中那样，使用调用的计时函数会使得测量时间产生较大的变化，特别是在命令提示符处使用时。例如，重复前面的调用会给出不同的结果：

```
>> tic; sinfun1(100); toc
Elapsed time is 0.001197 seconds.
```

函数 timeit 可用于得到函数调用的可靠的、可重复的时间测量。对 timeit[①]的调用语法是

```
s = timeit(f)
```

其中，f 是被计时函数的一个函数句柄，s 是以秒为单位的需要调用 f 的测量时间。函数句柄 f 调用时无输入参量。我们可以在 M=100 时，对 sinfun1 用 timeit 来计时：

```
>> M = 100;
>> f = @() sinfun1(M);
>> timeit(f)
ans =
    8.2718e-005
```

对函数 timeit 的这一调用，是对前面介绍的函数句柄概念的能力的很好说明。因为它接收一个没有输入的函数句柄，所以函数 timeit 与我们希望计时的函数的参数无关。作为替代，我们可以委派一个创建函数句柄自身的任务。在这种情况下，仅需要一个参数 M。但我们可以设想带有许多参数的更为复杂的函数。因为一个函数句柄会存储用于计算所定义的函数的所有信息，所以对 timeit 而言要求单个输入是可能的，且能够对任何函数计时，而与其复杂性或参数的个数无关。这是一个非常有用的编程特性。

继续我们的实验，用 timeit 测量 sinfun1 在 M=500,1000,1500,⋯,20000 时的执行时间：

```
M = 500:500:20000;
for k = 1:numel(M)
    f = @() sinfun1(M(k));
    t(k) = timeit(f);
end
```

虽然可以预料计算 sinfun1(M)所要求的时间与 M 成正比，但图 1.3(a)表明实际要求的时间按 M^2 的比例增长。原因是在 sinfun1.m 中，输出变量 y 每经过一次循环后都会增长一个元素大小。MATLAB 可以自动地处理这种隐式数组增长，但它必须重新分配新的内存空间，并且在每次数组生长时都要复制前一数组元素。这种频繁的内存重新分配和复制的开销很大，与 sin 计算本身相比需要更多的时间。

[①] 在本书中提供函数 timeit 的清单并不实际，因为该函数中包含有大量乏味且重复的代码行，这些代码行设计用于精确地求出时间测量开销。读者可自 http://www.mathworks.com/matlabcentral/fileexchange/18798 处得到该函数的清单。

建议使用 MATLAB 编辑器来解决这一性能问题，该编辑器会报告 sinfun1.m 的如下内容：

'y' might be growing inside a loop. Consider preallocating for speed.

预分配 y 意味着在循环开始之前把它初始化为所希望的输出大小。通常，我们调用函数 zeros 来进行预分配。函数的第二种形式 sinfun2.m 使用预分配：

```
function y = sinfun2(M)
x = 0:M-1;
y = zeros(1, numel(x));
for k = 1:numel(x)
    y(k) = sin(x(k) / (100*pi));
end
```

> zeros(M,N)生成一个 double 类的全 0 的 M×N 的矩阵。

比较 sinfun1(20000) 和 sinfun2(20000) 所需要的时间：

```
>> timeit(@() sinfun1(20000))
ans =
    0.2852

>> timeit(@() sinfun2(20000))
ans =
    0.0013
```

采用预分配的形式时，运行快约 220 倍。图 1.3(b) 表明运行 sinfun2 所需的时间与 M 成正比[注意图 1.3(a)和图 1.3(b)的时间比例不同]。

> 执行时间取决于所用的机器。这里的重要量是执行时间的比率。

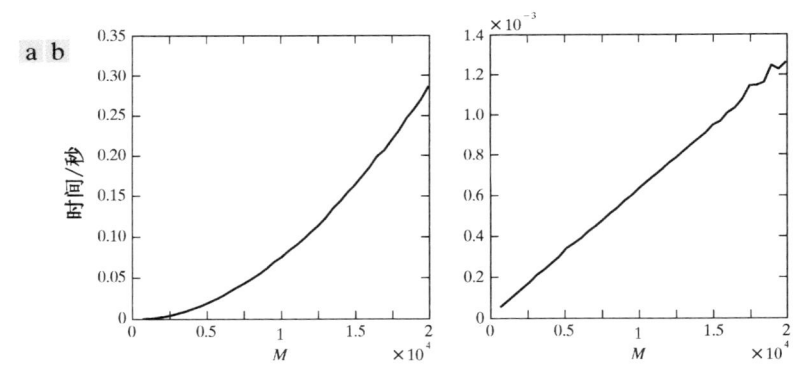

图 1.3　(a) 函数 sinfun1 的近似执行时间是 M 的函数；(b) 函数 sinfun2 的近似执行时间。内存页面中的较小差异是由区间变化引起的。图(a)和图(b)中的时间比例是不同的

　　MATLAB 中的向量化是指使用矩阵/向量运算符、索引技术和现有的 MATLAB 或工具箱函数来完全消除循环的一种技术。作为一个例子，函数 sinfun 的第三种形式可以对一个矩阵输入进行对应元素的运算。函数 sinfun3 没有 for 循环：

```
function y = sinfun3(M)
x = 0:M-1;
y = sin(x ./ (100*pi));
```

在旧版本的 MATLAB 中，使用矩阵和向量运算符来消除循环几乎总能得到较大的速度提升。但新版本的 MATLAB 可自动地编译 for 循环（如 sinfun2 中的循环）来加快机器码的执行。因此，在旧版本的 MATLAB 中，执行速度很慢的许多 for 循环不再比向量化形式的执行速度慢。这里我们看到，不带循环的 sinfun3 的执行速度与带一个循环的 sinfun2 的执行速度大致相同：

```
>> timeit(@() sinfun2(20000))
ans =
    0.0013
```

```
>> timeit(@() sinfun3(20000))
ans =
    0.0018
```

如下面的例子所示,使用向量化仍可以加快运行速度,但在早期的 MATLAB 版本中其速度提升并不明显。

例 1.1 向量化说明和函数 **meshgrid** 的介绍。

在这个例子中,我们写出一个 MATLAB 函数的两个版本,基于如下公式创建一幅合成图像:

$$f(x,y) = A\sin(u_0 x + v_0 y)$$

第一个函数 twodsin1 使用两个嵌套的 for 循环计算 f:

```
function f = twodsin1(A, u0, v0, M, N)
f = zeros(M, N);
for c = 1:N
    v0y = v0 * (c - 1);
    for r = 1:M
        u0x = u0 * (r - 1);
        f(r, c) = A*sin(u0x + v0y);
    end
end
```

在 for 循环之前,观察预分配步骤,f= zeros(M,N)。我们使用 timeit 来了解该函数创建一幅大小为 512×512 像素的图像需要花费多长时间:

```
>> timeit(@() twodsin1(1, 1/(4*pi), 1/(4*pi), 512, 512))
ans =
    0.0471
```

没有预分配时,运行该函数约慢了 42 倍,使用相同的输入参数执行该函数用了 1.9826 秒。

我们可用 imshow 的自动确定范围的语法([])来显示结果图像:

```
>> f = twodsin1(1, 1/(4*pi), 1/(4*pi), 512, 512);
>> imshow(f, [ ])
```

图 1.4 显示了结果。

在该函数的第二个版本中,我们使用一个称为 meshgrid 的非常有用的 MATLAB 函数将其向量化(即把它重写为没有 for 循环的形式),语法为

```
[C, R] = meshgrid(c, r)
```

图 1.4 例 1.1 中生成的正弦图像

输入参数 c 和 r 分别是水平(行)坐标和垂直(列)坐标(注意首先列出的是列)。函数 meshgrid 把坐标向量变换为两个数组 C 和 R,这两个数组可用来计算有两个变量的函数。例如,下面的命令使用 meshgrid 来计算函数 $z=x+y$,其中 x 是从 1 到 3 的整数,y 是从 10 到 14 的整数:

如帮助中详细说明的那样,meshgrid 有一个用于计算三变量函数和构建体图的三维公式。

```
>> [X, Y] = meshgrid(1:3, 10:14)
X =
    1  2  3
    1  2  3
    1  2  3
    1  2  3
    1  2  3
```

```
Y =
    10    10    10
    11    11    11
    12    12    12
    13    13    13
    14    14    14
>> Z = X + Y
Z =
    11    12    13
    12    13    14
    13    14    15
    14    15    16
    15    16    17
```

最后，我们用 meshgrid 来重写这个不带循环的二维正弦函数：

```
function f = twodsin2(A, u0, v0, M, N)
r = 0:M - 1; % Row coordinates.
c = 0:N - 1; % Column coordinates.
[C, R] = meshgrid(c, r);
f = A*sin(u0*R + v0*C);
```

如前面那样，我们用 timeit 测量其速度：

```
>> timeit(@() twodsin2(1, 1/(4*pi), 1/(4*pi), 512, 512))
ans =
    0.0126
```

可见，向量化形式运行的时间约少了 50%。

因为新发布的每个 MATLAB 版本都能提升循环运行的速度，因此很难给出何时要向量化 MATLAB 代码的通用指南。对于熟悉矩阵和向量表示的用户，与基于循环的代码相比，向量化后的代码通常更易于阅读（看上去更为"数学化"）。例如，比较来自函数 twodsin2 的行

```
f = A*sin(u0*R + v0*C);
```

与来自函数 twodsin1 的执行相同操作的如下行：

```
for c = 1:N
    v0y = v0*(c - 1);
    for r = 1:M
        u0x = u0 * (r - 1);
        f(r, c) = A*sin(u0x + v0y);
    end
end
```

很明显，前一种表示方式更简洁，但后一种表示方式中实际发生的机理更清楚。

我们首先应编写正确且容易理解的代码。然后，若代码运行得不够快，则使用 MATLAB Profiler 确定可能的故障点。若故障点是 for 循环，则在确定没有预分配问题后，就可考虑使用向量化技术。MATLAB 文档中包含关于性能的进一步指导，读者可搜索"增强性能的技术"一节中给出的文档。

1.8 本书中参考文献的组织方式

本书中的所有参考文献都按作者和日期顺序列在书末的"参考文献"中，譬如 Soille[2003]。书中理论内容的大多数背景参考文献来自 Gonzalez and Woods[2008]。此外，在讨论需要时也会列出适当的

新参考文献。适用于所有章节的参考文献，如 MATLAB 手册和其他通用的 MATLAB 参考文献，也在书末的"参考文献"中列出。

小结

除简介符号和基本的 MATLAB 工具外，本章强调了在求解数字图像处理问题时综合原型环境的重要性。我们给出了用于理解图像处理工具箱函数的基础知识，并介绍了一组贯穿于全书的基本编程概念。第 2 章到第 8 章的主题宽泛，这些主题是数字图像处理应用的主流。虽然涉及的主题不同，但这些章节的讨论却遵循相同的基本方式，即说明如何把 MATLAB 和工具箱函数与新代码结合起来，以便求解宽泛的图像处理问题。

第2章 灰度变换与空间滤波

本章概述

术语空间域指的是图像平面本身,这类方法是以对图像像素直接进行处理为基础的。本章重点讨论两类重要的空间域处理方法:亮度(或灰度)变换与空间滤波。后一种方法有时称为邻域处理或空间卷积。以下几节将举例说明在 MATLAB 中使用这两类方法的处理技术。为了保持该主题的一致性,本章中大部分例题都与图像增强有关。这是介绍空间处理的良好途径,因为增强技术对初学者来说是高度直观且容易接受的。纵观全书,这些技术在此范畴内很普遍,并且在数字图像处理及许多分支领域得以应用。

2.1 背景

如前一段所述,空间域技术直接对图像的像素进行运算。本章中讨论的空间域处理由如下表达式表示:

$$g(x,y) = T[f(x,y)]$$

式中,$f(x,y)$ 为输入图像,$g(x,y)$ 为输出(处理后的)图像,T 是在点 (x,y) 的一个指定邻域上定义的对图像 f 进行处理的算子。此外,T 还可以对一组图像进行处理,如为了降低噪声而叠加 K 幅图像。

定义点 (x,y) 的空间邻域的主要方法是,利用一块中心位于 (x,y) 的正方形或矩形区域,如图 2.1 所示。此区域的中心由起点(如左上角)开始逐个像素地移动,在它移动的同时,会包含不同的邻域。算子 T 作用于每个位置 (x,y),得到相应位置的输出图像 g。只有中心点在 (x,y) 的邻域内的像素才被用来计算点 (x,y) 处的 g 值。

本章剩余部分将利用前面这个公式处理各种实现问题。尽管该公式概念上很简单,但在 MATLAB 中其计算实现仍需要在数据类和取值区间等方面加以注意。

2.2 灰度变换函数

变换 T 最简单的形式是图 2.1 中邻域大小为 1×1(一个单独的像素)的情形。此时,(x,y) 处的 g 值仅由 f 在该点处的灰度决定,T 也变为一个亮度或灰度变换函数。在处理单色(即灰度)图像时,这两个术语可以相互换用。在处理彩色图像时,亮度用于表示某些色彩空间中的一个彩色图像分量,详见第 6 章中的解释。

由于输出值仅取决于某一点的灰度值,而不取决于该点的邻域,因此灰度变换函数通常写成如下所示的简单形式:

$$s = T(r)$$

式中，r 表示图像 f 中相应点 (x, y) 的灰度，s 表示图像 g 中相应点 (x, y) 的灰度。

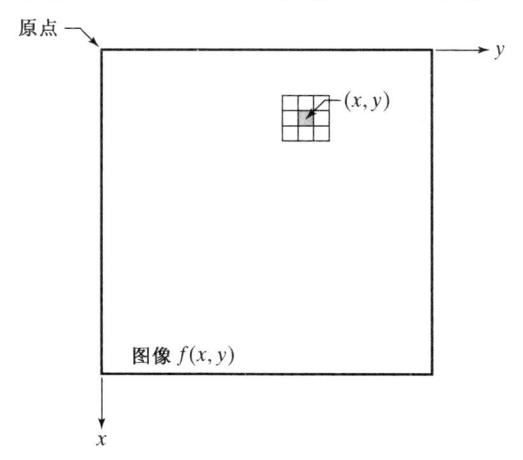

图 2.1 图像中以点 (x, y) 为中心的大小为 3×3 的邻域

2.2.1 函数 imadjust 和 stretchlim

函数 imadjust 是一个基本的图像处理工具箱函数，用于对灰度级图像进行灰度变换。该函数的一般语法格式为

```
g = imadjust(f, [low_in high_in], [low_out high_out], gamma)
```

如图 2.2 所示，该函数将图像 f 中的灰度值映射为图像 g 中的新值，即将 low_in 至 high_in 之间的值映射为 low_out 至 high_out 之间的值。low_in 以下与 high_in 以上的值则被截去，即 low_in 以下的值映射为 low_out，high_in 以上的值映射为 high_out。输入图像可以是 uint8 类、uint16 类、single 类或 double 类，输出图像与输入图像属于同一类。对于函数 imadjust，除了 f 和 gamma，所有输入值都被限定在 0 和 1 之间，而与 f 的类别无关。例如，若 f 属于 uint8 类，若函数 imadjust 会通过把值乘以 255 来确定将要使用的实际值。

> 回忆 1.7.8 节可知，函数 mat2gray 可用于将一幅图像转换为 double 类，并将其灰度标定到范围[0,1]，而这与输入图像的类别无关。

对[low_in high_in]或[low_out high_out]使用空矩阵([])，会得到默认值[0 1]。若 high_out 小于 low_out，若输出灰度将被反转。

参数 gamma 指定从图像 f 中的灰度值映射生成图像 g 的曲线的形状。若 gamma 值小于 1，则映射被加权至较高(较亮)的输出值，如图 2.2(a)所示。若 gamma 的值大于 1，则映射被加权至较低(较暗)的输出值。若函数参量缺省，则 gamma 默认为 1(线性映射)。

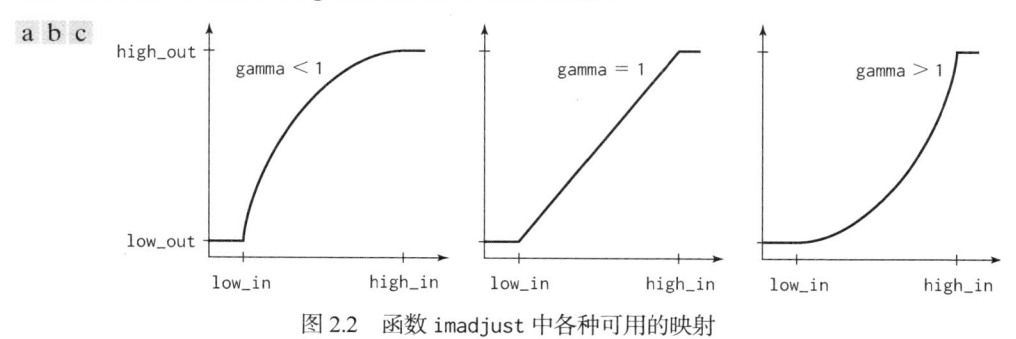

a b c

图 2.2 函数 imadjust 中各种可用的映射

例 2.1 使用函数 imadjust。

图 2.3(a)是一幅数字乳房图像 f，图像中显示了一处病灶，图 2.3(b)是使用如下命令得到的明暗反转图像(负片图像)：

```
>> g1 = imadjust(f, [0 1], [1 0]);
```

这种获得明暗反转图像的过程对于增强嵌入在一大片黑色区域中的白色或灰色细节是非常有用的。例如，在图 2.3(b)中就非常容易分析乳房的组织。负片图像同样可以利用工具箱函数 imcomplement 得到：

```
g = imcomplement(f)
```

图 2.3(c)是使用如下命令的结果：

```
>> g2 = imadjust(f, [0.5 0.75], [0 1]);
```

该命令将 0.5 到 0.75 之间的灰度扩展到整个区间[0,1]。这种类型的处理对于强调感兴趣灰度区非常有用。最后，利用命令

```
>> g3 = imadjust(f, [ ], [ ], 2);
```

通过压缩灰度级的低端并扩展高端［见图 2.3(d)］，得到类似于图 2.3(c)的结果(增加了更多的灰色调)。

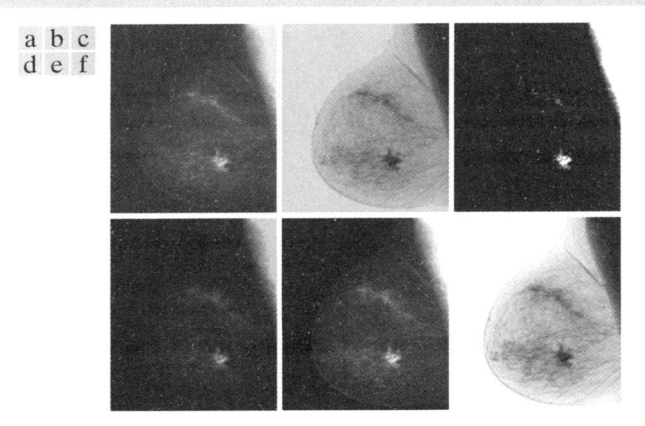

a	b	c
d	e	f

图 2.3　(a)原始数字乳房图像；(b)负片图像；(c)灰度扩展至区间[0.5, 0.75]后的结果；
　　　　(d)使用 gamma=2 增强图像后的结果；(e)和(f)使用函数 stretchlim 作为函数
　　　　imadjust 的一个自动输入的两种结果(原图像由 G. E. Medical Systems 公司提供)

有时，能够自动地使用函数 imadjust 而不必关心上面讨论的低参数或高参数是非常有用的。这时，可使用函数 stretchlim，其基本语法是

```
Low_High = stretchlim(f)
```

其中，Low_High 是一个两元素向量，该向量由一个低限和一个高限组成，用于实现对比度拉伸(该术语的定义见下一节)。默认情形下，Low_High 中的值指定灰度级，这些灰度级充满 f 中底部和顶部 1%的所有像素值。该结果以向量[low_in high_in]的形式用于函数 imadjust 中，如下所示：

```
>> g = imadjust(f, stretchlim(f), [ ]);
```

图 2.3(e)显示了对图 2.3(a)执行这一运算后的结果。请观察对比度的提升。类似地，图 2.3(f)是用如下命令得到的：

```
>> g = imadjust(f, stretchlim(f), [1 0]);
```

比较图 2.3(b)和图 2.3(f)，可以看到这一运算增强了负片图像的对比度。

函数 stretchlim 的一种更为普通的语法是

```
Low_High = stretchlim(f, tol)
```

其中，tol 是一个两元素向量[low_frac high_frac]，它指定将以低像素值和高像素值充满的图像部分。

若 tol 是一个标量，则 low_frac=tol，且 high_frac=1-low_frac，这将以低像素值和高像素值充满相等的部分。若从参量中忽略它，则 tol 的默认值为[0.01 0.99]，饱和级别为2%。若选择 tol=0，则 Low_High=[min(f(:)) max(f(:))]。

> 函数 max(A)和 min(A)返回数组 A 的最大元素和最小元素。键入>> help max 或>>help min 可获取更多信息。

2.2.2 对数及对比度拉伸变换

对数和对比度拉伸变换是动态范围运算的基本工具。对数变换通过如下表达式实现：

```
g = c*log(1 + f)
```

> log、log2 和 log10 分别是基底为 e、2 和 10 的对数。

其中，c 是一个常数，f 是浮点数。这个变换的形状与图 2.2(a)所示的伽马曲线相似，只是在两个坐标轴上，低值设置为 0，高值设置为 1。但要注意伽马曲线的形状是可变的，而对数函数的形状是固定的。

对数变换的一项主要应用是压缩动态范围。例如，傅里叶频谱(见第 3 章)的取值区间为$[0, 10^6]$或更高是较常见的。当傅里叶频谱显示在以线性缩放至 8 比特的显示器上时，高值部分较占优势，导致频谱中低灰度值的可见细节部分丢失。通过计算对数，如10^6的动态范围会降至 14 左右[即$\log(10^6) = 13.8$]，这样就更易于处理。

执行对数变换时，我们希望使得压缩值出现在显示的完整范围内。对 8 比特来说，在 MATLAB 中，这样做的最简方法是使用语句

```
>> gs = im2uint8(mat2gray(g));
```

通过使用函数 mat2gray 将值限定在区间[0, 1]内，使用函数 im2uint8 将值限定在区间[0, 255]内，把该图像转换为 uint8 类。

图 2.4(a)中的函数称为对比度拉伸变换函数，因为它把窄范围的输入灰度级扩展为宽(拉伸的)范围的输出灰度级。结果是一幅高对比度的图像。事实上，在图 2.4(b)所示的受限情况下，输出是一幅二值图像。这个受限函数称为阈值化/阈值处理函数，如第 8 章所述，该函数是用于分割图像的一个简单工具。使用本节开始处引入的符号，图 2.4(a)中的函数有如下形式：

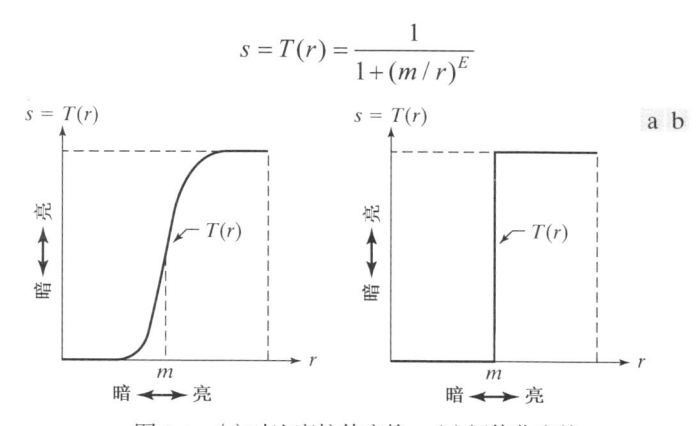

$$s = T(r) = \frac{1}{1+(m/r)^E}$$

图 2.4 (a)对比度拉伸变换；(b)阈值化变换

式中，r 表示输入图像的灰度，s 是输出图像中的相应灰度值，E 用于控制该函数的斜率。在 MATLAB 中该函数对浮点图像的实现方式如下：

$$g = 1./(1 + (m./f).^E)$$

因为 g 的限制值为 1，因此在使用这种类型的变换时，输出值不能超过区间[0,1]。图 2.4(a) 中的形态是 E = 20 时得到的。

例 2.2 利用对数变换减小动态范围。

图 2.5(a) 是一个取值区间在 0 至 10^6 间的傅里叶频谱，它显示在线性标度的 8 比特显示系统上。图 2.5(b) 显示了使用如下命令后的结果：

```
>> g = im2uint8(mat2gray(log(1 + double(f))));
>> imshow(g)
```

与原图像相比，图像 g 在视觉方面的改善效果是非常明显的。

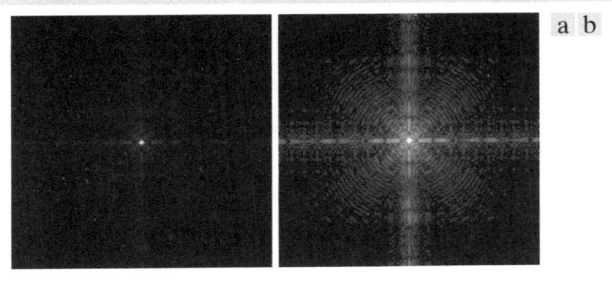

图 2.5　(a)傅里叶频谱；(b)使用对数变换得到的结果

2.2.3　指定任意灰度变换

假定需要使用一个指定的变换函数来变换一幅图像的灰度。令 T 表示一个列向量，其包含该变换函数的值。例如，在一幅 8 比特图像的情况下，T(1) 是由输入图像中的 0 灰度值映射来的值，T(2) 是由 1 映射来的值，以此类推，T(256) 是由 255 映射来的值。

若使用取值区间为[0,1]的浮点数来表示输入图像和输出图像，则会大大简化程序。这意味着列向量 T 的所有元素必须是在相同区间内的浮点数。实现灰度映射的一种简单方法是使用函数 interp1，对于这一特殊应用，该函数有如下语法形式：

$$g = interp1(z, T, f)$$

其中，f 是输入图像，g 是输出图像，T 是刚才说明的列向量，z 是长度与 T 相同的列向量，其形成的方式如下：

$$z = linspace(0, 1, numel(T))';$$

对于 f 中的一个像素值，interp1 首先寻找横坐标上的值(z)，然后寻找(内插)[①] T 中的相应值，并将内插的值输出到 g 中的相应像素位置。例如，假定 T 是负变换，T = [1 0]'，因为 T 仅有两个元素，有 z = [0 1]'。假定 f 中的一个像素有值 0.75，则 g 中的相应像素将被赋值为 0.25。与图 2.4(a) 中说明的从输入灰度到输出灰度的映射相比，这一处理并无不同，只是使用了一个任意的变

> 函数 linspace(a,b,n) 生成一个行向量，该行向量的 n 个元素是在 a 和 b 之间(包括 a 和 b)线性间隔的。

---

① 因为 interp1 在离散点处提供内插的值，因此该函数有时可解释为执行查找表运算。事实上，MATLAB 文档称 interp1 为查找表函数。我们在 approxfcn (在 2.6.4 节中为进行模糊图像处理而开发的一个自定义函数) 中为这一目的使用该函数的多维版本。

换函数$T(r)$。内插是需要的，因为对于T仅有给定数量的离散点，而r在区间$[0, 1]$内有任意值。

2.2.4 用于灰度变换的一些实用 M 函数

本节开发两个 M 函数，它们包含了前三节介绍的关于灰度变换的各个方面。我们使用其中一个函数的具体编码来说明错误检验，介绍几种能够用公式表示 MATLAB 函数的方法，以便能够处理可变数量的输入和/或输出，并说明贯穿全书使用的典型代码格式。在这个问题上，仅当在解释特定程序结构时，才对新的 M 函数的详细代码加以讨论，进而说明新的 MATLAB 函数或图像处理工具箱函数的功能，或回顾前面介绍过的概念。否则，我们只解释函数的语法，而其代码包含在附录 C 中。为了集中讨论本书剩余部分中已开发函数的基本结构，本节是说明错误检验广泛用途的最后一节。接下来的过程是在 MATLAB 中如何对错误处理进行编程。

处理可变数量的输入和/或输出

为检测输入到 M 函数的参量数目，可使用函数 nargin，

```
n = nargin
```

它返回输入到 M 函数的参量的实际数量。类似地，函数 nargout 用于 M 函数的输出。其语法为

```
n = nargout
```

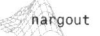

例如，假设我们在提示符处执行如下假定的 M 函数：

```
>> T = testhv(4, 5);
```

在函数体中使用函数 nargin 将返回 2，而使用函数 nargout 将返回 1。

函数 nargchk 能够在 M 函数体中检测传递的参量的数量是否正确。其语法为

```
msg = nargchk(low, high, number)
```

此函数在 number 的值小于 low 时，返回信息 Not enough input arguments；而在 number 的值大于 high 时，返回信息 Too many input parameters；若 number 的值介于 low 与 high 之间（包括 low 和 high），则函数 nargchk 返回一个空矩阵。若输入参量的数量不正确，则对函数 nargchk 的频繁使用将会通过函数 error 终止程序的执行。实际输入参量的数量由函数 nargin 决定。例如，考虑下列代码段：

```
function G = testhv2(x, y, z)
    ⋮
error(nargchk(2, 3, nargin));
    ⋮
```

键入

```
>> testhv2(6);
```

由于它只有一个输入参量，故产生错误信息：

```
Not enough input arguments.
```

同时，程序的执行也将终止。

通常，能够写出具有可变数量的输入变量和/或输出变量的函数是十分有用的。这里使用变量 varargin 和 varargout。声明 varargin 和 varargout 必须使用小写形式。例如，

```
function [m, n] = testhv3(varargin)
```

接收可变数量的输入到函数 testhv3.m 中,且

$$\text{function [varargout]} = \text{testhv4(m, n, p)}$$

从函数 testhv4 中返回可变数量的输出。若函数 testhv3 有一个固定的输入参量 x,其后跟可变数量的输入参量,则

$$\text{function [m, n]} = \text{testhv3(x, varargin)}$$

当调用此函数时,varargin 由用户提供的第二个输入参量开始运行。类似的说明也适用于 varargout。输入参量和输出参量的个数均可变的函数是能接受的。

当 varargin 作为一个函数的输入参量使用时,MATLAB 将其置入一个单元数组中(见1.7.8 节),该数组包含由用户提供的参量。由于 varargin 是一个单元数组,因此这种安排的一个重要方面是对函数的调用可包含一组混合的输入。例如,若假设的函数 testhv3 的代码被要求处理此项运算,则拥有一组混合输入的完美且可接受的语法是

```
>> [m, n] = testhv3(f, [0  0.5  1.5], A, 'label');
```

其中,f 为一幅图像,下一个参量是一长度为 3 的行向量,A 是一个矩阵,'label'是一个字符串。这的确是一种强大的特性,它可用于简化要求许多不同输入的函数的结构。类似的情况也适用于 varargout。

另一种用于灰度变换的 M 函数

本节开发一个能执行如下变换功能的函数:负片变换、对数变换、伽马变换和对比度拉伸。选用这些变换是因为随后将会用到它们,此外还可以说明为灰度变换编写 M 函数所涉及的原理。在编写这个函数时,用到了函数 tofloat,其格式为

$$[g, \text{revertclass}] = \text{tofloat}(f)$$

tofloat

该函数列在附录 C 中。回顾可知,该函数通过应用适当的比例因子,把一幅 logical 类、uint8 类、uint16 类或 int16 类的图像变换成 single(单精度)类的图像。若 f 是 double(双精度)类或 single(单精度)类的图像,则 g = f;此外,回顾可知 revertclass 是一个函数句柄,它可用于把输出转换回与 f 相同的类。

在下列称为 intrans 的 M 函数中,要注意函数的选项是如何在代码的帮助部分被格式化的,可变数量的输入是如何处理的,错误检验是如何插入代码中的,以及输出图像的类是如何与输入图像的类相匹配的。记住,在学习下列代码时,varargin 是一个单元数组,因此其元素应使用花括号选取。

```
function g = intrans(f, method, varargin)
%INTRANS Performs intensity (gray-level) transformations.
%   G = INTRANS(F, 'neg') computes the negative of input image F.
%
%   G = INTRANS(F, 'log', C, CLASS) computes C*log(1 + F) and
%   multiplies the result by (positive) constant C. If the last two
%   parameters are omitted, C defaults to 1. Because the log is used
%   frequently to display Fourier spectra, parameter CLASS offers
%   the option to specify the class of the output as 'uint8' or
%   'uint16'. If parameter CLASS is omitted, the output is of the
%   same class as the input.
%
%   G = INTRANS(F, 'gamma', GAM) performs a gamma transformation on
%   the input image using parameter GAM (a required input).
%
%   G = INTRANS(F, 'stretch', M, E) computes a contrast-stretching
```

intrans

```
%    transformation using the expression 1./(1 + (M./F).^E).
%    Parameter M must be in the range [0, 1]. The default value for
%    M is mean2(tofloat(F)), and the default value for E is 4.
%
%    G = INTRANS(F, 'specified', TXFUN) performs the intensity
%    transformation s = TXFUN(r) where r are input intensities, s are
%    output intensities, and TXFUN is an intensity transformation
%    (mapping) function, expressed as a vector with values in the
%    range [0, 1]. TXFUN must have at least two values.
%
%    For the 'neg', 'gamma', 'stretch' and 'specified'
%    transformations, floating-point input images whose values are
%    outside the range [0, 1] are scaled first using MAT2GRAY. Other
%    images are converted to floating point using TOFLOAT. For the
%    'log' transformation,floating-point images are transformed
%    without being scaled; other images are converted to floating
%    point first using TOFLOAT.
%
%    The output is of the same class as the input, except if a
%    different class is specified for the 'log' option.

% Verify the correct number of inputs.
error(nargchk(2, 4, nargin))

if strcmp(method, 'log')
    % The log transform handles image classes differently than the
    % other transforms, so let the logTransform function handle that
    % and then return.
    g = logTransform(f, varargin{:});
    return;
end

% If f is floating point, check to see if it is in the range [0 1].
% If it is not, force it to be using function mat2gray.
if isfloat(f) && (max(f(:)) > 1 || min(f(:)) < 0)
    f = mat2gray(f);
end
[f, revertclass] = tofloat(f); %Store class of f for use later.

% Perform the intensity transformation specified.
switch method
case 'neg'
    g = imcomplement(f);

case 'gamma'
    g = gammaTransform(f, varargin{:});

case 'stretch'
    g = stretchTransform(f, varargin{:});

case 'specified'
    g = spcfiedTransform(f, varargin{:});

otherwise
    error('Unknown enhancement method.')
end

% Convert to the class of the input image.
g = revertclass(g);

%-------------------------------------------------------------------%
function g = gammaTransform(f, gamma)
g = imadjust(f, [ ], [ ], gamma);
```

> 函数 strcmp 比较两个字符串并在字符串相等时返回逻辑 true，在字符串不相等时返回逻辑 false。

> 函数 isfloat(A)对于浮点数组返回 true。

```
%-------------------------------------------------------------%
function g = stretchTransform(f, varargin)
if isempty(varargin)
   % Use defaults.
   m = mean2(f);
   E = 4.0;
elseif length(varargin) == 2
   m = varargin{1};
   E = varargin{2};
else
   error('Incorrect number of inputs for the stretch method.')
end
g = 1./(1 + (m./f).^E);

%-------------------------------------------------------------%
function g = spcfiedTransform(f, txfun)
% f is floating point with values in the range [0 1].
txfun = txfun(:); % Force it to be a column vector.
if any(txfun) > 1 || any(txfun) <= 0
   error('All elements of txfun must be in the range [0 1].')
end
T = txfun;
X = linspace(0, 1, numel(T))';
g = interp1(X, T, f);

%-------------------------------------------------------------%
function g = logTransform(f, varargin)
[f, revertclass] = tofloat(f);
if numel(varargin) >= 2
   if strcmp(varargin{2}, 'uint8')
      revertclass = @im2uint8;
   elseif strcmp(varargin{2}, 'uint16')
      revertclass = @im2uint16;
   else
      error('Unsupported CLASS option for ''log'' method.')
   end
end
if numel(varargin) < 1
   % Set default for C.
   C = 1;
else
   C = varargin{1};
end
g = C * (log(1 + f));
g = revertclass(g);
```

> 函数 isempty(A)在 A 是一个空数组时返回 true。

> 函数 length(A)返回 A 中元素的数量。

例 2.3 函数 **intrans** 的说明。

要说明函数 intrans，首先要考虑图 2.6(a)中的图像，这是一幅利用对比度拉伸方法来增强骨骼结构的理想候选图像。图 2.6(b)中的结果是利用如下对函数 intrans 的调用得到的：

```
>> g = intrans(f, 'stretch', mean2(tofloat(f)), 0.9);
>> figure, imshow(g)
```

注意函数 mean2 是如何直接在函数调用内部计算 f 的平均值的。产生的值为 m 所用。为了将其值标度到区间[0, 1]，使用 tofloat 把图像 f 转换为了浮点类图像，从而使平均值 m 也在此区间内。E 的值也就相应地被确定了。

用于灰度标定的 M 函数

处理图像时，导致像素值跨越由负到正的较宽范围的计算是很常见的。尽管在中间计算过程中不会导致问题，但当我们想要利用 8 位或 16 位格式保存或观看一幅图像时，就会出现问题。在这种情况下，我们通常希望把图像标度到全尺度，即最大区间[0, 255]或[0, 65535]。下列称为 gscale 的自定义 M 函数能实现此项功能。此外，该函数能将输出灰度级映射到一个指定的范围。该函数的代码不包含任何新的概念，所以此处不将其列出。代码的详细清单请查阅附录 C。

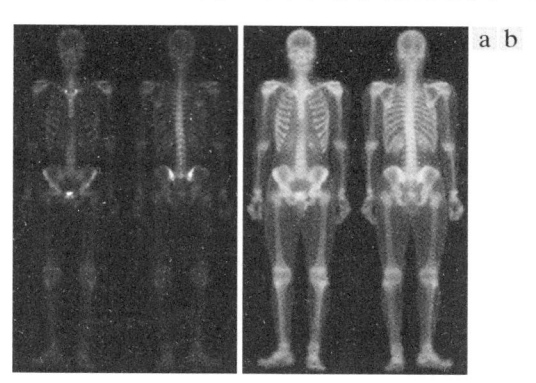

图 2.6　(a)骨胳扫描图像；(b)使用对比度拉伸变换增强的图像(原图像由 G. E. Medical Systems 公司提供)

函数 gscale 的语法为

```
g = gscale(f, method, low, high)
```

其中，f 是将被标定的图像。method 的有效值是'full8'(默认)和'full16'，'full8'把输出标定为全区间[0, 255]，而'full16'把输出标定为全区间[0, 65535]。若使用这两个值之一，若参数 low 与 high 在这两种变换中都被忽略。method 的第三个有效值是'minmax'，在这种情况下，必须提供其值在区间[0, 1]内的参数 low 与 high。选用'minmax'时，灰度级被映射到区间[low, high]内。尽管这些值指定在区间[0, 1]内，但程序本身会根据输入的类别做出适当的标定，然后将输出转换为与输入相同的类。例如，若 f 是 uint8 类，且将'minmax'限定在区间[0, 0.5]内，则输出图像同样为 uint8 类，其值在区间[0, 128]内。若 f 是浮点型图像，且其值在区间[0, 1]以外，则程序在运行之前会将其转换到区间[0, 1]内。本书中的许多地方都用到了函数 gscale。

2.3　直方图处理与函数绘图

以从图像灰度直方图中提取的信息为基础的灰度变换函数，在诸如增强、压缩、分割、描述等方面的图像处理中起着重要作用。本节的重点放在获取、绘图并使用直方图技术来增强图像上。直方图的其他应用将在后续章节中加以讨论。

> 关于二维绘图技术的讨论，请参阅 3.5.3 节。

2.3.1　生成并绘制图像直方图

一幅数字图像在区间[0, G]内共有 L 个灰度级，其直方图定义为下列离散函数：

$$h(r_k) = n_k$$

式中，r_k 是区间[0, G]内的第 k 级灰度，n_k 为图像中出现 r_k 这种灰度级的像素数。对于 uint8 类图像，G 的值为 255；对于 uint16 类图像，G 的值为 65535；对于浮点图像，G 的值为 1.0。注意，对于 uint8 类和 uint16 类图像，$G = L - 1$。

有时，需要使用归一化直方图。用 $h(r_k)$ 的所有元素除以图像中的总像素数 n，就可以简单地得到归一化直方图：

$$p(r_k) = \frac{h(r_k)}{n} = \frac{n_k}{n}$$

式中，对于整数图像，$k = 0, 1, 2, \cdots, L-1$。从基本概率论的角度，可以认为 $p(r_k)$ 是灰度级 r_k 出现的概率的估计。

在处理图像直方图的工具箱中，核心函数是 imhist，其基本语法如下：

h = imhist(f, b)

其中，f 为输入图像，h 为其直方图，b 是用来形成直方图的"容器"的数目（若 b 未包含在此参量中，则其默认值为 256）。一个"容器"仅是灰度范围的一小部分。例如，若正在处理一幅 uint8 类的图像且令 b = 2，则灰度范围被分成两部分：0 至 127 和 128 至 255。所得的直方图将有两个值：h(1)，等于图像中其值在区间[0, 127]内的像素数；h(2)，等于图像中其值在区间[128, 255]内的像素数。使用如下表达式，可以得到归一化直方图：

p = imhist(f, b)/numel(f)

回忆 1.7.8 节可知，函数 numel(f) 给出数组 f 中的元素数（即图像中的像素数）。

例 2.4　计算并绘制图像直方图。
考虑来自图 2.3(a) 中的图像 f。在屏幕上绘制其直方图的最简方法是使用没有规定输出的函数 imhist：

```
>> imhist(f);
```

图 2.7(a) 显示了结果。这是在工具箱中利用默认值得出的直方图。然而，绘制直方图还有许多其他方法，我们借此机会说明一下 MATLAB 中的一些绘图选项，它们是图像处理应用中所用的代表性选项。

直方图还可以利用条形图来绘制。为此，可使用函数

bar(horz, z, width)

其中，z 是一个包含将被绘制的点的行向量；horz 是一个与 z 同维数的向量，它包含了水平刻度的增量；width 是一个介于 0 和 1 之间的数。换句话说，horz 的值给出了水平增量，而 z 的值是相应的垂直值。若 horz 被省略，水平轴会从 0 至 length(z) 等分为若干单位。当 width 的值为 1 时，竖条较明显；当 width 的值为 0 时，竖条是垂线。width 的默认值为 0.8。绘制条形图时，通常会将水平轴等分为几段来降低其分辨率。

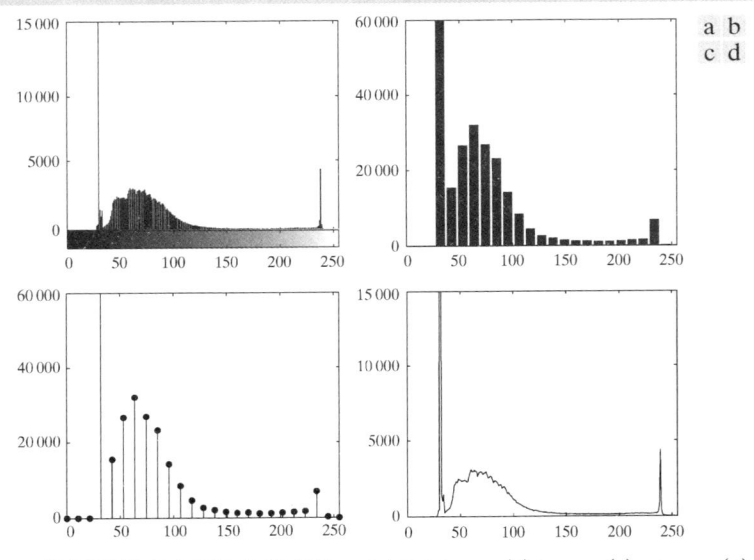

图 2.7　绘制图像直方图的各种方法：(a) imhist；(b) bar；(c) stem；(d) plot

如下命令将产生把水平轴分为 10 级一组的条形图：
```
>> h = imhist(f, 25);
>> horz = linspace(0, 255, 25);
>> bar(horz, h)
>> axis([0 255 0 60000])
>> set(gca, 'xtick', 0:50:255)
>> set(gca, 'ytick', 0:20000:60000)
```

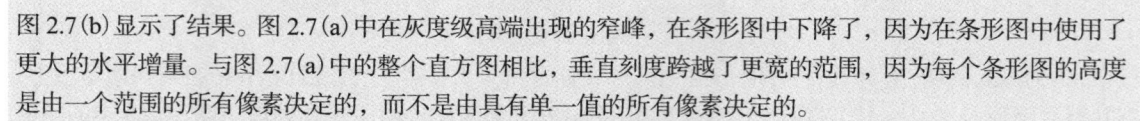

图 2.7(b) 显示了结果。图 2.7(a) 中在灰度级高端出现的窄峰，在条形图中下降了，因为在条形图中使用了更大的水平增量。与图 2.7(a) 中的整个直方图相比，垂直刻度跨越了更宽的范围，因为每个条形图的高度是由一个范围的所有像素决定的，而不是由具有单一值的所有像素决定的。

前述源码中的第四条语句用于扩展垂直轴的低端范围，以便于视觉分析，并将水平轴设置到与图 2.7(a) 中的相同范围。axis 函数的语法格式之一为

$$\text{axis}([\text{horzmin} \quad \text{horzmax} \quad \text{vertmin} \quad \text{vertmax}])$$

它在水平轴和垂直轴上设置最小值和最大值。在最后两条语句中，gca 的意思是"获得当前轴"（即最终显示图形的轴），xtick 和 ytick 按显示的间隔设置水平轴和垂直轴刻度。另一个经常使用的语法是

$$\text{axis tight}$$

> axis ij 将坐标系的原点置于左上角。将坐标轴叠加到图像上时，默认如此。如例 4.12 所示，有时也让原点位于左下角。使用 axis xy 可将坐标系的原点置于左下角。

它将轴的上下限设置为数据范围。

使用下列函数可以在图形的水平轴和垂直轴上添加轴标记：

$$\text{xlabel}(\text{'text string', 'fontsize', size})$$
$$\text{ylabel}(\text{'text string', 'fontsize', size})$$

其中，size 是单位为磅的字体大小。按如下方式使用函数 text 可在图中添加文字：

$$\text{text}(\text{xloc, yloc, 'text string', 'fontsize', size})$$

其中，xloc 与 yloc 定义文字开始的位置。要特别注意的是，设置轴值与标记的函数要在该函数已被绘制后使用。

使用函数 title 可以给图形添加标题，其基本语法为

$$\text{title}(\text{'titlestring'})$$

其中，titlestring 是将在标题处出现的字符串，它将显示在图形的中央。

杆状图与条形图相似。语法为

$$\text{stem}(\text{horz, z, 'LineSpec', 'fill'})$$

其中，z 是一个包含了将被绘制的点的行向量，horz 的说明与函数 bar 中对其的说明相同。如之前那样，若省略 horz，若水平轴会从 0 至 length(z) 等分为若干单位。

参量

$$\text{LineSpec}$$

是来自表 2.1 的一个三值组。例如，stem(horz,h,'r--p') 生成一幅杆状图，其线条与标记点都为红色，线条为虚线，标记点为五角星。若使用 fill，若标记点用三值组中的第一个元素指定的颜色来填充。默认颜色为蓝色，默认线条为实线，默认标记点为圆。图 2.7(c) 所示杆状图是利用下列语句得到的：
```
>> h = imhist(f, 25);
>> horz = linspace(0, 255, 25);
>> stem(horz, h, 'fill')
>> axis([0 255 0 60000])
>> set(gca, 'xtick', [0:50:255])
>> set(gca, 'ytick', [0:20000:60000])
```

表2.1 函数 stem 和 plot 中所用颜色、线型和标记点的说明符

颜色说明符		线型说明符		标记点说明符	
符 号	颜 色	符 号	线 型	符 号	标 记
k	黑	-	实线	+	加号
w	白	--	虚线	o	圆
r	红	:	点线	*	星号
g	绿	-.	虚点线	.	点
b	蓝			x	叉
c	青			s	方形
y	黄			d	菱形
m	深红			^	上指三角形
				v	下指三角形
				>	右指三角形
				<	左指三角形
				p	五角星形(五角星)
				h	六角星形(六角星)

下面考虑函数 plot,该函数将一组点用直线连接起来。其语法为

```
plot(horz, z, 'LineSpec')
```

其中,各参量的定义见对杆状图的介绍。如同函数 stem 那样,plot 中的属性也指定为一个三值组。plot 的默认值是不带标记点的蓝色实线。若指定了一个三值组且其中间值为空(或省略),则不绘出线条。如以前一样,若省略 horz,若水平轴会从 0 至 length(z)等分为若干单位。

> 关于该函数的其他可用选项,请参阅 plot 的帮助页。默认情况下,plot 会将标记点叠加到图像上。例如,要将绿色星号放在图像 f 内向量 x 和 y 中的给定点上,可使用
> ```
> >>imshow(f)
> >>hold on
> >>plot(y(:),x(:),'g')
> ```
> 其中,y(:)和 x(:)的顺序相反,以补偿图像和图形坐标与 MATLAB 中坐标的不同。命令 hold on 的解释见下方。

图 2.7(d)所示的图形是用下列语句得到的:
```
>> hc = imhist(f);
>> plot(hc) % Use the default values.
>> axis([0 255 0 15000])
>> set(gca, 'xtick', [0:50:255])
>> set(gca, 'ytick', [0:2000:15000])
```
函数 plot 经常用于显示变换函数(详见例 2.5)。

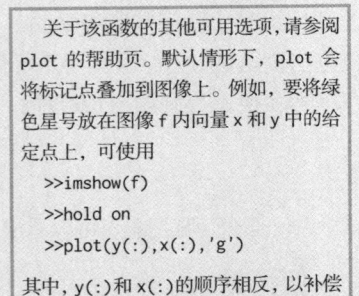

在前面的讨论中,坐标轴的取值区间和刻度标记都是人工设定的。利用函数 ylim 和 xlim 可以自动设定取值区间与刻度标记,此时有如下语法形式:

```
ylim('auto')
xlim('auto')
```

这两个函数(详见帮助文件)的另一种可能语法形式是,存在一个人为选项,如下所示:

```
ylim([ymin ymax])
xlim([xmin xmax])
```

它允许人为规定取值区间。若只对一个轴指定取值区间,若另一个轴的取值区间默认为'auto'形式。我们将在下一节中运用这些函数。在提示符处键入 hold on,会保留当前图形和某些轴的属性,以便后续绘图命令可在已有图形基础上执行。

处理函数句柄时(见 1.7.8 节),特别有用的一个绘图函数是 fplot 函数。基本语法是

```
fplot(fhandle, limits, 'LineSpec')
```

其中，fhandle 是一个函数句柄，limits 是指定 x 轴取值区间[xmin xmax]的一个向量。回忆 1.7.8 节关于函数 timeit 的讨论可知，使用函数句柄允许底层函数的语法与将被处理函数(在这种情况下是所绘的图形)的参数无关。例如，在区间[-2 2]内用点线绘制一个双曲正切函数 tanh，可写出程序如下：

> 关于其他语法形式的讨论，详见 fplot 的帮助页。

```
>> fhandle = @tanh;
>> fplot(fhandle, [-2 2], ':')
```

函数 fplot 使用一个自动的、自适应增量控制方案产生一幅典型的图形，在变化率最大的地方集中了更多的细节。这样，用户就只需要指定图形的取值区间。尽管简化了绘图任务，但这种自动功能有时会产生意想不到的结果。例如，若对一个可预见的区间，某个函数最初是 0，若对于函数 fplot 来说，假定该函数是 0，并且对整个区间只绘 0 是可能的。在这种情况下，针对要绘的函数，可以指定一个最小的点数。语法是

$$\text{fplot(fhandle, limits, 'LineSpec', n)}$$

指定 n >= 1 迫使 fplot 绘一个最少 n+1 个点的函数，使用的步长大小为(1/n)*(upper_lim-lower_lim)，其中 upper 和 lower 是在 limits 中指定的上限和下限。

2.3.2 直方图均衡化

假设某个瞬间灰度级是归一化到区间[0, 1]内的连续量，并令 $p_r(r)$ 代表一幅给定图像中灰度级的概率密度函数(PDF)，其中下标用于区分输入图像和输出图像的概率密度函数。假设对输入灰度级进行下列变换，得到输出(处理后)灰度级 s，

$$s = T(r) = \int_0^r p_r(w)\mathrm{d}w$$

式中，w 是积分哑变量。可以看出(Gonzalez and Woods[2008])，输出灰度级的概率密度函数是均匀的，即

$$p_s(s) = \begin{cases} 1, & 0 \le s \le 1 \\ 0, & \text{其他} \end{cases}$$

换句话说，前面的变换生成一幅图像，该图像的灰度级是等概率的，并覆盖整个区间[0, 1]。灰度级均衡化处理的最终结果是一幅扩展了动态范围的图像，它具有较高的对比度。注意，这个变换函数实际上是一个累积分布函数(CDF)。

当灰度级为离散值时，我们利用直方图并调用前面介绍的直方图均衡化技术，但通常而言，因为变量的离散特性，处理后图像的直方图是不均匀的。参考 2.3.1 节中的讨论，令 $p_r(r_j), j = 0,1,2,\cdots,L-1$ 表示一幅与给定图像的灰度级相关联的直方图，且回忆可知归一化直方图中的各个值大致是图像中各个灰度级出现的概率。对于离散的灰度级，采用求和的方式，其均衡化变换成为

$$s_k = T(r_k) = \sum_{j=0}^{k} p_r(r_j) = \sum_{j=0}^{k} \frac{n_j}{n}$$

式中，$k = 0,1,2,\cdots,L-1$，s_k 是输出(处理后)图像中的灰度值，其对应于输入图像中的灰度值 r_k。

直方图均衡化由工具箱中的函数 histeq 实现，其语法为

$$\text{g = histeq(f, nlev)}$$

其中，f 为输入图像，nlev 是为输出图像设定的灰度级数。若 nlev 与 L(输入图像中可能的灰度级总数)相等，则 histeq 直接执行变换函数。若 nlev 小于 L，则 histeq 试图分配灰度级，以便得到近似

平坦的直方图。与函数 imhist 不同，histeq 中默认 nlev = 64。在很大程度上，将 nlev 赋值为灰度级最大可能数量（通常为 256），因为这样能够利用刚才描述的直方图均衡化方法得到较为正确的执行结果。

例 2.5 直方图均衡化。

图 2.8(a)是花粉的电子显微图像，已放大了近 700 倍。就所需的图像增强而言，这幅图像最突出的特点是较暗，且其动态范围较低。这些特点在图 2.8(b)所示的直方图中很明显，其中图像较暗的性质导致直方图偏向于灰度级的暗端。从直方图相对于整个灰度范围非常狭窄的事实看出，其较低的动态范围是很明显的。令 f 表示输入图像，下列各步骤产生图 2.8(a)到图 2.8(d)所示的结果：

```
>> imshow(f); % Fig. 2.8(a).
>> figure, imhist(f) % Fig. 2.8(b).
>> ylim('auto')
>> g = histeq(f, 256);
>> figure, imshow(g) % Fig. 2.8(c).
>> figure, imhist(g) % Fig. 2.8(d).
>> ylim('auto')
```

图 2.8(c)中的图像是直方图均衡化后的结果。在平均灰度及对比度方面的改进非常明显。如图 2.8(d)所示，这些特点在图像的直方图中也很明显。对比度增加源于直方图在整个灰度级上的显著扩展。灰度级的增加源于均衡化后的图像直方图中灰度级的平均值高于(亮于)原始值。虽然刚刚讨论的直方图均衡化方法并不能生成平坦的直方图，但它具有能增加图像灰度级的动态范围的特性。

> 若 A 是一个向量，则 B=cumsum(A)给出其元素的和。若 A 是一个更高维数的数组，则 B=cumsum(A,dim)给出由 dim 指定的方向的和。

图 2.8 直方图均衡化实例：(a)输入图像；(b)输入图像的直方图；(c)直方图均衡化后的图像；(d)直方图均衡化后的图像的直方图。与图(a)相比，图(c)的改进十分明显(原图像由澳大利亚堪培拉大学生物科学研究院的 Roger Heady 博士提供)

如前所述，在直方图均衡化中使用的变换函数是归一化直方图的累加求和。可以利用函数 cumsum 实现变换功能，如下所示：

```
>> hnorm = imhist(f)./numel(f); % Normalized histogram.
>> cdf = cumsum(hnorm); % CDF.
```

由 cdf 绘制的图形如图 2.9 所示，它可使用如下命令得到：

```
>> x = linspace(0, 1, 256);     % Intervals for [0,1] horiz
                                % scale.
>> plot(x, cdf)                 % Plot cdf vs. x.
>> axis([0 1 0 1]);             % Scale, settings, and labels:
>> set(gca, 'xtick', 0:.2:1)
>> set(gca, 'ytick', 0:.2:1)
>> xlabel('Input intensity values', 'fontsize', 9)
>> ylabel('Output intensity values', 'fontsize', 9)
```

图形中的文本是使用包含该图形的 MATLAB 图形窗口中 **Insert** 菜单下的 TextBox 和 Arrow 命令插入的。可以用函数 annotation 书写代码来将像文本框和箭头这样的项插入图形上，但 **Insert** 菜单更易于使用。

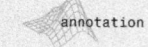

关于如何使用该函数的细节，请参阅该函数的帮助页。

从图 2.8 所示的直方图可以看出，图 2.9 中的变换函数把输入灰度级低端中较窄的灰度级映射到输出图像的整个灰度范围。比较图 2.8 中的输入图像和输出图像，可见图像对比度的改进是很明显的。

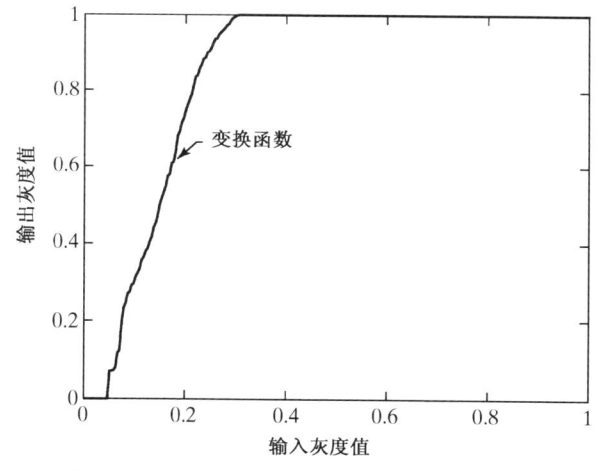

图 2.9 用于将图 2.8(a) 所示输入图像映射到图 2.8(c) 所示输出图像的变换函数

2.3.3 直方图匹配（规定化）

直方图均衡化生成了自适应的变换函数，从这个意义上，它是以给定图像的直方图为基础的。然而，一旦计算完一幅图像的变换函数，它将不再改变，除非直方图发生改变。如前一节所述，直方图均衡化通过把输入图像的灰度级扩展到较宽灰度范围来实现图像增强。本节将说明这种方法有时并不总能导致成功的结果。特别是，能够规定处理后图像的直方图形状在某些应用中是非常有用的。生成具有特定直方图的图像的方法，称为直方图匹配或直方图规定化。

这种方法在原理上很简单。考虑归一化后在区间 [0,1] 内的连续灰度级，令 r 和 z 分别表示输入图像与输出图像的灰度级。输入图像的灰度级具有概率密度函数 $p_r(r)$，输出图像的灰度级具有规定的概率密度函数 $p_z(z)$。从前一节的讨论中知道其变换为

$$s = T(r) = \int_0^r p_r(w)\mathrm{d}w$$

得到的灰度级 s 具有均匀的概率密度函数 $p_s(s)$。现在假设我们定义变量 z 具有下列特性:

$$H(z) = \int_0^z p_z(w)\mathrm{d}w = s$$

记住,我们要寻找的是灰度级为 z 的图像,且具有规定的概率密度 $p_z(z)$。由前面两个等式可得

$$z = H^{-1}(s) = H^{-1}[T(r)]$$

我们可以由输入图像得到 $T(r)$ (这是上一节中讨论的直方图均衡化变换),由此得出结论:只要找到 H^{-1},就能利用前面的等式得到变换后的灰度级 z,其概率密度函数(PDF)为规定的 $p_z(z)$。当处理离散变量时,我们能够保证 $p_z(z)$ 是正确的直方图概率密度函数(即该直方图具有单位面积且其各灰度值均为非负)时,H 的反变换存在,且其元素值非零〔即 $p(z_k)$ 中没有容器是空的〕。如同在直方图均衡化中一样,前面方法的离散实现得到特定直方图的近似。

实现直方图匹配的工具箱函数 histeq 的语法如下:

```
g = histeq(f, hspec)
```

其中,f 为输入图像,hspec 为规定的直方图(一个规定值的行向量),g 为输出图像,输出图像的直方图近似于规定的直方图 hspec。该向量中包含对应于等分容器的整数计数值。histeq 的特性是当 length(hspec) 比图像 f 中的灰度级数小很多时,图像 g 的直方图通常会较好地匹配 hspec。

例 2.6 直方图匹配。

图 2.10(a)显示了火卫一的图像 f,图 2.10(b)显示了使用 imhist(f)得到的直方图。这幅图像受大片较暗区域控制,造成直方图中大部分像素都集中在灰度级的暗端。乍一看,一个可能的结论是直方图均衡会是增强该图像的一种较好方法,因为这会使得较暗区域中的细节更加明显。但使用命令

```
>> f1 = histeq(f, 256);
```

后,结果如图 2.10(c)所示,这一结果表明,使用直方图均衡化方法,在这种情况下,图像出现了"褪色"现象。研究如图 2.10(d)所示均衡化后图像的直方图,我们可以找到出现这一现象的原因。这里,我们看到灰度级已移到了较高端一侧,因而给出了一幅低对比度且有褪色现象的图像。灰度级的移动是由于在原始直方图中灰度级在 0 及其附近区域过于集中。由直方图得到的累积变换函数非常陡,因此把在低端过于集中的像素点映射到了灰度级的高端。

能够补救这种现象的方法之一是利用直方图匹配,期望的直方图在灰度级低端有较小的集中范围,并能够保留原图像直方图的大体形状。我们从图 2.10(b)中注意到,直方图基本上是双峰的,其中一个较大的峰位于原点处,另一个较小的峰位于灰度级的高端。这些类型的直方图可以被建模,如使用多峰高斯函数模拟。下面的 M 函数计算一个归一化到单位区域的双峰高斯函数,因此它可被用做一个规定的直方图。

```
function p = twomodegauss(m1, sig1, m2, sig2, A1, A2, k)
%TWOMODEGAUSS Generates a two-mode Gaussian function.
%   P = TWOMODEGAUSS(M1, SIG1, M2, SIG2, A1, A2, K) generates a
%   two-mode, Gaussian-like function in the interval [0, 1]. P is a
%   256-element vector normalized so that SUM(P) = 1. The mean and
%   standard deviation of the modes are (M1, SIG1) and (M2, SIG2),
%   respectively. A1 and A2 are the amplitude values of the two
%   modes. Since the output is normalized, only the relative values
%   of A1 and A2 are important. K is an offset value that raises the
%   "floor" of the function. A good set of values to try is M1 =
%   0.15, SIG1 = 0.05, M2 = 0.75, SIG2 = 0.05, A1 = 1, A2 = 0.07,
```

twomodegauss

```
%       and K = 0.002.
c1  =  A1 * (1 / ((2 * pi) ^ 0.5) * sig1);
k1  =  2 * (sig1 ^ 2);
c2  =  A2 * (1 / ((2 * pi) ^ 0.5) * sig2);
k2  =  2 * (sig2 ^ 2);
z   =  linspace(0, 1, 256);
p   =  k + c1 * exp(-((z - m1) .^ 2) ./ k1) + ...
       c2 * exp(-((z - m2) .^ 2) ./ k2);
p   =  p ./ sum(p(:));
```

a b
c d

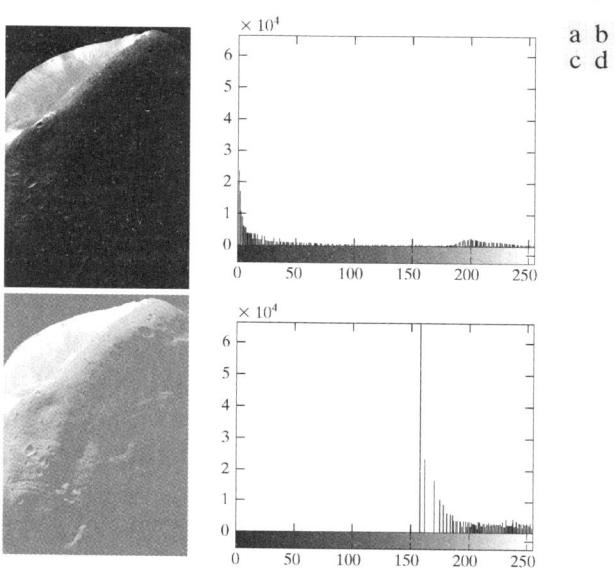

图 2.10 (a) 火卫一的图像;(b) 图 (a) 的直方图;(c) 直方图均衡化处理后的图像;(d) 图 (c) 的直方图(原图像由 NASA 提供)

下面的交互式函数从键盘读取输入信息,并绘制最终的高斯函数。函数 input 输出包含其参量的文字,并等待来自用户的输入。注意图形取值区间的设置。

```
function p = manualhist
%MANUALHIST Generates a two-mode histogram interactively.
%   P = MANUALHIST generates a two-mode histogram using function
%   TWOMODEGAUSS(m1, sig1, m2, sig2, A1, A2, k). m1 and m2 are the
%   means of the two modes and must be in the range [0,1]. SIG1 and
%   SIG2 are the standard deviations of the two modes. A1 and A2 are
%   amplitude values, and k is an offset value that raises the floor
%   of the the histogram. The number of elements in the histogram
%   vector P is 256 and sum(P) is normalized to 1. MANUALHIST
%   repeatedly prompts for the parameters and plots the resulting
%   histogram until the user types an 'x' to quit, and then it
%   returns the last histogram computed.
%
%   A good set of starting values is: (0.15, 0.05, 0.75, 0.05, 1,
%   0.07, 0.002).

% Initialize.
repeats = true;
quitnow = 'x';

% Compute a default histogram in case the user quits before
% estimating at least one histogram.
```

```
p = twomodegauss(0.15, 0.05, 0.75, 0.05, 1, 0.07, 0.002);

% Cycle until an x is input.
while repeats
    s = input('Enter m1, sig1, m2, sig2, A1, A2, k OR x to quit:',...
        's');
    if strcmp(s, quitnow)
        break
    end

    % Convert the input string to a vector of numerical values and
    % verify the number of inputs.
    v = str2num(s);
    if numel(v) ~= 7
        disp('Incorrect number of inputs.')
        continue
    end

    p = twomodegauss(v(1), v(2), v(3), v(4), v(5), v(6), v(7));
    % Start a new figure and scale the axes. Specifying only xlim
    % leaves ylim on auto.
    figure, plot(p)
    xlim([0 255])
end
```

直方图均衡化在本例中出现问题主要是因为在原图像 0 级灰度附近像素过于集中,因此一种合理的方法是修改该图像的直方图,使其不再有此性质。图 2.11(a)显示了一个函数的图形(利用 manualhist 程序得到),它保留了原始直方图的基本形状,并且在图像较暗区域的灰度级有较为平滑的过渡。程序的输出 p 由 256 个该函数产生的等间隔点组成,并且是所期望的规定直方图。一幅具有规定直方图的图像由如下命令生成:

```
>> g = histeq(f, p);
```

图 2.11(b)显示了最终结果。直方图均衡化改进的结果在图 2.10(c)中很明显。我们注意到,规定的直方图表现了较原始直方图更合适的变化。这正是图像增强中取得有意义改进的全部要求。图 2.11(b)的直方图如图 2.11(c)所示。该直方图最突出的特性是,其低端移动到接近灰度级的较亮区域,从而更接近所规定的形状。但要注意到,这里向右的移动却并不像图 2.10(d)所示直方图移动得那么大,因而得到的是图 2.10(c)所示的增强效果较差的一幅图像。

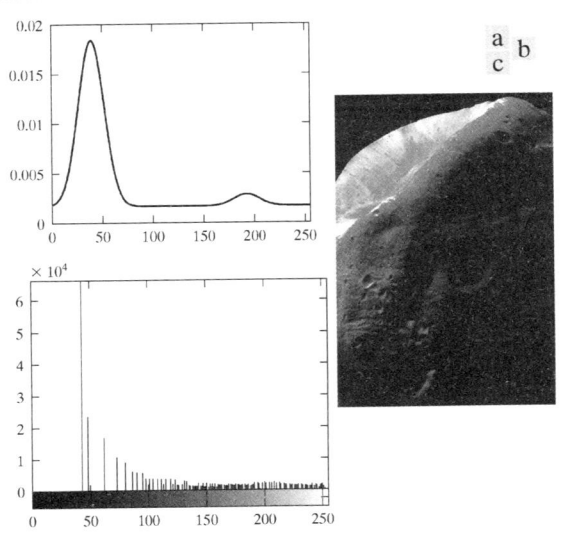

图 2.11 (a)规定的直方图;(b)直方图匹配增强的结果;(c)图(b)的直方图

2.3.4 函数 adapthisteq

这个工具箱函数执行对比度受限的自适应直方图均衡化(Contrast-Limited Adaptive Histogram Equalization，CLAHE)。与前两节讨论的对整个图像进行运算的方法不同的是，这种方法用直方图匹配方法来逐个处理图像中的较小区域(称为小片)。然后，使用双线性内插方法将相邻的小片组合起来，从而消除人为引入的边界。特别是在均匀灰度区域，可以限制对比度来避免放大噪声。adapthisteq 的语法是

> 关于内插，请参阅 5.6 节。

```
g = adapthisteq(f, param1, val1, param2, val2, ...)
```

其中，f 是输入图像，g 是输出图像，param/val 是表 2.2 中所列的内容。

表 2.2 函数 adapthisteq 中所用的参数及相应值

参 数	值
'NumTiles'	一个由正整数组成的两元素向量[r c]，由向量的行和列指定小片数。r 和 c 都必须至少是 2，小片总数等于 r*c。默认值是[8 8]
'ClipLimit'	区间[0,1]内的标量，用于指定对比度增强的限制。较高的值产生较强的对比度。默认值是 0.01
'NBins'	针对建立对比度增强变换所用的直方图容器数目指定的正整数标量。较高的值会在较慢的处理速度下导致较大的动态范围。默认值是 256
'Range'	规定输出图像数据范围的字符串 'original'—范围被限制到原图像的范围，[min(f(:)) max(f(:))] 'full'—使用输出图像类的整个范围。例如，对于 uint8 类的数据，区间是[0, 255]。这是默认值为图像小片
'Distribution'	指定期望直方图形状的字符串 'uniform'—平坦直方图(默认) 'rayleigh'—钟形直方图 'exponential'—曲线直方图(这些分布的公式见 4.2.2 节)
'Alpha'	适用于瑞利和指数分布的非负标量。默认值是 0.4

例 2.7 函数 adapthisteq 的使用。

图 2.12(a)与图 2.10(a)相同，图 2.12(b)是使用函数 adapthisteq 的全部默认设置得到的结果：

```
>> g1 = adapthisteq(f);
```

虽然该结果的细节稍有改善，但图像的重要部分仍然较暗。图 2.12(c)显示了将小片尺寸增加到[25 25]后的结果：

```
>> g2 = adapthisteq(f, 'NumTiles', [25 25]);
```

清晰度稍有增加，但未见到新的细节。使用命令

```
>> g3 = adapthisteq(f, 'NumTiles', [25 25], 'ClipLimit', 0.05);
```

产生了图 2.12(d)所示的结果。与前面的两个结果相比，这幅图像的细节得到了明显增强。事实上，比较图 2.12(d)和图 2.11(b)可提供一个极好的佐证：局部增强方法好于全局增强方法，但付出的代价通常是额外的函数复杂性。

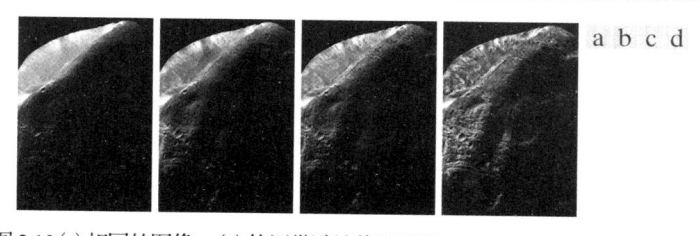

图 2.12 (a)与图 2.10(a)相同的图像；(b)使用带默认值的函数 adapthisteq 后的结果；(c)将参数 NumTiles 置为[25 25]来使用这个函数后的结果；(d)使用这一小片数量且 ClipLimit = 0.05 所得到的结果

2.4 空间滤波

如 2.1 节中提到并在图 2.1 中说明的那样,邻域处理由如下步骤组成:(1)选取中心点(x,y);(2)仅对预先定义的关于点(x,y)的邻域内的像素执行运算;(3)令运算结果为该点处的响应;(4)对图像中的每一点重复该处理。中心点移动的过程会产生新的邻域,每个邻域对应输入图像上的一个像素。用来标识该处理的两个主要术语是邻域处理和空间滤波,其中后者更为通用。如下节所述,若对邻域中像素执行的计算为线性的,则称该运算为线性空间滤波(也用术语空间卷积);否则称为非线性空间滤波。

2.4.1 线性空间滤波

线性滤波的概念源于频域中信号处理对傅里叶变换的应用,这是将在第 3 章中详细讨论的主题。在本章中,我们感兴趣的是直接对图像中的像素执行滤波运算。我们使用术语线性空间滤波来区分这种类型的处理与频域滤波。

本章中感兴趣的线性运算包括邻域中的每个像素乘以相应的系数,将结果求和,从而得到点(x,y)处的响应。若邻域的大小为$m×n$,则需要mn个系数。这些系数被排列为一个矩阵,称为滤波器、模板、滤波模板、核、掩模或窗口,其中前三个术语最常见。为变得更明显一些,也用卷积滤波、卷积模板或卷积核等术语。

图 2.13 说明了线性空间滤波的原理。这个过程是在图像 f 中逐点移动滤波模板 w 的中心。在每个点(x,y)处,滤波器在该点的响应是由滤波模板限定的对应邻域像素与滤波器系数乘积结果的累加和。对于一个大小为$m×n$的模板,我们通常假定$m = 2a+1$和$n = 2b+1$,其中a和b为非负整数。所有的假设都基于模板的大小为奇数尺寸的原则,有意义的最小模板尺寸为3×3。尽管这并不是一个必然要求,但处理奇数尺寸的模板会更加直观,因为它们都有一个明确的中心点。

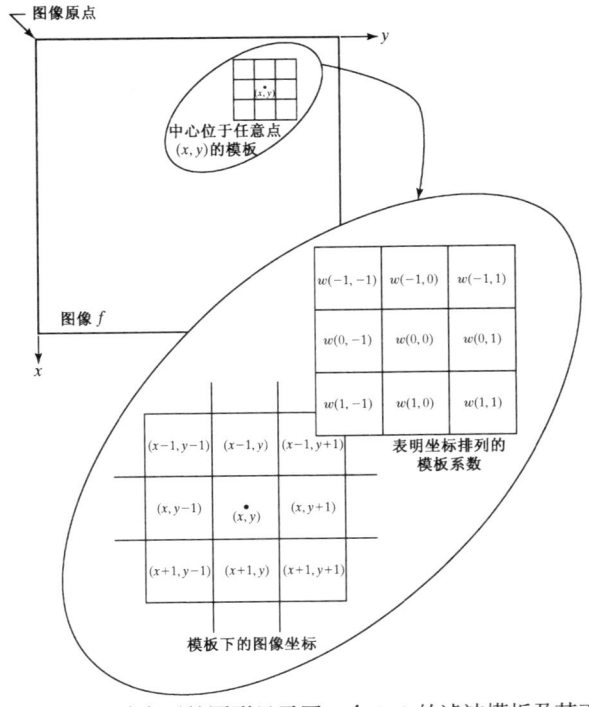

图 2.13 线性空间滤波的原理。放大了的图形显示了一个 3×3 的滤波模板及其正下方的对应图像邻域

执行线性空间滤波时，必须理解两个意义相近的概念：一个是相关；另一个是卷积。相关是指令模板 w 按照图 2.13 所示的方式通过图像数组 f 的处理。从原理方面讲，卷积是相同的过程，只不过在 w 通过 f 之前先将其旋转 180°。通过一些例子可很好地说明这两个概念。

图 2.14(a) 说明了一个一维函数 f 和一个模板 w。假设 f 的原点定为其最左边的点。为执行两个函数的相关，移动 w 使其最右边的点与 f 的原点重合，如图 2.14(b) 所示。注意到这两个函数之间有一些点没有重叠。处理这种问题最通用的方法是对 f 填充足够且必要的 0 点，以保证在 w 通过 f 的整个过程中，总会有相对应的点。这种情况如图 2.14(c) 所示。

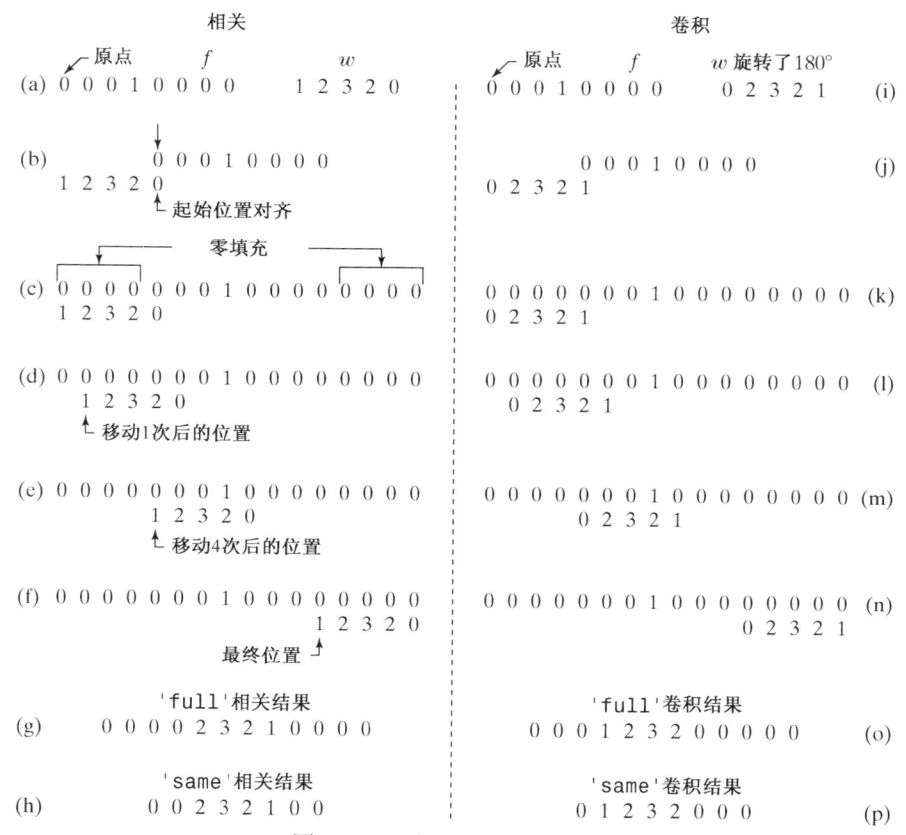

```
              相关                                   卷积
          原点   f      w                       原点   f      w旋转了180°
(a)  0 0 0 1 0 0 0 0    1 2 3 2 0         0 0 0 1 0 0 0 0    0 2 3 2 1         (i)

             ↓
(b)  0 0 0 1 0 0 0 0                             0 0 0 1 0 0 0 0                (j)
     1 2 3 2 0                             0 2 3 2 1
        起始位置对齐

           零填充
(c)  0 0 0 0 0 0 0 1 0 0 0 0 0 0 0 0      0 0 0 0 0 0 0 1 0 0 0 0 0 0 0 0       (k)
     1 2 3 2 0                             0 2 3 2 1

(d)  0 0 0 0 0 0 0 1 0 0 0 0 0 0 0 0      0 0 0 0 0 0 0 1 0 0 0 0 0 0 0 0       (l)
       1 2 3 2 0                             0 2 3 2 1
       移动1次后的位置

(e)  0 0 0 0 0 0 0 1 0 0 0 0 0 0 0 0      0 0 0 0 0 0 0 1 0 0 0 0 0 0 0 0       (m)
             1 2 3 2 0                             0 2 3 2 1
             移动4次后的位置

(f)  0 0 0 0 0 0 0 1 0 0 0 0 0 0 0 0      0 0 0 0 0 0 0 1 0 0 0 0 0 0 0 0       (n)
                      1 2 3 2 0                             0 2 3 2 1
                   最终位置

          'full'相关结果                           'full'卷积结果
(g)    0 0 0 0 2 3 2 1 0 0 0 0            0 0 0 1 2 3 2 0 0 0 0 0              (o)

          'same'相关结果                           'same'卷积结果
(h)        0 0 2 3 2 1 0 0                      0 1 2 3 2 0 0 0                (p)
```

图 2.14 一维相关和卷积的说明

现在准备执行相关。相关的第一个值是图 2.14(c) 所示位置上两个函数乘积的累加和。此时，乘积的和为 0。接着，将 w 向右移动一个位置并重复上述过程［见图 2.14(d)］。乘积的和仍为 0。经过 4 次移动［见图 2.14(e)］，我们首次得到相关中的非零值，即 (2)(1) = 2。按照这种方式继续，直至 w 全部通过 f［最终的几何关系如图 2.14(f) 所示］，我们得到了如图 2.14(g) 所示的结果。这组值即为 w 与 f 的相关。假设我们已对 w 进行了零填充处理，用填充过的 w 最左边的元素对准 f 最右边的元素，用刚才描述的方法执行相关，则结果将会不同(旋转了 180°)，所以在相关中，函数的顺序也是有影响的。

在图 2.14(g) 所示的相关中，符号 'full' 是由工具箱使用的一个标记(稍后讨论)，用来指示使用刚才描述过的方法填充图像并计算相关。工具箱提供另一个选项，在图 2.14(h) 中用 'same' 表示，它产生一个大小与 f 相同的相关。这种计算同样也使用零填充，但是开始位置位于 f 的原点与模板的中心点对准的位置(w 中标记为 3 的点)。最后的计算是 f 的最终点与模板的中心点对准。

为了执行卷积，我们将 w 旋转 180°，并将它最右边的点放在 f 的原点位置，如图 2.14(j) 所示。然后，重复在相关中使用的滑动/计算过程，如图 2.14(k) 和 (n) 所示。'full' 和 'same' 卷积的结果分别如图 2.14(o) 和图 2.14(p) 所示。

图 2.14 中的函数 f 是一个离散单位冲激函数，它在一个位置的值为 1，在其他位置的值为 0。从图 2.14(o) 或图 2.14(p) 的结果，可以很明显地看出与一个冲激函数卷积刚好就是在该冲激的位置"复制" w。这个"复制"性质(称为取样)是线性系统理论中的一个基本概念，也是其中一个函数总会在卷积中旋转 180° 的原因。注意，不同于相关，交换函数的顺序会产生同样的卷积结果。若函数的移动是对称的，则很显然，卷积和相关会产生同样的结果。

前面的概念可以很容易地被推广到图像中，如图 2.15 所示。原点位于图像 $f(x,y)$ 的左上角(见图 1.2)。为了执行相关计算，把 $w(x,y)$ 放在最右下角点，这样它就与 $f(x,y)$ 的原点一致了，如图 2.15(c) 中所示。注意，由于图 2.14 中讨论过的原因，使用了零填充。为了执行相关计算，在所有可能的位置上移动 $w(x,y)$，以便其至少有一个像素会与原图像 $f(x,y)$ 相重叠。'full' 相关的结果如图 2.15(d) 所示。为了得到图 2.15(e) 所示的 'same' 相关，要求 $w(x,y)$ 的所有偏移都能满足其中心像素覆盖原始的 $f(x,y)$。对于卷积来说，我们将 $w(x,y)$ 旋转 180°，然后按照和相关一样的方法进行[见图 2.15(f) 到图 2.15(h)]。如前面讨论过的一维例子那样，卷积产生同样的结果，而与函数的顺序无关。在相关中，顺序很重要，工具箱通过假设滤波模板总是正在平移的函数清楚解释了这一事实。还要注意的一个重要事实是，图 2.15(e) 所示的空间相关结果和图 2.15(h) 所示的空间卷积结果只是彼此旋转了 180°。当然，这也是我们所预期的，因为卷积与相关相比，只不过旋转了滤波模板。

下面以公式的形式总结一下前面的讨论。大小为 $m \times n$ 的滤波模板 $w(x,y)$ 与函数 $f(x,y)$ 的相关，由 $w(x,y) \star f(x,y)$ 表示：

$$w(x,y) \star f(x,y) = \sum_{s=-a}^{a} \sum_{t=-b}^{b} w(s,t) f(x+s, y+t)$$

该公式对所有的偏移变量 x 和 y 求值，以便 w 中的所有元素访问 f 中的每个像素，其中假定 f 已被适当地进行了零填充。常数 a 和 b 由 $a = (m-1)/2$ 和 $b = (n-1)/2$ 给出。为了简化符号表示，假定 m 和 n 是奇整数。

采用类似的方法，$w(x,y)$ 和 $f(x,y)$ 的卷积由 $w(x,y) \star f(x,y)$ 表示：

$$w(x,y) \star f(x,y) = \sum_{s=-a}^{a} \sum_{t=-b}^{b} w(s,t) f(x-s, y-t)$$

式中，右边的减号翻转 f (即把它旋转 180°)。旋转和移动 f 而替代 w 是为了简化符号表示，结果是一样的[1]。求和中的项与相关中的相应项相同。

工具箱使用函数 imfilter 来实现线性空间滤波，该函数的语法如下：

g = imfilter(f, w, filtering_mode, boundary_options, size_options)

其中，f 为输入图像，w 为滤波模板，g 为滤波后的结果，其他参数总结在表 2.3 中。filtering_mode 对相关规定为 'corr' (默认情形)，对卷积规定为 'conv'。boundary_options 处理边界填充问题，边界的大小由滤波器的尺寸确定。这些选项的详细解释可参阅例 2.8。size_options 不是 'same' 就是 'full'，如图 2.14 和图 2.15 所示。

---

[1] 卷积满足交换律，因此有 $w(x,y) \star f(x,y) = f(x,y) \star w(x,y)$。相关不满足交换律，这一点通过颠倒 2.14(a) 中的两个函数的顺序即可看到。

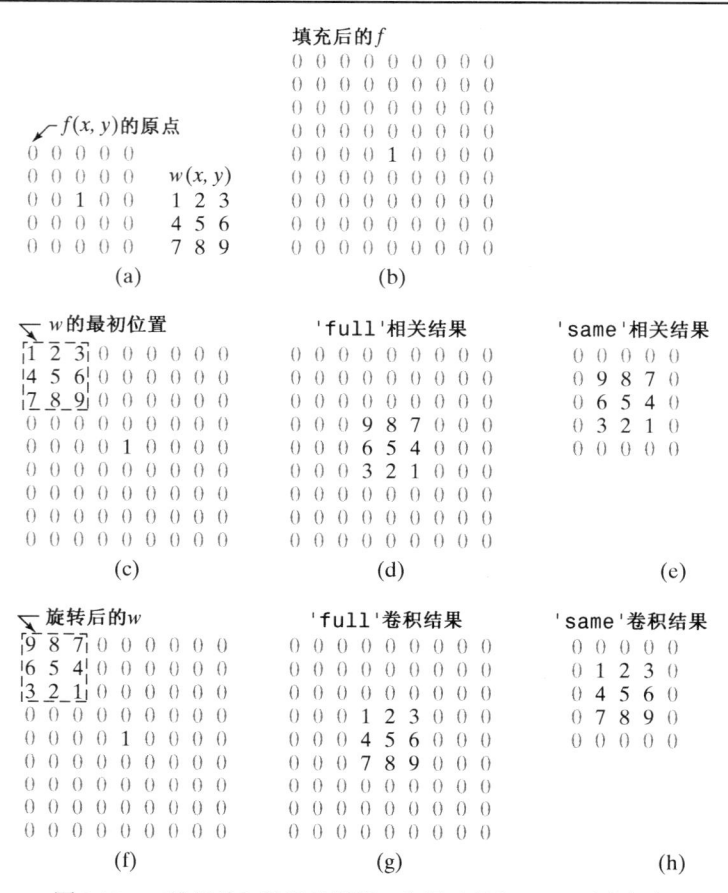

```
      f(x,y)的原点             填充后的f
                           0 0 0 0 0 0 0 0
                           0 0 0 0 0 0 0 0
                           0 0 0 0 0 0 0 0
   0 0 0 0 0               0 0 0 0 0 0 0 0
   0 0 0 0 0               0 0 0 0 1 0 0 0
   0 0 0 0 0    w(x,y)     0 0 0 0 0 0 0 0
   0 0 1 0 0    1 2 3      0 0 0 0 0 0 0 0
   0 0 0 0 0    4 5 6      0 0 0 0 0 0 0 0
   0 0 0 0 0    7 8 9
        (a)                       (b)
```

```
  w的最初位置                'full'相关结果          'same'相关结果
 ┌1 2 3┐
 │4 5 6│0 0 0 0 0         0 0 0 0 0 0 0 0         0 0 0 0 0
 │7 8 9│0 0 0 0 0         0 0 0 0 0 0 0 0         0 9 8 7 0
 └     ┘0 0 0 0 0         0 0 0 9 8 7 0 0         0 6 5 4 0
   0 0 0 0 0               0 0 0 6 5 4 0 0         0 3 2 1 0
   0 0 0 1 0               0 0 0 3 2 1 0 0         0 0 0 0 0
   0 0 0 0 0               0 0 0 0 0 0 0 0
   0 0 0 0 0               0 0 0 0 0 0 0 0
   0 0 0 0 0               0 0 0 0 0 0 0 0
        (c)                       (d)                     (e)
```

```
  旋转后的w                  'full'卷积结果          'same'卷积结果
 ┌9 8 7┐
 │6 5 4│0 0 0 0 0         0 0 0 0 0 0 0 0         0 0 0 0 0
 │3 2 1│0 0 0 0 0         0 0 0 0 0 0 0 0         0 1 2 3 0
 └     ┘0 0 0 0 0         0 0 0 1 2 3 0 0         0 4 5 6 0
   0 0 0 0 0               0 0 0 4 5 6 0 0         0 7 8 9 0
   0 0 0 1 0               0 0 0 7 8 9 0 0         0 0 0 0 0
   0 0 0 0 0               0 0 0 0 0 0 0 0
   0 0 0 0 0               0 0 0 0 0 0 0 0
   0 0 0 0 0               0 0 0 0 0 0 0 0
        (f)                       (g)                     (h)
```

图2.15 二维相关和卷积的说明。为便于观察，0显示为灰色

表2.3 函数 imfilter 的选项

选项	描述
filtering_mode	
'corr'	使用相关完成滤波(见图2.14和图2.15)。这是默认值
'conv'	使用卷积完成滤波(见图2.14和图2.15)
boundary_options	
P	输入图像的边界通过使用值P(注意无引号)填充来扩展。这是默认选项，值为0
'replicate'	图像的大小通过复制图像边界外的值来扩展
'symmetric'	图像的大小通过边界镜像反射来扩展
'circular'	图像的大小通过将图像处理为二维周期函数的一个周期来扩展
size_options	
'full'	输出与扩展(填充)后的图像大小相同(见图2.14和图2.15)
'same'	输出图像的大小与输入图像的大小相同。这是通过将滤波模板中心的偏移限制到原图像中所包含的点来实现的(见图2.14和图2.15)。该值是默认值

imfilter 的最常见语法是

```
g = imfilter(f, w, 'replicate')
```

当在工具箱中实现标准的线性空间滤波时，使用这一语法。2.5.1节中讨论的那些滤波器，要预先旋转180°，以便可以在 imfilter 中默认使用相关(通过讨论图2.15，可知使用一个旋转后的滤波器执行相

关运算与使用该原始滤波器执行卷积运算是相同的)。若该滤波器关于其中心对称,则两种运算产生相同的结果。

不管是使用预先旋转的滤波器还是使用对称的滤波器,只要希望执行卷积,就有两种选择。一种选择是利用语法

```
g = imfilter(f, w, 'conv', 'replicate')
```

另一种选择是首先使用函数 rot90(w,2) 把 w 旋转 180°,然后使用函数 imfilter(f, w, 'replicate')。这两步可以合二为一:

```
g = imfilter(f, rot90(w, 2), 'replicate')
```

> rot90(w, k)将 w 旋转 k*90 度,其中 k 是一个整数。

结果是一幅大小与输入相同的图像 g(即前面讨论的默认'same'模式)。

滤波后图像的每个元素都使用浮点算法来计算。但 imfilter 会将输出图像转换为与输入图像相同的类。因此,若 f 是一个整数数组,则输出元素中超过整数类型范围的将被截去,小数部分四舍五入。若结果要求更高的精度,则在使用 imfilter 之前,要使用函数 im2single、im2double 或 tofloat(见1.7.8 节)将 f 转换为浮点型。

例2.8 函数 imfilter 的应用。
图 2.16(a)是一幅大小为 512×512 像素的 double 类图像 f。考虑一个 31×31 的滤波器

```
>> w = ones(31);
```

这是一个与平均滤波器成比例的滤波器。我们未用 $(31)^2$ 去除系数,以便在本例的末尾说明使用 imfilter 来标定一幅 uint8 类图像的效果。

滤波器 w 与一幅图像进行卷积会产生模糊的结果。因为该滤波器是对称的,所以可以在 imfilter 中使用默认的相关。图 2.16(b)示出了执行下述滤波运算后的结果:

```
>> gd = imfilter(f, w);
>> imshow(gd, [ ])
```

此处使用了默认的边界选项,即用零(黑色)对图像边界进行填充。如期望的那样,滤波后的图像中黑白边缘被模糊了,但只出现在图像较亮的部分与边界之间的边缘上。原因在于填充的边界是黑色的。使用'replicate'选项可以解决这一问题:

```
>> gr = imfilter(f, w, 'replicate');
>> figure, imshow(gr, [ ])
```

如图 2.16(c)所示,滤波后图像的边界正如我们所料。此时,使用选项'symmetric'可以获得相同的结果:

```
>> gs = imfilter(f, w, 'symmetric');
>> figure, imshow(gs, [ ])
```

图 2.16(d)显示了结果。然而,使用'circular'选项

```
>> gc = imfilter(f, w, 'circular');
>> figure, imshow(gc, [ ])
```

产生了如图 2.16(e)所示的结果,它显示了与零填充出现的同样问题。这也正如我们所料,因为周期性的使用可使得图像的黑暗部分邻近明亮区域。

最后,我们说明 imfilter 产生与输入相同类的结果,但处理不当会产生很大的问题:

```
>> f8 = im2uint8(f);
>> g8r = imfilter(f8, w, 'replicate');
>> figure, imshow(g8r, [ ])
```

图 2.16(f)显示了这些运算的结果。这里，当输出通过 imfilter 转换为与输入相同的类（unit8类）时，裁剪会引起数据丢失。原因是模板的系数不在区间[0, 1]内求和，从而引起滤波后的结果超出区间[0, 255]。为避免这种问题，我们有一个归一化系数的选项，该选项可使系数的和限定在区间[0, 1]内（在当前情形下，我们可以用系数除以 31 的平方，得到和为 1），或者输入 single 或 double 格式的数据。但要注意的是，即使使用了第二个选项，数据仍然需要归一化到在某些场合（如用于存储）可用的图像格式。每种方法都有效；关键是要了解数据的范围，以避免意外的结果。

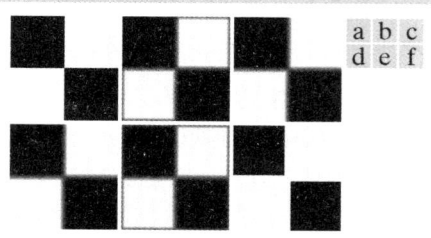

图 2.16 (a)原图像；(b)原图像经零填充和 imfilter 函数处理后的结果；(c)使用选项'replicate'的结果；(d)使用选项'symmetric'的结果；(e)使用选项'circular'的结果；(f)将原图像转换为uint8类,然后利用选项'replicate'进行滤波的结果。滤波器大小为 31×31，且所有元素都是 1

2.4.2 非线性空间滤波

非线性空间滤波也是基于邻域运算的，其用一个 $m\times n$ 滤波器的中心点滑过一幅图像的原理，与前一节讨论的原理相同。然而，线性空间滤波基于计算乘积和(这是一个线性运算)，而非线性空间滤波则基于涉及滤波器包围的邻域内像素的非线性运算。例如，令每个中心点处的响应等于其邻域内的最大像素值的运算，即为一种非线性滤波运算。另一个基本区别是，模板的概念在非线性处理中不是那么普遍。滤波的概念仍然存在，但"滤波器"应视为对一个邻域的像素进行运算的非线性函数，其响应即构成非线性运算的结果。

工具箱提供了两个函数来执行常见的非线性滤波：nlfilter 和 colfilt。前者直接执行二维运算，而 colfilt 按列的形式组织数据。尽管 colfilt 需要占用更多的内存，但执行起来要比 nlfilter 快得多。在大多数图像处理应用中，速度是最重要的因素，因此在实现非线性空间滤波时，更多地采用 colfilt 而非 nlfilt。

给定一幅大小为 $M\times N$ 的输入图像 f，邻域大小为 $m\times n$，函数 colfilt 生成一个最大尺寸为 $mn\times MN$ 的矩阵[①]，称为 A。该矩阵中的每一列，对应于图像中被邻域包围的像素。例如，当邻域中心位于 f 的最左上侧时,第一列对应于该邻域所包围的像素。所有要进行的填充都用零填充并由 colfilt 透明地处理。

函数 colfilt 的语法为

g = colfilt(f, [m n], 'sliding', fun)

其中，m 和 n 表示滤波区域的维数，'sliding'表明处理过程是 $m\times n$ 区域在输入图像 f 中逐像素地滑动，fun 是一个函数句柄（见 1.7.8 节）。

基于矩阵 A 的组织方式，函数 fun 必须分别对 A 的每一列进行运算，并返回一个行向量 v，v 的第 k 个元素即是对 A 中的第 k 列进行 fun 运算后的结果。因为 A 中最多有 MN 列，所以 v 的最大维数为 $1\times MN$。

---

① A 总有 mn 行，但列数可变，具体取决于输入的尺寸。尺寸选取由 colfilt 自动管理。

上一节讨论的线性滤波方法中，需要对图像进行填充来处理空间滤波中固有的边界问题。但在使用 colfilt 时，滤波前必须显式地填充输入图像。为此，使用二维函数 padarray，其语法为

$$fp = padarray(f, [r\ c], method, direction)$$

其中，f 为输入图像，fp 为填充后的图像，[r c]表示用于填充 f 的行数和列数，method 和 direction 的含义见表 2.4。例如，若 f = [1 2; 3 4]，则执行命令

```
>> fp = padarray(f, [3 2], 'replicate', 'post')
```

会产生如下结果：

```
fp =
    1   2   2   2
    3   4   4   4
    3   4   4   4
    3   4   4   4
    3   4   4   4
```

若参数中不包含 direction，则默认值为'both'。若不包含 method，则默认使用零来填充。

表 2.4 函数 **padarray** 的选项

选项	描述
method	
'symmetric'	图像的尺寸通过边界镜像反射来扩展
'replicate'	图像的尺寸通过复制外部边界的值来扩展
'circular'	图像的尺寸通过将图像视为一个二维周期函数的一个周期来扩展
direction	
'pre'	在每维的第一个元素之前填充
'post'	在每维的最后一个元素之后填充
'both'	在每维的第一个元素之前和最后一个元素之后填充。该选项是默认值

例 2.9 使用函数 **colfilt** 实现非线性空间滤波。

正如对函数 colfilt 的说明那样，我们实现一个非线性滤波器，该滤波器在任何点的响应都是以该点为中心点的邻域中的像素灰度值的几何平均。大小为 $m \times n$ 的邻域中的几何平均是该邻域内灰度值乘积的 $1/mn$ 次幂。首先如匿名函数句柄（见 1.7.8 节）那样实现该非线性滤波器函数：

```
>> gmean = @(A) prod(A, 1)^1/size(A, 1);
```

为了削减边界效应，使用函数 padarray 中的选项'replicate'来填充输入图像：

```
f = padarray(f, [m n], 'replicate');
```

接下来，调用函数 colfilt：

```
>> g = colfilt(f, [m n], 'sliding', @gmean);
```

若 A 是向量，则 prod(A)返回元素的乘积。若 A 是矩阵，则 prod(A)将列作为向量处理，并返回每列的积的一个行向量。prod(A,dim)计算 A 中由 dim 指定方向的乘积。当 A 是多维数组时，该函数如何运用的详细信息，请参阅该函数的帮助页。

这里有几个要点。首先，应当注意使用 colfilt 自动地将矩阵 A 传递给了匿名函数句柄 gmean；其次，如前所述，矩阵 A 总有 mn 行，但列数可变。因此，gmean（或任何由 colfilt 传递的其他函数句柄）必须写成可处理可变列数的形式。

此时，滤波过程是计算邻域内所有像素的乘积，并将结果取 $1/mn$ 次幂。对于任意值 (x, y)，该点的滤波结果包含在 v 中的适当列中。关键要求是函数对 A 的列进行运算，而不管有多少列，并返回一个包含所有单独列的行向量。然后，函数 colfilt 获得这些结果，并对其重新排列以产生输出图像 g。

最后，删除先前插入的填充：
```
>> [M, N] = size(f);
>> g = g((1:M) + m, (1:N) + n);
```
以便 g 的大小与 f 的大小相同。

一些通用的非线性滤波器可通过其他 MATLAB 和工具箱函数实现，如 imfilter 和 ordfilt2（见 2.5.2 节）。例如，4.3 节中的函数 spfilt，在例 2.9 中通过 imfilter 和 MATLAB 的函数 log 与 exp 实现几何平均滤波器。当这种实现可能时，性能通常会快得多，且所用内存也只是 colfilt 要求的一小部分。但在没有可以替换实现的情形下，函数 colfilt 仍是进行非线性滤波运算的最好选择。

2.5 图像处理工具箱的标准空间滤波器

本节讨论由工具箱支持的线性和非线性空间滤波器。其他自定义滤波器函数将在 4.3 节中实现。

2.5.1 线性空间滤波器

工具箱支持许多预定义的二维线性空间滤波器，这些滤波器可通过函数 fspecial 得到，该函数生成一个滤波模板 w，语法为

$$w = \text{fspecial}('type', parameters)$$

其中，'type'指定滤波器的类型，parameters 进一步定义规定的滤波器。由 fspecial 生成的空间滤波器汇总于表 2.5 中，表中包括了每种滤波器的适用参数。

表 2.5 函数 **fspecial** 所支持的空间滤波器。表中的几个滤波器用于 7.1 节中的边缘检测

类 型	语法和参数
'average'	fspecial('average', [r c])。一个大小为 r×c 的矩形平均滤波器。默认值为 3×3。若由单个数代替[r c]，则表示这是一个正方形滤波器
'disk'	fspecial('disk', r)。一个半径为 r 的圆形平均滤波器(包含在 2r+1 大小的正方形内)。默认半径为 5
'gaussian'	fspecial('gaussian', [r c], sig)。一个大小为 r×c、标准差为 sig(正)的高斯低通滤波器。默认值为 3×3 和 0.5。若由单个数代替[r c]，则表示这是一个正方形滤波器
'laplacian'	fspecial('laplacian', alpha)。一个大小为 3×3 的拉普拉斯滤波器，其形状由 alpha 指定，alpha 是一个在区间[0, 1]内的数。alpha 的默认值为 0.2
'log'	fspecial('log', [r c], sig)。一个大小为 r×c、标准差为 sig(正)的高斯-拉普拉斯(LoG)滤波器。默认值为 5×5 和 0.5。若用单个数代替[r c]，则表示这是一个正方形滤波器
'motion'	fspecial('motion', len, theta)。当与一幅图像卷积时，输出一个滤波器来近似计算 len 个像素的线性运动(类似于相机与景物的关系)。运动的方向为 theta，单位为度，以水平方向为参考逆时针转动。默认值为 9 和 0，表示沿水平方向 9 个像素的运动
'prewitt'	fspecial('prewitt')。输出一大小为 3×3 的 Prewitt 滤波器 wv，用来近似计算垂直梯度。水平梯度模板可以通过将结果转置来得到：wh=wv'
'sobel'	fspecial('sobel')。输出一个大小为 3×3 的 Sobel 滤波器 sv，用来近似计算垂直梯度。水平梯度滤波器可以通过将结果转置来得到：sh = sv'
'unsharp'	fspecial('unsharp', alpha)。输出一个大小为 3×3 的钝化滤波器。alpha 控制形状，其值必须在区间[0,1]内，默认值为 0.2

例 2.10 使用函数 imfilter 实现拉普拉斯滤波器。

下面使用一个拉普拉斯滤波器来增强图像，以说明函数 fspecial 和 imfilter 的用法。图像 $f(x,y)$ 的拉普拉斯算子定义为 $\nabla^2 f(x,y)$：

$$\nabla^2 f(x,y) = \frac{\partial^2 f(x,y)}{\partial x^2} + \frac{\partial^2 f(x,y)}{\partial y^2}$$

二阶导数的常用数字近似为

$$\frac{\partial^2 f(x,y)}{\partial x^2} = f(x+1,y) + f(x-1,y) - 2f(x,y)$$

和

$$\frac{\partial^2 f(x,y)}{\partial y^2} = f(x,y+1) + f(x,y-1) - 2f(x,y)$$

因而有

$$\nabla^2 f(x,y) = [f(x+1,y) + f(x-1,y) + f(x,y+1) + f(x,y-1)] - 4f(x,y)$$

> 关于梯度，请参阅 5.6.1 节和 7.1.3 节。

该表达式可应用于图像中的所有点，方法是使用下面的空间模板与图像卷积：

```
0    1    0
1   -4    1
0    1    0
```

数字二阶导数的一种可选定义是考虑对角线元素，且可以使用下面的模板实现：

```
1    1    1
1   -8    1
1    1    1
```

两个导数有时可以用这里所示的相反符号定义，得到与前面两个模板正好相反的结果。

使用拉普拉斯算子进行图像增强的基本公式为

$$g(x,y) = f(x,y) + c\left[\nabla^2 f(x,y)\right]$$

式中，$f(x,y)$ 为输入图像，$g(x,y)$ 为增强后的图像；模板的中心系数为正时，c 为 1，否则 c 为 -1 (Gonzalez and Woods[2008])。因为拉普拉斯是微分算子，因此它将使图像钝化，但会使恒定区域为 0。把结果与原图像相加可恢复灰度级色调。

函数 fspecial('laplacian', alpha) 实现一个更为通用的拉普拉斯模板：

$$\begin{array}{ccc} \frac{\alpha}{1+\alpha} & \frac{1-\alpha}{1+\alpha} & \frac{\alpha}{1+\alpha} \\ \frac{1-\alpha}{1+\alpha} & \frac{-4}{1+\alpha} & \frac{1-\alpha}{1+\alpha} \\ \frac{\alpha}{1+\alpha} & \frac{1-\alpha}{1+\alpha} & \frac{\alpha}{1+\alpha} \end{array}$$

它可以对增强的结果进行精细的调整。但拉普拉斯算子的主要应用则基于刚刚讨论的这两种模板。

下面应用拉普拉斯算子来增强图 2.17(a) 所示的图像。这是一幅略显模糊的月球北极图像。此时，对图像的增强运算是锐化图像，同时尽可能地保留其灰度层次。首先，生成并显示该拉普拉斯滤波器：

```
>> w = fspecial('laplacian', 0)
w =
    0.0000    1.0000    0.0000
    1.0000   -4.0000    1.0000
    0.0000    1.0000    0.0000
```

注意，该滤波器是 double 类的，其 alpha = 0 的形状是前面讨论过的拉普拉斯滤波器。我们可以很容易地人为规定其形状为

```
>> w = [0 1 0; 1 -4, 1; 0 1 0];
```

下面对输入图像 f [见图 2.17(a)] 应用 w, 图像 f 是 uint8 类图像:

```
>> g1 = imfilter(f, w, 'replicate');
>> imshow(g1, [ ])
```

图 2.17(b) 显示了结果图像。这一结果看起来是合理的, 但存在一个问题: 所有的像素都是正的。由于滤波器中心系数为负, 因此我们通常希望得到的是一个带有正值和负值的拉普拉斯图像。但此时 f 是 uint8 类的, 如前一节所述, imfilter 给出了与输入图像类相同的输出, 所以负值被裁剪掉了。在对图像 f 滤波前, 通过将其转换为浮点数可解决这一问题:

```
>> f2 = tofloat(f);
>> g2 = imfilter(f2, w, 'replicate');
>> imshow(g2, [ ])
```

图 2.17(c) 显示的结果是拉普拉斯图像的典型外观。

最后, 从原图像中减去(因为中心系数为负值)拉普拉斯图像, 以恢复失去的灰度层次:

```
>> g = f2 - g2;
>> imshow(g);
```

示于图 2.17(d) 中的结果要比原图像清晰。

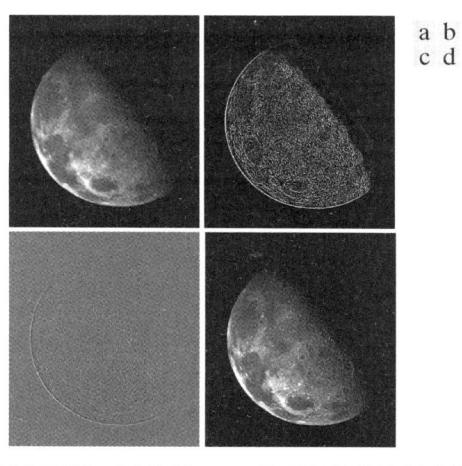

图 2.17 (a)月球北极图像; (b)使用 uint8 格式经拉普拉斯滤波后的图像(因为 uint8 是无符号类型, 输出中的负值被裁剪为 0); (c)使用浮点格式获得的经拉普拉斯滤波后的图像; (d)从图(a)中减去图(c)所得到的增强后的结果(原图像由 NASA 提供)

例 2.11 人为指定滤波器及增强技术的比较。

增强问题的求解常常需要工具箱之外的滤波器。拉普拉斯滤波器就是一个很好的例子。工具箱支持一个中心系数为 -4 的 3×3 拉普拉斯滤波器。通常, 使用中心系数为 -8、周围的值均为 1 的 3×3 拉普拉斯滤波器, 可得到更为清晰的图像。本例的目的是人为实现这个滤波器, 并比较使用这两种拉普拉斯方式得到的结果。命令序列如下:

```
>> f = imread('Fig0217(a).tif');
>> w4 = fspecial('laplacian', 0); % Same as w in Example 2.10.
>> w8 = [1 1 1; 1 -8 1; 1 1 1];
>> f = tofloat(f);
>> g4 = f - imfilter(f, w4, 'replicate');
```

```
>> g8 = f - imfilter(f, w8, 'replicate');
>> imshow(f)
>> figure, imshow(g4)
>> figure, imshow(g8)
```

为便于比较，图 2.18(a)再次显示了原始的月球图像。图 2.18(b)显示了 g4 图像，它与图 2.17(d)相同，图 2.18(c)显示了 g8 图像。如期望的那样，该结果要比图 2.18(b)清晰得多。

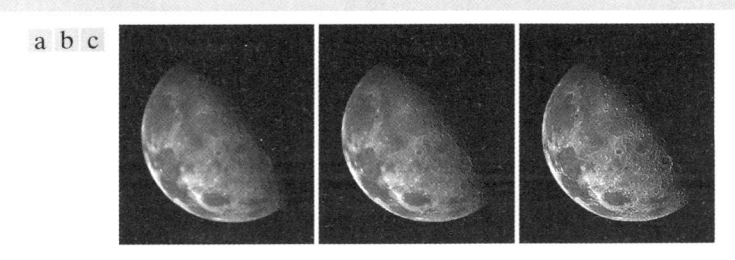

图 2.18　(a)月球北极的图像；(b)使用中心系数为 –4 的拉普拉斯滤波器增强后的图像；(c)使用中心系数为 –8 的拉普拉斯滤波器增强后的图像

2.5.2　非线性空间滤波器

函数 ordfilt2 计算排序统计滤波器(也称为排序滤波器)。这些滤波器是非线性空间滤波器，它们的响应基于对图像邻域中所包含像素的排序，然后使用排序结果确定的值替换邻域中的中心像素值。本节关注由函数 ordfilt2 生成的非线性滤波器。其他一些非线性滤波器函数将在 4.3 节中开发和实现。

函数 ordfilt2 的语法为

$$g = \text{ordfilt2}(f, \text{order}, \text{domain})$$

该函数通过使用邻域的排序集合中的第 order 个元素去替代 f 中的每个元素，来生成输出图像 g，其中邻域由 domain 内的非零元素指定。这里，domain 是一个由 0 和 1 组成的大小为 $m \times n$ 的矩阵，该矩阵规定了在计算中所用的邻域中的像素位置。从这个意义上讲，domain 的作用类似于一个逻辑模板。计算时不使用邻域中对应于 domain 矩阵中的 0 的像素。例如，为了实现一个大小为 $m \times n$ 的最小滤波器(排序 1)，可使用语法

$$g = \text{ordfilt2}(f, 1, \text{ones}(m, n))$$

在该语句中，1 表示有 mn 个样本的排序集合中的第一个样本，ones(m, n)创建一个元素值为 1 的大小为 $m \times n$ 的矩阵，表明邻域内的所有样本都将用于计算。

在统计学术语中，最小滤波器(一个排序集合中的第一个样本值)称为 0 百分位。同样，100 百分位指的是排序集合的最后一个样本，即第 mn 个样本。相应地，还有一个最大滤波器，它用下列语法实现：

$$g = \text{ordfilt2}(f, m*n, \text{ones}(m, n))$$

数字图像处理中最知名的排序统计滤波器是中值[①]滤波器，它对应 50 百分位：

$$g = \text{ordfilt2}(f, (m*n + 1)/2, \text{ones}(m, n))$$

其中 m 和 n 为奇数。因为其实际的重要性，工具箱提供了该二维中值滤波器的一个专用实现：

$$g = \text{medfilt2}(f, [m\ n], \text{padopt})$$

[①] 回忆可知，一组值的中值 ξ 是指这样一个值：该组中一半的值小于等于 ξ，一半的值大于等于 ξ。尽管本节的讨论重点是图像，但 MATLAB 提供了一个通用函数 median 来计算任意维数组的中值。关于该函数的详细信息，请参阅 median 的帮助页。

其中，数组[m n]定义一个大小为 m×n 的邻域(在该邻域上计算中值)，padopt 指定三个可能的边界填充选项之一：'zeros'(默认值)，'symmetric'指出 f 按照镜像反射方式对称地沿边界扩展，'indexed'表示若 f 是 double 类的，则用 1 填充，否则用 0 填充。默认形式

$$g = \text{medfilt2}(f)$$

使用一个大小为 3×3 的邻域并用 0 填充边界来计算中值。

> **例 2.12 利用函数 medfilt2 进行中值滤波。**
>
> 中值滤波是降低图像中椒盐噪声的一种有用工具。虽然要到第 4 章才详细地讨论降噪，但在此处简单介绍一下中值滤波的实现还是有益的。
>
> 图 2.19(a)是一块工业电路板在自动检测期间所拍摄的 X 射线图像 f。图 2.19(b)是被椒盐噪声污染的同一幅图像，图像中黑点和白点出现的概率为 0.2。这幅图像是利用函数 imnoise 生成的：
>
> >> fn = imnoise(f, 'salt & pepper', 0.2);
>
> 图 2.19(c)是对该带噪图像进行中值滤波处理后的结果，使用的语句如下：
>
> >> gm = medfilt2(fn);
>
> 考虑图 2.19(b)中的噪声电平，中值滤波采用默认设置很好地实现了降噪。但要注意围绕图像边界的黑色污点，这些黑色污点是由围绕图像的黑点引起的(回忆可知默认使用 0 来对边界进行填充)。使用'symmetric'选项可降低这种效应：
>
> >> gms = medfilt2(fn, 'symmetric');
>
> 图 2.19(d)所示结果与图 2.19(c)所示结果相近，但黑色边框效应已不再那么明显。

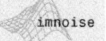

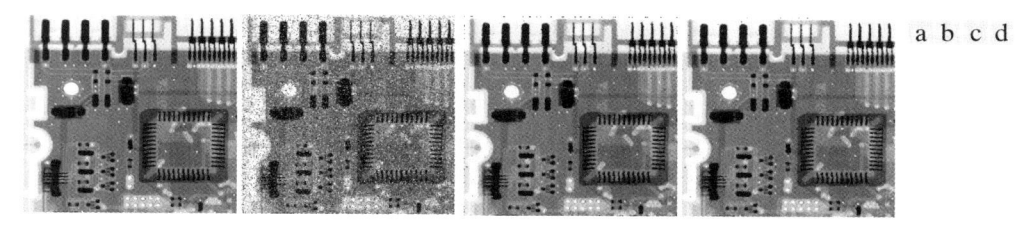

图 2.19 中值滤波：(a)X 射线图像；(b)被椒盐噪声污染的图像；(c)使用函数 medfilt2 的默认设置进行中值滤波处理后的结果；(d)使用选项'symmetric'进行中值滤波后的结果。注意图(d)相对于图(c)的边界改进(原图像由 Lixi 公司提供)

小结

本章的内容是后续章节中许多主题的基础。例如，第 4 章中将使用与图像处理相关的空间处理，同时还会仔细研究降噪及 MATLAB 中的噪声生成函数。这里简短提及的一些空间模板将在第 7 章中广泛用于图像分割中的边缘检测。第 3 章将从频率域的角度再次解释卷积和相关的概念。从概念上讲，邻域处理和空间滤波器的实现将贯穿于全书的许多讨论中。在处理过程中，我们将扩展许多从此处开始的讨论，并介绍如何在 MATLAB 中有效实现空间滤波器的其他内容。

第3章 频率域滤波

本章概述

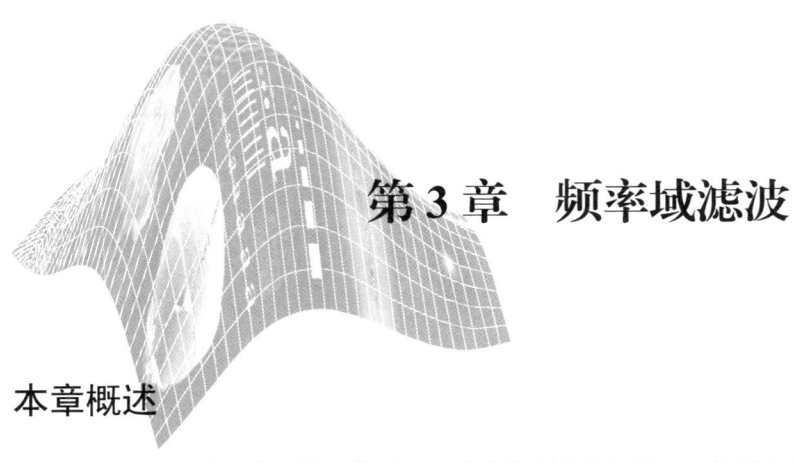

本章的大部分内容和第 2 章讨论的滤波主题是并行的,只是所有滤波都是通过傅里叶变换在频率域中实现的。除是线性滤波的基础外,傅里叶变换在诸如图像增强、图像复原、图像数据压缩及其他主要实际应用滤波方案的设计和实现过程中,都提供了相当可观的灵活性。本章重点介绍利用 MATLAB 在频率域实现滤波的方法。就像在第 2 章中那样,我们会用一些图像增强的例子说明频率域滤波,包括针对图像平滑的低通滤波和针对图像锐化的高通滤波(包括高频强调滤波)。我们还将简要地说明怎样把空间域和频率域处理结合起来使用,得到比单独使用任何一种处理更好的结果。尽管本章中的大多数例子是处理图像增强的,但随后几节中涉及的概念和技术是相当通用的,如第 4 章、第 6 章、第 7 章和第 8 章中这些内容的其他应用所说明的那样。

3.1 二维离散傅里叶变换

令 $f(x,y)$ 表示一幅大小为 $M \times N$ 像素的数字图像,其中 $x = 0,1,2,\cdots,M-1$,$y = 0,1,2,\cdots,N-1$。由 $F(u,v)$ 表示的 $f(x,y)$ 的二维离散傅里叶变换(DFT)由下式给出:

$$F(u,v) = \sum_{x=0}^{M-1}\sum_{y=0}^{N-1} f(x,y)e^{-j2\pi(ux/M+vy/N)}$$

式中,$u = 0,1,2,\cdots,M-1$,$v = 0,1,2,\cdots,N-1$。使用确定频率的变量 u 和 v(进而算出 x 和 y),可将指数项展开为正弦函数和余弦函数。频率域是使用 u 和 v 作为(频率)变量,由 $F(u,v)$ 构成的坐标系,它类似于第 2 章中研究的空间域——使用 x 和 y 作为(空间)变量,由 $f(x,y)$ 构成的坐标系。由 $u = 0,1,2,\cdots,M-1$ 和 $v = 0,1,2,\cdots,N-1$ 定义的大小为 $M \times N$ 的矩形区域,通常称为频率矩形。很明显,频率矩形的大小和输入图像的大小相同。

离散傅里叶反变换(IDFT)的形式为

$$f(x,y) = \frac{1}{MN}\sum_{u=0}^{M-1}\sum_{v=0}^{N-1} F(u,v)e^{j2\pi(ux/M+vy/N)}$$

> DFT 和 IDFT 的推导见 Gonzalez and Woods[2008]中的基本原理部分。

式中,$x = 0,1,2,\cdots,M-1$ 和 $y = 0,1,2,\cdots,N-1$。因此,给定 $F(u,v)$,就可以借助于 IDFT 来得到 $f(x,y)$。在该式中,$F(u,v)$ 的值有时称为该展开式的傅里叶系数。

在 DFT 的一些表达式中,$1/MN$ 项出现在正变换的前面,而在有些表达式中则出现在反变换的前面。MATLAB 的实现使用后一种方式,就像前面的公式中那样。由于 MATLAB 中的数组索引是以 1 而非 0 开始的,因此 MATLAB 中的 F(1,1) 和 f(1,1) 分别对应于正变换中的数学量 $F(0,0)$ 和反变

换中数学量 $f(0,0)$。通常，F(i,j) = $F(i-1, j-1)$，而 f(i,j) = $f(i-1, j-1)$，其中 $i = 1,2,\cdots,M$ 和 $j = 1,2,\cdots,N$。

频率域原点处变换的值 [如 $F(0,0)$] 称为傅里叶变换的直流分量。该术语源于电工学，意为直流电(频率为零的电流)。不难看出，$F(0,0)$ 等于 $f(x,y)$ 平均值的 MN 倍。

即使 $f(x,y)$ 是实函数，它的变换通常也是复数。直观地分析一个变换的主要方法是计算它的频谱 [即 $F(u,v)$ 的幅度，它是一个实函数]，并将其显示为一幅图像。令 $R(u,v)$ 和 $I(u,v)$ 分别表示 $F(u,v)$ 的实部和虚部，则傅里叶谱定义为

$$|F(u,v)| = \left[R^2(u,v) + I^2(u,v) \right]^{1/2}$$

变换的相角定义为

$$\phi(u,v) = \arctan\left[\frac{I(u,v)}{R(u,v)}\right]$$

因为 R 和 I 均可正可负，arctan 可理解为四象限反正切(见 3.2 节)。

这两个函数可在极坐标形式下表示复函数 $F(u,v)$：

$$F(u,v) = |F(u,v)| \mathrm{e}^{-\mathrm{j}\phi(u,v)}$$

功率谱定义为幅度的平方：

$$P(u,v) = |F(u,v)|^2 = R^2(u,v) + I^2(u,v)$$

为直观起见，是用 $|F(u,v)|$ 还是用 $P(u,v)$ 通常并不重要。

若 $f(x,y)$ 是实函数，则其傅里叶变换关于原点共轭对称，即

$$F(u,v) = F^*(-u,-v)$$

这意味着傅里叶谱也关于原点对称：

$$|F(u,v)| = |F(-u,-v)|$$

将它直接代入 $F(u,v)$ 的公式中，可以证明

$$F(u,v) = F(u+k_1M, v) = F(u, v+k_2N) = F(u+k_1M, v+k_2N)$$

式中，k_1 和 k_2 是整数。换句话说，DFT 在 u 和 v 方向上均是无穷周期的，周期由 M 和 N 决定。周期性也是 IDFT 的重要特性之一：

$$f(x,y) = f(x+k_1M, y) = f(x, y+k_2N) = f(x+k_1M, y+k_2N)$$

也就是说，通过傅里叶反变换得到的图像也是无穷周期的。这很容易混淆，因为由傅里叶反变换得到的图像也是周期的根本不直观。但它有助于我们记住这只是 DFT 和 IDFT 的一个数学性质。还要牢记在心的是，DFT 实现仅计算一个周期，因此我们处理大小为 $M \times N$ 的数组。

当我们考虑 DFT 数据与变换周期的关系时，周期问题就变得很重要。例如，图 3.1(a) 显示了一个一维变换 $F(u)$ 的谱。在这种情况下，周期性表达式变为 $F(u) = F(u+k_1M)$，它也满足 $|F(u)| = |F(u+k_1M)|$。同样，由对称性有 $|F(u)| = |F(-u)|$。周期性指出 $F(u)$ 的周期长度为 M，对称性指出 $F(u)$ 以原点为中心，如图 3.1(a)所示。该图和前面的说明表明，$|F(u)|$ 的值是其在原点左侧从 $M/2$ 到 $M-1$ 间的值的重复。因为一维 DFT 仅在 M 个点上实现(即区间 $[0, M-1]$ 上的整数 u 值)，可以证明，计算该一维变换会得到这一区间上两个背靠背的半周期。我们感兴趣的是得到区间 $[0, M-1]$ 上的一个顺序完整的周期。不难证明(Gonzalez and Woods[2008])，计算变换前，将 $f(x)$ 乘以 $(-1)^x$，可以得到期望的周期。

基本上，这样做就是将变换的原点移动到点 $u = M/2$ 处，如图3.1(b)所示。可以看到，图3.1(b)中 $u = 0$ 点的谱值对应于图 3.1(a)中的 $|F(-M/2)|$。类似地，图 3.1(b)中 $|F(M/2)|$ 和 $|F(M-1)|$ 处的值对应于图 3.1(a)中的 $|F(0)|$ 和 $|F(M/2-1)|$。

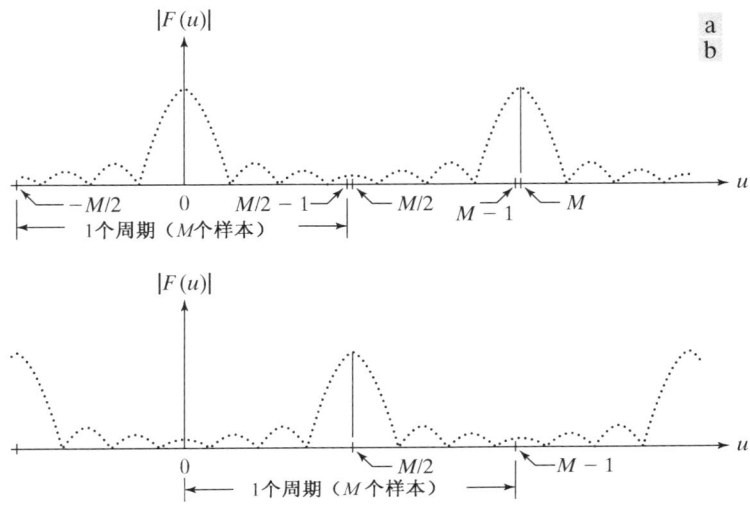

图 3.1 (a)区间 $[0, M-1]$ 上背靠背显示的半周期的傅里叶谱；(b)计算傅里叶变换前，将 $f(x)$ 乘以 $(-1)^x$ 得到的同一区间上的中心谱

在二维函数中也存在同样的情况。现在计算二维 DFT 得到图3.2(a)所示矩形区域中的变换点，其中阴影部分表示使用本节开头提到的二维傅里叶变换公式计算得到的 $F(u,v)$ 值。虚线矩形表示周期循环，如图3.1(a)所示。阴影区域表示 $F(u,v)$ 的值现在包含4个背靠背的1/4周期，它们在图3.2(a)中显示的那一点相会。谱的视觉分析可以通过将原点的变换值移动到频率矩形的中心位置来简化。这可通过在计算二维傅里叶变换之前，将 $f(x,y)$ 乘以 $(-1)^{x+y}$ 来完成。周期将如图3.2(b)所示的那样排列。图3.2(b)中坐标点 $(M/2, N/2)$ 处的谱值与图3.2(a)中点 $(0,0)$ 处的值相等，图3.2(b)中点 $(0,0)$ 处的谱值与图3.2(a)中点 $(-M/2, -N/2)$ 处的值相等。类似地，图3.2(b)中点 $(M-1, N-1)$ 处的谱值与图3.2(a)中点 $(M/2-1, N/2-1)$ 处的值相等。

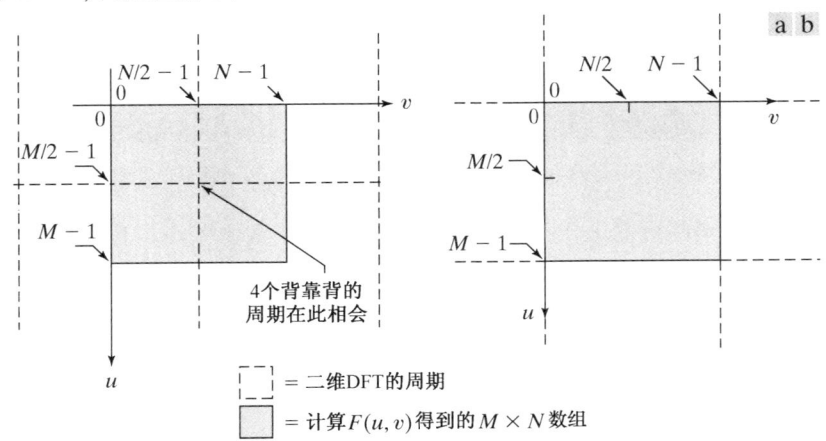

图 3.2 (a)显示了4个背靠背1/4周期的 $M \times N$ 傅里叶谱(阴影部分)；(b)在计算傅里叶变换之前，将 $f(x,y)$ 乘以 $(-1)^{x+y}$ 后得到的谱。加阴影的周期是用 DFT 得到的数据

前面关于将 $f(x,y)$ 乘以 $(-1)^{x+y}$ 而使变换居中的讨论，是这里因为完整性而包含的一个重要概念。使用 MATLAB 时，该方法无须乘以 $(-1)^{x+y}$ 就计算变换，然后使用函数 ffshift（详细探讨见下一节）重排之后的数据。

3.2 在 MATLAB 中计算和观察二维 DFT

在实践中，DFT 和 IDFT 可以用快速傅里叶变换(FFT)算法实现。在 MATLAB 中，一个图像数组 f 的 FFT 可以用函数 fft2 得到，该函数的语法为

F = fft2(f)

这个函数返回的傅里叶变换，大小仍为 $M \times N$，数据排列形式如图 3.2(a)所示；也就是说，数据原点在左上角，4 个 1/4 周期交汇于频率矩形的中心。

如 3.3.1 节所述，使用傅里叶变换滤波时，需要对输入数据进行零填充。此时，语法变为

F = fft2(f, P, Q)

使用这一语法，fft2 会对输入图像填充所需数目的 0，以便结果函数的大小为 $P \times Q$。

傅里叶谱可以使用函数 abs 获得：

S = abs(F)

该函数计算数组中每个元素的幅度(实部和虚部平方和的平方根)。

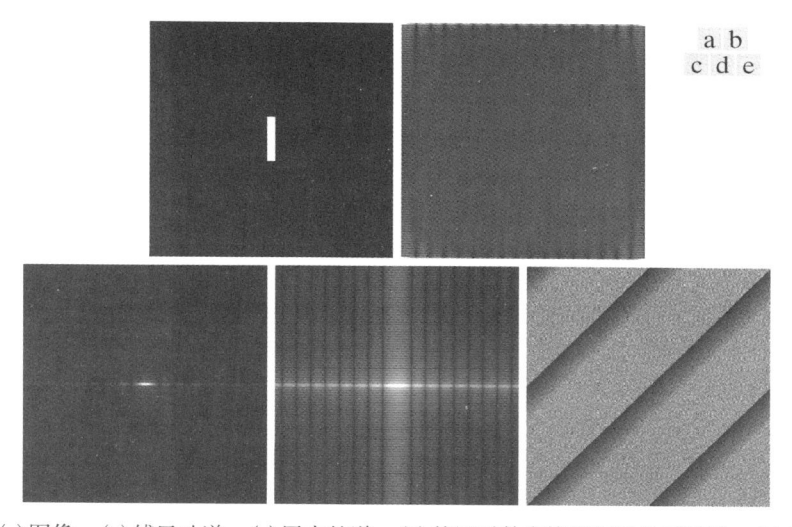

图 3.3　(a)图像；(b)傅里叶谱；(c)居中的谱；(d)使用对数变换增强后的可见谱；(e)相角图像

以图像形式显示的谱的可视化分析是频率域分析工作中的重要部分。正如前面说明的那样，考虑图 3.3(a)所示的图像 f。我们计算它的傅里叶变换，并使用下列命令显示其谱：

```
>> F = fft2(f);
>> S = abs(F);
>> imshow(S, [])
```

图 3.3(b)显示了结果。图中 4 个角上的亮点是前一节中提及的周期性质的结果。

可以使用函数 fftshift 将变换的原点移动到频率矩形的中心。语法为

Fc = fftshift(F)

其中，F 是用 fft2 计算的变换，Fc 是居中后的变换结果。函数 fftshift 是通过变换 F 的象限来运算的。例如，若 a=[1 2;3 4]，则 fftshift(a)=[4 3;2 1]。当用于傅里叶变换时，使用 fftshift 的最终结果与在变换前将输入图像乘以 $(-1)^{x+y}$ 得到的结果相同。但要注意的是，这两个处理过程不可以互换。也就是说，若使用 $\mathfrak{F}[\cdot]$ 表示自变量的傅里叶变换，则 $\mathfrak{F}[(-1)^{x+y}f(x+y)]$ 等于 fftshift(fft2(f))，但不等于 fft2(fftshift(f))。

在这个例子中，键入
```
>> Fc = fftshift(F);
>> imshow(abs(Fc), [ ])
```
可以得到图 3.3(c) 中的结果，居中后的结果很明显。

与中心处亮度值占支配地位的 8 位显示相比，该谱中值的范围很大（从 0 到 420495）。如在 2.2.2 节中讨论的那样，通过对数变换可解决这一问题。因此，命令
```
>> S2 = log(1 + abs(Fc));
>> imshow(S2, [ ])
```
得到图 3.3(d) 中的结果。可见细节的增加是很明显的。

函数 ifftshift 的功能是使居中结果反转。其语法为
```
F = ifftshift(Fc)
```
该函数也可以用来将对最初在矩形内居中的函数，转换为中心点在矩形左上角的函数。3.4 节中将利用这个性质。

下面考虑相角的计算。参考前节的讨论可知，二维傅里叶变换的实部 $R(u,v)$ 和虚部 $I(u,v)$ 是与 $F(u,v)$ 大小相同的数组。因为 R 和 I 均可正可负，所以需要能在整个区间 $[-\pi,\pi]$ 内计算反正切（具有这一性质的函数称为四象限反正切）。MATLAB 函数 atan2 可执行这一计算。它的语法是
```
phi = atan2(I, R)
```
其中，phi 是与 I 和 R 大小相同的数组。phi 的元素是在区间 $[-\pi,\pi]$ 内以弧度表示的角度，这些角度是关于实轴度量的。例如，atan2(1,1)、atan2(1,-1) 和 atan2(-1,-1) 分别是 0.7854 弧度、2.3562 弧度和 -2.3562 弧度，或者 45°、135° 和 -135°。在实践中，我们将前述表达式写为
```
>> phi = atan2(imag(F), real(F));
```

> real(arg) 和 imag(arg) 分别提供 arg 的实部和虚部。

代替提取 F 的实部和虚部，我们可以直接使用函数 angle：
```
phi = angle(F)
```
结果一样。给定谱及其相应的相角，使用如下表达式可以得到 DFT：
```
>> F = S.*exp(i*phi);
```

> P = angle(z) 返回复数组 z 的每个元素的相角。这些角度的单位为弧度，值域是 ±π。

图 3.3(e) 显示了针对图 3.3(a) 以图像显示的 DFT 的数组 phi。与谱相比，相角在可视分析中并不常用，因为相角并不直观。然而，相角在信息量方面非常重要。谱的成分决定了通过组合形成一幅图像的正弦的幅度。相位携带着不同正弦关于其原点的位移的信息。因此，在谱是一个其分量决定图像灰度的数组时，相应的相角就是一个角度的数组，它携带目标位于图像中什么位置的信息。例如，若从图 3.3(a) 所示的位置移动矩形，则它的谱将等同于图 3.3(b) 中的谱；目标的位移将反映相角的改变。

> 关于傅里叶变换的谱和相角的性质及相互关系的详细讨论，请参阅 Gonzalez and Woods[2008]。

在结束 DFT 及其居中这一主题的讨论之前，要记住的是，若变量 u 和 v 的范围分别是从 0 到 $M-1$ 和从 0 到 $N-1$，则频率矩形的中心在 $(M/2, N/2)$ 处。例如，一个 8×8 频率矩形的中心点为 (4, 4)，即沿每

个坐标轴从(0, 0)数起的第 5 个点。就像在 MATLAB 中那样,若变量范围分别是从 1 到 M 和从 1 到 N,则矩形的中心点为 $(M/2+1, N/2+1)$。也就是说,在这个例子中,从(1, 1)数起的中心点为(5, 5)。很明显,这两个中心点是同一个点,但在 MATLAB 计算中决定如何确定 DFT 的中心点时,这会成为混淆的根源。

若 M 和 N 为奇数,则对 MATLAB 计算来说需要将 $M/2$ 和 $N/2$ 舍入到最接近的整数值才能得到中心值。其他的分析和前面一样。例如,若从(0, 0)算起,则一个 7×7 区域的中心点为(3, 3),而从(1, 1)算起时,中心点则在(4, 4)。不管属于哪种情况,中心点都是从原点算起的第 4 个点。若仅有一维是奇数,则沿该维的中心点可类似地通过前面说明的舍入方法得到。通过使用函数 floor,同时记住 MATLAB 原点为(1, 1),MATLAB 计算所用的频率矩形的中心为

[floor(M/2) + 1, floor(N/2) + 1]

不管 M 和 N 的值是奇还是偶,该公式给出的中心点都是正确的。在上下文中,记住前面讨论的函数 fftshift 和 ifftshift 间的差别的简单方法是,前者重排数据以便位于(1, 1)处的值移动到频率矩形的中心,而后者重排数据以便位于频率矩形中心的值移动到位置(1, 1)。

> B = floor(A)将 A 的每个元素舍入为小于等于其值的最接近的整数。函数 ceil 将 A 的每个元素舍入为大于等于其值的最接近的整数。

最后,我们指出计算傅里叶反变换时使用函数 ifft2,其基本语法为

f = ifft2(F)

其中,F 是傅里叶变换,f 是结果图像。因为 fft2 把输入图像毫无缩放地变为 double 类,因此在解释反变换的结果时,必须小心。例如,若 f 是 uint8 类,则其值是区间[0, 255]内的整数,并且 fft2 把它变换为相同区间内的 double 类。因此,ifft2(F)运算的结果(该结果理论上应与 f 相同)是其值在区间[0, 255]内的图像,但替代的是 double 类。若未正确处理,则图像类别的这一变化将会出现问题。因为 fft2 的多数应用涉及在某些点使用 fft2 返回到空间域,所以本书所采用的过程是用函数 tofloat 把输入图像转换为区间[0, 1]内的浮点数,然后在过程的末尾用 tofloat 的 revertclass 特性将结果转换为与原图像相同的类。这样就不必涉及缩放(标定)问题。

> 关于函数 tofloat 的讨论,详见 1.7.8 节。

若用于计算 F 的输入图像是实数,则理论上反变换的结果也应是实数。但在 MATLAB 的较早版本中,ifft2 的输出通常会有由计算中舍入误差导致的较小虚分量,常用的解决方案是提取计算反变换得到的结果的实部,来获得一幅仅有实数值的图像。两种运算可以合并起来:

>> f = real(ifft2(F));

从 MATLAB 7 开始,ifft2 会执行检查,以了解其输入是否是共轭对称的。若是共轭对称的,则输出一个实的结果。共轭对称适用于本章中的所有工作,因为在本书中我们都使用 MATLAB 7,而不执行前述运算。然而,仍然使用老版本 MATLAB 的读者应了解这一问题。MATLAB 7 中的这一功能可检查滤波器的正确性。若读者像我们在本书中这样处理实图像和对称的实滤波器,则 MATLAB 7 给出的结果中会出现虚部的警告,即滤波器或应用滤波器的步骤中出现了某种错误的提示。

最后要注意的是,若在变换计算中使用了填充,则从 FFT 计算得到的图像的大小为 $P \times Q$,而原图像的大小为 $M \times N$。因此,结果必须裁剪到原始大小。这样做的过程将在下一节中讨论。

3.3 频率域滤波

本节介绍频率域滤波中涉及的概念及频率域滤波在 MATLAB 中的实现。

3.3.1 基础

空间域和频率域中的线性滤波的基础都是卷积定理,卷积定理可写为

$$f(x,y)\star h(h,y) \Leftrightarrow H(u,v)F(u,v)$$

或写为

$$f(x,y)h(h,y) \Leftrightarrow H(u,v)*G(u,v)$$

> 卷积是累积的,因此相乘的顺序无关紧要。关于卷积及其性质的详细讨论,请参阅 Gonzalez and Woods[2008]。

式中,符号★表示两个函数的卷积,双箭头两边的表达式组成一个傅里叶变换对。例如,第一个表达式表明两个空间函数的卷积(表达式左侧的项),可以通过计算这两个函数的傅里叶变换的乘积(表达式的右侧)的反变换得到。相反,两个空间函数的卷积的傅里叶变换给出了两个函数的傅里叶变换的乘积。类似的说明也适用于第二个表达式。在滤波方面,我们对前个表达式更感兴趣。

原因很快会变得清楚,函数 $H(u,v)$ 称为滤波器传递函数,频率域滤波的思想是选择一个滤波器传递函数,该函数按指定的方式修改 $F(u,v)$。例如,图 3.4(a)中的滤波器有一个传递函数,当乘以一个居中处理后的函数 $F(u,v)$ 后,会衰减 $F(u,v)$ 的高频分量,而低频分量相对不变。具有这种特性的滤波器称为低通滤波器。如 3.5.2 节中讨论的那样,低通滤波器会模糊(平滑)图像。图 3.4(b)显示了经函数 fftshift 处理后的相同滤波器。这是当输入的傅里叶变换未居中而进行频率域处理时,本书中最常使用的滤波器格式。

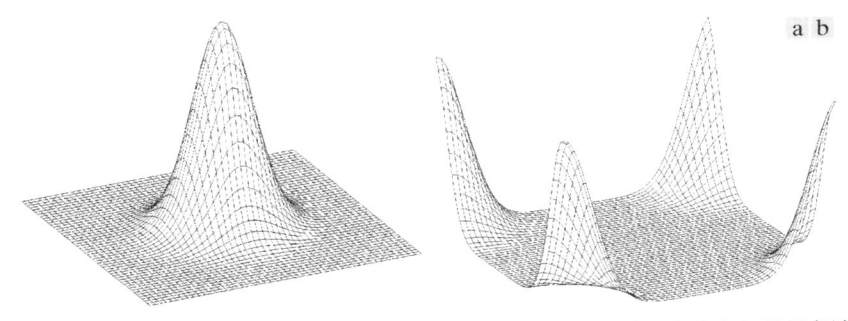

图 3.4 (a)一个居中低通滤波器的传递函数;(b)DFT 滤波所用的格式。注意它们是频率域滤波器

如 2.4.1 节解释的那样,空间滤波是指滤波器模板 $h(x,y)$ 与一幅图像 $f(x,y)$ 卷积。函数相对移位,直到一个函数全部滑过另一个函数为止。根据卷积定理,在频率域中让 $F(u,v)$ 乘以空间滤波器的傅里叶变换 $H(u,v)$,可得到相同的结果。但在处理离散量时,我们知道 F 和 H 是周期的,这表明在离散频率域中执行的卷积也是周期的。因此,用 DFT 执行的卷积称为循环卷积。保证空间和循环卷积给出相同结果的唯一方法是,使用适当的零填充,就如下一段中解释的那样。

基于卷积定理,我们知道要在空间域中得到相应的滤波后的图像,就需要计算乘积 $H(u,v)F(u,v)$ 的傅里叶反变换。正像我们刚刚解释的那样,处理 DFT 时,图像及其变换是周期的。不难发现,在周期接近函数非零部分的持续周期时,对周期函数进行卷积会引起相邻周期的串扰。这种称为折叠误差的串扰可通过下面介绍的补零方法来避免。

假设函数 $f(x,y)$ 和 $h(x,y)$ 的大小分别为 $A \times B$ 和 $C \times D$。通过对 f 和 g 补零,构造两个大小均为 $P \times Q$ 的扩展(填充)函数。可以证明(Gonzalez and Woods[2008]),按如下方式进行选择可以避免折叠误差:

$$P \geq A + C - 1$$

和

$$Q \geq B + D - 1$$

由于本章中多数函数的大小为 $M \times N$,因此使用下列填充值:$P \geq 2M-1, Q \geq 2N-1$。

下面称为 paddedsize 的函数可计算满足前面等式的 P 和 Q 的最小偶数值[①]。

该函数也有一个选项,该选项可填充输入,使其成为尺寸等于最接近 2 的整数次幂的方形图像。FFT 算法的执行时间大致取决于 P 和 Q 中原始参数的数量。通常,当 P 和 Q 为 2 的幂时,这些算法的执行速度要比它们是原始参数时快。实践中,建议使用方形图像和滤波器,以便两个方向的滤波处理是相同的。函数 paddedsize 通过选择输入参数来提供这样做的灵活性。在下面的代码中,向量 AB、CD 和 PQ 分别含有元素[A B]、[C D]和[P Q],这些量的定义如上所示。

```
function PQ = paddedsize(AB, CD, PARAM)
%PADDEDSIZE Computes padded sizes useful for FFT-based filtering.
%   PQ = PADDEDSIZE(AB), where AB is a two-element size vector,
%   computes the two-element size vector PQ = 2*AB.
%
%   PQ = PADDEDSIZE(AB, 'PWR2') computes the vector PQ such that
%   PQ(1) = PQ(2) = 2^nextpow2(2*m), where m is MAX(AB).
%
%   PQ = PADDEDSIZE(AB, CD), where AB and CD are two-element size
%   vectors, computes the two-element size vector PQ. The elements
%   of PQ are the smallest even integers greater than or equal to
%   AB + CD - 1.
%
%   PQ = PADDEDSIZE(AB, CD, 'PWR2') computes the vector PQ such that
%   PQ(1) = PQ(2) = 2^nextpow2(2*m), where m is MAX([AB CD]).

if nargin == 1
    PQ = 2*AB;
elseif nargin == 2 && ~ischar(CD)
    PQ = AB + CD - 1;
    PQ = 2 * ceil(PQ / 2);
elseif nargin == 2
    m = max(AB); % Maximum dimension.
    
    % Find power-of-2 at least twice m.
    P = 2^nextpow2(2*m);
    PQ = [P, P];
elseif (nargin == 3) && strcmpi(PARAM, 'pwr2')
    m = max([AB CD]); % Maximum dimension.
    P = 2^nextpow2(2*m);
    PQ = [P, P];
else
    error('Wrong number of inputs.')
end
```

> **ischar**
> s 是字符串时,函数 ischar(s) 返回真。

> **nextpow2**
> p=nextpow2(n)返回大于等于 n 的绝对值的 2 的最小整数次幂。

该语法会对 f 附加足够的零,以便结果图像的尺寸是 PQ(1)×PQ(2)。注意,当 f 被填充后,频率域中的滤波器函数的尺寸也必须是 PQ(1)×PQ(2)。

本节前面曾提及,卷积定理的离散版本要求参与卷积运算的两个函数必须在空间域进行填充。这是避免折叠误差所必需的。在进行滤波时,卷积处理涉及的两个函数中的一个是滤波器。但在频率域中用 DFT 进行滤波处理时,我们会在频率域直接指定一个滤波器,其尺寸等于填充后图像的尺寸。换句话说,在空间域我们不填充滤波器[②]。因此,不能保证完全消除折叠误差。所幸的是,图像填充与我们感兴趣滤波器的平滑形状一起,可使得折叠误差忽略不计。

例 3.1　有和没有填充的滤波效果。

本例使用图 3.5(a)中的图像 f 来说明有和没有填充的滤波之间的区别。在下面的讨论中,我们使用函数 lpfilter 生成一个高斯低通滤波器[类似于图 3.4(b)],该滤波器有一个规定的 sigma 值(sig)。这个函数将在 3.5.2 节中详细讨论,但其语法很简单,因此我们在这里先使用它。

---

① 使用偶数维数组可加快 FFT 计算的速度。
② 折叠误差和在频率域中直接规定滤波器间的关系的详细解释,请查阅 Gonzalez and Woods[2008]的第 4 章。

下面的命令执行没有填充的滤波：
```
>> [M, N] = size(f);
>> [f, revertclass] = tofloat(f);
>> F = fft2(f);
>> sig = 10;
>> H = lpfilter('gaussian', M, N, sig);
>> G = H.*F;
>> g = ifft2(G);
>> g = revertclass(g);
>> imshow(g)
```

> 注意函数 tofloat 用于将输入转换为浮点型，因此避免使用 fft2 导致的标定问题，详见 3.2 节末尾的解释。使用 revertclass 将输出转换回与输入相同的类，详见 1.7.8 节的解释。若输入图像不是浮点型，那么 tofloat 会将其转换为 single 类。频率域处理会消耗大量内存，因此要尽可能使用 single 而非 double 浮点型来减少内存的使用。

图 3.5(b) 显示了图像 g。如预计的那样，该图像模糊了，但注意到垂直边缘未模糊。其原因可以借助于图 3.6(a) 来解释，该图以图形方式显示了 DFT 计算中暗含的周期性。图像间包含的细白条使得图像更利于观察，它们并不是数据的一部分。虚线用来指定被 fft2 处理过的 $M \times N$ 图像。想象一下使用一个模糊滤波器与这个无限周期序列卷积的结果。很明显，当该滤波器通过虚线图像顶部时，将包含图像本身的一部分及其上方周期分量的底部。因而，当一块亮区和一块暗区处在该滤波器之下时，结果将是模糊了的灰色输出。这正是图 3.5(b) 所示图像的顶部。另一方面，当滤波器位于虚线图像的一侧时，它将会遇到邻近这一侧的周期分量中的一个相同区域。因为一个恒定区域的平均值是同一常数，因此结果的这一部分未被模糊。图 3.5(b) 中图像的其他部分也可用同样的方式加以解释。

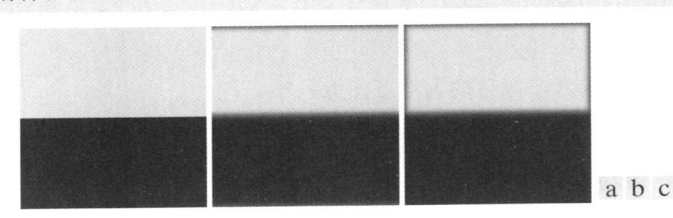

图 3.5 (a) 尺寸为 256×256 像素的一幅图像；(b) 无填充时频率域中低通滤波后的图像；(c) 有填充时频率域中低通滤波后的图像。比较图(b)和图(c)中垂直边缘的上部

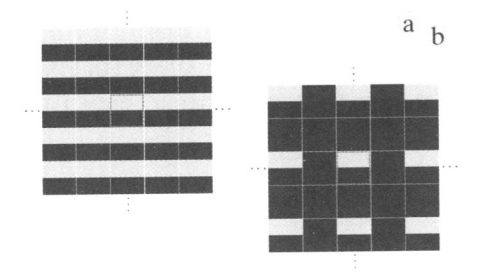

图 3.6 (a) 图 3.5(a) 中图像暗含的无限周期序列。虚线区域表示被 fft2 处理过的数据；(b) 经零填充后的同一周期序列。两图像间的细白线是为方便观察添加的，它们不是数据的一部分

下面考虑带有填充的滤波：
```
>> PQ = paddedsize(size(f)); % f is floating point.
>> Fp = fft2(f, PQ(1), PQ(2)); % Compute the FFT with padding.
>> Hp = lpfilter('gaussian', PQ(1), PQ(2), 2*sig);
>> Gp = Hp.*Fp;
>> gp = ifft2(Gp);
>> gpc = gp(1:size(f,1), 1:size(f,2));
>> gpc = revertclass(gpc);
>> imshow(gp)
```
其中，我们使用了 2*sig，因为现在滤波器的大小是未填充时的 2 倍。

图 3.7 显示了经过全填充的结果 gp。图 3.5(c) 中的最终结果是通过把图 3.7 裁剪到原图像大小（见前面代码中的第 6 条命令）得到的。这个结果可借助于图 3.6(b) 来解释，该图显示了经零（黑）填充后的虚线图像，就像在计算 DFT 前在函数 fft2(f,PQ(1),PQ(2)) 中设置的结果一样。暗含的周期性见前面的解释。现在，这幅图像拥有一个均匀的黑色边框，因此使用一个平滑滤波器与这个无限序列进行卷积运算，会在这些图像的所有亮边缘处显示灰色模糊。执行如下的空间滤波可得到类似的结果：

图 3.7 图像滤波后用 ifft2 得到的全填充图像。图像尺寸为 512×512 像素。虚线显示了 256×256 大小的原图像

```
>> h = fspecial('gaussian', 15, 7);
>> gs = imfilter(f, h);
```

回忆 2.4.1 节可知，调用函数 imfilter，会默认使用 0 来填充图像的边框。

3.3.2 DFT 滤波的基本步骤

前几节的讨论可以概括为下面几个步骤，其中 f 是将被滤波的图像，g 为结果，假设滤波器函数 H 与填充后的图像的大小相同：

1. 使用函数 tofloat 把输入图像转换为浮点图像：

    ```
    [f, revertclass] = tofloat(f);
    ```

2. 使用函数 paddedsize 获得填充参数：

    ```
    PQ = paddedzsize(size(f));
    ```

3. 得到有填充图像的傅里叶变换：

    ```
    F = fft2(f, PQ(1), PQ(2));
    ```

4. 使用本章后面讨论的任何一种方法，生成一个大小为 PQ(1)×PQ(2) 的滤波器函数。该滤波器的格式必须是图 3.4(b) 中所示的格式。若它是居中的，如图 3.4(a) 那样，则在使用该滤波器之前要令 H=ifftshift(H)。

5. 用滤波器乘以该变换：

    ```
    G = H.*F;
    ```

6. 获得 G 的 IFFT：

    ```
    g = ifft2(G);
    ```

7. 将左上部的矩形裁剪为原始大小：

    ```
    g = g(1:size(f, 1), 1:size(f, 2));
    ```

8. 需要时，将滤波后的图像转换为输入图像的类：

    ```
    g = revertclass(g);
    ```

图 3.8 中显示了这一滤波过程。预处理阶段包括确定图像大小、获得填充参数及生成滤波器。后处理通常包括裁剪输出图像，并将其转换为输入图像的类别。

图 3.8 中的滤波器函数 $H(u,v)$ 乘以 $F(u,v)$ 的实部和虚部。若 $H(u,v)$ 是实函数，则结果的相位不

变,这一点可在相位公式(见 3.1 节)中看到,注意,若实部和虚部的乘数相等,则会去掉它们而保持相角不变。以这种方式运算的滤波器称为零相移滤波器。本章仅考虑这种类型的线性滤波器。

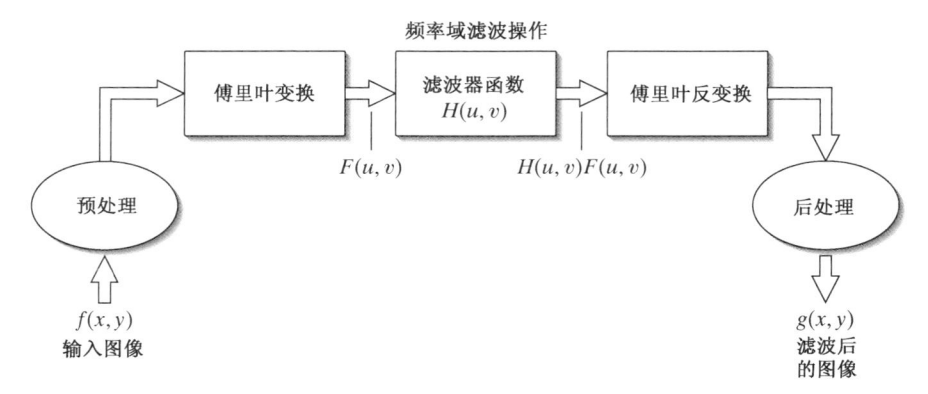

图 3.8 频率域滤波的基本步骤

由线性系统理论可知,在某种合适的条件下,向线性系统中输入一个冲激动,可以完全表征该系统。使用本章开发的技术时,线性系统的响应(包括对冲激的响应)也是有限的。若该线性系统是一个滤波器,则可以通过观察它对冲激的响应来完全确定该滤波器。以这种方式确定的滤波器称为有限冲激响应(FIR)滤波器。本书中的所有线性滤波器都是 FIR 滤波器。

3.3.3 用于频率域滤波的 M 函数

本章通篇及后续部分内容将使用前一节讨论的滤波处理步骤,所以有一些可用的 M 函数是很方便的,它们可以接受输入图像和一个滤波函数,处理所有滤波细节,输出滤波后的结果并裁剪图像。下面的函数可用于此目的。如滤波过程的步骤 4 中解释的那样,假定滤波器函数的大小已被适当地调整。在某些应用中,将滤波后的图像转换为与输入相同的类是很有用的;而在其他应用中,则需要处理浮点型结果。该函数具有完成这两种任务的功能。

```
function g = dftfilt(f, H, classout)
%DFTFILT Performs frequency domain filtering.
%   g = DFTFILT(f, H, CLASSOUT) filters f in the frequency domain
%   using the filter transfer function H. The output, g, is the
%   filtered image, which has the same size as f.
%
%   Valid values of CLASSOUT are
%
%   'original'   The ouput is of the same class as the input.
%                This is the default if CLASSOUT is not included
%                in the call.
%   'fltpoint'   The output is floating point of class single, unless
%                both f and H are of class double, in which case the
%                output also is of class double.
%
%   DFTFILT automatically pads f to be the same size as H. Both f
%   and H must be real. In addition, H must be an uncentered,
%   circularly-symmetric filter function.

% Convert the input to floating point.
[f, revertClass] = tofloat(f);

% Obtain the FFT of the padded input.
F = fft2(f, size(H, 1), size(H, 2));
```

```
% Perform filtering.
g = ifft2(H.*F);

% Crop to original size.
g = g(1:size(f, 1), 1:size(f, 2)); % g is of class single here.

% Convert the output to the same class as the input if so specified.
if nargin == 2 || strcmp(classout, 'original')
   g = revertClass(g);
elseif strcmp(classout, 'fltpoint')
   return
else
   error('Undefined class for the output image.')
end
```

生成频率域滤波器的技术将在下面三节中讨论。

3.4 从空间滤波器获得频率域滤波器

通常，当滤波器较小时，在计算上空间滤波要比频率域滤波更有效。"较小"的定义较为复杂，答案取决于很多因素，如所用的机器和算法、缓冲区的大小、所处理数据的复杂度及超出讨论范围的许多其他因素。Brigham[1988]曾使用一维函数对此进行了比较，结果表明，当滤波器约有 32 个或更多个元素时，使用 FFT 算法的滤波处理要比空间实现快，所以所讨论问题中的这个数字并不大。因此，为了得到两种方法的有意义比较，知道如何将一个空间滤波器转换为等同的频率域滤波器是很有用的。

本节探讨的两个重要主题是：(1)如何将空间滤波器转换为等同的频率域滤波器；(2)如何比较使用函数 imfilter 进行空间滤波和使用前一节所述方法进行频率域滤波的结果。如 2.4.1 节中详述的那样，因为 imfilter 使用了相关，且认为滤波器的原点在中心处，因此需要一些预处理来使这两种方法等同。图像处理工具箱函数 freqz2 可以完成这一任务，并输出相应的频率域滤波器。

函数 freqz2 计算 FIR 滤波器的频率响应，如 3.3.2 节末尾提到的那样，FIR 滤波器是本书中唯一考虑的线性滤波器。结果是所希望的频率域滤波器。与当前讨论有关的语法形式为

H = freqz2(h, R, C)

其中，h 是一个二维空间滤波器，H 是相应的二维频率域滤波器。R 是行数，C 是我们希望滤波器 H 所具有的列数。通常，如 3.3.1 节中说明的那样，我们令 R = PQ(1) 和 C = PQ(2)。若 freqz2 被写成没有输出参量的形式，则 H 的绝对值在 MATLAB 桌面上显示为三维透视图。使用函数 freqz2 的原理很容易用一个例子来说明。

例 3.2 空间滤波和频率域滤波的比较。

考虑图 3.9(a)中所示尺寸为 600×600 像素的图像 f。在下文中，我们生成频率域滤波器 H，它对应于增强垂直边缘的 Sobel 空间滤波器(见表 2.5)。然后，用函数 imfilter 比较使用 Sobel 模板在空间域对 f 滤波的结果和在频率域中进行等同处理的结果。实践中，如之前提及的那样，使用类似 Sobel 模板这样的较小滤波器滤波，可以直接在空间域完成。这里我们因演示目的选取这个滤波器，因为该滤波器的系数简单，且滤波的结果很直观，利于比较。较大的空间滤波器可以用相同的方式处理。

图 3.9(b)是 f 的傅里叶谱，它通常是按如下方式得到的：

```
>> f = tofloat(f);
>> F = fft2(f);
>> S = fftshift(log(1 + abs(F)));
>> imshow(S, [ ])
```

第 3 章 频率域滤波

图 3.9 (a)一幅灰度图像；(b)该图像的傅里叶谱

接着，使用函数 fspecial 生成这个空间滤波器：
```
h = fspecial('sobel')'
h =
    1    0   -1
    2    0   -2
    1    0   -1
```
为了观察相应频率域滤波器的图形，我们键入

```
>> freqz2(h)
```

图 3.10(a)显示了轴压缩后的结果(得到透视图的技术，详见 3.5.3 节)。该滤波器本身是通过如下命令获得的：
```
>> PQ = paddedsize(size(f));
>> H = freqz2(h, PQ(1), PQ(2));
>> H1 = ifftshift(H);
```
其中，如之前所述，ifftshift 用于重排数据，以便使得原点位于频率矩形的左上角。图 3.10(b)显示了 abs(H1) 的图形。图 3.10(c)和图 3.10(d)以图像形式显示了 H 和 H1 的绝对值，显示所用命令为
```
>> imshow(abs(H), [ ])
>> figure, imshow(abs(H1), [ ])
```

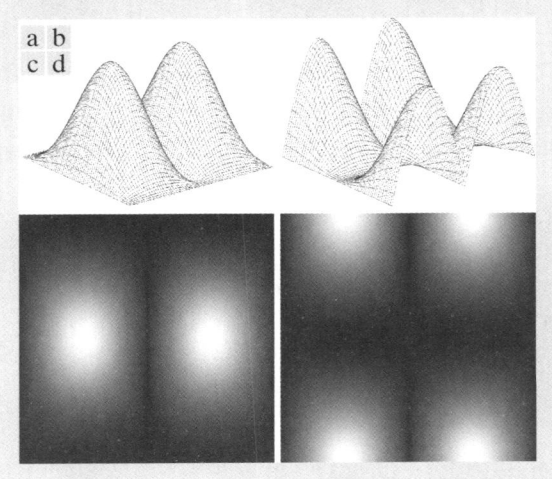

图 3.10 (a)相应于垂直 Soble 空间滤波器的频率域滤波器的绝对值；(b)经函数
ifftshift 处理后的同一滤波器；图(c)和图(d)以图像方式显示了这两个滤波器

下面生成滤波后的图像。在空间域中，我们使用

```
>> gs = imfilter(f, h);
```

默认情况下，该命令会用 0 来填充图像的边界。频率域处理得到滤波后图像的命令如下：

```
>> gf = dftfilt(f, H1);
```

图 3.11(a)和图 3.11(b)显示了执行如下命令的结果：

```
>> imshow(gs, [ ])
>> figure, imshow(gf, [ ])
```

图像中的灰色调是由 gs 和 gf 的负数值引起的，通过标定命令 imshow，负数值会使得图像的平均值增大。如 5.6.1 节和 7.1.3 节讨论的那样，上面生成的 Sobel 模板 h 通过使用响应的绝对值来检测图像的垂直边缘。这样，显示刚才计算出的图像的绝对值会更有意义。图 3.11(c)和图 3.11(d)显示了使用如下命令得到的图像：

```
>> figure, imshow(abs(gs), [ ])
>> figure, imshow(abs(gf), [ ])
```

通过创建一幅经阈值处理的二值图像，可使边缘更为清晰：

```
>> figure, imshow(abs(gs) > 0.2*abs(max(gs(:))))
>> figure, imshow(abs(gf) > 0.2*abs(max(gf(:))))
```

选用乘数 0.2 的目的是仅显示强度比 gs 和 gf 的最大值大 20% 的边缘。图 3.12(a)和图 3.12(b)给出了结果。

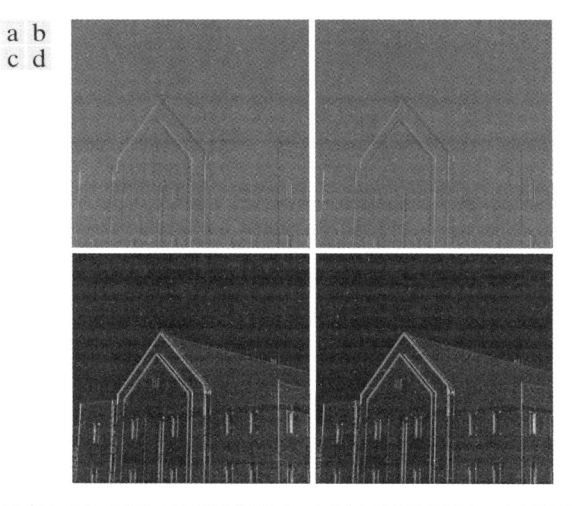

图 3.11 (a)用垂直 Soble 模板在空间域对图 3.9(a)滤波的结果；(b)用图 3.10(b)所示滤波器在频率域中得到的结果；图(c)和图(d)分别是图(a)和图(b)的绝对值

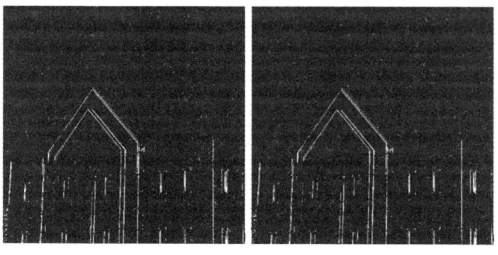

图 3.12 为了使主要边缘显示更为清晰，图(a)和图(b)分别是图 3.11(c)和图 3.11(d)经阈值处理后的结果

使用空间域和频率域滤波得到的图像对于所有实用目的是相同的，通过计算它们的差，我们可确认这一事实：

```
>> d = abs(gs - gf);
```

最大差为

```
>> max(d(:))
ans =
    1.2973e-006
```

在当前应用的上下文中，它可以忽略。最小差为

```
>> min(d(:))
ans =
    0
```

刚刚说明的方法可用于在频率域实现2.4.1节和2.5.1节中讨论的空间滤波方法，以及其他任意大小的FIR空间滤波器。

3.5 在频率域中直接生成滤波器

本节举例说明如何在频率域中实现滤波器函数，重点是循环对称滤波器，这些滤波器被规定为到滤波器中心点的距离不同的函数。实现这些滤波器所开发的M函数是一个基础，它可以很容易地推广到相同框架的其他函数中。首先实现几个知名的平滑（低通）滤波器，接着介绍如何使用MATLAB的线框图和曲面图来对滤波器进行可视化。讨论锐化（高通）滤波器后，我们将以选择性滤波器技术的研究结束本章。

3.5.1 创建用于实现频率域滤波器的网格数组

在下面的讨论中，对于M函数，最主要的是需要计算任何点到频率矩形中的一个指定点的距离函数。因为在MATLAB中，FFT算法假设变换的原点位于频率矩形的左上角，因此距离计算是相对于这一点的。如之前那样，为便于观察，需要用函数fftshift重排数据（以便原点的值平移到频率矩形的中心）。

下面称为 dftuv 的 M 函数提供了距离计算及其他类似应用所需的网格数组（后续代码中所用meshgrid函数的解释，见1.7.8节）。由dftuv生成的网格数组是按fft2和ifft2处理的要求排列的，因此不需要重排数据。

```
function [U, V] = dftuv(M, N)
%DFTUV Computes meshgrid frequency matrices.
%   [U, V] = DFTUV(M, N) computes meshgrid frequency matrices U and
%   V.  U and V are useful for computing frequency-domain filter
%   functions that can be used with DFTFILT.  U and V are both
%   M-by-N and of class single.

% Set up range of variables.
u = single(0:(M - 1));
v = single(0:(N - 1));

% Compute the indices for use in meshgrid.
idx = find(u > M/2);
u(idx) = u(idx) - M;
idy = find(v > N/2);
v(idy) = v(idy) - N;

% Compute the meshgrid arrays.
[V, U] = meshgrid(v, u);
```

dftuv

函数find的讨论见4.2.2节。

例3.3 函数 dftuv 的使用。

作为说明，下面的命令计算大小为8×5的矩形中的每一点到该矩形原点的距离的平方：

```
>> [U, V] = dftuv(8, 5);
>> DSQ = U.^2 + V.^2
```

```
DSQ =
     0     1     4     4     1
     1     2     5     5     2
     4     5     8     8     5
     9    10    13    13    10
    16    17    20    20    17
     9    10    13    13    10
     4     5     8     8     5
     1     2     5     5     2
```

注意，在左上角该距离是 0，最大距离位于频率矩形的中心。遵循图 3.2(a) 中说明的基本格式，使用函数 fftshift 可得到相对于频率域矩形中心的距离。

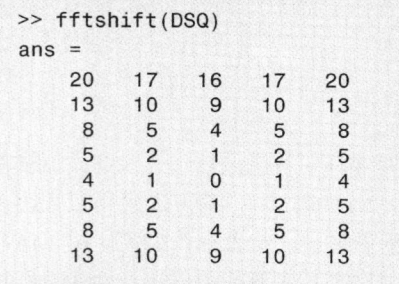

```
>> fftshift(DSQ)
ans =
    20    17    16    17    20
    13    10     9    10    13
     8     5     4     5     8
     5     2     1     2     5
     4     1     0     1     4
     5     2     1     2     5
     8     5     4     5     8
    13    10     9    10    13
```

> 函数 sqrt(A) 返回 A 中元素的平方根。

坐标 (5,3) 处的距离现在为 0，数组关于这一点对称。

关于距离，我们要提及的是，函数 hypot 执行与 D = sqrt(U.^2 + V.^2) 相同的计算，但速度更快。例如，令 U=V=1024，并使用函数 timeit（见 1.7.8 节），会发现 hypot 计算 D 的速度比标准方法的速度快近 100 倍。hypot 的语法是

$$D = \text{hypot}(U, V)$$

下面几节将广泛使用函数 hypot。

3.5.2 低通（平滑）频率域滤波器

理想低通滤波器（ILPF）具有如下传递函数：

$$H(u,v) = \begin{cases} 1, & D(u,v) \leq D_0 \\ 0, & D(u,v) > D_0 \end{cases}$$

式中，D_0 为正数，$D(u,v)$ 为点 (u,v) 到滤波器中心的距离。满足 $D(u,v) = D_0$ 的点的轨迹为一个圆。若滤波器 $H(u,v)$ 乘以一幅图像的傅里叶变换，我们会看到一个理想滤波器会切断（乘以 0）该圆之外的所有 $F(u,v)$ 分量，而保留圆上和圆内的所有分量不变（乘以 1）。虽然这个滤波器不能用电子元件以类似的形式实现，但的确可以在计算机中用前述的传递函数来仿真。在解释诸如振铃和折叠误差等现象时，理想滤波器的特性通常很有用。

n 阶巴特沃斯低通滤波器（BLPF），在距滤波器中心 D_0 处具有截止频率，其传递函数为

$$H(u,v) = \frac{1}{1 + \left[D(u,v)/D_0\right]^{2n}}$$

与 ILPF 不同的是，BLPF 的传递函数在 D_0 点并不存在尖锐的不连续。对于具有平滑传递函数的滤波器，通常将截止频率轨迹定义在 $H(u,v)$ 降低为其最大值的一个指定的比例的点处。在前面的公式中，当 $D(u,v) = D_0$ 时，$H(u,v) = 0.5$（降为最大值 1 的 50%）。

高斯低通滤波器（GLPF）的传递函数由下式给出：

$$H(u,v) = e^{-D^2(u,v)/2\sigma^2}$$

第 3 章 频率域滤波

式中，σ 为标准差。通过令 $\sigma = D_0$，根据截止参数可得到如下表达式：

$$H(u,v) = e^{-D^2(u,v)/2D_0^2}$$

当 $D(u,v) = D_0$ 时，该滤波器降到其最大值 1 的 60.7%。表 3.1 中总结了前述滤波器。

表 3.1 低通滤波器。D_0 是截止频率，n 是巴特沃斯滤波器的阶

理 想	巴特沃斯	高 斯
$H(u,v) = \begin{cases} 1, & D(u,v) \leq D_0 \\ 0, & D(u,v) > D_0 \end{cases}$	$H(u,v) = \dfrac{1}{1+\left[D(u,v)/D_0\right]^{2n}}$	$H(u,v) = e^{-D^2(u,v)/2D_0^2}$

例 3.4 低通滤波器。

作为说明，我们对图 3.13(a) 所示的 500×500 像素的图像 f 应用一个高斯低通滤波器。我们使用的 D_0 值等于所填充图像宽度的 5%。根据 3.3.2 节中讨论的滤波步骤，我们写出

```
>> [f, revertclass] = tofloat(f);
>> PQ = paddedsize(size(f));
>> [U, V] = dftuv(PQ(1), PQ(2));
>> D = hypot(U, V);
>> D0 = 0.05*PQ(2);
>> F = fft2(f, PQ(1), PQ(2)); % Needed for the spectrum.
>> H = exp(-(D.^2)/(2*(D0^2)));
>> g = dftfilt(f, H);
>> g = revertclass(g);
```

要将该滤波器显示为一幅图像［见图 3.13(b)］，可用函数 fftshift 使其居中：

```
>> figure, imshow(fftshift(H))
```

类似地，键入如下命令可将谱显示为一幅图像［见图 3.13(c)］：

```
>> figure, imshow(log(1 + abs(fftshift(F))), [ ])
```

最后，图 3.13(d) 显示了输出图像，显示所用的命令为

```
>> figure, imshow(g)
```

如所期望的那样，该图像与原图像相比有点儿模糊。

a b c d

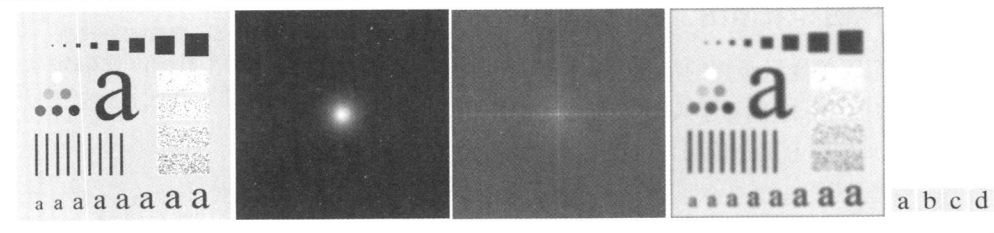

图 3.13 低通滤波：(a) 原图像；(b) 以图像形式显示的高斯低通滤波器；(c) 图(a)的谱；(d) 滤波后的图像

下面的函数用于生成表 3.1 中的几个低通滤波器的传递函数。

```
function H = lpfilter(type, M, N, D0, n)
%LPFILTER Computes frequency domain lowpass filters.
%   H = LPFILTER(TYPE, M, N, D0, n) creates the transfer function of
%   a lowpass filter, H, of the specified TYPE and size (M-by-N). To
%   view the filter as an image or mesh plot, it should be centered
%   using H = fftshift(H).
%
```

lpfilter

```
%       Valid values for TYPE, D0, and n are:
%
%       'ideal'     Ideal lowpass filter with cutoff frequency D0. n need
%                   not be supplied. D0 must be positive.
%
%       'btw'       Butterworth lowpass filter of order n, and cutoff
%                   D0. The default value for n is 1.0. D0 must be
%                   positive.
%
%       'gaussian'  Gaussian lowpass filter with cutoff (standard
%                   deviation) D0. n need not be supplied. D0 must be
%                   positive.
%
%       H is of floating point class single. It is returned uncentered
%       for consistency with filtering function dftfilt. To view H as an
%       image or mesh plot, it should be centered using Hc = fftshift(H).

% Use function dftuv to set up the meshgrid arrays needed for
% computing the required distances.
[U, V] = dftuv(M, N);

% Compute the distances D(U, V).
D = hypot(U, V);

% Begin filter computations.
switch type
case 'ideal'
    H = single(D <= D0);
case 'btw'
    if nargin == 4
        n = 1;
    end
    H = 1./(1 + (D./D0).^(2*n));
case 'gaussian'
    H = exp(-(D.^2)./(2*(D0^2)));
otherwise
    error('Unknown filter type.')
end
```

3.6 节中将再次基于函数 lpfilter 来生成高通滤波器。

3.5.3 绘制线框图和表面图

2.3.1 节中介绍了单变量函数的绘制。在下面的讨论中，我们将介绍三维线框图和表面图，它们对于观察二维滤波器是很有用的。绘制大小为 $M×N$ 的二维函数 H 的最简方法是使用函数 mesh，其基本语法为

> 函数 mesh 仅支持 double 类和 uint8 类。H 是一个滤波器函数时，为节省内存，我们的所有滤波器都是 single 类的。我们使用语法 mesh(double(H))。

$$\text{mesh(H)}$$

该函数针对 x = 1:M 和 y = 1:N 绘出一幅线框图。M 和 N 很大时，通常会绘出密集的线框图，这是令人难以接受的，此时可用如下语法每隔 k 个点进行绘制：

$$\text{mesh(H(1:k:end, 1:k:end))}$$

通常，沿每个坐标轴 40~60 个点可在分辨率和外观间提供较好的平衡。

MATLAB 默认绘出彩色网格图。命令

$$\text{colormap([0 0 0])}$$

将线框图设置为黑色（5.1.2 节将讨论函数 colormap）。MATLAB 还会将网格和坐标轴叠放到网格图上。使用如下命令可关闭网格：

类似地，使用如下命令可关闭坐标轴①：

```
axis off
```

> grid off 关闭网格，grid on 打开网格。

最后，观察点（观察者的位置）由函数 view 控制，它有如下语法：

```
view(az, el)
```

> axis on 打开坐标轴，axis off 关闭坐标轴。

如图 3.14 所示，az 和 el 分别代表方位角和仰角（单位为度）。箭头表示正方向。默认值是 az=-37.5 和 el=30，在图 3.14 中，这两个值将观察者置于由 $-x$ 轴和 $-y$ 轴定义的象限内，以观察由正 x 轴和正 y 轴定义的象限。

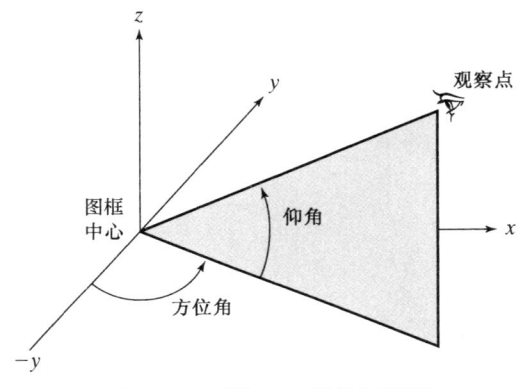

图 3.14　函数 view 的几何视图

键入下面的命令可确定当前的几何视图：

```
>> [az, el] = view;
```

键入下面的指令可将观察点设为默认值：

```
>> view(3)
```

单击图形窗口中工具条上的 **Rotate 3D** 按钮，然后在图形窗口中单击并拖动，可交互式地修改观察点。

如 5.1.1 节中讨论的那样，可在笛卡儿坐标系中指定观察者的位置 (x, y, z)，该坐标系适用于 RGB 数据。但对于绘制普通的观察图形而言，刚刚讨论的方法仅包含两个参数，因此更为直观。

例 3.5　绘制线框图。
考虑一个与例 3.4 中所用滤波器类似的高斯低通滤波器：

```
>> H = fftshift(lpfilter('gaussian', 500, 500, 50));
```

图 3.15(a) 显示了由如下命令生成的线框图：

```
>> mesh(double(H(1:10:500, 1:10:500)))
>> axis tight
```

其中，axis 命令的说明见 2.3.1 节。

如本节前面提到的那样，线框图默认情形下是彩色的，即从底部的蓝色过渡到顶部的红色。键入如下命令可以将线条转换为黑色并去掉坐标轴和网格：

```
>> colormap([0 0 0])
>> axis off
```

---

① 关闭（打开）坐标轴也会关闭（打开）网格，反之亦然。

图 3.15(b) 显示了结果。图 3.15(c) 显示了如下命令的结果:

```
>> view(-25, 30)
```

它将观察者稍微右移,同时保持仰角不变。最后,图 3.15(d) 显示了保持方位角为 −25°而将仰角设置为 0°的结果:

```
>> view(-25, 0)
```

该例展示了函数 mesh 的强大绘图能力。

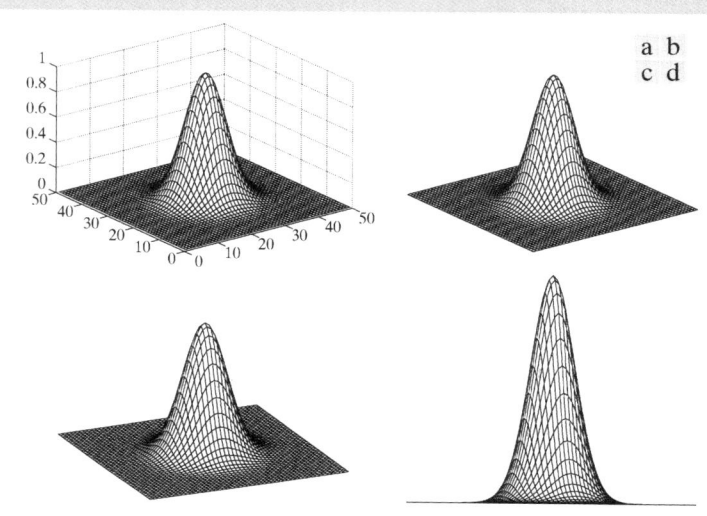

图 3.15 (a) 使用函数 mesh 得到的图形;(b) 去掉坐标轴和网格后的图形;(c) 使用函数 view 得到的不同透视图;(d) 使用同一函数得到的另一透视图

有时需要将函数绘制成表面图而不是线框图。函数 surf 具有这一功能,其基本语法为

$$\text{surf(H)}$$

该函数与函数 mesh 一样,生成相同的图形,只是网格中的四边形会被彩色填充(称为小面描影)。可使用如下命令将彩色转换为灰度:

> 函数 surf 仅支持 double 类和 uint8 类。为节省内存,所有滤波器均是 single 类的,因此,若 H 是一个滤波器函数,则使用语法 surf(double(H))。

$$\text{colormap(gray)}$$

函数 axis、gird 和 view 的工作方式,与前面提到的函数 mesh 的工作方式相同。例如,图 3.16(a) 是如下命令序列产生的结果:

```
>> H = fftshift(lpfilter('gaussian', 500, 500, 50));
>> surf(double(H(1:10:500, 1:10:500)))
>> axis tight
>> colormap(gray)
>> axis off
```

使用如下命令,可平滑小面描影并去掉网格线:

$$\text{shading interp}$$

在提示符处键入该命令,会生成图 3.16(b)。

当目标是绘制双变量的一个解析函数时,可使用 meshgrid 生成坐标值,由这些坐标值,可生成将在 mesh 或 surf 中使用的离散(采样)矩阵。例如,要绘制函数

$$f(x,y) = xe^{(-x^2-y^2)}$$

的 x 轴和 y 轴(两个轴的取值范围均为 −2 到 2 且增量为 0.1),可写出

```
>> [Y, X] = meshgrid(-2:0.1:2, -2:0.1:2);
>> Z = X.*exp(-X.^2 - Y.^2);
```

然后像先前一样使用 mesh(Z) 或 surf(Z)。回顾 1.7.8 节的讨论可知，在函数 meshgrid 中首先列出各列 (Y)，然后列出各行(X)。

图 3.16　(a)使用函数 surf 得到的图形；(b)使用 shading interp 命令得到的结果

3.6　高通(锐化)频率域滤波器

就像低通滤波模糊一幅图像那样，高通滤波这一相反的过程则会锐化图像，方法是衰减傅里叶变换的低频部分而保持高频部分相对不变。本节考虑几种高通滤波方法。

若给定低通滤波器的传递函数 $H_{\text{LP}}(u,v)$，则相应高通滤波器的传输函数为

$$H_{\text{HP}}(u,v) = 1 - H_{\text{LP}}(u,v)$$

表 3.2 显示了对应于表 3.1 中低通滤波器的高通滤波器的传输函数。

表 3.2　高通滤波器。D_0 是截止频率，n 是巴特沃斯滤波器的阶

理　想	巴特沃斯	高　斯
$H(u,v) = \begin{cases} 0, & D(u,v) \leq D_0 \\ 1, & D(u,v) > D_0 \end{cases}$	$H(u,v) = \dfrac{1}{1 + \left[D_0 / D(u,v)\right]^{2n}}$	$H(u,v) = 1 - e^{-D^2(u,v)/2D_0^2}$

3.6.1　一个用于高通滤波的函数

基于前面的公式，我们可以使用前一节的函数 lpfilter 来构建一个生成高通滤波器的函数，如下所示：

```
function H = hpfilter(type, M, N, D0, n)
%HPFILTER Computes frequency domain highpass filters.
%   H = HPFILTER(TYPE, M, N, D0, n) creates the transfer function of
%   a highpass filter, H, of the specified TYPE and size (M-by-N).
%   Valid values for TYPE, D0, and n are:
%
%   'ideal'    Ideal highpass filter with cutoff frequency D0. n
%              need not be supplied. D0 must be positive.
%
%   'btw'      Butterworth highpass filter of order n, and cutoff
%              D0. The default value for n is 1.0. D0 must be
%              positive.
%
%   'gaussian' Gaussian highpass filter with cutoff (standard
%              deviation) D0. n need not be supplied. D0 must be
%              positive.
%
%   H is of floating point class single. It is returned uncentered
%   for consistency with filtering function dftfilt. To view H as an
%   image or mesh plot, it should be centered using Hc = fftshift(H).
```

```
% The transfer function Hhp of a highpass filter is 1 - Hlp,
% where Hlp is the transfer function of the corresponding lowpass
% filter. Thus, we can use function lpfilter to generate highpass
% filters.

if nargin == 4
   n = 1; % Default value of n.
end

% Generate highpass filter.
Hlp = lpfilter(type, M, N, DO, n);
H = 1 - Hlp;
```

例 3.6 高通滤波器。

图 3.17 显示了理想高通滤波器、巴特沃斯高通滤波器和高斯高通滤波器的透视图与图像。图 3.17(a) 所示的图形是使用如下命令生成的：

```
>> H = fftshift(hpfilter('ideal', 500, 500, 50));
>> mesh(double(H(1:10:500, 1:10:500)));
>> axis tight
>> colormap([0 0 0])
>> axis off
```

图 3.17(d) 中的相应图像是使用如下命令生成的：

```
>> figure, imshow(H, [ ])
```

使用相同 D_0 值的类似命令可生成图 3.17 中的其他滤波器（二阶巴特沃斯滤波器）。

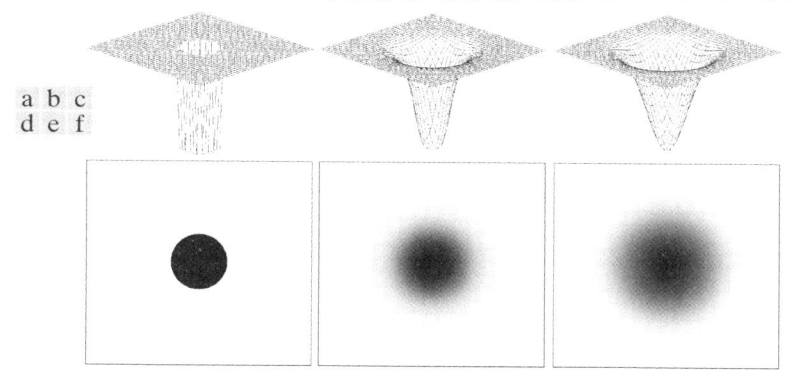

a b c
d e f

图 3.17　上一行：理想高通滤波器、巴特沃斯高通滤波器和高斯高通
　　　　　滤波器的透视图。下一行：相应的图像。白表示 1，黑表示 0

例 3.7 高通滤波。

图 3.18(a) 是与图 3.13(a) 相同的测试图像 f。图 3.18(b) 是使用如下命令得到的，它显示了对 f 在频率域应用一个高斯高通滤波器的结果：

```
>> PQ = paddedsize(size(f));
>> D0 = 0.05*PQ(1);
>> H = hpfilter('gaussian', PQ(1), PQ(2), D0);
>> g = dftfilt(f, H);
>> figure, imshow(g)
```

如图 3.18(b) 所示，图像中的边缘和其他灰度急剧过渡得到了增强。但由于图像的平均值由 $F(0,0)$ 给出，且迄今为止所讨论的高通滤波器偏离了傅里叶变换的原点，因此该图像失去了大部分原图像中所呈现的灰色调。下一节将处理这一问题。

图 3.18 (a)原图像；(b)高斯高通滤波后的结果

3.6.2 高频强调滤波

如例 3.7 中提到的那样，高通滤波器偏离了直流项，因此将图像的平均值降低为 0。补偿方法之一是给高通滤波器加上一个偏移量。若把偏移量与将滤波器乘以一个大于 1 的常数结合起来，则这种方法就称为高频强调滤波，因为这个常量乘数会突出高频部分。这个乘数也会增大低频部分的幅度，但只要该偏移量与乘数相比较小，则低频增强的影响就弱于高频增强的影响。高频强调滤波器的传递函数为

$$H_{\text{HFE}}(u,v) = a + bH_{\text{HP}}(u,v)$$

式中，a 是偏移量，b 是乘数，$H_{\text{HFE}}(u,v)$ 是高通滤波器的传递函数。

例 3.8 组合使用高频强调滤波和直方图均衡化。

图 3.19(a)是一幅数字的胸部 X 射线图像。因为 X 射线成像不能像光学透镜那样聚焦，所以结果图像通常会有些模糊。本例的目的是锐化图 3.19(a)。因为这幅特殊图像的灰度偏向于灰度级的暗端，所以还可利用这一机会给出一个如何用空间域处理来补偿频率域滤波的例子。

图 3.19(b)显示了对图 3.19(a)滤波后的结果，所用的是一个二阶巴特沃斯高通滤波器，D_0 的值等于填充后的图像的垂直长度的 5%。假设该滤波器的半径不小于通过变换原点附近的频率，因此高通滤波不会对 D_0 的值过度敏感。如期望的那样，滤波后的结果并无特色，但它显示出图像的主要边缘有点模糊。一幅非零图像具有零均值的唯一方法是，该图像的某些灰度值为负。图 3.19(b)的滤波结果就是这种情况。因此，我们必须在函数 dftfilt 中使用 fltpoint 选项来得到浮点型结果。若不这样做，则在至 uint8(输入图像的类)的默认转换过程中会裁剪负值，进而丧失一些微弱的细节。使用函数 gscale 时若考虑到了负值，则会保留这些细节。

高频强调滤波的优点显示在图 3.19(c)中(此时 $a = 0.5$ 和 $b = 2.0$)，图像中由低频分量引起的灰色调得以保留。下面的命令用于生成图 3.19 所示的处理后的图像，其中 f 表示输入图像[最后一条命令生成图 3.19(d)]：

```
>> PQ = paddedsize(size(f));
>> D0 = 0.05*PQ(1);
>> HBW = hpfilter('btw', PQ(1), PQ(2), D0, 2);
>> H = 0.5 + 2*HBW;
>> gbw = dftfilt(f, HBW, 'fltpoint');
>> gbw = gscale(gbw);
>> ghf = dftfilt(f, H, 'fltpoint');
>> ghf = gscale(ghf);
>> ghe = histeq(ghf, 256);
```

如 2.3.2 节中指出的那样，由较窄灰度级范围内的灰度表征的图像是直方图均衡化的理想选择。如图 3.19(d)所示，这确实是本例中进一步增强图像的一种合理方法。注意，清楚的骨骼结构和其他细节在其他三幅图像中完全看不到。最终的增强图像中有些噪声，但这是灰度扩展后的典型 X 射线图像。组合使用高频强调滤波和直方图均衡化所得到的结果，要好于单独使用任何一种方法得到的结果。

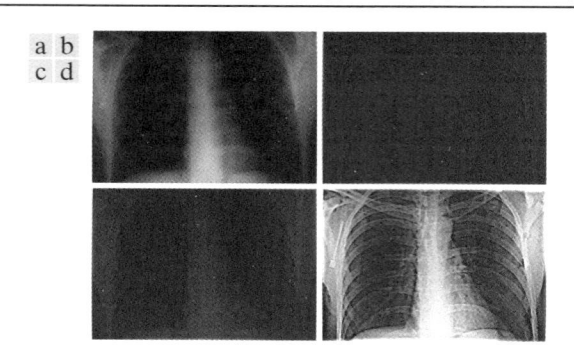

图 3.19　高频强调滤波：(a)原图像；(b)高通滤波后的结果；(c)经高频强调处理后的结果；(d)图(c)经直方图均衡化后的图像(原图像由密歇根州立大学医学院解剖科学部的 Thomas R. Gest 博士提供)

小结

本章的内容是在涉及频率域滤波的应用中，使用 MATLAB 和图像处理工具箱的基础。除前几节中给出的许多图像增强例子外，频率域技术在图像复原(第 4 章)、图像压缩(第 6 章)、图像分割(第 7 章)和图像描述(第 8 章)中均起重要作用。

第 4 章　图像复原与重建

本章概述

如图像增强那样，图像复原技术的主要目的是以预先确定的目标来改善图像。尽管两者有相重叠的领域，但图像增强主要是主观处理，而图像复原则大部分是客观处理。图像复原试图利用退化现象的某种先验知识来复原一幅退化的图像。因而，复原技术是面向退化模型的，并且采用相反的过程进行处理，以便恢复出原图像。

这种方法通常都会涉及设立一个最佳准则，它将产生期望结果的最佳估计。相比之下，图像增强技术基本上是一个探索性过程，即根据人类视觉系统的生理和心理特性来设计一种改善图像的方法。例如，对比度拉伸被认为是一种增强技术，因为它主要基于给观看者提供其喜欢接受的图像，而通过去模糊函数去除图像模糊则被认为是一种图像复原技术。

本章主要研究如何使用 MATLAB 和图像处理工具箱来对降质现象建模，并用公式明确表达复原方案。如第 2 章和第 3 章那样，某些复原技术适合在空间域中明确阐述，而另一些复原技术则适合在频率域中阐述。接下来的几节会研究这两种方法。最后介绍雷登变换及其在投影重建图像中的应用。

4.1　图像退化/复原处理的模型

如图 4.1 所示，在本章中，退化过程被建模为一个退化函数和一个加性噪声项，对一幅输入图像 $f(x,y)$ 进行处理，产生一幅退化后的图像 $g(x,y)$：

$$g(x,y) = H[f(x,y)] + \eta(x,y)$$

给定 $g(x,y)$ 和关于退化函数 H 的一些知识以及关于加性噪声项 $\eta(x,y)$ 的一些知识后，图像复原的目的就是获得原图像的一个估计 $\hat{f}(x,y)$。通常，我们希望这一估计尽可能地接近原始输入图像，并且 H 和 $\eta(x,y)$ 的信息知道得越多，所得到的 $\hat{f}(x,y)$ 就越接近 $f(x,y)$。

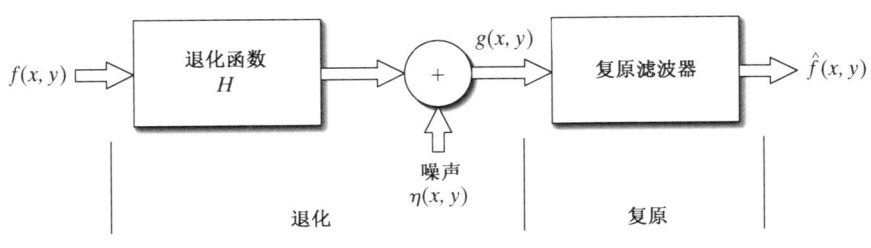

图 4.1　图像退化/复原处理的模型

若 H 是一个线性的、空间不变的过程,则空间域中的退化图像可由下式给出:

$$g(x,y) = h(x,y) \star f(x,y) + \eta(x,y)$$

式中,$h(x,y)$ 是该退化函数的空间表示,如第 2 章那样,符号 ★ 表示卷积。由 3.3.1 节的讨论可知,空间域的卷积和频率域的乘法组成了一个傅里叶变换对,所以可以用等价的频率域表示来写出前面的模型:

$$G(u,v) = H(u,v)F(u,v) + N(u,v)$$

式中,用大写字母表示的是空间域中相应项的傅里叶变换。退化函数 $F(u,v)$ 有时称为光传递函数(OTF),该术语源于光学系统的傅里叶分析。在空间域中,$h(x,y)$ 称为点扩散函数(PSF),该术语的来源如下:对于任何类型的输入,让 $h(x,y)$ 作用于一个点光源而得到退化的特征。OTF 和 PSF 是一个傅里叶变换对,工具箱中提供了两个函数 otf2psf 和 psf2otf 用于在 OTF 和 PSF 间互相转换。

由于线性、空间不变的退化函数 H 可以由卷积来建模,所以退化处理有时也被称为 "PSF 与图像卷积"。类似地,复原处理有时也称为去卷积。

在下面三节中,我们假设 H 是恒等算子,并只处理由噪声造成的退化。从 4.6 节开始将考虑 H 和 η 都出现时的几种图像复原方法。

4.2 噪声模型

模拟噪声特性和影响的能力是图像复原的核心。本章介绍两种基本的噪声模型:空间域中的噪声(由噪声概率密度函数描述)和频率域中的噪声(由这种噪声的各种傅里叶性质描述)。除 4.2.3 节中的内容外,本章中假设噪声与图像坐标无关。

4.2.1 使用函数 imnoise 对图像添加噪声

图像处理工具箱通过函数 imnoise 用噪声污染一幅图像。该函数的基本语法形式为

```
g = imnoise(f, type, parameters)
```

其中,f 是输入图像,type 和 parameters 将在后面解释。函数 imnoise 在给图像添加噪声之前,将图像转换为区间[0, 1]上的 double 类。指定噪声参数时,必须考虑这一点。例如,要将均值为 64、方差为 400 的高斯噪声添加到一幅 uint8 类图像上,需要将均值标度为 64/255 并将方差标度为 $400/(255)^2$ 后,作为 imnoise 的输入。该函数的语法形式如下:

- g = imnoise (f, 'gaussian', m, var)将均值为 m、方差为 var 的高斯噪声添加到图像 f 上。默认值是均值是 0、方差为 0.01 的噪声。
- g = imnoise(f, 'localvar', V)将均值为 0、局部方差为 V 的高斯噪声添加到图像 f 上,其中 V 是大小与 f 相同的一个数组,它在每个点包含了期望的方差值。
- g = imnoise(f, 'localvar', image_intensity, var)将均值为 0 的高斯噪声添加到图像 f 上,其中噪声的局部方差 var 是图像 f 的灰度值的函数。自变量 image_intensity 和 var 是大小相同的向量,plot(image_intensity, var)绘制出噪声方差和图像灰度间的函数关系。向量 image_intensity 必须是区间[0, 1]上的归一化灰度值。
- g = imnoise(f, 'salt & pepper', d)用椒盐噪声污染图像 f,其中 d 是噪声密度(即包含噪声值的图像区域的百分比)。因此,大有 d*numel(f)个像素受到影响。默认的噪声密度是 0.05。

- g = imnoise(f, 'speckle', var)使用方程 g = f + n.*f 将乘性噪声添加到图像 f 上，其中 n 是均值为 0、方差为 var 的均匀分布的随机噪声。var 的默认值是 0.04。
- g = imnoise(f, 'poisson')由数据生成泊松噪声，而不将人为噪声添加到数据中。为服从泊松统计，uint8 类和 uint16 类图像的灰度必须对应于光子数(或任何其他量子信息)。当每个像素中的光子数大于 65535(但小于 10^{12})时，就要使用双精度图像。灰度值在 0 和 1 之间变化，并且对应于光子的数量除以 10^{12}。

以下几节将说明函数 imnoise 的各种用法。

4.2.2 使用规定分布生成空间随机噪声

通常，我们需要生成函数 imnoise 所不能生成的噪声类型和参数。空间噪声值是随机数，它由概率密度函数(PDF)或等效的累积分布函数(CDF)来表征。可采用一些相当简单的遵循概率论的规则来生成这种分布类型中我们感兴趣的随机数。

许多随机数生成器以区间(0, 1)上的一个均匀 CDF 来表达随机数的生成问题为基础。有些情形下，所选的基本随机数生成器是均值为 0、方差为 1 的高斯随机数生成器。虽然可以使用 imnoise 来生成这两种类型的噪声，但在目前的上下文中，使用 MATLAB 函数 rand 生成均匀随机数及使用函数 randn 生成正态(高斯)随机数更为简单。本节稍后将会说明这些函数。

本节介绍的基本方法是概率论中的一个著名结果(Peebles[1993])，该结果说，若 w 是在区间 (0, 1)上均匀分布的一个随机变量，则通过求解下面的方程，可得到一个具有规定 CDF 和 F 的随机变量 z:

$$z = F^{-1}(w)$$

这个简单但强大的结果也可以等效地表述为求方程 $F(z) = w$ 的解。

例 4.1 **使用均匀随机数生成具有规定分布的随机数。**

假设有一个在区间(0, 1)上的均匀随机数 w 的生成器，并假设我们要用该生成器来生成具有瑞利 CDF 的随机数 z，它有如下形式：

$$F(z) = \begin{cases} 1 - e^{-(z-a)^2/b}, & z \geq a \\ 0, & z < a \end{cases}$$

式中，$b > 0$。为求出 z，解方程

$$1 - e^{-(z-a)^2/b} = w$$

或

$$z = a + \sqrt{-b\ln(1-w)}$$

由于平方根项是非负的，因此可以确定不会生成小于 a 的 z 值，这与瑞利 CDF 的定义所要求的一致。因此，该生成器生成的均匀随机数 w 可用在前面的方程中，以便生成一个具有瑞利分布且带有参数 a 和 b 的随机变量 z。

在 MATLAB 中，使用下面的表达式，该结果很容易用下面的表达式生成一个随机数数组 R：

```
>> R = a + sqrt(b*log(1 - rand(M, N)));
```

其中，如 2.2.2 节中讨论的那样，log 是自然对数；且如本节稍后说明的那样，rand 可生成区间(0, 1)上的均匀分布随机数。若令 M = N = 1，则前面的 MATLAB 命令行由一个具有瑞利分布且以参数 a 和 b 来表征的随机变量生成一个单一值。

表达式 $z = a + \sqrt{-b\ln(1-w)}$ 有时称为随机数生成器方程，因为它确定了生成期望随机数的方式。在这种特殊情形下，可以求出一个解析解。正如马上将会说明的那样，这并不总是可能的，因而该问题变成了求解一个适用的随机数生成器方程，其输出近似于具有给定 CDF 的随机数。

表 4.1 中列出了当前讨论感兴趣的随机变量，这些随机变量的 PDF、CDF，以及随机数生成器方程。有些情况下，就像瑞利和指数变量那样，有可能求出 CDF 及其逆的一个解析解。这就允许我们按照均匀随机数的形式来写出随机数生成器的表达式，如例 4.1 所示。而在其他情形下，如高斯和对数正态密度变量，CDF 的解析解不存在，所以需要寻找产生期望的随机数的方法。例如，在对数正态情形下，我们要利用对数正态随机变量 z 的函数 $\ln(z)$ 具有高斯分布这一知识，这就允许我们根据具有零均值和单位方差的高斯随机变量，写出表 4.1 中所示的表达式。而在其他情形下，再用公式表示该问题并得到更容易的解是有利的。例如，可以证明，带有参数 a 和 b 的爱尔兰随机数，可通过 b 个具有参数 a 的指数分布随机数相加来得到(Leon-Garcia [1994])。

函数 imnoise 中可用的随机数生成器和表 4.1 中所示的随机数生成器，在图像处理应用中对随机噪声的特性建模方面具有重要作用。我们已经了解生成具有各种 CDF 的随机数时均匀分布的用途。在像以低照明度运行的成像传感器这样的情形下，高斯噪声被用做一种近似。在不完善的开关设备中，会出现椒盐噪声。感光乳剂中的银粒大小是由对数正态分布描述的一个随机变量。深度成像中会出现瑞利噪声，而在描述激光成像中的噪声时，指数和爱尔兰噪声很有用。

与表 4.1 中其他噪声类型不同的是，典型的椒盐噪声通常被视为具有三个值的图像，譬如工作在 8 比特时，这三个值是概率为 0 的 P_p、概率为 255 的 P_s，以及概率为 $1-(P_p+P_s)$ 的 k，其中 k 是前两个极值间的任何数。令刚刚描述的噪声图像由 $r(x,y)$ 表示。我们用椒盐噪声污染一幅图像 $f(x,y)$ [该图像的大小与 $r(x,y)$ 相同]，污染是指对 f 中所有在 r 中出现 0 的位置分配 0 值。类似地，在所有 r 中出现 255 的位置分配 255 值。最后，我们保持 f 中于 r 上以值 k 出现的位置的值不变。椒盐这一名称源于这样一个事实：在 8 比特图像中，0 是黑的，而 255 是白的。虽然前面的讨论是基于 8 比特来简化说明的，但应了解这种方法是通用的，且在假设保持指定为盐粒和胡椒的两个极值不变时，可应用到具有任意灰度级的图像。替代这两个极值，我们可将前述讨论进一步推广到两个极值区间，尽管这在多数应用中并不典型。

表 4.1 随机变量的生成

名称	PDF	均值和方差	CDF	生成器†
均匀	$p(z)=\begin{cases}\dfrac{1}{b-a}, & 0\le z\le b\\ 0, & \text{其他}\end{cases}$	$m=\dfrac{a+b}{2},\ \sigma^2=\dfrac{(b-a)^2}{12}$	$F(z)=\begin{cases}0, & z<a\\ \dfrac{z-a}{b-a}, & a\le z\le b\\ 1, & z>b\end{cases}$	MATLAB 函数 rand
高斯	$p(z)=\dfrac{1}{\sqrt{2\pi}b}e^{-(z-a)^2/2b^2},$ $-\infty<z<\infty$	$m=a,\ \sigma^2=b^2$	$F(z)=\int_{-\infty}^{z}p(v)\,dv$	MATLAB 函数 randn
对数正态	$p(z)=\dfrac{1}{\sqrt{2\pi}bz}e^{-[\ln(z)-a]^2/2b^2},$ $z>0$	$m=e^{a+(b^2/2)},$ $\sigma^2=[e^{b^2}-1]e^{2a+b^2}$	$F(z)=\int_{0}^{z}p(v)\,dv$	$z=e^{bN(0,1)+a}$
瑞利	$p(z)=\begin{cases}\dfrac{2}{b}(z-a)e^{-(z-a)^2/b}, & z\ge a\\ 0, & z<a\end{cases}$	$m=a+\sqrt{\pi b/4}$ $\sigma^2=\dfrac{b(4-\pi)}{4}$	$F(z)=\begin{cases}1-e^{-(z-a)^2/b}, & z\ge a\\ 0, & z<a\end{cases}$	$z=a+\sqrt{-b\ln[1-U(0,1)]}$
指数	$p(z)=\begin{cases}ae^{-az}, & z\ge 0\\ 0, & z<0\end{cases}$	$m=\dfrac{1}{a},\ \sigma^2=\dfrac{1}{a^2}$	$F(z)=\begin{cases}1-e^{-az}, & z\ge 0\\ 0, & z<0\end{cases}$	$z=-\dfrac{1}{a}\ln[1-U(0,1)]$
爱尔兰	$p(z)=\begin{cases}\dfrac{a^b z^{b-1}}{(b-1)!}e^{-az}, & z\ge 0\end{cases}$	$m=\dfrac{b}{a},\ \sigma^2=\dfrac{b}{a^2}$	$F(z)=\left[1-e^{-az}\displaystyle\sum_{n=0}^{b-1}\dfrac{(az)^n}{n!}\right],$ $z\ge 0$	$z_1=E_1+E_2+\cdots+E_b$ (E 是带参数 a 的指数随机数)

(续表)

名称	PDF	均值和方差	CDF	生成器†
椒盐‡	$p(z)=\begin{cases} P_p, & z=0(\text{胡椒}) \\ P_s, & z=2^n-1(\text{盐粒}) \\ 1-(P_p+P_s), & z=k \\ & (0<k<2^n-1) \end{cases}$	$m=(0)P_p+k(1-P_p-P_s)+$ $(2^n-1)P_s$ $\sigma^2=(0-m)^2 P_p+$ $(k-m)^2(1-P_p-P_s)+$ $(2^n-1-m)^2 P_s$	$F(z)=\begin{cases} 0, & z<0 \\ P_p, & 0\leq z<k \\ 1-P_s, & k\leq z<2^n-1 \\ 1, & 2^n-1\leq z \end{cases}$	带有一些其他逻辑的 MATLAB 函数 rand

† $N(0,1)$ 表示均值为 0、方差为 1 的均匀(高斯)随机数。$U(0,1)$ 表示取值区间为 $(0,1)$ 的均匀随机数。
‡ 如正文中解释的那样，椒盐噪声可视为带有三个值的一个随机变量，这三个值依次用于噪声将被应用到的图像。因此，均值和方差的意义不同于其他噪声类型，在此包含它们的目的只是因为完整性的需要(均值和方差公式中包含的 0 表明胡椒噪声假定为 0)。变量 n 是噪声将被应用到的数字图像的位数。

一个像素被椒盐噪声污染的概率 $P=P_p+P_s$。通常把 P 称为噪声密度。例如，若 $P_p=0.02$ 和 $P_s=0.01$，则我们说在图像中约有 2% 的像素被胡椒噪声污染了，约有 1% 的像素被盐粒噪声污染了，并且噪声密度是 0.03，意味着图像中总共约有 3% 的像素被椒盐噪声污染了。

本节稍后列出的自定义 M 函数 imnoise2 可以生成具有表 4.1 中 CDF 的随机数。这个函数使用了 MATLAB 函数 rand，其语法为

```
A = rand(M, N)
```

该函数生成一个大小为 M×N 的数组，这个数组的元素是值在区间 $(0,1)$ 内均匀分布的数。若省略 N，则默认值为 M。若调用这个函数时无参数，则 rand 将生成单个随机数，每次调用函数时这个数均会改变。类似地，函数

```
A = randn(M, N)
```

生成一个大小为 M×N 的数组，该数组的元素是具有零均值、单位方差的正态(高斯)数。若省略 N，则默认值为 M。若调用这个函数时无参数，则 randn 将生成单个随机数。

函数 imnoise2 也使用 MATLAB 函数 find，函数 find 具有如下几种语法形式：

```
I = find(A)
[r, c] = find(A)
[r, c, v] = find(A)
```

第一种形式以 I 返回 A 中所有非零元素的线性索引(见 1.7.8 节)。若一个非零元素也未找到，则 find 返回一个空矩阵。第二种形式返回矩阵 A 中非零元素的行索引和列索引。第三种形式除返回行索引和列索引外，还以列向量 v 返回 A 中的非零值。

第一种形式以格式 A(:) 来处理数组 A，所以 I 是一个列向量。这种形式在图像处理中是非常有用的。例如，要找到图像中其值小于 128 的所有像素并把它们置为 0，可写出

```
>> I = find(A < 128);
>> A(I) = 0;
```

这一运算也可使用逻辑索引来完成(见 1.7.8 节)：

```
>> A(A < 128) = 0;
```

回忆可知，逻辑语句 A < 128 在 A 的元素满足该逻辑条件时返回 1，不满足时返回 0。作为另一个例子，要将区间 [64, 192] 内的所有像素置为 128，可写出

```
>> I = find(A >= 64 & A <= 192)
>> A(I) = 128;
```

等效地，我们可以写出

```
>> A(A >= 64 & A <= 192) = 128;
```

刚刚讨论的索引类型将频繁用于本书后面的各章中。

与 imnoise 不同，下面的 M 函数生成一个 M×N 的噪声数组 R，该数组不以任何方式缩放。另一个主要不同是，imnoise 输出一幅带噪声的图像，而 imnoise2 生成噪声模式本身。用户可直接指定所希望的噪声参数值。注意，由椒盐噪声生成的噪声数组有三个值：对应于胡椒噪声的 0，对应于盐粒噪声的 1，以及对应于无噪声的 0.5。为使这个数组有用，还需要对其进行进一步的处理。例如，要使用这个数组来污染一幅图像，我们需要(使用函数 find 或上面说明的逻辑索引)找到 R 中所有值为 0 的坐标，并把图像中相应坐标处的值置为可能的最小灰度值(通常是 0)；类似地，还需要找到 R 中所有值为 1 的坐标，并把图像中相应坐标处的值置为可能的最大灰度值(对 8 bit 图像来说通常是 255)；图像中的所有其他像素值保持不变。这一过程模拟了椒盐噪声影响一幅图像的方式。

注意观察 imnoise2 的代码中是如何使 switch/case 语句保持简单的；也就是说，除非用一行来实现 case 计算，否则就把它们作为附加在主程序末尾的独立函数。这就澄清了代码的逻辑流程。还要注意，同样附加在主程序结尾处的单独函数 setDefaults 是如何处理所有默认值的。目的是为了便于解释和维护，尽可能使代码模块化。

```
function R = imnoise2(type, varargin)
%IMNOISE2 Generates an array of random numbers with specified PDF.
%   R = IMNOISE2(TYPE, M, N, A, B) generates an array, R, of size
%   M-by-N, whose elements are random numbers of the specified TYPE
%   with parameters A and B. If only TYPE is included in the
%   input argument list, a single random number of the specified
%   TYPE and default parameters shown below is generated. If only
%   TYPE, M, and N are provided, the default parameters shown below
%   are used.  If M = N = 1, IMNOISE2 generates a single random
%   number of the specified TYPE and parameters A and B.
%
%   Valid values for TYPE and parameters A and B are:
%
%   'uniform'       Uniform random numbers in the interval (A, B).
%                   The default values are (0, 1).
%   'gaussian'      Gaussian random numbers with mean A and standard
%                   deviation B. The default values are A = 0,
%                   B = 1.
%   'salt & pepper' Salt and pepper numbers of amplitude 0 with
%                   probability Pa = A, and amplitude 1 with
%                   probability Pb = B. The default values are Pa =
%                   Pb = A = B = 0.05.  Note that the noise has
%                   values 0 (with probability Pa = A) and 1 (with
%                   probability Pb = B), so scaling is necessary if
%                   values other than 0 and 1 are required. The
%                   noise matrix R is assigned three values. If
%                   R(x, y) = 0, the noise at (x, y) is pepper
%                   (black). If R(x, y) = 1, the noise at (x, y) is
%                   salt (white). If R(x, y) = 0.5, there is no
%                   noise assigned to coordinates (x, y).
%   'lognormal'     Lognormal numbers with offset A and shape
%                   parameter B. The defaults are A = 1 and B =
%                   0.25.
%   'rayleigh'      Rayleigh noise with parameters A and B. The
%                   default values are A = 0 and B = 1.
%   'exponential'   Exponential random numbers with parameter A.
%                   The default is A = 1.
%   'erlang'        Erlang (gamma) random numbers with parameters A
%                   and B.  B must be a positive integer. The
%                   defaults are A = 2 and B = 5. Erlang random
%                   numbers are approximated as the sum of B
%                   exponential random numbers.

% Set defaults.
[M, N, a, b] = setDefaults(type, varargin{:});
```

```matlab
% Begin processing. Use lower(type) to protect against input being
% capitalized.
switch lower(type)
case 'uniform'
   R = a + (b - a)*rand(M, N);
case 'gaussian'
   R = a + b*randn(M, N);
case 'salt & pepper'
   R = saltpepper(M, N, a, b);
case 'lognormal'
   R = exp(b*randn(M, N) + a);
case 'rayleigh'
   R = a + (-b*log(1 - rand(M, N))).^0.5;
case 'exponential'
   R = exponential(M, N, a);
case 'erlang'
   R = erlang(M, N, a, b);
otherwise
   error('Unknown distribution type.')
end

%-----------------------------------------------------------------
function R = saltpepper(M, N, a, b)
% Check to make sure that Pa + Pb is not > 1.
if (a + b) > 1
   error('The sum Pa + Pb must not exceed 1.')
end
R(1:M, 1:N) = 0.5;
% Generate an M-by-N array of uniformly-distributed random numbers
% in the range (0, 1). Then, Pa*(M*N) of them will have values <= a.
% The coordinates of these points we call 0 (pepper noise).
% Similarly, Pb*(M*N) points will have values in the range > a & <=
% (a + b). These we call 1 (salt noise).
X = rand(M, N);
R(X <= a) = 0;
u = a + b;
R(X > a & X <= u) = 1;

%-----------------------------------------------------------------
function R = exponential(M, N, a)
if a <= 0
   error('Parameter a must be positive for exponential type.')
end

k = -1/a;
R = k*log(1 - rand(M, N));

%-----------------------------------------------------------------
function R = erlang(M, N, a, b)
if (b ~= round(b) || b <= 0)
   error('Param b must be a positive integer for Erlang.')
end
k = -1/a;
R = zeros(M, N);
for j = 1:b
   R = R + k*log(1 - rand(M, N));
end

%-----------------------------------------------------------------
function varargout = setDefaults(type, varargin)
varargout = varargin;
P = numel(varargin);
if P < 4
   % Set default b.
```

> 函数 round 将参数舍入为最接近的整数。

```
            varargout{4} = 1;
        end
        if P < 3
            % Set default a.
            varargout{3} = 0;
        end
        if P < 2
            % Set default N.
            varargout{2} = 1;
        end
        if P < 1
            % Set default M.
            varargout{1} = 1;
        end
        if (P <= 2)
            switch type
                case 'salt & pepper'
                    % a = b = 0.05.
                    varargout{3} = 0.05;
                    varargout{4} = 0.05;
                case 'lognormal'
                    % a = 1; b = 0.25;
                    varargout{3} = 1;
                    varargout{4} = 0.25;
                case 'exponential'
                    % a = 1.
                    varargout{3} = 1;
                case 'erlang'
                    % a = 2; b = 5.
                    varargout{3} = 2;
                    varargout{4} = 5;
            end
        end
```

例 4.2 使用函数 **imnoise2** 所生成数据的直方图。

图 4.2 显示了表 4.1 中所有类型随机数的直方图。每幅图的数据都是用函数 imnoise2 生成的。例如，图 4.2(a) 的数据是使用如下命令生成的：

```
>> r = imnoise2('gaussian', 100000, 1, 0, 1);
```

这条语句生成有 100000 个元素的列向量 r，每个元素都是一个随机数，这些随机数服从高斯分布，均值为 0，标准差为 1。然后使用函数 hist 可得到直方图，该函数的语法为

$$hist(r, bins)$$

其中，bins 是"容器"的数量。我们使用 bins = 50 来生成图 4.2 中的直方图。使用类似的方式可得到其他直方图。对于每种情况，所选的参数都是在函数 imnoise2 的说明中列出的默认值。

4.2.3 周期噪声

图像中出现的周期噪声通常源于电气和/或电机干扰。这是本章唯一考虑的依赖于空间的噪声。如 4.4 节讨论的那样，周期噪声通常是通过频率域滤波来处理的。我们的周期噪声模型是一个离散的二维正弦波，其方程为

$$r(x, y) = A\sin\left[2\pi u_0(x + B_x)/M + 2\pi v_0(y + B_y)/N\right]$$

式中，$x = 0, 1, 2, \cdots, M-1$ 和 $y = 0, 1, 2, \cdots, N-1$；A 为振幅，u_0 和 v_0 分别确定关于 x 轴和 y 轴的正弦频率，B_x 和 B_y 是关于原点的相移。该方程的 DFT 是

$$R(u,v) = \mathrm{j}\frac{AMN}{2}\left[\mathrm{e}^{-\mathrm{j}2\pi(u_0 B_x/M + v_0 B_y/N)}\delta(u+u_0, v+v_0) - \mathrm{e}^{-\mathrm{j}2\pi(u_0 B_x/M + v_0 B_y/N)}\delta(u-u_0, v-v_0)\right]$$

式中，$u = 0, 1, 2, \cdots, M-1$ 和 $v = 0, 1, 2, \cdots, N-1$。我们看到的是分别位于 $(u+u_0, v+v_0)$ 和 $(u-u_0, v-v_0)$ 的一对复共轭单位冲激。换句话说，在前面的方程中，括号中的第一项是 0，除非 $u = -u_0$ 和 $v = -v_0$；第二项是 0，除非 $u = u_0$ 和 $v = v_0$。

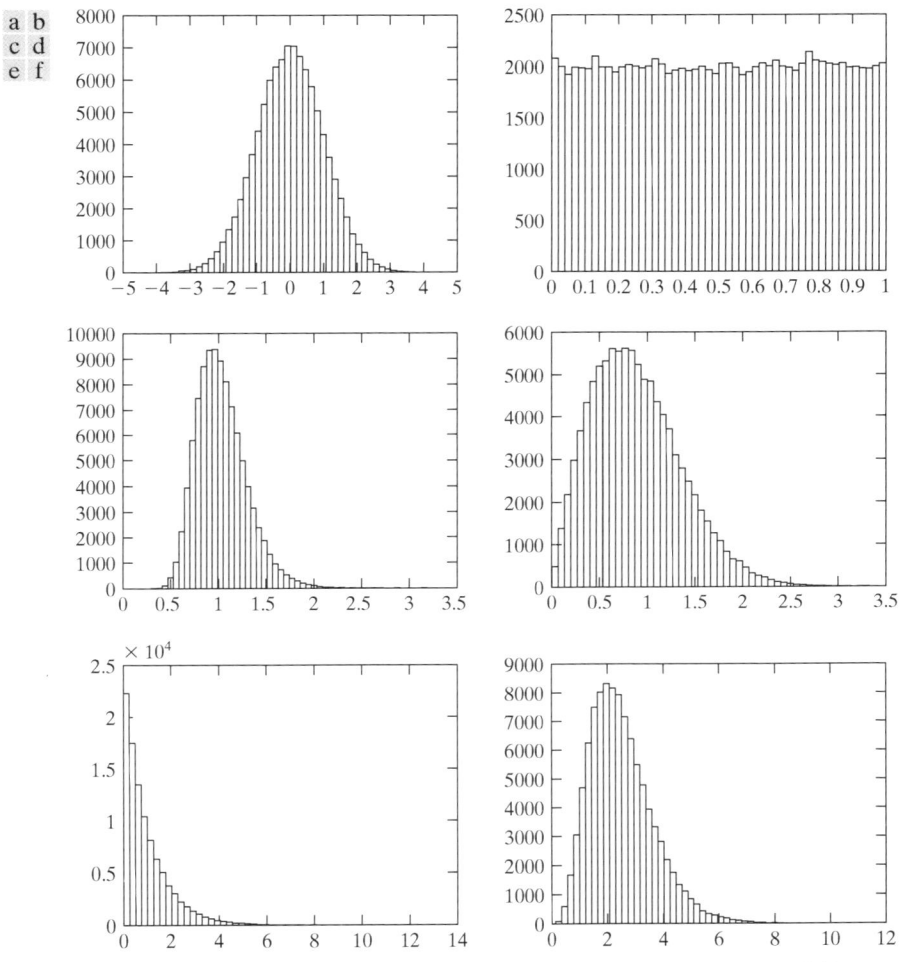

图 4.2 随机数的直方图：(a)高斯；(b)均匀；(c)对数正态；(d)瑞利；(e)指数；(f)爱尔兰。每种情况都使用了在函数 imnoise2 的说明中列出的默认参数

下面的 M 函数接受任意数量的冲激位置(频率坐标)，每个冲激位置都有自己的振幅、频率和相移参数，如前面段落中描述的正弦那样计算 $r(x, y)$。该函数还会输出各个正弦波之和的傅里叶变换 $R(u, v)$ 及 $R(u, v)$ 的谱。正弦波是由给定的冲激位置信息通过反 DFT 生成的。这就使得它更加直观，并且简化了空间噪声模式中频率内容的形象化显示。确定一个冲激的位置仅需要一对坐标。这个程序将生成共轭对称的冲激。注意，如 3.2 节中讨论的那样，要使用 ifft2，就要在代码中使用函数 ifftshift 将居中的 R 转换为合适的数据排列。

```
function [r, R, S] = imnoise3(M, N, C, A, B)
%IMNOISE3 Generates periodic noise.
%   [r, R, S] = IMNOISE3(M, N, C, A, B), generates a spatial
```

```
%   sinusoidal noise pattern, r, of size M-by-N, its Fourier
%   transform, R, and spectrum, S.  The remaining parameters are:
%
%   C is a K-by-2 matrix with K pairs of frequency domain
%   coordinates (u, v) that define the locations of impulses in the
%   frequency domain. The locations are with respect to the
%   frequency rectangle center at [floor(M/2) + 1, floor(N/2) + 1],
%   where the use of function floor is necessary to guarantee that
%   all values of (u, v) are integers, as required by all Fourier
%   formulations in the book. The impulse locations are specified as
%   integer increments with respect to the center. For example, if M =
%   N = 512, then the center is at (257, 257). To specify an
%   impulse at (280, 300) we specify the pair (23, 43); i.e., 257 +
%   23 = 280, and 257 + 43 = 300. Only one pair of coordinates is
%   required for each impulse. The conjugate pairs are generated
%   automatically.
%
%   A is a 1-by-K vector that contains the amplitude of each of the
%   K impulse pairs. If A is not included in the argument, the
%   default used is A = ONES(1, K).  B is then automatically set to
%   its default values (see next paragraph).  The value specified
%   for A(j) is associated with the coordinates in C(j, :).
%
%   B is a K-by-2 matrix containing the Bx and By phase components
%   for each impulse pair.  The default value for B is zeros(K, 2).

% Process input parameters.
K = size(C, 1);
if nargin < 4
   A = ones(1, K);
end
if nargin < 5
   B = zeros(K, 2);
end

% Generate R.
R = zeros(M, N);
for j = 1:K
   % Based on the equation for R(u, v), we know that the first term
   % of R(u, v) associated with a sinusoid is 0 unless u = -u0 and
   % v = -v0:
   u1 = floor(M/2) + 1 - C(j, 1);
   v1 = floor(N/2) + 1 - C(j, 2);
   R(u1, v1) = i*M*N*(A(j)/2) * exp(-i*2*pi*(C(j, 1)*B(j, 1)/M ...
                     + C(j, 2)*B(j, 2)/N));
   % Conjugate. The second term is zero unless u = u0 and v = v0:
   u2 = floor(M/2) + 1 + C(j, 1);
   v2 = floor(N/2) + 1 + C(j, 2);
   R(u2, v2) = -i*M*N*(A(j)/2) * exp(i*2*pi*(C(j, 1)*B(j, 1)/M ...
                     + C(j, 2)*B(j, 2)/N));
end

% Compute the spectrum and spatial sinusoidal pattern.
S = abs(R);
r = real(ifft2(ifftshift(R)));
```

例4.3 使用函数 **imnoise3**。

图4.3(a)和图4.3(b)显示了使用如下命令生成的谱和空间正弦噪声模式：

```
>> C = [0 64; 0 128; 32 32; 64 0; 128 0; -32 32];
>> [r, R, S] = imnoise3(512, 512, C);
>> imshow(S, [ ])
>> figure, imshow(r, [ ])
```

图 4.3 (a)规定冲激的谱；(b)空间域中相应的正弦噪声模式；(c)和(d)一个类似的序列；(e)和
(f)两种其他的噪声模式。为了使图(a)和图(c)中的点更容易看到，对它们进行了放大

正如在说明函数 imnoise3 时提到的那样，冲激的坐标(u,v)是相对于频率矩形的中心来规定的(关于这个中心点的详细内容，请参阅 3.2 节)。图 4.3(c)和图 4.3(d)显示了重复使用前面的命令得到的结果，只是这时将其中的一行命令更改为

```
>> C = [0 32; 0 64; 16 16; 32 0; 64 0; -16 16];
```

类似地，图 4.3(e)是使用

```
>> C = [6 32; -2 2];
```

得到的。

图 4.3(f)是用相同的 C 生成的，但使用了一个非默认的振幅向量：

```
>> A = [1 5];
>> [r, R, S] = imnoise3(512, 512, C, A);
```

如图 4.3(f)所示，较低频率的正弦波支配了该图像。这正如所预料的那样，因为它的振幅是高频分量的振幅的 5 倍。

4.2.4 估计噪声参数

周期噪声的参数通常是通过分析傅里叶谱来估计的。周期噪声往往会生成频率尖峰，这些尖峰通常可通过目视来检测。当噪声尖峰非常明显时，或存在一些关于干扰频率的知识时，就有可能进行自动分析。

在空间域噪声的情况下，PDF 的参数可由传感器的技术说明部分知道，但是可能需要通过样本图像来估计这些参数。噪声的均值 m 和方差 σ^2 的关系，以及用来规定本章所需的噪声 PDF 的参数 a 和 b，都列在表 4.1 中。因此，问题就变成了首先由样本图像来估计均值和方差，然后利用它们来求解 a 和 b。

令 z_i 是一个离散随机变量，它表示一幅图像的灰度级，并令 $p(z_i), i = 0, 1, 2, \cdots, L-1$ 是相应的归一化直方图，其中 L 是可能的灰度值的数量。直方图的一个分量 $p(z_i)$ 是灰度值 z_i 出现概率的一个估计，且该直方图可视为灰度 PDF 的一个离散近似。

> 将直方图的每个分量除以图像中的像素数，可得到归一化直方图。归一化直方图的所有分量的和都是 1。

描述直方图形状的主要方法之一是使用它的中心矩（也称均值的矩），定义为

$$\mu_n = \sum_{i=0}^{L-1} (z_i - m)^n p(z_i)$$

式中，n 是矩的阶，而 m 是均值：

$$m = \sum_{i=0}^{L-1} z_i p(z_i)$$

因为假设直方图为归一化的，其所有分量之和为 1，所以由前面的方程可以看出 $\mu_0 = 1, \mu_1 = 0$。二阶矩

$$\mu_2 = \sum_{i=0}^{L-1} (z_i - m)^2 p(z_i)$$

是方差。本章，我们仅对均值和方差感兴趣。高阶矩将在第 8 章讨论。

函数 statmoments 计算均值和 n 阶中心矩，并以行向量 v 返回它们。因为零阶矩总为 1，一阶矩总为 0，所以 statmoments 会忽略这两个矩，改为令 v(1) = m 和 v(k) = μ_k, $k = 2, 3, \cdots, n$。语法如下（代码见附录 C）：

[v, unv] = statmoments(p, n)

其中，p 为直方图向量，n 是将要计算的矩的数量。对于 uint8 类图像，p 的分量数等于 2^8，对于 uint16 类图像，分量数等于 2^{16}，而对于 single 类或 double 类的图像，分量数等于 2^8 或 2^{16}。输出向量 v 包含了归一化矩。该函数把随机变量标度到区间[0, 1]内，因此所有的矩也在这个区间内。向量 unv 包含了与 v 相同的矩，但计算时使用的是原始区间内的数据。例如，若 length(p) = 256，v(1) = 0.5，则 unv(1) 的值将为 127.5，它是区间[0, 255]的一半。

通常，噪声参数必须直接由给定的一幅或一组带噪图像来估计。此时，方法是尽可能选取图像中的一个无特色的背景区域，以便该区域灰度值的变化主要由噪声引起。在 MATLAB 中，我们使用函数 roipoly 来选择一个感兴趣区域(ROI)，该函数将生成一个多边形的 ROI。该函数的语法为

B = roipoly(f, c, r)

其中，f 是我们感兴趣的图像，c 和 r 是该多边形的顶点的对应（顺序）列坐标和行坐标（注意，这些列已预先规定）。顶点坐标的原点在左上角。输出 B 是一幅二值图像，其大小与 f 相同，ROI 之外为 0，之内为 1。图像 B 通常用做将运算限制在感兴趣区域内的一个模板。

为了交互式地指定一个多边形的 ROI，我们使用语法

B = roipoly(f)

它将图像 f 显示到屏幕上，并让用户使用鼠标来指定一个多边形。若省略 f，则 roipoly 将在最后显示的图像上运算。表 4.2 列出了函数 roipoly 的各种交互能力。定位并调整完多边形的大小后，首先双击或右键单击该多边形内部，然后从出现的菜单中选取 **Create mask**，可创建模板 B。

要得到二值图像和多边形顶点的列表，可使用语法

[B, c, r] = roipoly(...)

其中，roipoly(…)表明了该函数的任何有效语法形式，且和前面一样，c 和 r 是顶点的行坐标和列坐标。当交互式地指定 ROI 时，这种格式特别有用，因为它提供的多边形顶点坐标可用于其他程序中，或可在以后复制出相同的 ROI。

表 4.2　函数 roipoly 的交互选项

交互行为	描　　述
关闭多边形	使用下面的任何机制： ● 将鼠标指针移到多边形的起始顶点上，此时指针变成一个圆圈○。单击鼠标的任一按钮 ● 双击鼠标左键，这个运算在鼠标指针下方的点处创建一个顶点，并画出一条连接该顶点和起始顶点的直线 ● 单击鼠标右键，画一条连接起始顶点和所选最后顶点的直线，它在鼠标指针下方的点处不创建一个新顶点
移动多边形	在区域内移动鼠标指针。指针改变为✥形状。在图像上单击并拖动该多边形
删除多边形	按 **Backspace**、**Escape** 或 **Delete** 键，或在区域内右键单击，从出现的菜单中选择 **Cancel**（若删除 ROI，则函数将返回空值）
移动一个顶点	把指针移动到一个顶点上，指针变为○形状，单击并拖动顶点到一个新位置
添加一个顶点	把指针移动到多边形的一条边上，并按住 A 键。指针变成◇形状，单击鼠标左键，在该点创建一个新顶点
删除一个顶点	把指针移动到一个顶点上，指针变为圆圈○。右键单击并从菜单上选择 **Delete vertex**。函数 roipoly 在与所删除顶点相邻的两个顶点间画一条新的直线
设置多边形的颜色	把指针移到区域边界内的任何地方，指针变为✥形状，单击鼠标右键，从出现的菜单中选择 **Set color**
检索顶点坐标	把指针移到区域内，指针变为✥形状，单击鼠标右键，从出现的菜单中选择 **Copy position**，将当前位置复制到剪贴板。位置是一个 n×2 的数组，该数组的每一行包含每个顶点的列坐标和行坐标。n 是顶点数。坐标系统的原点在图像的左上角

下面的函数计算一个 ROI 的直方图，如前面讨论的那样，该 ROI 的顶点由向量 c 和 r 指定。注意，程序中使用函数 roipoly 来复制由 c 和 r 定义的多边形区域。

```
function [p, npix] = histroi(f, c, r)
%HISTROI Computes the histogram of an ROI in an image.
%   [P, NPIX] = HISTROI(F, C, R) computes the histogram, P, of a
%   polygonal region of interest (ROI) in image F. The polygonal
%   region is defined by the column and row coordinates of its
%   vertices, which are specified (sequentially) in vectors C and R,
%   respectively. All pixels of F must be >= 0. Parameter NPIX is the
%   number of pixels in the polygonal region.

% Generate the binary mask image.
B = roipoly(f, c, r);

% Compute the histogram of the pixels in the ROI.
p = imhist(f(B));

% Obtain the number of pixels in the ROI if requested in the output.
if nargout > 1
    npix = sum(B(:));
end
```

例 4.4　估计噪声参数。

图 4.4(a)显示了一幅带噪图像，下面的讨论用 f 来表示它。本例的目的是使用刚才讨论的技术来估计噪声的类型和它的参数。图 4.4(b)显示了使用如下交互式命令生成的模板 B：

```
>> [B, c, r] = roipoly(f);
```

图 4.4(c)是使用下面的命令生成的：

```
>> [h, npix] = histroi(f, c, r);
>> figure, bar(h, 1)
```

被 B 覆盖的区域的均值和方差通过下面的方法得到：

```
>> [v, unv] = statmoments(h, 2);
>> v
v =
    0.5803    0.0063
>> unv
    147.9814    407.8679
```

由图 4.4(c)可以明显地看出，噪声是近似高斯型的。通过选择一个几乎恒定的背景区(就如我们在此所做的那样)，并且假定噪声是加性的，可以估计 ROI 中的平均灰度相当接近于无噪图像中该区域的平均灰度，在这种情况下表明噪声的均值为零。另外，该区域灰度几乎恒定的事实也告诉我们，ROI 中该区域中的变化主要取决于噪声的方差(若可行的话，估计噪声均值和方差的另一种方法是对反射率已知的恒定目标成像)。图 4.4(d)显示了一组 npix 个(这个数是 histroi 返回的)高斯随机变量的直方图，这些随机变量的均值是 147，方差是 400(上面计算的近似值)，它们是用如下命令得到的：

```
>> X = imnoise2('gaussian', npix, 1, 147, 20);
>> figure, hist(X, 130)
>> axis([0 300 0 140])
```

其中，要选择 hist 中"容器"的数量，使得结果与图 4.4(c)中的图形一致。这幅图中的直方图是在函数 histroi 内使用 imhist 得到的，imhist 使用了与 hist 不同的标度。我们选择一组 npix 随机变量来生成 X，以便使两个直方图中的样本数量相同。图 4.4(c)和图 4.4(d)的相似性清楚地说明了使用具有很接近的估计参数 v(1)和 v(2)的高斯分布，非常好地近似了噪声。

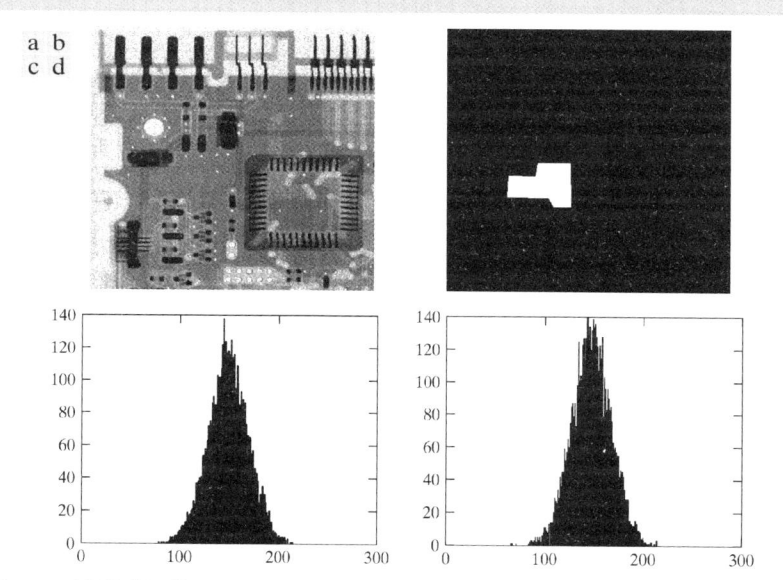

图 4.4 (a)带噪图像；(b)交互式地生成的 ROI；(c)ROI 的直方图；(d)使用函数 imnoise2 生成的高斯数据的直方图(原图像由 Lixi 公司提供)

4.3 仅有噪声的复原——空间滤波

若出现的退化仅是噪声，则它遵循 4.1 节中的模型，即

$$g(x,y) = f(x,y) + \eta(x,y)$$

在这种情况下，所选的降噪方法是空间滤波，即使用 2.4 节和 2.5 节中讨论过的技术。本节将总结和实现几种用于降噪的空间滤波器。这些滤波器的更多细节请参见 Gonzalez and Woods[2008]。

4.3.1 空间噪声滤波器

表 4.3 中列出了本节所感兴趣的一些空间滤波器,其中 S_{xy} 表示输入带噪图像 g 的一幅 $m\times n$ 子图像(区域)。S 的下标表示子图像中心坐标为 (x, y),$\hat{f}(x, y)$ (f 的一个估值)表示滤波器在这些坐标处的响应。线性滤波器使用 2.4 节中讨论的函数 imfilter 来实现。中值滤波器、最大滤波器及最小滤波器是非线性排序统计滤波器。中值滤波器可以直接使用工具箱函数 medfilt2 实现。

下面称为 spfilt 的自定义函数用表 4.3 列出的任何滤波器执行空间滤波。注意,函数 imlincomb 用于计算输入的线性组合。还要注意函数 tofloat(见附录 C)将输出图像转换为与输入图像相同类别的方式。

```
function f = spfilt(g, type, varargin)
%SPFILT Performs linear and nonlinear spatial filtering.
%   F = SPFILT(G, TYPE, M, N, PARAMETER) performs spatial filtering
%   of image G using a TYPE filter of size M-by-N. Valid calls to
%   SPFILT are as follows:
%
%     F = SPFILT(G, 'amean', M, N)      Arithmetic mean filtering.
%     F = SPFILT(G, 'gmean', M, N)      Geometric mean filtering.
%     F = SPFILT(G, 'hmean', M, N)      Harmonic mean filtering.
%     F = SPFILT(G, 'chmean', M, N, Q)  Contraharmonic mean
%                                       filtering of order Q. The
%                                       default Q is 1.5.
%     F = SPFILT(G, 'median', M, N)     Median filtering.
%     F = SPFILT(G, 'max', M, N)        Max filtering.
%     F = SPFILT(G, 'min', M, N)        Min filtering.
%     F = SPFILT(G, 'midpoint', M, N)   Midpoint filtering.
%     F = SPFILT(G, 'atrimmed', M, N, D) Alpha-trimmed mean
%                                       filtering. Parameter D must
%                                       be a nonnegative even
%                                       integer; its default value
%                                       is 2.
%
%   The default values when only G and TYPE are input are M = N = 3,
%   Q = 1.5, and D = 2.

[m, n, Q, d] = processInputs(varargin{:});

% Do the filtering.
switch type
case 'amean'
   w = fspecial('average', [m n]);
   f = imfilter(g, w, 'replicate');
case 'gmean'
   f = gmean(g, m, n);
case 'hmean'
   f = harmean(g, m, n);
case 'chmean'
   f = charmean(g, m, n, Q);
case 'median'
   f = medfilt2(g, [m n], 'symmetric');
case 'max'
   f = imdilate(g, ones(m, n));
case 'min'
   f = imerode(g, ones(m, n));
case 'midpoint'
```

```matlab
        f1 = ordfilt2(g, 1, ones(m, n), 'symmetric');
        f2 = ordfilt2(g, m*n, ones(m, n), 'symmetric');
        f = imlincomb(0.5, f1, 0.5, f2);
    case 'atrimmed'
        f = alphatrim(g, m, n, d);
    otherwise
        error('Unknown filter type.')
end
%-------------------------------------------------------------------%
function f = gmean(g, m, n)
% Implements a geometric mean filter.
[g, revertClass] = tofloat(g);
f = exp(imfilter(log(g), ones(m, n), 'replicate')).^(1 / m / n);
f = revertClass(f);

%-------------------------------------------------------------------%
function f = harmean(g, m, n)
% Implements a harmonic mean filter.
[g, revertClass] = tofloat(g);
f = m * n ./ imfilter(1./(g + eps),ones(m, n), 'replicate');
f = revertClass(f);

%-------------------------------------------------------------------%
function f = charmean(g, m, n, q)
% Implements a contraharmonic mean filter.
[g, revertClass] = tofloat(g);
f = imfilter(g.^(q+1), ones(m, n), 'replicate');
f = f ./ (imfilter(g.^q, ones(m, n), 'replicate') + eps);
f = revertClass(f);

%-------------------------------------------------------------------%
function f = alphatrim(g, m, n, d)
% Implements an alpha-trimmed mean filter.
if (d <= 0) || (d/2 ~= round(d/2))
    error('d must be a positive, even integer.')
end
[g, revertClass] = tofloat(g);
f = imfilter(g, ones(m, n), 'symmetric');
for k = 1:d/2
    f = f - ordfilt2(g, k, ones(m, n), 'symmetric');
end
for k = (m*n - (d/2) + 1):m*n
    f = f - ordfilt2(g, k, ones(m, n), 'symmetric');
end
f = f / (m*n - d);
f = revertClass(f);

%-------------------------------------------------------------------%
function [m, n, Q, d] = processInputs(varargin)
m = 3;
n = 3;
Q = 1.5;
d = 2;
if nargin > 0
    m = varargin{1};
end
if nargin > 1
    n = varargin{2};
end
if nargin > 2
    Q = varargin{3};
    d = varargin{3};
end
```

> 键入>>help imlincomb 可了解函数 imlincomb 中所用参数的详细信息。

表 4.3　空间滤波器。变量 m 和 n 分别表示滤波器跨越的行数和列数

滤波器名称	公式	注释
算术均值	$\hat{f}(x,y) = \dfrac{1}{mn} \sum\limits_{(s,t) \in S_{xy}} g(s,t)$	用工具箱函数 w = fspecial('average', [m, n]) 和 f = imfilter(g, w) 实现
几何均值	$\hat{f}(x,y) = \left[\prod\limits_{(s,t) \in S_{xy}} g(s,t) \right]^{\frac{1}{mn}}$	该非线性滤波器用函数 gmean 实现(见本节的自定义函数 spfilt)
调和均值	$\hat{f}(x,y) = \dfrac{mn}{\sum\limits_{(s,t) \in S_{xy}} \dfrac{1}{g(s,t)}}$	该非线性滤波器用函数 harmean 实现(见本节的自定义函数 spfilt)
逆调和均值	$\hat{f}(x,y) = \dfrac{\sum\limits_{(s,t) \in S_{xy}} g(s,t)^{Q+1}}{\sum\limits_{(s,t) \in S_{xy}} g(s,t)^{Q}}$	该非线性滤波器用函数 charmean 实现(见本节的自定义函数 spfilt)
中值	$\hat{f}(x,y) = \underset{(s,t) \in S_{xy}}{\mathrm{median}} \{g(s,t)\}$	用工具箱函数 medfilt2: f = medfilt2(g, [m n], 'symmetric') 实现
最大值	$\hat{f}(x,y) = \underset{(s,t) \in S_{xy}}{\max} \{g(s,t)\}$	用工具箱函数 imdilate: f = imdilate(g, ones(m, n)) 实现
最小值	$\hat{f}(x,y) = \underset{(s,t) \in S_{xy}}{\min} \{g(s,t)\}$	用工具箱函数 imerode: f = imerode(g, ones(m, n)) 实现
中点	$\hat{f}(x,y) = \dfrac{1}{2}\left[\underset{(s,t) \in S_{xy}}{\max}\{g(s,t)\} + \underset{(s,t) \in S_{xy}}{\min}\{g(s,t)\} \right]$	由最大、最小滤波结果之和的 0.5 倍实现
修正 α 均值	$\hat{f}(x,y) = \dfrac{1}{mn-d} \sum\limits_{(s,t) \in S_{xy}} g_r(s,t)$	在 S_{xy} 中,删除 $g(s,t)$ 的 $d/2$ 个最低像素值和 $d/2$ 个最高像素值。函数 $g_r(s,t)$ 表示邻域中剩下的 $mn-d$ 个像素。用函数 alphatrim 实现(见本节的自定义函数 spfilt)

例 4.5　使用函数 spfilt。

图 4.5(a) 所示的图像是一幅被概率仅为 0.1 的胡椒噪声污染的 uint8 类图像。这幅图像是使用下面的命令生成的 [f 是来自图 2.19(a) 的图像]:

```
>> [M, N] = size(f);
>> R = imnoise2('salt & pepper', M, N, 0.1, 0);
>> gp = f;
>> gp(R == 0) = 0;
```

图 4.5(b) 中的图像仅被盐粒噪声污染,它是使用如下语句生成的:

```
>> R = imnoise2('salt & pepper', M, N, 0, 0.1);
>> gs = f;
>> gs(R == 1) = 255;
```

过滤胡椒噪声的一种较好方法是,使用 Q 为正值的逆调和滤波器。图 4.5(c) 是使用如下语句生成的:

```
>> fp = spfilt(gp, 'chmean', 3, 3, 1.5);
```

同样,盐粒噪声可以使用 Q 为负值的逆调和滤波器过滤:

```
>> fs = spfilt(gs, 'chmean', 3, 3, -1.5);
```

图 4.5(d) 显示了结果。使用最大和最小滤波器可以得到类似的结果。例如,图 4.5(e) 和图 4.5(f) 所示的图像是通过使用如下命令分别由图 4.5(a) 和图 4.5(b) 生成的:

```
>> fpmax = spfilt(gp, 'max', 3, 3);
>> fsmin = spfilt(gs, 'min', 3, 3);
```

使用 spfilt 的其他解决方法可按照类似的方式实现。

图 4.5 (a)被概率为 0.1 的胡椒噪声污染的图像；(b)被同样概率的盐粒噪声污染的图像；(c)用大小为 3×3、阶数 $Q = 1.5$ 的逆调和滤波器对(a)滤波的结果；(d)用 $Q = -1.5$ 的逆调和滤波器对(b)滤波的结果；(e)用 3×3 的最大滤波器对(a)滤波的结果；(f)用 3×3 的最小滤波器对(b)滤波的结果

4.3.2 自适应空间滤波器

前一节讨论的滤波器应用到一幅图像时，并未考虑图像中不同位置的不同特性。在有些应用中，可以使用能够根据被滤波区域的图像特性而自适应其特性的滤波器来改进结果。作为如何在 MATLAB 中实现自适应空间滤波的说明，我们在本节考虑一个自适应中值滤波器。如前所述，S_{xy} 表示一幅子图像，该子图像的中心位于将被处理图像中的位置 (x, y)。源自 Eng and Ma [2001] 的算法及源自 Gonzalez and Woods[2008]中的详细解释如下。令

$$z_{\min} = S_{xy} \text{中的最小灰度值}$$
$$z_{\max} = S_{xy} \text{中的最大灰度值}$$
$$z_{\text{med}} = S_{xy} \text{中的灰度中值}$$
$$z_{xy} = \text{坐标}(x, y)\text{处的灰度值}$$

自适应中值滤波算法使用两个处理层次，表示为层次 A 和层次 B：

层次 A： 若 $z_{\min} < z_{\text{med}} < z_{\max}$，则转至层次 B
否则增大窗口尺寸。
若窗口尺寸 $\leq S_{\max}$，则重复层次 A
否则输出 z_{med}

层次 B： 若 $z_{\min} < z_{xy} < z_{\max}$，则输出 z_{xy}
否则输出 z_{med}

其中，$S_{\max}$ 表示自适应滤波器窗口允许的最大尺寸。层次 A 最后一步的另一种选择是输出 z_{xy} 而不是输出中值。这时会生成稍微清晰一些的结果，但有可能探测不到与胡椒(盐粒)噪声值相同的内含于常数背景的盐粒(胡椒)噪声。

称为 adpmedian 的 M 函数可实现这个算法，它包含在附录 C 中。语法为

       f = adpmedian(g, Smax)

其中，g 是将被滤波的图像，Smax 是自适应滤波器窗口的最大允许尺寸。

> **例 4.6 自适应中值滤波。**
> 图 4.6(a)显示了使用如下命令生成的被椒盐噪声污染的电路板图像 f：
>
> ```
> >> g = imnoise(f, 'salt & pepper', .25);
> ```

图4.6(b)显示了使用如下命令得到的结果：

>> f1 = medfilt2(g, [7 7], 'symmetric');

这幅图像确实没有噪声，但却非常模糊和失真(如图像中上部的连接片)。另一方面，命令

>> f2 = adpmedian(g, 7);

生成图4.6(c)所示的图像，它也是没有噪声的，但与图4.6(b)相比，模糊和失真要小很多。

> 关于函数 medfilt2 的用法，请参阅2.5.2节。

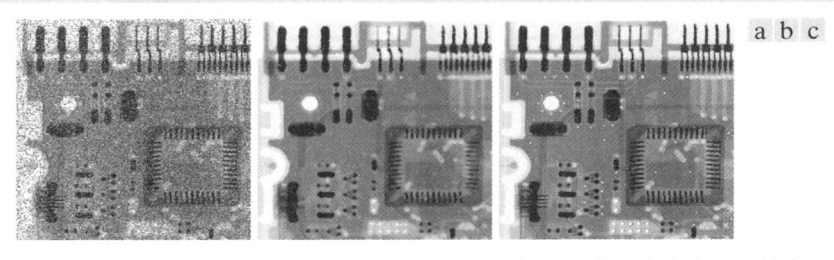

图4.6 (a)被密度为0.25的椒盐噪声污染的图像；(b)使用大小为7×7的中值滤波器得到的结果；(c)使用 $S_{max}=7$ 的自适应中值滤波得到的结果

4.4 使用频率域滤波降低周期噪声

如4.2.3节提到的那样，周期噪声本身表现为类冲激，这在傅里叶谱中很常见。滤除这些分量的主要方法是使用陷波带阻滤波。如3.7.2节讨论的那样，具有 Q 个陷波对的陷波带阻滤波器的通式为

$$H_{NR}(u,v) = \prod_{k=1}^{Q} H_k(u,v) H_{-k}(u,v)$$

式中，$H_k(u,v)$ 和 $H_{-k}(u,v)$ 是高通滤波器，它们的中心分别是 (u_k,v_k) 和 $(-u_k,-v_k)$。这些平移后的中心是相对于频率矩形中心 $(M/2,N/2)$ 规定的。因此，每个滤波器的距离计算由下式给出：

$$D_k(u,v) = \left[(u - M/2 - u_k)^2 + (v - N/2 - v_k)^2\right]^{\frac{1}{2}}$$

和

$$D_{-k}(u,v) = \left[(u - M/2 + u_k)^2 + (v - N/2 + v_k)^2\right]^{\frac{1}{2}}$$

3.7.2节讨论过几种类型的陷波带阻滤波器，并给出了生成这些滤波器的一个自定义函数 cnotch。沿频率轴对分量开槽的陷波带阻滤波的一种特殊情况，还可以用于图像复原。3.7.2节中讨论的函数 recnotch 可以实现这种类型的滤波器。例3.9和例3.10展示了陷波带阻滤波对降低周期噪声的有效性。

4.5 退化函数建模

当有类似于生成退化图像的设备可用时，通过做各种设备的设置实验来确定退化的本质是可能的。然而，相关成像设备的可用性是解决图像复原问题的一个例外，而不是惯例，典型的方法是通过生成 PSF 并测试各种复原算法的结果来做实验。另一种方法是试图用数学方法对 PSF 建模。这种方法

不是我们这里讨论的主流；关于这个主题的介绍请参看 Gonzalez and Woods[2008]。最后，没有任何关于 PSF 的信息可用时，可以采取"盲去卷积"来推断 PSF。本节剩下的部分通过分别使用 2.4 节和 2.5 节介绍的函数 imfilter 与 fspecial，以及本章前面介绍的各个噪声生成函数，集中讨论对 PSF 的建模技术。

在图像复原问题中遇到的一个主要退化是图像模糊。场景和传感器两者导致的模糊可以用空间域或频率域的低通滤波器来建模。另一个重要的退化模型是在图像获取时传感器和场景之间的均匀线性运动生成的图像模糊。图像模糊可以使用工具箱函数 fspecial 来建模：

$$PSF = fspecial('motion', len, theta)$$

调用 fspecial 将返回 PSF，该 PSF 用来近似摄像机线性移动 len 个像素的效果。参数 theta 的单位是度，它是相对于正水平轴按顺时针方向测得的。len 和 theta 的默认值分别是 9 和 0。这些设置对应于在水平方向上移动 9 个像素。

我们使用函数 imfilter 来创建一幅已知 PSF 或用刚描述的方法来计算得到的 PSF 的退化图像：

```
>> g = imfilter(f, PSF, 'circular');
```

其中，'circular'（见表 2.3）用来减少边缘效应。然后通过添加适当的噪声来完成退化图像模型：

```
>> g = g + noise;
```

其中，noise 是一幅与 g 大小相同的随机噪声图像，它是使用 4.2 节中讨论的方法生成的。

当比较本节和下面几节中讨论的各种方法的合理性时，使用相同的图像或测试图案是很有用的，因为这样比较才有意义。由函数 checkerboard 生成的测试图案对于实现这个目的非常有用，因为其大小可以缩放而不会影响它的主要特征。语法为

$$C = checkerboard(NP, M, N)$$

其中，NP 是每个正方形一条边上的像素数，M 是行数，N 是列数。若省略 N，则其默认为 M。若 M 和 N 都省略，则在该面上生成有 8 个正方形的方形棋盘。另外，若省略 NP，则它将默认为 10 个像素。棋盘左半部分的亮正方形是白色的，棋盘右半部分的亮正方形是灰色的。要生成所有亮正方形全是白色的棋盘，可使用命令

> 使用运算符>生成一个逻辑结果；im2double 用来生成一幅 double 类的图像，它和函数 checkerboard 的输出格式是相一致的。

```
>> K = checkerboard(NP, M, N) > 0.5;
```

函数 checkerboard 生成的图像是 double 类的，值在区间[0, 1]内。

由于有些复原算法对于大图像来说很慢，因此一种较好的方法是用小图像做实验来减少计算时间。在这种情况下，若目的是显示，则通过像素复制来放大图像是很有用的。下面的函数可实现这一功能（代码参见附录 C）：

$$B = pixeldup(A, m, n)$$

该函数将 A 的每个像素在垂直方向上复制 m 次，在水平方向上复制 n 次。若省略 n，则它默认为 m。

例 4.7 模糊带噪图像的建模。

图 4.7(a) 显示了由如下命令生成的一幅棋盘图像：

```
>> f = checkerboard(8); % Image is of class double.
```

图 4.7(b) 所示的退化图像是使用如下命令生成的：

```
>> PSF = fspecial('motion', 7, 45);
>> gb = imfilter(f, PSF, 'circular');
```

PSF 是一个空间滤波器，其值为

```
>> PSF
PSF =
         0        0        0        0        0   0.0145        0
         0        0        0        0   0.0376   0.1283   0.0145
         0        0        0   0.0376   0.1283   0.0376        0
         0        0   0.0376   0.1283   0.0376        0        0
         0   0.0376   0.1283   0.0376        0        0        0
    0.0145   0.1283   0.0376        0        0        0        0
         0   0.0145        0        0        0        0        0
```

图 4.7(c) 所示的噪声模式是一幅高斯噪声图像，其均值为 0、方差为 0.001。它是使用如下命令生成的：

```
>> noise = imnoise2('Gaussian', size(f,1), size(f, 2), 0,...
                    sqrt(0.001));
```

图 4.7(d) 所示的模糊带噪图像由如下命令生成：

```
>> g = gb + noise;
```

在这幅图像中，噪声不容易看见，因为其最大值约为 0.15，而图像的最大值为 1。然而，正如将在 4.7 节和 4.8 节中说明的那样，这种噪声电平在试图复原 g 时却不是无关紧要的。最后要指出的是，图 4.7 中的所有图像均被放大到了 512×512 像素，并使用如下命令形式来显示：

```
>> imshow(pixeldup(f, 8), [ ])
```

图 4.7(d) 中的图像将在例 4.8 和例 4.9 中复原。

图 4.7 (a) 原图像；(b) 使用 len=7 且 theta=-45°的函数 fspecial 模糊了的图像；(c) 噪声图像；(d) 图(b)和图(c)之和

4.6 直接逆滤波

用来复原一幅退化图像的最简方法是在 4.1 节介绍的模型中忽略噪声项，并形成如下形式的估计：

$$\hat{F}(u,v) = \frac{G(u,v)}{H(u,v)}$$

然后，取 $\hat{F}(u,v)$ ［回忆可知 $G(u,v)$ 是退化图像的傅里叶变换］的傅里叶反变换得到图像的相应估计。这种方法被恰当地称为*逆滤波*。考虑噪声，我们可以将估计表示为

$$\hat{F}(u,v) = F(u,v) + \frac{N(u,v)}{H(u,v)}$$

这个容易使人误解的简单表达式告诉我们,即使我们准确地知道了 $H(u,v)$,也不能恢复 $F(u,v)$〔因此不能恢复未被退化的原图像 $f(x,y)$〕,因为噪声分量是一个随机函数,它的傅里叶变换 $N(u,v)$ 是未知的。另外,在实际中,有许多 $H(u,v)$ 为零的情况也是个问题。即使噪声项 $N(u,v)$ 可以忽略,使用为零的 $H(u,v)$ 值来除它也将支配复原估计。

试图采用逆滤波时,典型的方法是形成比例式 $\hat{F}(u,v) = G(u,v)/H(u,v)$,然后为了得到它的逆,将频率的区间限制在接近频率原点。想法是 $H(u,v)$ 中的零不太可能在接近原点的地方出现,因为变换的振幅通常位于该区域的最高值处。这个基本方案有很多变体,其中,在 H 为零或接近于零的 (u,v) 值处,会进行特殊处理。这种方法有时称为伪逆滤波。通常,如下一节的例 4.8 所示,基于这种类型的逆滤波的方法很少使用。

4.7 维纳滤波

维纳滤波(N. Wiener 最先在 1942 年提出的方法)是一种最早也最为知名的线性图像复原方法。维纳滤波器寻找统计误差函数

$$e^2 = E\{(f - \hat{f})^2\}$$

的一个最小估计 $\hat{f}$,式中 E 是期望值算子,f 是未退化图像。这个表达式在频率域的解是

$$\hat{F}(u,v) = \left[\frac{1}{H(u,v)} \frac{|H(u,v)^2|}{|H(u,v)|^2 + S_\eta(u,v)/S_f(u,v)} \right] G(u,v)$$

式中,

$H(u,v)$ = 退化函数

$|H(u,v)|^2 = H^*(u,v)H(u,v)$

$H^*(u,v) = H(u,v)$ 的复共轭

$S_\eta(u,v) = |N(u,v)|^2 = $ 噪声的功率谱

$S_f(u,v) = |F(u,v)|^2 = $ 未退化图像的功率谱

比例式 $S_\eta(u,v)/S_f(u,v)$ 称为噪信功率比。我们看到,若对于 u 和 v 的所有相关值,噪声的功率谱为零,则这个比例式就变为零,维纳滤波器就成为前一节中讨论的逆滤波器。

我们感兴趣的两个量为平均噪声功率和平均图像功率,定义为

$$\eta_A = \frac{1}{MN} \sum_u \sum_v S_\eta(u,v)$$

和

$$f_A = \frac{1}{MN} \sum_u \sum_v S_f(u,v)$$

式中,如通常那样,M 和 N 分别表示图像数组和噪声数组的行数与列数。这些量都是标量常量,它们的比值

$$R = \frac{\eta_A}{f_A}$$

也是一个标量，有时候被用来代替函数 $S_\eta(u,v)/S_f(u,v)$ 生成一个常量数组。在这种情况下，即使真实的比例未知，通过交互式地改变 R 和观察复原结果的实验也会是一件简单的事情。当然，这一函数为常量的假设是粗糙的近似。在前述的滤波器方程中，用一个常量数组来代替 $S_\eta(u,v)/S_f(u,v)$ 就得到了所谓的参数维纳滤波器。如例 4.8 说明的那样，即使使用一个常量数组的简单行为也可以对直接逆滤波产生重大改进。

使用图像处理工具箱函数 deconvwnr 可实现维纳滤波，函数 deconvwnr 有三种可能的语法形式。在所有这三种形式中，g 代表退化图像，frest 是复原图像。第一种语法形式

```
frest = deconvwnr(g, PSF)
```

假设噪信比是零。这样，这种形式的维纳滤波器就是 4.6 节讨论的逆滤波器。语法

```
frest = deconvwnr(g, PSF, NSPR)
```

假设噪信功率比已知，不是常量，就是数组；该函数两者均可接受。这是用于实现参数维纳滤波器的语法，在这种情况下，NSPR 是标量输入。最后，语法

```
frest = deconvwnr(g, PSF, NACORR, FACORR)
```

假设噪声和未退化图像的自相关函数 NACORR 和 FACORR 是已知的。注意，deconvwnr 的这种形式使用 η 和 f 的自相关来代替这些函数的功率谱。从相关定理可知

$$|F(u,v)|^2 = \Im[f(x,y) \star f(x,y)]$$

式中，☆ 表示相关运算，$\Im$ 表示傅里叶变换。这个表达式表明了对 deconvwnr 的使用，通过计算功率谱的傅里叶反变换，可以得到自相关函数 $f(x,y) \star f(x,y)$。类似的说明适用于噪声的自相关。

> 相关定理的探讨请参阅 Gonzalez and Woods [2008]。

若复原的图像中出现因算法使用离散傅里叶变换引入的振铃，则在调用函数 edgetaper 之前使用函数 deconvwnr 是有帮助的。语法是

```
J = edgetaper(I, PSF)
```

该函数利用点扩散函数 PSF 模糊输入图像 I 的边缘。输出图像 J 就是图像 I 及其模糊版本的加权和。这个由 PSF 的自相关函数所决定的加权数组，在其中心处取 J 等于 I，而在接近边缘处取 J 等于 I 的模糊版本。

例 4.8　使用函数 deconvwnr 复原模糊的带噪图像。

图 4.8(a) 与图 4.7(d) 和图 4.8(b) 一样，都是使用如下命令得到的：

```
>> frest1 = deconvwnr(g, PSF);
```

其中，g 是污染了的图像，PSF 是例 4.7 中算出的点扩散函数。如本节前面所述，frest1 是直接逆滤波的结果，且如预期的那样，这一结果由噪声的影响决定(如例 4.7 所示，所有显示的图像都已被函数 pixeldup 处理，已把尺寸扩大到 512×512 像素)。

本节前面讨论过的比率 R 是用例 4.7 中的原图像和噪声图像得到的：

```
>> Sn = abs(fft2(noise)).^2;        % noise power spectrum
>> nA = sum(Sn(:))/numel(noise);    % noise average power
>> Sf = abs(fft2(f)).^2;            % image power spectrum
>> fA = sum(Sf(:))/numel(f);        % image average power.
>> R = nA/fA;
```

为使用这一比例恢复图像,我们写出

```
>> frest2 = deconvwnr(g, PSF, R);
```

如图 4.8(c)所示,这种方法与直接逆滤波相比,结果改进明显。

最后,我们在复原中使用自相关函数(注意,使用函数 fftshift 做居中处理):

```
>> NCORR = fftshift(real(ifft2(Sn)));
>> ICORR = fftshift(real(ifft2(Sf)));
>> frest3 = deconvwnr(g, PSF, NCORR, ICORR);
```

如图 4.8(d)所示,结果很接近原图像,但仍有一些噪声存在。因为原图像和噪声函数都是已知的,所以我们可以估计正确的参数,图 4.8(d)便是在这种情况下能够由维纳去卷积得到的最好结果。在实践中,当这些量中的一个或多个未知时,在实验中选择这些函数,直到获得可以接受的结果是一个挑战。

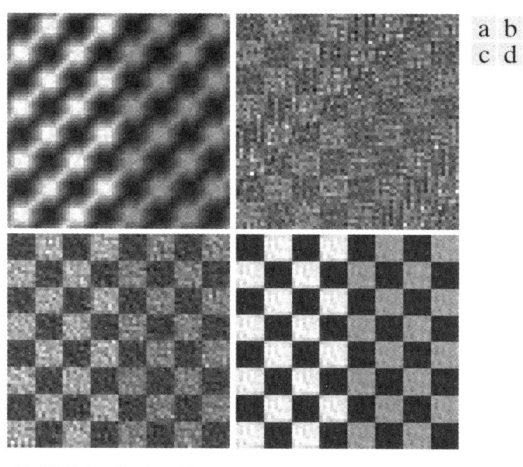

图 4.8 (a)模糊的带噪图像;(b)逆滤波的结果;(c)用常数比进行维纳滤波后的结果;(d)用自相关函数进行维纳滤波后的结果

4.8 由投影重建图像

本章到目前为止一直处理的是图像复原问题。本节将介绍由一系列一维投影来重建图像。通常称为计算机断层成像(CT)的问题是图像处理在医学中的主要应用之一。

4.8.1 背景

由投影重建图像的基础很简单,且可直观地加以解释。考虑图 4.9(a)中的区域。为给出如下讨论的物理意义,假设该区域是通过人体截面的一个"切片",该切片显示均匀的组织(黑色背景)中有一个肿瘤(明亮区域)。例如,通过让一束较细的 X 射线垂直通过人体,并在另一端记录测量值(该测量值正比于射线穿过人体时人体所吸收的量),可得到这样的一个区域。肿瘤吸收更多的 X 射线能量,因此有更高的吸收读数,如图 4.9(a)右侧的信号(吸收剖面)所示。我们看到,最大的吸收出现在该区域的中心,射线束在此处遇到了通过肿瘤的最长路径。在这一点,吸收剖面就是我们具有的这一物体的全部信息。

由单个投影无法确定沿射线路径处理的是单个物体还是多个物体,但可以基于这种部分信息来开始重建工作。如图 4.9(b)所示,该方法是沿射线射入的方向把吸收剖面投影回去。这种称为反投影的处理由一个吸收剖面波形生成一幅二维数字图像。这幅图像本身并没有什么价值。然而，假定我们将射线束/检测器排列旋转 90°［见图 4.9(c)］，并重复反投影过程。通过把得到的反投影加到图 4.9(b)上，可得到图 4.9(e)所示的图像。注意，包含目标的区域的灰度是图像其他主要分量灰度的 2 倍。

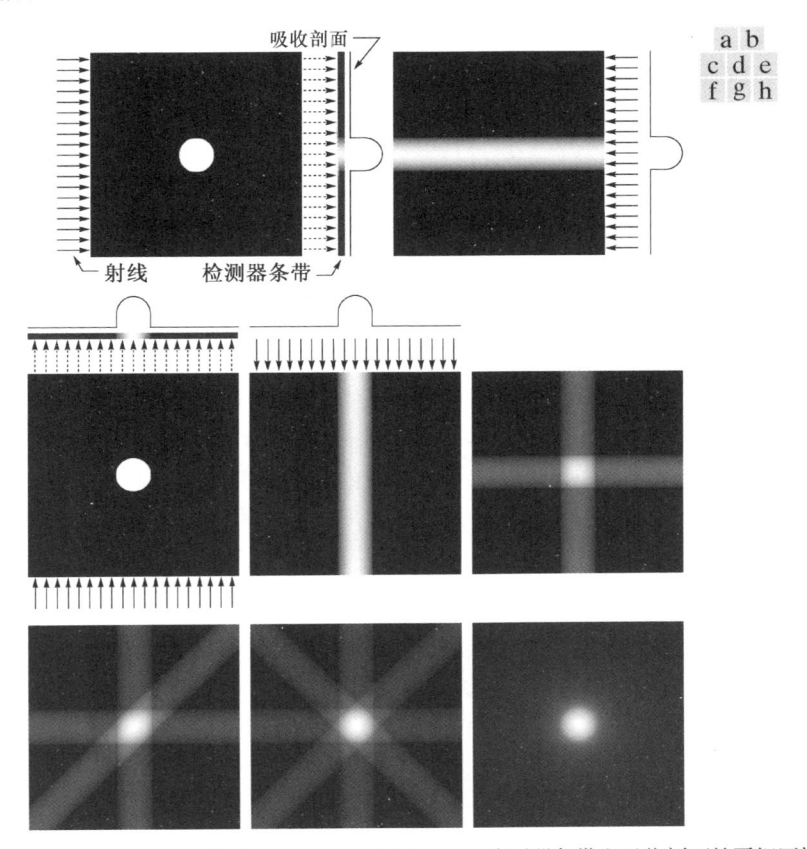

图 4.9　(a) 显示一个简单物体、一束平行射线、一个检测器条带和吸收剖面的平坦区域；(b) 吸收剖面的反投影；(c) 旋转 90°的射线束和检测器条带；(d) 吸收剖面的反投影；(e) 图(b)和图(d)的和；(f) 加上另一个反投影(45°)后的结果；(g) 再加上另一个反投影(135°)后的结果；(h) 加上 32 个相隔 5.625°的反投影的结果

直觉上，我们应该能够以不同的角度生成更多的反投影来细化前面的结果。如图 4.9(f)到图 4.9(h)所示，这正好是所发生的事情。当反投影的数量增加时，相对于原始区域中的平坦区，有较大吸收区域的强度将增大，当为了显示而标定图像时，这些区域会消隐到背景中，如图 4.9(h)所示，它是用 32 个反投影得到的。

基于前面的讨论，我们看到，给定一组一维投影和这些投影所取的角度，X 射线断层成像的基本问题就是由生成的投影来重建该区域的一幅图像(称为一个切片)。在实践中，通过平移垂直于射线束/检测器对的物体(即人体的一个横截面)可得到多个切片。堆叠这些切片可再现这些扫描物体内部的三维视图。

如图 4.9(h)所示，虽然使用简单的反投影可以得到粗略的近似结果，但结果通常会因太模糊而不实用。因此，X 射线断层问题还包含一些减少反投影处理中的固有模糊的技术。数学上描述反投影和减少模糊的方法，是本章剩余部分讨论的主题。

4.8.2 平行射线束投影和雷登变换

数学上描述投影所需要的机制(称为雷登变换)是由 Johann Radon 于 1917 年推导的。Johann Radon 是来自维也纳的数学家,作为线积分工作的一部分,他推导了一个二维物体沿平行射线投影的基本数学表达式。40 年后,在英国和美国开发 CT 机期间,这些概念被"重新发现"。

笛卡儿坐标系中的一条直线可以由其斜截式 $y = ax + b$ 来描述,或如图 4.10 所示由其法线形式来表示:

$$x\cos(\theta) + y\sin(\theta) = \rho$$

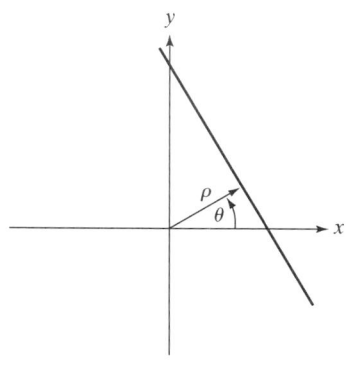

平行射线束的投影可由这样的一组直线建模,如图 4.11 所示。投影剖面上任意一点的坐标 (ρ_j, θ_k) 由沿直线 $x\cos\theta_k + y\sin\theta_k = \rho_j$ 的射线和给出。射线和是一个线积分,由下式给出:

$$g(\rho_j, \theta_k) = \int_{-\infty}^{\infty}\int_{-\infty}^{\infty} f(x,y)\delta(x\cos\theta_k + y\sin\theta_k - \rho_j)\mathrm{d}x\mathrm{d}y$$

式中运用了冲激函数 δ 的取样特性。换句话说,若 δ 的参量不为零,则右边的等式为零,这意味着积分仅沿直线 $x\cos\theta_k + y\sin\theta_k = \rho_j$ 计算。若考虑 ρ 和 θ 的所有值,则上式可推广为

$$g(\rho, \theta) = \int_{-\infty}^{\infty}\int_{-\infty}^{\infty} f(x,y)\delta(x\cos\theta_k + y\sin\theta_k - \rho_j)\mathrm{d}x\mathrm{d}y$$

图 4.10 直线的法线表示

给出沿 xy 平面中任意一条直线的 $f(x,y)$ 的投影(线积分)的这一公式,就是在前面提到的雷登变换。如图 4.11 所示,任意角度 θ_k 的完整投影是 $g(\rho,\theta_k)$,并且这个函数是在雷登变换中插入 θ_k 得到的。

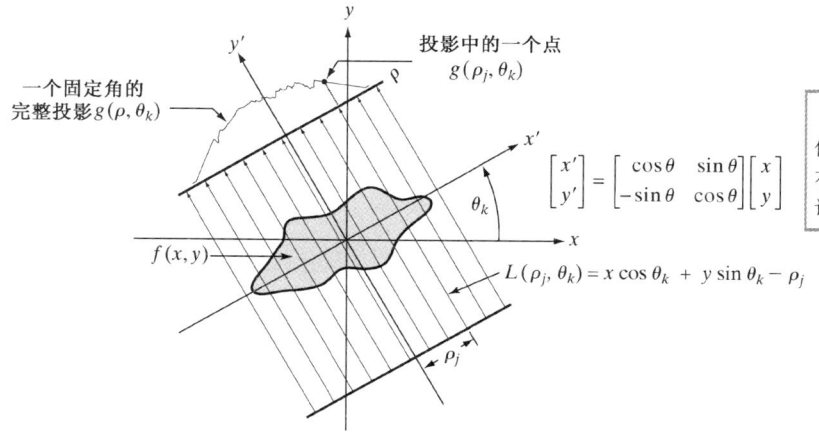

图 4.11 平行射线束及其相应投影的几何表示

本节遵照 CT 约定并将原点置于图像的中心而非左上角。因为两者都是右手坐标系,因此可通过平移原点来计算它们的差。

前述积分的离散近似可写为

$$g(\rho, \theta) = \sum_{x=0}^{M-1}\sum_{y=0}^{N-1} f(x,y)\delta(x\cos\theta + y\sin\theta - \rho)$$

式中，x、y、ρ 和 θ 是离散变量。虽然这一公式在实践中不是很有用[1]，但它提供了一个我们可以用于解释投影生成方式的简单模型。若固定 θ，而令 ρ 变化，则可以看到，这个表达式生成 $f(x,y)$ 沿着由这两个参数的值定义的直线的所有值的和。（固定 θ 值的情况下）增大 ρ 的所有值以覆盖该图像将产生一个投影。改变 θ 并重复前述过程则产生另一个投影，以此类推。概念上，这正是生成图4.9中投影的方式。

回到我们的说明中，记住，断层成像的目的是由给定的一组投影恢复 $f(x,y)$。通过反投影每个一维投影，由这些特殊投影来创建一幅图像可以完成这一任务［见图4.9(a)和图4.9(b)］。然后，对这些图像求和可得到最终的结果，如图4.9所说明的那样。为了得到反投影图像的表达式，我们从固定 θ_k 值的全部投影 $g(\rho,\theta_k)$（见图4.11）的单个点 $g(\rho_j,\theta_k)$ 开始。由这一点反投影形成图像的一部分很简单，只需将直线 $L(\rho_j,\theta_k)$ 复制到图像上即可，其中沿该条直线的所有点的值是 $g(\rho_j,\theta_k)$。我们对投影信号中的所有 ρ_j 值重复这一过程（同时保持 θ 值固定为 θ_k），得到如下表达式：

$$f_{\theta_k}(x,y) = g(\rho,\theta_k) = g(x\cos\theta_k + y\sin\theta_k, \theta_k)$$

该公式适用于任何角度值，因此一般可以把由（在角度 θ 得到的）单个反投影形成的图像写为

$$f_\theta(x,y) = g(x\cos\theta + y\sin\theta, \theta)$$

对所有反投影图像进行积分，得到最后的图像：

$$f(x,y) = \int_0^\pi f_\theta(x,y)\,\mathrm{d}\theta$$

其中，积分只在半周上进行，因为在区间$[0,\pi]$上得到的投影与在区间$[\pi,2\pi]$上得到的投影相同。

在离散情形下，该积分变成对所有反投影图像的求和：

$$f(x,y) = \sum_{\theta=0}^{\pi} f_\theta(x,y)$$

> 这是所有图像的求和，因此不存在前面脚注中与连续雷登变换的离散近似相关的问题。

其中，变量现在是离散值。因为在 0° 和 180° 处的投影互为镜像图像，因此求和运算执行到180°之前的最后一个角度增量。例如，若使用0.5°的角度增量，则求和运算是从0°到179.5°以半度为增量计算的。函数 radon（见4.8.6节）和前面的公式被用于生成图4.9中的图像。在该图中，特别是在图4.9(h)中，明显可以看出使用这种方法得到了令人难以接受的模糊结果。所幸的是，如下一节所示，重新用公式表示反投影方法来得到明显增强的结果是可能的。

4.8.3 傅里叶切片定理与滤波反投影

$g(\rho,\theta)$ 关于 ρ 的一维傅里叶变换由下式给出，

$$G(\omega,\theta) = \int_{-\infty}^{\infty} g(\rho,\theta)\mathrm{e}^{-\mathrm{j}2\pi\omega\rho}\mathrm{d}\rho$$

式中，ω 是频率变量，且很容易理解该表达式适用于固定的 θ 值。

计算断层成像的一个基本结果称为傅里叶切片定理，该定理表明，一个投影的傅里叶变换［即前面公式中的 $G(\omega,\theta)$］，是得到该投影的区域的二维变换的一个切片，即

> 傅里叶切片定理的推导过程，见 Gonzalez and Woods [2008]。

---

[1] 处理离散图像时，变量是整数。因此，该冲激的参数很少为零，且投影不会沿着一条线。这样说的另一种方法是，所示的离散表达式不会沿离散空间中的一条线提供足够的投影表示。克服这一问题的公式有许多，计算雷登变换的工具箱函数（称为 radon，见4.8.6节的讨论），采用近似连续雷登变换的方法，并使用其线性性质，求各像素的雷登变换的和，来得到数字图像的雷登变换。函数 radon 的参考面给出了这一过程的说明。

$$G(\omega,\theta) = [F(u,v)]_{u=\omega\cos\theta, v=\omega\sin\theta} = F(\omega\cos\theta, \omega\sin\theta)$$

式中，$F(u,v)$ 仍是 $f(x,y)$ 的二维傅里叶变换。图 4.12 以图示方式说明了这一结果。

下面用傅里叶切片定理推导频率域中 $f(x,y)$ 的表达式。给定 $F(u,v)$，使用傅里叶反变换可得到 $f(x,y)$：

$$f(x,y) = \int_{-\infty}^{\infty}\int_{-\infty}^{\infty} F(u,v) e^{j2\pi(ux+vy)} du dv$$

如上所示，若令 $u = \omega\cos\theta$ 和 $v = \omega\sin\theta$，则 $dudv = \omega d\omega d\theta$，且可把前面的积分表示为极坐标形式：

$$f(x,y) = \int_0^{2\pi}\int_0^{\infty} F(\omega\cos\theta, \omega\sin\theta) e^{j2\pi\omega(x\cos\theta+y\sin\theta)} \omega d\omega d\theta$$

> 关系式 $dudv = \omega d\omega d\theta$ 源于积分计算，其中雅可比被用做变量变化的基。

然后，由傅里叶切片定理有

$$f(x,y) = \int_0^{2\pi}\int_0^{\infty} G(\omega,\theta) e^{j2\pi\omega(x\cos\theta+y\sin\theta)} \omega d\omega d\theta$$

通过把这个积分拆成两个表达式，一个用于区间从 0 到 π 的 θ，另一个用于区间从 π 到 2π 的 θ，并使用 $G(\omega,\theta+\pi) = G(-\omega,\theta)$ 这样的事实，可把前面的积分表示为

$$f(x,y) = \int_0^{\pi}\int_{-\infty}^{\infty} |\omega| G(\omega,\theta) e^{j2\pi\omega(x\cos\theta+y\sin\theta)} d\omega d\theta$$

关于 ω 的积分，就如 ρ 那样，$x\cos\theta + y\sin\theta$ 项为常数。因此，我们可以把前面的公式表示为

$$f(x,y) = \int_0^{\pi}\left[\int_{-\infty}^{\infty} |\omega| G(\omega,\theta) e^{j2\pi\omega\rho} d\omega\right]_{\rho=x\cos\theta+y\sin\theta} d\theta$$

内部表达式是一个一维傅里叶反变换，只是附加了 $|\omega|$ 项，根据第 3 章的讨论，我们知道它是频率域的一个一维滤波器函数。这个函数(它在两个方向有无限扩展的 V 形状)是不可积的。理论上，这个问题可用广义 δ 函数来处理。在实践中，我们对函数开窗，以便在指定的区间之外把它变为 0。下一节将讨论滤波问题。

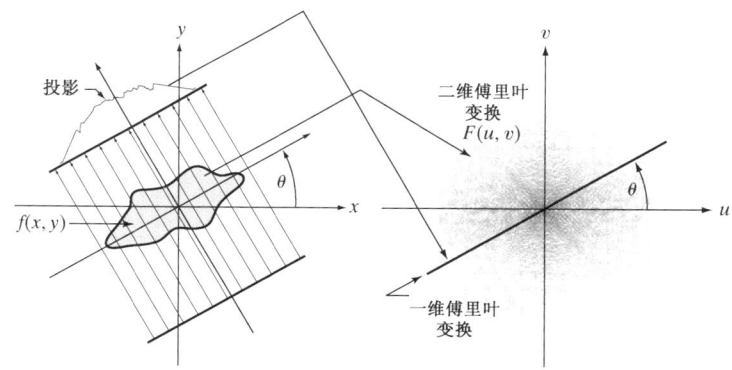

图 4.12 傅里叶切片定理的图示说明

前面的公式是平行射线束 X 射线断层成像的基本结果。它表明完全的反投影图像 $f(x,y)$ 是由一组平行射线束投影通过如下步骤得到的：

1. 计算每个投影的一维傅里叶变换。
2. 用滤波函数 $|\omega|$ 乘以每个傅里叶变换。如下一节说明的那样，这个滤波器必须乘以一个合适的窗函数。
3. 得到第二步导致的每个滤波后的变换的一维傅里叶反变换。
4. 对第 3 步得到的所有一维反变换积分(求和)，得到 $f(x,y)$。

因为使用了一个滤波器，所以刚给出的方法可称为由滤波投影重建图像。实践中，数据是离散的，因此所有频率域计算是用一维 FFT 算法实现的。

4.8.4 滤波器实现

上一节开发的滤波反投影方法的滤波部件，是处理前面讨论的模糊问题的基础，它是未滤波反投影重建所固有的特性。滤波器 $|\omega|$ 的形状为斜坡状，在连续情形下它是一个不可积的函数。在离散情形下，该函数很明显是长度受限的，并且其存在也不是问题。然而，这个滤波器有一个不希望的特性，即作为频率的函数，其幅度是线性增加的，这就使得它易受噪声的影响。另外，限制斜坡的宽度意味着在频率域用一个盒函数与它相乘，而这样做会在空间域导致不受欢迎的振铃特性。如前节提示的那样，在实践中采取的方法是用一个窗函数乘以斜坡滤波器，使滤波器的拖尾逐渐消失，从而在高频处降低其幅度。这对噪声和振铃两方面都有帮助。工具箱支持正弦窗、余弦窗、汉明窗和汉宁窗。斜坡滤波器本身的持续时间（宽度）受限于用来生成该滤波器的频率点数。

正弦窗的传递函数为

$$H_s(\omega) = \frac{\sin(\pi\omega/2\Delta\omega K)}{\pi\omega/2\Delta\omega K}, \quad \omega = 0, \pm\Delta\omega, \pm 2\Delta\omega, \cdots, \pm K\Delta\omega$$

式中，K 是滤波器中的频率间隔数（点数减 1）。类似地，余弦窗的传递函数为

$$H_c(\omega) = \cos\frac{\pi\omega}{2\Delta\omega K}$$

汉明窗和汉宁窗的传递函数相同：

$$H(\omega) = c + (c-1)\cos\frac{\pi\omega}{2\Delta\omega K}$$

当 $c = 0.54$ 时，窗口称为汉明（Hamming）窗；当 $c = 0.5$ 时，窗口称为汉宁（Hann）窗。它们之间的差别是，在汉宁窗中端点为 0，而汉明窗有一个小的偏移。通常，用这两个窗得到的结果在视觉上几乎不能辨别。

图 4.13 显示了用前面的窗函数乘以斜坡滤波器生成的反投影滤波器。斜坡滤波器通常称为 Ram-Lak 滤波器，见 Ramachandran and Lakshminarayanan[1971]。类似地，基于正弦窗的滤波器称为 Shepp-Logan 滤波器，见 Shepp and Logan [1974]。

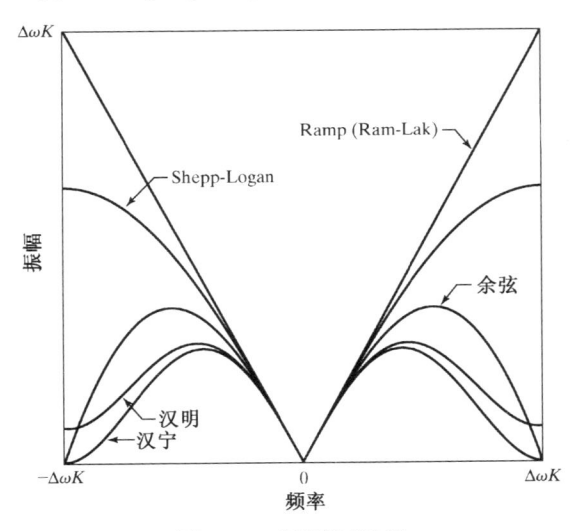

图 4.13 反投影滤波器

4.8.5 使用扇形射线束滤波反投影的重建

前面几节讨论的平行射线束投影方法被用于早期的 CT 机中，并且一直是介绍概念和研究 CT 重建数学基础的标准。当前的 CT 系统基于扇形射线束几何，可以得到更高的分辨率、更高的信噪比和更快的扫描时间。图 4.14 显示了典型的扇形射线束扫描几何，它使用一个检测器环(通常有 5000 个单独的检测器)。在这种排列下，X 射线源围绕病人旋转。对于每个水平位移增量，完整的射线源旋转生成一幅切片图像。垂直于检测器平面移动病人生成一组切片图像，将这些图像堆叠在一起便生成了人体扫描截面的三维表示。

类似于前面几节关于射线束的推导，得到扇形射线束的相关公式并不困难，但解释这一过程的示意图则很乏味。详细推导见 Gonzalez and Woods [2008]和 Prince and Links [2006]。这些推导的一个重要方面是在扇形射线束与平行几何间建立一一对应关系。从一个对应关系到另一个对应关系，会涉及变量的简单变化。正如我们将在下一节中了解的那样，工具箱支持这两种几何关系。

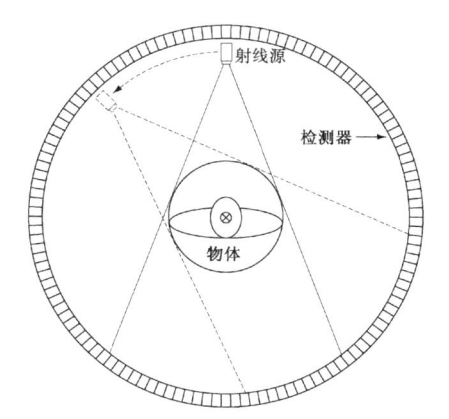

图 4.14 基于扇形射线束投影的典型 CT 几何表示

4.8.6 函数 `radon`

函数 radon 用来对给定的二维矩形数组生成一组平行射线投影(见图 4.11)。该函数的基本语法是

```
R = radon(I, theta)
```

其中，I 是一个二维数组，theta 是角度值的一维数组。投影包含在 R 的列中，生成的投影数等于数组 theta 中的角度数。生成的投影长到足以在射线束旋转时跨越观察的宽度。当射线垂直于矩形数组的主对角线时会出现这种视图。换句话说，对于一个大小为 $M \times N$ 的输入数组，投影的最小长度是 $(M^2 + N^2)^{1/2}$。当然，其他角度的投影事实上要短得多，且它们要用零来填充，以便所有投影的长度都相同(如所要求的那样，R 应是一个矩形数组)。由函数 radon 返回的实际长度，要稍大于为每个像素的单位面积计算的主对角线的长度。

函数 radon 有一个更一般的语法：

```
[R, xp] = radon(I, theta)
```

其中，xp 包含沿 x' 轴的坐标值，即图 4.11 中的 ρ 值。如下面的例 4.9 所示，xp 中的值用于标注图轴。

在 CT 算法模拟中，用来生成一幅著名图像(称为谢普-洛根头部幻影)的一个有用函数的语法为

```
P = phantom(def, n)
```

其中，def 是一个指定所生成头部幻影类型的字符串，n 是行数和列数(默认值为 256)。字符串 def 的有效值如下所示：

- 'Shepp-Logan'：计算机断层研究人员广泛使用的测试图像。这幅图像的对比度很低。
- 'Modified Shepp-Logan'：谢普-洛根头部幻影的变体，其对比度得到了改进，因此有更好的视觉效果。

例 4.9 使用函数 `radon`。
图 4.15(a)和图 4.15(c)中的两幅图像是用如下语句得到的：

```
>> g1 = zeros(600, 600);
>> g1(100:500, 250:350) = 1;
>> g2 = phantom('Modified Shepp-Logan', 600);
>> imshow(g1)
>> figure, imshow(g2)
```

使用半度增量的雷登变换由下面的语句得到：

```
>> theta = 0:0.5:179.5;
>> [R1, xp1] = radon(g1, theta);
>> [R2, xp2] = radon(g2, theta);
```

R1 的第一列是 $\theta = 0°$ 的投影，第二列是 $\theta = 0.5°$ 的投影，等等。第一列的第一个元素对应于 ρ 的最小负值，最后一个元素对应于 ρ 的最大正值，其他列类似。要显示 R1 以便投影从左到右进行，如图 4.11 所示，并且第一个投影出现在图像的底部，必须转置并翻转数组，如下所示：

> B = flipud(A) 返回其行关于水平轴翻转后的 A。B = fliplr(A) 返回其列关于垂直轴翻转后的 A。

```
>> R1 = flipud(R1');
>> R2 = flipud(R2');
>> figure, imshow(R1, [],'XData', xp1([1 end]),'YData', [179.5 0])
>> axis xy
>> axis on
>> xlabel('\rho'), ylabel('\theta')
>> figure, imshow(R2, [],'XData', xp2([1 end]),'YData', [179.5 0])
>> axis xy
>> axis on
>> xlabel('\rho'), ylabel('\theta')
```

图 4.15(b) 和图 4.15(d) 显示了结果。记住，在这两幅图像中每行表示了固定值 θ 的一个完整投影。例如，观察图 4.15(b)，发现最宽的投影出现在 $\theta = 90°$ 时，它对应于平行射线束横断矩形的宽边。显示为图 4.15(b) 和图 4.15(c) 所示图像的雷登变换，通常称为正弦图。

> 函数 axis xy 将坐标轴系统的原点由其默认的左上角移到右下角。详见例 2.4 中关于该函数的注释。

a b
c d

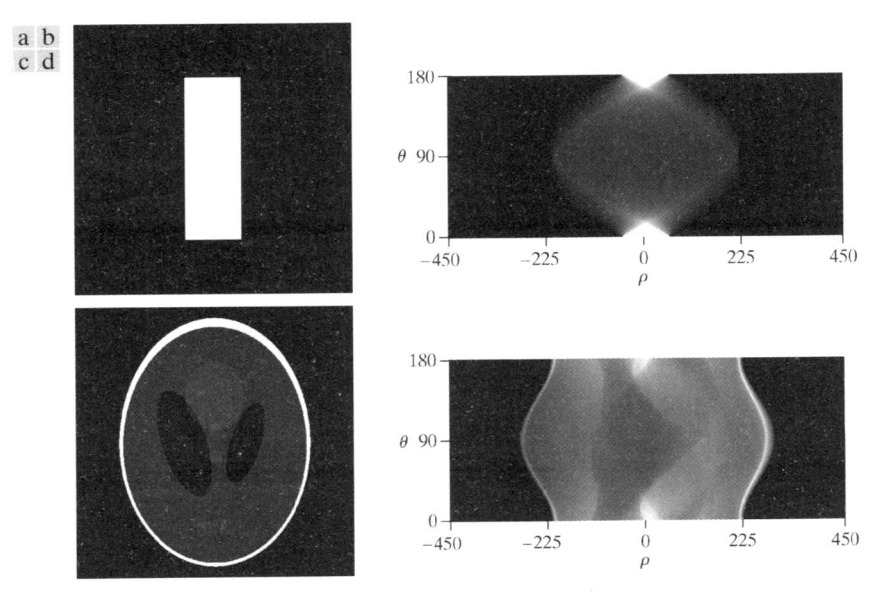

图 4.15　函数 radon 的说明：(a) 和 (c) 是两幅图像；(b) 和 (d) 是它们的雷登变换。垂直轴以度表示，水平轴以像素表示

4.8.7 函数 iradon

函数 iradon 由以不同角度得到的一组给定投影重建一幅图像(切片)。换句话说，iradon 计算雷登反变换。这个函数使用 4.8.3 节和 4.8.4 节讨论的滤波反投影方法。滤波器直接在频率域设计，然后乘以投影的 FFT。在滤波前为减少空间域混淆并加速 FFT 的计算速度，所有的投影都零填充为 2 的幂的大小。

iradon 的基本语法是

```
I = iradon(R,theta,interp,filter,frequency_scaling,output_size)
```

其中，参数如下：

- R 是反投影数据，其中列是以角度从左到右渐增的函数来组织的一维反投影。
- theta 描述取投影的角度(单位为度)。它既可以是包含角度的一个向量，又可以是指定的 D_theta(投影间的角度增量)的一个标量。若 theta 是一个向量，则它必须包含等于投影间隔的角度。若 theta 是一个指定 D_theta 的标量，则要假定投影取自角度 theta = m*D_theta，其中 m = 0,1,2,⋯,size(R, 2)−1。若输入是空矩阵([])，则 D_theta 默认为 180/size(R, 2)。
- interp 是一个字符串，它定义生成最终重建图像的内插方法。interp 的主要值列在表 4.4 中。
- filter 指定滤波反投影计算中所用的滤波器。所支持的滤波器总结在图 4.13 中，在函数 iradon 指定它们的字符串列在表 4.5 中。若指定了选项'none'，则重建时不执行滤波。使用语法

$$[I, H] = iradon(...)$$

以向量 H 返回滤波器的频率响应。我们使用该语法生成了图 4.13 中的滤波器响应。

表 4.4 函数 iradon 中所用的内插方法

方法	描述
'nearest'	最近邻内插
'linear'	线性内插(默认)
'cubic'	三次内插
'spline'	样条内插

表 4.5 函数 iradon 支持的滤波器

方法	描述
'Ram-Lak'	这是 4.8.4 节讨论过的斜坡滤波器，其频率响应是 $|w|$。这是默认的滤波器
'Shepp-Logan'	用一个函数 sinc 乘以 Ram-Lak 滤波器生成的滤波器
'Cosine'	用一个函数 cosinc 乘以 Ram-Lak 滤波器生成的滤波器
'Hamming'	用一个汉明窗乘以 Ram-Lak 滤波器生成的滤波器
'Hann'	用一个汉宁窗乘以 Ram-Lak 滤波器生成的滤波器
'None'	不执行滤波

- frequency_scaling 是区间(0,1]内的一个标量，它通过重新标定频率来修改滤波器。默认值为 1。若 frequency_scaling 小于 1，则滤波器被压缩到归一化频率区间[0, frequency_scaling]；frequency_scaling 之上的所有频率置 0。

> 频率标定用于降低重建滤波器的截止频率，目的是减少投影中的噪声。频率标定可使得低通滤波器的斜坡响应更为理想，以沿 ρ 轴空间分辨率的代价来实现降低噪声的目的。

- output_size 是一个标量，它指定重建图像中的行数和列数。若未指定 output_size，则其大小由投影的长度决定：

$$\text{output\_size} = 2*\text{floor}(\text{size}(R,1)/(2*\text{sqrt}(2)))$$

若指定 output_size，则 iradon 重建图像中较小或较大的一部分，但不会改变数据的标定。若投影用函数 radon 来计算，则重建图像的大小可能与原图像的大小不同。

例 4.10　函数 **iradon** 的使用。

图 4.16(a) 和图 4.16(b) 显示了来自图 4.15 的两幅图像，图 4.16(c) 和图 4.16(d) 显示了执行下列步骤后的结果：

```
>> theta = 0:0.5:179.5;
>> R1 = radon(g1, theta);
>> R2 = radon(g2, theta);
>> f1 = iradon(R1, theta, 'none');
>> f2 = iradon(R2, theta, 'none');
>> figure, imshow(f1, [])
>> figure, imshow(f2, [])
```

这两幅图形说明了无滤波时计算反投影的效果。正如我们所看到的那样，它们显示了与图 4.9 相同的模糊特性。

即使添加几个粗糙的滤波器（默认的 Ram-Lak 滤波器），

```
>> f1_ram = iradon(R1, theta);
>> f2_ram = iradon(R2, theta);
>> figure, imshow(f1_ram, [])
>> figure, imshow(f2_ram, [])
```

重建结果中也会出现戏剧性的效果，如图 4.16(e) 和图 4.16(f) 所示。如 4.8.4 节开始处的讨论所期望的那样，Ram-Lak 滤波器会产生振铃（即我们看到的暗淡波纹），特别是在图 4.16(e) 中围绕矩形的中上部和中下部区域。还要注意，这幅图中的背景要亮于其他部分，原因可归于显示标定，它把平均值上移了，这是刚才讨论的波纹中的明显负值导致的结果。这种浅灰色调类似于在第 2 章中标定拉普拉斯图像时遇到的色调。

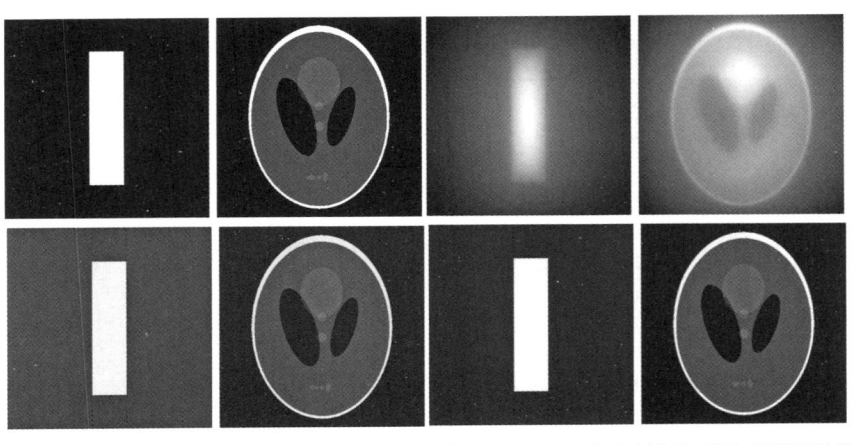

图 4.16　滤波的优点：(a) 矩形；(b) 幻影图像；(c) 和 (d) 是无滤波得到的反投影图像；(e) 和 (f) 是用默认的 (Ram-Lak) 滤波器得到的反投影图像；(g) 和 (h) 是用汉明滤波器选项得到的结果

使用表 4.5 中的任何其他滤波器，均可在一定程度上来改进这种情形。例如，图 4.16(g) 和图 4.16(h) 是用汉明滤波器生成的：

```
>> f1_hamm = iradon(R1, theta, 'Hamming');
>> f2_hamm = iradon(R2, theta, 'Hamming');
>> figure, imshow(f1_hamm, [])
>> figure, imshow(f2_hamm, [])
```

这两幅图中的结果得到了明显增强。图 4.16(g) 中依然存在振铃，但已不太让人生厌。幻影图像中未出现太多的振铃，因为其灰度过渡不像矩形中的灰度过渡那样剧烈。

iradon 所用的内插是反投影计算的一部分。回顾图 4.11 可知，投影在 ρ 轴上，因此反投影计算从那些投影上的点开始。但投影值仅在沿 ρ 轴的一组离散位置可用。因此，要在反投影图像中正确地将值赋给像素，需要沿 ρ 轴内插数据。

为说明内插的效果，考虑使用表 4.4 中的前三种内插方法来进行(本例前面生成的)R1 和 R2 的重建：

```
>> f1_near = iradon(R1, theta,'nearest');
>> f1_lin  = iradon(R1, theta,'linear');
>> f1_cub  = iradon(R1, theta,'cubic');
>> figure, imshow(f1_near,[])
>> figure, imshow(f1_lin,[])
>> figure, imshow(f1_cub,[])
```

结果显示在图 4.17 的左列。右侧的图形是(用函数 improfile 生成的)左侧图形中所示短垂直线段的灰度剖面。记住，原图像的背景是恒定的，我们看到线性和三次内插生成的结果要比最近邻内插的结果好，即前两种方法在背景中产生的灰度变化，要比后一种方法在背景中产生的灰度变化小。默认的(线性)内插所产生的结果，与三次和样条内插产生的结果，视觉上并无多大区别，只是线性内插速度要快得多。

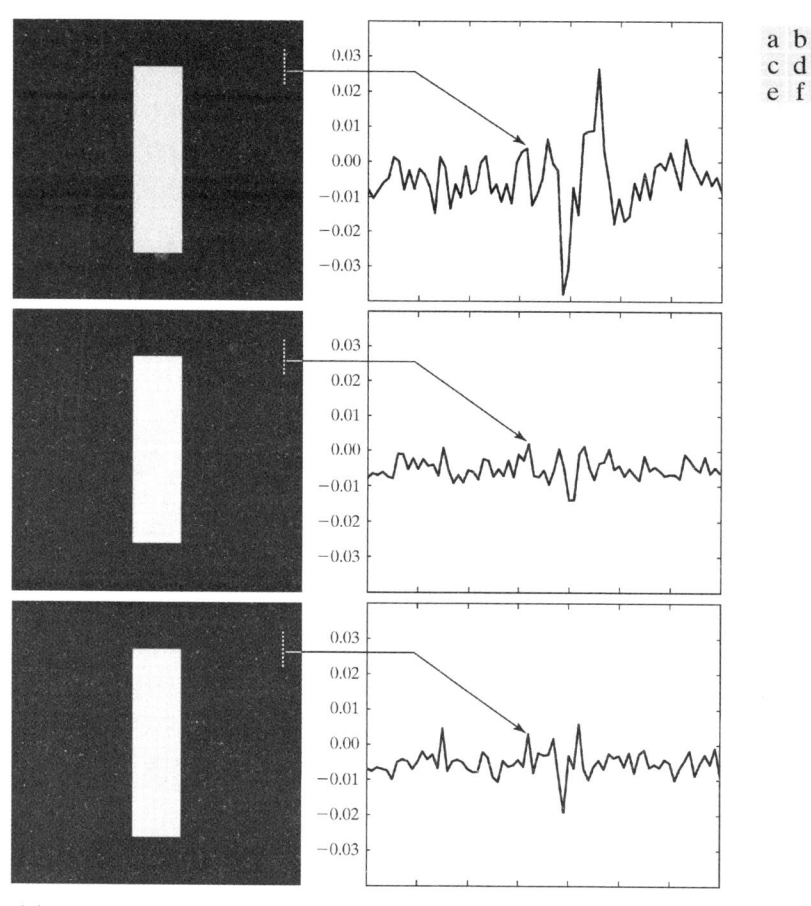

图 4.17 左列：采用默认滤波器(Ram-Lak)和三种内插方法由函数 iradon 得到的反投影图像：(a)最近邻内插；(c)线性内插；(e)三次内插。右列：沿左侧图像中垂直点线的灰度剖面。在图(b)所示剖面的中心处，振铃十分明显

4.8.8 处理扇形射线束数据

4.8.5 节介绍过扇形射线束成像系统的几何原理。本节简要讨论图像处理工具箱中用于处理扇形射线束几何的工具。已知扇形射线束数据后,工具箱所用的方法是把扇形射线束转换为平行射线束。然后,使用前面讨论的平行射线束方法得到反投影。本节将简介这样做的方法。

图 4.18 显示了一个基本的扇形射线束成像几何,其中检测器排列在一个圆弧上,并且假定射线源的角度增量是相等的。令 $p_{\text{fan}}(\alpha, \beta)$ 表示扇形射线束投影,其中 α 是特定检测器关于中心射线的角度坐标,β 是射线源关于 y 轴的角度位移。注意,扇形射线束中的一束射线可以表示为一条直线 $L(\rho, \theta)$(见图 4.10),这是我们用于表示 4.8.2 节讨论的平行射线束成像几何中的一条射线的方法。因此,平行射线束和扇形射线束间存在对应关系并不奇怪。事实上,可以证明(Gonzalez and Woods [2008])两者可用如下表达式关联起来:

$$p_{\text{fan}}(\alpha, \beta) = p_{\text{par}}(\rho, \theta) = p_{\text{par}}(D\sin\alpha, \alpha + \beta)$$

式中,$p_{\text{par}}(\rho, \theta)$ 是对应的平行射线束投影。

令 $\Delta\beta$ 是连续扇形射线束投影间的角度增量,并令 $\Delta\alpha$ 是射线间的角度增量,因此它决定了每个投影中的样本数。我们利用约束条件

$$\Delta\beta = \Delta\alpha = \gamma$$

然后,对 m 和 n 的某些整数值,$\beta = m\gamma$ 和 $\alpha = n\gamma$,我们可以写出

$$p_{\text{fan}}(n\gamma, m\gamma) = p_{\text{par}}(D\sin n\gamma, n\gamma + m\gamma)$$

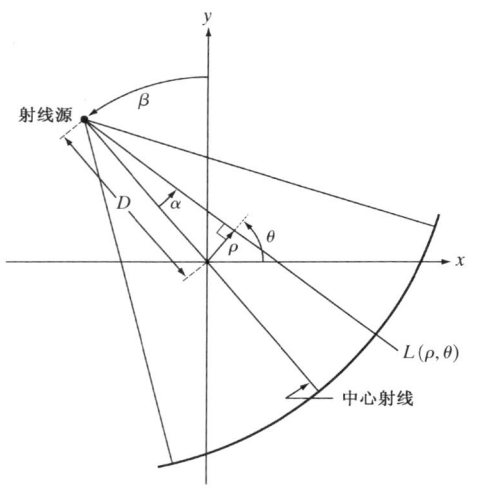

图 4.18 扇形射线束排列的细节

这个公式指出,第 m 个射线投影中的第 n 条射线等于第 $m+n$ 个平行投影中的第 n 条射线。前面公式右侧的 $D\sin n\gamma$ 项说明从扇形射线束投影转换为平行投影不是均匀采样的,采样间隔 $\Delta\alpha$ 和 $\Delta\beta$ 太粗将导致模糊、振铃和混淆等问题,正如本节后面的例 4.12 所说明的那样。

工具箱函数 fanbeam 使用如下语法生成扇形射线束投影:

```
B = fanbeam(g, D, param1,val1,param2,val2,...)
```

其中,如之前那样,g 是包含将被投影的物体的图像,D 是从扇形射线束的顶点到旋转中心的距离(单位为像素),如图 4.19 所示。假定旋转中心是图像的中心。规定 D 大于 g 的直径的一半:

```
D = K*sqrt(size(g, 1)^2 + size(g,2)^2)/2
```

其中,K 是大于 1 的常数(例如,K = 1.5 到 2 是合理的值)。

图 4.19 显示了函数 fanbeam 所支持的两个基本扇形射线束几何。注意,旋转角度规定为从 x 轴开始逆时针方向旋转(这个角度的意义与图 4.18 的旋转角相同)。该函数的参数和值列在表 4.6 中。参数 'FanRotationIncrement' 和 'FanSensorSpacing' 是前面讨论过的增量 $\Delta\alpha$ 和 $\Delta\beta$。

B 的每一列包含扇形射线束传感器每旋转一个角度得到的样本。B 中的列数由扇形旋转增量决定。默认情况下,B 有 360 列。B 中的行数由传感器的数量决定。函数 fanbeam 通过计算对任意旋转角度覆盖全部图像所需要的射线条数,来求出传感器的数量。正像我们在下例中看到的那样,这个数字强烈地依赖于指定的几何形状(直线或圆弧)。

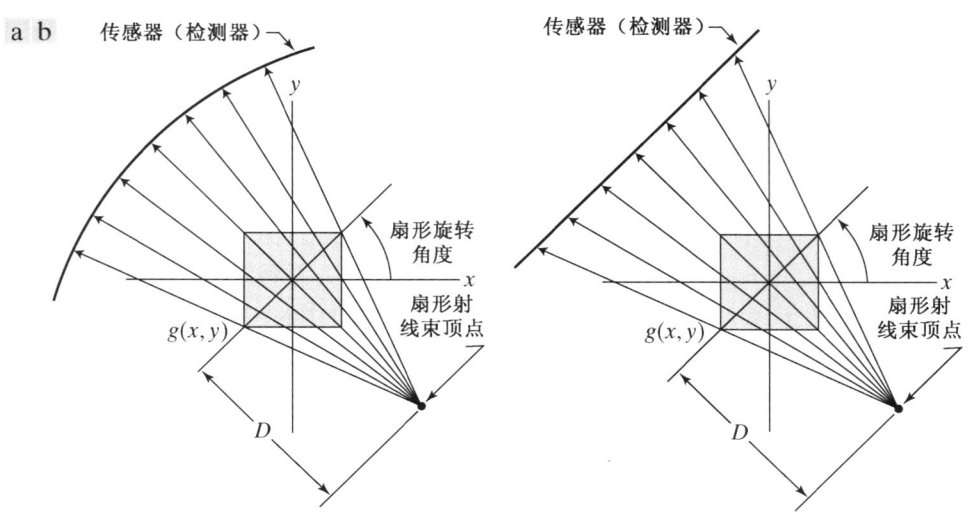

图 4.19 函数 fanbeam 的圆弧和线性扇形射线束投影能力。$g(x,y)$ 指的是灰色区域

表 4.6 **fanbeam** 函数中所用的参数和值

参 数	描述和值
'FanRotationIncrement'	指定扇形射线束投影的旋转角度增量(单位为度)。有效值是正的实标量。默认值是 1
'FanSensorGeometry'	指定如何等间隔地安排传感器的字符串。有效值是'arc'(默认值)和'line'
'FanSensorSpacing'	指定扇形射线束传感器间距的一个正的实标量。若几何指定'arc',则说明该值是以度为单位的角度间距。若指定为'line',则说明该值为线性间距。两种情况下的默认值都是 1

例 4.11 使用函数 **fanbeam**。

图 4.20(a) 和图 4.20(b) 是由下列命令生成的:

```
>> g1 = zeros(600, 600);
>> g1(100:500, 250:350) = 1;
>> g2 = phantom('Modified Shepp-Logan',600);
>> D = 1.5*hypot(size(g1, 1), size(g1,2))/2;
>> B1_line = fanbeam(g1, D, 'FanSensorGeometry','line',...
         'FanSensorSpacing', 1, 'FanRotationIncrement', 0.5);
>> B1_line = flipud(B1_line);
>> B2_line = fanbeam(g2, D, 'FanSensorGeometry','line',...
         'FanSensorSpacing', 1, 'FanRotationIncrement', 0.5);
>> B2_line = flipud(B2_line);
>> imshow(B1_line, [])
>> figure, imshow(B2_line, [])
```

转置图像并使用函数 flipud 的原因,见例 4.9。

其中,g1 和 g2 是图 4.15(a) 和图 4.15(c) 中的矩形图像和幻影图像。如前面的代码所示,B1 和 B2 是用'line'选项生成的矩形的扇形射线束投影,传感器间距为 1 个单位(默认间距),角度增量是 0.5°,它对应于用来生成图 4.15(b) 和图 4.15(d) 中平行射线束投影(雷登变换)的增量。比较图 4.20(a) 和图 4.20(b) 中的平行射线束投影和扇形射线束投影,会发现一些明显的区别。首先,扇形射线束投影覆盖的跨度为 360°,它是平行射线束所示跨度的 2 倍;因此,扇形射线束投影本身重复一次。更有趣的是,注意到对应的形状是相当不同的,扇形射线束投影出现了"歪斜"。这是扇形射线束相对于平行射线几何的直接结果。

若不了解扇形射线束投影的作用,则如下练习会有所帮助: (1) 在一张纸上画出一组扇形射线束射线; (2) 按图 4.15 中的矩形形式,剪掉一小部分纸; (3) 将矩形放到射线束的中心; (4) 从 0°开始,以较小的增量旋转该矩形。研究射线束与矩形相交的方式,即可了解扇形射线束投影出现"歪斜的原因"。

如前所述,函数 fanbeam 通过计算任何旋转角度时覆盖全部图像所需的射线条数来求出传感器的数量。图 4.20(a) 和图 4.20(b) 中的图像

第 4 章 图像复原与重建

尺寸是 720×855 像素。若用'arc'选项生成射线束投影，则我们在传感器间使用与'line'选项所用的相同间隔，得到的投影数组的大小为 720×67。要生成其大小可与用'line'选项得到的相比较的数组，需要将传感器间隔指定为 0.08 个单位。命令如下：

```
>> B1_arc = fanbeam(g1, D, 'FanSensorGeometry','arc',...
        'FanSensorSpacing', .08, 'FanRotationIncrement', 0.5);
>> B2_arc = fanbeam(g2, D, 'FanSensorGeometry','arc',...
        'FanSensorSpacing', .08, 'FanRotationIncrement', 0.5);
>> figure, imshow(flipud(B1_arc'), [])
>> figure, imshow(flipud(B2_arc'), [])
```

图 4.20(c)和图 4.20(d)显示了结果。这些图像的大小是 720×847 像素；与图 4.20(a)和图 4.20(b)中的图像相比，它们要稍微窄一些。因为图中的所有图像都被标定为相同的大小，因此用'arc'选项生成的图像看来要比用'line'选项生成的标定后的图像宽一些。

> 我们使用了与例 4.9 中相同的方法来将坐标轴和比例尺叠置到图 4.20 所示的图像上。

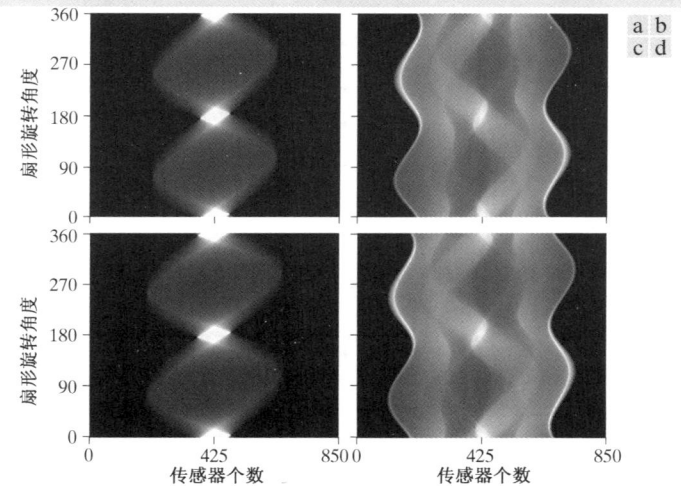

图 4.20 函数 fanbeam 的说明：(a)和(b)是对矩形和幻影图像用函数 fanbeam 生成的线性扇形射线束投影；(c)和(d)是对应的圆弧投影

就像处理平行射线束投影时我们使用函数 iradon 那样，工具箱函数 ifanbeam 可用于由给定的一组扇形射线束投影来得到滤波后的反投影图像。语法是

$$I = \text{ifanbeam}(B, D, \ldots, \text{param1}, \text{val1}, \text{param2}, \text{val2}, \ldots)$$

其中，如之前那样，B 是扇形射线束投影矩阵，D 是从扇形射线束顶点到旋转中心的距离(单位为像素)。参数和它们的有效取值区间列于表 4.7 中。

表 4.7 函数 **ifanbeam** 中所用的参数和值

参　　数	描 述 和 值
'FanCoverage'	指定射线束旋转的区间。有效值为'cycle'和'minimal'，前者指出在整个区间[0, 360°]内旋转，后者指出描述物体所需的最小区间，并由此在 B 中生成投影
'FanRotationIncrement'	解释同表 4.6 中的函数 fanbeam
'FanSensorGeometry'	解释同表 4.6 中的函数 fanbeam
'FanSensorSpacing'	解释同表 4.6 中的函数 fanbeam
'Filter'	有效值已在表 4.5 中给出。默认值是'Ram-Lak'
'FrequencyScaling'	解释同函数 iradon
'Interpolation'	有效值已在表 4.4 中给出。默认值是'linear'
'OutputSize'	指定重建图像中行数和列数的一个标量。若'OutputSize'未被指定，则 ifanbeam 自求出大小；若'OutputSize'被指定，则 ifanbeam 重建图像的一个较小或较大部分，但数据的标定不变

例 4.12 使用函数 **ifanbeam**。

图 4.21(a)显示了用函数 fanbeam 和 ifanbeam 的默认值生成的头部幻影的滤波反投影,命令如下所示:

```
>> g = phantom('Modified Shepp-Logan', 600);
>> D = 1.5*hypot(size(g, 1), size(g, 2))/2;
>> B1 = fanbeam(g, D);
>> f1 = ifanbeam(B1, D);
>> figure, imshow(f1, [])
```

如图 4.21(a)所示,在这种情况下,默认值太粗糙,以致重建图像的质量令人难以接受。图 4.21(b)是用下列命令生成的:

```
>> B2 = fanbeam(g, D, 'FanRotationIncrement', 0.5,...
                     'FanSensorSpacing', 0.5);
>> f2 = ifanbeam(B2, D, 'FanRotationIncrement', 0.5,...
                       'FanSensorSpacing', 0.5, 'Filter', 'Hamming');
>> figure, imshow(f2, [])
```

使用较小的旋转和传感器增量,并用汉明滤波器代替默认的 Ram-Lak 滤波器,可以减小模糊和振铃。然而,模糊和振铃仍然难以令人接受。基于例 4.11 中的结果,我们知道,当用'arc'选项时,指定的传感器数量对投影质量有重要影响。在下面的代码中,我们保持所有设置不变,只是将样本间的间隔减小了 10 倍:

```
>> B3 = fanbeam(g, D, 'FanRotationIncrement', 0.5,...
                     'FanSensorSpacing', 0.05);
>> f3 = ifanbeam(B3, D, 'FanRotationIncrement', 0.5,...
                       'FanSensorSpacing', 0.05, 'Filter', 'Hamming');
>> figure, imshow(f3, [])
```

如图 4.21(c)所示,减小传感器间的间隔(即增加传感器的数量)可生成一幅质量得到重要改进的图像。这一结果与例 4.11 中求扇形射线束投影的有效分辨率时传感器数量很重要的结论是一致的。

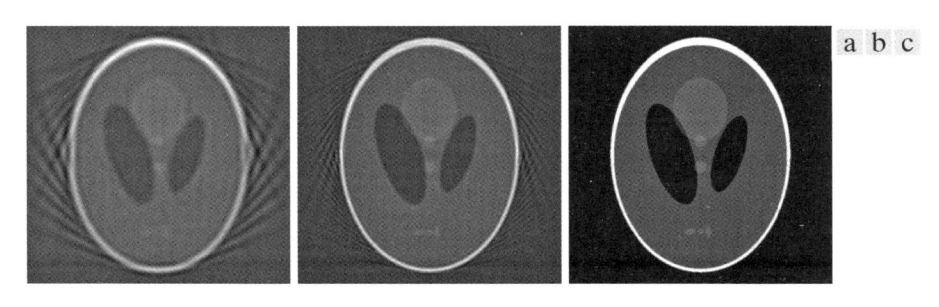

图 4.21　(a)在函数 fanbeam 和 ifanbeam 中使用默认值生成和重建的幻影图像;(b)指定旋转和传感器间隔增量为 0.5,并采用汉明滤波器得到的结果;(c)除传感器间隔变为 0.05 外,使用(b)中相同的参数得到的结果

在结束本节之前,我们简要地提一下在扇形和平行投影间转换的两个工具箱函数。函数 **fan2para** 用下面的语法把扇形射线束数据转换为平行射线束数据:

$$P = \text{fan2para}(F, D, \text{param1}, \text{val1}, \text{param2}, \text{val2}, \ldots)$$

其中,F 是数组,它的列是扇形射线束投影,D 是从扇形射线束顶点到旋转中心的距离,用于生成扇形投影,就如本节前面讨论的那样。表 4.8 中列出了该函数的参数和相应的值。

表 4.8 函数 **fan2para** 中所用的参数和值

参　　数	说明和值
`'FanCoverage'`	解释同表 4.7 中的函数 ifanbeam
`'FanRotationIncrement'`	解释同表 4.6 中的函数 fanbeam
`'FanSensorGeometry'`	解释同表 4.6 中的函数 fanbeam
`'FanSensorSpacing'`	解释同表 4.6 中的函数 fanbeam
`'Interpolation'`	有效值由表 4.3 中给出。默认值是 `'linear'`
`'ParallelCoverage'`	指定旋转区间：`'cycle'`表示平行数据覆盖 360°，`'halfcyle'`（默认值）表示平行数据覆盖 180°
`'ParallelRotationIncrement'`	指定平行射线束角度增量(单位为度)的一个正的实标量。若该参数未包含在函数参量中，则假定增量与扇形射线束旋转角度增量相同
`'ParallelSensorSpacing'`	指定平行射线束传感器间隔(单位为像素)的一个正的实标量。若该参数未包含在函数参量中，则假定间隔是均匀的，其通过对扇形角度说明的区间取样来给出

例 4.13 使用函数 fan2para。

下面说明如何使用函数 fan2para 将图 4.20(a)和图 4.20(d)中的扇形射线束投影转换为平行射线束投影。我们规定平行投影的参数值对应于图 4.15(b)和图 4.15(d)中的投影：

```
>> g1 = zeros(600, 600);
>> g1(100:500, 250:350) = 1;
>> g2 = phantom('Modified Shepp-Logan',600);
>> D = 1.5*hypot(size(g1, 1), size(g1,2))/2;
>> B1_line = fanbeam(g1, D, 'FanSensorGeometry',...
            'line','FanSensorSpacing', 1, ...
            'FanRotationIncrement', 0.5);
>> B2_arc = fanbeam(g2, D, 'FanSensorGeometry', 'arc',...
            'FanSensorSpacing', .08,'FanRotationIncrement',0.5);
>> P1_line = fan2para(B1_line, D, 'FanRotationIncrement', 0.5,...
            'FanSensorGeometry','line',...
            'FanSensorSpacing', 1,...
            'ParallelCoverage','halfcycle',...
            'ParallelRotationIncrement', 0.5,...
            'ParallelSensorSpacing',1);
>> P2_arc = fan2para(B2_arc, D, 'FanRotationIncrement', 0.5,...
            'FanSensorGeometry','arc',...
            'FanSensorSpacing', 0.08,...
            'ParallelCoverage','halfcycle',...
            'ParallelRotationIncrement', 0.5,...
            'ParallelSensorSpacing',1);
>> P1_line = flipud(P1_line');
>> P2_arc = flipud(P2_arc');
>> figure, imshow(P1_line,[])
>> figure, imshow(P2_arc, [])
```

注意，如同我们生成图 4.15 时所做的那样，函数 flipud 用于转置数组，以便数据对应于图中所示的轴排列。图 4.22(a)和图 4.22(b)中所示的图像 P1_line 和 P2_arc，是由相应的扇形射线束投影 B1_line 和 B2_arc 生成的平行射线束投影。图 4.22 所示图像的维数与图 4.15 中的一样，所以在此处未显示轴和标注。注意，这些图像看起来是相同的。

从平行射线束转换为扇形射线束的过程类似于刚刚讨论的方法。函数是

$$F = \text{para2fan}(P, D, param1, val1, param2, val2, ...)$$

其中，P 是一个数组，它的列包含平行投影，D 和以前一样。表 4.9 中列出了该函数的参数和允许的值。

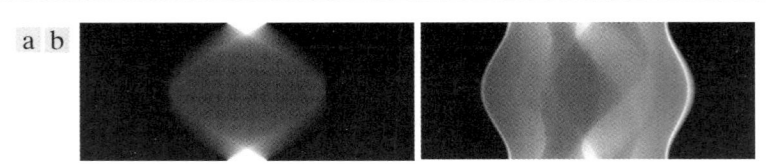

图 4.22　(a)矩形和(b)头部幻影图像的平行射线束投影，它们由图 4.20(a)和图 4.20(d)中的扇形投影生成

表 4.9　函数 **para2fan** 中所用的参数和值

参　　数	描　述　和　值
'FanCoverage'	解释同表 4.7 中的函数 ifanbeam
'FanRotationIncrement'	规定扇形射线束投影旋转角度增量(单位为度)的一个正的实标量。若'FanCoverage'是'cycle'，则'FanRotationIncrement'必须是360°的倍数。若未指定该参数，则其与平行射线束旋转角度的增量相同
'FanSensorGeometry'	解释同表 4.6 中的函数 fanbeam
'FanSensorSpacing'	若该值被指定为'arc'或'line'，则其解释同表 4.6 中的函数 fanbeam。若该参数未包含在函数参量中，则默认使用由'ParallelSensorSpacing'提供的最小值，这样，若'FanSensorGeometry'是'arc'，则'FanSensorSpacing'是 180/PI*ASIN (PSPACE/D)，其中 PSPACE 是'ParallelSensorSpacing'的值。若'FanSensor Geometry'是'line'，则'FanSensorSpacing'是 D*ASIN(PSPACE/D)
'Interpolation'	有效值由表 4.4 给出。默认值是'linear'
'ParallelCoverage'	解释同表 4.8 中的函数 fan2para
'ParallelRotationIncrement'	解释同表 4.8 中的函数 fan2para
'ParallelSensorSpacing'	解释同表 4.8 中的函数 fan2para

小结

本章的内容较好地综述了使用 MATLAB 和图像处理工具箱函数进行图像复原的方法，并说明了如何生成退化模型来解释图像的退化。本章通过开发函数 imnoise2 和函数 imnoise3 大大增强了工具箱生成噪声的能力。类似地，函数 spfilt 中可用的空间滤波器，尤其是非线性滤波器，是对工具箱在此领域内能力的显著扩充。这些函数都是联合使用 MATLAB 和图像处理工具箱函数的完美示例，且新代码增强了许多已有的工具性能。投影重建图像的处理涵盖了工具箱中处理投影数据的主要函数。所讨论的技术适用于基于 X 射线断层成像应用的建模。

第5章 彩色图像处理

本章概述

本章讨论使用图像处理工具箱进行彩色图像处理的基本原理,并使用所开发的彩色生成和变换函数来扩展工具箱的某些功能。本章中的讨论假定部分读者基本熟悉彩色图像处理的原理和术语。

5.1 MATLAB 中彩色图像的表示

如 1.7.8 节所示,图像处理工具箱会将彩色图像当做索引图像或 RGB 图像(红、绿、蓝)来处理。本节将详细讨论这两种类型的图像。

5.1.1 RGB 图像

一幅 RGB 图像是一个 $M \times N \times 3$ 的彩色像素数组,其中每个彩色像素是一个三值组,这三个值分别对应一个特定空间位置处该 RGB 图像的红、绿和蓝分量(见图 5.1)。RGB 也可视为由三幅灰度图像"堆叠"而成,将它们送到彩色显示器的红、绿、蓝输入端时,会在屏幕上生成一幅彩色图像。按照约定,形成一幅 RGB 彩色图像的三幅图像称为红色、绿色和蓝色分量图像。分量图像的数据类决定了它们的取值范围。若一幅 RGB 图像的数据类是 double,则其取值区间是[0, 1]。类似地,uint8 类或 uint16 类 RGB 图像的取值区间分别是[0, 255]或[0, 65535]。用来表示这些分量图像像素值的比特数决定了一幅 RGB 图像的比特深度。例如,若每幅分量图像都是 8 比特图像,则对应的 RGB 图像的比特深度就是 24。通常,所有分量图像的比特数都是相同的。此时,RGB 图像中可能有的颜色数就是 $(2^b)^3$,其中 b 是每幅分量图像的比特数。对于 8 比特图像,颜色数为 16777216。

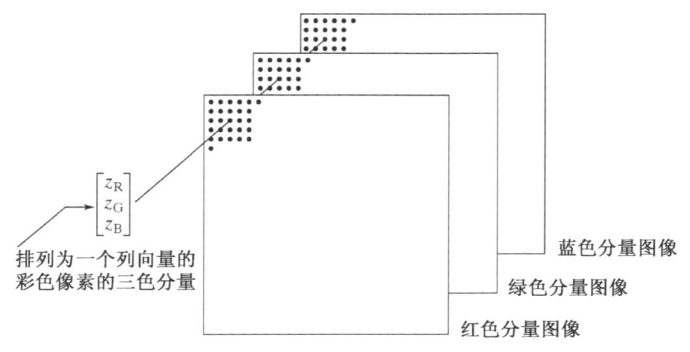

图 5.1 由三幅分量图像的对应像素形成 RGB 彩色图像像素的示意图

令 fR、fG 和 fB 分别表示三幅 RGB 分量图像。RGB 图像就是使用 cat(连接)运算符通过堆叠这些分量图像形成的:

$$\text{rgb\_image} = \text{cat}(3, fR, fG, fB)$$

该运算中，要求图像按顺序放置。通常，cat(dim, A1, A2, …)沿 dim 指定的方向连接各个数组(这些数组的大小应相同)。例如，若 dim = 1，则这些数组垂直排列，若 dim = 2，则这些数组水平排列，若 dim = 3，则在第三个方向堆叠，如图 5.1 所示。

若所有分量图像都是一样的，则结果是一幅灰度图像。令 rgb_image 表示一幅 RGB 图像。下面的命令提取三幅分量图像：

```
>> fR = rgb_image(:, :, 1);
>> fG = rgb_image(:, :, 2);
>> fB = rgb_image(:, :, 3);
```

RGB 彩色空间通常以图解方式显示为一个 RGB 彩色立方体，如图 5.2 所示。该立方体的顶点是光的原色(红色、绿色和蓝色)和二次色(青色、深红色和黄色)。

a b

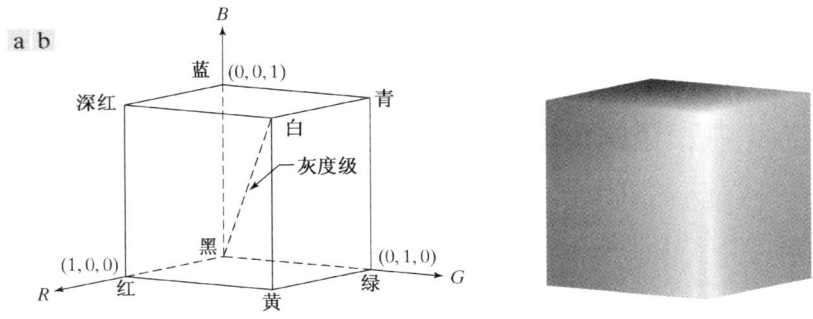

图 5.2（见彩图）　(a)在顶点显示光的原色和二次色的 RGB 彩色立方体示意图。主对角线上点的灰度值从原点的黑色到(1, 1, 1)点的白色；(b) RGB 彩色立方体

为从任意角度查看该彩色立方体，可使用自定义函数 rgbcube：

$$\text{rgbcube}(vx, vy, vz)$$

在提示符后键入 rgbcube(vx, vy, vz)，可在 MATLAB 桌面上生成一个从点(vx, vy, vz)观察的 RGB 立方体。结果图像可用函数 print 存储到磁盘上。函数 rgbcube 的代码如下。

> 函数 print 可用于保存 MATLAB 图形窗口的内容。详细信息可通过键入>>help print 得到。

```
function rgbcube(vx, vy, vz)
%RGBCUBE Displays an RGB cube on the MATLAB desktop.
%   RGBCUBE(VX, VY, VZ) displays an RGB color cube, viewed from point
%   (VX, VY, VZ). With no input arguments, RGBCUBE uses (10,10,4) as
%   the default viewing coordinates. To view individual color
%   planes, use the following viewing coordinates, where the first
%   color in the sequence is the closest to the viewing axis, and the
%   other colors are as seen from that axis, proceeding to the right
%   right (or above), and then moving clockwise.
%
%       ------------------------------------------------
%            COLOR PLANE                    ( vx,  vy,  vz)
%       ------------------------------------------------
%       Blue-Magenta-White-Cyan          (  0,   0,  10)
%       Red-Yellow-White-Magenta         ( 10,   0,   0)
%       Green-Cyan-White-Yellow          (  0,  10,   0)
%       Black-Red-Magenta-Blue           (  0, -10,   0)
%       Black-Blue-Cyan-Green            (-10,   0,   0)
%       Black-Red-Yellow-Green           (  0,   0, -10)

% Set up parameters for function patch.
vertices_matrix = [0 0 0;0 0 1;0 1 0;0 1 1;1 0 0;1 0 1;1 1 0;1 1 1];
```

```
faces_matrix = [1 5 6 2;1 3 7 5;1 2 4 3;2 4 8 6;3 7 8 4;5 6 8 7];
colors = vertices_matrix;
% The order of the cube vertices was selected to be the same as
% the  order of the (R,G,B) colors (e.g., (0,0,0) corresponds to
% black, (1, 1, 1) corresponds to white, and so on.)

% Generate RGB cube using function patch.
patch('Vertices', vertices_matrix, 'Faces', faces_matrix, ...
      'FaceVertexCData', colors, 'FaceColor', 'interp', ...
      'EdgeAlpha', 0)

% Set up viewing point.
if nargin == 0
   vx = 10; vy = 10; vz = 4;
elseif nargin ~= 3
   error('Wrong number of inputs.')
end
axis off
view([vx, vy, vz])
axis square
```

> 函数patch基于指定的属性/值对创建二维填充多边形。关于函数patch的详细信息，见其参考页。

5.1.2 索引图像

索引图像有两个分量：一个整型数组 X 和一个彩色映射数组 map。数组 map 是一个大小为 $m×3$ 的 double 类数组，其值是区间[0, 1]上的浮点数。map 的长度 m 等于其定义的颜色数。map 的每行指定单一颜色的红、绿和蓝分量(若 map 的三列相等，则彩色映射就成为灰度图)。索引图像将像素的灰度值"直接映射"到彩色值。通过将相应整型数组 X 的值作为指向 map 的一个索引，来确定每个像素的颜色。若 X 是 double 类数组，则值 1 指向 map 的第一行，值 2 指向第二行，以此类推。若 X 是 uint8 类或 uint16 类矩阵，则 0 指向 map 的第一行。这些概念都将在图 5.3 中说明。

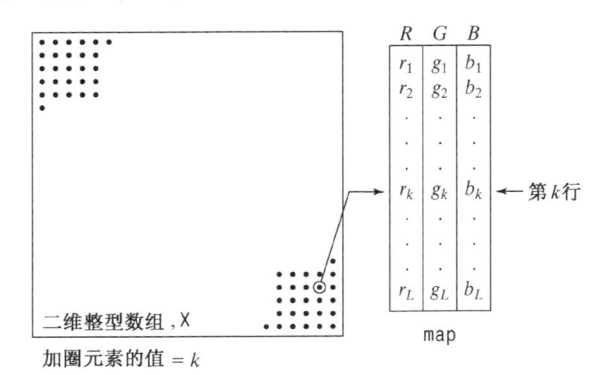

图 5.3 索引图像的元素。整型数组 X 的元素值决定彩色映射的行数。每行包含一个 RGB 三元组，L 是总行数

要显示一幅索引图像，可写出

```
>> imshow(X, map)
```

或写出

```
>> image(X)
>> colormap(map)
```

彩色映射使用索引图像来存储，使用函数 imread 加载索引图像时，彩色映射会自动地和图像一起载入。

有时需要用具有较少颜色的映射去近似一个索引映射。为此，我们使用函数 imapprox，其语法为

[Y, newmap] = imapprox(X, map, n)

该函数使用彩色映射 newmap 返回一个数组 Y，它最多有 n 种颜色。输入数组 X 可以是 uint8 类、uint16 类或 double 类。若 n 小于等于 256，则输出 Y 是 uint8 类；若 n 大于 256，则 Y 是 double 类。

当映射中的行数小于 X 中不同整数值的数量时，则在 X 中加一些值，以在该映射中赋相同的颜色。例如，假设 X 由等宽的 4 个垂直条带组成，值分别为 1、64、128 和 256。若指定彩色映射 map = [0 0 0;1 1 1]，则 X 中值为 1 的所有元素将指向该映射的第一行(黑色)，而其他元素将指向第二行(白色)。因此，命令 imshow(X, map)将显示带有一个黑色条带且其后跟三个白色条带的图像。事实上，在该映射的长度变为 65 之前，这都是正确的。当长度为 65 时，显示的是一个黑色条带，后跟一个灰色条带，再后跟两个白色条带。若映射的长度超过了 X 中元素的取值范围，则会显示无意义的图像。

指定一个彩色映射的方法有多种。一种方法是使用语句

```
>> map(k, :) = [r(k) g(k) b(k)];
```

其中，[r(k) g(k) b(k)]是 RGB 值，它指定彩色映射的一行。改变 k 的值就可将映射填满。

表 5.1 列出了一些基本颜色的 RGB 值。表中三种格式中的任何一种都可以用来指定颜色。例如，使用下面三条语句之一均可将图像的背景色改成绿色：

```
>> whitebg('g');
>> whitebg('green');
>> whitebg([0 1 0]);
```

除表 5.1 中的颜色外，其他颜色都会涉及小数值。例如，[.5 .5 .5]是灰色，[.5 0 0]是暗红色，[.49 1 .83]是碧绿色。

表 5.1　一些基本颜色的 RGB 值。可以使用（由单引号括起来的）长名或短名代替数值三元组来指定一种 RGB 颜色

长　　名	短　　名	RGB 值
Black(黑)	k	[0 0 0]
Blue(蓝)	b	[0 0 1]
Green(绿)	g	[0 1 0]
Cyan(青)	c	[0 1 1]
Red(红)	r	[1 0 0]
Magenta(深红)	m	[1 0 1]
Yellow(黄)	y	[1 1 0]
White(白)	w	[1 1 1]

MATLAB 提供几个预定义的彩色映射，可以使用下面的命令访问：

```
>> colormap(map_name);
```

它将彩色映射设置为矩阵 map_name。例如，

```
>> colormap(copper)
```

其中，copper 是一个 MATLAB 彩色映射函数。该映射中的颜色会从黑色平稳地变为紫铜色。若显示的最后一幅图像是一幅索引图像，则该命令将其彩色映射更改为 copper。此外，该图像可直接使用期望的彩色映射来显示：

```
>> imshow(X, copper)
```

表 5.2 列出了 MATLAB 中可用的一些预定义彩色映射。这些彩色映射的长度(颜色的数量)可用圆括号中的数字加以指定。例如，gray(8)生成一个具有 8 阶灰色的彩色映射。

表 5.2　MATLAB 中预定义的一些彩色映射

函　　数	描　　述
autumn	从红色到橙色，再到黄色平滑变化
bone	适用于蓝分量的具有较高值的灰度级彩色映射。对于采用"电子学方法"观看图像时，该彩色映射很有用
colorcube	在 RGB 彩色空间中包含尽可能多的有规律间隔的颜色，同时试图提供更多的灰度级、纯红、纯绿和纯蓝
cool	由从青色到深红色平滑变化的颜色组成
copper	从黑色到浅铜色平滑变化
flag	由红色、白色、蓝色和黑色组成。该彩色映射随每个索引增量完全改变颜色

(续表)

函数	描述
gray	返回一个线性灰度的彩色映射
hot	从黑到红、橙、黄,再到白平滑变化
Hsv	改变色调-饱和度-亮度值彩色模型的色调分量。彩色由红开始,历经黄、绿、青、蓝、深红,再回到红。该彩色映射非常适合于显示周期函数
jet	范围从蓝到红,历经青、黄和橙
lines	生成由 ColorOrder 的属性和灰度色调指定的一个彩色映射。关于函数 ColorOrder 的细节,请查阅其帮助页
pink	包含粉红的青色调。粉红彩色映射提供灰度照片的棕色色调
prism	重复红、橙、黄、绿、蓝和紫 6 种颜色
spring	由深红和黄色调组成
summer	由绿和黄色调组成
winter	由蓝和绿色调组成
white	全白单色颜色映射

5.1.3 处理 RGB 和索引图像的函数

表 5.3 列出了适用于在 RGB、索引和灰度图像之间进行转换的工具箱函数。为明确本节所用符号的意义,可使用 rgb_image 表示 RGB 图像,使用 gray_image 表示灰度图像,使用 bw 表示黑白(二值)图像,使用 X 表示索引图像的数据矩阵分量。回忆可知,一幅索引图像是由一个整型数据矩阵和一个彩色映射矩阵组成的。

表 5.3 在 RGB、索引和灰度图像间进行转换的工具箱函数

函数	目的
dither	采用抖动从 RGB 图像创建索引图像
grayslice	采用阈值处理从灰度图像创建索引图像
gray2ind	从灰度图像创建索引图像
ind2gray	从索引图像创建灰度图像
rgb2ind	从 RGB 图像创建索引图像
ind2rgb	从索引图像创建 RGB 图像
rgb2gray	从 RGB 图像创建灰度图像

函数 dither 既适用于灰度图像,又适用于彩色图像。"抖动"是印刷业和出版业中常用的一种工艺,它在由点组成的印刷页上给出色调变化的直观印象。在灰度图像的情况下,抖动试图用通过在白色背景上生成黑点的二值图像来得到灰色调(反之亦然)。点的大小可从明亮区域的小点逐渐变化到黑暗区域的大点。实现"抖动"算法的关键问题是,要折中考虑视觉感受的精确性和计算复杂度。工具箱中使用的"抖动"方法基于 Floyd-Steinberg 算法(见 Floyd and Steinberg [1975]和 Ulichney [1987])。函数 dither 用于灰度图像的语法是

$$bw = dither(gray\_image)$$

其中,如前所述,gray_image 是一幅灰度图像,bw 是抖动处理过的二值图像(logical 类)。

处理彩色图像时,"抖动"主要与函数 rgb2ind 联合使用,以减少图像中的颜色数。这个函数将在本节稍后讨论。

函数 grayslice 的语法为

$$X = grayslice(gray\_image, n)$$

该函数使用如下阈值对灰度图像进行阈值处理,生成一幅索引图像:

$$\frac{1}{n}, \frac{2}{n}, \cdots, \frac{n-1}{n}$$

如前所述，使用带有合适长度[如 jet(16)]的映射的命令 imshow(X, map)，可以查看导致的索引图像。另一种语法为

```
X = grayslice(gray_image, v)
```

其中，v 是一个用于阈值 gray_image 的向量(取值范围为[0, 1])。函数 grayslice 是伪彩色图像处理的基本工具，伪彩色图像处理时，指定的灰度带被赋予不同的颜色。输入图像可以是 uint8 类、uint16 类或 double 类。即使输入图像是 uint8 类或 uint16 类，V 中阈值的取值范围必须是[0, 1]。该函数执行了必要的缩放。

函数 gray2ind 使用语法

```
[X, map] = gray2ind(gray_image, n)
```

执行缩放后，使用彩色映射 gray(n)将图像 gray_image 舍入，生成一幅索引图像 X。若省略 n，则其默认为 64。输入图像可以是 uint8 类、uint16 类或 double 类。若 n 小于等于 256，则输出图像 X 是 uint8 类；若 n 大于 256，则输出图像 X 是 uint16 类。

函数 ind2gray 使用语法

```
gray_image = ind2gray(X, map)
```

将一幅由 X 和 map 组成的索引图像转换为一幅灰度图像。数组 X 可以是 uint8 类、uint16 类或 double 类。输出图像是 double 类。

本章感兴趣的函数 rgb2ind 的语法有如下形式：

```
[X, map] = rgb2ind(rgb_image, n, dither_option)
```

其中，n 决定 map 的颜色数量，dither_option 可以是如下两个值之一：'dither'(默认)，若有必要，以损失空间分辨率为代价达到更好的颜色分辨率；相反，'nodither'将原图像中的每个颜色映射为新映射中最接近的颜色(取决于 n 的值)，不执行抖动。输入图像可以是 uint8 类、uint16 类或 double 类。若 n 小于等于 256，则输出数组 X 是 uint8 类，否则是 uint16 类。例 5.1 显示了无彩色减少的抖动效果。

函数 ind2rgb 使用语法

```
rgb_image = ind2rgb(X, map)
```

将矩阵 X 和对应的彩色映射 map 转换成 RGB 格式。X 可以是 uint8 类、uint16 类或 double 类。输出的 RGB 图像是大小为 $M \times N \times 3$ 的 double 类数组。

最后，函数 rgb2gray 使用语法

```
gray_image = rgb2gray(rgb_image)
```

将一幅 RGB 图像转换为一幅灰度图像。输入的 RGB 图像可以是 uint8 类、uint16 类或 double 类，输出图像与输入图像的类相同。

例 5.1 表 5.3 中一些函数的说明。

函数 rgb2ind 对于减少 RGB 图像中的颜色数是很有用的。作为对该函数及使用抖动选项的优点的说明，考虑图 5.4(a)，这是一幅 24 比特的 RGB 图像 f。图 5.4(b)和图 5.4(c)显示了应用如下命令后的结果：

```
>> [X1, map1] = rgb2ind(f, 8, 'nodither');
>> imshow(X1, map1)
```

和

```
>> [X2, map2] = rgb2ind(f, 8, 'dither');
>> figure, imshow(X2, map2)
```

两幅图像均只有 8 种颜色，这与 uint8 类图像 f 可能的 1600 万种颜色数相比，颜色数明显减少。图 5.4(b) 显示了非常明显的伪轮廓，特别是在大花朵的中心部位。抖动处理后的图像显示了较好的色调，而且伪轮廓明显减少，这就是抖动引入的"随机性"的结果。图像有一点儿模糊，但视觉上的确优于图 5.4(b)。

抖动处理的效果使用灰度图像来说明往往更好。图 5.4(d) 和图 5.4(e) 是由如下命令获得的：

```
>> g = rgb2gray(f);
>> g1 = dither(g);
>> figure, imshow(g); figure, imshow(g1)
```

图 5.4(e) 是一幅二值图像，它再次说明了数据减少的明显程度。图 5.4(c) 和图 5.4(e) 给出了"抖动"之所以成为印刷和出版业的主要方法的原因，特别是在纸张质量和印刷分辨率不高的情况下（如报纸的印刷）。

图 5.4（见彩图） (a) RGB 图像；(b) 未经抖动处理的颜色数减少到 8 的图像；(c) 经抖动处理的颜色数减少到 8 的图像；(d) 使用函数 rgb2gray 得到的图(a) 的灰度图像；(e) 抖动处理后的灰度图像（二值图像）

5.2 彩色空间转换

如前节所述，工具箱直接将一幅 RGB 图像中的颜色表示为 RGB 值，或间接将一幅索引图像中的彩色表示为 RGB 值（此时彩色映射以 RGB 格式存储）。然而，还有其他一些彩色空间（也称彩色模型），这些彩色空间在有些应用中可能比 RGB 更方便和/或更恰当。这些模型是 RGB 模型的变换，包括 NTSC、YCbCr、HSV、CMY、CMYK 和 HSI 彩色空间。工具箱提供了从 RGB 向 NTSC、YCbCr、HSV、CMY 彩色空间转换的函数，或从这些空间转换回 RGB 的函数。本节稍后会开发一个在 RGB 和 HSI 彩色空间之间来回转换的自定义函数。

5.2.1 NTSC 彩色空间

NTSC 彩色制式用于模拟电视。这种形式的一个主要优点是，灰度信息和彩色数据是分离的，所以同一信号既可用于彩色电视机，又可用于黑白电视机。在 NTSC 格式中，图像数据由三个分量组成：亮度(Y)、色调(I) 和饱和度(Q)，其中字母 YIQ 的选择遵从惯例。亮度分量表示灰度信息，其他两个分量携带电视信号的彩色信息。YIQ 分量是使用如下线性变换从一幅图像的 RGB 分量得到的：

$$\begin{bmatrix} Y \\ I \\ Q \end{bmatrix} = \begin{bmatrix} 0.229 & 0.587 & 0.114 \\ 0.596 & -0.274 & -0.322 \\ 0.211 & -0.523 & 0.312 \end{bmatrix} \begin{bmatrix} R \\ G \\ B \end{bmatrix}$$

注意,第一行各元素之和为1,下两行各元素之和为0。这和预想的一样,因为对于一幅灰度图像,所有的RGB分量都相等,所以对这样的图像来说,I 和 Q 分量应该为0。函数 rgb2ntsc 执行前述变换:

$$yiq\_image = rgb2ntsc(rgb\_image)$$

其中,输入的RGB图像可以是uint8类、uint16类或double类。输出图像是大小为 $M \times N \times 3$ 的double类图像。分量图像 yiq_image (:, :, 1)是亮度图像,yiq_image(:, :, 2)是色调图像,yiq_image (:, :, 3)是饱和度图像。

类似地,RGB分量可以使用如下线性变换由YIQ分量得到:

$$\begin{bmatrix} R \\ G \\ B \end{bmatrix} = \begin{bmatrix} 1.000 & 0.956 & 0.621 \\ 1.000 & -0.272 & -0.647 \\ 1.000 & -1.106 & 1.703 \end{bmatrix} \begin{bmatrix} Y \\ I \\ Q \end{bmatrix}$$

工具箱函数 ntsc2rgb 执行这个变换,语法是

$$rgb\_image = ntsc2rgb(yiq\_image)$$

输入和输出图像都是double类图像。

5.2.2 YCbCr 彩色空间

YCbCr彩色空间广泛用于数字视频中。在这种格式中,亮度信息用单个分量 Y 来表示,彩色信息存储为两个色差分量 Cb 和 Cr。分量 Cb 是蓝色分量和参考值的差,分量 Cr 是红色分量和参考值的差(Poynton[1996])。工具箱从RGB转换为YCbCr所用的变换是

$$\begin{bmatrix} Y \\ Cb \\ Cr \end{bmatrix} = \begin{bmatrix} 16 \\ 128 \\ 128 \end{bmatrix} + \begin{bmatrix} 65.481 & 128.553 & 24.966 \\ -37.797 & -74.203 & 112.000 \\ 112.000 & -93.786 & -18.214 \end{bmatrix} \begin{bmatrix} R \\ G \\ B \end{bmatrix}$$

> 要了解从YCbCr转换到RGB的变换矩阵,可在提示符后键入>>edit ycbcr2rgb。

转换函数是

$$ycbcr\_image = rgb2ycbcr(rgb\_image)$$

输入的RGB图像可以是uint8类、uint16类或double类。输出图像和输入图像的类相同。一个类似的变换可以从YCbCr转换回RGB:

$$rgb\_image = ycbr2rgb(ycbcr\_image)$$

输入的YCbCr图像可以是uint8类、uint16类或double类。输出图像和输入图像的类相同。

5.2.3 HSV 彩色空间

HSV(色调、饱和度、数值)是人们从色环或调色板中挑选颜色(即颜料或油墨)时所用的几种彩色系统之一。这种彩色系统与 RGB 系统相比,更加接近于人们的经验和描述彩色感觉时所用的方式。在艺术领域,色调、饱和度和数值分别称为色泽、明暗和调色。

HSV彩色空间可以沿RGB彩色立方体的灰度轴(这些轴连接黑色和白色顶点)明确表达,得出图5.5(a)所示的六边形彩色调色板。当沿图5.5(b)中的垂直(灰)轴移动时,与该轴垂直的六边形平面的大小是变化的,产生图中所描述的锥状体。色调表示为围绕彩色六边形的角度,通常使用其红轴作为参考(0°)轴。值分量是沿该锥状体的轴度量的。

轴的 $V = 0$ 端为黑色,$V = 1$ 端为白色,位于图5.5(a)中全彩色六边形的中心。这样,该轴就表示了灰度的所有深浅。饱和度(颜色的纯度)由距 V 轴的距离来度量。

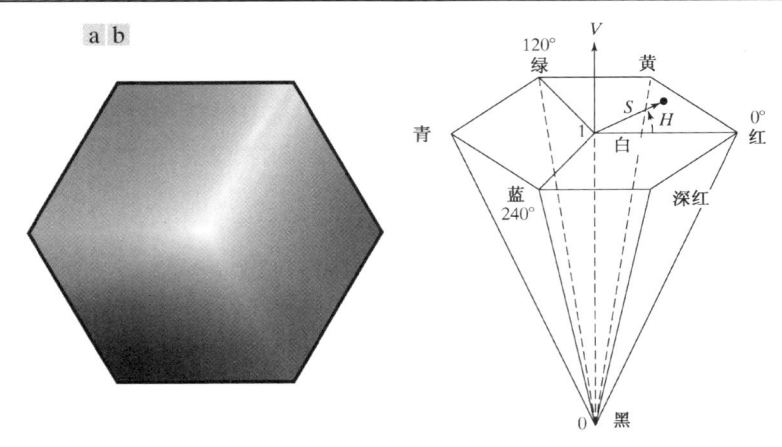

图 5.5(见彩图)　(a) HSV 彩色六边形；(b) HSV 六面锥状体

HSV 彩色系统基于圆柱坐标系。从 RGB 转换为 HSV 需要开发将(笛卡儿坐标系中的)RGB 值映射到圆柱坐标系的公式。多数计算机图形学教材中已详细推导了这一公式(例如，见 Rogers[1997])，因此此处从略。

从 RGB 转换为 HSV 的 MATLAB 函数是 rgb2hsv，其语法为

$$\text{hsv\_image = rgb2hsv(rgb\_image)}$$

输入的 RGB 图像可以是 uint8 类、uint16 类或 double 类，输出图像是 double 类。将 HSV 转换回 RGB 的函数为 hsv2rgb：

$$\text{rgb\_image = hsv2rgb(hsv\_image)}$$

输入图像必须是 double 类图像，输出图像也是 double 类图像。

5.2.4 CMY 和 CMYK 彩色空间

青色、深红色和黄色是光的二次色，或颜料的原色。例如，当用光照射涂敷有青色颜料的表面时，表面不会反射红光。也就是说，青色颜料从表面反射的光中减去了红光。

大多数将颜料淀积于纸上的设备，如彩色打印机和复印机，要求输入 CMY 数据，或在内部执行从 RGB 至 CMY 的转换。使用如下公式可执行一个近似的转换：

$$\begin{bmatrix} C \\ M \\ Y \end{bmatrix} = \begin{bmatrix} 1 \\ 1 \\ 1 \end{bmatrix} - \begin{bmatrix} R \\ G \\ B \end{bmatrix}$$

式中，假设所有颜色值已被归一化到区间[0, 1]。这个公式证明了前段的陈述，即纯青色涂敷的表面反射的光中不包含红色(即式中 $C = 1 - R$)。同样，纯深红色不反射绿色，纯黄色不反射蓝色。前述公式还表明，从 1 中减去各个 CMY 值，可以从一组 CMY 值很容易地获得 RGB 的值。

理论上，等量的颜料原色即青色、深红色和黄色混合后会产生黑色。实践中，混合这些颜色进行印刷会产生模糊不清的黑色。为生成纯黑色(印刷业中采用最多的颜色)，加入了第四种彩色——黑色，因此出现了 CMYK 彩色模型。这样，当出版人员谈论四色印刷时，所指的就是 CMY 三色彩色模型加上黑色。

2.2.1 节中介绍的函数 imcomplement，可近似地把 RGB 模型转换为 CMY 模型：

$$\text{cmy\_image = imcomplement(rgb\_image)}$$

也可以使用该函数将 CMY 图像转换为 RGB 图像：
```
rgb_image = imcomplement(cmy_image)
```
CMY 或 CMYK 的高质量转换需要打印机油墨和介质的特定知识，以及决定什么地方使用黑色油墨(K)来代替其他三种油墨的启发式方法。这一转换可用为一台特殊打印机创建的 ICC 彩色剖面来实现(关于 ICC，见 5.2.6 节)。

5.2.5　HSI 彩色空间

除 HSV 外，迄今为止讨论的彩色空间都不适合于人们对颜色进行解释。例如，我们不会使用每种颜料原色的百分比来指汽车的颜色。

观察一个彩色物体时，我们倾向于用色调、饱和度和亮度来描述它。色调是描述一种纯色的彩色属性，而饱和度则给出纯色被白光冲淡程度的度量。亮度是一个实际上无法度量的主观描绘子。它体现了亮度的无色概念，是描述颜色感觉的关键因素之一。我们知道，亮度(灰度)是单色图像的一个最有用的描绘子。该量的确可以度量并很容易描述。

我们将要讨论的彩色空间称为 HSI 彩色空间(Hue，色彩；Saturation，饱合度；Intensity，亮度)，该模型将亮度分量从一幅彩色图像中承载的彩色信息分开，正如结果那样，HSI 模型是开发基于彩色描述的图像处理算法的一种理想工具，这种描述自然而直观，毕竟，人是这些算法的开发者和使用者。HSV 彩色空间与此类似，但其重点是在按画家的调色板来解释时，呈现有意义的色彩。

如 5.1.1 节所述，RGB 彩色图像是由三幅单色亮度图像组成的，因此应能从 RGB 图像中提取亮度。以图 5.2 所示的彩色立方体为例，假设我们站在黑色顶点(0, 0, 0)处，使正上方为白色顶点(1, 1, 1)，如图 5.6(a)所示，则这会变得非常明显。就像图 5.2 中注释的那样，亮度是沿连接这两个顶点的直线分布的。在图 5.6 所示的安排中，连接黑色和白色顶点的直线(灰度轴)是竖直的。因此，若要求出图 5.6 中任意彩色点的亮度分量，就需要经过一个包含该彩色点且垂直于亮度轴的平面。这个平面和亮度轴的交点给出了区间[0, 1]上的亮度值。我们还注意到，一种彩色的饱和度(纯度)是到亮度轴的距离的函数，距离越远，亮度越大。事实上，亮度轴上的点的饱和度为零，因为沿该轴的所有点都是灰色调。

为了解从一个给定的 RGB 点如何求出色调，考虑图 5.6(b)，它显示了一个由三个点(黑色、白色和青色)定义的平面。该平面上含有黑点和白点的事实告诉我们，亮度轴同样包含在该平面上。此外，我们看到由亮度轴和立方体边界共同定义的这个平面上包含的所有点，都有相同的色调(在此例中为青色)。这是因为在一个彩色三角形内，颜色是这三个顶点颜色的各种组合或混合。若其中的两个顶点是黑色和白色，第三个顶点是一个彩色点，则三角形上的所有点都有相同的色调，因为白色和黑色分量对色调没有影响(当然，三角形中点的亮度和饱和度会变化)。关于垂直亮度轴旋转深浅平面，可以获得不同的色调。由这些概念可得到如下结论：形成 HSI 空间所需的色调、饱和度和亮度值可以由 RGB 彩色立方体得到。也就是说，通过算出前面刚描述的几何公式，就可以将任意 RGB 点转换为 HSI 模型中的一个对应点。

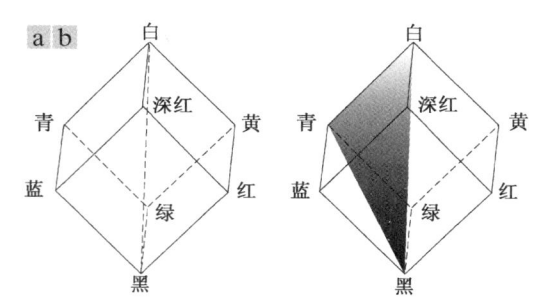

图 5.6(见彩图)　RGB 与 HSI 彩色模型间的关系

基于前面的讨论，我们认识到，HSI 空间由垂直的亮度轴和垂直于此轴的一个平面上的彩色点的轨迹组成。当平面沿垂直轴上下移动时，平面和立方体表面相交所定义的边界是三角形或六边形。沿立方体的灰度轴向下看时，如图 5.7(a)所示，这可能会更加直观。在该平面上，我们看到各原色之间都相隔了 120°，各二次色和各原色之间相隔了 60°，这意味着各二次色之间也相隔了 120°。

图 5.7(b) 显示了该六边形和一个任意的彩色点 (显示为点)。该点的色调是由其与某个参考点的夹角决定的。通常 (但并非总是),与红轴夹角为 0°,表示色调为 0,且色调从此点逆时针方向增长。饱和度 (距垂直轴的距离) 是从原点到此点的向量的长度。注意,原点是由彩色平面和垂直亮度轴的交点决定的。HSI 彩色空间的重要组成部分是垂直亮度轴到彩色点的向量长度,以及该向量与红轴的夹角。因此,用刚才讨论过的六边形,甚至图 5.7(c) 和图 5.7(d) 所示的三角形或圆形来定义 HSI 平面是很常见的。选择哪种形状并不重要,因为任意一种形状都可以通过几何变换变换为另外两种形状之一。图 5.8 显示了基于彩色三角形和圆形的 HSI 模型。

a b c d

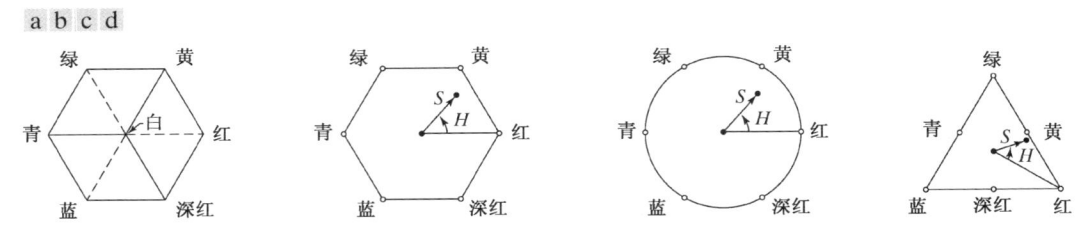

图 5.7 HIS 模型中的色调和饱和度。该点是任意的彩色点,它与红轴的夹角给出了色调,向量的长度是饱和度。这些平面中的所有彩色的亮度都由垂直亮度轴上平面的位置给出

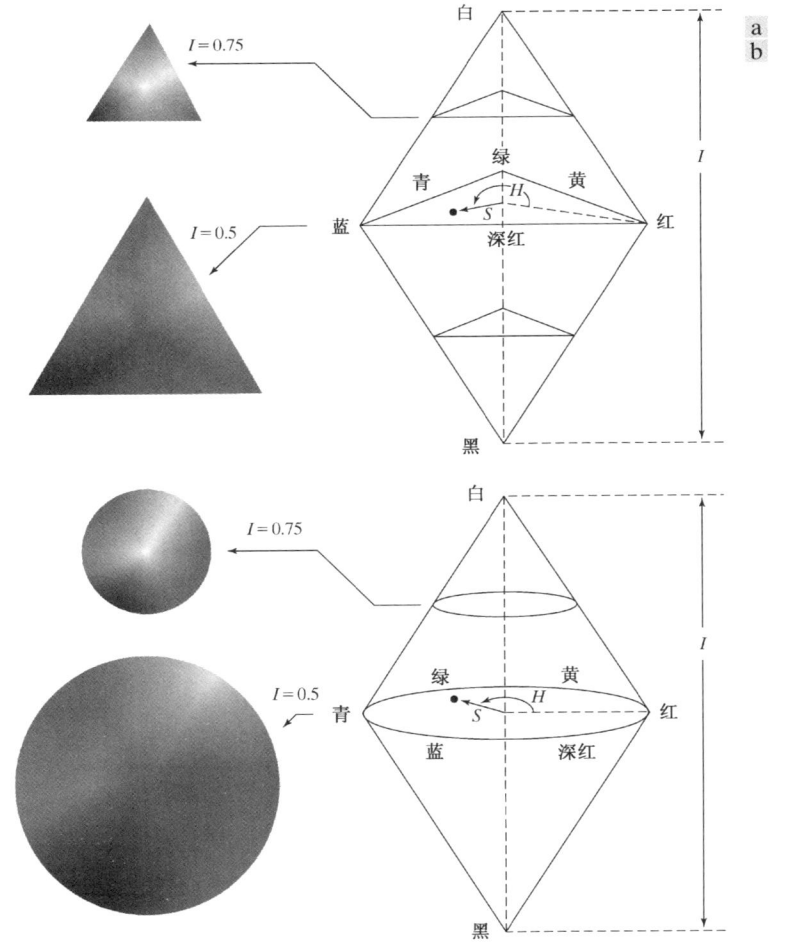

图 5.8 (见彩图) 基于 (a) 三角形和 (b) 圆形彩色平面的 HSI 模型。三角形和圆形均垂直于亮度轴

将颜色从 RGB 转换为 HSI

下面直接给出需要的转换公式。这些公式的详细推导,请参考本书的配套网站(1.5 节中列出了该网址)。假设有一幅 RGB 彩色格式的图像,则每个 RGB 像素的 H 分量可由如下公式获得:

$$H = \begin{cases} \theta, & B \leq G \\ 360 - \theta, & B > G \end{cases}$$

式中,

$$\theta = \arccos\left\{\frac{\frac{1}{2}[(R-G)+(R-B)]}{\left[(R-G)^2+(R-B)(G-B)\right]^{1/2}}\right\}$$

饱和度分量由下式给出:

$$S = 1 - \frac{3}{(R+G+B)}\left[\min(R,G,B)\right]$$

最后,亮度分量由下式给出:

$$I = \frac{1}{3}(R+G+B)$$

假定这些 RGB 值已归一化到区间[0, 1],角度 θ 是关于 HSI 空间的红轴来度量的,如图 5.7 所示。将 H 的公式的所有结果的值除以 360°,可将色调归一化到区间[0, 1]。若给出的 RGB 值在区间[0, 1]上,则其他两个 HSI 分量也就已在该区间上。

将颜色从 HSI 转换为 RGB

给定区间[0, 1]上的 HSI 值后,我们希望找出同一区间上相应的 RGB 值。可用的公式依赖于 H 的值。有三个感兴趣的部分,分别对应于原色之间相隔 120°的区域。用 360°乘以 H,将色调的值还原为其原始区间[0°, 360°]。

RG 区域($0° \leq H < 120°$)。若 H 在该区域内,则 RGB 分量由下式给出:

$$R = I\left[1 + \frac{S\cos H}{\cos(60°-H)}\right]$$

$$G = 3I - (R+B)$$

和

$$B = I(1-S)$$

GB 区域($120° \leq H < 240°$)。若给出的 H 值在该区域内,则先从中减去 120°:

$$H = H - 120°$$

则 RGB 分量为

$$R = I(1-S)$$

$$G = I\left[1 + \frac{S\cos H}{\cos(60°-H)}\right]$$

和

$$B = 3I - (R+G)$$

BR 区域（$240° \leq H \leq 360°$）。最后，若 H 在该区域内，则从中减去 240°：

$$H = H - 240°$$

则 RGB 分量为

$$R = 3I - (G + B)$$

式中，

$$G = I(1 - S)$$

和

$$B = I\left[1 + \frac{S\cos H}{\cos(60° - H)}\right]$$

5.5.1 节中将说明如何在图像处理中使用这些公式。

一个从 RGB 转换为 HSI 的 M 函数

自定义函数

$$\text{hsi = rgb2hsi(rgb)}$$

用于实现将 RGB 转换到 HIS 格式，其中 rgb 和 hsi 分别表示 RGB 和 HSI 图像。代码中的文本详述了该函数的用法。

```
function hsi = rgb2hsi(rgb)
%RGB2HSI Converts an RGB image to HSI.
%   HSI = RGB2HSI(RGB) converts an RGB image to HSI. The input image
%   is assumed to be of size M-by-N-by-3, where the third dimension
%   accounts for three image planes: red, green, and blue, in that
%   order. If all RGB component images are equal, the HSI conversion
%   is undefined. The input image can be of class double (with
%   values in the range [0, 1]), uint8, or uint16.
%
%   The output image, HSI, is of class double, where:
%     HSI(:, :, 1) = hue image normalized to the range [0,1] by
%                    dividing all angle values by 2*pi.
%     HSI(:, :, 2) = saturation image, in the range [0, 1].
%     HSI(:, :, 3) = intensity image, in the range [0, 1].

% Extract the individual component images.
rgb = im2double(rgb);
r = rgb(:, :, 1);
g = rgb(:, :, 2);
b = rgb(:, :, 3);

% Implement the conversion equations.
num = 0.5*((r - g) + (r - b));
den = sqrt((r - g).^2 + (r - b).*(g - b));
theta = acos(num./(den + eps));

H = theta;
H(b > g) = 2*pi - H(b > g);
H = H/(2*pi);

num = min(min(r, g), b);
den = r + g + b;
den(den == 0) = eps;
S = 1 - 3.* num./den;
```

```
H(S == 0) = 0;
I = (r + g + b)/3;

% Combine all three results into an hsi image.
hsi = cat(3, H, S, I);
```

一个从 HSI 转换为 RGB 的 M 函数

函数

$$rgb = hsi2rgb(hsi)$$

用于实现将 HSI 转换到 RGB 格式。代码中的文本详述了该函数的用法。

```
function rgb = hsi2rgb(hsi)
%HSI2RGB Converts an HSI image to RGB.
%   RGB = HSI2RGB(HSI) converts an HSI image RGB, where HSI is
%   assumed to be of class double with:
%     HSI(:, :, 1) = hue image, assumed to be in the range
%                    [0, 1] by having been divided by 2*pi.
%     HSI(:, :, 2) = saturation image, in the range [0, 1];
%     HSI(:, :, 3) = intensity image, in the range [0, 1].
%
%   The components of the output image are:
%     RGB(:, :, 1) = red.
%     RGB(:, :, 2) = green.
%     RGB(:, :, 3) = blue.

% Extract the individual HSI component images.
H = hsi(:, :, 1) * 2 * pi;
S = hsi(:, :, 2);
I = hsi(:, :, 3);

% Implement the conversion equations.
R = zeros(size(hsi, 1), size(hsi, 2));
G = zeros(size(hsi, 1), size(hsi, 2));
B = zeros(size(hsi, 1), size(hsi, 2));

% RG sector (0 <= H < 2*pi/3).
idx = find( (0 <= H) & (H < 2*pi/3));
B(idx) = I(idx) .* (1 - S(idx));
R(idx) = I(idx) .* (1 + S(idx) .* cos(H(idx))./ ...
                              cos(pi/3 - H(idx)));
G(idx) = 3*I(idx) - (R(idx) + B(idx));

% BG sector (2*pi/3 <= H < 4*pi/3).
idx = find( (2*pi/3 <= H) & (H < 4*pi/3) );
R(idx) = I(idx) .* (1 - S(idx));
G(idx) = I(idx) .* (1 + S(idx) .* cos(H(idx) - 2*pi/3) ./ ...
                    cos (pi - H(idx)));
B(idx) = 3*I(idx) - (R(idx) + G(idx));

% BR sector.
idx = find( (4*pi/3 <= H) & (H <= 2*pi));
G(idx) = I(idx).* (1 - S(idx));
B(idx) = I(idx).* (1 + S(idx).* cos(H(idx) - 4*pi/3)./ ...
                         cos(5*pi/3 - H(idx)));
R(idx) = 3*I(idx) - (G(idx) + B(idx));

% Combine all three results into an RGB image. Clip to [0, 1] to
% compensate for floating-point arithmetic rounding effects.
rgb = cat(3, R, G, B);
rgb = max(min(rgb, 1), 0);
```

例 5.2 从 RGB 转换到 HSI。

图 5.9 显示了在白色背景下一幅 RGB 立方体图像的色调、饱和度和亮度分量，它类似于图 5.2(b)所示的图像。图 5.9(a)是色调图像。其最明显的特征是，在立方体的前(红)平面中沿 45°线是不连续的。为理解该不连续的原因，可参考图 5.2(b)，从立方体的红顶点到白顶点画一条线，并在这条线的中间选择一个点。从该点开始沿立方体向右画一条路径，直到返回起点。在该路径上遇到的主要彩色是黄、绿、青、蓝、深红、黑、红。根据图 5.7，沿该条路径的色调值应该从 0°到 360°(即从色调可能的最低值到最高值)增加。这正好是图 5.9(a)所示的，因为在图中最低值表示黑，最高值表示白。

图 5.9(b)中的饱和度图像显示了较暗的值逐渐逼近 RGB 立方体的白色顶点，这表明彩色饱和度越来越弱，直至白色。最后，图 5.9(c)所示图像中的每个像素，都是图 5.2(b)中对应像素位置处的 RGB 值的平均值。注意，这幅图像的背景是白色的，因为彩色图像中背景的亮度也是白色的。其他两幅图像中背景是黑色的，因为白色的色调和饱和度是 0。

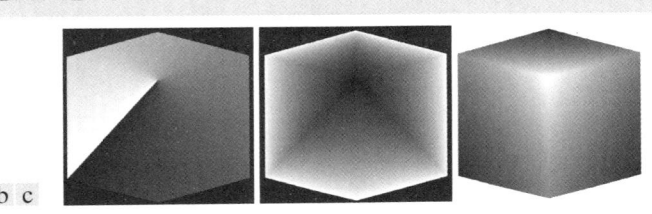

图 5.9 RGB 彩色立方体图像的 HSI 分量图像：(a)色调图像；(b)饱和度图像；(c)亮度图像

5.2.6 与设备无关的彩色空间

5.2.1 节到 5.2.5 节所关注的主要是彩色空间，它们以使计算更为方便的方法来描述彩色信息，或者以对于某个特殊应用更为直观或合适的方法来描述颜色。迄今为止讨论的所有空间都是与设备相关的。例如，RGB 彩色的外观会随显示器和扫描仪的特性而变化，CMYK 彩色会随打印机、油墨和纸张的特性而变化。

本节探讨与设备无关的彩色空间。在彩色成像系统中，要达到一致且高质量的彩色重现，需要理解和表征系统中的每台彩色设备。一方面，在可控环境中，有可能通过调整系统的各个部件来达到满意的结果。例如，在相片打印店中，人为优化颜料、显影和洗印子系统可精确再现结果。另一方面，这种方法在由许多设备组成的开放数字成像系统中并不实用，因为不能控制图像的处理或查看方式。

背景

通常，用于区分不同颜色的特征是亮度、色调和饱和度。如本节前面说明的那样，亮度体现了强度的无色概念。色调是与混合光波中的主要波长相关的属性。色调表示观察者感知的主要颜色。这样，当我们称一个物体为红色、橘黄色或黄色时，所指的是其色调。饱和度指的是与色调相对的纯度或与色调相混合的白光的数量。纯谱色是全饱和的，粉红色(红和白)和淡紫色(紫和白)这样的彩色是欠饱和的，饱和程度与所加白光的数量成反比。

色调和饱和度合起来称为色度，因此一种颜色可由其亮度和色度来表征。形成一种特殊颜色所需的红、绿、蓝数量称为三色值，分别用 X、Y 和 Z 来表示。然后，一种颜色由其色度系数来指定，定义为

$$x = \frac{X}{X+Y+Z}$$

$$y = \frac{Y}{X+Y+Z}$$

和
$$z = \frac{Z}{X+Y+Z} = 1 - x - y$$

它满足条件
$$x + y + z = 1$$

式中，x、y 和 z 分别表示红、绿、蓝分量①。对于可见光谱中的任何波长的光，用于产生对应于该波长的颜色，可直接通过由实验结果得到的曲线或表来得到(Poynton [1996])。

一种使用最广的与设备无关的三激励彩色空间是 1931 CIE XYZ 彩色空间，它由国际照明委员会开发(CIE 是 Commission Internationale de l'Éclairage 的首字母缩写)。在 CIE XYZ 彩色空间中，Y 被特别选为亮度的度量。由 Y 和色度值 x 和 y 定义的彩色空间称为 CIE xyY 彩色空间。X 和 Z 三激励值可从 x、y 和 Y 值用下式计算：

$$X = \frac{Y}{y} x$$

和
$$Z = \frac{Y}{y}(1 - x - y)$$

由前述公式可以看出，XYZ 和 xyY CIE 彩色空间之间存在直接的对应关系。

以 x 和 y 的函数显示人类感知颜色范围的图形(见图 5.10)称为色度图。对于图的任何 x 和 y 值，对应的 $z = 1 - (x + y)$。例如，图 5.10 中标注为绿色的点有近似 62% 的绿和 25% 的红，因此针对该颜色的蓝色光分量是 13%。

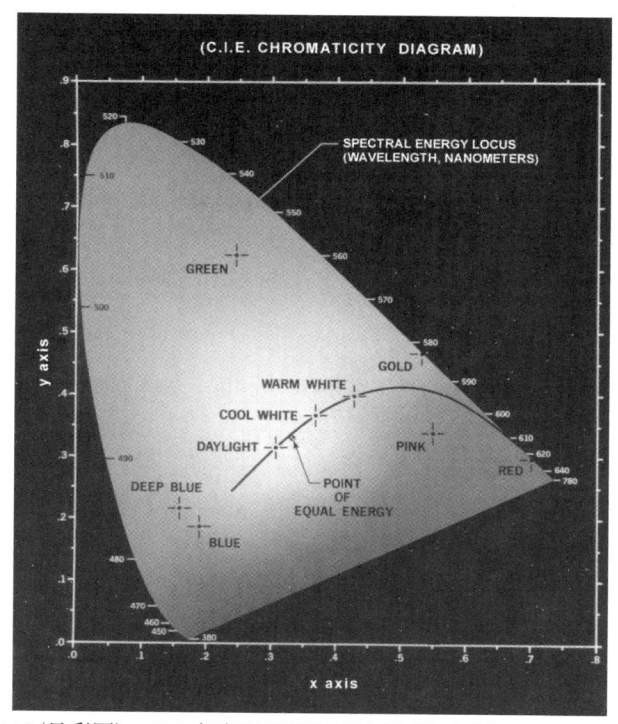

图 5.10(见彩图)　CIE 色度图(原图由通用电器照明商业分公司提供)

---

① 使用 x、y 和 z 表示色度系数符合符号约定。请不要将其与本书其他部分用于表示空间坐标的 (x, y) 混淆。

各种单色(纯谱)彩色的位置——从 380 nm 处的紫色到 780 nm 处的红色——由围绕色度图的舌形线边界指出。边界的直线部分称为紫色线。色度图内不在边界上的点表示一些谱色的混合。图 5.10 中的等能量点对应于三原色的等同比例,它表示 CIE 的白光的标准。位于色度图边界上的任何点都是完全饱和的。当一个点离开边界并接近等能量点时,会有更多的白光加入该颜色,且其会变得不饱和。等能量点处的饱和度为 0。

色度图中连接任意两点的直线段,定义了所有不同的颜色变化,这些变化可通过加性组合这两种颜色得到。例如,考虑连接图 5.10 中红点和绿点的直线。若在一种颜色中红光多于绿光,则表示该颜色的点将在该直线段上,它更接近于红点而非绿点。类似地,从等能量点到色度图边界上的任意一点所绘的一条直线,将定义该特殊谱色的所有色调。

把这个过程扩展到三种颜色是很简单的。为了确定从色度图中给定的任何三种颜色得到的颜色的范围,可画出连接这三个颜色点的线。结果是一个三角形,且三角形边界上或内部的任何颜色,可由三种原始颜色的各种组合产生。顶点在任意三种确定颜色处的三角形,不能包括图 5.10 的整个颜色区域。这一观察表明,任何颜色可由确定的三原色产生这一常用说法是有误的。

设备无关彩色空间的 CIE 家族

引入 XYZ 彩色空间后的十多年间,CIE 还开发了其他一些彩色空间规范,以便为某些目的提供比 XYZ 更合适的彩色表示。例如,1976 年引入的 CIE L*a*b*彩色空间,是在色彩科学、创造艺术和诸如打印机、摄像机和扫描仪之类的彩色设备的设计中广泛应用的彩色空间。作为彩色空间,L*a*b*与 XYZ 相比有两个重要优点:第一,L*a*b*更清楚地分离了彩色信息(用 a*值和 b*值表示)和灰度信息(完全用 L*值表示)。第二,设计了 L*a*b*彩色,以便该空间中的欧氏距离很好地对应于彩色间的感知差别。因为这一性质,L*a*b*彩色空间被认为是感知一致的。作为一个必然结果,L*值与人类的亮度感知是线性相关的。也就是说,若一种彩色的 L*值是另一种彩色的 L*值的 2 倍,则第一种颜色感觉上要亮 2 倍。注意,由于人类视觉系统的复杂性,感知一致性仅近似成立。

表 5.4 列出了由图像处理工具箱支持的 CIE 设备无关彩色空间。各种 CIE 彩色模型的技术细节,请参阅 Sharma [2003]。

表 5.4　图像处理工具箱所支持的设备无关彩色空间

彩色空间	描述
XYZ	最初的 1931 CIE 彩色空间规范
xyY	提供归一化色度值的 CIE 规范。大写 Y 值表示亮度,它与 XYZ 中的用法相同
uvL	试图使色度平面视觉上更一致的 CIE 规范。L 是亮度,它与 XYZ 中 Y 的用法相同
u'v'L	u 和 v 重新标定以增强一致性的 CIE 规范
L*a*b*	试图使亮度比例视觉上更一致的 CIE 规范。L*是 L 的非线性缩放,已归一化到一个参考白点
L*ch	其中 c 是浓度而 h 是色调的 CIE 规范。这些值是 L*a*b*中 a*和 b*的极坐标变换

sRGB 彩色空间

如本节前面所述,RGB 彩色模型是设备相关的,即对于给定的一组 R、G 和 B 值,不存在单一且明确的彩色解释。另外,图像文件通常不包含获取图像时所用设备的彩色特性的信息。因此,相同的图像文件在不同的计算机系统上看起来可能会明显不同(通常确实如此)。随着 20 世纪 90 年代互联网应用的激增,Web 设计人员常常发现他们不能准确地预知在用户浏览器上显示图像时颜色看上去如何。

为解决这一问题,微软和 HP 提出了一种称为 sRGB 的新默认彩色空间(Stokes et al.[1996])。sRGB 彩色空间与标准计算机 CRT 显示器及个人计算机的典型家庭和办公查看环境的特征相一致。sRGB 彩色空间是设备无关的,因此 sRGB 彩色值很容易转换到其他设备无关彩色空间。

sRGB 标准已成为计算机界广泛接受的标准，特别是面向消费者的设备。数字摄像机、扫描仪、计算机显示器和打印机都例行地设计为假定图像的 RGB 值与 sRGB 彩色空间是一致的，除非图像文件包含更多的特定设备彩色信息。

CIE 和 sRGB 彩色空间转换

工具箱函数 `makecform` 和 `applycform` 可用于在几个设备无关彩色空间之间进行转换。表 5.5 列出了所支持的转换。函数 `makecform` 创建一个 `cform` 结构，创建方式类似于 `maketform` 创建一个 `tform` 结构的方式。相应的 `makecform` 语法是

$$cform = makecform(type)$$

其中，`type` 是表 5.5 中所示的字符串之一。函数 `applycform` 使用 `cform` 结构来转换颜色。`applycform` 的语法是

$$g = applycform(f, cform)$$

表 5.5 图像处理工具箱所支持的设备无关彩色空间转换

Makecform 中所用的类型	彩色空间
`'lab2lch'`, `'lch2lab'`	L*a*b*和 L*ch
`'lab2srgb'`, `'srgb2lab'`	L*a*b*和 sRGB
`'lab2xyz'`, `'xyz2lab'`	L*a*b*和 XYZ
`'srgb2xyz'`, `'xyz2srgb'`	sRGB 和 XYZ
`'upvpl2xyz'`, `'xyz2upvpl'`	u′v′L 和 XYZ
`'uvl2xyz'`, `'xyz2uvl'`	uvL 和 XYZ
`'xyl2xyz'`, `'xyz2xyl'`	xyY 和 XYZ

例 5.3 基于 L*a*b*彩色空间创建一个感觉上一致的彩色空间。

本例构建一个可用于彩色和灰度出版物中的彩色标尺。McNames [2006]列出了设计这样一个彩色标尺的几个原则：

1. 两个标尺彩色间的感知差别应正比于它们沿标尺的距离。
2. 亮度应该单调递增，以便该比尺适用于灰度出版物。
3. 贯穿标尺的相邻彩色应该尽可能明显。
4. 标尺应包含较宽范围的彩色。
5. 彩色标尺应是直观的。

通过创建一个通过 L*a*b*彩色空间的路径，我们设计一个满足前四个原则的标尺。第一个原则，即感知的标尺一致性，可在 L*a*b*中使用等间距的颜色来满足。第二个原则，即亮度单调递增，可通过构建 L*值 [L*在 0(黑) 和 100(完美散射的亮度)间变化] 的一个线性斜坡来满足。这里我们构建在 40 和 80 间等分 1024 个值的斜坡：

```
>> L = linspace(40, 80, 1024);
```

第三个原则，即明显不同的相邻颜色，可通过改变彩色的色调来满足，色调对应于 a*b*平面中彩色坐标的极角：

```
>> radius = 70;
>> theta = linspace(0, pi, 1024);
>> a = radius * cos(theta);
>> b = radius * sin(theta);
```

第四个原则要求使用宽范围的颜色。我们的一组 $a*$ 值和 $b*$ 值应(以极角形式)离得尽可能远，标尺中最后一种颜色不能接近于第一种颜色。接着创建该 L*a*b* 彩色标尺的一幅 100×1024×3 图像。

```
>> L = repmat(L, 100, 1);
>> a = repmat(a, 100, 1);
>> b = repmat(b, 100, 1);
>> lab_scale = cat(3, L, a, b);
```

为在 MATLAB 中显示该彩色标尺图像，必须将其转换到 RGB 空间。首先使用 makecform 创建合适的 cform 结构，然后使用 applycform：

```
>> cform = makecform('lab2srgb');
>> rgb_scale = applycform(lab_scale, cform);
>> imshow(rgb_scale)
```

图 5.11 显示了结果。

第五个原则，即直觉性，它非常难以评估且取决于不同的应用。不同的彩色标尺可用类似的过程但 $a*b*$ 平面中不同的 $L*$ 开始值和结束值来构建。得到的新彩色标尺对某些应用而言可能更直观。

图 5.11 (见彩图)　基于 L*a*b* 彩色空间的感觉上一致的标尺

ICC 彩色剖面

文本颜色在计算机显示器上显示时可能是一种颜色，而打印出来后可能会完全不同，或者文档中的颜色完全不同于打印机打印出来后的颜色。为在输入、输出和显示设备间高质量地在再现颜色，需要创建一个变换来将颜色从一种设备映射到另一种设备。通常，在每对设备之间需要一个单独的颜色变换。不同的打印条件、设备质量设置之间需要额外的变换。这些变换中的每个都必须使用仔细控制和校准后的实验条件来开发。很明显，这样的方法对昂贵的高端系统并不适用。

1993 年成立的国际色彩协会(ICC)已经标准化了一种不同的方法。每台设备刚好有两个与其相关联的变换，而不管系统中可能出现的其他设备的数量。将设备颜色转换到一个标准的设备无关彩色空间的变换之一，称为剖面连接空间(PCS)。另一个变换是前一变换的反变换，它将 PCS 彩色转换回设备颜色(PCS 不是 XYZ，就是 L*a*b*)。两个变换合起来构成设备的 ICC 彩色剖面。

ICC 的主要目的之一就是创建、标准化、维护和提升 ICC 彩色剖面标准(ICC [2004])。图像处理工具箱函数 iccread 用来读取剖面。iccread 的语法是

$$p = \text{iccread}(filename)$$

输出 p 是一个结构，它包含文件头信息、数值系数及用于计算设备和 PCS 彩色间的彩色空间转换表。

使用 ICC 剖面转换彩色是使用 makecform 和 applycform 实现的。makecform 的 ICC 剖面语法是

```
cform = makecform('icc', src_profile, dest_profile)
```

其中，src_profile 是源设备剖面的文件名，dest_profile 是目的设备剖面的文件名。

ICC 彩色剖面标准包括处理称为色域映射的一种重要彩色转换机制。色域是彩色空间中定义设备可再现的彩色范围的一个量(CIE [2004])。设备不同，色域也不同。例如，典型显示器可显示打印机不能再现的一些颜色。因此，将颜色从一台设备映射到另一台设备时，需要考虑不同的色域。补偿源和目的色域间的差的过程称为色域映射(ISO [2004])。

用于色域映射的方法有多种(Morovic[2008])。有些方法更适合于某些目的。ICC 彩色剖面标准为色域映射定义了 4 个"目的"(称为渲染意图)。表 5.6 中描述了这些渲染意图。指定渲染意图的 makecform 语法是

```
cform = makecform('icc', src_profile, dest_profile, ...
                  'SourceRenderingIntent', src_intent, ...
                  'DestRenderingIntent', dest_intent)
```

其中，src_intent 和 dest_intent 从 'Perceptual'(默认)、'AbsoluteColorimetric'、'RelativeColorimetric' 和 'Saturation' 字符串中选择。

表 5.6 ICC 剖面渲染意图

渲染意图	描述
感觉的	优化色域映射，以达到美学上最令人愉悦的结果。色域内的颜色可能不会得到维持
绝对色度的	把色域外的彩色映射到最近的色域表面。保持色域内的彩色关系。根据完美散射渲染颜色
相对色度的	把色域外的彩色映射到最近的全域表面。保持色域内的彩色关系。根据设备的白点或输出介质渲染彩色
饱和的	可能会在移动色调的代价下，最大化设备颜色的饱和度。适用于简单的图表和图形而非图像

例 5.4 ICC 彩色剖面的软打样。
本例使用 ICC 彩色剖面 makecform 和 applycform 实现称为软打样的处理。软打样在一台计算机显示器上模拟打印一幅彩色图像时将呈现的外观。概念上，软打样分两步处理：
1. 通常使用感知渲染意图，将显示器颜色(常假定为 sRGB)转换为输出设备颜色。
2. 使用绝对色度渲染意图，将计算出的输出设备颜色转换回显示器颜色。

对于输入剖面，我们使用 sRGB.icm，即工具箱提供的一个表示 sRGB 彩色空间的剖面。我们的输出剖面是 SNAP2007.icc，即 ICC 剖面注册(www.color.org/registry)中包含的一个新闻纸剖面。我们的采样图像与图 5.4(a) 相同。

首先围绕图像添加一个较粗的白色边框和一个较细的灰色边框来对图像进行预处理。这些边框会使得我们更易于查看模拟的新闻纸的"白度"。

```
>> f = imread('Fig0504(a).tif');
>> fp = padarray(f, [40 40], 255, 'both');
>> fp = padarray(fp, [4 4], 230, 'both');
>> imshow(fp)
```

图 5.12(a) 显示了填充后的图像。

接着读入两个剖面，并使用它们把虹膜图像从 sRGB 转换为新闻纸颜色。

```
>> p_srgb = iccread('sRGB.icm');
>> p_snap = iccread('SNAP2007.icc');
>> cform1 = makecform('icc', p_srgb, p_snap);
>> fp_newsprint = applycform(fp, cform1);
```

最后使用绝对色度渲染意图创建第二个 cform 结构，以便为显示目的将它转换回 sRGB。

```
>> cform2 = makecform('icc', p_snap, p_srgb, ...
            'SourceRenderingIntent', 'AbsoluteColorimetric', ...
            'DestRenderingIntent', 'AbsoluteColorimetric');
>> fp_proof = applycform(fp_newsprint, cform2);
>> imshow(fp_proof)
```

图 5.12(b) 显示了结果。这幅图像本身仅是在显示器上看到的实际结果的近似，因为本书的色域与显示器的色域不同。

第 5 章 彩色图像处理　　　139

图 5.12（见彩图）　　软打样示例：(a)带有白色边框的原图像；(b)图像打印到新闻纸上后的模拟外观

5.3　彩色图像处理基础

本节研究适用于彩色图像的处理技术。虽然无法完全给出这些技术，但本节接下来开发的技术仍然足以说明针对各种图像处理任务来处理彩色图像的方式。为便于下面的讨论，我们把彩色图像处理细分为三类主要领域：(1)彩色变换（也称彩色映射）；(2)各个彩色平面的空间处理；(3)彩色向量处理。第一类领域严格基于它们的值而非空间坐标来处理每个彩色平面的像素。这类处理类似于 2.2 节的灰度变换处理。第二类领域涉及各个彩色平面的空间（邻域）滤波，它类似于 2.4 节和 2.5 节关于空间滤波的讨论。

第三类领域涉及基于同时处理所有彩色图像分量的技术。因为全彩色图像至少有三个分量，因此彩色像素可以当做向量来处理。例如，在 RGB 系统中，每个彩色点都可以解释为一个从原点延伸到 RGB 坐标系中该点的向量（见图 5.2）。

令 c 代表 RGB 彩色空间中的一个任意向量：

$$c = \begin{bmatrix} c_R \\ c_G \\ c_B \end{bmatrix} = \begin{bmatrix} R \\ G \\ B \end{bmatrix}$$

该式表明，c 的分量是彩色图像中一点的 RGB 分量。考虑到彩色分量是坐标的函数这一事实：

$$c(x,y) = \begin{bmatrix} c_R(x,y) \\ c_G(x,y) \\ c_B(x,y) \end{bmatrix} = \begin{bmatrix} R(x,y) \\ G(x,y) \\ B(x,y) \end{bmatrix}$$

对一幅大小为 $M \times N$ 的图像，有 MN 个 $c(x,y)$ 这样的向量，其中 $x = 0,1,2,\cdots,M-1$ 和 $y = 0,1,2,\cdots,N-1$。

在某些情形下，无论彩色图像是一次处理一个平面，还是作为向量来处理，都会得到相同的结果。然而，如 5.6 节中详细解释的那样，情况并非总是如此。要使两种方法得到相同的结果，必须满足两个条件：首先，该处理必须适用于向量和标量；其次，对向量的每个分量的处理必须与其他分量无关。例如，图 5.13 显示了灰度和全彩色图像的空间邻域处理。假设处理是邻域平均。在图 5.13(a)中，平均可通过对邻域内所有像素的灰度级求和，并用邻域内的像素总数去除来完成。在图 5.13(b)中，平均是通过对邻域内的全部向量求和，并用邻域内的向量总数去除每个分量来完成的。但平均向量的每个分量是对应于该分量的图像中的像素的和。若平均运算在每个彩色分量图像的邻域上完成，然后形成彩色向量，则将得到相同的结果。

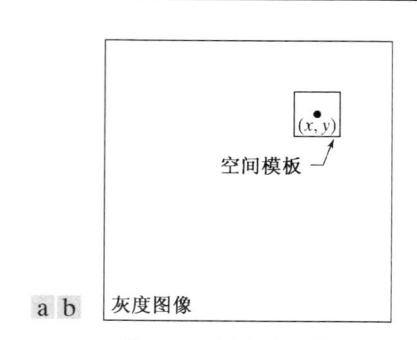

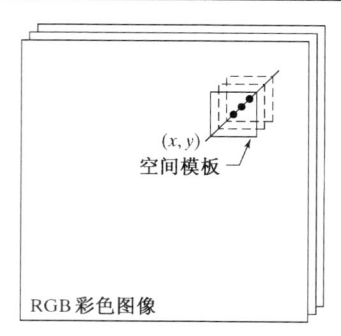

图 5.13 (a)灰度图像和(b)RGB 彩色图像的空间模板

5.4 彩色变换

本节描述的是在单一彩色模型情况下的技术，它是以处理彩色图像的彩色分量或单色图像的亮度分量为基础的。对于彩色图像，我们重点关注如下形式的变换：

$$s_i = T_i(r_i), \quad i = 1, 2, \cdots, n$$

式中，r_i 和 s_i 是输入图像和输出图像的彩色分量，n 是 r_i 彩色空间的维数（或彩色分量的数量），T_i 是全彩色变换（或映射）函数。

若输入图像是单色的，则方程的形式为

$$s_i = T_i(r), \quad i = 1, 2, \cdots, n$$

式中，r 表示灰度级的值，s_i 和 T_i 的说明同上，n 是在 s_i 中彩色分量的数量。这个公式描述了灰度级至任意颜色的映射，即通常称为伪彩色变换或伪彩色映射的处理。注意，若令 $r_1 = r_2 = r_3 = r$，则第一个公式可用来处理单色图像。在其他情况下，这里给出的公式是 2.2 节介绍的灰度变换公式的直接扩展。就像 2.2 节中介绍的那样，所有 n 个伪彩色或全彩色变换函数 $\{T_1, T_2, \cdots, T_n\}$ 与空间图像坐标 (x, y) 无关。

第 2 章中介绍的一些灰度变换（如 imcomplement，它计算一幅图像的负片）与被变换图像的灰度级内容是无关的；其他变换（如 histeq，它取决于灰度级分布）是自适应的，但只要计算出了参数，变换也就固定了；还有一些变换（如 imadjust，它要求用户选择合适的曲线形状参数）通常最好交互式地指定。使用伪彩色和全彩色映射时，尤其是涉及人眼观察和解释（用于色彩平衡）时，存在类似的情况。在这样的应用中，通过直接操作候选函数的图形表示，并查看它们对正被处理图像的（实时）组合效果，来选择适当的映射函数是最好的实现。

图 5.14 说明了使用图形方式来指定映射函数的一种简单而有效的方法。图 5.14(a)示出了通过线性地内插 3 个控制点（图中的圆点坐标）形成的一个变换；图 5.14(b) 显示了由相同的 3 个控制点通过三次样条内插得到的另一个变换；图 5.14(c) 和图 5.14(d) 分别提供了更复杂的线性和三次样条内插。MATLAB 中支持这两种类型的内插。线性内插使用如下命令实现：

```
z = interp1q(x, y, xi)
```

它返回一个列向量，该向量包含在点 xi 处线性内插的一维函数 z 的值。列向量 x 和 y 指定底层控制点的坐标。x 的元素必须单调递增。z 的长度等于 xi 的长度。例如，

```
>> z = interp1q([0 255]', [0 255]', [0: 255]')
```

产生一个有 256 个元素的一一映射，该映射连接控制点 (0, 0) 和 (255, 255)，即 z = [0 1 2 ⋯ 255]'。

第 5 章 彩色图像处理

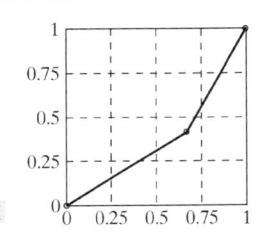

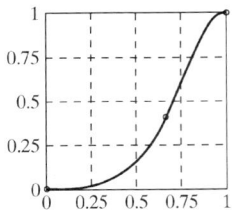

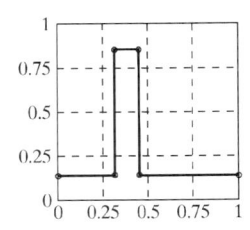

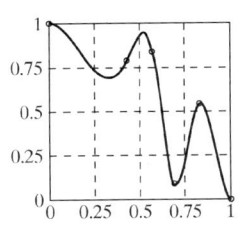

a b c d

图 5.14 使用控制点指定映射函数：(a)和(c)线性内插；(b)和(d)三次样条内插

类似地，三次样条内插使用函数 spline 实现，

$$z = \text{spline}(x, y, xi)$$

其中，变量 x、y、z 和 xi 与前一段中对 interp1q 的描述相同。但 xi 与在函数 spline 中的用法不同。此外，若 y 比 x 多两个元素，则假定其第一项和最后一项是三次样条的端点斜率。例如，图 5.14(b) 中描述的函数是使用零值端点斜率生成的。

变换函数的说明可以用图形法操作控制点的方法交互地产生，这些控制点被输入函数 interp1q 和 spline，并实时地显示将被处理图像的结果。自定义函数 ice(交互颜色编辑)可精确实现此功能。其语法是

$$g = \text{ice}('Property\ Name',\ 'Property\ Value', ...)$$

其中，'Property Name'和'Property Value'必须成对出现，且这些点指明了相应输入对组成的重复模式。表 5.7 列出了函数 ice 中使用的有效对。本节稍后会给出几个例子。

> 函数 ice 的开发(见附录 B)，全面说明了在 MATLAB 中如何设计图形用户界面(GUI)。

表 5.7 函数 ice 的有效输入

属 性 名	属 性 值
'image'	将被交互式指定的映射所变换的一幅 RGB 或单色输入图像 f
'space'	将被修改的分量的彩色空间。可能值是'rgb'、'cmy'、'hsi'、'hsv'、'ntsc'(或'yiq')和'ycbcr'，默认值是'rgb'
'wait'	若为'on'(默认)，则 g 是映射后的输入图像。若为'off'，则 g 是映射后的输入图像的句柄

关于参数'wait'，当显式或默认选择'on'选项时，输出 g 是处理后的图像。此时，ice 接管对过程的控制，包括光标，因此关闭该函数前，在命令窗口不能输入任何命令，函数关闭时，最终结果是一幅带有句柄 g (或任何图形对象)的图像。当选择选项'off'时，g 是处理后图像的句柄[1]，控制立即返回到命令窗口；因此，还可以和函数 ice 一起键入新的指令来执行。要得到图形对象的特性，可使用函数 get：

$$h = \text{get}(g)$$

该函数返回由句柄标识的图形对象的全部性质和当前适用的值 g。这些特性存储在结构 h 中，所以在提示符处键入 h 就会列出处理后图像的所有特性(见 1.7.8 节中关于结构的解释)。要提取某个特性，可键入 h.PropertyName。

> 语法 get(0,'Format')返回显示 MATLAB 命令窗口中的数值数据的格式。详细信息，请键入>>help get。

令 f 表示一幅 RGB 或单色图像，下面是函数 ice 语法的例子：
```
>> ice                          % Only the ice
                                % graphical
                                % interface is
                                % displayed.
```

---

[1] 只要 MATLAB 创建了一个图形对象，就会向该对象赋一个标识符(称为句柄)，以便访问该对象的属性。在修改图形的外观时，或通过直接编写创建和操纵对象的 M 文件来创建自定义绘图命令时，图形句柄非常有用。该概念已在 1.7.8 节和 2.3.1 节中讨论过。

```
>> g = ice('image', f);                  % Shows and returns
                                         % the mapped image g.
>> g = ice('image', f, 'wait', 'off')    % Shows g and returns
                                         % the handle.
>> g = ice('image', f, 'space', 'hsi')   % Maps RGB image f in
                                         % HSI space.
```

注意，当指定的彩色空间不同于 RGB 时，输入图像(不管是单色的还是 RGB 的)在执行任何映射之前，被变换到指定的空间。对于输出，映射后的图像转换为 RGB 输出。ice 的输出总是 RGB，输入总是单色的或 RGB 的。若键入 g = ice('image', f)，则一幅图像和图形用户界面(GUI)就像图 5.15 显示的那样在 MATLAB 桌面上出现。最初，变换曲线是在每个端点有一个控制点的直线。控制点由鼠标操作，如表 5.8 中汇总的那样。表 5.9 中列出了其他 GUI 组件的函数。下面的例子给出了函数 ice 的典型应用。

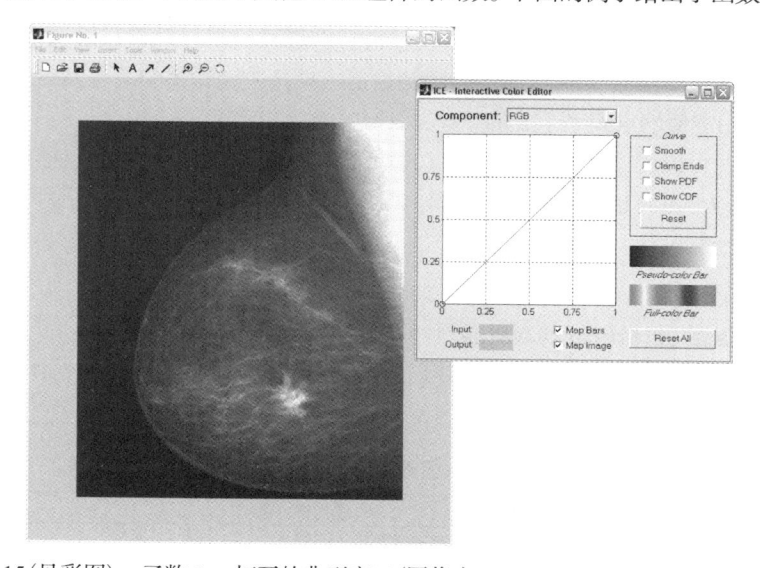

图 5.15（见彩图）　函数 ice 打开的典型窗口(图像由 G. E. Medical Systems 公司提供)

表 5.8　使用鼠标操纵控制点

鼠标动作[†]	结　果
左键	按住并拖动来移动控制点
左键+Shift 键	添加控制点。拖动(同时按住 Shift 键)可改变控制点的位置
左键+Ctrl 键	删除控制点

[†] 对于三键鼠标来说，左、中和右键分别对应于表中的移动、添加和删除操作。

表 5.9　函数 ice 的 GUI 中复选框和按钮的作用

GUI 元素	描　述
Smooth	选中则进行三次样条(平滑曲线)内插。未选中则使用分段线性内插
Clamp Ends	选中则强制三次样条内插中的起始和结束曲线斜率为 0，分段线性内插不受影响
Show PDF	显示被映射函数影响的图像分量的概率密度函数(即直方图)
Show CDF	显示累积分布函数而非 PDF (注意，PDF 和 CDF 不能同时显示)
Map Image	选中则启用图像映射，否则不启用
Map Bars	选中则启用伪彩色和全彩色条带映射，否则显示非映射条带(分别为灰度楔形和色度楔形)
Reset	初始化当前显示的映射函数，且不选中所有曲线参数
Reset All	初始化所有映射函数
Input/Output	显示变换曲线上一个选取的控制点的坐标。Input 指水平轴，Output 指垂直轴
Component	为交互操作选择一个映射函数。在 RGB 空间中，可能的选项包括 R、G、B 和 RGB (映射所有三个颜色分量)。在 HSI 空间中，选项为 H、S、I 和 HSI 等

第 5 章 彩色图像处理

例 5.5 单色负片和彩色分量的反映射。

图 5.16(a) 显示了图 5.15 中默认的 RGB 曲线被修改之后产生的反映射或负映射函数 ice 的界面。为建立一个新的映射函数，控制点 (0, 0) 被移动(通过单击并拖动它到左上角)到坐标 (0, 1)，而控制点 (1, 1) 被移动到坐标 (1, 0)。注意光标的坐标在 Input/Output 框中显示为红色的方式。仅修改了 RGB 映射；各个 R、G、B 映射分别保持为默认的 1:1 状态(见表 5.6 中的 Component 项)。对于单色输入，这可保证单色输出。图 5.16(b) 显示了由反映射得到的单色负片。注意，它与图 2.3(b) 完全相同，是使用函数 imcomplement 得到的。在图 5.16(a) 中的伪彩色条是图 5.15 中原始灰度条的"负片"。

多数示例中未显示默认(即 1:1)映射。

在彩色处理中，反映射或负映射函数也很有用。如图 5.17(a) 和图 5.17(b) 所示，映射的结果使人联想到普通彩色胶片的底片。例如，图 5.17(a) 底部粉笔的红色被变换为图 5.17(b) 中的青色，即红色的补色。原色的补色是其他两种原色的混和(如青色是蓝色加绿色的混合)。就像在灰度情形中那样，补色可用于增强暗区中的细节，尤其是当这些区域的大小占支配地位时。注意，图 5.16(a) 中的全彩色条包含图 5.15 中全彩色条的色调的补色。

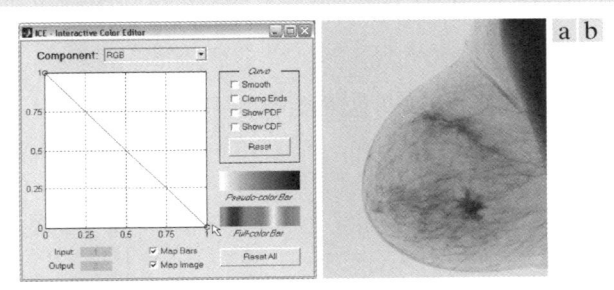

图 5.16(见彩图)　(a) 负映射函数；(b) 该函数对图 5.15 所示单色图像的效果

图 5.17(见彩图)　(a) 全彩色图像；(b) 该图像的负片(彩色补色)

例 5.6 单色和彩色对比度增强。

考虑对于单色和彩色对比度操作的函数 ice 的下一个应用。图 5.18(a) 到图 5.18(c) 展示了在单色图像处理中函数 ice 的效果。图 5.18(d) 到图 5.18(f) 显示了对彩色输入的类似效果。如前一个例子中那样，映射函数未保持在默认值或 1:1 状态下。在两种处理顺序中，选择了 Show PDF 复选框。这样，图 5.18(a) 中航空照片的直方图被显示在图 5.18(c) 中的伽马形映射函数之下(见 2.2.1 节)；图 5.18(f) 为图 5.18(c) 所示彩色图像提供了三个直方图，这三个直方图对应于三个彩色分量。虽然图 5.18(f) 中的 S 形映射函数增加了图 5.18(d) 中图像的对比度[与图 5.18(e) 相比]，但它对色度仍有一些影响。色彩的小变化在图 5.18(e) 中实际上是察觉不到的，但是映射的结果明显，如在图 5.18(f) 中映射的全彩参考条中看到的那样。回忆前面的例子可知，对一幅 RGB 图像的三个分量的等同变化，对色彩会有戏剧性的效果(见图 5.17 中的彩色补色映射)。

例 5.5 和例 5.6 中输入图像的红、绿和蓝分量施加了相同的映射，即使用了相同的变换函数。为避免说明三个相同的函数，函数 ice 提供了一个"全分量"函数(在 RGB 彩色空间内操作时，指 RGB 曲线)，用以映射所有的输入分量。本节中剩余的例子说明了分别处理三个分量的变换。

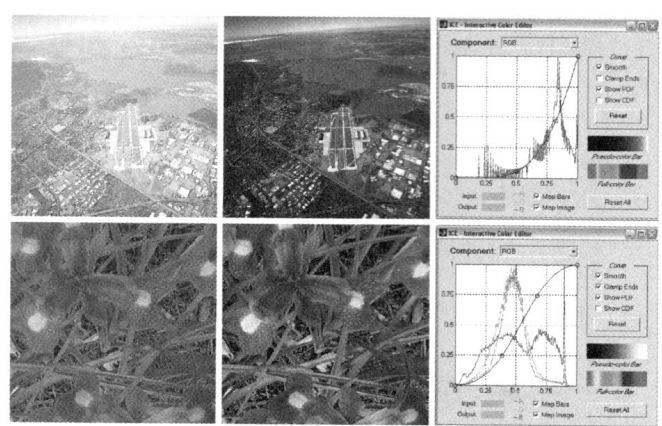

图 5.18（见彩图） 使用函数 ice 进行单色和全彩色对比度增强：(a)和(b)是输入图像，两者都有被冲淡的外观；(b)和(e)显示了处理后的结果；(c)和(f)是 ice 显示界面（本例中的原黑白图像由 NASA 提供）

例 5.7 伪彩色映射。

如前所述，在 RGB 彩色空间中表示一幅单色图像且对结果分量分别映射时，变换的结果是一幅伪彩色图像，其中输入图像的灰度级已被任意彩色代替。做这些变换是很有用的，因为人眼可以分辨上百万种颜色，但相对来说只能辨认不多的灰度级。这样，伪彩色映射常常用于产生较小的灰度级变化，以使人眼看得见，或者突出重要的灰度级区域。事实上，伪彩色的主要应用是人眼可视化，即通过灰度到彩色赋值来判断图像或图像系列中的灰度级事件。

图 5.19(a)是一幅包含有几个裂缝和小孔（通过图像中间的明亮白条纹）的焊接（水平黑色区域）的 X 光图像。伪彩色图像显示在图 5.19(b)中。它是使用图 5.19(c)和图 5.19(d)中的映射函数对输入进行 RGB 绿和蓝分量映射产生的。注意，伪彩色映射产生了令人惊异的视觉差异。GUI 伪彩色参考条带为合成映射提供了一个方便的视觉引导。如图 5.19(c)和图 5.19(d)所示，交互指定的映射函数把黑白灰度变换为蓝和红之间的色调，黄色为白色保留。当然，黄色也可对应于焊接裂缝和小孔，它们是该例中的重要特征。

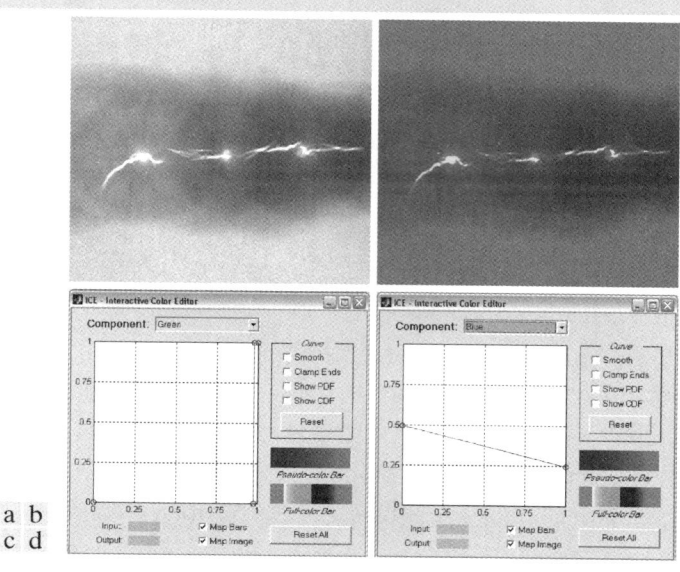

图 5.19（见彩图）　(a)一幅有缺陷焊接的 X 光图像；(b)焊接的伪彩色图像；(c)和(d)是绿和蓝分量的映射函数（原图像由 X-TEK Systems 有限公司提供）

第 5 章 彩色图像处理

例 5.8 彩色平衡。

图 5.20 显示了一个涉及全彩图像的应用，在该应用中，独立地映射一幅图像的彩色分量是很有利的。通常称为彩色平衡或彩色校正的这种映射主要支持高端彩色重现系统，但现在也可在多数桌面计算机上运行。一个重要应用是照片增强。尽管使用彩色分光计分析图像中的一种已知颜色可确定彩色不平衡，但当出现白色区域（其中的 RGB 或 CMY 分量应相等）时，精确的视觉估计是可能的。如图 5.20 中所示的那样，肤色对视觉估计来说是不错的样本，因为人可高度感知正确的肤色。

图 5.20(a) 显示了一幅母子的 CMY 扫描图像，其中有过量的深红色（记住，MATLAB 仅能显示该图像的 RGB）。为简单及与 MATLAB 兼容起见，函数 ice 同样仅接受 RGB（和单色）输入，但可在各种彩色空间中处理输入图像（见表 5.7）。例如，为交互地修改 RGB 图像 f1 的 CMY 分量，合适的 ice 调用是

```
>> f2 = ice('image', f1, 'space', 'CMY');
```

如图 5.20 所示，深红色的少量减少对图像颜色有明显影响。

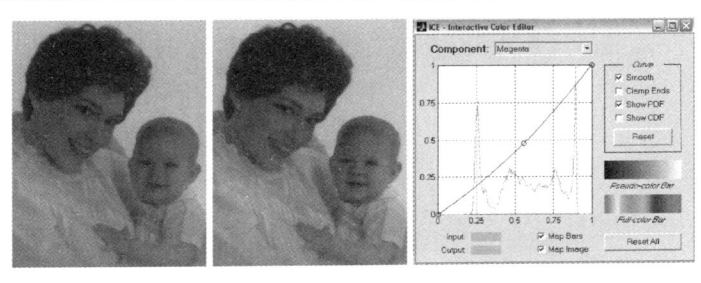

a b c

图 5.20（见彩图）　使用函数 ice 进行彩色平衡：(a) 深红色较重的图像；
(b) 校正后的图像；(c) 用于校正不平衡所用的映射函数

例 5.9 基于直方图的映射。

直方图均衡化是一种灰度级映射处理，它试图产生具有均匀灰度直方图的单色图像。如 2.3.2 节中讨论的那样，所需的映射函数是输入图像中灰度级的累积分布函数（CDF）。因为彩色图像有多个分量，因此必须修改灰度技术来处理多个分量及相关的直方图。可以预期，单独地对彩色图像的各个分量进行直方图均衡化是不明智的。结果通常是错误的颜色。一种更合理的方法是，均匀地扩展彩色亮度，保持彩色本身（如色调）不变。

图 5.21(a) 显示了调味瓶架的一幅彩色图像，架上放有调味瓶和混合器。图 5.21(b) 中的变换后图像要明显亮一些，该图像是用图 5.21(c) 和图 5.21(d) 中的变换产生的。现在，其上放有调味瓶的木桌的造型和纹理都能看得见。使用图 5.21(c) 中的函数映射了亮度分量，它大致接近该分量（也显示在图中）的 CDF。选择图 5.21(d) 中的色调映射函数旨在改进亮度均衡化结果的全部彩色感受。注意，输入图像的直方图及输出图像的色调、饱和度和亮度分量都分别显示在图 5.21(e) 和图 5.21(f) 中。色调分量看起来相同（期望如此），而亮度和饱和度分量已被更改。最后要注意的是，为在 HSI 彩色空间中处理一幅 RGB 图像，在对 ice 的调用中，包含了一对特性名称/值 'space'/'hsi'。

本节中的前述例子生成的输出图像是 RGB 型和 unit8 类的。对于单色结果，如例 5.5 所示，RGB 输出的所有三个分量是完全相同的。由表 5.3 中的函数 rgb2gray 或使用如下命令，可得到更为简洁的表示：

```
>> f3 = f2(:, :, 1);
```

其中，f2 是由 ice 生成的一幅 RGB 图像，f3 是一幅单色图像。

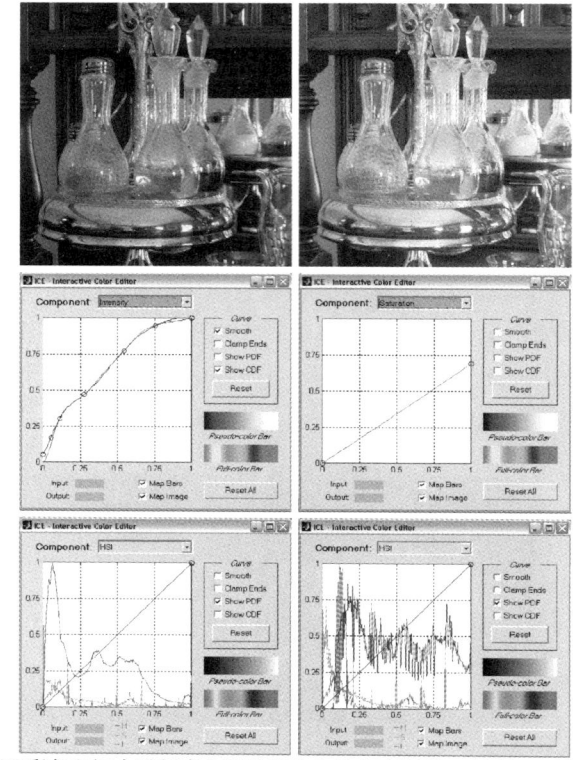

图 5.21（见彩图） 在 HSI 彩色空间中进行直方图均衡化和饱和度调整：(a)输入图像；(b)映射后的结果；(c)亮度分量映射函数和累积分布函数；(d)饱和度分量映射函数；(e)输入图像的分量直方图；(f)映射后的结果的分量直方图

5.5 彩色图像的空间滤波

5.4 节介绍了如何在单个彩色分量平面的单个图像像素上执行彩色变换。更复杂的处理涉及在单个图像平面上进行空间邻域处理。这一突破类似于 2.2 节中关于灰度变换的讨论，以及 2.4 节和 2.5 节关于空间滤波的讨论。我们将介绍彩色图像（主要是 RGB 图像）的空间滤波，但这些基本概念对其他彩色模型同样适用。下面用两个线性滤波的例子来说明彩色图像的空间处理：图像平滑和图像锐化。

5.5.1 彩色图像平滑

参考图 5.13(a)及 2.4 节和 2.5 节的讨论，平滑单色图像的一种方法是，首先定义一个系数为 1 的空间模板，然后用这个空间模板的系数去乘以所有像素的值，并将结果除以模板中元素的总数。使用空间模板平滑全彩色图像的处理如图 5.13(b)所示。

该处理（以 RGB 空间为例）的公式表述方法与灰度图像的相同，只是灰度图像处理的是单个像素值，而彩色图像处理的是 5.3 节中所示的向量值。令 S_{xy} 表示彩色图像中的一组坐标，这组坐标定义以 (x,y) 为中心的邻域。该邻域中 RGB 向量的平均值是

$$\overline{c}(x,y) = \frac{1}{K} \sum_{(s,t) \in S_{xy}} c(s,t)$$

式中，K 是邻域中像素的数量。它满足 5.3 节的讨论及向量加法性质：

$$\overline{c}(x,y) = \begin{bmatrix} \dfrac{1}{K}\sum\limits_{(s,t)\in S_{xy}} R(s,t) \\ \dfrac{1}{K}\sum\limits_{(s,t)\in S_{xy}} G(s,t) \\ \dfrac{1}{K}\sum\limits_{(s,t)\in S_{xy}} B(s,t) \end{bmatrix}$$

我们意识到该向量的每个分量将是如下操作的结果：使用上面提及的滤波器模板对每幅分量图像执行邻域平均[①]。因此，我们可得出这样的结论：使用邻域平均的平滑可以在每个图像平面的基础上执行。若邻域平均直接在彩色向量空间中执行，则结果也是相同的。

如在 2.5.1 节中讨论的那样，前段讨论的空间平滑滤波器类型是使用带有选项'average'的函数 fspecial 生成的。生成滤波器后，就可使用 2.4.1 节中介绍的函数 imfilter 来执行滤波。概念上，使用一个线性空间滤波器来平滑一幅 RGB 图像 fc 的步骤如下：

1. 提取三幅分量图像：

    ```
    >> fR = fc(:, :, 1);
    >> fG = fc(:, :, 2);
    >> fB = fc(:, :, 3);
    ```

2. 分别对每幅分量图像滤波。例如，令 w 表示使用 fspecial 生成的平滑滤波器，则我们平滑红色图像分量如下：

    ```
    >> fR_filtered = imfilter(fR, w, 'replicate');
    ```

    其他两幅分量图像的平滑方式与此类似。

3. 重建滤波后的 RGB 图像：

    ```
    >> fc_filtered = cat(3, fR_filtered, fG_filtered, fB_filtered);
    ```

然而，由于可在 MATLAB 中使用与处理单色图像时的相同语法来直接对 RGB 图像执行线性滤波，因此前面的三个步骤可合并为一个步骤：

```
>> fc_filtered = imfilter(fc, w, 'replicate');
```

例 5.10 彩色图像平滑。

图 5.22(a) 显示了一幅大小为 1197×1197 像素的 RGB 图像，图 5.22(b) 到图 5.22(d) 是其 RGB 分量图像，这些分量图像是使用前一段中描述的步骤提取的。由前述讨论的结果可知，平滑各幅分量图像并形成一幅合成彩色图像，与使用前段末尾处给出的命令来平滑原始 RGB 图像是相同的。图 5.24(a) 显示了使用大小为 25×25 像素的平均滤波器得到的结果。

下边研究仅对图 5.22(a) 中 HSI 版本的亮度分量进行平滑的效果。图 5.23(a) 到图 5.23(c) 显示了使用函数 rgb2hsi 得到的三幅 HSI 分量图像。

```
>> h = rgb2hsi(fc);
>> H = h(:, :, 1);
>> S = h(:, :, 2);
>> I = h(:, :, 3);
```

[①] 我们使用了一个系数为 1 的平均模板来简化说明。对于系数均不相等的平均模板（如一个高斯模板），执行如下操作后，可得到相同的结论：将彩色向量乘以模板的系数，将结果相加，然后令 K 等于模板系数的和。

接着，我们使用大小为 25×25 像素的同一滤波器来对亮度分量滤波。平均滤波器大到足以产生有意义的模糊度。选择这种大小滤波器的目的如下：说明在 RGB 空间中进行平滑，与仅使用已转换到 HIS 空间后的图像的亮度分量，所得到的结果间的不同。图 5.24(b) 是使用如下命令得到的：

```
>> w = fspecial('average', 25);
>> I_filtered = imfilter(I, w, 'replicate');
>> h = cat(3, H, S, I_filtered);
>> f = hsi2rgb(h); % Back to RGB for comparison.
>> imshow(f);
```

显然，两种滤波后的结果十分不同。例如，除图像的模糊不很明显外，注意图 5.24(b) 中花朵顶部模糊的绿色边框。原因是平滑处理后，色调和饱和度分量未变化，而亮度分量的值明显减小。一种合乎逻辑的情况是用相同的滤波器去平滑所有三个 HSI 分量，但这会改变色调和饱和度值之间的相对关系，进而产生无意义的结果，如图 5.24(c) 所示。特别要注意观察图像中围绕花朵的绿色边框变得有多亮。围绕中心黄色区域的边框的效果也十分明显。

一般来说，当模板的尺寸减小时，对 RGB 分量图像进行滤波和对 HSI 图像的亮度分量进行滤波，所得结果的差别也减小了。

> 因为 HSI 图像的所有分量同时被滤波，图 5.24(c)是使用对 imfilter 的单次调用生成的：hFilt = imfilter(h, w, 'replicate')；图像 hFilt 然后被转换到 RGB 空间并显示。

a b c d

图 5.22（见彩图）　（a）RGB 图像；（b）到（d）分别为红、绿和蓝分量图像

a b c

图 5.23　从左到右：图 5.22(a) 的色调、饱和度和亮度分量

a b c

图 5.24（见彩图）　（a）分别平滑 R、G 和 B 图像平面所得到的平滑后的 RGB 图像；（b）仅对 HSI 图像的亮度分量进行平滑的结果；（c）平滑所有三个 HIS 分量的结果

5.5.2　彩色图像锐化

使用线性空间滤波器锐化 RGB 图像的步骤与前节给出的步骤相同，只是使用一个锐化滤波器。本节考虑使用拉普拉斯算子（见 2.5.1 节）来锐化图像。由向量分析可知，一个向量的拉普拉斯算子定义

为一个向量，该向量的分量等于输入向量的各个标量分量的拉普拉斯算子。在 RGB 彩色系统中，5.3 节中引入的向量 c 的拉普拉斯算子是

$$\nabla^2\left[c(x,y)\right] = \begin{bmatrix} \nabla^2 R(x,y) \\ \nabla^2 G(x,y) \\ \nabla^2 B(x,y) \end{bmatrix}$$

如前一节介绍的那样，该公式告诉我们，可以通过分别计算每幅分量图像的拉普拉斯算子来计算全彩图像的拉普拉斯算子。

例 5.11 彩色图像锐化。

图 5.25(a)显示了图 5.22(a)中图像的模糊版本 fb，它是使用一个 5×5 均值滤波器得到的。为锐化这幅图像，我们使用拉普拉斯滤波器模板(见 2.5.1 节)：

```
>> lapmask = [1 1 1; 1 -8 1; 1 1 1];
```

然后，用如下命令计算并显示增强后的图像：

```
>> fb = tofloat(fb);
>> fen = fb - imfilter(fb, lapmask, 'replicate');
>> imshow(fen)
```

就像在前一节中那样，注意，这里直接使用 imfilter 对 RGB 图像进行滤波。图 5.25(b)显示了结果。注意，水滴、叶脉、花朵的黄心以及前景中的绿色植物等特征的清晰度得到了明显增强。

图 5.25(见彩图)　(a)模糊图像；(b)使用拉普拉斯算子增强后的图像

5.6　直接在 RGB 向量空间的处理

如 5.3 节中提及的那样，存在这样一些情况，即基于各个彩色平面的处理不等于直接在 RGB 向量空间的处理。本节通过考虑彩色图像处理中的两个重要应用来说明向量处理：彩色边缘检测和区域分割。

5.6.1　使用梯度进行彩色边缘检测

二维函数 $f(x,y)$ 的梯度定义为向量

$$\nabla f = \begin{bmatrix} g_x \\ g_y \end{bmatrix} = \begin{bmatrix} \dfrac{\partial f}{\partial x} \\ \dfrac{\partial f}{\partial y} \end{bmatrix}$$

该向量的幅度是

$$\nabla f = \mathrm{mag}(\nabla f) = \left[g_x^2 + g_y^2\right]^{1/2} = \left[\left(\partial f/\partial x\right)^2 + \left(\partial f/\partial y\right)^2\right]^{1/2}$$

通常，该量由如下的绝对值来近似：

$$\nabla f \approx |g_x| + |g_y|$$

这个近似值避免了平方和开方计算，但仍然具有可导性（即它在恒定灰度区域为零，且幅度与像素值可变区域中的灰度变化程度成正比）。实践中，通常将梯度的幅值简称为"梯度"。

梯度向量的一个基本特性是，它指出了 f 在坐标 (x, y) 处的最大变化率的方向。发生最大变化率时的角度是

$$\alpha(x, y) = \arctan[g_x / g_y]$$

> 因为 g_x 和 g_y 可分别为正和/或负，因此必须使用一个四象限反正切函数来计算正切值。MATLAB 中实现此功能的函数是 atan2。

通常使用图像中较小邻域上的灰度值的差来近似该导数。图 5.26(a) 显示了一个 3×3 大小的邻域，其中 z 代表亮度值。该区域中心处 x（垂直）方向的偏导数的近似由下面的差分给出：

$$g_x = (z_7 + 2z_8 + z_9) - (z_1 + 2z_2 + z_3)$$

类似地，y 方向的偏导数由下面的差分近似：

$$g_y = (z_3 + 2z_6 + z_9) - (z_1 + 2z_4 + z_7)$$

在一幅图像中，分别采用图 5.26(b) 和图 5.26(c) 所示的两个模板，（使用函数 imfilter）对图像滤波，可计算出所有点处的这两个量。然后，通过求两幅滤波后图像的绝对值的和，可得到相应梯度图像的近似。刚刚讨论的模板是在表 2.5 提到的 Sobel 模板，因此可使用函数 fspecial 生成。

z_1	z_2	z_3
z_4	z_5	z_6
z_7	z_8	z_9

-1	-2	-1
0	0	0
1	2	1

-1	0	1
-2	0	2
-1	0	1

a b c

图 5.26 (a) 一个小邻域；(b) 和 (c) 分别用于计算邻域中心点处的 x（垂直）方向和 y（水平）方向的梯度的 Sobel 模板

刚刚讨论的梯度计算方法，是在灰度图像中进行边缘检测时最常用的方法之一，第 7 章中将对此进行详细讨论。此刻，我们的兴趣是在 RGB 彩色空间中计算梯度。然而，刚刚推导的方法适用于二维空间，但不能扩展到高维空间。将其应用到 RGB 图像的唯一方法是，计算每幅分量彩色图像的梯度，然后将结果合并。遗憾的是，如本节稍后说明的那样，这与直接在 RGB 向量空间中计算边缘是不同的。

然后，问题是定义 5.3 节中给出的向量 c 的梯度（幅度和方向）。下面是各种方法之一，其中梯度的概念可扩展到向量函数。

令 r、g 和 b 是 RGB 彩色空间中沿 R、G 和 B 轴的单位向量（见图 5.2），并且定义向量

$$u = \frac{\partial R}{\partial x} r + \frac{\partial G}{\partial x} g + \frac{\partial B}{\partial x} b$$

和

$$v = \frac{\partial R}{\partial y} r + \frac{\partial G}{\partial y} g + \frac{\partial B}{\partial y} b$$

根据这些向量的点（内）积，可定义 g_{xx}、g_{yy} 和 g_{xy} 如下：

$$g_{xx} = \boldsymbol{u} \cdot \boldsymbol{u} = \boldsymbol{u}^{\mathrm{T}} \boldsymbol{u} = \left|\frac{\partial R}{\partial x}\right|^2 + \left|\frac{\partial G}{\partial x}\right|^2 + \left|\frac{\partial B}{\partial x}\right|^2$$

$$g_{yy} = \boldsymbol{v} \cdot \boldsymbol{v} = \boldsymbol{v}^{\mathrm{T}} \boldsymbol{v} = \left|\frac{\partial R}{\partial y}\right|^2 + \left|\frac{\partial G}{\partial y}\right|^2 + \left|\frac{\partial B}{\partial y}\right|^2$$

和

$$g_{xy} = \boldsymbol{u} \cdot \boldsymbol{v} = \boldsymbol{u}^{\mathrm{T}} \boldsymbol{v} = \frac{\partial R}{\partial x}\frac{\partial R}{\partial y} + \frac{\partial G}{\partial x}\frac{\partial G}{\partial y} + \frac{\partial B}{\partial x}\frac{\partial B}{\partial y}$$

记住，R、G、B 及各 g 项是 x 和 y 的函数。使用这种表示，可以证明(Di Zenzo [1986]) $c(x, y)$ 的最大变化率的方向是 (x, y) 的函数，它由如下角度给出：

$$\theta(x, y) = \frac{1}{2}\arctan\left[\frac{2g_{xy}}{g_{xx} - g_{yy}}\right]$$

并且在这些方向上的变化率的值（即梯度的幅度）由 $\theta(x, y)$ 的元素给出：

$$F_\theta(x, y) = \left\{\frac{1}{2}\left[(g_{xx} + g_{yy}) + (g_{xx} - g_{yy})\cos 2\theta(x, y) + 2g_{xy}\sin 2\theta(x, y)\right]\right\}^{1/2}$$

数组 $\theta(x, y)$ 和 $F_\theta(x, y)$ 是与输入图像尺寸相同的图像。$\theta(x, y)$ 的元素是梯度计算点处的角度，$F_\theta(x, y)$ 是梯度图像。

因为 $\tan(\alpha) = \tan(\alpha \pm \pi)$，若 θ_0 是前述反正切方程的解，则 $\theta_0 \pm \pi/2$ 也是反正切方程的解。此外，$F_\theta(x,y) = F_{\theta+\pi}(x,y)$，所以 F 仅需在半开区间 $[0, \pi)$ 上计算 θ 的值。反正切方程提供了两个相隔 90°的值这一事实，意味着该方程与每个点 (x, y) 的一对正交方向相关。沿这些方向之一 F 是最大的，而沿另一个方向 F 是最小的。最终结果是通过选择每个点上的最大值产生的。这些结果的推导很冗长，对于当前讨论在此处详细推导它并没有意义。我们可在 Di Zenzo[1986]的论文中找到细节。例如，实现前述公式所需的偏微分可用本节前面讨论的 Sobel 算子来计算。

下面的函数实现 RGB 图像的彩色梯度（代码见附录 C）：

                [VG, A, PPG] = colorgrad(f, T)

其中，f 是一幅 RGB 图像，T 是区间[0, 1]内的一个可选阈值（默认为 0）；VG 是 RGB 向量梯度 $F_\theta(x,y)$；A 是以弧度为单位的角度图像 $\theta(x,y)$；PPG 是通过对各个彩色平面的二维梯度图像求和形成的梯度图像。前述方程所需的全部微分是在函数 clorgrad 中使用 Sobel 算子实现的。输出 VG 和 PPG 被归一化到区间[0, 1]，且它们经过了阈值处理，以便值小于等于 T 时 VG(x, y) = 0，否则 VG(x, y) = VG(x, y)。类似的解释适用于 PPG。

例 5.12 使用函数 colorgrad 检测 RGB 图像的边缘。

图 5.27(a)到图 5.27(c)显示了三幅黑白图像，将它们用做 RGB 平面时，产生了图 5.27(d)中的彩色图像。本例的目的是：(1)说明函数 colorgrad 的用法；(2)证明通过合并各个彩色平面的梯度来计算相应彩色图像的梯度，完全不同于使用刚才说明的方法直接在 RGB 向量空间中计算梯度。

令 f 表示图 5.27(d)中的 RGB 图像。命令

    >> [VG, A, PPG] = colorgrad(f);

生成图 5.27(e)和图 5.27(f)中的图像 VG 和 PPG。这两个结果间的明显差别是，图 5.27(f)中的水平边缘要比图 5.27(e)中的对应边缘更弱。原因很简单：红色和绿色平面的梯度 [见图 5.27(a)和图 5.27(b)] 产生两

个垂直边缘,而蓝色平面的梯度产生单个水平边缘。将这三个梯度相加来形成 PPG 时,产生了一个垂直边缘,其亮度为水平边缘亮度的 2 倍。

另一方面,在向量空间中直接计算彩色图像的梯度[见图 5.27(e)]时,垂直和水平边缘的比值是 $\sqrt{2}$ 而不是 2。原因也很简单:参考图 5.2(a)所示彩色立方体和图 5.27(d)中的图像,可以看到,彩色图像中的垂直边缘位于蓝白方块和黑黄方块之间。在彩色立方体中这些颜色间的距离是 $\sqrt{2}$,但黑蓝和黄白(水平边缘)之间的距离仅是 1。这样,垂直和水平边缘的比值就是 $\sqrt{2}$。若边缘精度是一个问题,尤其是在使用了一个阈值时,则这两种方法间的差别会很明显。例如,若使用阈值 0.6,则图 5.27(f)中的水平线会消失。

当我们的兴趣是边缘检测而非精度时,一般来说刚才讨论的两种方法会产生差不多的结果。例如,图 5.28(b)和图 5.28(c)类似于图 5.27(e)和图 5.27(f)。它们是通过对图 5.28(a)使用函数 colorgrad 得到的。图 5.28(d)是两幅图像的梯度差,注意梯度差已标定到区间[0, 1]内。两幅图像的绝对最大差是 0.2,它在我们熟悉的 8 位区间[0, 255]上,相当于将其翻译为 51 个灰度级。然而,这两幅梯度图像在外观上却十分接近,图 5.28(b)在某些位置更亮一些(原因类似于前段中的解释)。这样,对于这种类型的分析,计算各个分量的梯度的简单方法通常是可以接受的。在边缘精度很重要的其他情形下,则需要使用向量方法。

图 5.27(见彩图)　(a)~(c)RGB 分量图像;(d)相应的彩色图像;(e)在 RGB 向量空间中直接计算的梯度;(f)分别计算每幅 RGB 分量图像的二维梯度并将结果相加得到的合成梯度

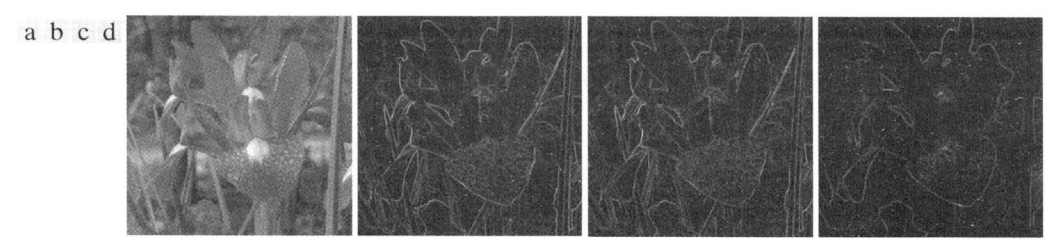

图 5.28(见彩图)　(a)RGB 图像;(b)在 RGB 向量空间中计算的梯度;(c)在图 5.27(f)中计算的梯度;(d)图(b)和图(c)间的绝对差,该绝对差已标定到区间[0, 1]

5.6.2　在 RGB 向量空间中进行图像分割

分割是将一幅图像分成多个区域的处理。虽然分割是第 7 章的主题,但出于连续性考虑,这里将简要概述彩色区域分割。下面的讨论对读者而言不会有困难。

使用 RGB 彩色向量进行彩色区域分割非常简单。假设我们的目的是在 RGB 图像中分割某个指定颜色范围的物体。给出一组代表所感兴趣颜色(或某个范围内的颜色)的彩色样本点后，可得到希望分割"平均"颜色的估计。用 RGB 向量 $\boldsymbol{m}$ 表示这个平均颜色。分割的目的是，根据其颜色是否在给定范围之内，对给定图像中的每个 RGB 像素进行分类。为执行这一比较，需要有一个相似性测度。最简单的测度之一是欧氏距离。令 $\boldsymbol{z}$ 表示三维 RGB 空间中的一个任意点。若两个点之间的距离小于指定的阈值 T，则我们说 $\boldsymbol{z}$ 相似于 $\boldsymbol{m}$。$\boldsymbol{z}$ 和 $\boldsymbol{m}$ 之间的欧氏距离由下式给出：

$$D(\boldsymbol{z},\boldsymbol{m}) = \|\boldsymbol{z}-\boldsymbol{m}\| = \left[(\boldsymbol{z}-\boldsymbol{m})^{\mathrm{T}}(\boldsymbol{z}-\boldsymbol{m})\right]^{1/2} = \left[(z_R-m_R)^2 + (z_G-m_G)^2 + (z_B-m_B)^2\right]^{1/2}$$

式中，$\|\cdot\|$ 是参量的范数，下标 R、G 和 B 表示向量 $\boldsymbol{m}$ 和 $\boldsymbol{z}$ 的 RGB 分量。满足 $D(\boldsymbol{z},\boldsymbol{m}) \leq T$ 的点的轨迹是一个半径为 T 的实心球，如图 5.29(a)所示。由定义可知，球体内部或表面上的点满足指定的颜色规则，而球体外部的点则不满足。假设将图像中的这两组点编码为黑和白，则会产生一幅分割后的二值图像。

> 这里使用上标 T 表示向量或矩阵的转置，而通常 T 表示一个阈值。我们可根据上下文的要求来使用该符号，以避免混淆。

前述方程的一个有用推广是如下形式的距离测度：

$$D(\boldsymbol{z},\boldsymbol{m}) = \left[(\boldsymbol{z}-\boldsymbol{m})^{\mathrm{T}}\boldsymbol{C}^{-1}(\boldsymbol{z}-\boldsymbol{m})\right]^{1/2}$$

式中，$\boldsymbol{C}$ 是待分割颜色的代表性样本的协方差矩阵。该距离通常称为马氏距离。满足 $D(\boldsymbol{z},\boldsymbol{m}) \leq T$ 的点的轨迹描述了一个三维实心椭球体[见图 5.29(b)]，该球体的重要特性是，其主轴方向与最大数据扩展的方向一致。当 $\boldsymbol{C}=\boldsymbol{I}$ 即为单位矩阵时，马氏距离就简化为欧氏距离。分割结果与前段中描述的一样，只是数据现在被一个椭球而非圆球包围。

> 一组向量样本的协方差矩阵与平均向量的计算，请参阅 8.5 节。马氏距离由函数 mahalanobis 计算，该函数的代码清单见附录 C。

a b

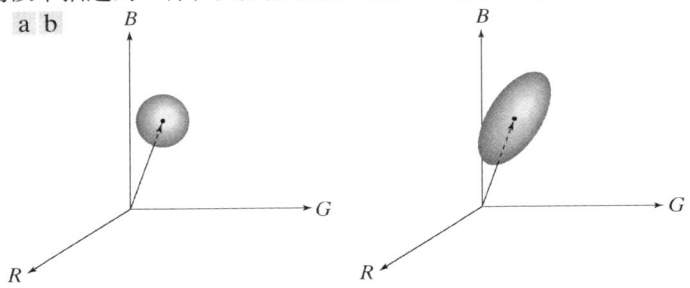

图 5.29 对于分割目的在 RGB 向量空间中封装数据的两种方法

按刚才描述的方法进行分割，是由自定义函数 colorseg(代码见附录 C)实现的，该函数的语法为

```
S = colorseg(method, f, T, parameters)
```

colorseg

其中，method 不是'euclidean'就是'mahalanobis'，f 是待分割的 RGB 彩色图像，T 是前面描述的阈值。选择'euclidean'时，输入参数是 m；选择'mahalanobis'时，输入参数是 m 和 C。参数 m 是均值 $\boldsymbol{m}$，参数 C 是协方差矩阵 $\boldsymbol{C}$。输出 S 是二值图像(大小同原图像)，图像中不能通过阈值测试的点处为 0，而通过阈值测试的点处为 1。1 表示基于彩色内容从 f 中分割出的区域。

例 5.13 RGB 彩色图像分割。

图 5.30(a)显示了木卫一表面上某个区域的伪彩色图像。在该图像中，淡红色表示火山最近爆发时喷出的熔岩，黄色熔岩周围则是较老的硫磺沉淀物。为进行比较，本例使用函数 colorseg 中的两个选项来分割淡红色区域。

首先，我们得到表示待分割彩色区域的样本。得到这样一个感兴趣区域(ROI)的一种简单方法是，使用 4.2.4 节中描述的函数 roipoly，该函数生成交互选择的区域的一个二值模板。这样，令 f 表示图 5.30(a) 中的彩色图像，则图 5.30(b) 中的区域可使用如下命令得到：

```
>> mask = roipoly(f); % Select region interactively.
>> red = immultiply(mask, f(:, :, 1));
>> green = immultiply(mask, f(:, :, 2));
>> blue = immultiply(mask, f(:, :, 3));
>> g = cat(3, red, green, blue);
>> figure, imshow(g);
```

其中，mask 是使用 roipoly 产生的一幅二值图像（其大小和 f 相同）。

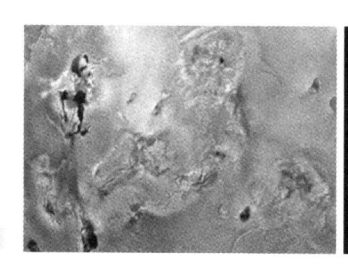

a b

图 5.30（见彩图） (a) 木卫一表面区域的伪彩色图像；(b) 使用函数 roipoly 交互提取的感兴趣区域（原图像由 NASA 提供）

接着，我们计算 ROI 中的点的平均向量和协方差矩阵，但首先需要提取该 ROI 区域中的点的坐标：

```
>> [M, N, K] = size(g);
>> I = reshape(g, M * N, 3);
>> idx = find(mask);
>> I = double(I(idx, 1:3));
>> [C, m] = covmatrix(I);
```

关于函数 covmatrix，请参阅 8.5 节。

第二条语句将 g 中的彩色像素重新排列为 I 的行，而第三条语句则找出非黑彩色像素的行索引。它们不是图 5.30(b) 中模板图像的背景像素。

最后的初步计算是求出一个 T 值。首先让 T 变为一个彩色分量的标准差的倍数。C 的主对角线上包含 RGB 分量的方差，所以我们要做的就是提取这些元素并计算它们的平方根：

```
>> d = diag(C);
>> sd = sqrt(d)'
    22.0643    24.2442    16.1806
```

diag

d = diag(C) 以向量 d 返回矩阵 C 的主对角线元素。

sd 的第一个元素是 ROI 中彩色像素的红色分量的标准差，第二个和第三个元素是其他两个分量的标准差。

现在使用等于 T 的 25 倍的值作为阈值来继续分割图像，这种阈值是最大标准差的近似：$T = 25, 50, 75, 100$。使用 'euclidean' 选项且 $T = 25$ 时，有

```
>> E25 = colorseg('euclidean', f, 25, m);
```

图 5.31(a) 显示了结果，图 5.31(b) 到图 5.31(d) 显示了 $T = 50, 75, 100$ 时的分割结果。类似地，图 5.32(a) 到图 5.32(d) 显示了使用同一阈值系列及 'mahalanobis' 选项得到的结果。

有意义的结果〔取决于图 5.30(a) 中我们认为是红色的内容〕是使用 $T = 25, 50$ 及 'euclidean' 选项得到的，$T = 75$ 和 100 时产生了明显的过分割。另一方面，使用相同 T 值和 'mahalanobis' 选项得到的结果，明显要更精确，如图 5.32 所示。原因是在这种情形下使用椭球时，与使用圆球相比，ROI 中的三维彩色数据扩展匹配得更好。注意，在这两种增大 T 的方法中，允许包含在分割区域中的红色要更淡一些，这正是我们所期望的。

a b c d

图 5.31 (a) ~ (d) T 分别为 25、50、75 和 100 时，在函数 colorseg 中使用 'euclidean' 选项对图 5.30(a) 分割的结果

a b c d

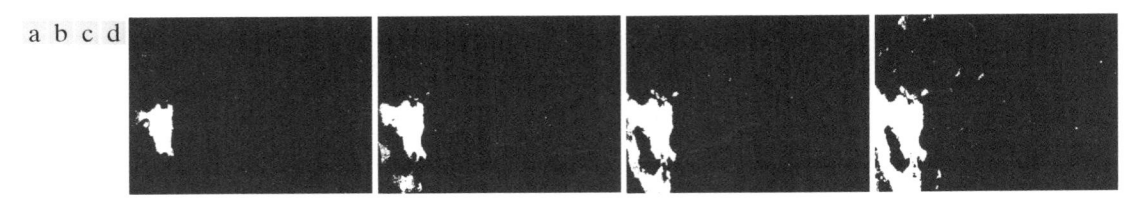

图 5.32 (a) ~ (d) T 分别为 25、50、75 和 100 时，在函数 colorseg 中使用 'mahalanobis' 选项对图 5.30(a) 分割的结果。请与图 5.31 进行比较

小结

本章简要讨论了图像处理中彩色应用的基本主题，以及使用 MATLAB、图像处理工具箱和前面几节中开发的几个自定义函数来实现这些概念的方法。彩色模型这一领域相当宽广，所以全书都关注这个主题。这里所选的模型只是在图像处理中有用的模型，因为它们为此领域的进一步研究奠定了良好的基础。

对各个彩色平面进行伪彩色和全彩色处理的内容，与前几章中为单色图像开发的图像处理技术是紧密联系的。关于彩色向量空间的内容则与前几章中讨论的方法完全不同，强调了灰度和全彩色图像处理间的一些重要区别。前几节中讨论的彩色向量处理技术，是有代表性的基于向量的处理技术，包括中值和其他排序滤波器、自适应和形态滤波器、图像复原、图像压缩和许多的其他技术。

第6章 图像压缩

本章概述

图像压缩解决的是减少描述数字图像所需数据量的问题。压缩是通过去除一个或三个基本的数据冗余来实现的：(1) 编码冗余，当所用的码字少于最佳编码长度(即最小长度)时出现编码冗余；(2) 空间或/和时间冗余，即图像像素间或图像序列中相邻图像的像素间的相关造成的冗余；(3) 不相关信息，即被人类视觉系统忽略的数据导致的冗余(即视觉上不重要的信息)。本章将研究所有这些冗余，讨论几种去除冗余的技术，并介绍两个重要的压缩标准——JPEG 和 JPEG 2000。这两个标准通过结合去除三种数据冗余的技术，统一了本章最初介绍的概念。

由于图像处理工具箱不包含图像压缩函数，因此本章的一个主要目标就是在 MATLAB 背景下提供开发压缩技术的实用方法。例如，我们将开发一个 MATLAB 可调用的 C 函数，该函数将说明如何在比特级执行可变长度的数据描述。这是很重要的，因为变长编码是图像压缩的重要基础，但 MATLAB 最适合于处理均匀(即固定长度)的数据矩阵。在开发函数的过程中，我们假定读者具有运用 C 语言的能力，并将讨论重点放在如何使 MATLAB 与 MATLAB 外部环境程序(C 和 FORTRAN 语言)的交互上。当需要将 M 函数与已有的 C 或 FORTRAN 程序进行接口，以及当向量化的 M 函数需要加速时(如 for 循环不能充分地向量化时)，这是一个重要的技能。最后，本章开发的一些压缩函数与 MATLAB 处理 C 和 FORTRAN 程序的能力一起，就如同传统的 M 文件或嵌入函数那样，说明了 MATLAB 可以是一种对图像压缩系统和算法原型化的有效工具。

6.1 背景

如图 6.1 所示，图像压缩系统是由两个截然不同的结构框图组成的：一个编码器和一个解码器。图像 $f(x,y)$ 被送入编码器，编辑器根据输入数据创建一组符号，并用这组符号来描述图像。若令 n_1 和 n_2 分别表示原图像和已编码图像中信息携带单元的数量(通常是比特)，则可实现的压缩可通过压缩比来量化：

$$C_r = \frac{n_1}{n_2}$$

> 在视频压缩系统中，$f(x,y)$ 会被 $f(x,y,t)$ 替代，各图像帧会陆续输入图 6.1 所示的框图。

像 10(或 10:1)这样的压缩比，表明压缩后的数据集中的每个单元，对应于原图像中的 10 个信息携带单元(如比特)。在 MATLAB 中，用于表示两幅图像文件和/或变量的比特数的比率，可使用如下 M 函数计算：

```
function cr = imratio(f1, f2)
%IMRATIO Computes the ratio of the bytes in two images/variables.
%   CR = IMRATIO(F1, F2) returns the ratio of the number of bytes in
%   variables/files F1 and F2. If F1 and F2 are an original and
%   compressed image, respectively, CR is the compression ratio.
```

imratio

```
error(nargchk(2, 2, nargin));      % Check input arguments
cr = bytes(f1) / bytes(f2);        % Compute the ratio

%-----------------------------------------------------------------%
function b = bytes(f)
% Return the number of bytes in input f. If f is a string, assume
% that it is an image filename; if not, it is an image variable.

if ischar(f)
    info = dir(f);         b = info.bytes;
elseif isstruct(f)
    % MATLAB's whos function reports an extra 124 bytes of memory
    % per structure field because of the way MATLAB stores
    % structures in memory.  Don't count this extra memory; instead,
    % add up the memory associated with each field.
    b = 0;
    fields = fieldnames(f);
    for k = 1:length(fields)
       elements = f.(fields{k});
       for m = 1:length(elements)
           b = b + bytes(elements(m));
       end
    end
else
    info = whos('f');      b = info.bytes;
end
```

> whos
>
> 该函数返回关于数组的信息。详细信息请输入>>help whos。

例如，JPEG 编码图像 bubbles25.jpg 的压缩比可通过以下命令计算：

```
>> r = imratio(imread('bubbles25.jpg'), 'bubbles25.jpg')
r =
    35.1612
```

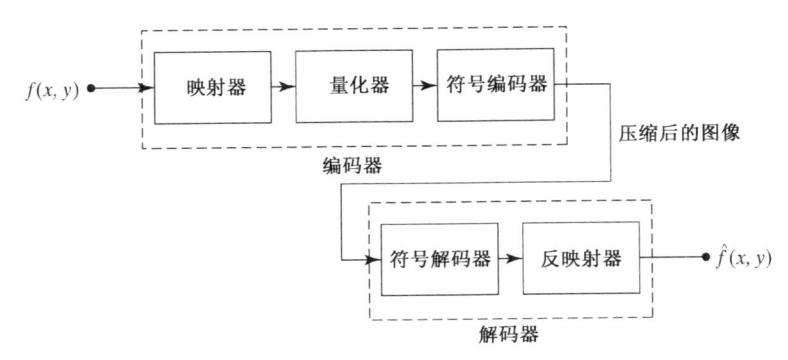

图 6.1　一个通用的图像压缩系统框图

注意，在函数 imratio 中，内部函数 b = bytes(f)设计用于返回(1)一个文件、(2)一个结构变量和/或(3)一个非结构变量中的字节数。若 f 是一个非结构变量，则函数 whos 用于得到以字节为单位的大小。若 f 是一个文件名，则函数 dir 执行一个类似的服务程序。在所用的语法中，dir 返回一个带有字段 name、date、bytes 和 isdir 的结构(关于结构的更多信息，详见 1.7.8 节)。它们分别包含了文件名、修改日期、字节大小及它是否为目录(isdir 为 1 为目录，否则不为目录)。最后，若 f 是一个结构，则 bytes 将递归调用自身来对分配给每个结构字段的字节数求和。这样就去除了与结构变量自身相关联的开销(每个字段 124 字节)，仅返回字段中数据所需的字节数。函数 fieldnames 用于检索 f 中的字段列表，而语句

```
for k = 1:length(fields)
    b = b + bytes(f.(fields{k}));
```

则执行递归调用。注意，在对 bytes 的递归调用中，使用了动态结构字段名。若 S 是一个结构，F 是包含字段名的一个字符串变量，则语句

```
S.(F) = foo;
field = S.(F);
```

采用动态结构字段名语法分别设置和/或得到结构域 F 的内容。

要查看和/或使用一幅压缩后（即编码后）的图像，必须把该图像送入解码器（见图 6.1），解码器生成一幅重建输出图像 $\hat{f}(x,y)$。通常，$\hat{f}(x,y)$ 可能是也可能不是 $f(x,y)$ 的精确表示。若是，则该系统称为无误差的、信息保持的或无损的；若不是，则在重建图像中会有某种程度的失真。在后一种情况下（被称为有损压缩），我们可以对 x 和 y 的任意值在 $f(x,y)$ 和 $\hat{f}(x,y)$ 之间定义误差 $e(x,y)$，即

$$e(x,y) = \hat{f}(x,y) - f(x,y)$$

所以两幅图像间的总误差为

> 在视频压缩系统中，这些公式用于计算单个图像帧的误差。

$$\sum_{x=0}^{M-1}\sum_{y=0}^{N-1}\left[\hat{f}(x,y) - f(x,y)\right]$$

而 $f(x,y)$ 和 $\hat{f}(x,y)$ 之间的 rms（均方根）误差 e_{rms} 是 $M \times N$ 数组上均方差平均值的平方根，或

$$e_{\text{rms}} = \left[\frac{1}{MN}\sum_{x=0}^{M-1}\sum_{y=0}^{N-1}\left[\hat{f}(x,y) - f(x,y)\right]^2\right]^{1/2}$$

下面的 M 函数可计算 e_{rms} 并（在 $e_{\text{rms}} \neq 0$ 时）显示 $e(x,y)$ 及其直方图。因为 $e(x,y)$ 可以包含正值和负值，因此使用 hist 而非 imhist（该函数仅处理图像数据）来生成该直方图。

```
function rmse = compare(f1, f2, scale)
%COMPARE Computes and displays the error between two matrices.
%   RMSE = COMPARE(F1, F2, SCALE) returns the root-mean-square error
%   between inputs F1 and F2, displays a histogram of the difference,
%   and displays a scaled difference image. When SCALE is omitted, a
%   scale factor of 1 is used.

% Check input arguments and set defaults.
error(nargchk(2, 3, nargin));
if nargin < 3
   scale = 1;
end

% Compute the root-mean-square error.
e = double(f1) - double(f2);
[m, n] = size(e);
rmse = sqrt(sum(e(:) .^ 2) / (m * n));

% Output error image & histogram if an error (i.e., rmse ~= 0).
if rmse
   % Form error histogram.
   emax = max(abs(e(:)));
   [h, x] = hist(e(:), emax);
   if length(h) >= 1
      figure; bar(x, h, 'k');
      
      % Scale the error image symmetrically and display
      emax = emax / scale;
      e = mat2gray(e, [-emax, emax]);
      figure; imshow(e);
   end
end
```

最后，我们注意到，图 6.1 中的编码器负责减少输入图像的编码冗余、像素间冗余及心理视觉冗余。在编码处理的第一阶段，映射器将输入图像变换为一种(通常不可见的)格式，以减少像素间冗余。在第二阶段，量化器根据预定义的保真度准则，降低映射器输出的精度——试图仅去除心里视觉冗余数据。这一操作是不可逆的，当希望无误差压缩时，就必须忽略这一步。在处理的第三阶段即最后阶段，符号编码器根据所用的码字对量化器输出和映射输出创建码字(减少代码冗余)。

图 6.1 中的解码器仅包含两部分：一个符号解码器和一个反映射器。这些方框以相反的顺序，执行编码器的符号编码器和映射器方框的逆操作。由于量化是不可逆的，因此未包含反量化方框。

6.2 编码冗余

令具有概率 $p_r(r_k)$ 的离散随机变量 $r_k, k=1,2,\cdots,L$ 表示一个 L 级灰度图像的灰度级。如在第 2 章中那样，r_1 对应于灰度级 0(因为 MATLAB 数组索引不能为零)且

$$p_r(r_k) = \frac{n_k}{n}, \quad k=1,2,\cdots,L$$

式中，n_k 是图像中出现第 k 级灰度的次数，n 是图像中的像素总数。若用于表示每个 r_k 值的比特数是 $l(r_k)$，则表示每个像素所需的平均比特数是

$$L_{\text{avg}} = \sum_{k=1}^{L} l(r_k) p_r(r_k)$$

也就是说，赋给各个灰度级的码字的平均长度，是通过对用于表示每个灰度级的比特数和该灰度级出现的概率的乘积求和得到的。这样，编码一幅 $M \times N$ 图像所需的总比特数就是 MNL_{avg}。

表 6.1 编码冗余的说明：编码 1 中 $L_{\text{avg}} = 2$，编码 2 中 $L_{\text{avg}} = 1.81$

r_k	$p_r(r_k)$	编码 1	$l_1(r_k)$	编码 2	$l_2(r_k)$
r_1	0.1875	00	2	011	3
r_2	0.5000	01	2	1	1
r_3	0.1250	10	2	010	3
r_4	0.1875	11	2	00	2

当用 m 比特自然二进制码表示一幅图像的灰度级时，前一公式的右侧会减少到 m 比特。也就是说，当 $l(r_k)$ 被 m 替代时，$L_{\text{avg}} = m$。因而，常数 m 可能取总和之外的数，仅留下 $p_r(r_k), 1 \leq k \leq L$ 的和，当然，它必然等于 1。如表 6.1 所示，当图像的灰度级使用自然二进制码时，代码冗余几乎总是存在的。在该表中，给出了一幅 4 灰度级图像的定长编码和变长编码，该图像的灰度级分布见第 2 列。第 3 列中的 2 比特二进制编码(编码 1)的平均长度为 2。编码 2(第 5 列)所需的平均比特数为

$$L_{\text{avg}} = \sum_{k=1}^{4} l_2(k) p_r(r_k) = 3 \times 0.1875 + 1 \times 0.5 + 3 \times 0.125 + 2 \times 0.1875 = 1.8125$$

且产生的压缩比为 $C_r = 2/1.8125 \approx 1.103$。编码 2 实现压缩的基础是，其码字是变长的，这就允许将最短的码字赋给图像中最频繁出现的灰度级。

很自然地出现了一个问题：表示一幅图像的灰度级到底需要多少比特? 也就是说，在不丢失信息的条件下是否存在一个最小数据量来足够充分地描述一幅图像? 信息论提供了回答这个问题及相关问

题的数学框架。其基本前提是，信息的产生可用概率过程来建模，而概率过程可以与直觉相符的方式来度量。根据这一假设，我们说概率为 $P(E)$ 的一个随机事件 E 包含

$$I(E) = \log \frac{1}{P(E)} = -\log P(E)$$

个信息单位。若 $P(E)=1$（即该事件总会发生），则 $I(E)=0$，即对于它没有信息。也就是说，因为没有与该事件相关联的不确定性，也就没有该事件已发生需要传递的信息。在离散的可能事件集 $\{a_1, a_2, \cdots, a_J\}$ 中给定一个随机事件源，与之相关的概率为 $\{P(a_1), P(a_2), \cdots, P(a_J)\}$，每个信源输出的平均信息称为信源的熵，即

$$H = -\sum_{j=1}^{J} P(a_j) \log P(a_j)$$

若一幅图像被视为一个发出它的"灰度级信源"的样本，则可以使用被观测图像的灰度级直方图来对信源的符号概率建模，并生成一个称为一阶估计 $\tilde{H}$ 的估计，即信源的熵：

$$\tilde{H} = -\sum_{k=1}^{L} p_r(r_k) \log p_r(r_k)$$

这样的估计是通过如下 M 函数计算的，且在每个灰度级被独立编码的假设下，它是仅通过减少代码冗余就可以达到的压缩的下限。

```
function h = ntrop(x, n)
%NTROP Computes a first-order estimate of the entropy of a matrix.
%   H = NTROP(X, N) returns the entropy of matrix X with N
%   symbols. N = 256 if omitted but it must be larger than the
%   number of unique values in X for accurate results. The estimate
%   assumes a statistically independent source characterized by the
%   relative frequency of occurrence of the elements in X.
%   The estimate is a lower bound on the average number of bits per
%   unique value (or symbol) when coding without coding redundancy.
error(nargchk(1, 2, nargin));          % Check input arguments
if nargin < 2
   n = 256;                            % Default for n.
end

x = double(x);                         % Make input double
xh = hist(x(:), n);                    % Compute N-bin histogram
xh = xh / sum(xh(:));                  % Compute probabilities

% Make mask to eliminate 0's since log2(0) = -inf.
i = find(xh);

h = -sum(xh(i) .* log2(xh(i)));        % Compute entropy
```

> 要注意的是，ntrop 类似但不同于工具箱函数 e = entropy(i)，后者在将 i 转换为 uint8 类（有 256 个灰度级和 256 个直方图容器）后，计算 i 的熵。

注意 MATLAB 函数 find 的用法，该函数用来确定直方图 xh 中非零元素的索引。语句 find(x) 等价于 find(x~ = 0)。函数 ntrop 使用 find 来创建用于直方图 xh 的一个索引向量 i，随后使用直方图从最后一条语句的熵计算中消除所有零值元素。若未这样做，则函数 log2 会在任意符号概率为 0 时，将输出 h 强制为 NaN（0 * -inf 不是一个数）。

例 6.1 计算熵。

考虑一幅简单的 4×4 的图像，其直方图（见下面代码中的 p）模拟表 6.1 中的符号概率。下面的命令行序列生成一幅这样的图像并计算其熵的一阶估计。

```
>> f = [119 123 168 119; 123 119 168 168];
>> f = [f; 119 119 107 119; 107 107 119 119]
f =
     119    123    168    119
     123    119    168    168
     119    119    107    119
     107    107    119    119
p = hist(f(:), 8);
p = p / sum(p)
p =
    0.1875    0.5    0.125    0    0    0    0    0.1875
h = ntrop(f)
h =
    1.7806
```

表 6.1 中,对于编码 2 有 $L_{avg} \approx 1.81$,接近这个一阶熵估计,且对于图像 f 是一个最小长度的二进制码。注意,灰度级 107 对应于表 6.1 中的 r_1 和相应二进制码字 011_2,而灰度级 119 对应于 r_2 和码字 1_2,灰度级 123 和 168 分别对应于码字 010_2 和 00_2。

6.2.1 霍夫曼码

当对一幅图像的灰度级或一个灰度级映射操作(像素差、行程长度等)编码时,在满足一次编码一个信源符号的条件下,霍夫曼码包含了对每个信源符号(如灰度级值)的最小编码符号(如比特)数。

霍夫曼方法的第一步是,首先按符号的概率排序建立一个信源递减序列,然后将最低概率符号组合为一个符号,以便在下次信源约简中替代它们。图 6.2(a)说明了表 6.1 中的灰度级分布的过程。在最左侧,初始信源符号集和它们的概率按照概率值降序由高到底排列。为形成第一次信源约简,底部两个概率值 0.125 和 0.1875 被合并,形成概率值为 0.3125 的"合并符号"。这个合并符号及其关联概率被放在第一个信源约简列,以便约简信源的概率也从最大到最小排列。然后,重复该过程,直到只有两个符号的约简信源(位于最右侧)。

a

原始信源		信源约简	
符号	概率	1	2
a_2	0.5	0.5	0.5
a_4	0.1875	0.3125	0.5
a_1	0.1875	0.1875	
a_3	0.125		

b

原始信源			信源约简			
符号	概率	码字	1		2	
a_2	0.5	1	0.5	1	0.5	1
a_4	0.1875	00	0.3125	01	0.5	0
a_1	0.1875	011	0.1875	00		
a_3	0.125	010				

图 6.2 霍夫曼码:(a)信源约简;(b)码字分配过程

霍夫曼过程的第二步是,给每个约简的信源编码,编码从最小的信源开始一直到原始信源。当然,两符号信源的最短二进制码由 0 和 1 组成。如图 6.2(b)所示,这些符号被分配给右侧的两个符号(这种分配是任意的,颠倒 0 和 1 的顺序同样可行)。通过合并约简信源中的两个符号,在其左侧生成概率为

0.5 的约简信源符号后，用来对其编码的 0，现在分配给了这两个符号中的一个，且 0 和 1 被任意附加到这两个符号中，以便区分它们。然后，对每个约简的信源重复这一操作，直到到达原始信源。最终的码字出现在图 6.2(b) 中的最左侧（第 3 列）。

图 6.2(b)（和表 6.1）中的霍夫曼码是瞬时唯一可解码的块编码。之所以是块编码，是因为每个信源符号被映射到一个固定的码字符号序列。之所以是瞬时的，是因为在码字符号串中的每个码字可以不参照随后的符号来解码。也就是说，在任何给定的霍夫曼码中，没有码字是其他码字的前缀。之所以是唯一可解码的，是因为码字符号串仅有唯一的解码方式。这样，任何霍夫曼码的符号串就可以按从左到右的方式考察串中的各个符号来解码。对于例 6.1 中的 4×4 图像，图 6.2(b) 中基于霍夫曼码的从顶到底、从左到右的编码，产生一个 29 比特的字符串 10101011010110110000011110011。因为我们正使用一个瞬时唯一可解码的块编码，所以不需要在编码像素间插入分隔符。从左到右扫描得到的串，会发现第一个有效码字为 1，它是符号 a_2 或灰度级 119 的码字。接下来的有效码字是 010，它对应于灰度级 123。按这种方式继续，我们最终获得一幅完整的解码图像，它与例中的图像 f 等价。

刚刚描述的信源约简和码字分配过程，可由如下这个称为 huffman 的 M 函数实现：

```
function CODE = huffman(p)
%HUFFMAN Builds a variable-length Huffman code for symbol source.
%   CODE = HUFFMAN(P) returns a Huffman code as binary strings in
%   cell array CODE for input symbol probability vector P. Each word
%   in CODE corresponds to a symbol whose probability is at the
%   corresponding index of P.
%
%   Based on huffman5 by Sean Danaher, University of Northumbria,
%   Newcastle UK. Available at the MATLAB Central File Exchange:
%   Category General DSP in Signal Processing and Communications.

% Check the input arguments for reasonableness.
error(nargchk(1, 1, nargin));
if (ndims(p) ~= 2) || (min(size(p)) > 1) || ~isreal(p) ...
        || ~isnumeric(p)
    error('P must be a real numeric vector.');
end

% Global variable surviving all recursions of function 'makecode'
global CODE
CODE = cell(length(p), 1);    % Init the global cell array

if length(p) > 1              % When more than one symbol ...
    p = p / sum(p);           % Normalize the input probabilities
    s = reduce(p);            % Do Huffman source symbol reductions
    makecode(s, []);          % Recursively generate the code
else
    CODE = {'1'};             % Else, trivial one symbol case!
end;

%-----------------------------------------------------------------%
function s = reduce(p)
% Create a Huffman source reduction tree in a MATLAB cell structure
% by performing source symbol reductions until there are only two
% reduced symbols remaining

s = cell(length(p), 1);

% Generate a starting tree with symbol nodes 1, 2, 3, ... to
% reference the symbol probabilities.
for i = 1:length(p)
    s{i} = i;
end

while numel(s) > 2
```

```
        [p, i] = sort(p);        % Sort the symbol probabilities
        p(2) = p(1) + p(2);      % Merge the 2 lowest probabilities
        p(1) = [];               % and prune the lowest one
        s = s(i);                % Reorder tree for new probabilities
        s{2} = {s{1}, s{2}};     % and merge & prune its nodes
        s(1) = [];               % to match the probabilities
    end

%-----------------------------------------------------------------%
function makecode(sc, codeword)
% Scan the nodes of a Huffman source reduction tree recursively to
% generate the indicated variable length code words.

% Global variable surviving all recursive calls
global CODE

if isa(sc, 'cell')                   % For cell array nodes,
    makecode(sc{1}, [codeword 0]);   % add a 0 if the 1st element
    makecode(sc{2}, [codeword 1]);   % or a 1 if the 2nd
else                                 % For leaf (numeric) nodes,
    CODE{sc} = char('0' + codeword); % create a char code string
end
```

下面的命令行序列使用函数 huffman 来产生图 6.2 中的码字：

```
>> p = [0.1875 0.5 0.125 0.1875];
>> c = huffman(p)
c =
    '011'
    '1'
    '010'
    '00'
```

注意，输出是一个变长字符数组，其中的每一行是一个由 0 和 1 组成的字符串——p 中相应索引符号的二进制编码。例如，'010'（在数组索引 3 处）是概率为 0.125 的灰度级的码字。

在 huffman 的最初几行中，会检查输入参量 p(待编码符号的输入符号概率向量)的合理性，且全局变量被初始化为一个大小为 length(p)行和 1 列的 MATLAB 单元数组（已在 1.7.8 节中定义）。所有的 MATLAB 全局变量必须使用如下方式在函数中声明后才能引用：

global X Y Z

该语句使变量 X、Y、Z 可用于被声明过的函数中。当几个函数声明相同的全局变量时，它们共享该变量的单个副本。在函数 huffman 中，主程序和内部函数 makecode 共享全局变量 CODE。注意，按照惯例，全局变量名须大写。非全局变量就是局部变量，局部变量仅用于其中定义了它们的函数(不可在其他函数或基本工作空间中使用)；它们通常用小写字母表示。

在函数 huffman 中，CODE 已被函数 cell 初始化，函数 cell 的语法是

X = cell(m, n)

它创建一个可被单元或内容引用的空矩阵的一个 $m \times n$ 数组。圆括号( )用于单元索引，花括号{ }用于内容索引。因此，X(1) = [ ]从单元数组中索引并删除元素 1，X{1} = [ ]将第一个单元数组元素置为空矩阵。也就是说，X{1}引用 X 的第一个元素(一个数组)的内容；X(1)引用该元素本身(而非其内容)。既然单元数组可嵌套在其他单元数组中，因此语法 X{1}{2}指的是单元数组的第二个元素的内容，该内容在单元数组 X 的第一个元素中。

在 CODE 被初始化且输入概率向量被归一化后［在 p = p / sum(p)语句中］，归一化概率向量 p 的霍夫曼码可在两步内创建。通过主程序中的 s = reduce(p)语句初始化，第一步是调用内部函数 reduce，其工作是执行图 6.2(a)中所示的信源约简。在函数 reduce 中，大小与 CODE 匹配的初始为空的信源约

简单元数组 s 中的元素，被初始化为它们的索引。也就是说，s{1} = 1，s{2} = 2，等等。然后，在 while numel(s) > 2 循环中创建信源约简的一个二叉树的等效单元。在循环的每次迭代中，向量 p 以概率升序排列。这是使用函数 sort 来完成的，其语法是

$$[y, i] = sort(x)$$

其中，输出 y 是 x 的经过排序的元素，索引向量 i 满足 y = x(i)。当 p 被排序后，最小的两个概率将被合并，合并后的概率放在 p(2)中，同时删除 p(1)。然后，信源约简单元数组基于索引向量 i 用 s = s(i)来重新排列，以匹配 p。最后，通过 s{2} = {s {1}, s {2}}(内容索引的一个例子)，使用包含合并概率索引的两元素单元数组来替换 s{1}，并通过 s(1) = [ ]，采用单元索引删除前两个合并后的元素 s(1)。重复该步骤，直到 s 中仅有两个元素。

图 6.3 显示了表 6.1 和图 6.2(a)中符号概率的这一处理的最后输出。图 6.3(b)和图 6.3(c)是通过在 huffman 主程序的最后两条语句间插入如下内容产生的：

```
celldisp(s);
cellplot(s);
```

MATLAB 函数 celldisp 递归地打印单元数组的内容；函数 cellplot 产生类似嵌套框的单元数组的图形描述。注意，图 6.3(b)中的单元数组元素和图 6.3(a)中的信源约简树节点一一对应：(1)树中的每个两路分支(表示一个信源约简)对应于 s 中的一个两元素单元数组；(2)每个两元素单元数组包含相应源约简中合并的符号的索引。例如，合并树底部的 a_3 和 a_1 产生两元素单元数组 s{1}{2}，其中 s{1}{2}{1} = 3，s{1}{2}{2} = 1(分别是符号 a_3 和 a_1 的索引)。树根是最顶层的两元素单元数组 s。

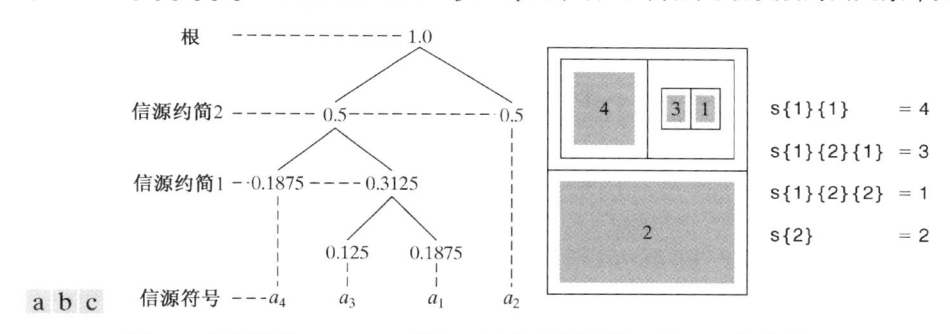

图 6.3 使用函数 huffman 对图 6.2(a)的信源约简：(a)二叉树等效；
(b)使用 cellplot(s)产生的显示；(c)celldisp(s)的输出

码字生成过程的最后一步(即基于信源约简单元数组 s 的码字分配)，由函数 huffman 的最后一条语句调用 makecode(s, [ ])触发。该调用基于图 6.2(b)中的过程启动一个递归码字分配处理。虽然递归通常不提供存储(因为正被处理的数值的堆栈必须被存放在某处)，或在速度上有所增加，但是它还是有优势的，这种优势体现在其码字更紧凑，且更容易理解，特别是在处理已递归定义的数据结构(譬如树)时。任何 MATLAB 函数都可以递归地使用；也就是说，它可以直接或间接地调用自身。当使用递归时，每次函数调用都产生一组新的局部变量，而与之前的所有集合无关。

内部函数 makecode 接受两个输入：codeword，一个由 0 和 1 组成的数组；sc，一个信源约简单元数组元素。当 sc 本身是一个单元数组时，它包含两个信源符号(或组合符号)，这两个信源符号在信源约简处理中被连接到一起。因为这两个信源符号都必须单独被编码，因此要为它们发出一对递归调用(对 makecode 的调用)和两个适当更新后的码字(一个 0 和 1 被添加到输入 codeword 中)。当 sc 不包含单元数组时，它是原始信源符号的索引，并被分配由输入 codeword 使用 CODE{sc} = char('0' + codeword)创建的一个二进制字符串。如 1.7.7 节中指出的那样，MATLAB 函数 char 把一个包含表示

字符码的正整数的数组，转换为一个 MATLAB 字符数组(前 127 个码是 ASCII 码)。例如，char('0' + [0 1 0])产生字符串'010'，因为在一个 ASCII 码 0 上加 0 产生一个 ASCII 码字符串'0'，在一个 ASCII 码 0 上加 1 产生一个 ASCII 码 1，即字符串'1'。

表 6.2 详细列出了 makecode 序列的调用，这些调用导致了图 6.3 中的信源约简单元数组。为了对 4 个符号的信源编码，需要 7 次调用。第一次调用(表 6.2 的第 1 行)由 huffman 的主程序产生，并将输入 codeword 和 sc 分别设置为空矩阵和单元数组 s，开始编码过程。为了与标准的 MATLAB 的表示法一致，{1×2 cell}表示为 1 行和 2 列的单元数组。因为 sc 在第一次调用中几乎总是一个单元数组(单个符号信源例外)，因此发出了两次递归调用(见表中的第 2 行和第 7 行)。第一次调用启动另两次调用(第 3 行和第 4 行)，第二次调用也启动另两次调用(第 5 行和第 6 行)。在 sc 不是单元数组的任何时候，如表中的第 3 行、第 5 行、第 6 行和第 7 行，不需要额外的递归；由 codeword 创建了一个码串，并将它赋给其索引作为 sc 传递的信源符号。

表 6.2 图 6.3 中信源约简码单元数组的码字分配过程

调用	原始	sc	码字
1	主程序	{1×2 cell}	[ ]
	makecode	[2]	
2	makecode	[4] {1×2 cell}	0
3	makecode	4	0 0
4	makecode	[3] [1]	0 1
5	makecode	3	0 1 0
6	makecode	2	0 1 1
7	makecode	1	1

6.2.2 霍夫曼编码

霍夫曼码(内部或本身)的生成并不压缩。为了实现构建霍夫曼码的压缩，创建码字的符号，不管是灰度级、行程长度还是其他灰度映射操作，都必须根据生成的码字来变换或映射(即编码)。

例 6.2 MATLAB 中的变长编码映射。
考虑简单的大小为 4×4 的 16 字节图像：
```
>> f2 = uint8([2 3 4 2; 3 2 4 4; 2 2 1 2; 1 1 2 2])
f2 =
    2    3    4    2
    3    2    4    4
    2    2    1    2
    1    1    2    2
>> whos('f2')
  Name      Size       Bytes    Class    Attributes
  f2        4x4        16       uint8
```
f2 中的每个像素都是一个 8 比特字节；16 字节用于表示整个图像。因为 f2 的灰度级不是等概率的，所以一个变长码(如上一节指出的那样)会减少用于表示该图像的内存数量。函数 huffman 计算一个这样的码字：
```
>> c = huffman(hist(double(f2(:)), 4))
c =
    '011'
    '1'
    '010'
    '00'
```
因为霍夫曼码与被编码的信源符号出现的频率有关(而非符号本身)，所以 c 就与例 6.1 中构成图像的码一样。事实上，图像 f2 可由例 6.1 中的 f 得到，方法是分别将灰度级 107、119、123 和 168 映射为 1、2、3、4。对任何一幅图像，p = [0.1875 0.5 0.125 0.1875]。

基于码字 c 对 f2 编码的一种简单方法是，执行一个简单的查表操作：

```
>> h1f2 = c(f2(:))'
h1f2 =
    Columns 1 through 9
    '1'   '010'  '1'   '011'  '010'  '1'   '1'   '011'  '00'
    Columns 10 through 16
    '00'  '011'  '1'   '1'   '00'   '1'   '1'
>> whos('h1f2')
    Name    Size    Bytes    Class  Attributes
    h1f2    1x16    1018     cell
```

这里，f2（一个 uint8 类二维数组）被变换为一个单元数组 h1f2（转置紧凑显示）。h1f2 的元素是变长字符串，并对应于 f2 中从上到下、从左到右（即逐列）的扫描。如见到的那样，编码后的图像使用了 1018 个字节的存储空间，是 f2 所需要内存的 60 多倍。

h1f2 使用的单元数组是合乎逻辑的，因为它是处理不相似数据的数组的两个标准 MATLAB 数据结构之一（见 1.7.8 节）。在 h1f2 的情形下，不同之处在于字符串的长度，且通过该单元数组透明地处理它的代价，是跟踪这些变长元素的位置所要求的（单元数组固有的）存储开销。通过把 h1f2 变换为一个传统的二维字符数组可消除这一开销：

```
>> h2f2 = char(h1f2)'
h2f2 =
    1010011000011011
    1 11  1001  0
    0 10  1  1
>> whos('h2f2')
    Name    Size    Bytes    Class  Attributes
    h2f2    3x16    96       char
```

其中，单元数组 h1f2 被变换为一个 3×16 的字符数组 h2f2。h2f2 的每一列按从上到下、从左到右（即逐列）的扫描方式对应于 f2 中的一个像素。注意，为使数组大小合适，其中插入了空白，因为对于一个码字的每个'0'和'1'，都要求 2 字节，所以 h2f2 使用的存储总量是 96 字节，仍比 f2 所需的原始 16 字节大 6 倍。使用如下语句，可以消除插入的空白：

```
>> h2f2 = h2f2(:);
>> h2f2(h2f2 == ' ') = [];
>> whos('h2f2')
    Name    Size    Bytes    Class  Attributes
    h2f2    29x1    58       char
```

但所需的存储仍比 f2 的原始 16 字节大。

要压缩 f2，码字 c 必须按比特级应用，将几个编码后的像素打包为单个字节：

```
>> h3f2 = mat2huff(f2)
h3f2 =
    size: [4 4]
     min: 32769
    hist: [3 8 2 3]
    code: [43867 1944]
>> whos('h3f2')
    Name    Size    Bytes    Class  Attributes
    h3f2    1x1     518      struct
```

函数 mat2huff 将在稍后描述。

虽然函数 mar2huff 返回一个要求有 518 字节存储的结构 h3f2，但它大部分与如下因素之一相关：(1)结构变化开销(回忆 6.1 节中关于 imratio 的讨论可知，MATLAB 对每个结构字段使用 124 字节的开销)；(2)mat2huff 产生的信息便于将来的解码。考虑实际(如普通尺寸)的图像时，它是可以忽略的，mat2huff 使用 4:1 的因子来压缩 f2。f2 的 16 个 8 比特像素被压缩为 2 个 16 比特字，即 h3f2 的 code 字段中的元素：

```
>> hcode = h3f2.code;
>> whos('hcode')
    Name    Size    Bytes    Class Attributes
    hcode   1x2     4        uint16
>> dec2bin(double(hcode))
ans =
    1010101101011011
    0000011110011000
```

> dec2bin
> 将一个十进制整数转换为一个二进制字符串。详细信息，请键入 >>help dec2bin。

注意，已使用 dec2bin 来显示 h3f2.code 的各个比特。忽视末尾模 16 的插入比特(即最后的三个 0)，32 比特编码相当于先前产生的(见 6.2.1 节)29 比特瞬时唯一可解码块码 10101011010110110000011110011。

如前例中说明的那样，函数 mat2huff 将用于解码一个已编码输入矩阵(即其原始维数和符号概率)的信息嵌入到了单个 MATLAB 结构变量中。该结构中的信息归档在 mat2huff 自身的帮助文本中：

```
function y = mat2huff(x)
%MAT2HUFF Huffman encodes a matrix.
%   Y = MAT2HUFF(X) Huffman encodes matrix X using symbol
%   probabilities in unit-width histogram bins between X's minimum
%   and maximum values. The encoded data is returned as a structure
%   Y:
%     Y.code    The Huffman-encoded values of X, stored in
%               a uint16 vector.  The other fields of Y contain
%               additional decoding information, including:
%     Y.min     The minimum value of X plus 32768
%     Y.size    The size of X
%     Y.hist    The histogram of X
%
%   If X is logical, uint8, uint16, uint32, int8, int16, or double,
%   with integer values, it can be input directly to MAT2HUFF. The
%   minimum value of X must be representable as an int16.
%
%   If X is double with non-integer values---for example, an image
%   with values between 0 and 1---first scale X to an appropriate
%   integer range before the call. For example, use Y =
%   MAT2HUFF(255*X) for 256 gray level encoding.
%
%   NOTE: The number of Huffman code words is round(max(X(:))) -
%   round(min(X(:))) + 1.  You may need to scale input X to generate
%   codes of reasonable length.  The maximum row or column dimension
%   of X is 65535.
%
%   See also HUFF2MAT.
if ndims(x) ~= 2 || ~isreal(x) || (~isnumeric(x) && ~islogical(x))
    error('X must be a 2-D real numeric or logical matrix.');
end

% Store the size of input x.
y.size = uint32(size(x));

% Find the range of x values and store its minimum value biased
% by +32768 as a UINT16.
```

```
    x = round(double(x));
    xmin = min(x(:));
    xmax = max(x(:));
    pmin = double(int16(xmin));
    pmin = uint16(pmin + 32768);       y.min = pmin;

    % Compute the input histogram between xmin and xmax with unit
    % width bins, scale to UINT16, and store.
    x = x(:)';
    h = histc(x, xmin:xmax);
    if max(h) > 65535
        h = 65535 * h / max(h);
    end
    h = uint16(h);      y.hist = h;

    % Code the input matrix and store the result.
    map = huffman(double(h));          % Make Huffman code map
    hx = map(x(:) - xmin + 1);         % Map image
    hx = char(hx)';                    % Convert to char array
    hx = hx(:)';
    hx(hx == ' ') = [];                % Remove blanks
    ysize = ceil(length(hx) / 16);     % Compute encoded size
    hx16 = repmat('0', 1, ysize * 16); % Pre-allocate modulo-16 vector
    hx16(1:length(hx)) = hx;           % Make hx modulo-16 in length
    hx16 = reshape(hx16, 16, ysize);   % Reshape to 16-character words
    hx16 = hx16' - '0';                % Convert binary string to decimal
    twos = pow2(15:-1:0);
    y.code = uint16(sum(hx16 .* twos(ones(ysize, 1), :), 2))';
```

> 该函数类似于 hist。详细信息，请键入 >>help histc。

注意语句 y = mat2huff(x)，霍夫曼使用 x 的最小值和最大值之间的单位宽度的直方图容器来对输入矩阵 x 编码。当 y.code 中的编码数据在稍后被解码时，对它解码需要的霍夫曼码必须由 x 的最小值 y.min 和 x 的直方图 y.hist 来重建。替代保留霍夫曼码本身，mat2huff 保留重新生成它所需要的概率信息。使用这些信息和存储在 y.size 中的矩阵 x 的原始维数，6.2.3 节中的函数 huff2mat 可以解码 y.code 来重建 x。

生成 y.code 的步骤如下：

1. 使用单位宽度的容器在 x 的最小值和最大值之间计算输入 x 的直方图 h，并将它缩放以匹配 uint16 向量。
2. 使用 huffman，基于标定的直方图 h 创建一个称为 map 的霍夫曼码。
3. 使用 map（这将创建一个单元矩阵）映射输入 x，并将它转换为一个字符数组 hx，像在例 6.2 的 h2f2 中那样，删除插入的空白。
4. 构造向量 hx 的另一版本，即把 hx 的字符排列成各个 16 字符段，这通过创建一个模 16 字符向量（代码中的hx16）来完成并保持它，将 hx 的元素复制到该向量中，并重新修整为一个 16 行 ysize 列的数组，其中 ysize = ceil(length(hx)/16)。回忆 3.2 节可知，函数 ceil 向正无穷四舍五入为一个数。如 6.3.1 节中提到的那样，函数

$$y = \text{reshape}(x, m, n)$$

返回一个大小为 m×n 的矩阵，该矩阵的元素逐列取自 x。若 x 没有 m×n 个元素，则会返回错误。

5. 把 hx16 的 16 字符元素转换为 16 位二进制数（即 uint16 类数）。三条语句被更紧凑的 y = uint16 (bin2dec(hx6())) 取代。它们是 bin2dec 的核心，而 bin2dec 返回一个二进制字符串的十进制数 [如 bin2dec('101') 返回 5]，但速度会更快，因为降低了通用性。MATLAB 函数 pow2(y) 被用来返回一个数组，该数组的元素是 2 的 y 次幂。也就是说，twos = pow2(15:-1:0) 创建数组 [32768 16384 8192 … 8 4 2 1]。

例 6.3 使用函数 **mat2huff** 进行编码。

为了进一步说明霍夫曼编码的压缩性能,考虑图 6.4(a)中一幅大小为 512×512 的 8 比特单色图像。使用 mat2huff 压缩该图像所用的命令序列如下:

```
>> f = imread('Tracy.tif');
>> c = mat2huff(f);
>> cr1 = imratio(f, c)
cr1 =
     1.2191
```

通过去除与传统 8 比特二进制编码相关联的编码冗余,图像已被压缩到原来大小的 80%左右(甚至包含解码开销信息)。

因为 mat2huff 的输出是一个结构,我们使用函数 save 把它写入磁盘:

```
>> save SqueezeTracy c;
>> cr2 = imratio('Tracy.tif', 'SqueezeTracy.mat')
cr2 =
     1.2365
```

像 1.7.4 节中的菜单命令 **Save Workspace As** 和 **Save Selection As** 一样,保存函数会对创建的文件添加扩展名 .mat。结果文件(此时是 SqueezeTracy.mat)被称为 MAT 文件。它是一个二进制数据文件,其中包含工作空间变量名和值。这里,它包含一个单独的工作空间变量 c。最后,我们注意到先前算出的压缩比 cr1 和 cr2 间存在微小差异,该差异源于 MATLAB 数据文件的开销。

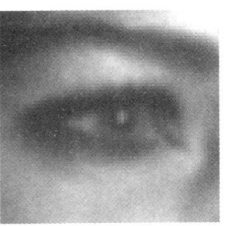

a b

图 6.4 一幅 8 比特的妇女单色图像及其右眼放大图像

6.2.3 霍夫曼解码

霍夫曼编码的图像几乎没什么用,除非能被解码并重建为原图像。对于前一节中的输出 y = mat2huff(x),解码器首先必须计算用来编码 x 的霍夫曼码(基于其直方图和 y 中的相关信息),然后反映射已编码的数据(仍从 y 中提取)来重建 x。正如在下面列出的函数 x = huff2mat(y)中看到的那样,这一处理可分为 5 个基本步骤:

1. 从输入结构 y 中提取维数 m 和 n,以及(最终输出 x 的)最小值 xmin。
2. 重新创建霍夫曼码,通过将其直方图传递给函数 huffman 来对 x 编码。重新创建的霍夫曼码在清单中称为 map。
3. 建立一个数据结构(转换和输出表 link),通过一系列计算上有效的二叉搜索,解码 y.code 中的已编码数据。
4. 将该数据结构和已编码的数据(即 link 和 y.code)传递给 C 函数 unravel。该函数会最小化执行二叉搜索所需的时间,创建解码后的 double 类输出向量 x。
5. 把 xmin 加到 x 的每个元素中,并调整 x 的大小以与原始 x 的大小(即 m 行和 n 列)匹配。

huff2mat 的唯一特点是结合了 MATLAB 可调用 C 函数 unravel(见步骤 4),这个 C 函数使得多数普通分辨率图像的解码几乎是瞬时的。

```
function x = huff2mat (y)
%HUFF2MAT Decodes a Huffman encoded matrix.
%   X = HUFF2MAT(Y) decodes a Huffman encoded structure Y with uint16
%   fields:
%       Y.min       Minimum value of X plus 32768
%       Y.size      Size of X
%       Y.hist      Histogram of X
%       Y.code      Huffman code
%
%   The output X is of class double.
%
%   See also MAT2HUFF.

if ~isstruct(y) || ~isfield(y, 'min') || ~isfield(y, 'size') || ...
        ~isfield(y, 'hist') || ~isfield(y, 'code')
    error('The input must be a structure as returned by MAT2HUFF.');
end
sz = double(y.size);    m = sz(1);    n = sz(2);
xmin = double(y.min) - 32768;          % Get X minimum
map = huffman(double(y.hist));         % Get Huffman code (cell)

% Create a binary search table for the Huffman decoding process.
% 'code' contains source symbol strings corresponding to 'link'
% nodes, while 'link' contains the addresses (+) to node pairs for
% node symbol strings plus '0' and '1' or addresses (-) to decoded
% Huffman codewords in 'map'. Array 'left' is a list of nodes yet to
% be processed for 'link' entries.
code = cellstr(char('', '0', '1'));    % Set starting conditions as
link = [2; 0; 0];    left = [2 3];     % 3 nodes w/2 unprocessed
found = 0;    tofind = length(map);    % Tracking variables
while ~isempty(left) && (found < tofind)
    look = find(strcmp(map, code{left(1)}));   % Is string in map?
    if look                                % Yes
        link(left(1)) = -look;             % Point to Huffman map
        left = left(2:end);                % Delete current node
        found = found + 1;                 % Increment codes found
    else                                   % No, add 2 nodes & pointers
        len = length(code);                % Put pointers in node
        link(left(1)) = len + 1;
        link = [link; 0; 0];               % Add unprocessed nodes
        code{end + 1} = strcat(code{left(1)}, '0');
        code{end + 1} = strcat(code{left(1)}, '1');
        left = left(2:end);                % Remove processed node
        left = [left len + 1 len + 2];     % Add 2 unprocessed nodes
    end
end
x = unravel(y.code', link, m * n);         % Decode using C 'unravel'
x = x + xmin - 1;                          % X minimum offset adjust
x = reshape(x, m, n);                      % Make vector an array
```

isstruct(S)在 S 是一个结构时返回真。isfield(S, 'name')在'name'是结构S的一个字段时返回真。

如前面指出的那样,基于 huff2mat 的解码建立在一系列二叉搜索或双结果解码决策之上。顺序扫描 Huffman 编码字符串的每个元素(当然,它们必须是'0'或'1'),基于转换和输出表 link 引发一个二叉解码决策。link 的结构开始于语句 link = [2; 0; 0]中的初始化。初始三状态 link 数组中的每个元素,对应于相应单元数组 code 中的一个霍夫曼编码的二进制串,即 code = cellstr(char('', '0', '1'))。空串 code(1)是所有霍夫曼字符串解码的起点(或初始解码状态)。link(1)中关联的 2 随后通过将'0'和'1'附加到空串中,来识别两个可能的解码状态。若接下来遇到的霍夫曼编码的比特是'0',则下一个解码状态是 link(2)[因为 code(2) = '0',空串就应该置'0'];若是'1',则新状态是 link(3)

[在索引(2+1)或3处，使code(3) = '1']。注意，相应的link数组项是0——表明它们还未被处理，进而反映对霍夫曼码map的正确决策。在link构造期间，若在map(一个有效的霍夫曼码字)中找到了任何串(即'0'或'1')，则link中相应的0就被相应map索引中的负值(它是已解码的值)替换；否则，插入一个新的(正值)link索引，以指向逻辑上随后出现的两个新状态(不是'00'和'01'，就是'10'和'11')。这些还未被处理的新link元素扩展了link的尺寸(还需要更新单元数组code)，且这种结构处理一直继续，直到link中没有未处理的元素为止。然而，huff2mat并不连续扫描link来寻找未处理的元素，而是维护一个称为left的跟踪数组，该数组初始化为[2, 3]，并更新以包含那些link中还未检查过的元素的索引。

表6.3显示了一个link表，该表是为例6.2中的霍夫曼码产生的。若将每个link索引都视为一个解码状态i，则(在一个已编码字符串的从左到右扫描中)每个二进制编码判定和/或霍夫曼解码输出都由link(i)决定：

表6.3 图6.3中信源约简单元数组的解码表

索引 i	link(i)的值
1	2
2	4
3	−2
4	−4
5	6
6	−3
7	−1

1. 若link(i) < 0(即负值)，则一个霍夫曼码字已被解码。解码输出是|link(i)|，其中| |表示绝对值。
2. 若link(i) > 0(即正值)，且下一个待处理的编码比特是0，则下一个解码状态是索引link(i)。也就是说，我们令i = link(i)。
3. 若link(i) > 0，且下一个待处理的编码比特是1，则下一个解码状态是索引link(i) + 1。也就是说，i = link(1) + 1。

如先前说明的那样，正link项对应于二进制解码转换，而负项决定解码输出值。每个霍夫曼码字被解码后，就在link索引i = 1处开始一个新二叉搜索。对于例6.2中的编码串101010110101，结果状态转换序列是i = 1, 3, 1, 2, 5, 6, 1, …；相应的输出序列是-, |−2|, -, -, -, |−3|, -, …，其中负号表示输出中不存在。解码输出值2和3是例6.2中测试图像f2首行最前面的两个元素。

C函数unravel接受刚才解释的链接结构，并用它来驱动解码输入hx所需的二叉搜索。图6.5以图表的形式显示了其基本操作，它遵循与表6.3结构描述相匹配的做出判定的过程。但要注意，C数组从0而非1开始索引的事实，需要我们对其进行修正。

MEX-file

由C或FORTRAN代码生成的一个MATLAB外部函数。它具有与平台有关的扩展名(如在Windows下为.mexw32)。

在MATLAB中插入C和FORTRAN函数的两个主要目的如下：(1)可以从MATLAB中调用较大的已有C和FORTRAN程序，而不必重写为M文件；(2)MATLAB的M文件的运行效率并不高，而用C和FORTRAN来编码可提升效率。不管是用C还是用FORTRAN，得到的函数都称为MEX文件，它们的性能就像是M文件或是普通的MATLAB函数。但与M文件不同的是，在被调用前必须使用MATLAB的mex脚本编译和链接它们。例如，要在Windows平台上的MATLAB命令行提示符下编译和链接unravel，可键入

```
>> mex unravel.c
```

上述代码将创建一个名为unravel.mexw32的MEX文件，注意扩展名为.mexw32。需要时，帮助文本必须作为一个具有相同名称的单独M文件提供(扩展名为.m)。

C MEX-file

扩展名为.c的C MEX文件unravel的源代码如下：

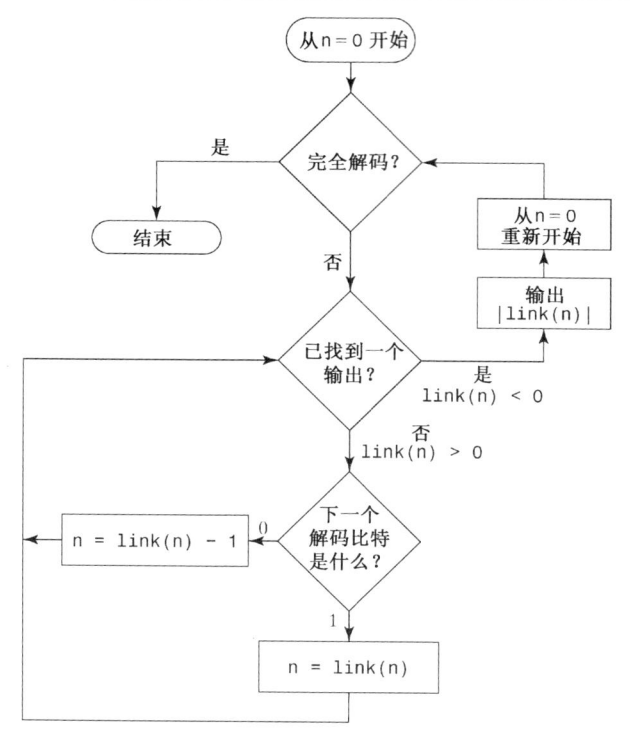

图 6.5 C 函数 unravel 的流程图

```
/*==================================================================
 * unravel.c
 * Decodes a variable length coded bit sequence (a vector of
 * 16-bit integers) using a binary sort from the MSB to the LSB
 * (across word boundaries) based on a transition table.
 *==================================================================*/
#include "mex.h"
void unravel(uint16_T *hx, double *link, double *x,
    double xsz, int hxsz)
{
    int i = 15, j = 0, k = 0, n = 0;    /* Start at root node, 1st */
                                        /* hx bit and x element */
    while (xsz - k)   {                 /* Do until x is filled */
       if (*(link + n) > 0)    {        /* Is there a link? */
          if ((*(hx + j) >> i) & 0x0001)   /* Is bit a 1? */
              n = *(link + n);          /* Yes, get new node */
          else n = *(link + n) - 1;     /* It's 0 so get new node */
          if (i) i--; else {j++; i = 15;}  /* Set i, j to next bit */
          if (j > hxsz)                 /* Bits left to decode? */
             mexErrMsgTxt("Out of code bits ???");
       }
       else   {
          *(x + k++) = - *(link + n);   /* It must be a leaf node */
          n = 0;   }                    /* Output value */
    }                                   /* Start over at root */
    if (k == xsz - 1)                   /* Is one left over? */
       *(x + k++) = - *(link + n);
}

void mexFunction( int nlhs, mxArray *plhs[],
                int nrhs, const mxArray *prhs[])
{
```

```
    double *link, *x, xsz;
    uint16_T *hx;
    int hxsz;

    /* Check inputs for reasonableness */
    if (nrhs != 3)
        mexErrMsgTxt("Three inputs required.");
    else if (nlhs > 1)
        mexErrMsgTxt("Too many output arguments.");

    /* Is last input argument a scalar? */
    if(!mxIsDouble(prhs[2])  || mxIsComplex(prhs[2])  ||
        mxGetN(prhs[2]) * mxGetM(prhs[2]) != 1)
        mexErrMsgTxt("Input XSIZE must be a scalar.");

    /* Create input matrix pointers and get scalar */
    hx = (uint16_T *) mxGetData(prhs[0]);
    link = (double *) mxGetData(prhs[1]);
    xsz = mxGetScalar(prhs[2]);          /* returns DOUBLE */

    /* Get the number of elements in hx */
    hxsz = mxGetM(prhs[0]);

    /* Create 'xsz' x 1 output matrix */
    plhs[0] = mxCreateDoubleMatrix(xsz, 1, mxREAL);

    /* Get C pointer to a copy of the output matrix */
    x = (double *) mxGetData(plhs[0]);

    /* Call the C subroutine */
    unravel(hx, link, x, xsz, hxsz);
}
```

在 M 文件 unravel.m 中提供了帮助文本：

```
%UNRAVEL Decodes a variable-length bit stream.
%    X = UNRAVEL(Y, LINK, XLEN) decodes UINT16 input vector Y based on
%    transition and output table LINK. The elements of Y are
%    considered to be a contiguous stream of encoded bits--i.e., the
%    MSB of one element follows the LSB of the previous element. Input
%    XLEN is the number code words in Y, and thus the size of output
%    vector X (class DOUBLE). Input LINK is a transition and output
%    table (that drives a series of binary searches):
%
%      1. LINK(0) is the entry point for decoding, i.e., state n = 0.
%      2. If LINK(n) < 0, the decoded output is |LINK(n)|; set n = 0.
%      3. If LINK(n) > 0, get the next encoded bit and transition to
%         state [LINK(n) - 1] if the bit is 0, else LINK(n).
```

像所有 C 的 MEX 文件那样，C 的 MEX 文件 unravel.c 也由两个不同的部分组成：计算子程序和入口子程序。计算子程序也称 unravel，包含执行图 6.5 中基于 link 的解码处理的 C 代码。通常总是被命名为 mexFunction 的入口子程序会把 C 的计算子程序 unravel 对接到 MATLAB。它基于如下内容使用 MATLAB 的标准 MEX 文件接口：

1. 4 个标准的输入/输出参数：nlhs、plhs、nrhs 和 prhs。这些参数分别是左手侧输出参量的数量（一个整数）、左手侧输出参量的指针数组（所有的 MATLAB 数组）、右手侧输出参量的数量（另一个整数）、右手侧输出参量的指针数组（也是 MATLAB 数组）。

2. MATLAB 提供的一组应用程序接口（API）函数。用 mx 作为前缀的 API 函数用于创建、访问、操纵和/或取消 mxArray 类的结构。例如，

- mxCalloc 像一个标准的 C calloc 函数那样动态地分配内存。相关的函数包括 mxMalloc 和 mxRealloc，它们用于替代 C 的函数 malloc 和 realloc。
- mxGetScalar 从输入数组 prhs 中提取一个标量。其他 mxGet 函数如 mxGetM、mxGetN 和 mxGetString，提取其他类型的数据。
- mxCreateDoubleMatrix 为 plhs 创建一个 MATLAB 输出数组，其他的 mxCreate 函数如 mxCreateString 和 mxCreateNumericArray，为创建其他类型的数据提供便利。

用 mex 作为前缀的 API 函数在 MATLAB 环境中执行操作。例如，mexErrMsgTxt 输出一个消息到 MATLAB 命令窗口。

前面第 2 条中提到的 API mex 和 mx 子程序的函数原型，分别保存在 MATLAB 头文件 mex.h 和 matrix.h 中。两者都位于 <matlab>/extern/include 目录中，其中 <matlab> 表示 MATLAB 安装的最高级目录。必须包含在所有 MEX 文件开始处的头文件 mex.h（注意，C 文件的包含语句 #include "mex.h" 在 MEX 文件 unravel 的开头）包含头文件 matrix.h。包含在这些文件中的 mex 和 mx 接口子程序的原型，定义了那些在普通操作中使用和提供有价值线索的参数。MATLAB 文本的 External Interfaces（外部接口）部分提供了其他信息。

图 6.6 总结了前面的讨论，详细说明了 C 的 MEX 文件 unravel 的整个结构，并描述了它与 M 文件 huff2mat 之间的信息流。尽管这些概念是在探讨霍夫曼解码时构建的，但它们可很容易地推广到其他基于 C 和/或 FORTRAN 的 MATLAB 函数中。

M 文件 unravel.m

C 的 MEX 文件 unravel 的帮助文本：
包含如下命令显示的文本：
>> help unravel

MATLAB 将 y、link 和 m*n 传递给 C 的 MEX 文件：

```
prhs[0] = y
prhs[1] = link
prhs[2] = m * n
nrhs    = 3
nlhs    = 1
```

参数 nlhs 和 nrhs 是表示左手和右手参数数量的整数，prhs 是包含指向 MATLAB 数组 y、link 和 m*n 的指针的向量。

M 文件 huff2mat

在 M 文件 huff2mat 中，语句

```
x = unravel(y, ...
    link, m * n)
```

通知 MATLAB 将 y、link 和 m*n 传递给 C 的 MEX 文件函数 unravel。
返回后，plhs(0) 被赋值给 x

MATLAB 将 MEX 文件的输出 plhs[0] 传递给 M 文件 huff2mat。

C MEX 文件 unravel.c

在 C MEX 文件 unravel 中，执行开始和结束于入口子程序 mexFunction 中，该子程序调用 C 计算子程序 unravel。要声明入口点和接口子程序，可使用

```
#include "mex.h"
```

C 函数 mexFunction

MEX 文件入口子程序

```
void mexFunction(
    int nlhs, mxArray *plhs[],
    int nrhs, const mxArray
    *prhs[])
```

其中整数 nlhs 和 nrhs 表示左手和右手参数的数量，向量 plhs 和 prhs 包含指向类型为 mxArray 的输入和输出参数的指针。mxArray 类型是 MATLAB 的内部数组表示。

MATLAB API 提供处理其支持的数据类型的子程序。这里，我们

1. 使用 mxGetM、mxGetN、mxIsDouble、mxIsComplex 和 lmexErrMsgTxt 来检查输入和输出参量。
2. 使用 mxGetData 得到 prhs[0]（霍夫曼码）和 prhs[1]（解码表）中的数据的指针，并分别保存为 C 指针 hx 和 link。
3. 使用 mxGetScalar 从 prhs[2] 得到输出矩阵的大小，并保存为 xsz。
4. 使用 mxGetM 得到 prhs[0]（霍夫曼码）中的元素数量并保存为 hxsz。
5. 使用 mxCreateDoubleMatrix 和 mxGetData 建立一个解码输出矩阵指针并将它赋给 plhs[0]。
6. 调用计算子程序 unravel，传递步骤 2～5 中形成的参数。

C 函数 unravel

MEX 文件计算子程序：

```
void unravel(
    uint16_T *hx,
    double *link, double *x,
    double xsz, int hxsz)
```

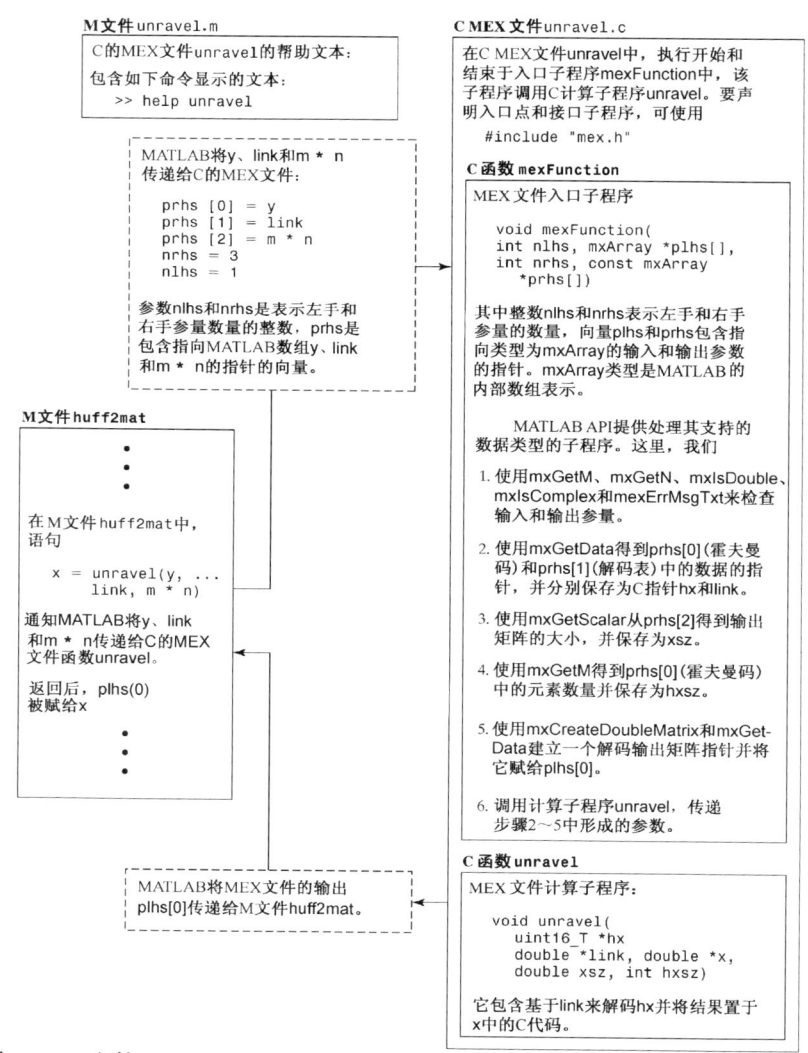

它包含基于 link 来解码 hx 并将结果置于 x 中的 C 代码。

图 6.6 M 文件 huff2mat 和 MATLAB 可调用 C 函数 unravel 间的交互。注意，MEX 文件 unravel 包含两个函数：入口子程序 mexFunction 和计算子程序 unravel。MEX 文件 unravel 的帮助文本也包含在名为 unravel 的单独 M 文件中

例 6.4 使用函数 huff2mat 解码。
例 6.3 中经霍夫曼编码的图像可用如下命令序列来解码：
```
>> load SqueezeTracy;
>> g = huff2mat(c);
>> f = imread('Tracy.tif');
>> rmse = compare(f, g)
rmse =
     0
```

> 函数 load 从一个文件中读取 MATLAB 变量，并将这些变量载入工作空间。变量名通过一个 save/load 序列来维护。

注意，整个编码-解码过程是信息保持的；原图像和解压后图像之间的均方根误差是 0。因为大部分解码工作是由 C 的 MEX 文件 unravel 完成的，huff2mat 要比编码 mat2huff 稍快。注意，函数 load 的使用是为了回顾例 6.3 中 MAT 文件编码的输出。

6.3 空间冗余

考虑图 6.7(a) 和图 6.7(c) 所示的图像。如图 6.7(b) 和图 6.7(d) 所示，它们实际上有相同的直方图。还注意到，这些直方图有三个峰，这表明存在灰度级的三个主要范围。因为图像的灰度级不是等概率的，所以可用变长编码来减少由像素的自然二进制编码导致的编码冗余。

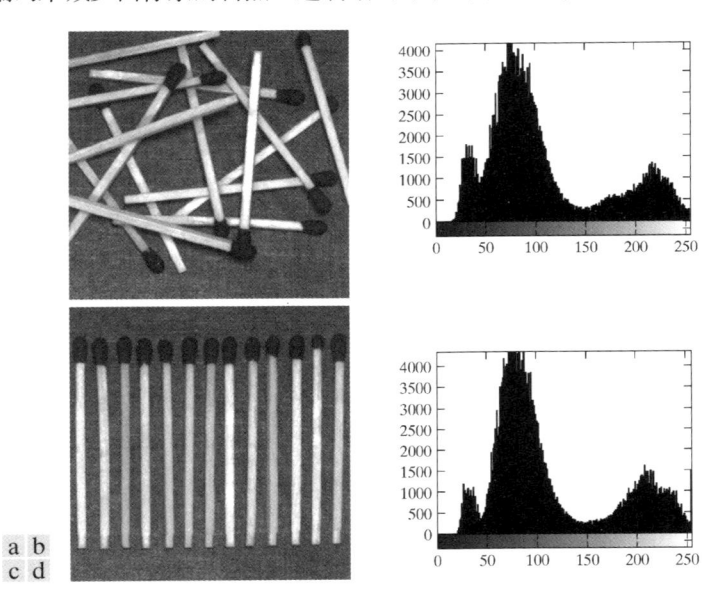

图 6.7 两幅图像及它们的灰度级直方图

```
>> f1 = imread('Random Matches.tif');
>> c1 = mat2huff(f1);
>> ntrop(f1)

ans =
    7.4253

>> imratio(f1, c1)

ans =
    1.0704

>> f2 = imread('Aligned Matches.tif');
>> c2 = mat2huff(f2);
>> ntrop(f2)

ans =
    7.3505
```

```
>> imratio(f2, c2)
ans =
    1.0821
```

注意,这两幅图像的一阶熵估计大致相同(7.4253 和 7.3505 比特/像素);它们同样被 mat2huff 压缩(压缩比为 1.0704 和 1.0821)。这些观察强调了这样一个事实,即变长编码并不是设计来利用图 6.7(c) 中排成一排的火柴之间的明显的结构关系优点的。尽管该图像中像素与像素之间的相关性更为明显,但这一点在图 6.7(a) 中也存在。因为任何一幅图像中的像素值都可以合理地由它们的邻点预测出来,所以独立的像素所携带的信息相对较少。单个像素对一幅图像的视觉贡献大部分是冗余的;它们可基于相邻像素的值猜测出来。这些相关是像素间冗余的基础。

为减少像素间的冗余,用于人的观察和解释的二维像素数组通常必须转换为一种更有效的格式(但通常是"非视觉的")。例如,邻近像素间的差可用于表示一幅图像。这种类型的变换(即删除像素间冗余的变换)称为映射。若原图像元素可由变换后的数据集重建,则这种类型的变换称为可逆映射。

图 6.8 中显示了一个简单的映射过程。这种称为无损预测编码的方法,通过提取每个像素中的新信息并仅对新信息编码,可消除相邻像素间的冗余。像素的新信息被定义为实际值和预测值的差。由此可见,该系统由编码器和解码器组成,编码器和解码器中都包含有一个相同的预测器。当输入图像中的每个后续像素 f_n 输入编码器时,预测器会基于一些过去的输入来生成预期值。预测器的输出被四舍五入为最接近的整数 $\hat{f}_n$,并用它来形成差或预测误差

$$e_n = f_n - \hat{f}_n$$

该误差值使用变长编码(通过符号编码器),以产生压缩数据流的下一个元素。图 6.9(b) 中的解码器使用收到的变长码字执行相反的操作来重建 e_n:

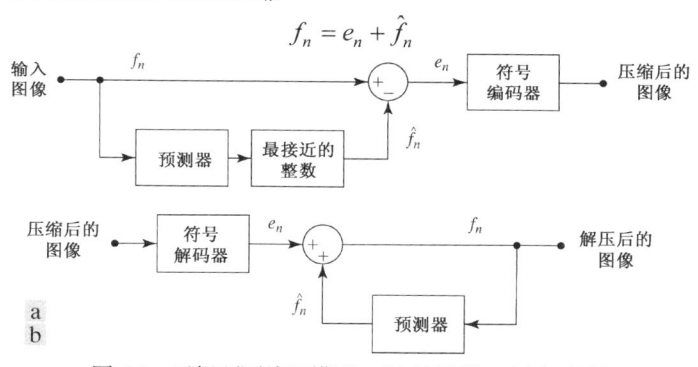

$$f_n = e_n + \hat{f}_n$$

图 6.8 无损预测编码模型:(a)编码器;(b)解码器

各种局部、全局和自适应方法都可以用来生成 $\hat{f}_n$。但在多数情形下,预测是由 m 个前面的像素线性组合形成的,即

$$\hat{f}_n = \text{round}\left[\sum_{i=1}^{m} \alpha_i f_{n-i}\right]$$

式中,m 是线性预测器的阶,round 是用来表示四舍五入为最接近整数运算的函数(就像 MATLAB 中的函数 round),$\alpha_i, i = 1, 2, \cdots, m$ 是预测系数。对于一维线性预测编码,该式可重写为

$$\hat{f}(x, y) = \text{round}\left[\sum_{i=1}^{m} \alpha_i f(x, y-i)\right]$$

式中,每个带下标的变量现在已明确地表示为空间坐标 x 和 y 的函数。注意预测 $\hat{f}(x, y)$ 只是当前扫描行上前面一些像素的函数。

M 函数 mat2lpc 和 lpc2mat 可实现刚才讨论的预测编码和解码处理(去掉符号编码和解码步骤)。编码函数 mat2lpc 采用一个 for 循环来同时建立输入 x 中每个像素的预测。在每步迭代中，开始作为 x 的副本的 xs 向右移动一列(左边用 0 填充)，乘以一个适当的预测系数，并加到预测和 p 中。因为线性预测系数的数量一般都很小，所以整个过程会比较快。注意，在下面的代码清单中，若未指定预测滤波器 f，则使用一个系数为 1 的单元素滤波器。

```
function y = mat2lpc(x, f)
%MAT2LPC Compresses a matrix using 1-D lossles predictive coding.
%   Y = MAT2LPC(X, F) encodes matrix X using 1-D lossless predictive
%   coding. A linear prediction of X is made based on the
%   coefficients in F. If F is omitted, F = 1 (for previous pixel
%   coding) is assumed. The prediction error is then computed and
%   output as encoded matrix Y.
%
%   See also LPC2MAT.
error(nargchk(1, 2, nargin));       % Check input arguments
if nargin < 2                       % Set default filter if omitted
    f = 1;
end

x = double(x);                      % Ensure double for computations
[m, n] = size(x);                   % Get dimensions of input matrix
p = zeros(m, n);                    % Init linear prediction to 0
xs = x;    zc = zeros(m, 1);        % Prepare for input shift and pad
for j = 1:length(f)                 % For each filter coefficient ...
    xs = [zc xs(:, 1:end - 1)];     % Shift and zero pad x
    p = p + f(j) * xs;              % Form partial prediction sums
end

y = x - round(p);                   % Compute prediction error
```

解码函数 lpc2mat 执行与编码函数 mat2lpc 相反的操作。就像在下面的程序清单中看到的那样，它采用一个 n 次迭代的 for 循环，其中 n 是编码后的输入矩阵 y 的列数。每次迭代都只计算已解码输出 x 的一列，因为每个解码列都要求用于所有后续列的计算中。为减少花在 for 循环上的时间，在开始循环之前，x 已被预分配为其最大填充尺寸。还要注意，生成预测所用的计算，其顺序与 lpc2mat 中的相同，目的是避免浮点舍入误差。

```
function x = lpc2mat(y, f)
%LPC2MAT Decompresses a 1-D lossless predictive encoded matrix.
%   X = LPC2MAT(Y, F) decodes input matrix Y based on linear
%   prediction coefficients in F and the assumption of 1-D lossless
%   predictive coding. If F is omitted, filter F = 1 (for previous
%   pixel coding) is assumed.
%
%   See also MAT2LPC.
error(nargchk(1, 2, nargin));       % Check input arguments
if nargin < 2                       % Set default filter if omitted
    f = 1;
end

f = f(end:-1:1);                    % Reverse the filter coefficients
[m, n] = size(y);                   % Get dimensions of output matrix
order = length(f);                  % Get order of linear predictor
f = repmat(f, m, 1);                % Duplicate filter for vectorizing
x = zeros(m, n + order);            % Pad for 1st 'order' column decodes

% Decode the output one column at a time. Compute a prediction based
% on the 'order' previous elements and add it to the prediction
% error. The result is appended to the output matrix being built.
```

```
    for j = 1:n
        jj = j + order;
        x(:, jj) = y(:, j) + round(sum(f(:, order:-1:1) .* ...
                               x(:, (jj - 1):-1:(jj - order)), 2));
    end
    x = x(:, order + 1:end);         % Remove left padding
```

例 6.5 无损预测编码。

考虑使用简单的一阶线性预测器来编码图 6.7(c) 中的图像：

$$\hat{f}(x,y) = \text{round}[\alpha f(x, y-1)]$$

这种形式的预测器一般称为前像素预测器，相应的预测编码过程称为差分编码或前像素编码。图 6.9(a) 显示了 $\alpha = 1$ 时产生的预测误差图像。这里，灰度级 128 对应于预测误差 0，而非零的正误差和负误差（欠估计和过估计）分别被 mat2gray 标度后，变为较亮或较暗的灰度：

```
>> f = imread('Aligned Matches.tif');
>> e = mat2lpc(f);
>> imshow(mat2gray(e));
>> ntrop(e)
   ans =
       5.9727
```

注意，预测误差 e 的熵明显低于原图像 f 的熵。尽管对于 m 比特图像需要 $m+1$ 个比特来准确地表示导致的误差序列，但熵已从 7.3505 比特/像素减少到 5.9727 比特/像素（本节开始处计算过）。熵的这一降低意味着与原图像相比，预测误差图像的编码效率更高——当然，这是映射的目标。因此，可得

```
>> c = mat2huff(e);
>> cr = imratio(f, c)
   cr =
       1.3311
```

如期望的那样，压缩比已从 1.0821（当直接对灰度级进行霍夫曼编码时）增大到 1.3311。

预测误差 e 的直方图如 6.9(b) 所示，计算如下：

```
>> [h, x] = hist(e(:) * 512, 512);
>> figure; bar(x, h, 'k');
```

注意，0 周围的峰值很高，与输入图像的灰度级分布相比，有相对较小的方差［见图 6.7(d)］。如前面计算的熵值那样，这表明预测和差分处理去掉了大量的像素间冗余。下面通过说明预测编码方案的无损特性来结束本例——也就是说，通过解码 c 并把它与起始图像 f 进行比较：

```
>> g = lpc2mat(huff2mat(c));
>> compare(f, g)
   ans =
       0
```

a b

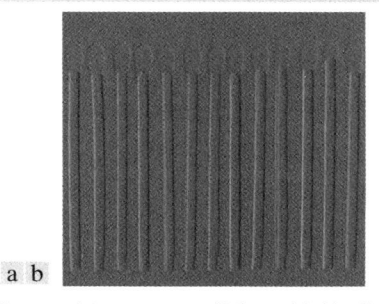

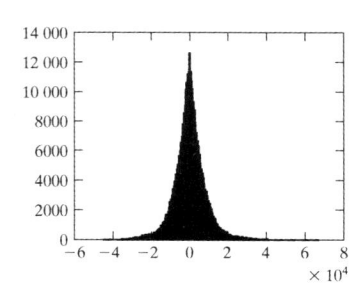

图 6.9 (a) f = [1] 时图 6.7(c) 的预测误差图像；(b) 预测误差的直方图

6.4 不相关信息

与编码冗余和像素间冗余不同，心理视觉冗余是与真实的或可量化的视觉信息相关联的。消除这种冗余是值得的，因为对于通常的视觉处理来说，信息本身并不是本质的。因为心理视觉冗余数据的消除所引起的量化信息损失很小，所以把它称为量化。这一术语的用法与该词的普通用法一致，即通常意味着把宽范围的输入值映射为有限数量的输出值。由于它是一个不可逆的操作（即视觉信息有损失），因此量化会导致数据的有损压缩。

例 6.6 通过量化压缩。

考虑图 6.10 中的图像。图 6.10(a)显示了一幅有 256 级灰度的单色图像。图 6.10(b)是均匀量化为 4 比特或 16 个可能灰度级的同一幅图像。结果压缩比是 2:1。注意伪轮廓出现在原图像先前平滑的区域。这是一个更为粗糙地表示图像灰度级的自然视觉效果。

图 6.10(c)说明了利用人类视觉系统的特性来量化所得到的明显改进。虽然第二种量化结果的压缩比仍然是 2:1，但在少量附加开销的情况下伪轮廓减少了很多，但有不很明显的粒状物。注意，无论哪种情况，解压缩都是不必要且不可能的（即量化是一个不可逆的操作）。

图 6.10 (a)原图像；(b)均匀量化为 16 级灰度；(c)IGS 量化为 16 级灰度

用于产生图 6.10(c)的方法称为改进的灰度级(IGS)量化。该方法认为眼睛对边缘有固有的敏感性，且对每个像素添加一个伪随机数可消除它，伪随机数在量化之前由相邻像素的低阶比特产生。因为低阶比特是非常随机的，这相当于给与伪轮廓相关的人为边缘加一个随机的灰度级（它依赖于图像局域特征）。以下列出的函数 quantize 执行 IGS 量化和传统的低阶比特截尾。注意，IGS 的实现是向量化的，所以一次只处理输入 x 的一列。为产生图 6.10(c)中的一列 4 比特结果，可根据 x 的一列的和与原有（先前产生的）4 个最低有效比特的和，形成一列总和 s（最初全部设为 0）。若任何 x 值的 4 个最高有效比特是 1111_2，则都加上 0000_2 来替代。然后，得到的和的 4 个最高有效比特将用做正被处理的列的编码像素值。

```
function y = quantize(x, b, type)
%QUANTIZE Quantizes the elements of a UINT8 matrix.
%   Y = QUANTIZE(X, B, TYPE) quantizes X to B bits. Truncation is
%   used unless TYPE is 'igs' for Improved Gray Scale quantization.

error(nargchk(2, 3, nargin));          % Check input arguments
if ndims(x) ~= 2 || ~isreal(x) || ...
      ~isnumeric(x) || ~isa(x, 'uint8')
   error('The input must be a UINT8 numeric matrix.');
end
```

quantize

```
% Create bit masks for the quantization
lo = uint8(2 ^ (8 - b) - 1);
hi = uint8(2 ^ 8 - double(lo) - 1);

% Perform standard quantization unless IGS is specified
if nargin < 3 || ~strcmpi(type, 'igs')
   y = bitand(x, hi);

% Else IGS quantization. Process column-wise. If the MSB's of the
% pixel are all 1's, the sum is set to the pixel value. Else, add
% the pixel value to the LSB's of the previous sum. Then take the
% MSB's of the sum as the quantized value.
else
   [m, n] = size(x);                              s = zeros(m, 1);
   hitest = double(bitand(x, hi) ~= hi);          x = double(x);
   for j = 1:n
      s = x(:, j) + hitest(:, j) .* double(bitand(uint8(s), lo));
      y(:, j) = bitand(uint8(s), hi);
   end
end
```

> 比较字符串 s1 和 s2 可使用语句 strcmpi(s1, s2)。

改进的灰度级量化是典型的大组量化过程，这些过程直接在待压缩的图像的灰度级上操作。它们通常会导致图像空间和/或灰度分辨率的降低。然而，若图像首先被映射以减少像素间的冗余，则量化可导致其他类型的图像降质——当用二维频率变换解除数据的相关时，会导致边缘模糊（高频率细节损失）。

例 6.7 结合无损预测的 IGS 量化和霍夫曼编码。

虽然用来产生图 6.10(c) 的量化会去掉大量心理视觉冗余而几乎对感知的图像质量没有影响，但采用前两节中的技术来降低结果图像的像素间冗余和编码冗余，可以实现进一步的压缩。实事上，我们可以得到比单独使用 IGS 量化得到的 2:1 压缩比大 2 倍以上的压缩比。下面的一组命令序列结合 IGS 量化、无损预测编码和霍夫曼编码来压缩图 6.10(a) 中的图像，使压缩后图像的尺寸比原图像尺寸的 1/4 还小：

```
>> f = imread('Brushes.tif');
>> q = quantize(f, 4, 'igs');
>> qs = double(q) / 16;
>> e = mat2lpc(qs);
>> c = mat2huff(e);
>> imratio(f, c)
ans =
    4.1420
```

已编码的结果 c 可以通过相反的操作来解压缩（不用反量化）：

```
>> ne = huff2mat(c);
>> nqs = lpc2mat(ne);
>> nq = 16 * nqs;
>> compare(q, nq)
ans =
    0
>> compare(f, nq)
ans =
    6.8382
```

注意，压缩后图像的均方根误差约是 7 个灰度级，这一误差是由量化步骤单独产生的。

6.5 JPEG 压缩

前几节中的技术直接对一幅图像的像素进行操作，因此是空间域方法。本节介绍一类流行的压缩标准，它们是以修改图像的变换为基础的。我们的目的是在图像压缩中使用二维变换，以提供 6.2 节到 6.4 节讨论的怎样减少图像冗余的其他几个例子，并就图像压缩艺术给读者一个感性的认识。给出的标准(尽管我们只考虑它们的近似)用于处理较宽范围的图像类型和压缩需求。

在变换编码中，一个可逆的线性变换(如第 3 章中的 DFT)或离散余弦变换(DCT)为

$$T(u,v) = \sum_{x=0}^{M-1} \sum_{y=0}^{N-1} f(x,y)\alpha(u)\alpha(v)\cos\left[\frac{(2x+1)u\pi}{2M}\right]\cos\left[\frac{(2y+1)v\pi}{2N}\right]$$

式中，

$$\alpha(u) = \begin{cases} \sqrt{1/M}, & \mu = 0 \\ \sqrt{2/M}, & \mu = 1,2,\cdots,M-1 \end{cases}$$

用于将一幅图像映射成一组变换系数 [$\alpha(v)$ 与此类似]，然后对这些系数进行量化和编码。对大多数自然图像来说，多数系数具有较小的数值且可以粗糙地量化(或完全抛弃)，因此对图像造成的失真较小。

6.5.1 JPEG

使用最普遍且全面的连续色调静态帧压缩标准是 JPEG 标准。在基于离散余弦变换且适用于多数压缩应用的 JPEG 基本编码标准中，它是基于离散余弦变换的，在大多数压缩应用中是足够的，输入和输出图像被限制为 8 比特，而量化后的 DCT 系数值被限制为 11 比特。如在图 6.11(a) 的简化框图中看到的那样，压缩本身分 4 步执行：8×8 子图像抽取、DCT 计算、量化和变长编码分配。

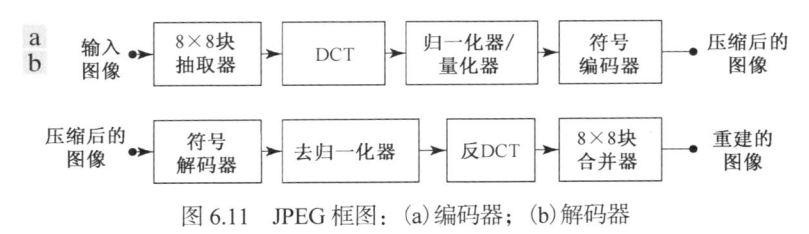

图 6.11 JPEG 框图：(a)编码器；(b)解码器

JPEG 压缩过程的第一步是把输入图像细分为不相重叠的多个 8×8 像素块。随后按从左到右、从上到下的顺序处理这些像素块。处理每个 8×8 块或子图像后，其 64 个像素都通过减去 2^{m-1} 做灰度级移动，其中 2^m 是图像中的灰度级数，并且计算它的二维离散余弦变换。然后，得到的系数根据下式同时去归一化并量化：

$$\hat{T}(u,v) = \text{round}\left[\frac{T(u,v)}{Z(u,v)}\right]$$

式中，$\hat{T}(u,v)$，$u,v = 0,1,\cdots,7$ 是去归一化并量化后的系数，$T(u,v)$ 是图像 $f(x,y)$ 的 8×8 块的 DCT，$Z(u,v)$ 是类似于图 6.12(a) 的变换归一化数组。通过标定 $Z(u,v)$，可以得到各种压缩比和重建的图像质量。

16	11	10	16	24	40	51	61
12	12	14	19	26	58	60	55
14	13	16	24	40	57	69	56
14	17	22	29	51	87	80	62
18	22	37	56	68	109	103	77
24	35	55	64	81	104	113	92
49	64	78	87	103	121	120	101
72	92	95	98	112	100	103	99

0	1	5	6	14	15	27	28
2	4	7	13	16	26	29	42
3	8	12	17	25	30	41	43
9	11	18	24	31	40	44	53
10	19	23	32	39	45	52	54
20	22	33	38	46	51	55	60
21	34	37	47	50	56	59	61
35	36	48	49	57	58	62	63

a b

图 6.12 (a) 默认的 JPEG 归一化数组；(b) JPEG 的 Z 形系数排列顺序

量化每一块的 DCT 系数后，$\hat{T}(u,v)$ 的元素根据图 6.12(b) 中的 Z 形方式重新排列。因为得到的一维 (量化系数的) 重排数组性质上依照空间频率增加来安排，所以图 6.11(a) 中的符号编码器设计可以充分利用重排序导致的长零行程的优点。特别地，非零 AC 系数 [即除了 $u=v=0$ 的所有 $\hat{T}(u,v)$] 使用一个定义系数值和前面零的个数的变长编码来进行编码。DC 系数 [即 $\hat{T}(0,0)$] 是相对于前一幅子图像的 DC 系数的差值编码。默认的 AC 和 DC 霍夫曼编码表由该标准提供，但用户可以自由构造自定义表及归一化数组，它们实际上可能更适合于被压缩图像的特征。

尽管 JPEG 标准的完整实现超出了本章的范围，但下面的 M 文件可近似基本编码过程：

```
function y = im2jpeg(x, quality, bits)
%IM2JPEG Compresses an image using a JPEG approximation.
%   Y = IM2JPEG(X, QUALITY) compresses image X based on 8 x 8 DCT
%   transforms, coefficient quantization, and Huffman symbol
%   coding. Input BITS is the bits/pixel used to for unsigned
%   integer input; QUALITY determines the amount of information that
%   is lost and compression achieved.  Y is an encoding structure
%   containing fields:
%
%       Y.size        Size of X
%       Y.bits        Bits/pixel of X
%       Y.numblocks   Number of 8-by-8 encoded blocks
%       Y.quality     Quality factor (as percent)
%       Y.huffman     Huffman encoding structure, as returned by
%                     MAT2HUFF
%
%   See also JPEG2IM.
error(nargchk(1, 3, nargin));              % Check input arguments
if ndims(x) ~= 2 || ~isreal(x) || ~isnumeric(x) || ~isinteger(x)
    error('The input image must be unsigned integer.');
end
if nargin < 3
    bits = 8;       % Default value for quality.
end
if bits < 0 || bits > 16
     error('The input image must have 1 to 16 bits/pixel.');
end
if nargin < 2
    quality = 1;    % Default value for quality.
end
if quality <= 0
```

函数 isreal(A) 在 A 的元素无虚部时返回真。函数 isnumeric(A) 在 A 是一个数值数组时返回真。函数 isinteger(A) 在 A 是一个整数数组时返回真。

```
      error('Input parameter QUALITY must be greater than zero.');
end
m = [16  11  10  16  24  40  51  61         % JPEG normalizing array
     12  12  14  19  26  58  60  55         % and zig-zag redordering
     14  13  16  24  40  57  69  56         % pattern.
     14  17  22  29  51  87  80  62
     18  22  37  56  68  109 103 77
     24  35  55  64  81  104 113 92
     49  64  78  87  103 121 120 101
     72  92  95  98  112 100 103 99] * quality;
order = [1  9  2  3  10 17 25 18 11 4  5  12 19 26 33  ...
         41 34 27 20 13 6  7  14 21 28 35 42 49 57 50  ...
         43 36 29 22 15 8  16 23 30 37 44 51 58 59 52  ...
         45 38 31 24 32 39 46 53 60 61 54 47 40 48 55  ...
         62 63 56 64];
[xm, xn] = size(x);                         % Get input size.
x = double(x) - 2^(round(bits) - 1);        % Level shift input
t = dctmtx(8);                              % Compute 8 x 8 DCT matrix
% Compute DCTs of 8x8 blocks and quantize the coefficients.
y = blkproc(x, [8 8], 'P1 * x * P2', t, t');
y = blkproc(y, [8 8], 'round(x ./ P1)', m);
y = im2col(y, [8 8], 'distinct');   % Break 8x8 blocks into columns
xb = size(y, 2);                    % Get number of blocks
y = y(order, :);                    % Reorder column elements
eob = max(y(:)) + 1;                % Create end-of-block symbol
r = zeros(numel(y) + size(y, 2), 1);
count = 0;
for j = 1:xb                        % Process 1 block (col) at a time
   i = find(y(:, j), 1, 'last');    % Find last non-zero element
   if isempty(i)                    % No nonzero block values
      i = 0;
   end
   p = count + 1;
   q = p + i;
   r(p:q) = [y(1:i, j); eob];       % Truncate trailing 0's, add EOB,
   count = count + i + 1;           % and add to output vector
end
r((count + 1):end) = [];            % Delete unusused portion of r
y            = struct;
y.size       = uint16([xm xn]);
y.bits       = uint16(bits);
y.numblocks  = uint16(xb);
y.quality    = uint16(quality * 100);
y.huffman    = mat2huff(r);
```

依照图 6.11(a) 中的方框图，函数 im2jpeg 处理输入图像 x 的不同 8×8 块，一次一块(而不是一次处理整个图像)。两个专门的块处理函数 blkproc 和 im2col 用于简化计算。函数 blkproc 的标准语法是

$$B = \text{blkproc}(A, [M\ N], \text{FUN}, P1, P2, \ldots)$$

它自动完成块中各图像的整个处理。对于块处理函数 FUN，它接受一幅输入图像 A、被处理块的尺寸([MN])、处理它们的一个函数(FUN)和一些可选输入参数 P1, P2,…。然后，函数 blkproc 把 A 分成 M×N 个块(包括任何可能需要的零填充)，用每个块和参数 P1, P2,…调用 FUN 函数，重新装配这些结果得到输出图像 B。

第二个用于 im2jpeg 块的处理函数是 im2col。当 blkproc 不适用于实现面向某个特定块的操作时，im2col 通常用于重排输入，以便操作可用一种更简单且更有效的方式来编码(例如，允许操作向量化)。im2col 的输出是一个矩阵，该矩阵的每列都包含输入图像的一个不同块的元素。im2col 的标准格式是

$$B = \text{im2col}(A, [M\ N], \text{'distinct'})$$

其中，参数 A、B 和[M N]如前面在 blkproc 函数中所定义的那样。字符串'distinct'告诉 im2col，待处理的块是不相重叠的；可选字符串'sliding'发出为 A 中每个像素在 B 中创建一列的信号(就像块在图像上滑过一样)。

在 im2jpeg 中，函数 blkproc 用于帮助 DCT 计算、系数去归一化及量化，而函数 im2col 用于简化量化系数重新排序和零行程检测。与 JPEG 标准不同，im2jpeg 只检测每个重排序系数块最后的零行程，使用符号 eob 代替整个行程。最后，我们注意到，虽然 MATLAB 对大图像 DCT 提供一个高效的基于 FFT 的函数(关于函数 dct2，请查阅 MATLAB 的帮助)，但 im2jpeg 使用了另一个矩阵公式

$$T = HFH^\mathrm{T}$$

式中，F 是图像 $f(x,y)$ 的一个 8×8 块，H 是由 dctmtx(8)产生的一个 8×8 DCT 变换矩阵，T 是 F 的 DCT。注意，上标 T 表示矩阵的转置。在没有量化的情况下，T 的 IDCT 是

$$F = H^\mathrm{T}TH$$

这个公式在变换小方形图像(如 JPEG 的 8×8 DCT)时特别有效。因此，语句

$$y = \text{blkproc}(x, [8\ 8], \text{'P1 * x * P2'}, h, h')$$

以 8×8 块来计算图像 x 的 DCT，使用 DCT 变换矩阵 h 和转置矩阵 h'作为 DCT 矩阵相乘 P1 * x * P2 的参数 P1 和 P2。

相似的块处理和基于矩阵的变换[见图 6.11(b)]被用来对一幅 im2jpeg 压缩过的图像解压缩。下面列出的函数 jpeg2im 执行需要的反操作序列(显然量化操作除外)。它使用通用函数

$$A = \text{col2im}(B,[M\ N],[MM\ NN],\text{'distinct'})$$

从矩阵 z 的列重新创建一幅二维图像，其中每个 64 元素列是重建图像的一个 8×8 块。参数 A、B、[M N] 和'distinct'如函数 im2col 中定义的那样，数组[MM NN]指定输出图像 A 的维数。

```
function x = jpeg2im(y)
%JPEG2IM Decodes an IM2JPEG compressed image.
%   X = JPEG2IM(Y) decodes compressed image Y, generating
%   reconstructed approximation X.  Y is a structure generated by
%   IM2JPEG.
%
%   See also IM2JPEG.
error(nargchk(1, 1, nargin));           % Check input arguments
m = [16 11  10  16  24  40  51  61      % JPEG normalizing array
     12 12  14  19  26  58  60  55      % and zig-zag reordering
     14 13  16  24  40  57  69  56      % pattern.
     14 17  22  29  51  87  80  62
     18 22  37  56  68 109 103  77
     24 35  55  64  81 104 113  92
     49 64  78  87 103 121 120 101
     72 92  95  98 112 100 103  99];
order = [1  9  2  3  10 17 25 18 11  4  5  12 19 26 33 ...
         41 34 27 20 13  6  7  14 21 28 35 42 49 57 50 ...
```

```
              43 36 29 22 15  8   16 23 30 37 44 51 58 59 52 ...
              45 38 31 24 32 39 46 53 60 61 54 47 40 48 55 ...
              62 63 56 64];
rev = order;                         % Compute inverse ordering
for k = 1:length(order)
   rev(k) = find(order == k);
end
m = double(y.quality) / 100 * m;     % Get encoding quality.
xb = double(y.numblocks);            % Get x blocks.
sz = double(y.size);
xn = sz(2);                          % Get x columns.
xm = sz(1);                          % Get x rows.
x = huff2mat(y.huffman);             % Huffman decode.
eob = max(x(:));                     % Get end-of-block symbol
z = zeros(64, xb);   k = 1;          % Form block columns by copying
for j = 1:xb                         % successive values from x into
   for i = 1:64                      % columns of z, while changing
      if x(k) == eob                 % to the next column whenever
         k = k + 1;    break;        % an EOB symbol is found.
      else
         z(i, j) = x(k);
         k = k + 1;
      end
   end
end
z = z(rev, :);                                   % Restore order
x = col2im(z, [8 8], [xm xn], 'distinct');       % Form matrix blocks
x = blkproc(x, [8 8], 'x .* P1', m);             % Denormalize DCT
t = dctmtx(8);                                   % Get 8 x 8 DCT matrix
x = blkproc(x, [8 8], 'P1 * x * P2', t', t);     % Compute block DCT-1
x = x + double(2^(y.bits - 1));                  % Level shift
if y.bits <= 8
   x = uint8(x);
else
   x = uint16(x);
end
```

例 6.8 JPEG 压缩。

图 6.13(a) 和图 6.13(b) 显示了图 6.4(a) 中单色图像的两个 JPEG 编码图像和随后解码图像的近似。第一个结果提供了 18:1 的压缩比，该结果是直接应用图 6.12(a) 中的归一化数组得到的。第二个结果是用 4 乘以归一化数组产生的，它对原图像的压缩比是 42:1。

图 6.4(a) 中原图像与图 6.13(a) 和图 6.13(b) 中重建图像的差分别显示在图 6.13(c) 和图 6.13(d) 中。两幅图像都被放大以使误差更明显。相应的均方根误差分别是 2.4 个灰度级和 4.4 个灰度级。这些误差对图片质量的影响在图 6.13(e) 和图 6.13(f) 所示的放大图像中更明显。这些图像分别显示了图 6.13(a) 和图 6.13(b) 的放大部分，因此可更好地评估重建图像间的细微差别 [图 6.4(b) 显示了放大后的原图像]。注意两幅放大的近似图像中出现了块效应。

图 6.13 中的图像和刚刚讨论过的数值结果是使用如下命令序列生成的：

```
>> f = imread('Tracy.tif');
>> c1 = im2jpeg(f);
>> f1 = jpeg2im(c1);
>> imratio(f, c1)
ans =
    18.4090
>> compare(f, f1, 3)
ans =
```

```
    2.4329
>> c4 = im2jpeg(f, 4);
>> f4 = jpeg2im(c4);
>> imratio(f, c4)
ans =
    43.3153
>> compare(f, f4, 3)
ans =
    4.4053
```

这些结果不同于真实 JPEG 基本编码环境中得到的结果，因为 im2jpeg 只是近似 JPEG 标准的霍夫曼编码处理。有两个主要差别值得关注：(1) 在该标准中，所有行程系数 0 都是用霍夫曼编码的，而 im2jpeg 只对每一块的终结行程编码；(2) 该标准的编码器和解码器基于一个已知（默认）的霍夫曼编码，而 im2jpeg 携带有逐图像重建和编码霍夫曼码字所需的信息。使用这一标准，上面提到的压缩比几乎会加倍。

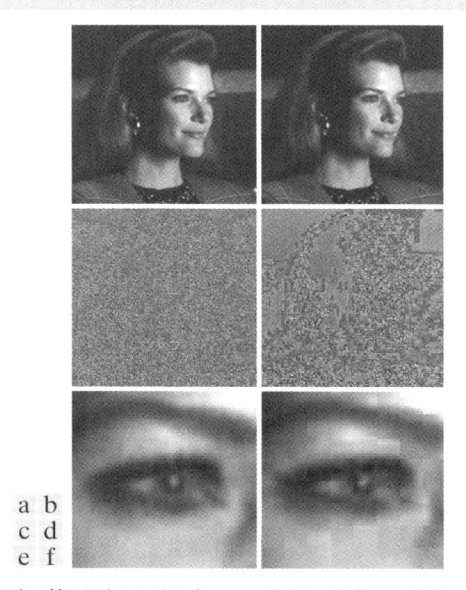

a b
c d
e f

图 6.13　左列：使用图 6.12(a) 中 DCT 和归一化数组对图 6.4 的近似；
　　　　右列：使用因子 4 缩放归一化数组得到的类似结果

6.5.2　JPEG 2000

像前一节最初的 JPEG 版本一样，JPEG 2000 基于如下概念：解除了图像中像素相关性的变换系数可以比原始像素本身更为有效地编码。若变换的基函数（在 JPEG 2000 情形下是小波）把大部分重要的视觉信息打包到较少的系数中，则剩下的系数可以粗糙地量化或将其截尾为 0，这样做对图像失真的影响很小。

图 6.14 显示了一个简化后的 JPEG 2000 编码系统（缺少几个可选操作）。如在原始的 JPEG 标准中那样，编码处理的第一步是减去 2^{m-1} 来移动图像像素的灰度级，其中 2^m 是图像中灰度级的数量。然后可以计算图像的行和列的一维离散小波变换。对于无损压缩，所用的变换是双正交的，即使用一个 5-3 系数尺度小波向量。在有损应用中，使用的是一个 9-7 系数尺度小波向量。无论在哪种情形下，最初的分解结果都产生了 4 个子带，即图像的低分辨率近似以及图像的水平、垂直和对角线频率特征。

重复分解步骤 N_L 次，并将后续迭代限制到先前分解的近似系数，可产生一个 N_L 尺度的小波变换。

相邻尺度空间上通过 2 的幂来关联,且最低尺度只包含明确定义的原图像的近似。图 6.15 中标准的符号表示是在 $N_L = 2$ 时总结出来的,而 N_L 尺度变换包括 $3N_L + 1$ 个子带,它们的系数表示为 a_b,其中 $b = N_L LL, N_L HL, \cdots, 1HL, 1LH, 1HH$。该标准并未指定被计算的尺度数。

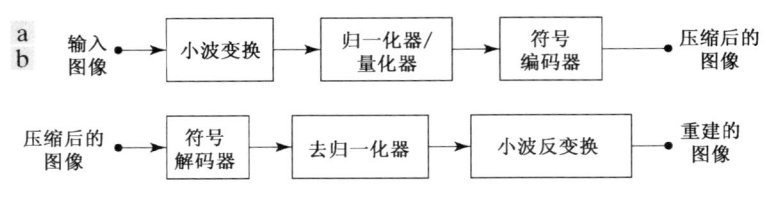

图 6.14 JPEG 2000 框图:(a)编码器;(b)解码器

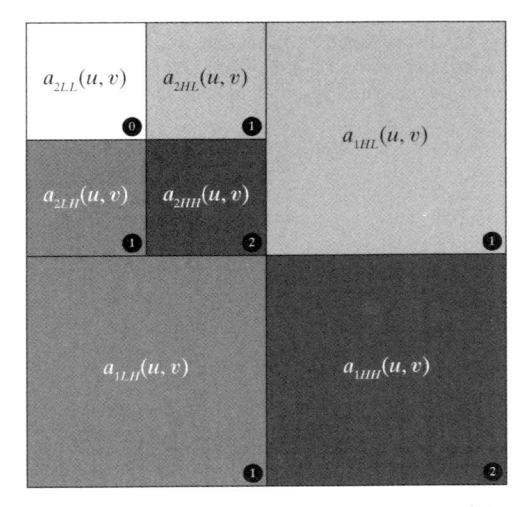

图 6.15 JPEG 2000 两尺度小波变换系数表示和(圆圈中的)分析增益

计算 N_L 尺度小波变换后,变换系数的总数等于原图像中的样本数,但重要的视觉信息集中在很少的几个系数中。为减少表示它们所需的比特数,子带 b 的系数 $a_b(u,v)$ 用下式量化为值 $q_b(u,v)$:

$$q_b(u,v) = \text{sign}[a_b(u,v)] \cdot \text{floor}\left[\frac{|a_b(u,v)|}{\Delta_b}\right]$$

式中,sign 和 floor 运算符的作用类似于 MATLAB 中的同名函数(即函数 sign 和 floor),量化步长 Δ_b 是

$$\Delta_b = 2^{R_b - \varepsilon_b}\left(1 + \frac{\mu_b}{2^{11}}\right)$$

式中,R_b 是子带 b 的标称动态范围,ε_b 和 μ_b 是分配给子带系数的指数和尾数的比特数。子带 b 的标称动态范围是用于表示原图像的比特数和子带 b 的分析增益比特数的和。子带分析增益比特遵循图 6.15 中的简单模式。例如,子带 $b = 1HH$ 有两个分析增益比特。

对无误差压缩来说,$\mu_b = 0$ 和 $R_b = \varepsilon_b$,所以 $\Delta_b = 1$。对不可逆压缩来说,没有指定特殊的量化步长大小。相反,在子带的基础上必须将指数和尾数的比特数提供给解码器,这称为显式量化,只针对 $N_L LL$ 子带时,称为隐式量化。在后一种情形下,剩下的子带使用推断的 $N_L LL$ 子带参数来量化,令 ε_0 和 μ_0 是分配给子带 $N_L LL$ 的比特数,则对子带 b 的推断参数是

$$\mu_b = \mu_0$$
$$\varepsilon_b = \varepsilon_0 + nsd_b - nsd_0$$

式中，nsd_b 表示从原图像到子带 b 的子带分解级数。编码处理的最后步骤是在比特平面基础上对量化系数做算术编码。虽然本章不对算术编码进行讨论，但算术编码是一个像霍夫曼编码的变长编码过程，设计用于降低编码冗余。

除算术符号编码外，自定义函数 im2jpeg2k 可近似图 6.14(a) 中的 JPEG 2000 编码过程。正如在下面列出的程序中看到的那样，为简化起见，用零行程长度编码加强霍夫曼编码。

```
function y = im2jpeg2k(x, n, q)
%IM2JPEG2K Compresses an image using a JPEG 2000 approximation.
%   Y = IM2JPEG2K(X, N, Q) compresses image X using an N-scale JPEG
%   2K wavelet transform, implicit or explicit coefficient
%   quantization, and Huffman symbol coding augmented by zero
%   run-length coding. If quantization vector Q contains two
%   elements, they are assumed to be implicit quantization
%   parameters; else, it is assumed to contain explicit subband step
%   sizes.  Y is an encoding structure containing Huffman-encoded
%   data and additional parameters needed by JPEG2K2IM for decoding.
%
%   See also JPEG2K2IM.

global RUNS

error(nargchk(3, 3, nargin));           % Check input arguments
if ndims(x) ~= 2 || ~isreal(x) || ~isnumeric(x) || ~isa(x, 'uint8')
   error('The input must be a UINT8 image.');
end

if length(q) ~= 2 && length(q) ~= 3 * n + 1
   error('The quantization step size vector is bad.');
end

% Level shift the input and compute its wavelet transform
x = double(x) - 128;
[c, s] = wavefast(x, n, 'jpeg9.7');

% Quantize the wavelet coefficients.
q = stepsize(n, q);
sgn = sign(c);      sgn(find(sgn == 0)) = 1;     c = abs(c);
for k = 1:n
   qi = 3 * k - 2;
   c = wavepaste('h', c, s, k, wavecopy('h', c, s, k) / q(qi));
   c = wavepaste('v', c, s, k, wavecopy('v', c, s, k) / q(qi + 1));
   c = wavepaste('d', c, s, k, wavecopy('d', c, s, k) / q(qi + 2));
end
c = wavepaste('a', c, s, k, wavecopy('a', c, s, k) / q(qi + 3));
c = floor(c);       c = c .* sgn;

% Run-length code zero runs of more than 10. Begin by creating
% a special code for 0 runs ('zrc') and end-of-code ('eoc') and
% making a run-length table.
zrc = min(c(:)) - 1;      eoc = zrc - 1;       RUNS = 65535;

% Find the run transition points: 'plus' contains the index of the
% start of a zero run; the corresponding 'minus' is its end + 1.
z = c == 0;               z = z - [0 z(1:end - 1)];
plus = find(z == 1);      minus = find(z == -1);

% Remove any terminating zero run from 'c'.
if length(plus) ~= length(minus)
   c(plus(end):end) = [];     c = [c eoc];
end

% Remove all other zero runs (based on 'plus' and 'minus') from 'c'.
for i = length(minus):-1:1
   run = minus(i) - plus(i);
   if run > 10
```

```
            ovrflo = floor(run / 65535);    run = run - ovrflo * 65535;
            c = [c(1:plus(i) - 1) repmat([zrc 1], 1, ovrflo) zrc ...
                runcode(run) c(minus(i):end)];
      end
end

% Huffman encode and add misc. information for decoding.
y.runs    = uint16(RUNS);
y.s       = uint16(s(:));
y.zrc     = uint16(-zrc);
y.q       = uint16(100 * q');
y.n       = uint16(n);
y.huffman = mat2huff(c);

%-----------------------------------------------------------------%
function y = runcode(x)
% Find a zero run in the run-length table. If not found, create a
% new entry in the table. Return the index of the run.
global RUNS
y = find(RUNS == x);
if length(y) ~= 1
   RUNS = [RUNS; x];
   y = length(RUNS);
end

%-----------------------------------------------------------------%
function q = stepsize(n, p)
% Create a subband quantization array of step sizes ordered by
% decomposition (first to last) and subband (horizontal, vertical,
% diagonal, and for final decomposition the approximation subband).

if length(p) == 2              % Implicit Quantization
   q = [];
   qn = 2 ^ (8 - p(2) + n) * (1 + p(1) / 2 ^ 11);
   for k = 1:n
      qk = 2 ^ -k * qn;
      q = [q (2 * qk) (2 * qk) (4 * qk)];
   end
   q = [q qk];
else                           % Explicit Quantization
   q = p;
end
q = round(q * 100) / 100;      % Round to 1/100th place
if any(100 * q > 65535)
   error('The quantizing steps are not UINT16 representable.');
end
if any(q == 0)
   error('A quantizing step of 0 is not allowed.');
end
```

JPEG 2000 解码器只是前面讨论的操作的反操作。对算术编码系数解码后，重建了用户所选数量的原图像的子带。虽然对于特定的子带，编码器可能被算术编码了 M_b 个比特平面，但由于嵌入码流的性质，用户可能仅选择解码 N_b 个比特平面。这相当于使用 $2^{M_b-N_b} \cdot \Delta_b$ 的步长来量化系数。任何没有解码的比特都被设置为 0，并且表示为 $\overline{q}_b(u,v)$ 的结果系数使用下式去归一化：

$$R_{q_b}(u,v) = \begin{cases} (\overline{q}_b(u,v) + 2^{M_b-N_b(u,v)}) \cdot \Delta_b, & \overline{q}_b(u,v) > 0 \\ (\overline{q}_b(u,v) - 2^{M_b-N_b(u,v)}) \cdot \Delta_b, & \overline{q}_b(u,v) < 0 \\ 0, & \overline{q}_b(u,v) = 0 \end{cases}$$

式中，$R_{q_b}(u,v)$ 表示一个去归一化的变换系数，$N_b(u,v)$ 是对 $\overline{q}_b(u,v)$ 解码的比特平面数。然后，去归一化系数进行反变换和灰度级移动,产生原图像的一个近似。自定义函数 jpeg2k2im 近似这个过程,im2jpeg2k 的反压缩早些时候介绍过。

```
function x = jpeg2k2im(y)
%JPEG2K2IM Decodes an IM2JPEG2K compressed image.
%   X = JPEG2K2IM(Y) decodes compressed image Y, reconstructing an
%   approximation of the original image X.  Y is an encoding
%   structure returned by IM2JPEG2K.
%
%   See also IM2JPEG2K.

error(nargchk(1, 1, nargin));           % Check input arguments

% Get decoding parameters: scale, quantization vector, run-length
% table size, zero run code, end-of-data code, wavelet bookkeeping
% array, and run-length table.
n = double(y.n);
q = double(y.q) / 100;
runs = double(y.runs);
zrc = -double(y.zrc);
eoc = zrc - 1;
s = double(y.s);
s = reshape(s, n + 2, 2);

% Compute the size of the wavelet transform.
cl = prod(s(1, :));
for i = 2:n + 1
   cl = cl + 3 * prod(s(i, :));
end

% Perform Huffman decoding followed by zero run decoding.
r = huff2mat(y.huffman);

c = [];    zi = find(r == zrc);    i = 1;
for j = 1:length(zi)
    c = [c r(i:zi(j) - 1) zeros(1, runs(r(zi(j) + 1)))];
    i = zi(j) + 2;
end

zi = find(r == eoc);                    % Undo terminating zero run
if length(zi) == 1                      % or last non-zero run.
    c = [c r(i:zi - 1)];
    c = [c zeros(1, cl - length(c))];
else
    c = [c r(i:end)];
end

% Denormalize the coefficients.
c = c + (c > 0) - (c < 0);
for k = 1:n
    qi = 3 * k - 2;
    c = wavepaste('h', c, s, k, wavecopy('h', c, s, k) * q(qi));
    c = wavepaste('v', c, s, k, wavecopy('v', c, s, k) * q(qi + 1));
    c = wavepaste('d', c, s, k, wavecopy('d', c, s, k) * q(qi + 2));
end
c = wavepaste('a', c, s, k, wavecopy('a', c, s, k) * q(qi + 3));

% Compute the inverse wavelet transform and level shift.
x = waveback(c, s, 'jpeg9.7', n);
x = uint8(x + 128);
```

图 6.14 中基于小波的 JPEG 2000 系统和图 6.11 中基于 DCT 的 JPEG 系统间的主要不同是,后者省略了子图像处理步骤。因为小波变换具有计算高效性和局部特性(即它们的基函数限制在持续时间内),因此不需要将图像细分为块。如在下例中看到的那样,去掉细分步骤消除了高压缩比下基于 DCT 的近似的块效应。

例 6.9 JPEG 2000 压缩。

图 6.16 显示了图 6.4(a) 中单色图像的两个 JPEG 2000 近似。图 6.16(a) 是一幅压缩比为 42:1 的原图像编码的重建图像；图 6.16(b) 是由压缩比为 88:1 的编码生成的。两个结果都是分别使用 5 尺度变换及 $\mu_0 = 8$、$\varepsilon_0 = 8.5$ 和 7 的隐式量化得到的。因为 im2jpeg2k 只近似 JPEG 2000 的面向比特面的算术编码，因此刚刚说明的压缩比不同于由一个真正的 JPEG 2000 编码器得到的那些压缩比。事实上，真实的压缩比会按因子 2 近似增加。

因为图 6.16 左列中 42:1 压缩比的压缩结果和图 6.13（见例 6.8）右列中的图像压缩的结果相同，因此图 6.16(a)、图 6.16(c) 和图 6.13(e) 可与图 6.13(b)、图 6.13(d) 和图 6.13(f) 中基于变换的 JPEG 结果进行定性与定量的比较。观察发现基于小波的 JPEG 2000 图像中的误差已明显降低。事实上，图 6.16(a) 中基于 JPEG 2000 的结果的均方根误差是 3.6 个灰度级，而图 6.13(b) 中相应的基于变换的 JPEG 结果的均方根误差是 4.4 个灰度级。除降低了重建误差外，基于 JPEG 2000 的编码主观上明显地增强了图像的质量。在图 6.16(e) 中这一点尤其明显。注意，图 6.13(f) 所示基于变换的相应结果中，已不再出现明显的块效应。

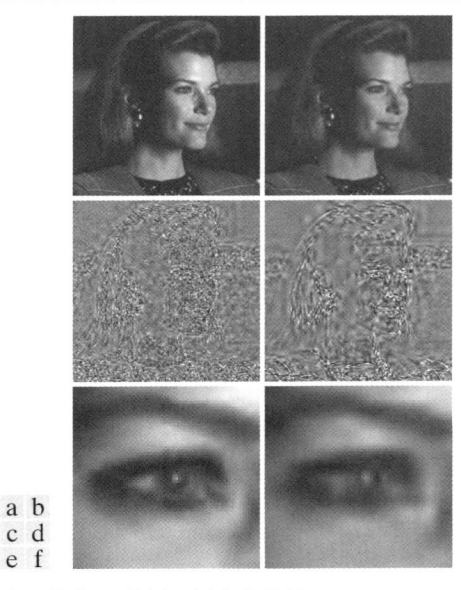

a b
c d
e f

图 6.16　左列：对图 6.4 使用 5 尺度变换及 $\mu_0 = 8$、$\varepsilon_0 = 8.5$ 的隐式量化得到的 JPEG 2000 近似；右列：$\varepsilon_0 = 7$ 时得到的类似结果

如图 6.16(b) 所示，当压缩比增大到 88:1 时，女士衣服的纹理出现了损失，且其眼睛也变得模糊。在图 6.16(b) 和图 6.16(f) 中，这种效应更加明显。这些重建图像的均方根误差约为 5.9 个灰度级。图 6.16 的结果是用下面的命令序列产生的：

```
>> f = imread('Tracy.tif');
>> c1 = im2jpeg2k(f, 5, [8 8.5]);
>> f1 = jpeg2k2im(c1);
>> rms1 = compare(f, f1)

rms1 =
    3.6931

>> cr1 = imratio(f, c1)

cr1 =
    42.1589

>> c2 =im2jpeg2k(f, 5, [8 7]);
```

```
>> f2 = jpeg2k2im(c2);
>> rms2 = compare(f, f2)
rms2 =
    5.9172
>> cr2 = imratio(f, c2)
cr2 =
   87.7323
```

注意，当提供一个两元素向量作为 im2jpeg2k 的参量 3 时，使用隐式量化。若该向量的长度不是 2，则函数采用显式量化，且必须提供大小为 $3N_L + 1$ 的步长（其中 N_L 是待计算的尺度数）。对于分解的每个子带都是这样；它们必须按分解级别（第一、第二、第三等）和按子带类型（即水平、垂直、对角线和近似）排序。例如，

```
>> c3 =im2jpeg2k(f, 1, [1 1 1 1]);
```

计算一个一尺度变换，并使用显式量化——所有 4 个子带都使用步长 $\Delta_1 = 1$ 来量化。也就是说，变换系数被舍入为最接近的整数。这就是对 im2jpeg2k 最小误差情形的实现，且得到的均方根误差和压缩比为

```
>> f3 = jpeg2k2im(c3);
>> rms3 = compare(f, f3)
rms3 =
    1.1234
>> cr3 = imratio(f, c3)
cr3 =
    1.6350
```

6.6 视频压缩

视频是称为视频帧的一系列图像，其中每帧都是单色图像或全彩色图像。如预期的那样，6.2 节到 6.4 节中介绍的冗余在大多数视频内都存在，且先前介绍的压缩方法及 6.5 节中给出的压缩标准，可单独用于处理这些帧。本节介绍可以增加压缩比的冗余（这些压缩独立处理就可实现）。这些冗余称为时间冗余，因为相邻帧中的像素间存在相关性。

在接下来的内容中，我们将介绍两种视频压缩的基础，以及用于处理图像序列（不管这些序列是基于时间的视频序列，还是基于空间的序列，如磁共振成像生成的那些序列）的主要的图像处理工具箱函数。但在继续之前，我们注意到例子中所用的非压缩视频序列是以多帧 TIFF 文件存储的。多帧 TIFF 可以容纳图像序列，这些图像可以使用如下的 imread 语法一次读入一幅：

$$\text{imread('filename.tif', idx)}$$

其中，idx 是待读入序列中帧的整数索引。为了将非压缩帧写入一个多帧 TIFF 文件，相应的 imwrite 语法为

$$\text{imwrite(f, 'filename', 'Compression', 'none', ...} \\ \text{'WriteMode', mode)}$$

其中，写入初始帧时 mode 置为 'overwrite'，写入所有其他帧时置为 'append'。注意，与 imread 不同，imwrite 对多帧 TIFF 文件中的帧不提供随机访问；帧必须按照其出现的顺序写入。

6.6.1 MATLAB 图像序列和电影

在 MATLAB 工作空间表示视频有两种标准的方法。第一种方法是最简单的，即视频的每帧都沿一个四维数组的第四维连接起来。结果数组称为 MATLAB 图像序列，其前两维是所连接帧的行维和

列维；第三维对于单色图像(或索引)是 1，对于彩色图像是 3；第四维是图像序列中的帧数。这样，下面的命令将读取 16 帧 TIFF 文件'shuttle.tif'的第一帧和最后一帧，并建立一个两帧的 256×480×1×2 单色图像序列 s1：

```
>> i = imread('shuttle.tif', 1);
>> frames = size(imfinfo('shuttle.tif'), 1);
>> s1 = uint8(zeros([size(i) 1 2]));
>> s1(:,:,:,1) = i;
>> s1(:,:,:,2) = imread('shuttle.tif', frames);
>> size(s1)
ans =
   256   480     1     2
```

> 函数 imfinfo('filename')试图根据一个文件的内容来推断其格式。详细信息，请键入>>help imfinfo。

在 MATLAB 工作空间表示视频的另一种方法是将连续的视频帧嵌入称为电影帧的一个结构矩阵。得到的一行矩阵称为 MATLAB 电影，该矩阵中的每列都是一个结构，这个结构包含两个字段：cdata 字段将视频的一帧保存为 uint8 值的一个二维或三维矩阵，colormap 字段包含一个标准的 MATLAB 彩色查找表(见 5.1.2 节)。下面的命令把图像序列 s1 转换为 MATLAB 电影 m1：

```
>> lut = 0:1/255:1;
>> lut = [lut' lut' lut'];
>> m1(1) = im2frame(s1(:,:,:,1), lut);
>> m1(2) = im2frame(s1(:,:,:,2), lut);
>> size(m1)
ans =
     1     2
>> m1(1)
ans =
         cdata: [256x480 uint8]
      colormap: [256x3 double]
```

如看到的那样，电影 m1 是一个 1×2 矩阵，该矩阵的元素是包含 256 × 480 的 uint8 图像和 256×3 的查找表的结构。查找表 lut 是一个 1:1 的灰度级映射。最后注意到，取一幅图像和彩色查找表作为参量的函数 im2frame，其作用是建立每个电影帧。

无论给定的视频序列是表示为一个标准的 MATLAB 电影，还是表示为一个 MATLAB 图像序列，都可以使用函数 implay 来观看(播放、暂停、单步等)：

$$\text{implay(frms, fps)}$$

其中，frms 是一个 MATLAB 电影或图像序列，fps 是用于回放的一个可选帧率(帧/秒)。默认的帧率是 20 帧/秒。图 6.17 显示了一个电影播放器，它使用上面定义的 s1 和 m1 来响应 implay(s1)和/或 implay(m1)命令。注意，回放工具栏提供了类似于商用 DVD 播放器的控件。此外，沿电影播放器窗口的底部，还显示了当前帧的索引(图 6.17 右下方 1/2 中的 1)、类型(I 对应于 RGB)、尺寸(256×480)、帧率(20 fps)和将要显示的电影或图像序列(1/2 中的 2)中的总帧数。还要注意，窗口大小可调整，以适应将要播放的图像；当该窗口小于当前显示的图像时，查看区域的两边会增加滚动条。

使用函数 montage 可同时观看多帧：

$$\text{montage(frms, 'Indices', idxes, 'Size', [rows cols])}$$

其中，frms 见上面的定义，idxes 是一个数值数组，它指定用于操
纵该剪辑的帧的索引，rows 和 cols 定义其形状。因此，montage(s1,
'Size', [2 1]) 显示了两帧序列 s1 的一个 2×1 剪辑（见图 6.18）。回忆可知，s1 是由'shuttle.tif'的
第一帧和最后一帧组成的。如图 6.18 所示的那样，'shuttle.tif'中任意帧间的最大视觉差异位于背
景中的地球位置。根据航天飞机上固定的摄像机从左到右移动。

> 函数 montage 中所用参数的详细信
> 息，请键入>>help montage 浏览。

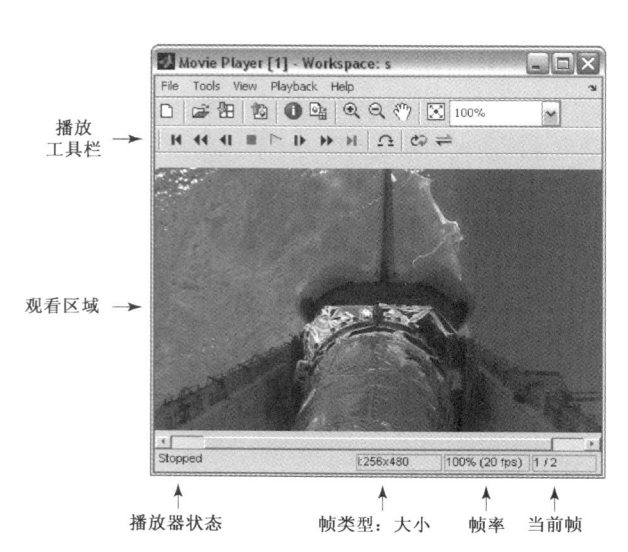

图 6.17　工具箱电影播放器（原图像由 NASA 提供）　　图 6.18　两个视频帧的剪辑（原图像由 NASA 提供）

　　本节最后将介绍几个在图像序列、电影和多帧 TIFF 间进行转换的自定义函数。这些函数包含在
附录 C 中，它很容易在多帧 TIFF 文件下工作。例如，要在多帧 TIFF 文件和 MATLAB 图像序列间进
行转换，可使用

$$s = \text{tifs2seq}('filename.tif')$$

> tifs2seq

和

$$\text{seq2tifs}(s, 'filename.tif')$$

> seq2tifs

其中，s 是一个 MATLAB 图像序列，'filename.tif'是一个多帧 TIFF 文件。要对 MATLAB 电影执
行类似的转换，可使用

$$m = \text{tifs2movie}('filename.tif')$$

> tifs2movie

和

$$\text{movie2tifs}(m, 'filename.tif')$$

> movie2tifs

其中，m 是 MATLAB 电影。最后，要将一个多帧 TIFF 文件转换为 Advanced Video Interleave（AVI）文
件，以便用于 Windows 媒体播放器，可联合使用 tifs2movie 和 MATLAB 函数 movie2avi：

$$\text{movie2avi}(\text{tifs2movie}('filename.tif'), 'filename.avi')$$

> movie2avi

其中，'filename.tif'是一个多帧 TIFF 文件，'filename.avi'是产生的 AVI 文件的名称。要在工具
箱电影播放器中观看多帧 TIFF，可联合使用 tifs2movie 和函数 implay：

$$\text{implay}(\text{tifs2movie}('filename.tif'))$$

6.6.2 时间冗余和运动补偿

类似于空间冗余（空间中彼此接近的像素间的相关），时间冗余是时间上彼此接近的像素的相关。

例 6.10 时间冗余。

图 6.19(a)显示了多帧 TIFF 图像的第二帧，这幅多帧 TIFF 图像的第一帧和最后一帧如图 6.18 所示。如 6.2 节和 6.3 节说明的那样，出现在该帧的一个传统 8 比特表示中的空间和编码冗余，可以使用霍夫曼和线性预测编码删除：

```
>> f2 = imread('shuttle.tif', 2);
>> ntrop(f2)
ans =
    6.8440
>> e2 = mat2lpc(f2);
>> ntrop(e2, 512)
ans =
    4.4537
>> c2 = mat2huff(e2);
>> imratio (f2, c2)
ans =
    1.7530
```

函数 mat2lpc 通过(空间上)相邻的像素来预测 f2 中的一个像素值，而 mat2huff 对该预测值和实际像素值间的差值编码。预测和差值处理得到 1.753:1 的压缩比。

因为 f2 是时间序列图像的一部分，所以我们也可以从前一帧中的相应像素来预测其像素。使用一阶线性预测器

$$\hat{f}(x,y,t) = \text{round}\left[\alpha f(x,y,t-1)\right]$$

式中 $\alpha = 1$，并对产生的预测误差

$$e(x,y,t) = f(x,y,t-1) - f(x,y,t)$$

进行霍夫曼编码，可得

```
>> f1 = imread('shuttle.tif', 1);
>> ne2 = double(f2) - double(f1);
>> ntrop(ne2, 512)
ans =
    3.0267
>> nc2 = mat2huff(ne2);
>> imratio (f2, nc2)
ans =
    2.5756
```

使用帧间预测器，而不像面向空间的前一像素预测器，压缩比增大到 2.5756。在任何一种情形下，压缩都是无损的，因为预测残差的熵(对于 e2 是 4.4537 比特/像素，对于 ne2 是 3.0267 比特/像素)低于帧 f2 的熵(6.8440 比特/像素)。注意，预测残差 ne2 的直方图显示在图 6.19(b)中。它在 0 附近是一个高峰，且有相对较小的方差，这表明变长霍夫曼编码是理想的。

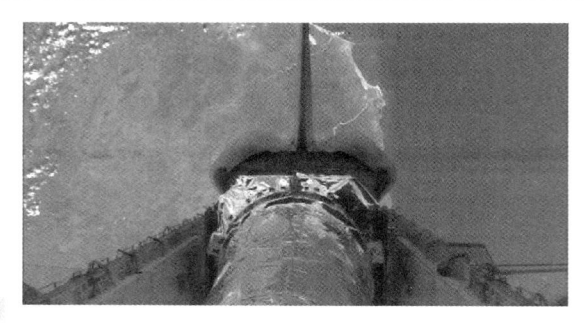

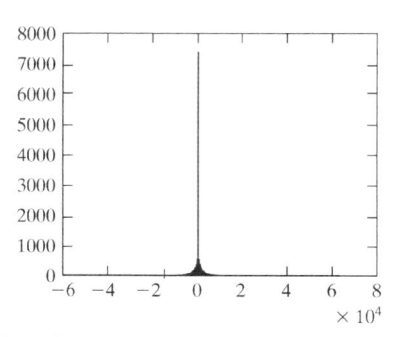

图 6.19 (a)绕地轨道太空飞船的一个 16 帧视频的第二帧。第一帧和最后一帧显示在图 6.18 中；(b)由例 6.9 中的前帧预测得到的预测误差的直方图（原图像由 NASA 提供）

增加多数帧间预测精度的一种方法是计算帧与帧之间的目标运动——一种称为运动补偿的处理。图 6.20 说明了其基本概念，图中(a)部分和(b)部分是包含两个运动中目标的一个假设视频中的相邻帧。两个目标都是白色的，背景的灰度级是 75。若显示在图 6.20(b)中的帧使用图 6.20(a)中的帧作为其预测来编码（如例 6.9 中所做的那样），则得到的预测残差包含三个值（即−180、0 和 180）[见图 6.20(c)，其中，预测残差已被标定到灰度级 128 以对应于预测误差 0]。然而，若考虑目标运动，则得到的预测残差将只有一个值 0。注意，在图 6.20(d)中，运动补偿后的残差不包含信息，它的熵是 0。仅需要图 6.20(e)中的运动向量来从图 6.20(a)中的帧重建图 6.20(b)中的帧。但在非理想情形下，两个运动向量和预测残差都是需要的，且运动向量是针对称为宏块的非重叠矩形压而非各个目标计算的。然后，单个向量描述相关联的宏块中的每个像素的运动（即移动的方向和距离）；也就是说，它定义像素与它们在前一帧或参考帧中的位置的水平和垂直位移。

> 三个可能的预测残差是由灰度级 255（白色对象）和 75（灰色背景）形成的。

> 这里的讨论假设运动向量被指定到最接近的整数或整个像素位置。若精度增大到子像素（如 1/2 像素或 1/4 像素）级，则必须由参考帧中的像素组合来对预测进行内插（如使用双线性内插）。

如预期的那样，运动估计是运动补偿的关键。在运动估计中，度量每个宏块的运动，并将其编码为一个运动向量。该向量以相关联的宏块像素和参考帧中预测像素间的最小误差来选择。最常用的误差测量方法之一是计算绝对失真的和（SAD）：

$$\text{SAD}(x, y) = \sum_{i=1}^{M} \sum_{j=1}^{N} \left| f(x+i, y+j) - p(x+i+\text{d}x, y+j+\text{d}y) \right|$$

式中，x 和 y 是被编码的 $m \times n$ 宏块左上角像素的坐标，$\text{d}x$ 和 $\text{d}y$ 是到其参考帧位置的位移，p 是预测的宏块像素值的一个数组。通常，$\text{d}x$ 和 $\text{d}y$ 必须落入围绕每个宏块的一个受限搜索区域。通常，其值为 8 到 64 个像素，水平搜索区域通常要稍大于垂直区域。给定一个如 SAD 这样的准则，则运动估计通过搜索使得其在允许的运动向量位移范围上最小的 $\text{d}x$ 和 $\text{d}y$ 来实现。该处理称为块匹配。穷举搜索可保证最好的结果，但其计算开销很大，因为每个可能的运动必须在整个位移范围上进行测试。

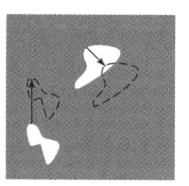

图 6.20 (a)和(b)一个假设视频的两帧；(c)标定后的无运动补偿预测残差；(d)运动补偿后的预测残差；(e)描述物体运动的运动向量

图 6.21 显示了一个视频编码器，它可执行刚才讨论的运动补偿处理。考虑输入到编码器的是连续的视频宏块。与变换平行的灰色部分是图 6.11(a) 中 JPEG 编码器的量化和变长编码操作。主要的差别是输入，它可能是图像数据的传统宏块（即待编码的初始帧），或是传统宏块和基于前一帧的预测之间的差（执行了运动补偿时）。还要注意，解码器包含一个反量化器和 IDCT，因此其预测匹配那些补充解码器的预测。它还包含一个针对计算出的运动向量的变长编码器。

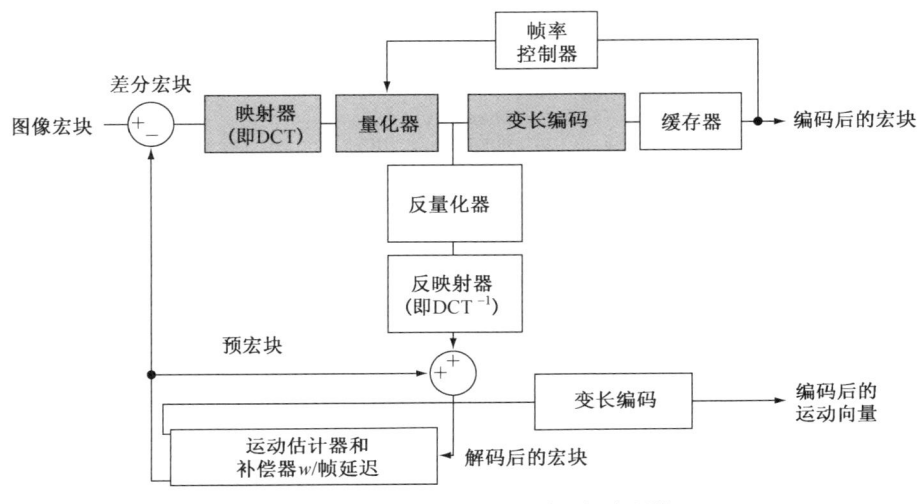

图 6.21 一种典型的运动补偿视频编码器

多数现代视频压缩标准（从 MPEG-1 到 MPEG-4 AVC）可在类似于图 6.21 中的编码器上实现。当没有足够的帧间相关来进行有效的预测编码时（甚至在运动补偿之后），通常可用面向块的一种二维变换方法（如 JPEG 的基于 DCT 编码）。无预测压缩的帧称为内部帧或独立帧（I 帧）。不用访问所属视频中的其他帧，就可对它们解码。I 帧通常类似于 JPEG 编码后的图像，并且是产生预测残差的理想起点。此外，它们提供了高度的随机访问，易于编辑，并可阻止传输误差的扩散。因此，所有的标准都要求将 I 帧周期性地插入压缩后的视频码流。基于前一帧编码的帧称为预测帧（P 帧）；大多数标准允许基于后续双向帧（B 帧）的预测。B 帧要求压缩后的码流重新排序，以便那些帧以合适的解码顺序而非自然显示顺序出现在解码器中。

> MPEG 是 Motion Pictures Expert Group（运动图像专家组）的缩写，是一种被 ISO（国际标准化组织）和 IEC（国际电气委员会）采纳的标准。AVC 是 Advanced Video Coding（高级视频编码）的缩写。

下面称为 tifs2cv 的函数可压缩多帧 TIFF 图像 f，它使用具有 SAD 的穷举搜索策略作为选择最好运动向量的准则。输入 m 决定所用宏块的尺寸（即它们的大小为 m×m），d 定义搜索区域（即最大宏块位移），q 设置整个压缩的质量。若 q 为 0 或被省略，则预测残差和运动向量都是霍夫曼编码的，并且压缩是无损的；对于所有非零的正 q 值，预测残差使用来自 6.5.1 节的 im2jpeg 编码，且压缩是有损的。注意，f 的第一帧作为 I 帧来处理，而所有的其他帧被编码为 p 帧。也就是说，编码不执行（时间上的）后向预测，也不强制上面说明的 I 帧的周期性插入（防止使用有损压缩时误差的累积）。最后要注意的是，所有运动向量都是针对最近像素的，不执行子像素内插。程序中始终使用了专用的 MATLAB 块处理函数 im2col 和 col2im。

tifs2cv

```
function y = tifs2cv(f, m, d, q)
%TIFS2CV Compresses a multi-frame TIFF image sequence.
%   Y = TIFS2CV(F, M, D, Q) compresses multiframe TIFF F using
%   motion compensated frames, 8 x 8 DCT transforms, and Huffman
%   coding. If parameter Q is omitted or is 0, only Huffman
%   encoding is used and the compression is lossless; for Q > 0,
```

```
%       lossy JPEG encoding is performed. The inputs are:
%
%       F       A multi-frame TIFF file        (e.g., 'file.tif')
%       M       Macroblock size                (e.g., 8)
%       D       Search displacement            (e.g., [16 8])
%       Q       JPEG quality for IM2JPEG       (e.g., 1)
%
%   Output Y is an encoding structure with fields:
%
%       Y.blksz     Size of motion compensation blocks
%       Y.frames    The number of frames in the image sequence
%       Y.quality   The reconstruction quality
%       Y.motion    Huffman encoded motion vectors
%       Y.video     An array of MAT2HUFF or IM2JPEG coding structures
%
%   See also CV2TIFS.

% The default reconstruction quality is lossless.
if nargin < 4
    q = 0;
end

% Compress frame 1 and reconstruct for the initial reference frame.
if q == 0
    cv(1) = mat2huff(imread(f, 1));
    r = double(huff2mat(cv(1)));
else
    cv(1) = im2jpeg(imread(f, 1), q);
    r = double(jpeg2im(cv(1)));
end
fsz = size(r);

% Verify that image dimensions are multiples of the macroblock size.
if ((mod(fsz(1), m) ~= 0) || (mod(fsz(2), m) ~= 0))
    error('Image dimensions must be multiples of the block size.');
end

% Get the number of frames and preallocate a motion vector array.
fcnt = size(imfinfo(f), 1);
mvsz = [fsz/m 2 fcnt];
mv = zeros(mvsz);

% For all frames except the first, compute motion conpensated
% prediction residuals and compress with motion vectors.
for i = 2:fcnt
    frm = double(imread(f, i));
    frmC = im2col(frm, [m m], 'distinct');
    eC = zeros(size(frmC));

    for col = 1:size(frmC, 2)
        lookfor = col2im(frmC(:,col), [m m], [m m], 'distinct');
        x = 1 + mod(m * (col - 1), fsz(1));
        y = 1 + m * floor((col - 1) * m / fsz(1));
        x1 = max(1, x - d(1));
        x2 = min(fsz(1), x + m + d(1) - 1);
        y1 = max(1, y - d(2));
        y2 = min(fsz(2), y + m + d(2) - 1);
        here = r(x1:x2, y1:y2);
        hereC = im2col(here, [m m], 'sliding');
        for j = 1:size(hereC, 2)
            hereC(:,j) = hereC(:, j) - lookfor(:);
        end
        sC = sum(abs(hereC));
        s = col2im(sC, [m m], size(here), 'sliding');
```

```
            mins = min(min(s));
            [sx sy] = find(s == mins);
            ns = abs(sx) + abs(sy);         % Get the closest vector
            si = find(ns == min(ns));
            n = si(1);
            mv(1 + floor((x - 1)/m), 1 + floor((y - 1)/m), 1:2, i) = ...
                [x - (x1 + sx(n) - 1) y - (y1 + sy(n) - 1)];
            eC(:,col) = hereC(:, sx(n) + (1 + size(here, 1) - m) ...
                * (sy(n) - 1));
        end

        % Code the prediction residual and reconstruct it for use in
        % forming the next reference frame.
        e = col2im(eC, [m m], fsz, 'distinct');
        if q == 0
            cv(i) = mat2huff(int16(e));
            e = double(huff2mat(cv(i)));
        else
            cv(i) = im2jpeg(uint16(e + 255), q, 9);
            e = double(jpeg2im(cv(i)) - 255);
        end

        % Decode the next reference frame. Use the motion vectors to get
        % the subimages needed to subtract from the prediction residual.
        rC = im2col(e, [m m], 'distinct');
        for col = 1:size(rC, 2)
            u = 1 + mod(m * (col - 1), fsz(1));
            v = 1 + m * floor((col - 1) * m / fsz(1));
            rx = u - mv(1 + floor((u - 1)/m), 1 + floor((v - 1)/m), 1, i);
            ry = v - mv(1 + floor((u - 1)/m), 1 + floor((v - 1)/m), 2, i);
            temp = r(rx:rx + m - 1, ry:ry + m - 1);
            rC(:, col) = temp(:) - rC(:, col);
        end
        r = col2im(double(uint16(rC)), [m m], fsz, 'distinct');
    end

    y = struct;
    y.blksz = uint16(m);
    y.frames = uint16(fcnt);
    y.quality = uint16(q);
    y.motion = mat2huff(mv(:));
    y.video = cv;
```

因为 tifs2cv 还必须解码其产生的编码后的预测残差(即在后续的预测中,它们变为参考帧),它包含了构建程序末尾处的输出的一个解码器所需的多数代码(见以 rc = im2col(e, [m m], 'distinct'开始的代码块)。这里未列出所需的解码器函数,它包括在附录 C 中。调用 cv2tifs 的语法是

$$\text{cv2tifs(cv, 'filename.tif')}$$

其中, cv 是 tifs2cv 压缩的视频序列, 'filename.tif'是将解压缩后的输出写至其中的多帧 TIFF。在下面的例子中,我们使用 tifs2cv、cv2tifs 和自定义函数 showmo(也列在附录C中),自定义函数 showmo 的语法是

$$v = \text{showmo(cv, indx)}$$

其中, v 是运动向量的一幅 uint8 类图像, cv 是 tifs2cv 压缩后的视频序列, indx 指向 cv 中其运动向量待显示的一帧。

例 6.11 运动补偿视频压缩。

考虑第一帧和最后一帧如图 6.18 所示的一个多帧 TIFF 的无误差编码。下面的命令执行无损的运动补偿压缩，计算压缩比，并显示为压缩序列的一帧计算的运动向量：

```
>> cv = tifs2cv('shuttle.tif',16,[8 8]);
>> imratio('shuttle.tif',cv)
ans =
    2.6886
>> showmo(cv, 2);
```

图 6.22 显示了由 showmo(cv, 2)语句产生的运动向量。这些向量反映了背景中地球从左到右的运动（见图 6.18 所示的帧），以及航天飞机所在前景区域中运动的缺乏。图中的黑点是运动向量的头部，描述编码后的宏块的左上角。无损压缩视频只占存储原始 16 帧未压缩 TIFF 所需内存的 37%。

为增大压缩比，我们采用预测残差的一种有损 JPEG 压缩，并使用默认的 JPEG 归一化数组（即使用输入 q 设置为 1 的 tifs2cv）。下面的命令对压缩、解码压缩后的视频计时（并对解压缩计时），且计算重建序列中的几个帧的均方根误差：

```
>> tic; cv2 = tifs2cv('shuttle.tif', 16, [8 8], 1); toc
Elapsed time is 123.022241 seconds.
>> tic; cv2tifs(cv2, 'ss2.tif'); toc
Elapsed time is 16.100256 seconds.
>> imratio('shuttle.tif', cv2)
ans =
    16.6727
>> compare(imread('shuttle.tif', 1), imread('ss2.tif', 1))
ans =
    6.3368
>> compare(imread('shuttle.tif', 8), imread('ss2.tif', 8))
ans =
    11.8611
>> compare(imread('shuttle.tif', 16), imread('ss2.tif', 16))
ans =
    14.9153
```

注意，cv2tifs（解压缩函数）比 tifs2cv（压缩函数）几乎快 8 倍——16 秒对 123 秒。这应是能预料到的，因为编码器不仅要对最好的运动向量执行穷举搜索（编码器仅用这些向量产生预测），而且还要对编码后的预测残差进行解码。还要注意，重建帧的均方根误差从第一帧的 6 个灰度级增加到最后一帧的 15 个灰度级。图 6.22(b) 和图 6.22(c) 显示了视频中间（即帧 8 处）的一个原始帧和一个重建帧。因为有约 12 个灰度级的均方根误差，因此细节的损失很明显，特别是在左上角的云层和右侧的河流处。最后，我们注意到，因为压缩比为 16.67:1，所以运动补偿后的视频仅占存储原始未压缩多帧 TIFF 所需空间的 6%。

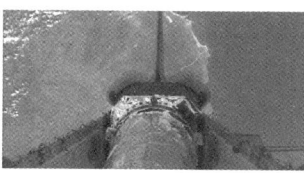

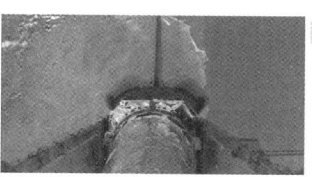

图 6.22 (a)对'shuttle.tif'的第二帧进行编码的运动向量；(b)编码和重建前的第二帧；(c)重建后的帧(原图像由 NASA 提供)

小结

本章通过去除编码冗余、空间冗余、时间冗余和不相关信息,介绍了数字图像压缩的基础知识。开发了解决这些冗余并扩展图像处理工具箱的一些 MATLAB 程序。考虑了静止帧和视频编码。最后,概述了流行的 JPEG 和 JPEG 2000 图像压缩标准。关于去除图像冗余的其他信息 [包括这里未涉及的两种技术及适合于特定图像子集(如二值图像)的标准],可参阅 Gonzalez and Woods [2008] 所著的《数字图像处理》一书的第 8 章。

第7章 图像分割

本章概述

前一章的内容开始从其输入和输出均是图像的图像处理方法,过渡到了其输入是图像但输出是从这些图像中提取的属性的图像处理方法。分割是该方向的另一个重要步骤。

图像分割把图像细分为其组成区域或目标,细分程度取决于要解决的问题。也就是说,细分应在感兴趣目标已被隔离后停止。例如,在电子装配线的自动检测中,目的在于分析产品的图像,以判断特定异常是否存在,如元件缺失或连线断开等。没有必要进行超过识别这些元件所需细节的分割。

特殊图像的分割是图像处理中最困难的任务之一。分割的精度决定了最终计算机分析过程的成功与否。因此,应该仔细考虑稳定分割的可能性。在某些情况下,如工业检测应用,至少有时在控制环境下的某些测量是可行的。在其他情形下,如在遥感应用中,用户对图像获取的控制主要受限于成像传感器的选择。

单色图像的分割算法有两类,它们通常基于图像灰度值的两个基本性质:不连续性和相似性。在第一类算法中,方法是基于灰度的突变(如边缘)来分割图像。第二类算法的主要方法是根据一组预定义的规则,将图像分割成相似的区域。

本章讨论上述两类算法,它们主要应用于单色图像(彩色图像的分割已在 5.6 节中讨论)。首先介绍适用于检测灰度不连续性(如点、线和边缘)的方法。边缘检测作为主要的分割算法已有多年。除介绍边缘检测本身外,我们还将介绍如何使用基于霍夫变换的方法来检测线性边缘。介绍完边缘检测后,接着介绍阈值处理技术。阈值处理也是占有重要地位的基本分割方法,特别是在速度为重要因素的那些应用中。介绍完阈值处理后,接着介绍面向区域的分割方法。最后介绍称为分水岭分割的形态学分割方法。这种方法特别有吸引力,因为它会产生一个定义良好的闭合区域,以全局形式进行呈现,并提供一个可应用先验知识来改善分割结果的框架。如在前几章中那样,我们也将开发几个新的自定义函数来补充图像处理工具箱。

7.1 点、线和边缘检测

本节讨论在数字图像中检测三种基本类型的灰度不连续(点、线和边缘)的技术。查找不连续的常用方法是按 2.4 节和 2.5 节描述的方式,对整个图像应用一个模板。对于一个 3×3 的模板来说,该过程涉及计算系数和该模板覆盖区域所包含的灰度级的乘积之和。模板在图像中任意一点的响应 R 由下式给出:

$$R = w_1 z_1 + w_2 z_2 + \cdots + w_9 z_9 = \sum_{i=1}^{9} w_i z_i$$

式中,z_i 是与模板系数 w_i 相关的像素的灰度。和前面一样,模板的响应定义与其中心相关。

7.1.1 点检测

嵌在图像内恒定或近似恒定区域中的孤立点的检测，原理上非常简单。使用图 7.1 中的模板时，若 $|R| \geq T$（T 是一个非负阈值），则我们说在模板中心处检测出了一个孤立点。

-1	-1	-1
-1	8	-1
-1	-1	-1

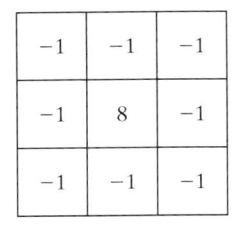

图 7.1　点检测模板

这种点检测方法可使用工具箱函数 imfilter 及图 7.1 中的模板来实现。要点是当孤立点位于模板的中心时，模板的响应最强，而在恒定灰度区域中响应为零。

若 T 已给出，则下面的命令实现刚才讨论的点检测：

```
>> g = abs(imfilter(tofloat(f), w)) >= T;
```

其中，f 是输入图像，w 是一个合适的点检测模板（即图 7.1 中的模板），g 是包含检测点的图像。回忆 2.4.1 节可知，imfilter 将其输出转换为输入的类，所以在输入是整数类且 abs 运算不接受整数数据的情形下，我们在滤波运算中使用 tofloat(f) 来防止数值的过早截断。输出图像 g 是 logical 类的；它的值是 0 和 1。若 T 未给出，则其值通常基于滤波结果来选取。此时前面的命令分成三个基本步骤：(1) 计算滤波后的图像，即 abs(imfilter(tofloat(f),w))；(2) 使用来自滤波后图像的数据找出 T 值；(3) 将滤波后的图像与 T 做比较。下面的例子说明了这一方法。

例 7.1　点检测。
图 7.2(a) 显示了一幅图像 f，在球体的东北象限有一个几乎看不见的黑点。我们按如下方式检测该点：

```
>> w = [-1 -1 -1; -1 8 -1; -1 -1 -1];
>> g = abs(imfilter(tofloat(f), w));
>> T = max(g(:));
>> g = g >= T;
>> imshow(g)
```

通过将 T 选为滤波后图像 g 中的最大值，然后在 g 中找到满足 g >= T 的所有点，我们就可识别出最大响应的点。假设这些点是镶嵌在恒定或近似恒定背景上的孤立点。因为此时 T 被选定为 g 中的最大值，所以 g 中不存在比 T 值大的点；为使表述一致，我们使用运算符 >=（代替 =）。如图 7.2(b) 所示，T 设置为 max(g(:)) 时，有一个孤立的点满足条件 g >= T。

a b

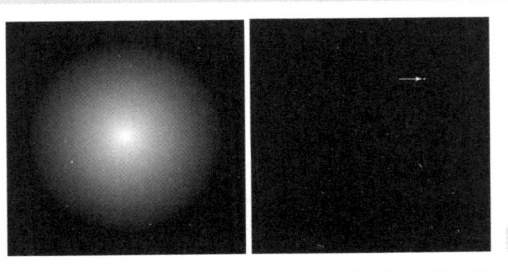

图 7.2　(a) 在球体东北象限中带有一个几乎看不见的孤立黑点的灰度图像；
(b) 显示了所检测到的点的图像（为便于观看，该点已被放大）

点检测的另一种方法是在所有大小为 $m \times n$ 的邻域中，找到其最大像素值和最小像素值的差大于指定 T 值的那些点。使用 2.5.2 节中介绍的函数 ordfilt2 可实现这一方法：

```
>> g = ordfilt2(f, m*n, ones(m, n)) - ordfilt2(f, 1, ones(m, n));
>> g = g >= T;
```

很容易验证，选择 m = n = 5 和 T = max(g(:))，将产生与图 7.2(b) 相同的结果。与使用图 7.1 中的模板相比，前面的表达式更灵活。例如，若要计算一个邻域中最高像素值和下一个最高像素值之间的差，则可用 m*n-1 替代前述表达式最右侧的 1。这一基本方法的其他方案也可用类似的方式表达。

7.1.2 线检测

更复杂一些的是线检测。若图 7.3(a) 中的模板在一幅图像上移动，则它对(一个像素宽的)水平线的响应更强烈。对于恒定的背景，当线通过模板的中间一行时，会产生最大的响应。同样，图 7.3 中的第二个模板对 +45° 方向线的响应最好。第三个模板对垂直线的响应最好。第四个模板对 −45° 方向线的响应最好。注意，每个模板的优先方向都用一个比其他可能方向要大的系数加权。每个模板的系数之和为零，表明恒定灰度区域中模板的响应为零。

> 回忆可知，在图像坐标系(见图 1.2)中，x 轴指向下方。正角度是关于坐标轴顺时针方向测得的。

−1	−1	−1	2	−1	−1	−1	2	−1	−1	−1	2
2	2	2	−1	2	−1	−1	2	−1	−1	2	−1
−1	−1	−1	−1	−1	2	−1	2	−1	2	−1	−1

a b c d

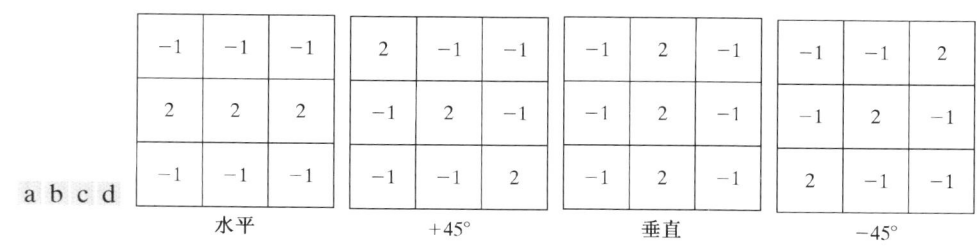

水平　　　　　+45°　　　　　垂直　　　　　−45°

图 7.3　线检测模板

令 R_1、R_2、R_3 和 R_4 代表图 7.3 中从左到右的模板的响应，其中 R 项由前一节中的等式给出。假设这 4 个模板分别通过图像。若在图像中的某个点处有 $|R_i| > |R_j|, j \neq i$，则我们说该点与模板 i 所支持方向中的一条线可能更相关。若我们对图像中由一个给定模板定义的方向的所有线感兴趣，则可以简单地在图像上运行该模板，并对结果的绝对值进行阈值处理。留下来的点是响应最强的点，这些点与模板所定义的方向最为接近，且组成了只有 1 像素宽的线。下面的例子说明了这一过程。

例 7.2　检测指定方向的线。

图 7.4(a) 显示了一个电路连线板的数字化(二值)部分。图像大小是 486×486 像素。假设要找出一个像素宽、方向为 +45° 的所有线。为此，我们使用图 7.3 中的第二个模板。图 7.4(b) 到图 7.4(f) 是使用如下命令生成的，其中 f 是图 7.4(a) 中的图像：

```
>> w = [2 -1 -1; -1 2 -1; -1 -1 2];
>> g = imfilter(tofloat(f), w);
>> imshow(g, [ ])  % Fig.  7.4(b)
>> gtop = g(1:120, 1:120); % Top, left section.
>> gtop = pixeldup(gtop, 4); % Enlarge by pixel duplication.
>> figure, imshow(gtop, [ ]) % Fig. 7.4(c)
>> gbot = g(end - 119:end, end - 119:end);
>> gbot = pixeldup(gbot, 4);
>> figure, imshow(gbot, [ ]) % Fig.  7.4(d)
>> g = abs(g);
>> figure, imshow(g, [ ])  % Fig.  7.4(e)
>> T = max(g(:));
>> g = g >= T;
>> figure, imshow(g)  % Fig.  7.4(f)
```

图 7.4(b) 中比灰色背景更暗的阴影对应于负值。在 +45° 方向上有两条主要的线段，一条在左上方，另一条在右下方[图 7.4(c) 和图 7.4(d) 显示了这两个区域的部分放大]。注意，图 7.4(d) 中的线段要比图 7.4(c)

中的线段亮得多，原因是图 7.4(a) 中右下方的元件只有 1 像素宽，而左上方的元件则不是如此。对于 1 像素宽的元件，模板的响应更强。

图 7.4(e) 显示了图 7.4(b) 的绝对值。因为我们感兴趣的是最强响应，因此令 T 等于该图像中的最大值。图 7.4(f) 以白色显示了满足条件 g >= T 的点，其中 g 是图 7.4(e) 中的图像。图中的孤立点也是对模板具有强烈响应的那些点。在原图像中，这些点和它们的邻点是以这样的方法指向的，即在那些孤立的位置由模板产生最大的响应。这些孤立点可以用图 7.1 中的模板来检测并删除，或使用上一章讨论的形态学算子来删除。

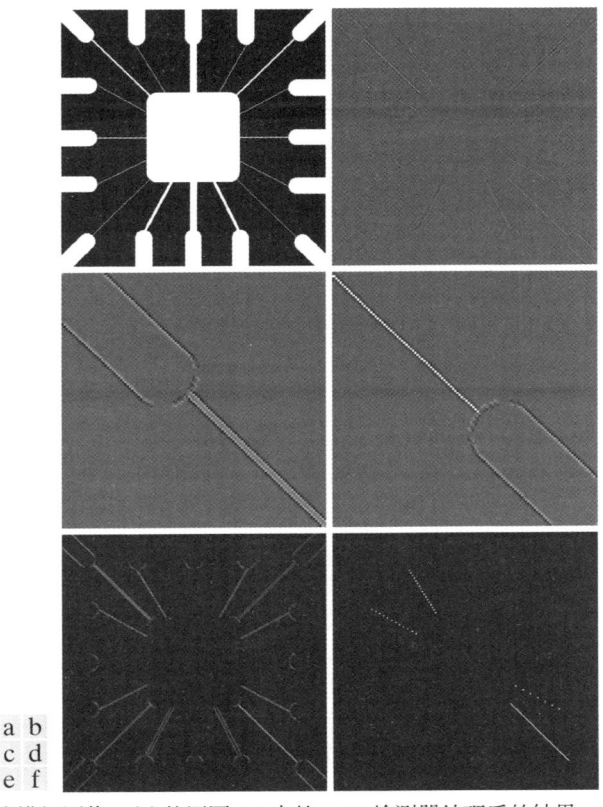

a b
c d
e f

图 7.4 (a) 连线模板图像；(b) 使用图 7.3 中的 +45° 检测器处理后的结果；(c) 图 (b) 左上方的放大图；(d) 图 (b) 右下方的放大图；(e) 图 (b) 的绝对值；(f) 其值满足条件 g >= T 的所有点 (白色)，其中 g 是图 (e) 中的图像 [为便于观看，图 (f) 中的点已被放大]

7.1.3 使用函数 edge 检测边缘

虽然点检测和线检测在任何图像分割的讨论中都很重要，但到目前为止，边缘检测最通用的方法是检测灰度值的不连续。这种不连续使用一阶和二阶导数来检测。图像处理中选择的一阶导数是在 5.6.1 节中定义的梯度。为方便起见，再次写出该公式。二维函数 $f(x, y)$ 的梯度定义为向量

$$\nabla f = \begin{bmatrix} g_x \\ g_y \end{bmatrix} = \begin{bmatrix} \dfrac{\partial f}{\partial x} \\ \dfrac{\partial f}{\partial y} \end{bmatrix}$$

该向量的幅值是

$$\nabla f = \text{mag}(\nabla \boldsymbol{f}) = \left[g_x^2 + g_y^2\right]^{1/2} = \left[(\partial f/\partial x)^2 + (\partial f/\partial y)^2\right]^{1/2}$$

为简化计算，该数值有时可通过省略平方根计算来近似：

$$\nabla f \approx g_x^2 + g_y^2$$

或者通过取绝对值来近似：

$$\nabla f \approx |g_x| + |g_y|$$

这些近似值仍然具有可导性质，也就是说，它们在恒定灰度区域的值为零，且它们的值与可变灰度区域中的灰度变化程度相关。在实际中，通常将梯度的幅值或其近似简单地称为梯度。

梯度向量的一个基本性质是它指向 f 在坐标 (x, y) 处的最大变化率的方向。最大变化率发生的角度是

$$\alpha(x, y) = \arctan[g_y / g_x]$$

> 关于反正切的计算，请参阅 5.6.1 节中的页边注释。

使用函数 edge 估计 g_x 和 g_y 的方法将在本节稍后讨论。

图像处理中的二阶导数通常是用 2.5.1 节中介绍的拉普拉斯算子来计算的。回忆可知，二维函数 $f(x, y)$ 的拉普拉斯算子由二阶导数构成：

$$\nabla^2 f(x, y) = \frac{\partial^2 f(x, y)}{\partial x^2} + \frac{\partial^2 f(x, y)}{\partial y^2}$$

拉普拉斯算子很少直接用于边缘检测，因为作为二阶导数，它对噪声有令人无法接受的敏感性，其幅度会产生双边缘，且不能检测边缘的方向。然而，如本节稍后讨论的那样，当与其他边缘检测技术组合使用时，拉普拉斯算子是一种强大的补充方法。例如，虽然产生双边缘使得拉普拉斯算子不适合直接进行边缘检测，但这个性质可用于定位边缘，方法是寻找双边缘间的过零点。

以前述讨论为背景，边缘检测的基本思想是使用如下两个准则之一来找到图像中灰度快速变化的位置：

1. 寻找灰度的一阶导数的幅度大于某个指定阈值的位置。
2. 寻找灰度的二阶导数有过零点的位置。

图像处理工具箱函数 edge 提供了几个基于上述准则的边缘估计器。对于其中的一些估计器，可以规定它们是对水平边缘、垂直边缘敏感，还是对两者都敏感。该函数的通用语法为

    [g, t] = edge(f, 'method', parameters)

其中，f 是输入图像，method 是表 7.1 中所列方法中的一种，parameters 是将在下节中讨论的其他参数。在输出中，g 是一个逻辑数组，在 f 中检测到边缘点的位置，数组元素为 1，在其他位置，数组元素为 0。参数 t 是可选的，它给出 edge 用于确定哪些梯度值强到足以称为边缘点的阈值。

Sobel 边缘检测器

一阶导数数字上可近似为差分。Sobel 边缘检测器使用一个 3×3 邻域［见图 7.5(a)］的行和列之间的离散差来计算梯度，其中每行或每列的中心像素用 2 来加权，以提供平滑效果(Gonzalez and Woods [2008])：

$$\Delta f = \left[g_x^2 + g_y^2\right]^{1/2} = \left\{[(z_7 + 2z_8 + z_9) - (z_1 + 2z_2 + z_3)]^2 + [(z_3 + 2z_6 + z_9) - (z_1 + 2z_4 + z_7)]^2\right\}^{1/2}$$

式中，z 项是灰度。因此，若在 (x, y) 处 $\nabla f \geq T$（T 是一个指定的阈值），则在该位置的像素是边缘像素。

表 7.1 函数 edge 中可用的边缘检测器

边缘检测器	描述
Sobel	使用图 7.5(b) 中的 Sobel 近似导数发现边缘
Prewitt	使用图 7.5(c) 中的 Prewitt 近似导数发现边缘
Roberts	使用图 7.5(d) 中的 Roberts 近似导数发现边缘
高斯拉普拉斯 (LoG)	使用一个高斯滤波器的拉普拉斯算子对 $f(x,y)$ 滤波后，通过寻找过零点发现边缘
过零点	使用一个指定滤波器对 $f(x,y)$ 滤波后，通过寻找过零点发现边缘
Canny	通过寻找 $f(x,y)$ 的梯度的局部极大发现边缘。梯度由高斯滤波器的导数来计算。该方法使用两个阈值来检测强边缘和弱边缘，并仅在它们连接到强边缘时将弱边缘包含到输出中。因此，该方法更有可能检测真正的弱边缘

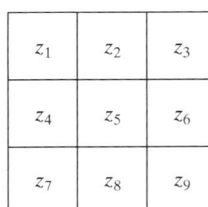

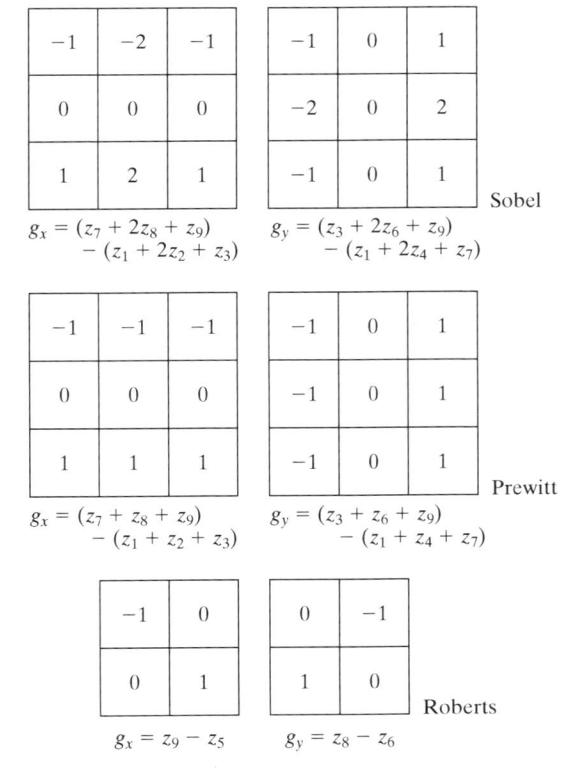

图 7.5 边缘检测器模板及其实现的一阶导数

由 2.5.1 节的讨论可知，Sobel 边缘检测的实现方法如下：首先使用函数 imfilter 和图 7.5(b) 中左侧的模板对图像 f 滤波，然后使用另一个模板对 f 滤波，对每幅滤波后的图像的像素值取平方，将两个结果相加,并计算它们的平方根。类似的解释适用于表 7.1 中的第二项和第三项。函数 edge 只是简单地将前述运算打包到一个函数调用中,并添加一些其他的特性,如接受一个阈值或自动地确定一个阈值。此外,函数 edge 中包含使用 imfilter 不能直接实现的边缘检测技术。

Sobel 检测器的通用语法是

$$[g, t] = edge(f, 'sobel', T, dir)$$

其中,f 是输入图像,T 是一个指定的阈值,dir 指定所检测边缘的首选方向:'horizontal'、'vertical' 或'both'(默认值)。如先前说明的那样,g 是一幅逻辑图像,检测到边缘的位置其值为 1,其他位置其值为 0。输出中的参数 t 是可选的,它是被 edge 使用的阈值。若指定了 T 值,则 t = T;若未指定 T 值(或其为空,[]),则 edge 令 t 等于其自动确定的一个阈值,然后用于边缘检测。在输出参数中包含 t 的一个主要原因是得到一个可被修改并在后续调用中传递到该函数的初始阈值。若使用语法 g = edge(f) 或[g, t] = egde(f),则函数 edge 默认使用 Sobel 检测器。

Prewitt 边缘检测器

Prewitt 边缘检测器使用图 7.5(c) 中的模板来数字化地近似一阶导数 g_x 和 g_y。其通用调用语法是

$$[g, t] = edge(f, 'prewitt', T, dir)$$

该函数的参数和 Sobel 的参数相同。Prewitt 检测器与 Sobel 检测器相比,计算上要简单一些,但产生的结果中噪声可能会稍大一些。

Roberts 边缘检测器

Roberts 边缘检测器使用图 7.5(d) 中的模板来数字化地将一阶导数近似为相邻像素间的差。其通用调用语法是

$$[g, t] = edge(f, 'roberts', T, dir)$$

该函数的参数和 Sobel 的参数相同。如图 7.5(d) 所示,Roberts 检测器是数字图像处理中最古老且最简单的边缘检测器之一。与图 7.5 中的其他边缘检测器相比,因为功能有限(例如它是非对称的,且不能检测多种 45°倍数的边缘),所以这种检测器很少使用。但是在简单和速度是主导因素的情况下,它还是经常用在硬件实现方面。

LoG 检测器

考虑高斯函数

$$G(x, y) = e^{-\frac{x^2+y^2}{2\sigma^2}}$$

式中,σ 是标准差。这是一个平滑函数,若它和一幅图像卷积,则会使图像变模糊。模糊的程度由 σ 的值决定。该函数的拉普拉斯算子(见 Gonzalez and Woods [2008])是

$$\nabla^2 G(x, y) = \frac{\partial^2 G(x,y)}{\partial x^2} + \frac{\partial^2 G(x,y)}{\partial y^2} = \left[\frac{x^2+y^2-2\sigma^2}{\sigma^4}\right]e^{-\frac{x^2+y^2}{2\sigma^2}}$$

很明显,该函数称为高斯拉普拉斯算子(LoG)。因为二阶导数是线性运算,所以使用 $\nabla^2 G(x, y)$ 与一幅图像卷积(滤波),与先用平滑函数与该图像卷积,再计算卷积结果的拉普拉斯算子,结果是相同的。这是 LoG 检测器的关键概念。使用 $\nabla^2 G(x, y)$ 卷积图像有两个效果:它平滑图像(因而降低噪声),并计算拉普拉斯算子,进而产生一幅双边缘图像。然后通过查找双边缘之间的过零点来定位边缘。

LoG 检测器的通用调用语法是

$$[g, t] = edge(f, 'log', T, sigma)$$

其中，sigma 是标准差，其他参数与前面解释的相同。sigma 的默认值是 2。和以前一样，函数 edge 会忽略不强于 T 的任何边缘。若未给出 T 值或其为空([])，则 edge 会自动选择该值。将 T 设为 0 会产生封闭的轮廓，这是 LoG 方法的熟知特征。

过零点检测器

这种检测器基于与 LoG 方法相同的概念，但卷积是使用一个特定的滤波器函数 H 来完成的。其调用语法为

$$[g, t] = edge(f, 'zerocross', T, H)$$

其他参数和 LoG 检测器中解释的相同。

Canny 边缘检测器

Canny 边缘检测器(Canny[1986])是函数 edge 中最强大的边缘检测器。方法总结如下：
1. 使用具有指定标准差 σ 的一个高斯滤波器来平滑图像，以减少噪声。
2. 在每个点处计算局部梯度 $\left(g_x^2 + g_y^2\right)^{1/2}$ 和边缘方向 $\arctan(g_x/g_y)$。表 7.1 中前三项技术中的任意一项都可以用来计算这些导数。边缘点定义为梯度方向强度局部极大的点。
3. 步骤 2 中确定的边缘点产生梯度中的脊线。然后，算法沿这些脊线的顶部进行追踪，并将实际上不在脊线顶部的像素设置为零，从而在输出中给出一条细线，该过程称为非最大值抑制。然后使用称为滞后阈值处理的方法来对这些脊线像素进行阈值处理，这一处理方法使用两个阈值 T_1 和 T_2，其中 $T_1 < T_2$。值大于 T_2 的脊线像素称为"强"边缘像素，值在 T_1 和 T_2 之间的脊线像素称为"弱"边缘像素。
4. 最后，算法通过集成 8 连通到强像素的那些弱像素来连接边缘。

Canny 边缘检测器的语法是

$$[g, t] = edge(f, 'canny', T, sigma)$$

其中，T 是一个向量，T = [T1, T2]，它包含前述过程的步骤 3 中解释过的两个阈值；sigma 是平滑滤波器的标准差。若 t 包含在输出参数中，则它是一个包含该算法所用的两个阈值的二元向量。语法中其余参数和其他方法中的解释一样，包括未指定 T 值时阈值的自动计算。sigma 的默认值是 1。

例 7.3 使用 Sobel 边缘检测器。

使用如下命令可提取并显示图 7.6(a)中图像 f 的垂直边缘：

```
>> [gv, t] = edge(f, 'sobel', 'vertical');
>> imshow(gv)
>> t
t =
    0.0516
```

如图 7.6(b)所示，结果中的主要边缘是垂直边缘(倾斜的边缘具有垂直分量和水平分量，所以同样能被检测到)。通过指定一个较高的阈值，我们可在一定程度上清除较弱的边缘。例如，图 7.6(c)是用如下命令生成的：

```
>> gv = edge(f, 'sobel', 0.15, 'vertical');
```

在命令

```
>> gboth = edge(f, 'sobel', 0.15);
```
中使用相同的 T 值可产生图 7.6(d)所示的结果,它主要显示了垂直边缘和水平边缘。

函数 edge 不计算 ±45° 方向的 Sobel 边缘。要计算这些边缘,需要指定模板并使用函数 imfilter。例如,图 7.6(e)是由下面的命令产生的:

```
>> wneg45 = [-2 -1 0; -1 0 1; 0 1 2]
weg45 =
    -2   -1    0
    -1    0    1
     0    1    2

>> gneg45 = imfilter(tofloat(f), wneg45, 'replicate');
>> T = 0.3*max(abs(gneg45(:)));
>> gneg45 = gneg45 >= T;
>> figure, imshow(gneg45);
```

图 7.6(e)中最强的边缘是 −45° 方向的边缘。类似地,使用模板 wpos45 = [0 1 2; -1 0 1; -2 -1 0] 和相同的命令序列,可得到 +45° 方向的边缘,如图 7.6(f)所示。

在函数 edge 中使用'prewitt'和'roberts'选项的过程,与刚描述的用于 Sobel 边缘检测器的过程相同。

a b
c d
e f

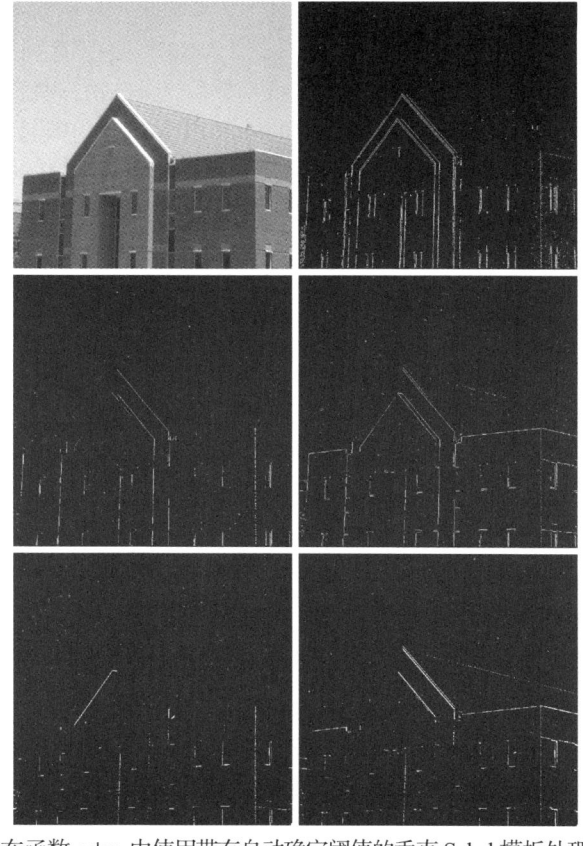

图 7.6 (a)原图像;(b)在函数 edge 中使用带有自动确定阈值的垂直 Sobel 模板处理后的结果;(c)使用一个指定阈值后的结果;(d)使用一个指定阈值确定垂直边缘和水平边缘的结果;(e)在函数 imfilter 中使用一个指定模板和一个指定阈值来计算 −45° 方向边缘的结果;(f)在函数 imfilter 中使用一个指定模板和一个指定阈值来算 +45° 方向边缘的结果

例 7.4 Sobel、LoG 和 Canny 边缘检测器的比较。

本例比较 Sobel、LoG 和 Canny 边缘检测器的相关性能，目的是通过提取图 7.6(a)中建筑图像 f 的主要边缘特征来生成一幅干净的边缘图，同时减少不相关的细节，如砖墙和瓦屋顶中的微小纹理。在这一讨论中，我们感兴趣的主要特征是形成建筑物角落、窗户、入口的明亮砖结构、入口本身、屋顶线、距地面高度 2/3 处的围绕建筑物的混凝土带的边缘。

图 7.7 的左列显示了使用'sobel'、'log'和'canny'选项的默认语法所得到的边缘图像：

```
>> f = tofloat(f);
>> [gSobel_default, ts] = edge(f, 'sobel');   % Fig. 7.7(a)
>> [gLoG_default, tlog] = edge(f, 'log');     % Fig. 7.7(c)
>> [gCanny_default, tc] = edge(f, 'canny');   % Fig. 7.7(e)
```

前述计算生成的输出参数中的阈值是 ts = 0.074、tlog = 0.0025 和 tc = [0.019, 0.047]。用于'log'和'canny'选项的默认 sigma 值分别是 2.0 和 1.0。除 Sobel 图像外，由默认值计算得出的图像离清晰的边缘图这一目标差距很大。

从默认值开始，每个选项中的参数随前面提及的显示主要特征这一目标交互地变化，同时尽可能地减少不相关的细节。图 7.7 右列中的结果是由如下命令得到的：

```
>> gSobel_best = edge(f, 'sobel', 0.05);           % Fig. 7.7(b)
>> gLoG_best = edge(f, 'log', 0.003, 2.25);        % Fig. 7.7(d)
>> gCanny_best = edge(f, 'canny', [0.04 0.10], 1.5); % Fig. 7.7(f)
```

如图 7.7(b)所示，Sobel 得出的结果与我们试图检测混凝土带的边缘和入口的左边缘这一目标相差太远。图 7.7(d)所示的 LoG 结果与 Sobel 结果相比要好一些，与 LoG 默认值得出的结果相比要好很多，但仍然不能检测出主入口的左边缘和混凝土带的两个边缘。到目前为止，Canny 结果［见图 7.7 (f)］要远远好于前两种结果。特别要注意的是，该结果中已清晰地检测出入口的左边缘、混凝土带的两个边缘，以及诸如主入口上方屋顶通风栅格这样的其他细节。除检测了期望的特征外，Canny 检测器还产生了最清晰的边缘图。

a b
c d
e f

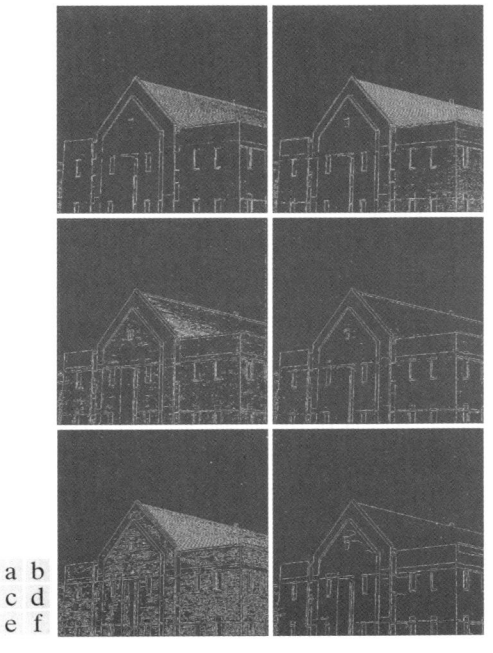

图 7.7　左列：应用 Sobel、LoG 和 Canny 边缘检测器的默认结果。右列：交互地给出图 7.6(a)中原始
　　　　图像的主要特征，同时减少不相关细节所得到的结果。Canny 边缘检测器产生了最好的结果

7.2 使用霍夫变换进行线检测

理想情况下，前一节讨论的方法应能产生位于边缘上的像素。实际上，得到的像素通常并不能完全地表征边缘，因为存在噪声、不均匀照明引起的边缘断裂，以及引入杂散灰度不连续的其他效应。因此，在执行边缘检测算法后，通常会使用连接过程来把边缘像素组装成有意义的边缘。连接图像中线段的一种方法是霍夫变换(Hough [1962])。

7.2.1 背景知识

给定一幅图像(典型的二值图像)中的 n 个点，假定我们想要寻找位于直线上的所有点的子集。一种可能的解决方案是先找到由每对点确定的所有直线，然后找到接近特殊直线的点的所有子集。这个过程的问题是它需要找到 $n(n-1)/2 \sim n^2$ 条直线，然后进行 $n(n(n-1))/2 \sim n^3$ 次每点与所有直线的比较。这种方法计算上非常烦琐，通常只在最简单的应用中使用。

另一方面，使用霍夫变换，我们考虑一个点 (x_i, y_i) 和所有通过该点的直线。有无穷多条直线通过点 (x_i, y_i)，所有这些直线对某些 a 值和 b 值来说均满足直线的斜截式 $y_i = ax_i + b$。将该式写为 $b = -ax_i + y_i$ 并考虑 ab 平面(也称参数空间)，会得到过固定点 (x_i, y_i) 的一条直线的方程。此外，第二个点 (x_j, y_j) 在参数空间中也有一条与其相关联的直线，且这条直线与 (x_i, y_i) 相交于点 (a', b')，其中 a' 是斜率，b' 是在 xy 平面上过点 (x_i, y_i) 和点 (x_j, y_j) 的直线的截距。事实上，在参数空间中，这条线包含的所有点都有与点 (a', b') 相交的直线。图 7.8 说明了这些概念。

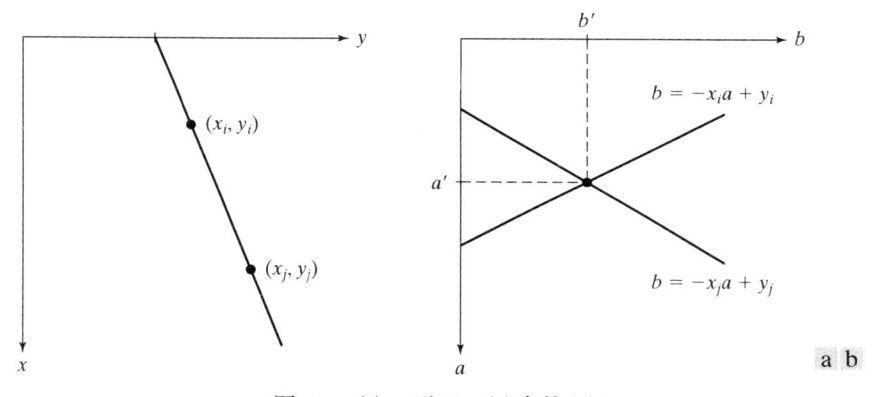

图 7.8 (a) xy 平面；(b) 参数空间

原理上，可以绘制出与 xy 平面中所有图像点 (x_i, y_i) 对应的参数空间直线，且该平面中的主要直线可通过识别参数空间中大量与直接相交的点来找到。然而，这一方法的实际困难是当直线趋近于垂直方向时，a(直线的斜率)趋近于无限大。这一困难的解决方法之一是，使用法线来表示直线：

$$x\cos\theta + y\sin\theta = \rho$$

图 7.9(a)说明了参数 ρ 和 θ 的几何解释。水平线的 $\theta = 0°$，ρ 等于正的 x 截距。类似地，垂直线的 $\theta = 90°$，ρ 等于正的 y 截距，或 $\theta = -90°$，ρ 等于负的 y 截距。图 7.9(b)中的每条正弦曲线表示通过特定点 (x_i, y_i) 的一族直线。交点 (ρ', θ') 对应于过点 (x_i, y_i) 和点 (x_j, y_j) 的直线。

> 我们采用图 7.9(a)中显示角度的约定。但是，工具箱是关于正向水平轴来引用 θ 的(顺时针方向测得的角度为正)，并将其取值区间限制为 $[-90°, 90°]$。例如，图中的 $-16°$ 对应于工具箱中的 $116°$。通过执行操作 $106° - 180° = -74°$，工具箱会将该角度转换到允许的区间内。

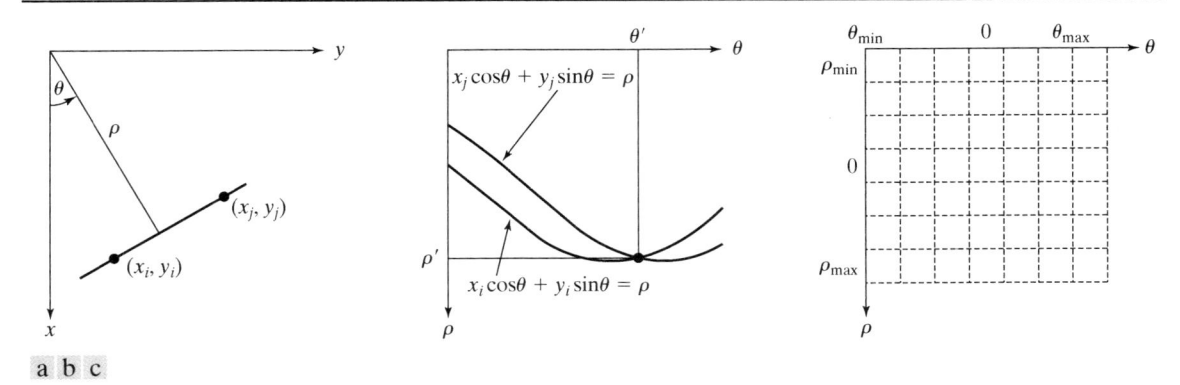

图 7.9 (a) xy 平面中直线的参数化；(b) $\rho\theta$ 平面中的正弦曲线，交点 (ρ',θ') 对应于连接 (x_i,y_i) 和 (x_j,y_j) 的直线的参数；(c) 细分为累加器单元的 $\rho\theta$ 平面

霍夫变换计算上的优点是可把 $\rho\theta$ 空间细分为所谓的累加器单元，如图 7.9(c) 所示，其中 $[\rho_{\min},\rho_{\max}]$ 和 $[\theta_{\min},\theta_{\max}]$ 是参数值的预期数值范围。通常，值的最大范围是 $-D \leq \rho \leq D$ 和 $-90° \leq \theta \leq 90°$，其中 D 是图像中两个对角之间的最远距离。坐标 (i,j) 处的单元，其累加器的值是 $A(i,j)$，它对应于与参数空间坐标 (ρ_i,θ_j) 相关联的正方形。最初，这些单元被设置为零。然后，对于图像平面(即 xy 平面)中的每个非背景点 (x_k,y_k)，我们令 θ 等于 θ 轴上允许的细分值，并使用公式 $\rho = x_k\cos\theta + y_k\sin\theta$ 求出相应的 ρ 值。之后，得到的 ρ 值四舍五入为沿 ρ 轴的最接近的允许单元值。然后，相应的累加器单元加 1。在这个过程的末尾，单元 $A(i,j)$ 中的值 Q 就意味着 xy 平面中的 Q 个点位于直线 $x\cos\theta_j + y\sin\theta_j = \rho_i$ 上。$\rho\theta$ 平面中的细分数决定了这些点共线的精度。累加器数组在工具箱中称为霍夫变换矩阵，或简称为霍夫变换。

7.2.2 工具箱霍夫函数

图像处理工具箱提供了 3 个与霍夫变换有关的函数：函数 hough 实现前一节中的概念；函数 houghpeaks 寻找霍夫变换中的峰值(高计数累加器单元)；函数 houghlines 则基于前两个函数的结果，提取原图像中的线段。

函数 hough

函数 hough 的默认语法为

[H, theta, rho] = hough(f)

完整的语法形式为

[H, theta, rho] = hough(f, 'ThetaRes', val1, 'RhoRes', val2)

其中，H 是霍夫变换矩阵，theta(单位为度)和 rho 是 ρ 和 θ 值的向量，霍夫变换矩阵是在这些值上生成的。输入 f 是一幅二值图像；val1 是值在 0 到 90 之间的一个标量，它指定沿 θ 轴的霍夫变换容器(默认为 1)，val2 是区间 0 < val2 < hypot(size(I, 1), size(I, 2)) 内的一个实标量，它指定沿 ρ 轴的霍夫变换容器的间隔(默认为 1)。

例 7.5 霍夫变换的说明。
本例用一幅简单的合成图像来说明函数 hough 的原理：
```
>> f = zeros(101, 101);
>> f(1, 1)    = 1;  f(101, 1) = 1; f(1, 101) = 1;
>> f(101, 101) = 1;  f(51, 51) = 1;
```

图 7.10(a)显示了测试图像。下面使用默认值计算并显示霍夫变换的结果：

```
>> H = hough(f);
>> imshow(H, [ ])
```

图 7.10(b)中给出了函数 imshow 的结果。通常，在带有刻度轴的大图中显示霍夫变换很有用。在接下来的代码段中，我们使用所有输出参数来调用函数 hough。然后把向量 theta 和 rho 作为附加的输入参数传递给函数 imshow，以便控制水平轴和垂直轴的刻度。我们还把'InitialMagnification'选项传递给带有值'fit'的函数 imshow，以便将整个图像强制匹配在图形窗口中。函数 axis 用于打开轴刻度，并使显示充满矩形图。最后，通过函数 xlabel 和 ylabel(见 2.3.1 节)，使用 LaTeX 样式的希腊字母来标注坐标轴：

```
>> [H, theta, rho] = hough(f);
>> imshow(H,[],'XData',theta,'YData',rho,'InitialMagnification','fit')
>> axis on, axis normal
>> xlabel('\theta'), ylabel('\rho')
```

图 7.10(c)显示了标上值后的结果。3 条曲线(直线也可视为曲线)在±45°方向的交点表明 f 中有两组 3 个共线的点。两条曲线在 $(\rho, \theta) = (0,-90), (-100,-90), (0,0), (100,0)$ 处的交点表明有 4 组位于垂直线和水平线上的共线点。

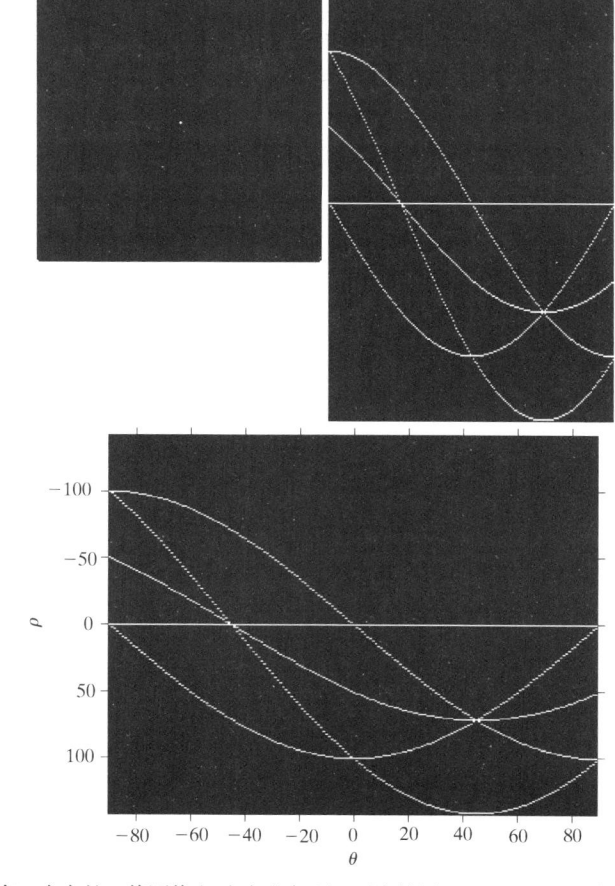

图 7.10 (a)带有 5 个点的二值图像(4 个点在角上)；(b)使用 imshow 显示的霍夫变换；(c)带有刻度轴的另一个霍夫变换 [为便于观看，图(a)中的点已被放大]

函数 houghpeaks

使用霍夫变换进行线检测和连接的第一步是找到具有高计数的累加器单元(工具箱文档将高单元值称为峰值)。由于霍夫变换参数空间中的量化和典型图像中的边缘不是很完美的直线，霍夫变换的峰值通常会出现在多个霍夫变换单元中。函数 houghpeaks 使用默认语法

$$peaks = houghpeaks(H, NumPeaks)$$

或完整的语法形式

$$peaks = houghpeaks(..., 'Threshold', val1, 'NHoodSize', val2)$$

来找到指定数量的峰值(NumPeaks)。其中，"..."是默认语法的输入，peaks 是容纳这些峰值的行列坐标的一个 $Q×2$ 矩阵；Q 的范围从 0 到 NumPeaks。H 是霍夫变换矩阵。参数 val1 是一个非负的标量，它指定 H 中的哪些值被认为是峰值；val1 可从 0 到 Inf 变化，默认值是 `0.5*max(H(:))`。参数 val2 是一个奇整数的两元素向量，它指定围绕峰值的邻域的大小。识别峰值后，该邻域中的元素被置为 0。默认值是一个两元素向量，该向量由大于等于 size(H)/50 的最小奇数值组成。该过程的基本概念是通过把找到峰值的邻域中的霍夫变换单元设置为零来清理峰值。我们将在例 7.6 中说明函数 houghpeaks。

函数 houghlines

在霍夫变换中识别一组候选的峰值后，剩下的工作就是确定是否存在与这些峰值相关联的有意义线段，以及这些线段的起点和终点。函数 houghlines 使用默认语法

$$lines = houghlines(f, theta, rho, peaks)$$

或完整的语法形式

$$lines = houghlines(..., 'FillGap', val1, 'MinLength', val2)$$

来执行这一任务。其中，theta 和 rho 是函数 hough 的输出，peaks 是函数 houghpeaks 的输出。输出 lines 是一个结构数组，该数组的长度等于所找到的线段数。该结构的每个元素识别一条线段，并具有如下字段：

- point1，一个两元素向量[r1, c1]，它指定线段终点的行、列坐标。
- point2，一个两元素向量[r2, c2]，它指定线段其他终点的行、列坐标。
- theta，与线段相关的霍夫变换容器的角度(单位为度)。
- rho，与线段相关的霍夫变换容器的 ρ 轴的位置。

其他参数如下：val1 是一个正的标量，它指定与相同霍夫变换容器相关联的两条线段间的距离。当两条线段间的距离小于指定的值时，函数 houghlines 就把这两条线段聚合为一条线段(默认距离为 20 像素)。参数 val2 是一个正的标量，它指定聚合后的线段是保留还是丢弃。比 val2 中的指定值要短的线段则被丢弃(默认值是 40)。

例 7.6 使用霍夫变换进行检测和连接。

本例使用函数 hough、houghpeaks 和 houghlines 寻找图 7.7(f)所示二值图像 f 中的一组线段。首先，我们用比默认间距更小的角间距(用 0.2 代替 1.0)来计算并显示霍夫变换：

```
>> [H, theta, rho] = hough(f, 'ThetaResolution', 0.2);
>> imshow(H, [], 'XData', theta, 'YData', rho, 'InitialMagnification', 'fit')
>> axis on, axis normal
>> xlabel('\theta'), ylabel('\rho')
```

接着使用函数 houghpeaks 寻找 5 个有意义的霍夫变换峰值：

```
>> peaks = houghpeaks(H, 5);
>> hold on
>> plot(theta(peaks(:, 2)), rho(peaks(:, 1)), ...
         'linestyle', 'none', 'marker', 's', 'color', 'w')
```

前面的操作计算和显示霍夫变换，并使用函数 houghpeaks 的默认设置叠加找到的 5 个峰值的位置。图 7.11(a)显示了结果。例如，最左边小方格标识与屋顶相关联的累加器单元，以工具箱角度为基准，该屋顶的倾角约为 –74°［在图 7.9(a)中是 –16°，见与工具箱所用霍夫变换角度约定相关的旁注］。

最后使用函数 houghlines 寻找和连接线段，然后使用函数 imshow、hold on 和 plot 在原始二值图像上叠置线段：

```
>> lines = houghlines(f, theta, rho, peaks);
>> figure, imshow(f), hold on
>> for k = 1:length(lines)
xy = [lines(k).point1 ; lines(k).point2];
plot(xy(:,1), xy(:,2), 'LineWidth', 4, 'Color', [.8 .8 .8]);
end
```

图 7.11(b)显示了结果图像，其中检测到的线段叠加为粗灰线。

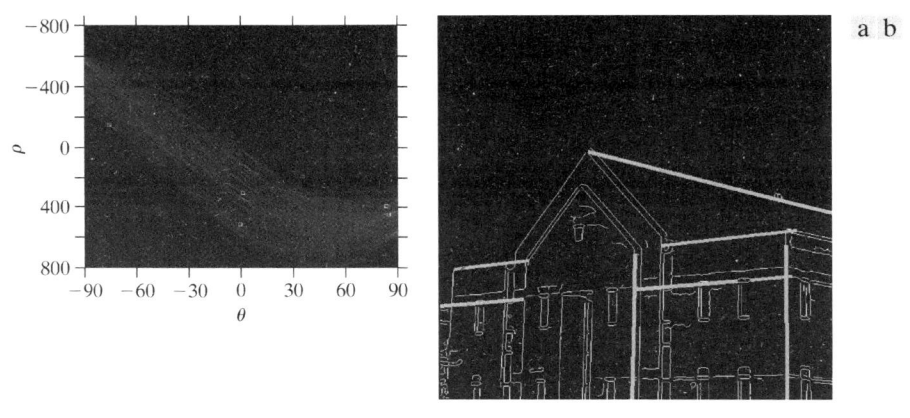

图 7.11　(a)带有 5 个选定峰值的霍夫变换；(b)与霍夫变换峰值对应的线段(粗线)

7.3　阈值处理

由于其直观性和实现的简单性，图像阈值处理在图像分割的许多应用中处于核心地位。在前面几章的讨论中，我们已使用了阈值处理。本节讨论自动选择阈值的方法，以及一种根据局部图像性质来改变阈值的方法。

7.3.1　基础知识

假设图 7.12(a)所示的灰度直方图对应于图像 $f(x,y)$，该图像的暗色背景上有一些明亮的目标，因此目标和背景像素的灰度级就分为两种主要模态。从背景中提取目标的一种常用方法是选取一个阈值 T 来分隔这两种模态。然后，满足条件 $f(x,y) > T$ 的任何点 (x,y) 就称为目标点，而其他点则称为背景点(反过来，亮背景上的暗色目标也一样)。阈值处理后的(二值)图像 $g(x,y)$ 定义为

> 我们交替使用术语目标点和背景点。

$$g(x,y) = \begin{cases} a, & f(x,y) > T \\ b, & f(x,y) \leq T \end{cases}$$

标注为 a 的像素对应于目标,而标注为 b 的像素对应于背景。通常,按惯例,$a=1$(白),$b=0$(黑)。

当 T 是一个适用于整个图像的常数时,上述公式也称全局阈值处理。当阈值 T 在一幅图像上变化时,称为可变阈值处理。术语局部阈值处理或区域阈值处理也用于表示这样一种可变阈值处理,即图像中任意点 (x,y) 处的 T 值取决于 (x,y) 的邻域的性质(如邻域中像素的平均灰度)。若 T 取决于空间坐标本身,则可变阈值处理常称为动态或自适应阈值处理。这些术语并不普遍,在图像处理的文献中可能会交替使用它们。

图 7.12(b) 显示了一个更加困难的阈值处理问题。例如,它涉及对应于暗色背景上两种明亮目标的三种主要模态的一个直方图。这里,若 $f(x,y) \leq T_1$,则多(双)阈值处理把 (x,y) 处的像素分类为背景;若 $T_1 < f(x,y) \leq T_2$,则将像素分类为一个目标;若 $f(x,y) > T_2$,则将像素分类为另一个目标。也就是说,分割后的图像由下式给定:

$$g(x,y) = \begin{cases} a, & f(x,y) > T \\ b, & T_1 < f(x,y) \leq T_2 \\ c, & f(x,y) \leq T_1 \end{cases}$$

式中,a、b 和 c 是三个不同的灰度值。要求多于两个阈值的分割问题,求解是很困难的(常常是不可能的),且较好的结果通常是使用其他方法得到的,如 7.3.6 节和 7.3.7 节讨论的可变阈值处理,或 7.4 节中讨论的区域生长方法。

基于前面的讨论,我们得出结论:灰度阈值处理的成功与分隔直方图模态的峰谷的宽度和深度直接相关。因此,影响峰谷性质的关键因素是:(1)峰间的可分性(峰分得越开,分离模态的机会越大);(2)图像中的噪声内容(模态随噪声增加而加宽);(3)目标和背景的相对大小;(4)光源的均匀性;(5)图像反射特性的均匀性(关于这些因素影响阈值处理方法的详细讨论,见 Gonzalez and Woods [2008])。

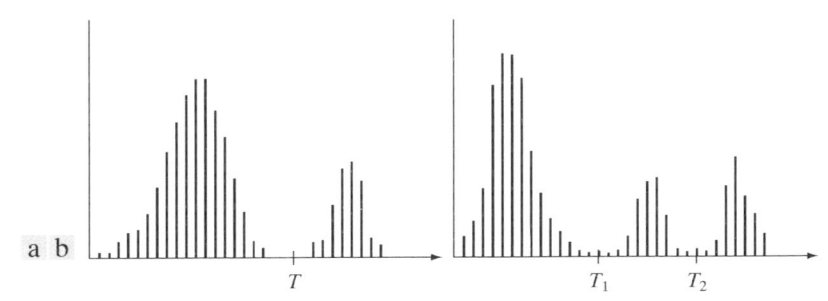

图 7.12 可被(a)单阈值和(b)双阈值分隔的灰度直方图,它们分别是单峰和双峰直方图

7.3.2 基本的全局阈值处理

选取阈值的一种方法是图像直方图的视觉检测。例如,图 7.12(a) 中的直方图有两种不同的模态,因此很容易选择一个阈值 T 来分隔它们。选择 T 的另一种方法是反复试验来选取不同的阈值,直到观察者认为产生了较好的结果为止。这在交互环境中特别有效。例如,允许使用者用一个 widget(图形控件,如滑块)改变阈值,可以立即看到结果。

通常，在图像处理中，首选方法是使用一种能基于图像数据来自动地选择阈值的算法。下面的迭代过程就是这样一种方法：

1. 为全局阈值选择一个初始估计值 T。
2. 使用 T 分割图像。这会产生两组像素：由所有灰度值大于 T 的像素组成的 G_1，由所有灰度值小于等于 T 的像素组成的 G_2。
3. 分别计算区域 G_1 和 G_2 中像素的平均灰度值 m_1 和 m_2。
4. 计算一个新的阈值：

$$T = \frac{1}{2}(m_1 + m_2)$$

5. 重复步骤 2 到步骤 4，直到后续迭代中 T 的差小于一个预定义的 ΔT 值为止。
6. 使用函数 im2bw 分割图像：

$$g = \text{im2bw}(f, T/\text{den})$$

其中，den 是一个整数(例如，对于一幅 8 比特图像，den 是 255)，它把比值 T/den 的最大值标定为 1，就如函数 im2bw 所要求的那样。

在速度是一个重要问题的情形下，参数 ΔT 用于控制迭代次数。一般来说，ΔT 越大，算法执行的迭代次数就越少。可以证明(见 Gonzalez and Woods [2008])，若初始阈值在图像中的最小和最大灰度之间选择(平均图像灰度就是 T 的一个较好初始选择)，则算法会在有限的步数内收敛。对于分割而言，在与目标和背景相关的直方图模态间存在明显的峰谷时，该算法会工作得很好。下例将说明如何在 MATLAB 中实现这一过程。

例 7.7 计算全局阈值。

刚才讨论的基本迭代方法执行如下，其中 f 是图 7.13(a) 中的图像：

```
>> count = 0;
>> T = mean2(f);
>> done = false;
>> while ~done
      count = count + 1;
      g = f > T;
      Tnext = 0.5*(mean(f(g)) + mean(f(~g)));
      done = abs(T - Tnext) < 0.5;
      T = Tnext;
   end
>> count
count =
     2
>> T
T =
    125.3860
>> g = im2bw(f, T/255);
>> imshow(f) % Fig. 7.13(a).
>> figure, imhist(f) % Fig. 7.13(b).
>> figure, imshow(g) % Fig. 7.13(c).
```

该算法在两次迭代后就收敛了，并且得到了一个靠近灰度中点的阈值。可以期待一个良好的分割，因为直方图中的各模态分隔得很宽。

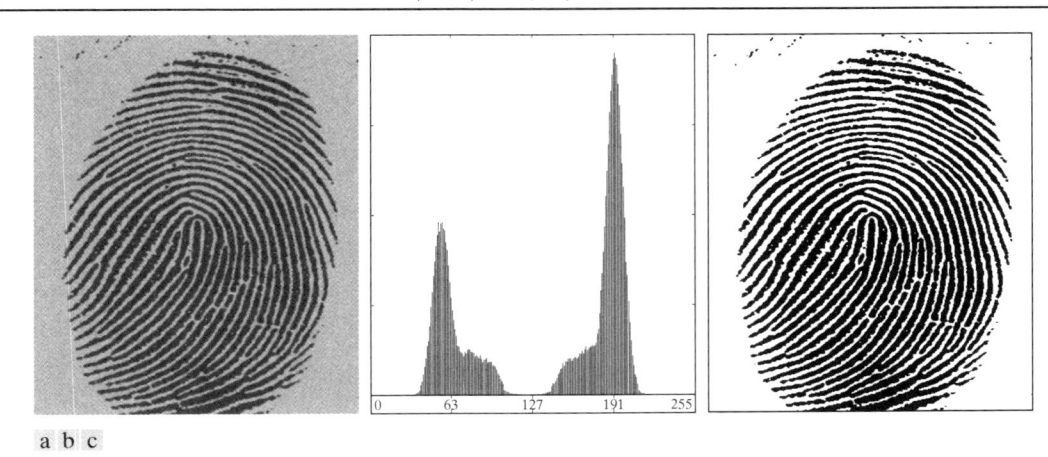

图 7.13 (a)带噪指纹图像; (b)直方图; (c)使用全局阈值分割的结果(为清晰起见，人为地加上了边界，原图像由美国国家标准和技术研究所提供)

7.3.3 使用 Otsu 方法进行最佳全局阈值处理

令一幅图像的直方图分量表示为

$$p_q = \frac{n_q}{n} \quad q = 0,1,2,\cdots,L-1$$

式中，n 是图像中像素的总数，n_q 是具有灰度级 q 的像素数量，L 是图像中可能的灰度级的总数(记住，灰度级是整数值)。现在，假设已选定一个阈值 k，C_1 是灰度级为 $[0,1,2,\cdots,k]$ 的一组像素，C_2 是灰度级为 $[k+1,\cdots,L-1]$ 的一组像素。Otsu 方法(Otsu [1979])是最佳的，在某种意义上，它选择阈值 k，使得其最大类间方差为

$$\sigma_B^2(k) = P_1(k)\left[m_1(k)-m_G\right]^2 + P_2(k)\left[m_2(k)-m_G\right]^2$$

式中，$P_1(k)$ 是集合 C_1 发生的概率：

$$P_1(k) = \sum_{i=0}^{k} p_i$$

例如，若令 $k=0$，则具有分配给它的任何像素的集合 C_1 的概率为 0；类似地，集合 C_2 发生的概率是

$$P_2(k) = \sum_{i=k+1}^{L-1} p_i = 1 - P_1(k)$$

$m_1(k)$ 和 $m_2(k)$ 分别是集合 C_1 和 C_2 中像素的平均灰度。m_G 是全局均值(整个图像的平均灰度)：

$$m_G = \sum_{i=0}^{L-1} i p_i$$

此外，直到灰度级 k 的平均灰度由下式给出：

$$m = \sum_{i=0}^{k} i p_i$$

展开 $\sigma_B^2(k)$ 的表达式，并由 $P_2(k) = 1 - P_1(k)$，可把类间方差写成

$$\sigma_B^2(k) = \frac{[m_G P_1(k) - m(k)]^2}{P_1(k)[1 - P_1(k)]}$$

该表达式计算上更为有效，因为对于所有 k 值只需要计算两个参数 m 和 P_1（只计算一次 m_G）。

类间方差最大化的思想是方差越大，就越接近正确分割图像的阈值。注意，这种最佳测度完全基于直接由图像直方图得到的参数。此外，因为 k 是区间 $[0, L-1]$ 内的一个整数，所以找到最大的 $\sigma_B^2(k)$ 非常简单：只需选 L 个可能的 k 值中的一个，并在每步中计算方差。然后选择给出最大 $\sigma_B^2(k)$ 值的 k。这个 k 值就是最佳阈值。若最大值不唯一，则所用的阈值就是所找到的所有最佳 k 值的平均值。

类间方差与图像总灰度方差的比值 $\eta(k) = \sigma_B^2(k) / \sigma_G^2$ 是把图像灰度分为两类（如目标和背景）的一个测度，其取值范围为

$$0 \leq \eta(k^*) \leq 1$$

式中，k^* 是最佳阈值。该测度对于恒定图像（其像素完全不可分为两类）可达到其最小值，对于二值图像则可达到其最大值（其像素完全可分为两类）。

工具箱函数 graythresh 可计算 Otsu 阈值。其语法为

[T, SM] = graythresh(f)

其中，f 是输入图像，T 是产生的阈值，它被归一化到区间[0, 1]，SM 是可分性测度。如前一节说明的那样，该图像是使用函数 im2bw 来分割的。

例 7.8 使用 Otsu 方法和 7.3.2 节的基本全局阈值处理方法分割图像的比较。
通过使用图 7.13(a) 中的图像 f，我们开始比较 Otsu 方法和上一节的基本全局阈值处理方法：

```
>> [T, SM] = graythresh(f)
T =
    0.4902
SM =
    0.9437
>> T*255
ans =
    125
```

这个阈值与由上一节介绍的基本全局阈值处理方法得到的阈值几乎相同，因此我们可以期待相同的分割结果。注意，SM 值越高，灰度分为两类的可分性就越高。

图 7.14(a)（一幅聚合细胞的图像，称为 f2）给出了一个分割起来更为困难的任务。目标是从背景中分割出细胞的边界（图像中最亮的区域）。图像直方图［见图 7.14(b)］完全不是双峰的。因此，我们认为使用上一节的简单算法实现合适的分割存在困难。图 7.14(c) 中的图像是通过实现图 7.13(c) 的相同步骤得到的。算法经一次迭代就收敛了，并得到了等于 169.4 的阈值 T。使用这个阈值，

> 聚合细胞是使用聚合物人为设计的。人类免疫系统看不到聚合细胞，因此可用于将药物传送到人体的目标区域。

```
>> g = im2bw(f2, T/255);
>> imshow(g)
```

得到了图 7.14(c) 中的结果。如所看到那样，该分割不成功。

现在使用 Otsu 方法来分割图像：
```
>> [T, SM] = graythresh(f2);
>> SM
SM =
    0.4662
>> T*255
ans =
    181
>> g = im2bw(f2, T);
>> figure, imshow(g) % Fig. 7.14(d).
```

如图 7.14(d) 所示，使用 Otsu 方法的分割是有效的。尽管可分性测度的值相对较低，但聚合细胞的边界还是以合理的精度从背景中提取出来了。

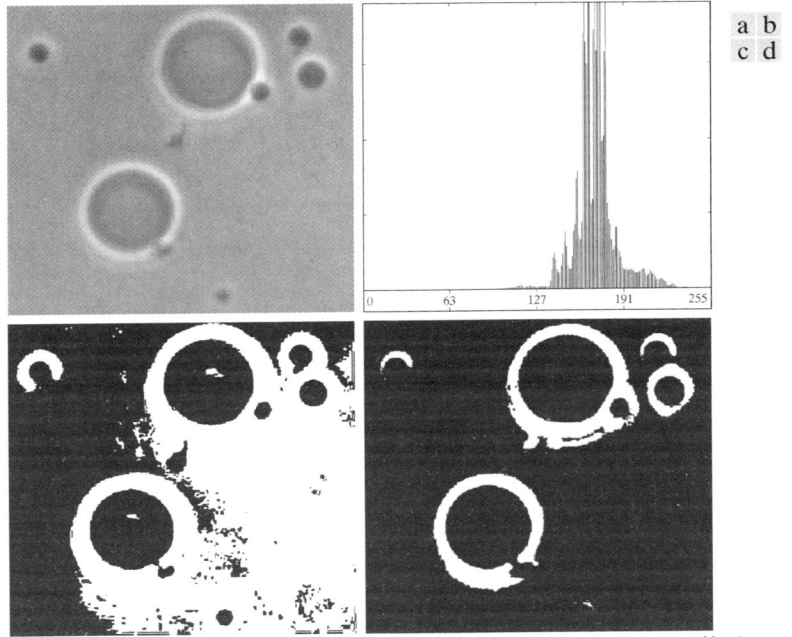

图 7.14 (a) 原图像；(b) 直方图（高值被裁剪，以便突出低值中的细节）；(c) 使用 7.3.2 节的基本全局阈值处理方法得到的分割结果；(d) 使用 Otsu 方法得到的结果（原图像由宾夕法尼亚大学的 Daniel A. Hammer 教授提供）

类间方差的所有参数均基于图像直方图。稍后我们会看到，存在这样一种应用，在这种应用中，可以使用直方图而非图像来计算 Otsu 阈值，就如同在函数 graythresh 中那样。下面的自定义函数计算给定图像直方图的 T 和 SM：

```
function [T, SM] = otsuthresh(h)
%OTSUTHRESH Otsu's optimum threshold given a histogram.
%   [T, SM] = OTSUTHRESH(H) computes an optimum threshold, T, in the
%   range [0 1] using Otsu's method for a given a histogram, H.

% Normalize the histogram to unit area. If h is already normalized,
% the following operation has no effect.
h = h/sum(h);
h = h(:); % h must be a column vector for processing below.
```

otsuthresh

```
% All the possible intensities represented in the histogram (256 for
% 8 bits). (i must be a column vector for processing below.)
i = (1:numel(h))';

% Values of P1 for all values of k.
P1 = cumsum(h);

% Values of the mean for all values of k.
m = cumsum(i.*h);

% The image mean.
mG = m(end);

% The between-class variance.
sigSquared = ((mG*P1 - m).^2)./(P1.*(1 - P1) + eps);

% Find the maximum of sigSquared. The index where the max occurs is
% the optimum threshold. There may be several contiguous max values.
% Average them to obtain the final threshold.
maxSigsq = max(sigSquared);
T = mean(find(sigSquared == maxSigsq));

% Normalized to range [0 1]. 1 is subtracted because MATLAB indexing
% starts at 1, but image intensities start at 0.
T = (T - 1)/(numel(h) - 1);

% Separability measure.
SM = maxSigsq / (sum(((i - mG).^2) .* h) + eps);
```

很容易验证，该函数给出了与函数 graythresh 相同的结果。

7.3.4 使用图像平滑改进全局阈值处理

噪声会把简单的阈值处理问题变为无法求解的问题。当不能在源头降低噪声且阈值处理是所选择的分割方法时，增强性能的一种常用技术是在阈值处理前先对图像进行平滑。下面用一个例子来介绍这种方法。

在没有噪声时，图 7.15(a) 中的原图像是二值的，可以使用处在两个图像灰度值之间的任何阈值完美地进行阈值处理。图 7.15(a) 中的图像是在原二值图像中加入均值为 0、标准差为 50 个灰度级的高斯噪声后的结果。带噪图像的直方图［见图 7.15(b)］清楚地表明，阈值处理对这样的图像来说多半会失败。图 7.15(c) 中的结果是用 Otsu 方法得到的，该结果证实了这一点（目标上的每个暗点和背景上的每个亮点都是阈值处理误差，因此该分割完全不成功）。

图 7.15(d) 显示了使用一个 5×5 均值模板平滑噪声图像（图像尺寸是 651×814 像素）后的结果，图 7.15(e) 是其直方图。平滑对直方图形状的改进很明显，且我们可以期望平滑后图像的阈值处理结果趋于完美。如图 7.15(f) 所示，事实的确如此。在分割且平滑后的图像中，目标和背景间的边界稍微有点儿失真，这是由平滑后图像的边界模糊导致的。事实上，对图像平滑得越强烈，分割结果中预期的边界误差就越大。

图 7.15 中的图像是使用如下命令产生的：

```
>> f = imread('septagon.tif');
```

要得到图 7.15(a)，就需使用函数 imnoise 将均值为 0、标准差为 50 个灰度级的高斯噪声添加到这幅图像中。工具箱使用方差作为输入，且假定灰度范围是[0, 1]。因为使用 255 个灰度级，因此输入到 imnoise 的方差是 $50^2/255^2 = 0.038$：

```
>> fn = imnoise(f,'gaussian', 0, 0.038);
>> imshow(fn) % Fig.   7.15(a).
```

图7.15的其他部分由如下语句生成：

```
>> figure, imhist(fn) % Fig.   7.15(b);
>> Tn = graythresh(fn);
>> gn = im2bw(fn, Tn);
>> figure, imshow(gn)
>> % Smooth the image and repeat.
>> w = fspecial('average', 5);
>> fa = imfilter(fn, w, 'replicate');
>> figure, imshow(fa) % Fig.   7.15(d).
>> figure, imhist(fa) % Fig.   7.15(e).
>> Ta = graythresh(fa);
>> ga = im2bw(fa, Ta);
>> figure, imshow(ga) % Fig.   7.15(f).
```

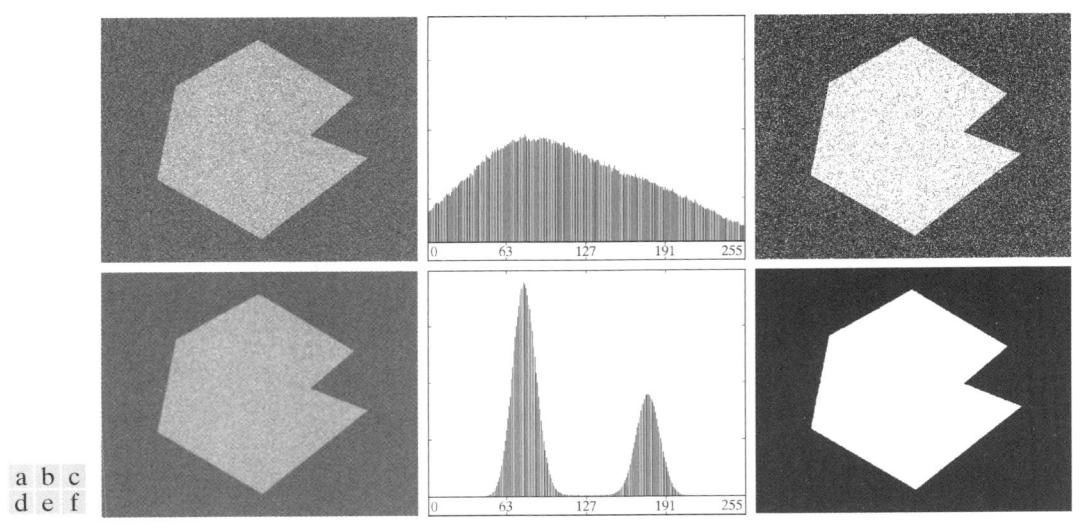

a b c
d e f

图 7.15 (a)带噪图像；(b)带噪图像的直方图；(c)使用 Otsu 方法得到的结果；(d)使用 5×5 平均模板平滑后的带噪图像；(e)平滑后图像的直方图；(f)使用 Otsu 方法阈值处理后的结果

7.3.5　使用边缘改进全局阈值处理

基于前四节的讨论，我们得出结论：若直方图的波峰是高的、窄的、对称的，且被深波谷分开，则选择好的阈值的机会就会变大。改进直方图形状的一种方法是仅考虑那些位于或接近目标和背景间边缘的像素。一种简单且明显的改进是使直方图不依赖于目标和背景的相对大小。另外，这些像素位于目标上的概率将近似等于位于背景上的概率，因此改进了直方图波峰的对称性。最后，如下一段中指出的那样，使用满足某些基于简单梯度测度的像素时，存在加深直方图波峰之间的波谷的倾向。

刚才讨论的方法假设目标和背景之间的边缘已知。显然，这一信息在分割期间并不可用，正如在目标和背景间寻找一条分界线正是分割所要做的那样。然而，一个像素是否处在边缘上的推断可能是通过计算其梯度或拉普拉斯算子的绝对值来获得的(记住，一幅图像的拉普拉斯算子既有正值也有负值)。通常，使用任何一种方法均可得到差不多的结果。

前面的讨论总结在如下算法中，其中 $f(x,y)$ 是输入图像：

1. 使用 7.1 节讨论的任何方法由 $f(x,y)$ 计算一幅边缘图像。边缘图像可以是梯度或拉普拉斯算子的绝对值。
2. 指定一个阈值 T。
3. 使用来自步骤 2 的阈值对来自步骤 1 的图像进行阈值处理,产生一幅二值图像 $g_T(x,y)$。这幅图像在步骤 4 中用做一幅标记图像,以便从 $f(x,y)$ 中选取对应于"强"边缘像素的像素。
4. 仅使用 $f(x,y)$ 中对应于 $g_T(x,y)$ 中 1 值像素的位置的像素来计算直方图。
5. 使用来自步骤 4 的直方图,例如采用 Otsu 方法来全局地分割 $f(x,y)$。

通常指定对应于一个百分位[①]的 T 值,它通常设置为一个高值(如百分位 90),以便边缘图像中只有很少的像素用于阈值计算。自定义函数 percentile2i(见附录 C)可用于这一目的。该函数计算一个灰度值 I,它对应于一个指定的百分位 P。其语法是

　　　　　　　　I = percentile2i(h, P)

其中,h 是图像的直方图,P 是区间[0, 1]内的百分位值。输出 I 是对应于百分位 P 的灰度级(也在区间[0, 1]内)。

> percentile2i
>
> 也见函数 i2percentile(见附录 C),它计算一个给定灰度值的百分位。

例 7.9 使用基于梯度的边缘信息改进全局阈值处理。

图 7.16(a) 显示了在尺寸上缩小为几个像素的幻影图像。该图像被具有零均值和 10 个灰度级标准差的高斯噪声污染。从图 7.16(b) 中的直方图来看,它是单峰的,根据大背景情况下的经验,我们得出结论:在这种情况下,全局阈值处理将会失败。当目标比背景小得多时,它们对直方图的贡献可以忽略不计。使用边缘信息可以改进这种情况。图 7.16(c) 是使用如下命令得到的梯度图像:

```
>> f = tofloat(imread('Fig716(a).tif'));
>> sx = fspecial('sobel');
>> sy = sx';
>> gx = imfilter(f,sx,'replicate');
>> gy = imfilter(f,sy,'replicate');
>> grad = sqrt(gx.*gx + gy.*gy);
>> grad = grad/max(grad(:));
```

其中,对于浮点图像,最后一条命令把 grad 的值归一化到正确的区间[0, 1]。接着,我们得到 grad 的直方图,并使用高百分位(99.9)来估计梯度的阈值(记住,我们只想保留梯度图像中较大的值,它应该出现在接近目标和背景的边界处):

```
>> h = imhist(grad);
>> Q = percentile2i(h, 0.999);
```

其中,Q 的取值范围为[0, 1]。下一步,用 Q 对梯度做阈值处理形成标记图像,并且用它从 f 中提取梯度值比 Q 大的点,得到直方图:

```
>> markerImage = grad > Q;
>> figure, imshow(markerImage) % Fig. 7.16(c).
>> fp = f.*markerImage;
>> figure, imshow(fp) % Fig. 7.16(d).
>> hp = imhist(fp);
```

图像 fp 包含 f 中围绕目标和背景边界的像素。因此,其直方图被 0 支配。因为我们的兴趣在于目标边界周围的分割值,因此需要去除 0 对直方图的贡献,所以把 hp 的第一个元素排除在外,然后用得到的直方图获取 Otsu 阈值:

[①] 百分位 n 是大于一个给定集合中 n% 个数的最小数。例如,若在某次测验中,你的分数为 95,且该分数大于所有参加此次测试学生中 80% 的学生的分数,则你处于测验分数中的百分位 80。我们将集合中的最小数设置为百分位 0,而将最大数设置为百分位 100。

第 7 章 图像分割

```
>> hp(1) = 0;
>> bar(hp, 0) % Fig. 7.16(e).
>> T = otsuthresh(hp);
>> T*(numel(hp) - 1)
ans =
     133.5000
```

直方图 hp 示于图 7.16(e) 中。观察发现，如期望的那样，现在有了被一个深谷分开的明显窄峰，且最佳阈值接近这两个峰值之间的中点。这样，我们可以期待得到近于完美的分割：

```
>> g = im2bw(f, T);
>> figure, imshow(g) % Fig. 7.16(f).
```

如图 7.16(f) 所示，图像确实被正确地分割了。

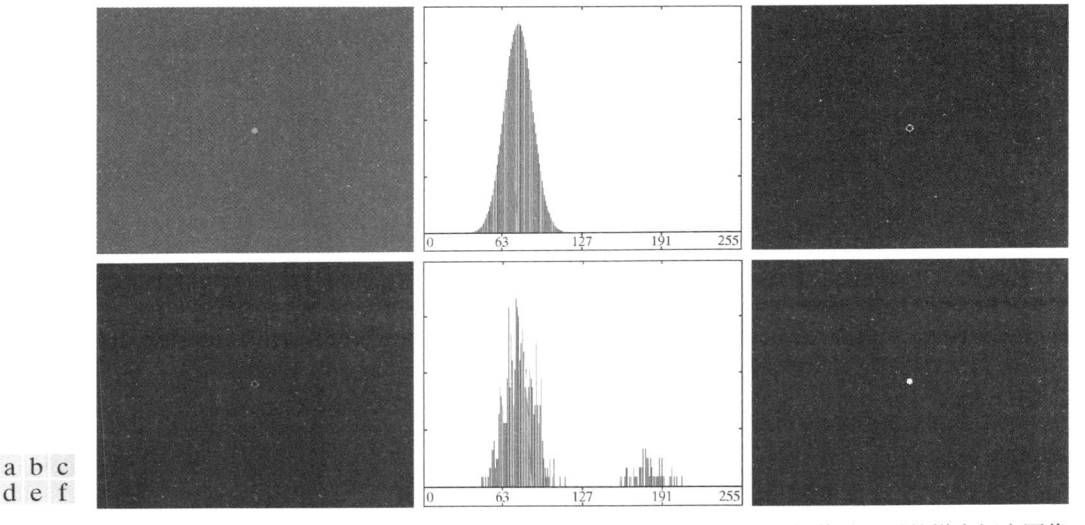

图 7.16　(a) 带噪小幻影图像；(b) 幻影图像的直方图；(c) 以百分位 99.9 进行阈值处理后的梯度幅度图像；(d) 由图 (a) 和图 (c) 的乘积形成的图像；(e) 图 (d) 中非零像素的直方图；(f) 使用图 (e) 中的直方图找到的 Otsu 阈值分割图 (a) 的结果 (找到的阈值是 133.5，它近似为直方图峰值的中点)

例 7.10　使用拉普拉斯算子边缘信息来改进全局阈值处理。

本例考虑一个更复杂的阈值处理问题，并说明如何使用拉普拉斯算子得到能够改善分割的边缘信息。图 7.17(a) 是一幅酵母细胞的 8 比特图像，我们希望使用全局阈值处理得到对应于亮点的区域。首先，图 7.17(b) 显示了图像的直方图，且图 7.17(c) 是直接把 Otsu 方法应用于图像的结果：

```
>> f = tofloat(imread('Fig7.17(a).tif'));
>> imhist(f) % Fig. 7.17(b).
>> hf = imhist(f);
>> [Tf SMf] = graythresh(f);
>> gf = im2bw(f, Tf);
>> figure, imshow(gf) % Fig. 7.17(c).
```

我们看到，Otsu 方法没有达到检测亮点的最初目标，当该方法能够孤立某些细胞区域本身时，右侧的一些区域并未分开。由 Otsu 方法计算的阈值是 42，可分性测度是 0.636。下面的步骤类似于例 7.9 中的步骤，只是我们使用拉普拉斯算子的绝对值来得到边缘信息，且我们使用了一个稍低的百分位，因为经阈值处理后的拉普拉斯算子与前例中的相比更为稀疏：

```
>> w = [-1 -1 -1; -1 8 -1; -1 -1 -1];
>> lap = abs(imfilter(f, w, 'replicate'));
>> lap = lap/max(lap(:));
>> h = imhist(lap);
>> Q = percentile2i(h, 0.995);
>> markerImage = lap > Q;
>> fp = f.*markerImage;
>> figure, imshow(fp) % Fig. 7.17(d).
>> hp = imhist(fp);
>> hp(1) = 0;
>> figure, bar(hp, 0) % Fig. 7.17(e).
>> T = otsuthresh(hp);
>> g = im2bw(f, T);
>> figure, imshow(g) % Fig. 7.17(f).
```

图 7.17(d)显示了 f 和 markerImage 的乘积。注意，如前述讨论中所期望的那样，这幅图像中的点已聚集在亮点的边缘附近。图 7.17(e)是图 7.17(d)中非零像素的直方图。最后，图 7.17(f)显示了基于图 7.17(e)中的直方图使用 Otsu 方法全局分割原图像的结果。该结果与图像中亮点的位置一致。使用 Otsu 方法计算的阈值是 115，可分性测度是 0.762，这两个值与直接从图像得到的值相比都要高一些。

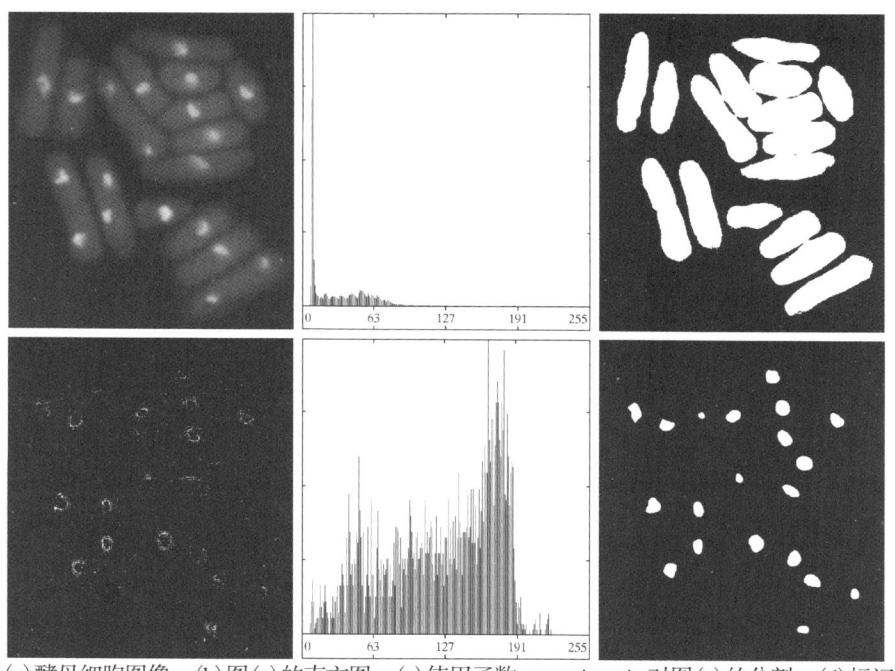

a b c
d e f
图 7.17　(a)酵母细胞图像；(b)图(a)的直方图；(c)使用函数 graythresh 对图(a)的分割；(d)标记图像与原图像的乘积；(e)图(d)中非零像素的直方图；(f)基于图(e)中的直方图使用 Otsu 方法进行阈值处理后的图像(原图像由南加州大学的 Susan L. Forsburg 教授提供)

7.3.6　基于局部统计的可变阈值处理

当背景照明非常不均匀时，全局阈值处理通常会失败。该问题的一种解决方案是试着估计明暗函数，并用它来补偿不均匀的灰度模式，然后使用上面讨论的方法之一对图像做全局阈值处理。在不规则光照情形下，或者在有多个主要目标灰度的情况下(此时全局阈值处理也有困难)，进行补偿的另一种方法是采用可变阈值处理。这种方法基于 (x, y) 的邻域中像素的一种或多种指定特性，在每个点 (x, y) 处计算一个阈值。

我们用一幅图像内每点的邻域中像素的标准差和均值来说明局部阈值处理的基本方法。这两个量对于确定局部阈值十分有用，因为它们是局部对比度和平均灰度的描述子。令 σ_{xy} 和 m_{xy} 分别表示包含在一幅图像内以坐标 (x, y) 为中心的邻域的一组像素的标准差和均值。要计算局部标准差，使用函数 stdfilt，它有如下语法：

$$g = \text{stdfilt}(f, \text{nhood})$$

其中，f 是输入图像，nhood 是由 0 和 1 组成的数组，其中非零元素指定用于计算局部标准差所用的邻域。nhood 的尺寸在每个维度上必须是奇数，默认值是 ones(3)。

要计算局部均值，我们使用如下的自定义函数：

```
function mean = localmean(f, nhood)
%LOCALMEAN Computes an array of local means.
%   MEAN = LOCALMEAN(F, NHOOD) computes the mean at the center of
%   every neighborhood of F defined by NHOOD, an array of zeros and
%   ones where the nonzero elements specify the neighbors used in the
%   computation of the local means. The size of NHOOD must be odd in
%   each dimension; the default is ones(3). Output MEAN is an array
%   the same size as F containing the local mean at each point.

if nargin == 1
   nhood = ones(3) / 9;
else
   nhood = nhood / sum(nhood(:));
end
mean = imfilter(tofloat(f), nhood, 'replicate');
```

下面是基于局部均值和标准差的可变局部阈值的通用形式：

$$T_{xy} = a\sigma_{xy} + bm_{xy}$$

式中，a 和 b 是非负常数。另一种有用的形式是

$$T_{xy} = a\sigma_{xy} + bm_G$$

式中，m_G 是全局图像均值。分割后的图像计算如下：

$$g(x, y) = \begin{cases} 1, & f(x, y) > T_{xy} \\ 0, & f(x, y) \leq T_{xy} \end{cases}$$

式中，$f(x, y)$ 是输入图像。在所有像素位置都要计算这一公式。

如上所示，通过逻辑而非算术地组合局部特性，可对局部阈值处理添加权重。例如，可以根据逻辑"与"来将局部阈值处理定义如下：

$$g(x, y) = \begin{cases} 1, & f(x, y) > a\sigma_{xy} \text{ AND } f(x, y) > bm \\ 0, & \text{其他} \end{cases}$$

式中，如上面定义的那样，m 不是局部均值 m_{xy}，就是全局均值 m_G。下面的函数使用这一公式执行局部阈值处理。该函数的基本结构可以很容易地适应逻辑和/或局部运算的其他组合。

```
function g = localthresh(f, nhood, a, b, meantype)
%LOCALTHRESH Local thresholding.
%   G = LOCALTHRESH(F, NHOOD, A, B, MEANTYPE) thresholds image F by
%   computing a local threshold at the center,(x, y), of every
%   neighborhood in F. The size of the neighborhoods is defined by
%   NHOOD, an array of zeros and ones in which the nonzero elements
%   specify the neighbors used in the computation of the local mean
%   and standard deviation. The size of NHOOD must be odd in both
```

```
%         dimensions.
%
%         The segmented image is given by
%
%                  1    if (F > A*SIG) AND (F > B*MEAN)
%         G =
%                  0    otherwise
%
%         where SIG is an array of the same size as F containing the local
%         standard deviations. If MEANTYPE = 'local' (the default), then
%         MEAN is an array of local means.  If MEANTYPE = 'global', then
%         MEAN is the global (image) mean, a scalar.  Constants A and B
%         are nonnegative scalars.

% Intialize.
f = tofloat(f);

% Compute the local standard deviations.
SIG = stdfilt(f, nhood);
% Compute MEAN.
if nargin == 5 && strcmp(meantype,'global')
    MEAN = mean2(f);
else
    MEAN = localmean(f, nhood); % This is a custom function.
end

% Obtain the segmented image.
g = (f > a*SIG) & (f > b*MEAN);
```

例 7.11 全局和局部阈值处理的比较。

图 7.18(a)显示了例 7.10 的图像。我们想要从背景中分割出细胞,并从细胞体中分割出细胞核(内部的亮区域)。这幅图像中有三个主要的灰度级,因此期待这样的分割是可能的。然而,使用单个阈值来进行分割非常不可靠。这已在图 7.18(b)中得到验证,它显示了使用 Otsu 方法得到的结果:

```
>> [TGlobal] = graythresh(f);
>> gGlobal = im2bw(f, TGlobal);
>> imshow(gGlobal) % Fig. 7.18(b).
```

其中,f 是图 7.18(a)中的图像。如图所示,从背景中部分地分割出细胞是可能的(一些分割后的细胞连在一起),但该分割方法不能提取出细胞核。

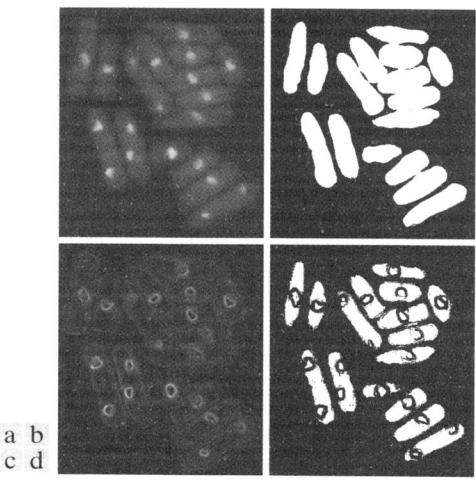

图 7.18 (a)酵母细胞图像; (b)使用 Otsu 方法分割的图像; (c)局部标准差图像; (d)使用局部阈值处理分割的图像

因为细胞核要比细胞体明亮一些，因此我们估计围绕细胞核边界的标准差相对较大，而围绕细胞边界的标准差相对较小。如图 7.18(c) 所示，事实确实如此。这样，我们就得出结论：函数 localthresh 中基于局部标准差的属性应是有帮助的：

```
>> g = localthresh(f, ones(3), 30, 1.5, 'global');
>> SIG = stdfilt(f, ones(3));
>> figure, imshow(SIG, [ ]) % Fig. 7.18(c).
>> figure, imshow(g) % Fig. 7.18(d).
```

如图 7.18(d) 所示，使用属性的分割是相当有效的。细胞被逐个从背景中分割出来，且细胞核也被正确地分割出来。函数中所用的值是通过试验确定的，在这样的应用中是惯例。当背景接近于常数且所有目标的灰度高于或低于背景灰度时，选择全局均值一般会给出较好的结果。

7.3.7 使用移动平均的图像阈值处理

前一节中讨论的局部阈值处理方法的一种特殊情况是，沿一幅图像的扫描行来计算移动平均。当速度是基本要求时，这一实现在文本处理中是相当有用的。图像扫描通常是按 Z 形模式逐行执行的，以便减少照明偏差。令 z_{k+1} 表示第 $k+1$ 步扫描时所遇到的点的灰度，则在这个新点处的移动平均（平均灰度）由下式给出：

$$m(k+1) = \frac{1}{n}\sum_{i=k+2-n}^{k+1} z_i = m(k) + \frac{1}{n}(z_{k+1} - z_{k-n})$$

> 该式的前半部分在 $k \geq n-1$ 时成立。当 k 小于 $n-1$ 时，平均是使用可用的点形成的。类似地，该式的后半部分在 $k \geq n+1$ 时成立。

式中，n 表示计算平均时所用的点数，且 $m(1) = z_1/n$。这个初始值并不严格正确，因为单个点的平均值是该点自身的值。然而，我们使用 $m(1) = z_1/n$，以便前面的平均公式第一次启动时，并不要求特殊的计算。观察它的另一种方法是，若图像的边界用 $n-1$ 个 0 填充，则这就是我们将得到的值。算法只初始化一次，不必对每一行都进行初始化。因为移动平均是对图像中的每一点计算的，故使用下式可实现分割：

$$f(x,y) = \begin{cases} 1, & f(x,y) > Km_{xy} \\ 0, & \text{其他} \end{cases}$$

式中，K 是区间[0, 1]内的常数，m_{xy} 是输入图像中点(x, y)处的移动平均。

下面的自定义函数用于实现刚刚讨论的概念。该函数使用 MATLAB 中的一维滤波函数 filter，基本语法如下：

$$Y = \text{filter}(c, d, X)$$

这个函数采用由分子系数向量 c 和分母系数向量 d 描述的滤波器来对向量 X 中的数据滤波。若 d = 1（一个标量），则 c 中的系数完整地定义了这一滤波器。

```
function g = movingthresh(f, n, K)
%MOVINGTHRESH Image segmentation using a moving average threshold.
%   G = MOVINGTHRESH(F, n, K) segments image F by thresholding its
%   intensities based on the moving average of the intensities along
%   individual rows of the image. The average at pixel k is formed
%   by averaging the intensities of that pixel and its n - 1
%   preceding neighbors. To reduce shading bias, the scanning is
%   done in a zig-zag manner, treating the pixels as if they were a
%   1-D, continuous stream. If the value of the image at a point
%   exceeds K percent of the value of the running average at that
%   point, a 1 is output in that location in G. Otherwise a 0 is
%   output. At the end of the procedure, G is thus the thresholded
```

```
%   (segmented) image. K must be a scalar in the range [0, 1].

% Preliminaries.
f = tofloat(f);
[M, N] = size(f);
if (n < 1) || (rem(n, 1) ~= 0)
   error('n must be an integer >= 1.')
end
if K < 0 || K > 1
   error('K must be a fraction in the range [0, 1].')
end

% Flip every other row of f to produce the equivalent of a zig-zag
% scanning pattern. Convert image to a vector.
f(2:2:end, :) = fliplr(f(2:2:end, :));
f = f'; % Still a matrix.
f = f(:)'; % Convert to row vector for use in function filter.

% Compute the moving average.
maf = ones(1, n)/n; % The 1-D moving average filter.
ma = filter(maf, 1, f); % Computation of moving average.

% Perform thresholding.
g = f > K * ma;

% Go back to image format (indexed subscripts).
g = reshape(g, N, M)';
% Flip alternate rows back.
g(2:2:end, :) = fliplr(g(2:2:end, :));
```

例7.12 使用移动平均的图像阈值处理。

图 7.19(a)显示了一幅由斑点灰度图案遮蔽的手写文稿图像。例如，在使用闪光灯拍摄的图像中，会出现这种形式的遮光。图 7.19(b)是使用 Otsu 全局阈值处理方法分割的结果：

```
>> f = imread('Fig. 7.19(a).tif');
>> T = graythresh(f);
>> g1 = im2bw(f, T); % Fig. 7.19(b).
```

全局阈值处理不能克服灰度变化并不意外。图 7.19(c)显示了使用移动平均的局部阈值处理的成功分割：

```
>> g2 = movingthresh(f, 20, 0.5);
>> figure, imshow(g2) % Fig. 7.19(c).
```

经验是令平均窗口的宽度为平均笔画宽度的5倍。此时平均宽度是4像素，因此令 $n=20$，并使用 $K=0.5$（该算法对这些参数的值并不是特别敏感）。

作为这种分割方法有效性的另一说明，我们使用与前一段中相同的参数来分割图 7.19(d)中的图像，该图像被正弦灰度变化污染，文本扫描仪未正确接地时，通常会出现这种正弦灰度变化。如图 7.19(e)和图 7.19(f)所示，分割的结果类似于图 7.19中第一行的那些图像。

很明显，在为 n 和 K 使用相同值的两种情况下，都得到了成功的分割结果，表明了这一方法的相对稳定性。一般来说，当感兴趣的目标相对于图像尺寸来说较小(或较细)时(输入或手写文本图像通常满足这一条件)，基于移动平均的阈值处理效果会很好。

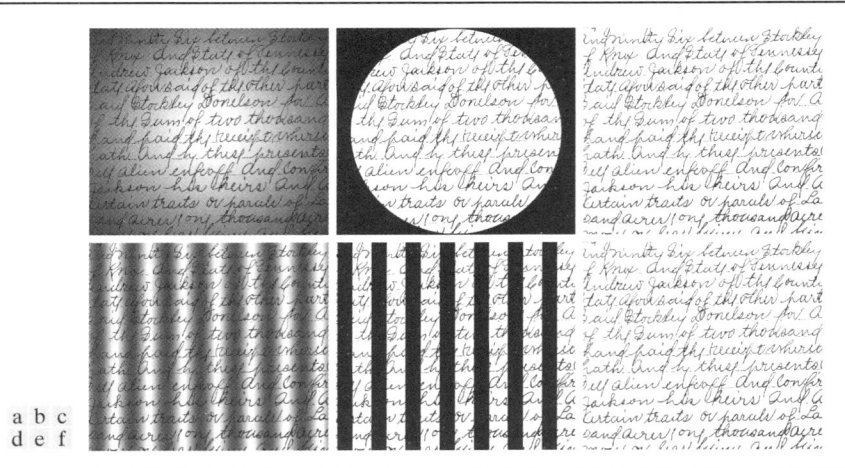

图 7.19 (a)被斑点遮光污染的文本图像；(b)使用 Otsu 全局阈值处理方法得到的结果；(c)使用移动平均局部阈值处理得到的结果；(d)~(f)对被正弦遮光污染的图像应用相同操作序列后得到的结果

7.4 基于区域的分割

分割的目的是把图像分成多个区域。在 7.1 节和 7.2 节中，通过寻找灰度级不连续区域之间的边界，我们解决了这一问题；但在 7.3 节中，分割是通过基于像素性质分布的阈值处理来实现的。本节讨论直接寻找区域的分割技术。

7.4.1 基本表达式

令 R 表示整个图像区域。我们可将分割视为把 R 分为 n 个子区域 $R_1, R_2, \cdots, R_n$ 的处理，即

(a) $\bigcup_{i=1}^{n} R_i = R$。

(b) R_i 是一个连通区域，$i = 1, 2, \cdots, n$。

(c) $R_i \cap R_j = \varnothing$，对所有 i 和 j，$i \neq j$。

(d) $P(R_i) =$ TRUE，对 $i = 1, 2, \cdots, n$。

(e) $P(R_i \cup R_j) =$ FALSE，对任何相邻的区域 R_i 和 R_j。

> 在 7.4 节的讨论中，两个不相交区域 R_i 和 R_j 的并集形成一个连通分量时，称为相邻区域。

这里，$P(R_i)$ 是定义在集合 R_i 中的点上的一个逻辑谓词，$\varnothing$ 是空集。

条件(a)指出分割必须是完全的；也就是说，每个像素必须位于一个区域中。第二个条件要求一个区域中的点是连通的（如 4 连通或 8 连通）。条件(c)指出各个区域必须是不相交的。条件(d)处理分割后的区域中的像素必须满足的性质——例如，若 R_i 中的所有像素有相同的灰度级，则 $P(R_i) =$ TRUE。最后，条件(e)指出，相邻区域 R_i 和 R_j 在逻辑谓词 P 上的意义上是不同的。

7.4.2 区域生长

如其名称所示，区域生长是指根据预先定义的生长准则将像素或子区域组合为更大区域的过程。基本方法是从一组"种子"点开始，将与种子性质相似的那些邻域像素附加到每个种子上来形成这些生长区域(如特定范围的灰度或颜色)。

通常我们可基于问题的性质来选择一组或多组开始点，如稍后的例 7.14 中所示。当先验知识不可用时，这一过程是在每个像素处计算一组相同的特性，然后在生长处理过程中，利用这组特性把像素分配到各个区域。若这些计算的结果显示了一族值，则那些性质靠近该族的中心的像素，可以作为种子使用。

相似性准则的选择不仅取决于所考虑的问题，而且取决于可用的图像数据类型。例如，土地利用卫星成像分析主要取决于彩色的使用。若彩色图像不能提供可用的固有信息，则求解这个问题将非常困难，甚至无法求解。若图像是单色图像，则必须使用一组基于灰度级（如矩或纹理）和空间特性（如连通性）的描述子把相同灰度的像素分组以形成一个区域，进而对该区域进行分析。在第 8 章中，我们将讨论那些对区域特征有用的描述子。

若在区域增长的处理中未用连通信息（或连通性）而只有描述子，则可能会产生错误的结果。例如，设想一下仅有三个不同灰度值的像素的一个随机排列。把相同灰度的像素分组形成一个区域，而不考虑这些像素的连通性，会产生对当前讨论而言毫无意义的分割结果。

区域生长的另一个问题是终止准则的表述。当不再有像素满足加入某个区域的准则时，区域生长就会停止。像灰度值、纹理和彩色这样的准则，本质上都是局部的，不考虑区域生长的"历史"。增强区域生长算法能力的其他准则，利用了候选像素和已加入生长区域的像素间的大小（如候选像素灰度和生长区域的平均灰度的比较）以及正生长区域的形状。这类描述子的使用是基于期望结果的一个模型至少部分可用这一假设的。

为了说明在 MATLAB 中处理区域分割方式的原理，我们开发了下面这个称为 regiongrow 的 M 函数来实现基本的区域生长。该函数的语法是

$$[g, NR, SI, TI] = regiongrow(f, S, T)$$

其中，f 是被分割的图像，参数 S 可以是一个数组（与 f 大小相同）或一个标量。若 S 是一个数组，则它在种子点的所有坐标处必须包含 1，而在其他地方包含 0。这样一个数组可以通过观察确定，或通过一个外部种子寻找函数确定。若 S 是一个标量，它定义一个灰度值，则 f 中具有该值的所有点都会成为种子点。类似地，T 也可以是一个数组（与 f 大小相同）或一个标量。若 T 是一个数组，则它对 f 中的每个位置包含一个阈值。若 T 是一个标量，则它定义一个全局阈值。阈值用于测试图像中的一个像素是否与种子足够相似，或者是否与其 8 连通的种子足够相似。S 和 T 的所有值必须标定到区间[0, 1]，且与输入图像的类无关。

例如，若 S = a 和 T = b，且我们比较灰度，则当一个像素的灰度和 a 的差的绝对值小于等于 b 时，我们说该像素（在通过阈值测试的意义上）与 a 类似。此外，若所考虑的像素 8 连通到一个或多个种子值时，则该像素可认为是一个或多个区域的成员。S 或 T 是数组，类似的结论成立，只是比较的是 S 和 T 中对应元素之间的差别。

在输出中，g 是分割后的图像，每个区域的成员都用一个不同的整数值标注。参数 NR 是所找到的区域的数量。参数 SI 是包含种子点的一幅图像，参数 TI 是包含处理连通性前就已通过阈值测试的像素的一幅图像。SI 和 TI 的大小均与 f 的大小相同。

函数 regiongrow 的代码如下：

```
function [g, NR, SI, TI] = regiongrow(f, S, T)
%REGIONGROW Perform segmentation by region growing.
%   [G, NR, SI, TI] = REGIONGROW(F, S, T). S can be an array (the
%   same size as F) with a 1 at the coordinates of every seed point
%   and 0s elsewhere.  S can also be a single seed value. Similarly,
%   T can be an array (the same size as F) containing a threshold
%   value for each pixel in F. T can also be a scalar, in which case
%   it becomes a global threshold. All values in S and T must be in
%   the range [0, 1]
%
%   G is the result of region growing, with each region labeled by a
%   different integer, NR is the number of regions, SI is the final
%   seed image used by the algorithm, and TI is the image consisting
%   of the pixels in F that satisfied the threshold test, but before
```

```
%        they were processed for connectivity.

f = tofloat(f);
% If S is a scalar, obtain the seed image.
if numel(S) == 1
    SI = f == S;
    S1 = S;
else
    % S is an array. Eliminate duplicate, connected seed locations
    % to reduce the number of loop executions in the following
    % sections of code.
    SI = bwmorph(S, 'shrink', Inf);
    S1 = f(SI); % Array of seed values.
end

TI = false(size(f));
for K = 1:length(S1)
    seedvalue = S1(K);
    S = abs(f - seedvalue) <= T; % Re-use variable S.
    TI = TI | S;
end
% Use function imreconstruct with SI as the marker image to
% obtain the regions corresponding to each seed in S. Function
% bwlabel assigns a different integer to each connected region.
[g, NR] = bwlabel(imreconstruct(SI, TI));
```

例 7.13 用区域生长检测焊接空隙。

图 7.20(a)显示了焊接(水平的暗区域)的一幅 X 射线图像,该图像中含有几条裂隙和孔隙(水平横穿图像中心的明亮区域)。我们希望使用函数 regiongrow 来分割相对有焊接缺陷的区域。这些分割后的区域可用于自动检测、历史研究数据库、自动焊接系统控制等任务中。

第一步是指定初始种子点。在该应用中,已知有焊接缺陷区域中的某些像素有最大可能的数值(此时为 255)。基于这一信息,我们令 S = 1(所有 S 值都必须标定到区间[0, 1])。下一步是选择一个阈值或阈值数组。在本例中,我们使用一个值为 65 的阈值(当标定到区间[0, 1]时,该值是 0.26)。该数源于对图 7.21 所示直方图的分析,表示 255 和左侧第一个主要峰谷(190)间的差,第一个主要峰谷是暗色焊接区域中有代表性的最高灰度值。图 7.20 中的结果是通过如下函数调用生成的:

```
>> [g, NR, SI, TI] = regiongrow(f, 1, 0.26);
```

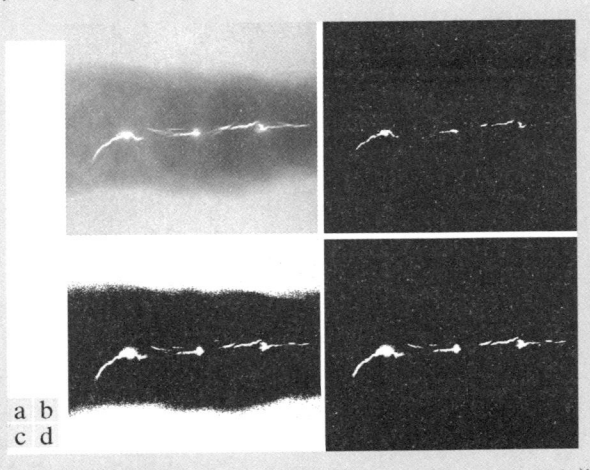

图 7.20 (a)显示有焊接缺陷的图像;(b)种子点;(c)显示通过了阈值测试的所有像素(白色)的二值图像;(d)图(c)中所有像素经种子点 8 连通性分析后的结果(原图像由 X-TEK Systems 有限公司提供)

图 7.20(b)显示了种子点(图像 SI)。此时的种子点很多，因为种子被指定为图像中具有值 225(标定后的值是 1)的所有点。图 7.20(c)是图像 TI。它显示了通过阈值测试的所有点，即灰度 z_i 满足 $|z_i - S| \le T$ 的点。图 7.20(d)显示了提取图 7.20(c)中所有连接到种子点的像素的结果。这是分割后的图像 g。比较该幅图像与原图像，明显可以看出区域生长过程确实以合理的精度分割了有缺陷的焊接。

最后，通过观察图 7.21 中的直方图，我们发现不可能由 7.3 节中讨论的任何阈值处理方法得到相同或等价的解决方案。在这种情况下，使用连通性是一个基本要求。

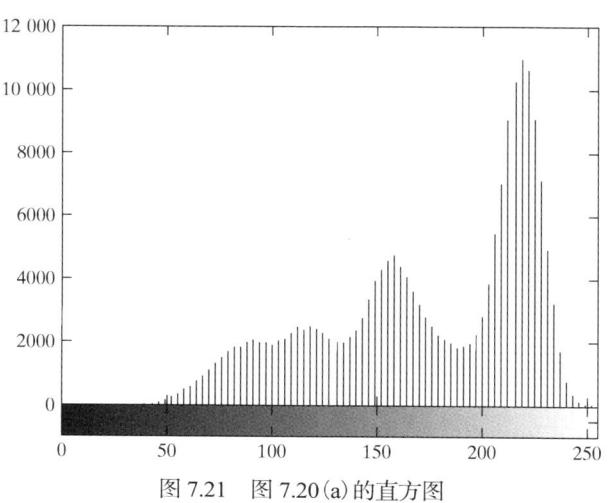

图 7.21　图 7.20(a)的直方图

7.4.3　区域分离与聚合

刚刚讨论的过程是由一组种子点来生长区域。另一种方法是首先将一幅图像细分为一组任意的不相交区域，然后聚合和/或分离这些区域，以便满足 7.4.1 节中声明的分割条件。

令 R 表示整幅图像区域，并选择一个逻辑谓词 P。对 R 进行分割的一种方法是依次将它细分为越来越小的四象限区域，以便对任何区域 R_i 有 $P(R_i)$ = TRUE。我们从整个区域开始。若 $P(R)$ = TRUE，则把图像分割为四象限区域。若对每个象限区域 P 为 FALSE，则将该象限区域再细分为 4 个子象限区域，以此类推。这种特殊的分离技术可方便地表示为四叉树形式，即每个节点都正好有 4 个后代，如图 7.22 所示(对应一个四叉树的节点的图像有时称为四分区域或四分图像)。注意，树根对应于整幅图像，而每个节点对应于该节点的 4 个细分后代节点。在这种情形下，仅进一步细分了 R_4。

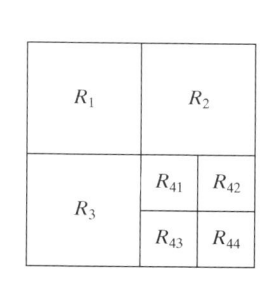

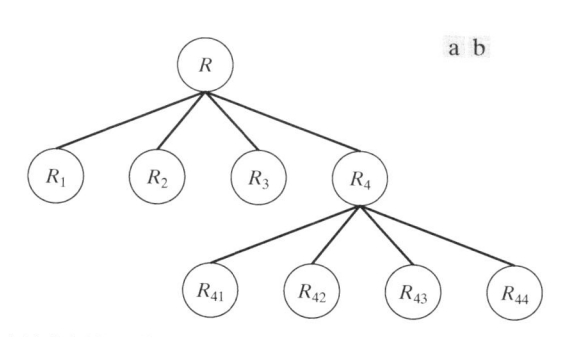

a b

图 7.22　(a)被分割的图像；(b)对应的四叉树

若只使用分离，则最后的分区通常包含具有相同性质的相邻区域。通过允许聚合和分离，这种缺陷可以得到补救。要满足 7.4.1 节中提出的分割约束条件，则仅要求聚合其组合像素满足逻辑谓词 P 的相邻区域。也就是说，两个相邻的区域 R_i 和 R_j 仅当 $P(R_i \cup R_j)$ = TRUE 时才能聚合。

前述讨论可以总结为如下过程：

1. 将满足条件 $P(R_i)$ = FALSE 的任何区域 R_i 分离为 4 个不相交的象限区域。
2. 当不可能进一步分离时，聚合满足条件 $P(R_i \cup R_j)$ = TRUE 的任意两个相邻区域 R_i 和 R_j。
3. 当无法进一步聚合时，停止运算。

> 为使表示符号尽可能简单，我们令 R_i 和 R_j 表示分离和聚合期间的任意两个区域。试图引入能反映各种级别的分离和/或聚合的表示符号（如在图 7.22 中那样），会使解释复杂化。

前述的基本主题存在多种变化。例如，若两个相邻的区域 R_i 和 R_j 各自都满足逻辑谓词，则这两个区域的聚合会得到明显简化的结果。这将导致简单得多（且快得多）的算法，因为逻辑谓词的测试被限制在各个四分区域。如例 7.14 所示，这种简化仍能产生较好的分割结果。通过在该过程的第二步中使用这一方法，所有满足逻辑谓词的四分区域都用 1 进行了填充，且它们的连通性可以很容易地使用函数 imreconstruct 来检查。效果上，这个函数能够实现相邻四分区域的期望聚合。不满足逻辑谓词的四分区域使用 0 来填充，以便创建一幅分割后的图像。

工具箱中实现四叉树分解的函数是 qtdecomp。其语法为

Z = qtdecomp(f, @split_test, parameters)

其中，f 是输入图像，Z 是包括四叉树结构的一个稀疏矩阵。若 Z(k,m) 是非零的，则 (k, m) 是分解的一个块的左上角，且该块的大小是 Z(k,m)。函数 split_test（一个例子见下面的函数 splitmerge）用于确定一个区域是否进行分离，parameters 是 split_test 所要求的其他参数（用逗号分开）。这种原理类似于 2.4.2 节中函数 coltfilt 的原理。

> 函数 qtdecomp 的其他语法形式见 8.2.2 节。

要得到四叉树分解中的实际四分区域像素值，我们使用函数 qtgetblk，其语法为

[vals, r, c] = qtgetblk(f, Z, m)

其中，vals 是一个数组，它包含 f 的四叉树分解中的尺寸为 m×m 的块的值，Z 是由 qtdecomp 返回的稀疏矩阵。参数 r 和 c 是包含块的左上角的行坐标和列坐标的向量。

我们通过编写一个基本的分离/聚合 M 函数来说明函数 qtdecomp 的用法，若其中的两个区域分别满足逻辑谓词，则聚合它们。函数 splitmerge 的调用语法如下：

g = splitmerge(f, mindim, @predicate)

其中，f 是输入图像，g 是输出图像，输出图像中的每个连通区域都使用不同的整数标注。参数 mindim 定义分解中允许的最小块的尺寸；该参数必须是 2 的正整数次幂，这样就可使分解向下进行到大小为 1×1 像素的区域，尽管实际中并不使用这样精细的细节。

函数 predicate 是一个用户定义的函数，其语法为

flag = predicate(region)

若在 region（区域）中的像素满足函数中由代码定义的逻辑谓词，则函数就必须写成返回 true（逻辑 1）的形式；否则，flag 的值就必须是 false（逻辑 0）。例 7.14 示例了该函数的应用。

函数 splitmerge 有一个简单的结构。首先，图像被函数 qtdecomp 分块。函数 split_test 用 predicate 确定一个区域是否应该被分离。因为当一个区域被分成 4 个子区域时，它并不知道产生的 4 个子区域中的哪一个或哪几个将通过逻辑谓词测试，因此需要考察这些区域以了解被分区的图像中哪些区域通过了测试。函数 predicate 也用于这个目的。通过测试的四分区域均都被 1 填充，没有通过

测试的区域均被 0 填充。标识数组通过选择被 1 填充的每个区域中的一个元素来创建。使用该数组和被分区图像来确定区域的连通性，函数 imreconstruct 可用于这一目的。

函数 splitmerge 的代码如下所示。如有必要，该程序将输入图像的尺寸填充为正方形，其维数是包围图像的 2 的最小整数次幂。如之前提到的那样，这就允许函数 qtdecomp 将区域一直分离到 1×1 大小(单个像素)。

```
function g = splitmerge(f, mindim, fun)
%SPLITMERGE Segment an image using a split-and-merge algorithm.
%   G = SPLITMERGE(F, MINDIM, @PREDICATE) segments image F by using
%   a split-and-merge approach based on quadtree decomposition.
%   MINDIM (a nonnegative integer power of 2) specifies the minimum
%   dimension of the quadtree regions (subimages) allowed. If
%   necessary, the program pads the input image with zeros to the
%   nearest square size that is an integer power of 2. This
%   guarantees that the algorithm used in the quadtree decomposition
%   will be able to split the image down to blocks of size 1-by-1.
%   The result is cropped back to the original size of the input
%   image. In the output, G, each connected region is labeled with a
%   different integer.
%
%   Note that in the function call we use @PREDICATE for the value
%   of fun.  PREDICATE is a a user-defined function. Its syntax is
%
%       FLAG = PREDICATE(REGION) Must return TRUE if the pixels in
%       REGION satisfy the predicate defined in the body of the
%       function; otherwise, the value of FLAG must be FALSE.
%
%   The following simple example of function PREDICATE is used in
%   Example 10.14 of the book.  It sets FLAG to TRUE if the
%   intensities of the pixels in REGION have a standard deviation
%   that exceeds 10, and their mean intensity is between 0 and 125.
%   Otherwise FLAG is set to false.
%
%       function flag = predicate(region)
%       sd = std2(region);
%       m = mean2(region);
%       flag = (sd > 10) & (m > 0) & (m < 125);

% Pad the image with zeros to the nearest square size that is an
% integer power of 2. This allows decomposition down to regions of
% size 1-by-1.
Q = 2^nextpow2(max(size(f)));
[M, N] = size(f);
f = padarray(f, [Q - M, Q - N], 'post');

% Perform splitting first.
Z = qtdecomp(f, @split_test, mindim, fun);
% Then, perform merging by looking at each quadregion and setting
% all its elements to 1 if the block satisfies the predicate defined
% in function PREDICATE.

% First, get the size of the largest block. Use full because Z is
% sparse.
Lmax = full(max(Z(:)));
% Next, set the output image initially to all zeros.  The MARKER
% array is used later to establish connectivity.
g = zeros(size(f));
MARKER = zeros(size(f));
% Begin the merging stage.
for K = 1:Lmax
```

```
            [vals, r, c] = qtgetblk(f, Z, K);
            if ~isempty(vals)
                % Check the predicate for each of the regions of size K-by-K
                % with coordinates given by vectors r and c.
                for I = 1:length(r)
                    xlow = r(I); ylow = c(I);
                    xhigh = xlow + K − 1; yhigh = ylow + K − 1;
                    region = f(xlow:xhigh, ylow:yhigh);
                    flag = fun(region);
                    if flag
                        g(xlow:xhigh, ylow:yhigh) = 1;
                        MARKER(xlow, ylow) = 1;
                    end
                end
            end
        end

% Finally, obtain each connected region and label it with a
% different integer value using function bwlabel.
g = bwlabel(imreconstruct(MARKER, g));

% Crop and exit.
g = g(1:M, 1:N);

%-------------------------------------------------------------%
function v = split_test(B, mindim, fun)
% THIS FUNCTION IS PART OF FUNCTION SPLIT-MERGE. IT DETERMINES
% WHETHER QUADREGIONS ARE SPLIT. The function returns in v
% logical 1s (TRUE) for the blocks that should be split and
% logical 0s (FALSE) for those that should not.

% Quadregion B, passed by qtdecomp, is the current decomposition of
% the image into k blocks of size m-by-m.
% k is the number of regions in B at this point in the procedure.
k = size(B, 3);

% Perform the split test on each block. If the predicate function
% (fun) returns TRUE, the region is split, so we set the appropriate
% element of v to TRUE. Else, the appropriate element of v is set to
% FALSE.
v(1:k) = false;
for I = 1:k
    quadregion = B(:, :, I);
    if size(quadregion, 1) <= mindim
        v(I) = false;
        continue
    end
    flag = fun(quadregion);
    if flag
        v(I) = true;
    end
end
```

> true 等同于 logical(1)，false logical(0)。

例 7.14 使用区域分离和聚合的图像分割。

图 7.23(a) 显示了天鹅星座环的一幅 X 射线波段图像。图像大小为 256×256 像素。本例的目的是分割出环绕致密中心的稀疏物质环。感兴趣区域具有一些有助于分割的明显特征。首先，我们注意到数据具有随机性，这表明其标准差应大于背景的标准差(其值为 0，因为背景是恒定的)和大中心区域的标准差。类似地，包含外环的区域的数据均值(平均亮度)应大于背景的均值(其值为 0)而小于明亮的大中心区域

的均值。这样，使用这两个参数就应该能分割出感兴趣的区域。事实上，正如关于文本的例子在函数 splitmerge 中显示的那样，包含了有关于该问题的知识。逻辑谓词函数 predicate 中显示的参数是通过计算图 7.23(a) 中各个子区域的均值和标准差来确定的。

图 7.23(b) 到图 7.23(f) 显示了使用函数 splitmerge 及分别等于 32、16、8、4、2 的 mindim 值来分割图 7.23(a) 的结果。所有图像均显示了边界细节水平与 mindim 值成反比的分割结果。

图 7.23 中的所有结果都是合理的分割。若采用这些图像之一作为逻辑模板来从原图像中提取感兴趣区域，则图 7.23(d) 的结果将是最好的选择，因为它是具有最丰富细节的实心区域。刚刚说明的方法的一个重要方面是，在函数 predicate 中"捕获"有助于分割的信息的能力。

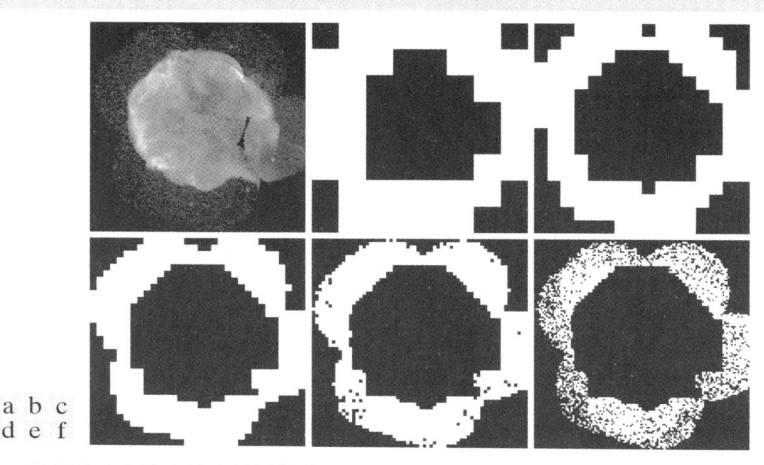

图 7.23 使用分离和聚合算法的图像分割：(a) 原图像；(b)~(f) 使用函数 splitmerge 及分别等于 32、16、8、4、2 的 mindim 值分割的结果（原图像由 NASA 提供）

7.5 使用分水岭变换的分割

在地理学中，分水岭是一个山脊，该山脊通过不同的水系来区分排水区域。集水盆地是把水排入河流或水库的地理区域。分水岭变换把这些概念应用到灰度图像处理中，以解决许多图像分割问题。

理解分水岭变换要求我们把灰度图像视为一个拓扑表面，表面中 $f(x,y)$ 的值被解释为高度。例如，我们可以把图 7.24(a) 中的简单图像形象化为图 7.24(b) 中的三维表面。若雨水降落到该表面上，则雨水明显会流入两个集水盆地中。正好降落到分水岭脊线上的雨水会等概率地流到两个集水盆地中。分水岭变换将找到灰度图像中的集水盆地和脊线。在解决图像分割问题方面，关键概念是把起始图像变为另一幅图像，在变换后的图像中，集水盆地就是我们要识别的目标或区域。

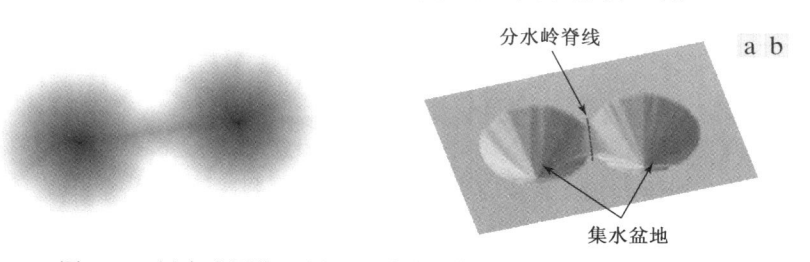

图 7.24 (a) 灰度图像；(b) 显示分水岭脊线和集水盆地的表面图像

第7章 图像分割

计算分水岭变换的方法已在 Gonzalez and Woods[2008]和 Soille[2003]中详细讨论。图像处理工具箱中所用的算法摘自 Meyer[1994]。

7.5.1 使用距离变换的分水岭分割

与分水岭变换一起用于分割的一个常用工具是距离变换。二值图像的距离变换是一个相对简单的概念：它是从每个像素到最接近非零值像素的距离。例如，图 7.25(a)显示了一个小的二值图像矩阵，图 7.25(b)显示了相应的距离变换。注意，每个值为 1 的像素的距离变换值为 0，因为它最靠近的非零像素是其本身。距离变换可以使用工具箱函数 bwdist 来计算，其调用语法为

```
D = bwdist(f)
```

1	1	0	0	0	0.00	0.00	1.00	2.00	3.00
1	1	0	0	0	0.00	0.00	1.00	2.00	3.00
0	0	0	0	0	1.00	1.00	1.41	2.00	2.24
0	0	0	0	0	1.41	1.00	1.00	1.00	1.41
0	1	1	1	0	1.00	0.00	0.00	0.00	1.00

a b

图 7.25 (a)二值图像；(b)距离变换

例 7.15 使用距离和分水岭变换分割二值图像。

本例说明如何使用距离变换与工具箱分水岭变换来分割彼此接触的一些圆水滴。首先，如 7.3.1 节中描述的那样，我们使用函数 im2bw 和 graythresh 把该图像转换为二值图像：

```
>> g = im2bw(f, graythresh(f));
```

图 7.26(a)显示了结果。下一步是对图像求补，计算其距离变换，然后用函数 watershed 计算负距离变换的分水岭变换。该函数的调用语法是

```
L = watershed(A, conn)
```

其中，L 是标记矩阵，A 是一个输入数组（通常可以为任何维，但在本章中它是一个二维数组），conn 指定连通性［对二维数组是 4 连通的或 8 连通的(默认)］。L 中的正整数对应于集水盆地，零值指出分水岭脊线像素：

```
>> gc = ~g;
>> D = bwdist(gc);
>> L = watershed(-D);
>> w = L == 0;
```

图 7.26(b)和图 7.26(c)显示了求补后的图像及其距离变换。因为 L 的零值像素是分水岭脊线像素，所以前面代码的最后一行计算仅显示这些像素的二值图像 w。该分水岭脊线图像如图 7.26(d)所示。最后，原二值图像和图像 w 的"补"的逻辑"与"运算可完成分割，如图 7.26(e)所示：

```
>> g2 = g & ~w;
```

注意，图 7.20(e)中的某些目标未正确分开，这称为过分割，这是基于分水岭的分割方法的常见问题。下两节讨论克服这一问题的不同技术。

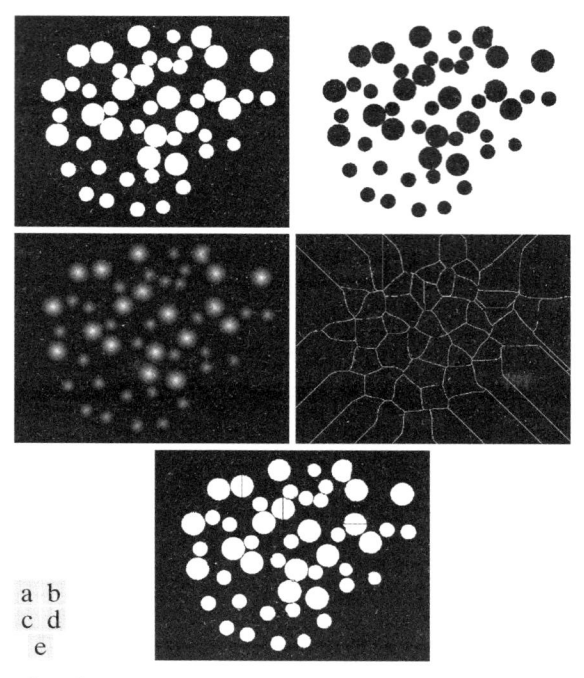

图 7.26　(a)二值图像；(b)图(a)中图像的补；(c)距离变换；(d)距离变换的负分水
岭脊线；(e)其上叠加有黑色分水岭脊线的原图像。显示存在一些过分割

7.5.2　使用梯度的分水岭分割

在使用分水岭变换进行分割之前，常用梯度幅度来对灰度图像进行预处理。梯度幅度图像在沿目标的边缘有较高的像素值，而在其他位置则有较低的像素值。理想情况下，分水岭变换可得到沿目标边缘的分水岭脊线。下例说明了这一概念。

例 7.16　使用梯度和分水岭变换分割灰度图像。
图 7.27(a)显示了一幅包含若干暗斑点的图像 f。通过使用 7.1 节讨论的线性滤波方法，我们开始计算该图像的梯度幅度。

```
>> h = fspecial('sobel');
>> fd = tofloat(f);
>> g = sqrt(imfilter(fd, h, 'replicate') .^ 2 + ...
            imfilter(fd, h', 'replicate') .^ 2);
```

图 7.27(b)显示了梯度幅度图像 g。接着，我们计算该梯度的分水岭变换，并找到分水岭脊线：

```
>> L = watershed(g);
>> wr = L == 0;
```

如图 7.27(c)所示，分割结果并不理想，因为存在太多与感兴趣目标边界不对应的分水岭脊线。这是过分割的另一个例子。解决这一问题的一种方法是在计算分水岭变换之前，先平滑梯度图像。

```
>> g2 = imclose(imopen(g, ones(3,3)), ones(3,3));
>> L2 = watershed(g2);
>> wr2 = L2 == 0;
>> f2 = f;
>> f2(wr2) = 255;
```

上述代码的最后两行将 wr 中的分水岭脊线以白色线条叠加到原图像上。图 7.27(d)显示了叠加后的结果。

虽然达到了增强图 7.27(c) 的目的，但仍然存在一些附加的脊线，并且确定哪些集水盆地实际与感兴趣目标相关仍是困难的。下一节将深入描述处理这些困难的分水岭分割。

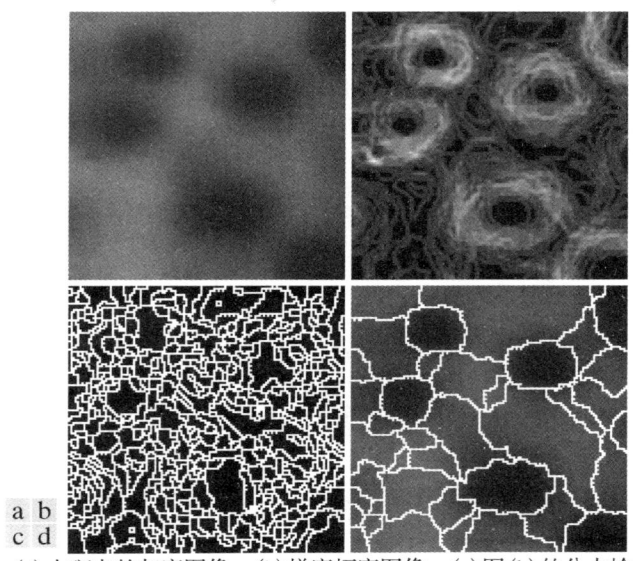

图 7.27　(a) 小斑点的灰度图像；(b) 梯度幅度图像；(c) 图(b) 的分水岭变换，显示了严重的过分割；(d) 平滑梯度图像的分水岭变换，仍明显存在一些过分割（原图像由巴黎 CMM/Ecole de Mines 的 Beucher 博士提供）

7.5.3　标记控制的分水岭分割

如前一节所示，分水岭变换直接用于梯度图像时，由于噪声和梯度的其他局部不规则性，常会导致过分割。由这些因素导致的问题可能会非常严重，以致实际结果不可用。在当前的上下文中，这意味着具有大量的分割区域。解决这一问题的一种实用方法是通过集成一个预处理阶段（设计用于将额外的知识添加到分割过程中）来限制允许区域的数量。

用于控制过分割的一种方法基于标记这一概念。标记是属于一幅图像的连通分量。在每个感兴趣目标的内部，我们希望有一组内部标记，而在背景中有一组外部标记。这些标记采用例 7.17 中描述的过程来修改梯度图像。图像处理文献中提出了许多方法来计算内部和外部标记，其中许多方法涉及前几章中描述的线性滤波、非线性滤波及形态学处理。为某个特殊应用选择何种方法，将取决于与该应用相关联的图像的特殊属性。

例 7.17　标记控制的分水岭分割示例。
本例对图 7.28(a) 中的电泳凝胶图像应用标记控制的分水岭分割。我们从考虑计算梯度图像的分水岭变换得到的结果开始，且不做任何其他处理。

```
>> h = fspecial('sobel');
>> fd = tofloat(f);
>> g = sqrt(imfilter(fd, h, 'replicate') .^ 2 + ...
         imfilter(fd, h', 'replicate') .^ 2);
>> L = watershed(g);
>> wr = L == 0;
```

由图 7.28(b) 看到，结果严重过分割，部分原因是存在大量的局部极小区域。工具箱函数 imregionalmin 计算图像中所有局部极小区域的位置。其调用语法为

```
rm = imregionalmin(f)
```

其中，f 是一幅灰度图像，rm 是一幅二值图像，其前景像素标记局部极小区域的位置。我们可以把函数 imregionalmin 用于梯度图像，以了解分水岭函数产生许多小集水盆地的原因，其语法为

```
>> rm = imregionalmin(g);
```

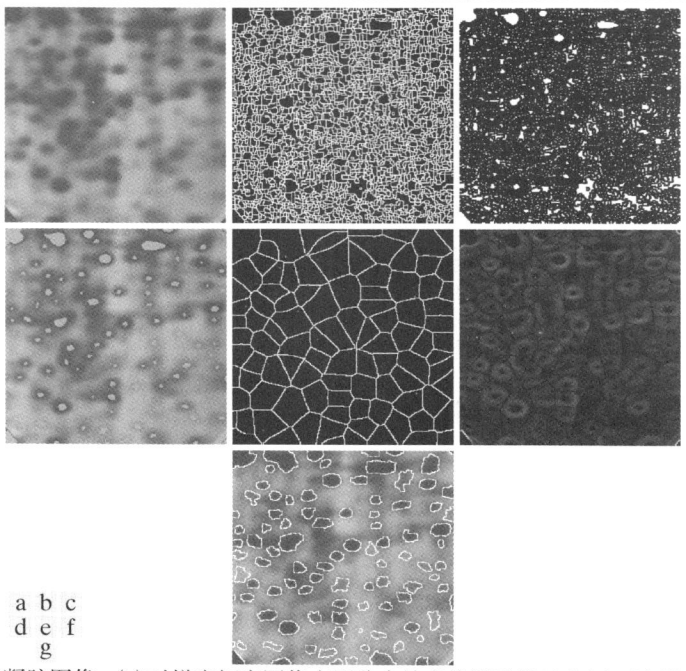

a b c
d e f
g

图 7.28　(a) 凝胶图像；(b) 对梯度幅度图像应用分水岭变换导致的过分割；(c) 梯度幅度的局部极小区域；(d) 内部标记；(e) 外部标记；(f) 改进后的梯度幅度；(g) 分割结果（原图像由巴黎 CMM/Ecole des Mines 的 S. Beucher 博士提供）

图 7.28(c) 中所示的多数局部极小区域的位置是非常浅的，且表现出了与分割问题无关的细节。为了消除这些额外的极小区域，使用工具箱函数 imextendmin，该函数（通过某个高度阈值）计算图像中比周围点深一些的一组"低点"（见 Soille[2003] 中关于广义极小变换和相关运算的详细解释）。该函数的调用语法为

```
im = imextendedmin(f, h)
```

其中，f 是一幅灰度级图像，h 是高度阈值，im 是一幅其前景像素标记了深局部极小区域位置的二值图像。这里，我们使用函数 imextendedmin 来得到一组内部标记：

```
>> im = imextendedmin(f, 2);
>> fim = f;
>> fim(im) = 175;
```

最后两行会将扩充的极小位置以灰色斑点的形式叠加到原图像上，如图 7.28(d) 所示。我们看到，得到的斑点的确合理地标记了我们想要分割的目标。

接下来，必须找到外部标记或确信属于背景的像素。我们采用的方法是，通过找到恰好位于内部标记中间的像素来标记背景。令人惊讶的是，可以通过求解另一个分水岭问题来做到这一点；特别地，可以计算内部标记图像 im 的距离变换的分水岭变换：

```
>> Lim = watershed(bwdist(im));
>> em = Lim == 0;
```

图 7.28(e) 显示了二值图像 em 中的分水岭脊线。因为这些脊线恰好位于由 im 标记的暗色斑点之间,因此它们应该能很好地充当外部标记。

使用内部和外部标记,并采用称为最小覆盖的过程来改进梯度图像。最小覆盖技术(见 Soille[2003])修改一幅灰度级图像,以便局部极小区域仅出现在标记过的位置。需要时,会上推其他像素值来删除所有其他的局部极小区域。工具箱函数 imimposemin 可实现这一技术,其调用语法为

$$mp = imimposemin(f, mask)$$

其中,f 是一幅灰度图像,mask 是一幅二值图像,其前景像素标记了输出图像 mp 中局部极小区域的期望位置。通过将局部极小区域叠加在内部和外部标记的位置来修改梯度图像:

```
>> g2 = imimposemin(g, im | em);
```

图 7.28(f) 显示了结果。最后,我们准备计算标记修改后的梯度图像的分水岭变换,并研究 ridgelines 的结果:

```
>> L2 = watershed(g2);
>> f2 = f;
>> f2(L2 == 0) = 255;
```

最后两行将分水岭脊线叠加在原图像上。明显增强后的分割结果如图 7.28(g) 所示。

标记的选择范围可以从刚才描述的简单过程到更为复杂的方法之内考虑,包括尺寸、形状、位置、相对距离、纹理内容等(见第 8 章中关于描述子的介绍)。要点是使用标记可将先验知识带入分割问题中。人们通常会使用先验知识在每天的视觉中帮助解决分割和高级任务。因此,分水岭分割这一方法的明显优点是提供了可有效使用这类知识的一个框架。

小结

图像分割是大多数自动图像模式识别和场景分析问题的基本的预备步骤。正如本章提供的方法和例子所示,选择一种分割技术而非其他技术大多由待考虑问题的特性决定。本章讨论的方法虽然不多,但却是实践中常用的代表性技术。

第 8 章 表示与描述

本章概述

使用第 7 章中讨论的方法将一幅图像分割成多个区域后,接下来的一步通常是对分割后的区域加以表示和描述,使"自然状态的"像素以某种形式更适合计算机进一步处理。基本上,表示一个区域涉及两种选择:(1)根据其外部特征(其边界);(2)根据其内部特征(如包含该区域的像素)。然而,选择表示方案仅是使得数据适用于计算机的一部分。下一项任务是在选择了表示方案的基础上描述区域。例如,区域可由其边界表示,而边界可以用诸如边界长度和它所包含的凹陷数等特征来描述。

当我们感兴趣的是形状特征时,可选择一种外部表示;而当关注的重点是区域属性如颜色和纹理时,可以选择一种内部表示。这两种表示类型常用于相同的应用中。无论哪种情形,选择用来作为描述子的特征都应尽可能地对大小、平移和旋转不敏感。对于灰度上的变化,归一化也常常是必要的。本章中讨论的多数描述子满足一种或多种这样的属性。

8.1 背景

令 S 表示一幅图像中像素的子集。若 S 中的两个像素 p 和 q 之间存在完全由像素组成的路径,则我们说 p 和 q 在 S 中是连通的。对于 S 中的任意像素 p,在 S 中连接到该像素的一组像素称为连通分量。若该像素仅有一个连通分量,则称 S 为一个连通集。图像中像素的子集 R 是一个连通集时,则将其称为图像的一个区域。

区域的边界(也称边缘或轮廓)定义为该区域内的一组像素的集合,但这组像素有一个或多个不属于该区域的相邻像素。在边界或区域上的点称为前景点,否则称为背景点。最初,我们的兴趣仅在于二值图像,因此前景点用 1 来表示,而背景点用 0 来表示。在本章后面,我们允许像素具有灰度值或多光谱值。用前面的概念,我们将孔洞定义为由前景像素连成的边界所环绕的背景区域。

> 在图像处理应用中,连通分量通常仅有一个分量,因此通常使用术语连通分量来表示一个区域。

从前段给出的定义可知,边界是一个连通点集。若边界上的点形成了一个顺时针或逆时针序列,则称它们是有序的。若一个边界上的每个点均恰好有两个 1 值且非 4 邻接的相邻像素,则称该边界是极小连通的。内部点定义为区域内除边界之外的任何点。

> 对一组无序边界点进行排序的过程,请参阅 8.1.3 节中对函数 bsubsamp 的讨论。

本章中的某些函数接受二值图像或数值数组作为输入。回忆 1.7.7 节可知,MATLAB 中将二值图像称为由 0 和 1 组成的逻辑数组。数值数组可具有表 1.1 中定义的任何数值类(如 uint8、double 等)。同样,回忆可知函数 logical(f) 会把数值数组 f 转换为逻辑值。该函数把 f 中的所有 0 值(假)置为 0,而把 f 中的所有其他值(真)置为 1。设计为仅处理二值图像的工具箱函数会对任何非二值输入自动地执行这一转换。这里不介绍这些试图区分处理二值输入的函数的烦琐表示,而根据上下文来指导特殊函数所接受的输入类型。拿不准时,可参考函数的帮助页。通常,我们会对结果的类型做特殊说明。

8.1.1 提取区域及其边界的函数

工具箱函数 bwlabel 可计算一幅二值图像中的所有连通分量(区域),其语法如下:

$$[L, num] = bwlabel(f, conn)$$

其中,f 是输入图像,conn 指定期望的连通性(4 连通或 8 连通,后者为默认值),num 是所找到的连通分量数,L 是标记矩阵,它给每个连通分量分配区间[1, num]内的一个唯一整数。

函数 bwperim 有如下语法:

$$g = bwperim(f, conn)$$

它返回一幅二值图像 g,该图像仅包含 f 中所有区域的边界像素。与图像处理工具箱中大多数函数不同的是,这一特殊函数中的参数 conn 指定背景的连通性:4 连通(默认)或 8 连通。这样,要得到 4 连通区域的边界,我们就要将 conn 指定为 4。相反,将 conn 指定为 8 将得到 8 连通边界。8.1.2 节中讨论的函数 imfill 也有这一特性。

函数 bwperim 产生一幅包括边界的二值图像,函数 bwboundaries 则提取二值图像 f 中所有区域的真实边界坐标。其语法为

$$B = bwboundaries(f, conn, options)$$

其中,conn 相对于边界本身,且具有值 4 或 8(默认)。参数 options 的值为'holes'和'noholes'。使用第一个值时,提取区域和孔洞的边界;也可以提取包含嵌套区域(在工具箱中称为父区域和子区域)的区域边界。使用第二个值时仅提取区域及其子区域的边界。若该参数中仅包含 f 和 conn 中的一个值,则将'holes'作为 options 的默认值。B 中首先列出区域,然后列出孔洞(下面的第三种语法用于找到区域和孔洞的数量)。

> 其他语法形式见 bwboundaries 的帮助页。

输出 B 是一个 $P \times 1$ 的单元数组,其中 P 是目标(或孔洞,若这样指定)的数量。单元数组中的每个单元包含一个 $np \times 2$ 矩阵,该矩阵的行是边界像素的行和列坐标,np 是相应区域的边界像素数。每个边界的坐标都按顺时针方向排序,且边界的最后一个点与第一个点相同,这样就提供了一个闭合的边界。记住,B 是一个单元数组,我们使用函数 flipud 将边界 B{k}的行进顺序从顺时针方向改为逆时针方向(反之亦然):

> 单元数组的讨论见 1.7.8 节。

$$Breversed\{k\} = flipud(B\{k\})$$

> 函数 flipud 的解释见 4.8.6 节。

函数 bwboundaries 的另一种有用语法为

$$[B, L] = bwboundaries(...)$$

此时,L 是一个标记矩阵(其大小与 f 相同),该矩阵用不同的整数来标记 f 的每个元素(而不管它是区域还是孔洞)。背景像素标记为 0。区域和孔洞的数量由 max(L(:))给出。

最后,语法

$$[B, L, NR, A] = bwboundaries(...)$$

返回找到的区域数(NR)和一个逻辑稀疏矩阵 A,该矩阵详细给出了父子孔洞的从属关系;也就是说,由 B{k}闭合的更直接的边界由如下语句给出:

$$boundaryEnclosed = find(A(:, k))$$

> 函数 find 的解释见 4.2.2 节。

类似地,直接围绕 B{k}的边界由如下语句给出:

$$boundaryEnclosing = find(A(k, :))$$

（矩阵 A 的详细说明见例 8.1）。B 中的第一个 NR 项是区域，其余项是孔洞。孔洞数由 numel(B) - NR 给出。

能够构建和/或显示一幅包含感兴趣边界的二值图像是很有用的。若以 $np \times 2$ 坐标数组的形式给定边界 b（如之前那样，这里 np 是点数），则自定义函数（其清单见附录 C）

```
g = bound2im(b, M, N)
```

生成大小为 $M \times N$ 的二值图像 g，在 b 中的坐标处其值为 1，而在背景处其值为 0。通常，M = size(f, 1) 和 N = size(f, 2)，其中 f 是一幅图像，b 是通过这幅图像得到的。这样，f 和 g 在空间上就配准了。若省略 M 和 N，则 g 是包含边界且维持其原坐标值的最小二值图像。

若函数 bwboundaries 找到了多个边界，则通过连接单元数组 B 中的分量，我们可把函数 bound2im 中所用的所有坐标放到单个数组 b 中：

```
b = cat(1, B{:})
```

> cat 算子的说明见 5.1.1 节，也可参阅例 8.13。

其中，1 指出沿第一维（垂直）连接。下例将说明使用函数 bound2im 有助于观察函数 bwboundaries 的结果。

例 8.1 使用函数 **bwboundaries** 和 **bound2im**。

图 8.1(a)中的图像 f 包含了一个区域、一个孔洞和一个子区域，子区域中也包含有一个孔洞。命令

```
>> B = bwboundaries(f,'noholes');
```

使用默认的 8 连通性仅提取区域的边缘。命令

```
>> numel(B)
ans =
     2
```

指出找到了两个边界。图 8.1(b)显示了包含这些边界的一幅二值图像，该图像由下面的命令得到：

```
>> b = cat(1, B{:});
>> [M, N] = size(f);
>> image = bound2im(b, M, N)
```

命令

```
>> [B, L, NR, A] = bwboundaries(f);
```

使用默认的 8 连通性提取所有区域和孔洞的边界。所提取的所有区域和孔洞边界的总数由

```
>> numel(B)
ans =
     4
```

给出，且孔洞数是

```
>> numel(B) - NR
ans =
     2
```

我们可用函数 bound2im 和 L 来显示区域和/或孔洞的边界。例如，

```
>> bR = cat(1, B{1:2}, B{4});
>> imageBoundaries = bound2im(bR, M, N);
```

是在区域边界和最后一个孔洞的边界上包含 1 的二值图像。然后，命令

```
>> imageNumberedBoundaries = imageBoundaries.*L
```

第 8 章 表示与描述

显示已编号的边界,如图 8.1(c)所示。相反,若要显示所有已编号的边界,则需使用命令

```
>> bR = cat(1, B{:});
>> imageBoundaries = bound2im(bR, M, N);
>> imageNumberedBoundaries = imageBoundaries.*L
```

对于较大的图像,对边界进行颜色编码将有助于观察(函数 bwboundaries 的帮助页中给出了几个这样的例子)。

最后,我们简要地研究一下矩阵 A。例如,由 B{1}闭合的边界数是

```
>> find(A(:, 1))
ans =
     3
```

围绕 B{1}的边界数是

```
>> find(A(1, :))
ans =
   Empty matrix: 1-by-0
```

如所期望的那样,因为 B{1}是最外部的边界。A 的元素是

```
>> A
A =
   (3,1)       1
   (4,2)       1
   (2,3)       1
```

在稀疏矩阵的表达中,这说明元素(3, 1)、(4, 2)和(2, 3)是 1,而所有的其他元素是 0。通过研究如下的矩阵,我们就会明白这一点:

```
>> full(A)
ans =
     0     0     0     0
     0     0     1     0
     1     0     0     0
     0     1     0     0
```

向下读 k 列,行 n 中的 1 指出,由 B{k}直接闭合的边界是边界数 n。越过行 k 读,列 m 中的 1 指出,直接围绕 B{k}的边界是边界 m。注意,这种符号表示并不区分区域和孔洞的边界。例如,边界 2(A 中的第二列)围绕边界 4(A 中的第四行),而我们知道边界 4 是最内部的孔洞的边界。

```
0 0 0 0 0 0 0 0 0 0 0 0 0 0    0 0 0 0 0 0 0 0 0 0 0 0 0 0    0 0 0 0 0 0 0 0 0 0 0 0 0 0
0 1 1 1 1 1 1 1 1 1 1 1 1 0    0 1 1 1 1 1 1 1 1 1 1 1 1 0    0 1 1 1 1 1 1 1 1 1 1 1 1 0
0 1 1 1 1 1 1 1 1 1 1 1 1 0    0 1 0 0 0 0 0 0 0 0 0 0 1 0    0 1 0 0 0 0 0 0 0 0 0 0 1 0
0 1 1 0 1 1 1 1 1 1 1 1 1 0    0 1 0 0 0 0 0 0 0 0 0 0 1 0    0 1 0 0 0 0 0 0 0 0 0 0 1 0
0 1 1 0 1 1 1 1 1 1 1 1 1 0    0 1 0 0 1 1 1 1 1 1 0 0 1 0    0 1 0 0 2 2 2 2 2 2 0 0 1 0
0 1 1 0 1 1 0 0 1 1 1 1 1 0    0 1 0 0 1 0 0 0 0 1 0 0 1 0    0 1 0 0 2 0 0 0 0 2 0 0 1 0
0 1 1 0 1 1 0 0 1 1 1 1 1 0    0 1 0 0 1 0 0 0 0 1 0 0 1 0    0 1 0 0 2 0 0 4 0 2 0 0 1 0
0 1 1 0 1 1 0 0 1 1 1 1 1 0    0 1 0 0 1 0 0 0 0 1 0 0 1 0    0 1 0 0 2 0 0 4 0 2 0 0 1 0
0 1 1 0 1 1 1 1 1 1 1 1 1 0    0 1 0 0 1 0 0 0 0 1 0 0 1 0    0 1 0 0 2 0 0 0 0 2 0 0 1 0
0 1 1 0 1 1 1 1 1 1 1 1 1 0    0 1 0 0 1 1 1 1 1 1 0 0 1 0    0 1 0 0 2 2 2 2 2 2 0 0 1 0
0 1 1 0 0 0 0 0 0 0 0 0 0 0    0 1 0 0 0 0 0 0 0 0 0 0 1 0    0 1 0 0 0 0 0 0 0 0 0 0 1 0
0 1 1 1 1 1 1 1 1 1 1 1 1 0    0 1 1 1 1 1 1 1 1 1 1 1 1 0    0 1 1 1 1 1 1 1 1 1 1 1 1 0
0 0 0 0 0 0 0 0 0 0 0 0 0 0    0 0 0 0 0 0 0 0 0 0 0 0 0 0    0 0 0 0 0 0 0 0 0 0 0 0 0 0
```

a b c

图 8.1 (a)包含两个区域(1 值像素)和两个孔洞的原始数组; (b)使用函数 bwboundaries 提取并使用函数 bound2im 显示的区域边界; (c)区域和最内部孔洞的边界

8.1.2 本章中使用的其他 MATLAB 和工具箱函数

函数 imfill 对二值图像输入和灰度图像输入的处理方式不同，为便于澄清本节中的符号表示，我们分别用 fB 和 fI 来表示二值图像和灰度图像。若输出是二值图像，则用 gB 表示它，否则用 g 表示它。语法

$$gB = imfill(fB, locations, conn)$$

从 locations 指定的点开始，对输入二值图像 fB 的背景像素执行填充操作（即将背景像素值设为 1）。参数 locations 可以是一个 $nL \times 1$ 向量（nL 是位置的数量），此时它包含起始坐标位置的线性索引（见 1.7.8 节）。参数 locations 也可以是一个 $nL \times 2$ 矩阵，此时每行包含 fB 中起始位置的一个二维坐标。如函数 bwperim 的情况那样，参数 conn 指定背景像素所用的连通性：4（默认）或 8。若从输入参数中省略 locations 和 conn，则命令

$$gB = imfill(fB)$$

将在屏幕上显示二值图像 fB，并让用户使用鼠标来选择起始位置。单击鼠标左键将添加点。按下 **BackSpace** 或 **Delete** 键将删除先前选择的点。按住 **Shift** 键的同时右键单击或双击，都会选取最后一个点，然后开始填充操作。按 **Return** 键则会在不添加点的情况下结束选择。

使用语法

$$gB = imfill(fB, conn, 'holes')$$

可填充输入二值图像中的孔洞。参数 conn 与上面介绍的一样。

语法

$$g = imfill(fI, conn)$$

可填充输入灰度图像 fI 中的孔洞。在该语法中，孔洞是被较亮像素包围的暗像素区域，且未使用参数 'holes'。

组合使用函数 find 和 bwlabel，可返回组成某个特定目标的像素的坐标向量。例如，若

$$[gB, num] = bwlabel(fB)$$

产生了多个连通区域（即 num > 1），则使用

$$[r\ c] = find(gB == 2)$$

可获得第二个区域的坐标。如前面指出的那样，本章中区域或边界的二维坐标被组织成 $np \times 2$ 的数组形式，其中每一行都是一个 (x, y) 坐标对，np 是区域或边界中的点的数量。在某些情况下，有必要对这些数组排序。为此，可使用函数 sortrows：

$$z = sortrows(S)$$

该函数对 S 中的行按升序排序。参量 S 必须是矩阵或列向量。在本章中，函数 sortrows 只与 $np \times 2$ 数组一起使用。若一些行具有相同的第一坐标，则对第二坐标按升序排序。若既想对 S 的行排序，又要删除重复的行，则可使用函数 unique，其语法为

$$[z, m, n] = unique(S, 'rows')$$

其中，z 是排序后没有重复行的数组，m 和 n 满足 z = S(m, :)和 S = z(n, :)。例如，若 S = [1 2; 6 5; 1 2; 4 3]，则 z = [1 2; 4 3; 6 5]，m = [3; 4; 2]和 n = [1; 3; 1; 2]。注意 z 是按升序排列的，m 则指出保留原始数组中的哪些行。

若有必要对数组的行进行上、下或左、右移位运算，则可使用函数 circshift：

第 8 章 表示与描述

$$z = \text{circshift}(S, [ud\ lr])$$

其中，ud 是 S 上移或下移元素的数量。若 ud 为正，则移位运算向下；否则向上。类似地，若 lr 为正，则数组右移 lr 个元素；否则向左。若只需向上和向下移位，则可使用以下的简单语法：

$$z = \text{circshift}(S, ud)$$

若 S 是一幅图像，则 circshift 就是我们所熟悉的滚动(上下)或平动(左右)运算。

8.1.3 一些基本的实用 M 函数

诸如区域与边界间的转换、在连续的坐标链中对边界点排序、对边界子抽样以简化其表示和描述等任务，是我们在本章照常采用的典型处理。下面的自定义 M 函数可用于这些目的。为避免偏离本章的主题，我们只讨论这些函数的语法。每个自定义函数的代码请参阅附录 C。如前所述，边界被表示为 $np \times 2$ 数组，该数组的每行表示一个二维坐标对。

函数 bound2eight 使用语法

$$b8 = \text{bound2eight}(b)$$

从边界 b 中删除 4 连通的像素，而保留 8 连通的像素。要求 b 是闭合的、按顺时针方向或逆时针方向顺序排序的连通像素集。相同的条件也适用于函数 bound2four：

$$b4 = \text{bound2four}(b)$$

只要存在对角连通的位置，该函数都插入新边界像素，从而产生 4 连通像素的输出边界。

函数

$$[s, su] = \text{bsubsamp}(b, gridsep)$$

在一个网格上对(单个)边界 b 子取样，网格的行由 gridsep 个像素隔开。输出 s 是点数少于 b 的一个边界，这样的点的数量由 gridsep 值确定。输出 su 是标定过的边界点的集合，这样可使坐标的转换趋于一致。对于使用链码对边界进行编码而言，这是很有用的，就如 8.2.1 节中讨论的那样。在前面的三个函数中，要求 b 中的点按顺时针或逆时针方向排序(输出与输入的顺序相同)。若 b 中的点未顺序排列(但它们是完全连通的点)，则可使用下面的命令把 b 转换为顺时针序列：

```
>> image = bound2im(b);
>> b = bwboundaries(image, 'noholes');
```

也就是说，我们把边界转换为二值图像，然后使用函数 bwboundaries 以顺时针顺序抽取边界。若希望得到逆时针序列，则可如前面提及的那样，令 b = flipud(b)。

使用函数 bsubsamp 对边界做子取样时，其点不再连接。使用下面的函数，可重新连接它们：

$$z = \text{connectpoly}(s(:, 1), s(:, 2))$$

其中，s(:, 1)和 s(:, 2)分别是子取样后的边界的水平坐标和垂直坐标。要求 s 中的点是有序的，不是按顺时针方向，就是按逆时针方向。输出 z 的行是连接边界的坐标，连接边界是通过连接 s 中的直线段来形成的(见下面的函数 intline)。输出 z 中的坐标与 s 中的坐标的方向相同。

函数 connectpoly 对于生成多边形的全连通边界很有用，这种边界与原边界 b(s 是通过 b 得到的)相比，通常描述起来更简单。函数 connectpoly 在只生成多边形的顶点时也十分有用，如 8.2.3 节中讨论的函数 im2minperpoly。

处理边界时，基本工具是计算连接两点的一条直线的整数坐标。工具箱函数 intline 就比较适合于这一目的。其语法如下：

$$[x\ y] = \text{intline}(x1, x2, y1, y2)$$

其中，(x1, y1)和(x2, y2)分别是两个待连接点的整数坐标。输出 x 和 y 是列向量，这些列向量包含连接两点的一条直线的 x 和 y 坐标。

> intline 是一个未文档化的图像处理工具箱实用函数。其代码包含在附录 C 中。

8.2 表示

如本章开头所示，第 7 章中讨论的分割技术通常会以像素的形式沿一个区域中包含的边界或像素来产生原始数据。尽管有时会直接使用这些像素来直接获得描述子(如在确定区域的纹理时)，但标准方法是使用将数据精简为表示的方案，因为这些表示在计算描述子时通常更有用。本节讨论各种表示方法的实现。

8.2.1 链码

链码通过一个指定长度和方向的直线段的连接序列来表示一条边界。通常，这种表示基于这些线段的 4 连通性或 8 连通性。每条线段的方向使用一种数字编号方案编码，如图 8.2(a)和图 8.2(b)所示。以这种方向性数字序列表示的编码称为弗雷曼链码。

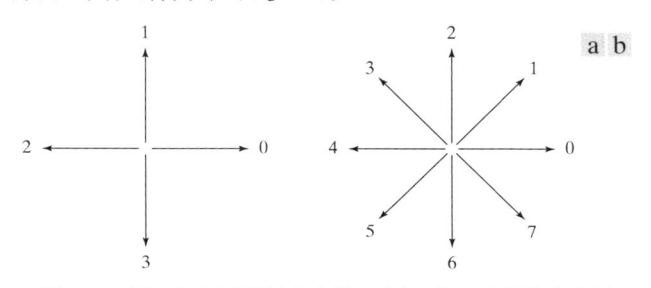

图 8.2 (a) 4 方向链码的方向数；(b) 8 方向链码的方向数

边界的链码取决于起点。然而，链码可以通过将起点处理为方向数的循环序列和重新定义起点的方法进行规一化，以便产生的数字序列为一个最小数值整数。我们也可以关于旋转归一化［对于图 8.2(a)和图 8.2(b)中的链码，增量为 90°或 45°］，方法是使用链码的一阶差分来替代链码本身。这一差分可以通过计算链码分开的两个相邻元素的方向变化数量获得(图 8.2 中逆时针方向)。例如，4 方向链码 10103322 的一阶差分为 3133030。若将链码处理为一个循环序列，则差分的第一个元素可以使用链码的最后一个元素和第一个元素间的转换加以计算。对于前边的代码，结果是 33133030。关于任意旋转角度的归一化可以通过带有某些主要特征的边界取向获得(如 8.3.2 节中讨论的主轴，或 8.5 节末尾讨论的主分量向量)。

函数 fchcode(见附录 C)使用语法

$$c = \text{fchcode}(b, \text{conn}, \text{dir})$$

来计算一个存储在数组 b 中的有序边界点的 $np \times 2$ 集合的弗雷曼链码。输出 c 是包含以下字段的一个结构，其中圆括号中的数字表示数组大小：

> fchcode
> 关于结构的讨论，见 1.7.8 节。

    c.fcc = 弗雷曼链码（$1 \times np$）
    c.diff = c.fcc 的一阶差分链码（$1 \times np$）
    c.mm = 最小幅度的整数（$1 \times np$）
    c.diffmm = 链码 c.mm 的一阶差分（$1 \times np$）
    c.x0y0 = 链码的起点坐标（1×2）

参数 conn 指定链码的连通性；其值可为 4 或 8(默认)。仅当边界不包含对角转换时，值设为 4 才是有效的。参数 dir 指定输出链码的方向：若指定为'same'，则链码方向与 b 中的点的方向相同。使用'reverse'将导致链码方向相反。默认为'same'。因此，键入 c = fchcode(b, conn)将采用默认方向，而键入 c = fchcode(b)将使用默认的连通性和方向。

例 8.2　弗雷曼链码及其某些变化。

图 8.3(a)显示了在镜面反射噪声中嵌入了环形笔画的一幅大小为 570×570 像素的图像 f。本例的目的是获得目标外边界的链码和一阶差分。观察图 8.3(a)，很明显，依附在目标上的噪声将导致很不规则的边界，它不是该目标一般形状的真实描述。对噪声边界进行处理时，通常需要先进行平滑处理。图 8.3(b)显示了使用 9×9 像素的平均模板平滑该图像后的结果 g：

```
>> h = fspecial('average', 9);
>> g = imfilter(f, h, 'replicate');
```

然后通过阈值处理，得到了图 8.3(c)中的二值图像：

```
>> gB = im2bw(g, 0.5);
```

使用上一节讨论的函数 bwboundaries，计算得到 gB 的(外)边界：

```
>> B = bwboundaries(gB, 'noholes');
```

如 8.1.1 节说明的那样，我们感兴趣的是最长的边界［图 8.3(c)中的内部点也有一个边界］：

```
>> d = cellfun('length', B);
>> [maxd, k] = max(d);
>> b = B{k};
```

使用如下命令产生图 8.3(d)中的边界图像：

```
>> [M N] = size(g);
>> g = bound2im(b, M, N);
```

> 函数语法 D = cellfun('fname', C)对单元数组 C 中的所有元素应用函数'fname'，并在双数组 D 中返回结果。函数语法[C, I] = max(A)找到向量 A 中的最大值(或矩阵 A 的列中的最大值)，并在行向量 C 中返回最大值，在向量 I 中返回最大值的索引。

获得 b 的链码将直接导致一个有着较小变化的长序列，这对于表示边界的一般形状而言是不必要的。因此，如典型的链码处理那样，可以使用上一节讨论的函数 bsubsamp 来对边界进行子取样：

```
>> [s, su] = bsubsamp(b, 50);
```

a b c
d e f

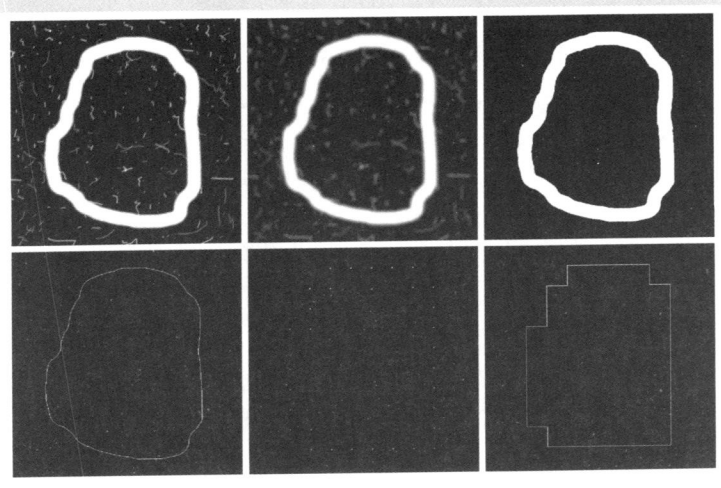

图 8.3　(a)带噪图像；(b)使用 9×9 像素的平均模板平滑后的图像；(c)经阈值处理后的图像；(d)二值图像的边界；(e)子取样后的边界；(f)连接(e)中的点后的边界

我们使用了间距约等于图像宽度10%的一个网格。生成的点可以显示为一幅图像［见图8.3(e)］：

```
>> g2 = bound2im(s, M, N);
```

或使用如下命令将显示的点显示为一个连通序列［见图8.2(f)］：

```
>> cn = connectpoly(s(:, 1), s(:, 2));
>> g3 = bound2im(cn, M, N);
```

与图8.3(d)相反，通过比较两幅图，对于链码编码的目的，使用这种表示的优点显而易见。链码是通过标定后的序列 su 获得的：

```
>> c = fchcode(su);
```

该命令将产生以下输出：

```
>> c.x0y0
ans =
     7    3
>> c.fcc
ans =
2 2 0 2 2 0 2 0 0 0 0 6 0 6 6 6 6 6 6 6 4 4 4 4 4 4 2 4 2 2 2
>> c.mm
ans =
0 0 0 0 6 0 6 6 6 6 6 6 6 4 4 4 4 4 2 4 2 2 2 2 2 0 2 2 0 2
>> c.diff
ans =
0 6 2 0 6 2 6 0 0 0 6 2 6 0 0 0 0 0 0 6 0 0 0 0 0 6 2 6 0 0 0
>> c.diffmm
ans =
0 0 0 6 2 6 0 0 0 0 0 6 0 0 0 0 0 0 6 2 6 0 0 0 0 6 2 0 6 2 6
```

通过检查 c.fcc、图8.2(f) 和 c.x0y0，会发现编码从图形的左侧开始，并按顺时针方向行进，该方向与原始边界的坐标方向相同。

8.2.2 使用最小周长多边形的多边形近似

一条数字边界能用一个多边形以任意精度近似。对于一条闭合边界，当多边形的顶点数量与边界点数量相同，且每个顶点与边界点一致时，这种近似会变得很精确。多边形近似的目的是，使用尽可能少的边数来得到给定边界的基本形状。通常这个问题很重要，且很快会转化为很耗时的迭代搜索。然而，适度复杂的近似技术仍然很适合于图像处理任务。在这些近似技术中，最强大的一种技术使用最小周长多边形(MPP)来表示边界，详见如下讨论中的定义。

基础知识

产生计算 MPP 的算法的一种直观方法是使用图8.4(b)中的一组连接单元来包围图8.4(a)中的一条边界。我们可以将该边界想象为一个橡皮圈。当我们让橡皮圈收缩时，橡皮圈会受到由这些单元定义的边界区域的内壁和外壁的约束。最终，收缩会产生一个(关于这种几何排列的)最小周长多边形，它使用单元条闭合了该区域，如图8.4(c)所示。注意，在该图中，所有 MPP 的顶点与内壁或外壁的角点重合。

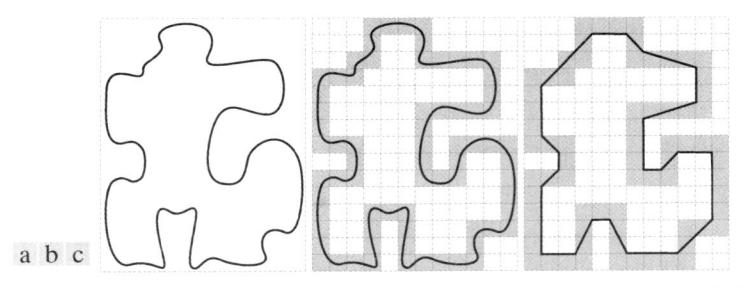

图 8.4　(a)一个目标的边界(黑色曲线)；(b)由(灰色)单元围成的边界；(c)允许边界收缩得到的最小周长多边形。多边形的顶点是灰色区域的内壁角点和外壁角点

单元的大小决定多边形近似的精度。在极限情况下，若每个(方形)单元的大小对应边界上的一个像素，则 MPP 的每个顶点与原始边界中最靠近的点之间的最大误差为 $\sqrt{2}d$，其中 d 是像素间的最小可能距离(即由原始取样网格的分辨率决定的像素间的距离)。通过强迫多边形近似中的每个单元的中心为取样过的边界上的对应像素，可以将该误差减半。在一种给定应用中，我们的目的是使用合适的最大可能的单元大小，以最少的顶点数来生成 MPP。在这一节中，我们的目的是给出寻找这些 MPP 顶点的过程。

刚才讨论的单元方法将由原始边界包围的目标的形状，缩减为图 8.4(b)中由内壁围成的区域。图 8.5(a)将这一形状显示为暗灰色。我们看到，其边界由 4 连通直线段组成。假设按顺时针方向追踪这条边界，追踪时遇到的每个角点不是一个凸顶点，就是一个凹顶点，其中顶点的角是 4 连通边界的内角。凸顶点和凹顶点在图 8.5(b)中分别显示为白点和黑点。注意，这些顶点都是单元的内壁的顶点，且内壁中的每个顶点在外壁都有一个对应的镜像顶点，它位于顶点对角的位置。图 8.5(c)显示了所有凹顶点的镜像顶点，为方便参考，图中叠加了图 8.4(c)中的 MPP。我们看到，MPP 的顶点不是与内壁中的凸顶点(白点)重合，就是与外壁中的凹顶点的镜像顶点(黑点)重合。稍加思考就会发现，只有内壁的凸顶点和外壁的凹顶点才能成为 MPP 的顶点。因此，我们的算法就只需要关注这些顶点。

> 凸顶点是一组三个点的中心点，它定义了范围 $0° < \theta < 180°$ 内的一个角。类似地，凹顶点定义了范围 $180° < \theta < 360°$ 内的一个角。$180°$ 角定义了一个退化顶点(一条直线)，退化顶点不可能是一个 MPP 顶点。$0°$ 或 $360°$ 角涉及折回一条路径，在本讨论中这是一个无效的条件。

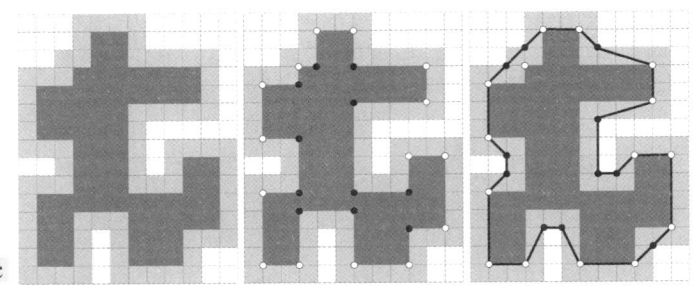

图 8.5　(a)由单元围成的原始边界(见图8.4)导致的区域(暗灰色)；(b)按逆时针方向追踪暗灰色区域的边界得到的凸顶点(白点)和凹顶点(黑点)；(c)移到边界区域外壁中对角镜像位置的凸顶点(黑点)，凹顶点保持不变。为便于参考，图像中叠加了 MPP(黑色边界)

查找 MPP 的算法

围成一个边界的单元集合称为细胞复合体。我们假设所考虑的边界本身不相交，这是导致简单连通的细胞复合体的条件。基于这些假设，并令 W(白)和 B(黑)分别表示凸顶点和镜像凹顶点，我们将观察结果说明如下：

1. 由一个简单连通的细胞复合体限制的 MPP 是非自相交的。
2. MPP 的每个凸顶点是一个 W 顶点，但并非边界的每个 W 顶点都是 MPP 的一个顶点。
3. MPP 的每个镜像凹顶点是一个 B 顶点，但并非边界的每个 B 顶点都是 MPP 的一个顶点。
4. 所有的 B 顶点都在 MPP 上或 MPP 外，并且所有的 W 顶点都在 MPP 上或 MPP 内。
5. 细胞联合体中包含的顶点序列的左上角顶点，总是 MPP 的一个 W 顶点。

这些结论可被正式证明（Sklansky et al.[1972]、Sloboda et al.[1998]和 Klette and Rosenfeld[2004]）。然而，它们的正确性对于我们的目的来说非常明显（见图 8.5），所以此处对它们的证明不再赘述。与图 8.5 中暗灰色区域顶点的角度不同，MPP 顶点维持的角度不必是 90°的倍数。

在下面的讨论中，需要计算由点构成的三元组的方向。考虑由点构成的三元组 (a, b, c)，并令这些点的坐标为 $a = (x_a, y_a)$、$b = (x_b, y_b)$ 和 $c = (x_c, y_c)$。若按矩阵的行来排列这些点，即

$$A = \begin{bmatrix} x_a & y_a & 1 \\ x_b & y_b & 1 \\ x_c & y_c & 1 \end{bmatrix}$$

则由矩阵分析有

$$\det(A) = \begin{cases} > 0, & (a, b, c) \text{ 是一个逆时针序列} \\ = 0, & \text{点是共线的} \\ > 0, & (a, b, c) \text{ 是一个顺时针序列} \end{cases}$$

式中，$\det(A)$ 是 A 的行列式。根据这个公式，逆时针或顺时针方向运动是相对于右手坐标系的。例如，使用右手图像坐标系（见图 1.2，其中原点位于左上角，x 轴的正方向垂直向下延伸，y 轴的正方向水平向右延伸），序列 $a = (3, 4)$、$b = (2, 3)$ 和 $c = (3, 2)$ 是逆时针方向的，且有 $\det(A) > 0$。故定义

$$\text{sgn}(a, b, c) \equiv \det(A)$$

因此，对于逆时针序列，$\text{sgn}(a, b, c) > 0$，对于顺时针序列，$\text{sgn}(a, b, c) < 0$，点共线时 $\text{sgn}(a, b, c) = 0$。从几何上看，$\text{sgn}(a, b, c) > 0$ 表明点 c 位于过点 a 和 b 的直线的正侧；$\text{sgn}(a, b, c) < 0$ 表明点 c 位于该直线的负侧；而 $\text{sgn}(a, b, c) = 0$ 表明点 c 位于该直线上。

为了给 MPP 算法准备数据，我们形成一个列表，该列表中的行是每个顶点的坐标，而不管顶点是 W 还是 B。如图 8.5(c)所示，凹顶点必须被镜像，顶点必须顺序排列，第一个顶点必须是左上角顶点，由性质

> 对一列未排序顶点进行排序的过程见 8.1.3 节。

5 可知它是 MPP 的 W 顶点。令 V_0 表示这个顶点。假设顶点按逆时针方向排列。寻找 MPP 的算法使用两个"爬行"点：一个白色的爬行点（W_C）和一个黑色的爬行点（B_C）。W_C 沿凸顶点（W）爬行，B_C 沿镜像凹顶点（B）爬行。这两个爬行点、找到的最后一个 MPP 顶点和正被考察的顶点，都是实现该过程所必需的。

算法从 $W_C = B_C = V_0$ 开始。然后，在算法的任何步骤中，令 V_L 表示找到的最后一个 MPP 顶点，令 V_k 表示正在考察的当前顶点。在 V_L、V_k 和两个爬行点之间存在如下三个条件：

(a) V_k 位于过 (V_L, W_C) 的直线的正侧，即 $\text{sgn}(V_L, W_C, V_k) > 0$。
(b) V_k 位于过 (V_L, W_C) 的直线的负侧，或者 V_k 与 (V_L, W_C) 共线，即 $\text{sgn}(V_L, W_C, V_k) \leq 0$。同时，$V_k$ 位于过 (V_L, B_C) 的直线的正侧，或者 V_k 与 (V_L, B_C) 共线，即 $\text{sgn}(V_L, B_C, V_k) \geq 0$。
(c) V_k 位于过 (V_L, B_C) 的直线的负侧，即 $\text{sgn}(V_L, B_C, V_k) < 0$。

若条件(a)成立，则下一个 MPP 顶点是 W_C，并且令 $V_L = W_C$；然后，令 $W_C = B_C = V_L$ 重新初始化该算法，并使用 V_L 之后的下一个顶点继续执行算法。

若条件(b)成立，则 V_k 变成一个候选的 MPP 顶点。在这种情形下，若 V_k 是凸顶点(即一个 W 顶点)，则令 $W_C = V_k$；否则，令 $B_C = V_k$。然后，我们使用列表中的下一个顶点继续执行算法。

若条件(c)成立，则下一个 MPP 顶点是 B_C，并且令 $V_L = B_C$；然后，令 $W_C = B_C = V_L$ 重新初始化该算法，并使用 V_L 之后的下一个顶点继续执行算法。

算法再次到达第一个顶点后，算法结束，此时算法处理了多边形中的所有顶点。业已证明，该算法可找到一个被单连通细胞联合体围成的多边形的所有 MPP 顶点(Sloboda et al.[1998], Klette and Rosenfeld[2004])。

实现 MPP 算法的一些 M 函数

获得包围边界的细胞复合体的第一步是使用 7.4.3 节中介绍的函数 qtdecomp。通常，我们认为区域 B 由 1 组成，背景由 0 组成。我们对下列语法有兴趣：

```
Q = qtdecomp(B, threshold, [mindim maxdim])
```

其中，Q 是一个包含四叉树结构的稀疏矩阵。若 Q(k,m)非零，则(k,m)为一个分解块的左上角，块的大小是 Q(k,m)。

若块元素的最大值减去块元素的最小值大于 threshold(阈值)，则块将分离。该参数的值在 0 和 1 之间，而与输入图像的类无关。使用前面的语法，函数 qtdecomp 不会产生小于 mindim 的块或大于 maxdim 的块。即使不满足阈值条件，大于 maxdim 的块也将分离。比值 maxdim/mindim 必须是 2 的幂。若只指定了两个值中的一个(无方括号)，则函数假设它为 mindim。这是我们在本节中使用的表述。

图像 B 的大小必须是 K×K 像素，以便比值 K/mindim 是 2 的整数次幂。由此得出结论，K 的最小值是 B 的最大维数。通过在函数 padarray 中使用选项 'post' 来对 B 进行零填充，通常可满足这一尺寸需求。例如，假设 B 的大小为 640×480 像素，指定 mindim = 3。参数 K 必须满足条件 K >= max(size(B)) 和 K/mindim = 2^p 或 K = mindim*(2^p)。对 p 求解，解得 p = 8，此时 K = 768。

为获得四叉树分解中块的值，我们可用 7.4.3 节中讨论的函数 qtgetblk：

```
[vals, r, c] = qtgetblk(B, Q, mindim)
```

其中，vals 是一个数组，该数组包含 B 的四叉树分解中的 mindim×mindim 个块的值，Q 是由函数 qtdecomp 返回的一个稀疏矩阵。参数 r 和 c 是一个包含块的左上角的行和列坐标的向量。

例 8.3 得到包围一个区域的边界的细胞复合体。

关于图 8.6(a)中的图像，假设我们指定 mindim = 2。图像大小为 32×32，对于指定的 mindim 的值，不需要额外填充以满足其需求是容易验证的。该区域的 4 连通边界是使用如下命令得到的：

```
>> g = bwperim(f, 8);
```

图 8.6(b)显示了结果。注意，g 仍然是一幅图像，它此时只包含一个 4 连通边界。

> 回忆 8.1.1 节中的讨论可知，要得到 4 连通边界，需要为背景指定 8 连通性。

图 8.6(c)显示了 B 的四叉树分解，它是用以下命令得到的：

```
>> Q = qtdecomp(g, 0, 2);
```

其中，0 用做阈值，以便块向下分离为指定的最小尺寸的 2×2 像素，而不管它们包含的 1 或 0 如何混合(每个这样的块能包含 0 到 4 个像素)。注意，有许多块的尺寸大于 2×2 像素，但它们是同类的。

接着，我们用 qtgetblk(g, Q, 2)抽取所有大小为 2×2 像素的块的值和左上角的坐标。然后，使用函数 qtsetbl 对至少包含一个 1 值像素的所有块进行 1 填充。表示为 gF 的这一结果如图 8.6(d)所示。图像中的暗单元构成细胞复合体。

图 8.6(e)中被细胞复合体围绕的区域是使用如下命令得到的：

```
>> R = imfill(gF, 'holes') & g;
```

我们对该区域的 4 连通边界感兴趣，使用如下命令可得到该边界：

```
>> B = bwboundaries(R, 4, 'noholes');
>> b = B{1}; % There is only one boundary in this case.
```

图 8.6(f)显示了结果。图中的方向数是边界的弗雷曼链码的一部分，它是使用函数 fchcode 得到的。

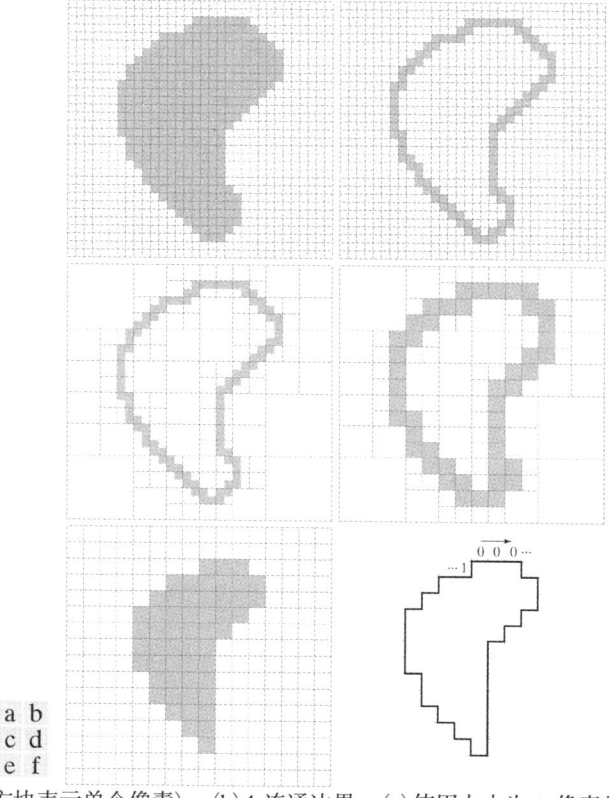

图 8.6　(a)原图像(小方块表示单个像素)；(b)4 连通边界；(c)使用大小为 2 像素的块的四叉树分解；
(d)使用 1 填充所有大小为 2×2 像素且至少包含一个 1 值元素的块后的结果，即细胞复合体；(e)图
(d)的内部区域；(f)使用函数 bwboundaries 获得的 4 连通边界点，所显示的数字是链码的一部分

有时，需要确定一个点是位于多边形边界的内部还是位于外部；函数 inpolygon 可用于这一目的：

$$IN = inpolygon(X, Y, xv, yv)$$

其中，X 和 Y 是包含待测点的 x 和 y 坐标的向量，而 xv 和 yv 是包含按顺时针或逆时针顺序安排的多边形顶点的 x 和 y 坐标的向量。输出 IN 是一个向量，其长度等于待测点数。对于多边形内或边界上的点，其值为 1；对边界外侧的点，其值为 0。

计算 MPP 的 M 函数

MPP 算法是由自定义函数 im2minperpoly 实现的，该函数的清单见附录 C。其语法如下：

第 8 章 表示与描述 257

```
[X, Y, R] = im2minperpoly(f, cellsize)
```

其中，f 是一幅包含单个区域或边界的输入二值图像，cellsize 指定细胞复合体中用于包围边界的方形单元的大小。列向量 X 和 Y 包含 MPP 顶点的 x 和 y 坐标。输出 R 是一幅由细胞复合体包围的区域的二值图像 [见图 8.6(e)]。

例 8.4 使用函数 im2minperpoly。
图 8.7(a) 是枫叶的一幅二值图像 f，图 8.7(b) 显示了使用如下命令获得的边界：

```
>> B = bwboundaries(f, 4, 'noholes');
>> b = B{1};
>> [M, N] = size(f);
>> bOriginal = bound2im(b, M, N);
>> imshow(bOriginal)
```

这是本例中进行各种 MPP 比较的参考边界。图 8.7(c) 是使用如下命令得到的结果：

```
>> [X, Y] = im2minperpoly(f, 2);
>> b2 = connectpoly(X, Y);
>> bCellsize2 = bound2im(b2, M, N);
>> figure, imshow(bCellsize2)
```

类似地，图 8.7(d) 到图 8.7(f) 显示了分别使用大小为 3、4 和 8 的方形单元得到的 MPP。由于使用大于 2×2 像素的单元导致了较低的分辨率，因此细茎丢失了。枫叶的第二个主要形状特征是其三个主要的裂片。即使使用大小为 8 的单元，这些特征仍被合理地保留了，如图 8.7(f) 所示。进一步将单元大小增加到 10 甚至 16 仍然可以保留这一特征，如图 8.8(a) 和图 8.8(b) 所示。然而，如图 8.8(c) 和图 8.8(d) 所示，当值为 20 或更高时，将导致这些特征的丢失。

a b
c d
e f

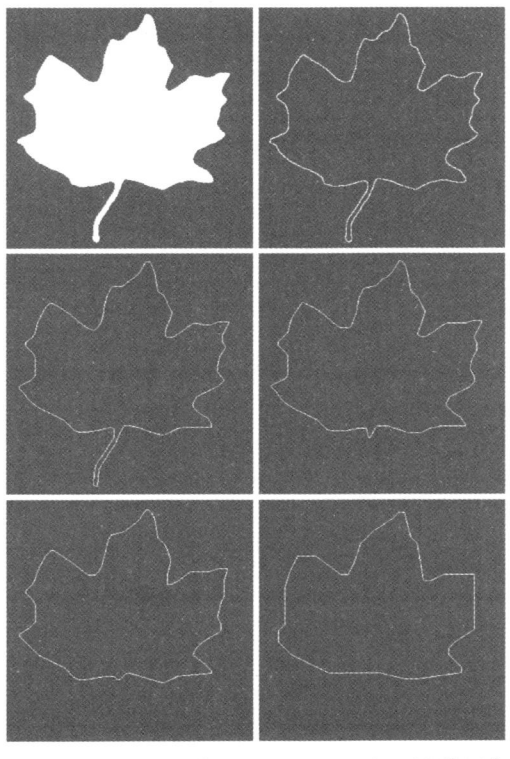

图 8.7　(a) 尺寸为 312×312 像素的原图像；(b) 4 连通边界；(c) 使用大小为 2 的方形
单元得到的 MPP；(d) ~ (f) 分别使用大小为 3、4 和 8 的方形单元得到的 MPP

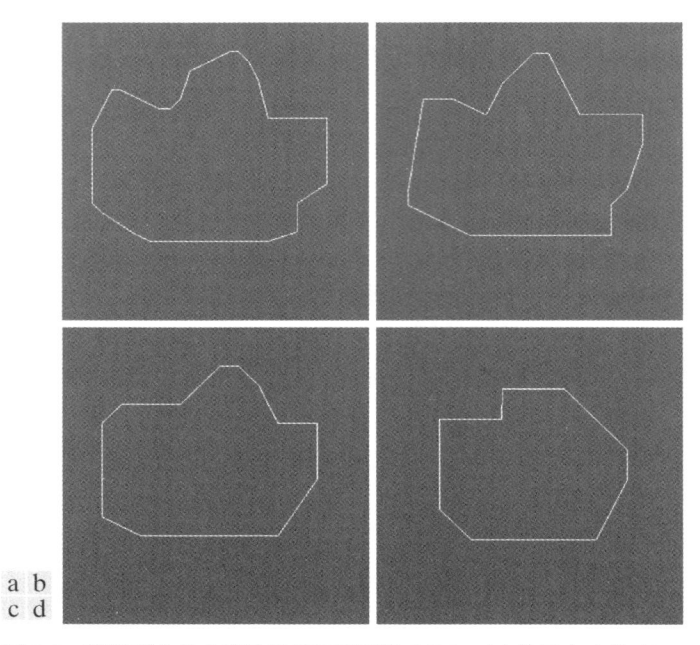

图 8.8 使用更大的方形边界单元得到的 MPP：(a)单元大小为 10；
(b)单元大小为 16；(c)单元大小为 20；(d)单元大小为 32

8.2.3 标记

标记是边界的一维函数表示，它可以使用各种方式来生成。最简单的方法之一就是作为角度的函数画出从一个内部点(例如，质心)到边界的距离，如图8.9所示。然而，不管如何生成标记，其基本概念都是将边界表示简化为一个一维函数，它描述起来比原始的二维函数更容易。只有在能够确保从其原点沿伸至边界的向量只与边界相交一次，进而产生一个角度增加的单值函数时，使用标记才有意义。这将排除本身相交的边界，以及有着深且窄的凹陷或有着细长突出物的边界。

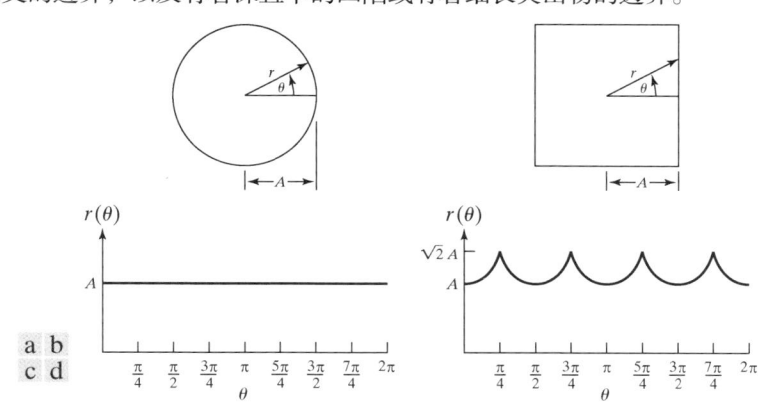

图 8.9 (a) ~ (b)圆形和方形目标；(c) ~ (d)相应的距离-角度标记

由刚才描述的方法所生成的标记是平移不变的，但它们的确依赖于旋转和缩放。通过找到一种选取相同起点来生成标记的方法，可实现关于旋转的归一化，而不用考虑形状的方向。若对每个感兴趣的形状，该点恰好唯一且与旋转误差无关，则一种方法就是选择距向量原点最远的点作为起点(见 8.3.1 节)。

另一种方法是选取特征轴(见 8.15 节)上离质心最远的点。这种方法的计算量更大，但更为稳定，因为特征轴的方向是使用所有轮廓点确定的。还有一种方法是首先获得该边界的链码，然后使用 8.1.2 节中讨论的方法，假设可使用图 8.1 中定义的链码方向的离散角度来近似该旋转。

根据关于两个轴缩放一致且以 θ 等间隔取样的假设，形状大小的变化会导致相应标记的幅值变化。对此进行归一化的一种方法是按照一定比例缩放所有函数，以便它们具有相同的取值范围，譬如[0, 1]。这种方法的主要优点是简单，但也有严重的缺陷，即对整个函数的缩放只依赖于两个值：最小值和最大值。若形状带有噪声，则这可能成为目标间的误差来源。一种更为稳健的方法是将每个样本除以标记的方差，假设该方差不为零[就像图 8.9(a)中的情形那样]或该方差不会小到增大计算难度。使用方差会产生一个可变的缩放因子，该因子与尺寸变化成反比，工作起来与自动增益控制非常相像。记住，无论使用什么方法，基本思想都是消除对尺寸的依赖性，同时保持波形的基本形状。

函数 signature(见附录 C)可寻找边界的标记。其语法如下：

[dist, angle] = signature(b, x0, y0)

其中，b 是一个 $np \times 2$ 数组，它的行包含按顺时针或逆时针方向排列的边界点的 x 和 y 坐标。在输入中，(x0, y0)是一个点的坐标，测量该点到边界的距离。若 x0 和 y0 未包含在参数中，则函数 signature 默认使用该边界的质心坐标。

作为递增角度的函数的标记幅度[即从(x0, y0)到边界的距离]，是 dist 的输出。数组 dist 和 angle 的最大尺寸是 360×1，表明最大分辨率是 $1°$。函数 signature 的输入必须是 1 像素宽的边界，例如使用前面讨论的函数 bwboundaries 获得的边界。如之前那样，假设边界是闭合曲线。

函数 signature 使用 MATLAB 函数 cart2pol 把笛卡儿坐标转换为极坐标。语法是

[THETA, RHO] = cart2pol(X, Y)

其中，X 和 Y 是包含笛卡儿坐标点的坐标的向量。向量 THETA 和 RHO 包含对应的极坐标角度和长度。THETA 和 RHO 与 X 和 Y 具有相同的维数。图 8.10 显示了 MATLAB 所用的坐标转换约定。注意，该函数中的 MATLAB 坐标(X, Y)与图像坐标(x, y)的关系为 $X = y$ 和 $Y = -x$ [见图 1.2(a)]。

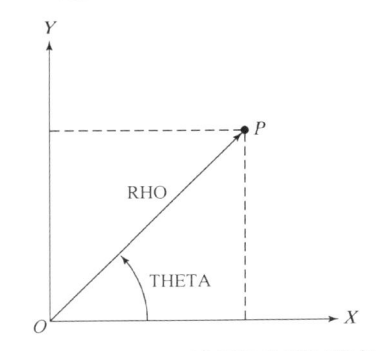

图 8.10 MATLAB 进行极坐标与笛卡儿坐标转换所用的坐标轴约定

函数 pol2cart 将极坐标转换为笛卡儿坐标：

[X, Y] = pol2cart(THETA, RHO)

例 8.5 标记。

图 8.11(a)和图 8.11(b)分别显示了包含不规则方形和三角形的两幅图像 fsq 和 ftr。图 8.11(c)显示了使用如下命令得到的方形标记：

```
>> bSq = bwboundaries(fsq, 'noholes');
>> [distSq, angleSq] = signature(bSq{1});
>> plot(angleSq, distSq)
```

类似的命令集会生成图 8.11(d)的图形。简单地统计两个标记中主峰的数量，就足以区分两个边界的基本形状。

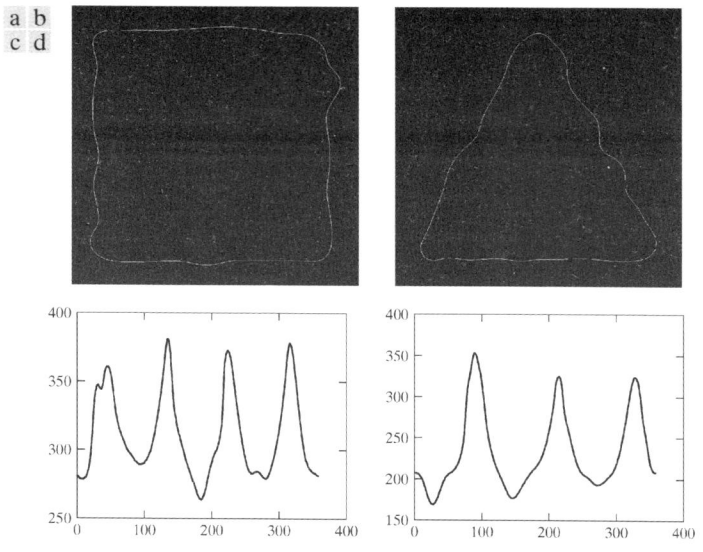

图 8.11 (a)和(b)不规则方形与三角形边界；(c)和(d)对应的标记

8.2.4 边界线段

将边界分解为线段可以降低边界的复杂性，进而简化描述过程。当边界包含一个或多个携带形状信息的明显凹陷时，这种方法尤其有吸引力。此时，使用由边界所围成区域的凸壳就成为边界鲁棒分解的强大工具。

一个任意集合 S 的凸壳 H 是包含 S 的最小凸集。集合之差 $H-S$ 称为集合 S 的凸缺 D。为了解如何使用这些概念来把边界分成有意义的线段，考虑图 8.12(a)，其显示了一个目标(集合 S)及其凸缺(阴影区域)。区域边界可以按如下方式进行分割：追踪 S 的轮廓，并标记进入或离开一个凸缺的过渡点。图 8.12(b)显示了这种情形下的结果。原理上，这种方案与区域大小和方向无关。实际中，在这种处理之前，通常先要进行平滑处理以便减少"无意义"凹陷的数量。按刚才描述的方式来寻找凸壳和实现边界分解的 MATLAB 工具，包含在 8.4.1 节讨论的函数 regionprops 中。

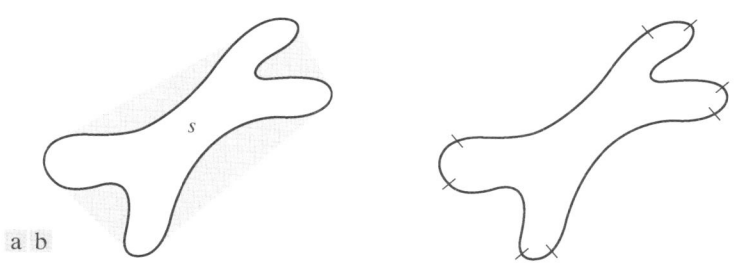

图 8.12 (a)区域 S 及其凸缺(阴影区域)；(b)被分割的边界

8.2.5 骨骼

表示平面区域的结构形状的一种重要方法是将它简化为图形。这种简化可以通过一种细化(也称骨骼化)算法得到该区域的骨骼来实现。

一个区域的骨骼可以使用中轴变换(MAT)来定义。边界为 b 的区域 R 的 MAT 如下所示：对 R 中的每个点 p，寻找 b 中的最近邻点。若 p 有多个这样的邻点，则认为 p 属于 R 的中轴(骨骼)。

虽然区域的 MAT 是一个直观的概念，但直接实现这一定义需要大量的计算，因为它涉及计算每个内部点到一个区域边界上的每个点的距离。为提高计算效率，同时试图近似表示一个区域的中轴，人们提出了许多算法。

图像处理工具箱可通过函数 bwmorph 产生二值图像 B 中所有区域的骨骼，所用的语法如下：

```
skeletonImage = bwmorph(B, 'skel', Inf)
```

该函数删除目标边界上的像素，但不允许目标断开。

例 8.6 计算区域的骨骼。

图 8.13(a) 显示了一幅大小为 344×270 像素的图像 f，它是人类染色体经分割并放大 30000 倍后的电子显微图像。本例的目的是计算染色体的骨骼。

显然，处理的第一步是将染色体从无关细节背景中分离出来。一种方法是首先对图像进行平滑，然后对其进行阈值处理。图 8.3(b) 显示了使用一个 25×25 像素的高斯空间模板及 sig = 15 平滑图像 f 后的结果：

```
>> h = fspecial('gaussian', 25, 15);
>> g = imfilter(f, h, 'replicate');
>> imshow(g) % Fig. 8.13(b)
```

接着，对平滑后的图像进行阈值处理：

```
>> g = im2bw(g, 1.5*graythresh(g));
>> figure, imshow(g) % Fig. 8.13(c)
```

其中，自动确定阈值，graythresh(g)乘以 1.5 以增加 50%的阈值处理总量。这样做的原因在于，增大阈值会增加从边界中删除的数据量，进而进一步降低噪声。图 8.13(d)中的骨骼是使用如下命令得到的：

```
>> s = bwmorph(g, 'skel', Inf); % Fig. 813(d)
```

骨骼中的刺状突起是使用如下命令去除的：

```
>> s1 = bwmorph(s, 'spur', 8); % Fig. 8.13(e)
```

其中，我们重复该运算 8 次，此时它近似等于 sig 值的一半。骨骼中仍存在几个小的刺状突起。但在再使用前一函数 7 次(完成 sig 的值)后，产生了如图 8.13(f)所示的结果，该结果是输入的合理骨骼表示。经验表明，高斯平滑模板的 sig 值对刺状突起去除算法次数的选择有很好的指导作用。

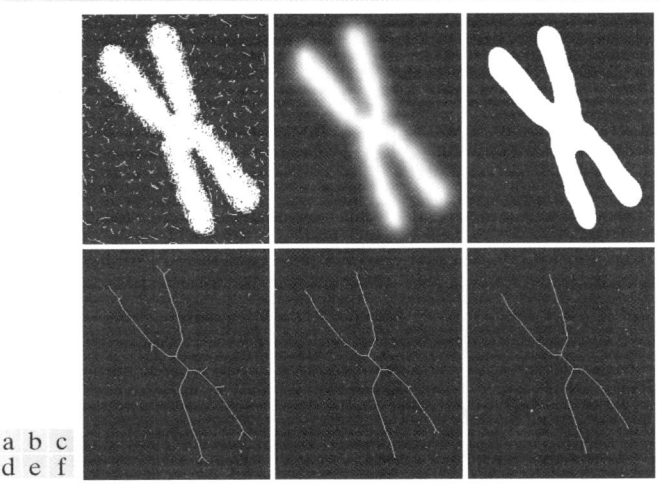

a b c
d e f

图 8.13 (a)分割后的人类染色体；(b)使用一个 25×25 像素的高斯平均模板及 `sig = 15` 对图像 f 平滑后的结果；(c)阈值处理后的图像；(d)骨骼；(e)刺状突起去除 8 次后的骨骼；(f)刺状突起额外去除 7 次后的骨骼

8.3 边界描述子

本节讨论处理区域边界时的一些有用描述子。很快我们就会知道,许多这样的描述子也适用于区域,但工具箱中的描述子并不区分它们的适用性。因此,这里介绍的一些概念将在 8.4 节讨论区域描述子时再次提及。

> 描述子也称为特征。

8.3.1 一些简单的描述子

边界的长度是其最简单的描述子之一。4 连通边界的长度定义为该边界上的像素数减 1。若该边界是 8 连通的,则将垂直和水平过渡计为 1,而将对角过渡计为 $\sqrt{2}$(该描述子也可用 8.4 节讨论的函数 regionprops 来计算)。

使用 8.1.1 节介绍的函数 bwperim 来提取包含在图像 f 中的目标的边界:

$$g = \text{bwperim}(f, \text{conn})$$

其中,g 为包含 f 中目标边界的二值图像。对于我们关注的二维连通性,conn 的值可以为 4 或 8,具体取决于希望的是 4 连通还是(默认的)8 连通(参见例 8.3 中关于这些连通值的页边注释)。f 中的目标可以有与图像类一致的任何像素值,但所有背景像素值必须为 0。由定义可知,边界像素值不为零,且至少与另一个非零像素连接。

边界直径定义为边界上两个离得最远的点间的欧氏距离。这些点并不总是唯一的,如在圆或矩形上,但假设是,若直径是一个有用的描述子,最好使用具有单个最远点对的边界[①]。连接这些点的线段称为边界的长轴。边界的短轴定义为与长轴垂直的直线,由边界与两个轴相交的 4 个外部点组成的方框可以完全包围该边界。这个方框称为基本矩形,长轴与短轴之比称为边界的偏心率。

自定义函数 diameter(其清单见附录 C)可计算边界或区域的直径、长轴、短轴和基本矩形。其语法为

$$s = \text{diameter}(L)$$

> diameter

其中,L 是一个标记矩阵,s 是一个具有如下字段的结构:

s.Diameter	一个标量,边界或区域中任意两个像素之间的最大距离。
s.MajorAxis	一个 2×2 矩阵,它的行包含边界或区域的长轴端点的行、列坐标。
s.MinorAxis	一个 2×2 矩阵。它的行包含边界或区域的短轴端点的行、列坐标。
s.BasicRectangle	一个 4×2 矩阵。它的每行包含基本矩形的一个角的行、列坐标。

8.3.2 形状数

通常基于 4 方向弗雷曼链码(见 8.2.1 节)的边界的形状数定义为最小幅值的一阶差分(Bribiesca and Guzman[1980], Bribiesca[1981])。形状数的阶定义为其表示中的数字个数。因此,一个边界的形状数可由 8.2.1 节讨论的函数 fchcode 的参数 c.diffmm 给出,且形状数的阶由 length(c.diffmm) 给出。

如 8.2.1 节中说明的那样,使用最小幅度的整数,可使 4 方向弗雷曼链码对起点不敏感;通过使用链码的一阶差分,还可使 4 方向弗雷曼链码对 90°倍数的旋转不敏感。这样,形状数就对起点和 90°倍数的旋转均不敏感。适用于任意旋转的一种归一化方法如图 8.14 所示。步骤是将坐标轴之一与

[①] 当存在多对最远的点时,为使得它们对当前讨论有意义,它们应彼此接近,且是确定边界形状的支配因素。

长轴重合，然后基于旋转后的图形提取 4 链码。使用自定义函数 x2majoraxis(见附录 C)可使 x 轴与一个区域或边界的长轴重合。该函数的语法为

$$[C, theta] = x2majoraxis(A, B)$$

其中，A = s.MajorAxis 来自函数 diameter，B 是一幅输入(二值)图像或边界列表(如之前那样，假定边界是连通的闭合曲线)。输出 C 的形式与输入相同(即一幅二值图像或一个坐标序列)。因为可能会存在舍入误差，且旋转可能会产生一个不连通的边界序列，所以可能需要后处理来重新连接这些点(例如，使用函数 bwmorph 或 connectpoly)。

a b c d

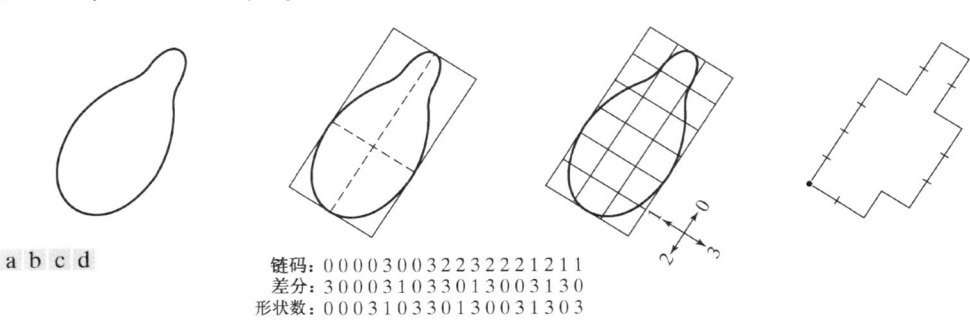

链码：0 0 0 0 3 0 0 3 2 2 3 2 2 2 1 2 1 1
差分：3 0 0 0 3 1 0 3 3 0 1 3 0 0 3 1 3 0
形状数：0 0 0 3 1 0 3 3 0 1 3 0 0 3 1 3 0 3

图 8.14 生成形状数的步骤

我们已讨论了实现计算形状数的 M 函数所需的工具。这些工具由提取边界的函数 bwboundaries、寻找长轴的函数 diameter、降低取样网格分辨率的函数 bsubsamp 和提取 4 方向弗雷曼链码的函数 fchcode 组成。

8.3.3 傅里叶描述子

图 8.15 显示了 xy 平面内的一个 K 点数字边界。从任意点 (x_0, y_0) 开始，以逆时针方向在该边界上行进时，会遇到坐标对 $(x_0, y_0), (x_1, y_1), (x_2, y_2), \cdots, (x_{K-1}, y_{K-1})$。这些坐标可以表示为 $x(k) = x_k$ 和 $y(k) = y_k$ 的形式。使用这种表示法，边界本身可以表示为坐标序列 $s(k) = [x(k), y(k)]$，$k = 0, 1, 2, \cdots, K-1$。此外，每个坐标对可当做一个复数来处理，即

$$s(k) = x(k) + jy(k)$$

图 8.15 一个数字边界及其复序列表示。点 (x_0, y_0) 和点 (x_1, y_1) 是序列中(任意选择)的前两个点

参考 3.1 节可知，序列 $s(k)$ 的离散傅里叶变换(DFT)可写为

$$a(u) = \sum_{k=0}^{K-1} s(k) e^{-j2\pi uk/K}, \quad u = 0, 1, 2, \cdots, K-1$$

复系数 $a(u)$ 被称为边界的傅里叶描述子。由这些系数的傅里叶反变换可以重建 $s(k)$，即

$$s(k) = \frac{1}{K} \sum_{u=0}^{K-1} a(u) e^{j2\pi uk/K}, \quad k = 0, 1, 2, \cdots, K-1$$

但假设在计算反变换时，不使用所有的傅里叶系数，而只使用前 P 个系数。这相当于令上面的函数中的 $a(u) = 0$, $u > P-1$。结果是 $s(k)$ 的如下近似值：

$$\hat{s}(k) = \frac{1}{P}\sum_{u=0}^{P-1} a(u) \mathrm{e}^{\mathrm{j}2\pi uk/K}, \qquad k = 0,1,2,\cdots,K-1$$

虽然仅用 P 个系数就能得到 $\hat{s}(k)$ 的每个分量, 但 k 的范围仍是从 0 到 $K-1$。也就是说, 近似边界中存在相同数量的点, 但在每个点的重建中并未使用这么多项。回忆第 3 章可知, 高频分量决定细节部分, 而低频分量决定总体形状。因此, 随着 P 的减小, 边界细节的丢失就会增加。

下面的自定义函数 frdescp 计算边界 s 的傅里叶描述子。类似地, 若给定一组傅里叶描述子, 则函数 ifrelescp 使用给定数量的描述子来计算其反变换, 得到一条封闭的空间曲线。

```
function z = frdescp(s)
%FRDESCP Computes Fourier descriptors.
%   Z = FRDESCP(S) computes the Fourier descriptors of S, which is an
%   np-by-2 sequence of ordered coordinates describing a boundary.
%
%   Due to symmetry considerations when working with inverse Fourier
%   descriptors based on fewer than np terms, the number of points
%   in S when computing the descriptors must be even. If the number
%   of points is odd, FRDESCP duplicates the end point and adds it at
%   the end of the sequence. If a different treatment is desired, the
%   the sequence must be processed externally so that it has an even
%   number of points.
%
%   See function IFRDESCP for computing the inverse descriptors.

% Preliminaries.
[np, nc] = size(s);
if nc ~= 2
   error('S must be of size np-by-2.');
end
if np/2 ~= round(np/2);
   s(end + 1, :) = s(end, :);
   np = np + 1;
end

% Create an alternating sequence of 1s and -1s for use in centering
% the transform.
x = 0:(np - 1);
m = ((-1) .^ x)';

% Multiply the input sequence by alternating 1s and -1s to center
% the transform.
s(:, 1) = m .* s(:, 1);
s(:, 2) = m .* s(:, 2);

% Convert coordinates to complex numbers.
s = s(:, 1) + i*s(:, 2);

% Compute the descriptors.
z = fft(s);
```

函数 ifrdescp 如下所示:

```
function s = ifrdescp(z, nd)
%IFRDESCP Computes inverse Fourier descriptors.
%   S = IFRDESCP(Z, ND) computes the inverse Fourier descriptors of
%   of Z, which is a sequence of Fourier descriptor obtained, for
%   example, by using function FRDESCP. ND is the number of
%   descriptors used to compute the inverse; ND must be an even
%   integer no greater than length(Z), and length(Z) must be even
%   also. If ND is omitted, it defaults to length(Z). The output,
%   S, is matrix of size length(Z)-by-2 containing the coordinates
```

```
%   of a closed boundary.

% Preliminaries.
np = length(z);
% Check inputs.
if nargin == 1
   nd = np;
end
if np/2 ~= round(np/2)
   error('length(z) must be an even integer.')
elseif nd/2 ~= round(nd/2)
   error('nd must be an even integer.')
end
% Create an alternating sequence of 1s and -1s for use in centering
% the transform.
x = 0:(np - 1);
m = ((-1) .^ x)';

% Use only nd descriptors in the inverse. Because the descriptors
% are centered, (np - nd)/2 terms from each end of the sequence are
% set to 0.
d = (np - nd)/2;
z(1:d) = 0;
z(np - d + 1:np) = 0;

% Compute the inverse and convert back to coordinates.
zz = ifft(z);
s(:, 1) = real(zz);
s(:, 2) = imag(zz);

% Multiply by alternating 1 and -1s to undo the earlier centering.
s(:, 1) = m .* s(:, 1);
s(:, 2) = m .* s(:, 2);
```

例 8.7 傅里叶描述子。

图 8.16(a) 显示了一幅二值图像 f，它与图 8.13(c) 中的图像类似，但是使用 sigma = 9 的 15×15 像素高斯模板及阈值 0.7 获得的。本例的目的是生成一幅并不过度光滑的图像，以便说明减少描述子数量对边界形状产生的影响。图 8.16(b) 中的图像是使用如下命令生成的：

```
>> b = bwboundaries(f, 'noholes');
>> b = b{1}; % There is only one boundary in this case.
>> bim = bound2im(b, size(f, 1), size(f, 2));
```

图 8.16(b) 显示了图像 bim。所显示的边界有 1090 个点。接着，我们计算傅里叶描述子，

```
>> z = frdescp(b);
```

并使用大约 1090 个描述子中的 50% 进行反变换：

```
>> s546 = ifrdescp(z, 546);
>> s546im = bound2im(s546, size(f, 1), size(f, 2));
```

图像 s546im[见图 8.17(a)]显示了与图 8.16(b) 中原始边界的紧密对应。原始边界中的一些细节信息丢失，如向下尖端中的 1 像素凹壁，但对所有实用目的而言，这两个边界是相同的。图 8.17(b) 到图 8.17(f) 分别显示了使用 110、56、28、14 和 8 个描述子得到的结果，这些描述子的个数分别相当于原有 1090 个描述子的 10%、5%、2.5%、1.25% 和 0.7%。使用 110 个描述子生成的图像[见图 8.17(c)]显示了稍微平滑一些的边界，但基本形状与原始形状十分接近。图 8.17(e) 显示了使用原有描述子总数的 1.25% 即 14 个描述子得到的结果，它保留了边界的主要特征。图 8.17(f) 显示了无法接受的失真，因为边界的主要特征（4 个长的突出部分）丢失了。进一步减少到 4 个和 2 个描述子时，所生成的边界是一个椭圆和一个圆。

由于像素值的舍入，图 8.17 中的某些边界出现了 1 像素的缺口。通常由傅里叶描述子导致的这些小缺口，可由函数 bwmorph 采用选项 'bridge' 来加以修复。

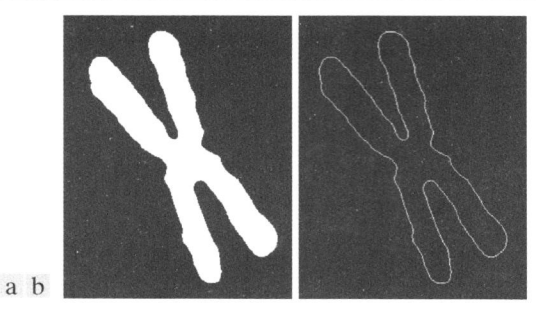

图 8.16　(a) 二值图像；(b) 使用函数 boundaries 提取的边界。边界有 1090 个点

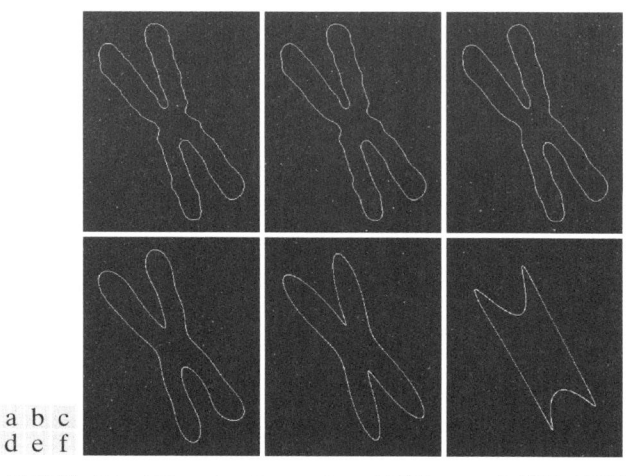

图 8.17　(a) ~ (f) 使用 546、110、56、28、14 和 8 个而非 1090 个傅里叶描述子重建的边界

如之前所示，描述子应尽可能对平移、旋转和尺度变化不敏感。此时，结果将取决于点被处理的顺序，因此另一个约束条件是描述子对起点应不敏感。傅里叶描述子并非直接对这些几何变化不敏感，但这些参数的变化可能与描述子的简单变换是相关的（见 Gonzalez and Woods[2008]）。

8.3.4　统计矩

一维边界表示的形状（即边界线段和标记波形）可通过使用统计矩（如均值、方差和高阶矩）来定量描述。考虑图 8.18(a)，它显示了一条数字边界线段，图 8.18(b) 显示了一个以任意变量 r 的一维函数 $g(r)$ 描述的线段。获得该函数的方法如下：先将该线段的两个端点连接起来，形成一个"长"轴，然后使用 8.3.2 节中讨论的函数 x2majoraxis 使长轴与水平轴重合。

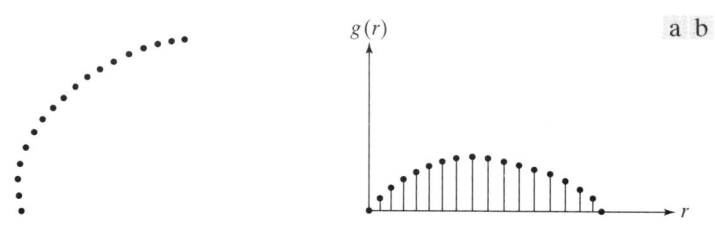

图 8.18　(a) 边界线段；(b) 一维函数表示

描述 $g(r)$ 形状的一种方法是将它归一化为单位面积，并把它当做直方图来处理。换言之，$g(r_i)$ 现在作为值 r_i 出现的概率来处理。此时，r 为一个随机变量，所以矩为

$$\mu_n = \sum_{i=0}^{K-1} (r_i - m)^n g(r_i)$$

式中，$m = \sum_{i=0}^{K-1} r_i g(r_i)$ 是均值，K 是边界上的点数，$\mu_n(r)$ 与 g 的形状有关。例如，二阶矩 μ_2 是曲线关于 r 的均值的扩展程度的测度，而三阶矩 μ_3 是曲线关于均值的对称性的测度。统计矩可用函数 statmoments 计算（见 4.2.4 节）。

我们已完成的工作是把描述任务降为一维函数。与其他技术相比，矩方法的优点是其实现非常简单，且携带了边界形状的"物理"解释。图 8.18 清楚地表明了这种方法对旋转的不敏感性。通过缩放 g 值和 r 值的范围，可实现尺寸的归一化。

8.3.5 角点

迄今讨论的边界描述子实际上都是全局的。我们开发两种检测角点的方法来结束边界描述子的讨论，角点是在诸如图像追踪和目标识别应用中广泛使用的边界描述子。下面是两种被图像处理工具箱支持的方法。

Harris-Stephens 角点检测器

Harris-Stephens 角点检测器（见 Harris and Stephens [1988]）是由 Moravec[1980] 提出的基本技术的一种改进。Moravec 方法考虑图像中的一个局部窗口，并且确定图像灰度的平均变化，该变化是由在各个方向上小量的窗口移动产生的。有三种情况需要考虑：
- 若由窗口包围的图像区域在灰度上近似恒定，则所有移动在平均灰度上将产生较小的变化。
- 若窗口横跨一个边缘，则沿边缘的移动将产生较小的变化，但垂直边缘的移动将产生较大的变化。
- 若有窗口区域包含一个角点，则所有移动都将产生较大的变化[1]。因此，角点可由寻找任何较大的移动（依据指定的阈值）产生最小的变化来检测。

这些概念在数学上可由如下方法来表述。令 $w(x, y)$ 表示一个空间平均（平滑）模板，该模板的所有元素都是非负的（如一个系数为 1/9 的 3×3 模板）。然后，参考 2.4 节和 2.5 节，在图像 $f(x, y)$ 的任何坐标 (x, y) 处，灰度的平均变化 $E(x, y)$ 可定义为

$$E(x, y) = \sum_s \sum_t w(s, t) \left[f(s+x, t+y) - f(s, t) \right]^2$$

式中，(s, t) 的值是 w 和方括号内表达式对应的图像区域重叠时的值。由该结构，我们看到 $E(x, y) \geq 0$。

回忆基本的数学分析可知，实函数的 $f(s, t)$ 关于点 (x, y) 的泰勒级数展开为

$$f(s+x, t+y) = f(s, t) + \left[x \partial f(s,t)/\partial s + y \partial f(s,t)/\partial t \right] + \text{高阶项}$$

对于较小的移动（即较小的 x 和 y 值），可以仅使用线性项来近似这个展开，此时 E 可写为

$$E(x, y) = \sum_s \sum_t w(s, t) \left[x \partial f(s,t)/\partial s + y \partial f(s,t)/\partial t \right]^2$$

Harris-Stephens 角点检测器使用具有模板 $[-1\ 0\ 1]^T$ 和 $[-1\ 0\ 1]$ 的如下空间滤波来近似这一偏导数：

---

[1] 某些类型的噪声，如椒盐噪声，通常会产生与角点相同的响应。但使用这一方法的假设是，信噪比大到足以允许可靠地检测角点特征。

$$f_s(s,t) = \partial f/\partial s = f(s,t) \star [-1\ 0\ 1]^T \text{ 和 } f_t(s,t) = \partial f/\partial t = f(s,t) \star [-1\ 0\ 1]$$

然后，可以写出

$$\begin{aligned} E(x,y) &= \sum_s \sum_t w(s,t) [xf_s(s,t) + yf_t(s,t)]^2 \\ &= \sum_s \sum_t w(s,t) x^2 f_s^2(s,t) + w(s,t) 2xy f_s(s,t) f_t(s,t) + w(s,t) y^2 f_t^2(s,t) \\ &= x^2 \sum_s \sum_t w(s,t) f_s^2(s,t) + 2xy \sum_s \sum_t w(s,t) f_s(s,t) f_t(s,t) + y^2 \sum_s \sum_t w(s,t) f_t^2(s,t) \end{aligned}$$

上式中的求和表达式是模板 $w(x,y)$ 与所示项的相关（见 2.4 节），因此可把 $E(x,y)$ 写成

$$E(x,y) = ax^2 + 2bxy + cy^2$$

其中，

$$a = w \star f_s^2, \qquad b = w \star f_s f_t, \qquad c = w \star f_t^2$$

可以把 $E(x,y)$ 表示成向量-矩阵形式，如下所示：

$$E(x,y) = [x\ y] \boldsymbol{C} [x\ y]^T$$

式中，

$$\boldsymbol{C} = \begin{bmatrix} a & c \\ c & b \end{bmatrix}$$

该矩阵的元素是由平均模板 w 扫过子图像区域的经滤波（平均）后的垂直和水平导数。

因为 $\boldsymbol{C}$ 是对称的，所以可通过坐标轴的旋转来对角化（见 8.5 节末尾的讨论）：

$$\boldsymbol{C}_d = \begin{bmatrix} \lambda_1 & 0 \\ 0 & \lambda_2 \end{bmatrix}$$

式中，λ_1 和 λ_2 是 $\boldsymbol{C}$ 的特征值：

$$\lambda_1, \lambda_2 = \frac{a+b}{2} \pm \left[\frac{4b^2 + (a-c)^2}{2} \right]^{1/2}$$

Harris-Stephens 角点检测器是基于这些特征值特性的（注意，$\lambda_1 \geq \lambda_2$）。

> 查阅 Noble and Daniel[1988]或其他关于矩阵基础知识的教材，可了解得到矩阵特征值的方法。

首先注意到，两个特征值与局部导数的平均值是成比例的，因为在这个方法中 $\boldsymbol{C}$ 的元素已被定义。另外，由于下列原因，两个特征值都是非负的。如之前说明的那样，$E(x,y) \geq 0$。因此，$[x\ y]\boldsymbol{C}[x\ y]^T \geq 0$，它意味着该二次形式是半正定的。这反过来又表明 $\boldsymbol{C}$ 的特征值是非负的。如将在 8.5 节中看到的那样，注意到特征值与特征向量（特征向量指向主要数据扩展的方向）的幅值成正比，可以得到相同的结论。例如，在恒定灰度区域，两个特征值都是 0。对于 1 像素宽的线，一个特征值是 0，另一个特征值为正。对于任何其他类型的形状（包括角点），两个特征值都是正的。基于理想局部图像模式，这些观察导致了下列结论：

(a) 若由 w 包围的区域的灰度是恒定的，则所有导数均为 0，$\boldsymbol{C}$ 是空矩阵，且 $\lambda_1 = \lambda_2 = 0$。

(b) 若 w 包含一个理想的黑白边，则 $\lambda_1 > 0$，$\lambda_2 = 0$，且与 λ_1 相关的特征向量平行于图像的梯度。

(c) 若 w 包含白色背景上黑色方块的一个角点（反之亦然），则存在两个主要的数据扩展方向，且有 $\lambda_1 \geq \lambda_2 > 0$。

处理实图像数据时，会使用到不精确的语句，例如"若由 w 包围的区域近似于恒定，则两个特征值将较小"和"若由 w 包围的区域包含一个边缘，则一个特征值较大，而另一个特征值较小"。类似地，处理角点时，我们寻找两个"较大"的特征值。"较小"和"较大"这样的术语都是相对于指定的阈值而言的。

Harris 和 Stephens 的主要贡献是使用刚才介绍的概念形式化和扩展了 Moravec 的原始思路。此外，Moravec 使用了一个恒定的平均模板，而 Harris 和 Stephens 提出了一个高斯模板，它强调了模板下图像的中心部分：

$$w(s,t) = e^{-(s^2+t^2)/2\sigma^2}$$

他们还引入了下列响应函数：

$$R = \text{Det} - k(\text{Tr})^2$$

式中，Det 是 $\boldsymbol{C}$ 的行列式，

$$\text{Det} = \text{determinant}(\boldsymbol{C}) = \lambda_1 \lambda_2 = ab - c^2$$

Tr 是 $\boldsymbol{C}$ 的迹，

$$\text{Tr} = \text{Trace}(\boldsymbol{C}) = \lambda_1 + \lambda_2 = a + b$$

而 k 是一个敏感参数(其值见下面的讨论)。使用这些结果，可以根据 a、b 和 c 来直接表示 R：

$$R = ab - c^2 - k(a+b)^2$$

使用关于元素 a、b 和 c 的这一公式，具有不必直接对窗口的每次位移计算特征值的优点。

构建函数 R 时，要使得对于平坦区域其值较小，对于角点其值为正，对于直线其值为负。说明这一点的最简方法是根据特征值来展开 R：

$$R = (1-2k)\lambda_1 \lambda_2 - k(\lambda_1^2 + \lambda_2^2)$$

然后，例如，考虑先前讨论的三种理想情形，会发现：在平坦区域两个特征值都是 0，因此 $R = 0$；在包含一条边缘的区域内，一个特征值将为 0，因此 $R < 0$；对于位于窗口中对称位置的理想角点，两个特征值将是相等的，且 $R > 0$。仅当 $0 < k < 0.25$ 时这些语句才成立，因此在缺少额外信息的情形下，这是选择敏感参数的一个较好的取值范围。

Harris-Stephens 检测器可以总结如下。我们采用 MATLAB 符号来强调该算法可使用数组运算来实现这一事实：

1. 为参数 k 和高斯平滑函数 w 赋值。
2. 分别使用滤波器模板 ws = [-1 0 1]' 和 wt = [-1 0 1] 对输入图像滤波，计算导数图像 fs 和 ft，得到 fst = fs.*ft。
3. 使用滤波器模板 w 分别对 fs、ft 和 fst 滤波，得到系数 A、B 和 C 的数组。在任何点处这些数组的各个元素是之前定义的参数 a、b 和 c。
4. 计算测度 R：

$$R = (A.*B) - (C.^2) - k*(A + B).^2$$

我们将在例 8.8 中说明这个检测器的性能。

最小特征值角点检测器

本节讨论的方法基于前面讨论的性质(c)。假定 $\boldsymbol{C}_d$ 的特征值已排好序，因此有 $\lambda_1 \geq \lambda_2$，最小特征值角点检测器说明，在计算局部导数上方的窗口中心位置找到了一个角点，若

$$\lambda_2 > T$$

其中，T 是一个指定的非负阈值，λ_2（最小特征值）是由前面给出的分析表达式计算得到的。虽然这种方法明显是 Harris-Stephens 开发的结果，但作为检测角点的粗略方法，它已得到人们的广泛认可（见 Shi and Tomasi [1994]和 Trucco and Verri [1998]）。我们将在下一节中说明这两种技术。

函数 cornermetric

Harris-Stephens 和最小特征值检测器在图像处理工具箱中都使用函数 cornermetric 实现[①]，该函数的语法是

```
C = cornermetric(f, method, param1, val1, param2, val2)
```

其中，
- f 是输入图像。
- method 不是'Harris'就是'MinimumEigenvalue'。
- param1 是'FilterCoefficients'。
- val1 是一个包含一维空间滤波器模板的系数的向量，该函数由此生成相应的二维平方滤波器 w。若在调用中未包含 param1 和 val1，则函数使用 fspecial('gaussian', [1 5], 1.5)来生成一个默认的 5×5 像素高斯滤波器，进而生成一维滤波器的系数。
- param2 是'SensitivityFactor'，仅适用于 Harris 检测器。
- val2 是之前解释的敏感因子 k 的值，其值在区间 $0 < k < 0.25$ 内。默认值是 0.04。

cornermetric 的输出是一个与输入图像大小相同的数组。在 Harris 选项情形下，该数组中每个点的值对应于公制的 R，且对于最小特征值选项是最小特征向量。我们的兴趣在于角点及与之一起的选项，需要处理输出（原始）数组 C，以便根据指定的阈值来进一步确定哪些点是有效的角点。我们把通过阈值测试的点称为角点。下面的自定义函数（代码见附录 C）可用于检测这些点：

```
CP = cornerprocess(C, T, q)
```

其中，C 是 cornermetric 的输出，T 是一个指定的阈值，q 是用于减少角点数量的方形形态学结构元的大小。也就是说，角点使用一个 $q \times q$ 的 1 值结构元来膨胀，以产生连通分量。然后，连通分量被形态学收缩为一个点。角点数量的实际减少取决于 q 和点的接近程度。

例 8.8 使用函数 cornermetric 和 cornerprocess 寻找灰度图像中的角点。

本例使用刚才讨论的函数寻找图 8.19(a)所示图像中的角点。图 8.19(b)和图 8.19(c)是函数 cornermetric 的原始输出，它是使用如下命令得到的：

```
>> f = imread('Fig 8.19(a).tif');
>> % Find corners using the 'Harris' option with the
>> % default values.
>> CH = cornermetric(f, 'Harris');
>> % Interest is in corners, so keep only the positive values.
>> CH(CH < 0) = 0;
>> % Scale to the range [0 1] using function mat2gray.
>> CH = mat2gray(CH);
>> imshow(imcomplement(CH)) % Figure 8.19(b).
```

[①] 在 Harris 和 Stephens 最初发表的论文中，算法从相关开始，就如我们在此处所做的一样，但用于导数的表达式和计算 a、b 和 c 的表达式，则由存在二义性的卷积符号表示给出。工具箱采用论文中的表示，并且使用了卷积。回忆第 2 章可知，卷积和相关之间的不同仅在于模板的旋转。关键是这既不会影响 C 的对称性，又不会影响之前讨论的二次表达式的形式。因此，不管是使用卷积还是使用相关，特征值都是非负的，且算法的结果相同。

```
>> % Repeat for the MinimumEigenvalue option.
>> CM = cornermetric(f, 'MinimumEigenvalue');
>> % Array CM consists of the smallest eigenvalues, all of
>> % which are positive.
>> CM = mat2gray(CM);
>> figure, imshow(imcomplement(CM)) % Figure 8.19(c).
```

我们显示了图 8.19(b) 和图 8.19(c) 中的负片，以便更容易看到被 cornermetric 提取的低对比度特性。观察表明，图 8.19(b) 中的特性要比图 8.19(c) 中的特性暗得多，主要是因为在 Harris 方法中使用了因子 k。除标定到区间[0, 1]外（这一标定简化了结果的解释和比较），还使用 mat2gray 将该数组转换成了一种有效的图像格式。这就允许使用函数 imhist 来得到适当尺度的直方图，进而使用该直方图来得到阈值：

```
>> hH = imhist(CH);
>> hM = imhist(CM);
```

使用百分位的方法（见 7.3.5 节）得到了阈值，这些阈值是有效定义角点的基础。该方法通过逐渐增大百分位来为每个角点检测器生成阈值，然后使用函数 cornerprocess 来处理图像，直至由门框、建筑物前墙和右墙形成的角点消失为止。在这些角点消失之前，使用了最大阈值来作为 T 的值。对于 Harris 和最小特征值方法，得到的百分位分别是 99.45 和 99.70。我们使用了刚才提及的角点，因为它们很好地表现了建筑物明亮和黑暗部分间的图像灰度。选择其他有代表性的角点将给出可供比较的结果。阈值可计算如下：

```
>> TH = percentile2i(hH, 0.9945);
>> TM = percentile2i(hM, 0.9970);
```

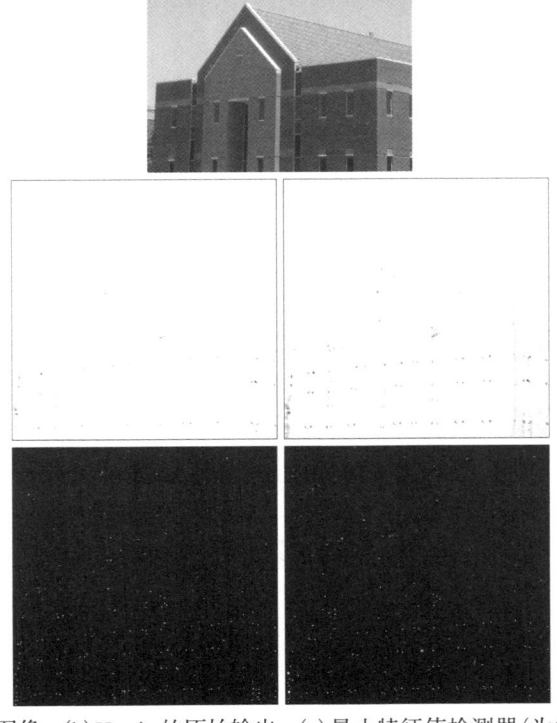

a
b c
d e

图 8.19　(a) 原图像；(b) Harris 的原始输出；(c) 最小特征值检测器（为便于看到低对比度细节，图像显示为负片，注意边界不是数据的一部分）的原始输出；(d) 和 (e) 函数 cornerprocess 使用 q = 1 的输出（为更便于查看，这些点已被放大）

图 8.19(d)和图 8.19(e)是使用如下命令得到的:

```
>> cpH = cornerprocess(CH, TH, 1); % Fig. 8.19(d).
>> cpM = cornerprocess(CM, TM, 1); % Fig. 8.19(e).
```

每个点都标记了窗口 w 的中心,在该中心检测到一个有效的角点(由 1 值像素指定)。这些点与图像的对应关系很容易解释:使用圆包围每个点,然后将这些圆叠加到图像上[见图 8.20(a)和图 8.20(b)]:

```
>> [xH yH] = find(cpH);
>> figure, imshow(f)
>> hold on
>> plot(yH(:)', xH(:)', 'wo') % Fig. 8.20(a).
>> [xM yM] = find(cpM);
>> figure, imshow(f)
>> hold on
>> plot(yM(:)', xM(:)', 'wo') % Fig. 8.20(b).
```

我们通过在 cornerprocess 中选择 q = 1 来说明这一点,未组合这些接近的点时,最终效果是冗余的,它会导致不相关的结果。例如,图 8.20(b)左侧较密的圆是许多紧密相邻的角点,它主要由灰度的随机变化导致。图 8.20(c)和图 8.20(d)显示了在函数 cornerprocess 中使用 q = 5(与平均模板的尺寸相同),且重新执行了用于生成图 8.20(a)和图 8.20(b)的相同步骤所得到的结果。很明显,在这两幅图像中,多余角点的数量大大减少,因此很好地描述了图像中的主要角点。

尽管结果是可比较的,但使用最小特征值的方法检测到的错误角点更少,且与 Harris 方法使用两个参数(T 和 k)相比,该方法还具有只有一个参数(T)的优点。除非目的是同时检测角点和线条,否则最小特征值方法通常是检测角点的首选方法。

图 8.20 (a)和(b)来自图 8.19(d)和图 8.19(e)的角点,这些角点已被加圆并叠加到原始图像中;(c)和(d)为在函数 cornerprocess 中使用 q = 5 得到的角点

8.4 区域描述子

本节讨论用于区域处理的几个工具箱函数,并介绍计算纹理、矩不变量和几个其他区域描述子的函数(见 4.2.4 节)。

8.4.1 函数 regionprops

函数 regionprops 是工具箱中用于计算区域描述子的主要工具。该函数的语法为

$$D = \text{regionprops}(L, \text{properties})$$

其中，L 是一个标记矩阵(见 8.1.1 节)，D 是长度 max(L(:))的一个结构。该结构的字段表示每个区域的不同测度，就如 properties 指定的那样。参量 properties 可以是由逗号分隔的字符串列表，包含字符串的一个单元数组，单个字符串'all'或字符串'basic'。表 8.1 中列出了有效的特性字符串集合。若 properties 是字符串'all'，则计算表 8.1 中的所有描述子。若未指定 properties，或它是字符串'basic'，则计算的描述子是'Area'、'Centroid'和'BoundingBox'。

> 除这里讨论的关于二值图像的测度外，函数 regionprops 还计算灰度图像的几个测度。详见该函数的帮助页。

表 8.1 由函数 regionprops 计算的区域描述子

有效的 properties 字符串	说 明
'Area'	一个区域中的像素数
'BoundingBox'	定义包含一个区域的最小矩形的 1×4 向量。BoundingBox 由[ul_corner width]定义，其中 ul_corner 的形式为[x y]，它指定外接矩形的左上角，width 的形式为[x_width y_width]，它指定外接矩形沿每个维的宽度
'Centroid'	1×2 向量；区域的质心。Centroid 的第一个元素是质心的水平坐标，第二个元素是垂直坐标
'ConvexArea'	标量；'ConvexImage'中的像素数(见下)
'ConvexHull'	nv×2 矩阵；包含区域的最小凸多边形。矩阵的每行包含多边形的 nv 个顶点之一的水平和垂直坐标
'ConvexImage'	二值图像；凸壳，该壳内填充了所有像素(即置为 on)；对于凸壳边界上的像素，regionprops 使用与 roipoly 相同的逻辑来确定一个像素是在凸壳的内部还是在外部
'Eccentricity'	标量；与区域具有相同二阶矩的椭圆的偏心率。偏心率是椭圆的焦距与长轴的长度之比*，其值在 0 和 1 之间，0 和 1 属于退化情况(偏心率为 0 的椭圆是圆，偏心率为 1 的椭圆是一条线段)
'EquivDiameter'	标量；与区域有相同面积的圆的直径，它由式 sqrt(4*Area/pi)计算
'EulerNumber'	标量；区域中的目标数减去目标中的孔洞数
'Extent'	标量；既在区域中又在外接矩形中的像素比例。由 Area 除以外接矩形的面积来计算
'Extrema'	8×2 矩阵；区域的极值点。矩阵的每行包含一个点的水平和垂直坐标。8 行的格式是[top-left, top-right, right-top, right-bottom, bottom-right, bottomleft, left-bottom, left-top]
'FilledArea'	'FilledImage'中 on 像素的个数
'FilledImage'	与区域的外接矩形尺寸相同的二值图像。on 像素对应于填充了所有孔洞的区域
'Image'	与区域的外接矩形尺寸相同的二值图像。on 像素对应于该区域，所有其他像素是 off
'MajorAxisLength'	与区域具有相同二阶矩的椭圆的长轴*的长度(以像素计)
'MinorAxisLength'	与区域具有相同二阶矩的椭圆的短轴*的长度(以像素计)
'Orientation'	水平轴与椭圆(该椭圆与区域具有相同的二阶矩)长轴间的角度(以度计)
'Perimeter'	一个 k 元素向量，它包含围绕图像的 k 个区域中每个区域的边界的距离
'PixelList'	np×2 矩阵，它的行是区域中像素的坐标[horizontal vertical]
'PixelIdxList'	包含区域中像素的线性索引的 np 元素向量
'Solidity'	标量；既在区域中又在凸壳中的像素的比例，用 Area/ConvexArea 计算

*这里使用的长轴和短轴不同于 8.3.1 节中基本矩形的长轴和短轴。关于椭圆的矩的讨论，见 Haralick and Shapiro[1992]。

例 8.9 使用函数 regionprops。
作为说明，使用函数 regionprops 来得到图像 B 中每个区域的面积和外接矩形。从如下命令开始：

```
>> B = bwlabel(B); % Convert B to a label matrix.
>> D = regionprops(B, 'area', 'boundingbox');
```

为提取面积和区域数，编写命令如下：

```
>> A = [D.Area];
>> NR = numel(A);
```

其中，向量 A 的元素是各区域的面积，NR 是区域的个数。类似地，可以得到单个矩阵，该矩阵的行是用如下语句得到的每个区域的外接矩形：

```
V = cat(1, D.BoundingBox);
```

该数组的维数是 NR×4。

8.4.2 纹理

描述区域的一种重要方法是量化该区域的纹理内容。本节说明两个自定义函数的用法，并说明基于统计和谱测度来计算纹理的一个工具箱函数。

统计法

纹理分析的一种常用方法是基于灰度直方图的统计特性。这种测度中的一类是基于灰度值的统计矩。正如 4.2.4 节中所讨论的那样，关于均值的第 n 阶矩由下式给出：

$$\mu_n = \sum_{i=0}^{L-1}(z_i - m)^n p(z_i)$$

式中，z_i 是表示灰度的一个随机变量。$p(z)$ 是一个区域中灰度级的直方图，L 是可能的灰度级数，而

$$m = \sum_{i=0}^{L-1} z_i p(z_i)$$

是平均灰度。这些矩可用 4.2.4 节讨论的函数 statmoments 来计算。表 8.2 列出了基于统计矩、一致性和熵的一些常用描述子。记住，二阶矩 μ_2 是方差 σ^2。

表 8.2 基于灰度直方图的纹理描述子

矩	表达式	纹理的测度
均值	$m = \sum_{i=0}^{L-1} z_i p(z_i)$	平均灰度测度
标准差	$\sigma = \sqrt{\mu_2} = \sqrt{\sigma^2}$	平均对比度测度
平滑度	$R = 1 - 1/(1+\sigma^2)$	区域中灰度的相对平滑度测度。对于恒定灰度区域，R 为 0；对于灰度级的值的最大偏离区域，R 近似为 1。实践中，该测度中使用的方差 σ^2 被归一化到区间[0, 1]，方法是将它除以 $(L-1)^2$
三阶矩	$\mu_3 = \sum_{i=0}^{L-1}(z_i - m)^3 p(z_i)$	直方图偏斜度的测度。对于对称直方图，该测度为 0；对于均值右偏的直方图，该测度为正；对于均值左偏的直方图，该测度为负。通过将 μ_3 除以 $(L-1)^2$（归一化方差时使用了相同的除数），该测度的值可归一化到与其他 5 个测度相比较的取值范围
一致性	$U = \sum_{i=0}^{L-1} p^2(z_i)$	一致性测度。当所有的灰度值相等时（最大一致），该测度最大，然后减小
熵	$e = -\sum_{i=0}^{L-1} p(z_i) \log_2 p(z_i)$	随机性测度

自定义函数 statxture（见附录 C）计算表 8.2 中的纹理测度。其语法为

```
t = statxture(f, scale)
```

其中，f 是输入图像(或子图像)，t 是一个 6 元素行向量，其分量是表 8.2 中按相同顺序排列的描述子。参数 scale 也是一个 6 元素行向量，为了缩放目的，其分量已乘 t 中的相应元素。若省略，则 scale 默认为 1。

> **例 8.10** 统计纹理的测度。
> 图 8.21 中由白框包围的三个区域，从左到右分别为光滑纹理、粗糙纹理和周期纹理的例子。由函数 imhist 得到的这些区域的直方图如图 8.22 所示。对图 8.21 中的每幅子图像应用函数 statxture，便可得到表 8.3 中的各项数据。这些结果通常与各自的子图像的纹理内容一致。例如，粗糙区域[见图 8.21(b)]的熵比其他两个区域的熵高，因为该区域的像素值较其他两个区域的像素值的随机性要大。在这种情况下，其对比度和平均灰度值也要高一些。另一方面，正如由 R 值和一致性测度所显示的那样，该区域的平滑性和一致性是最低的。粗糙区域的直方图也表明相对于均值缺乏对称性，这一点在图 8.22(b)中非常明显，表 8.3 中三阶矩的最大值也说明了这一点。

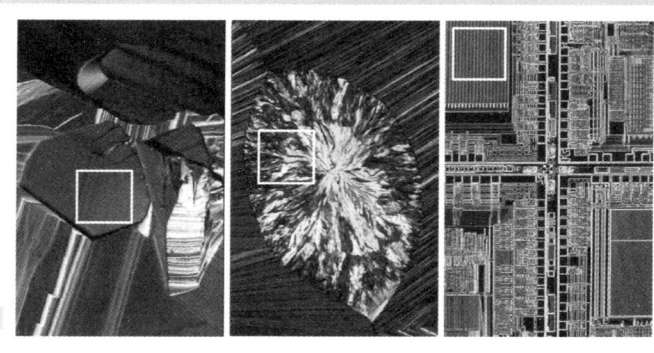

图 8.21 白框中的子图像从左到右依次是光滑纹理、粗糙纹理和周期纹理的例子。它们分别是超导体、人类胆固醇和微处理器的光学显微图像(原图像由美国佛罗里达州立大学的 Michael W. Davidson 博士提供)

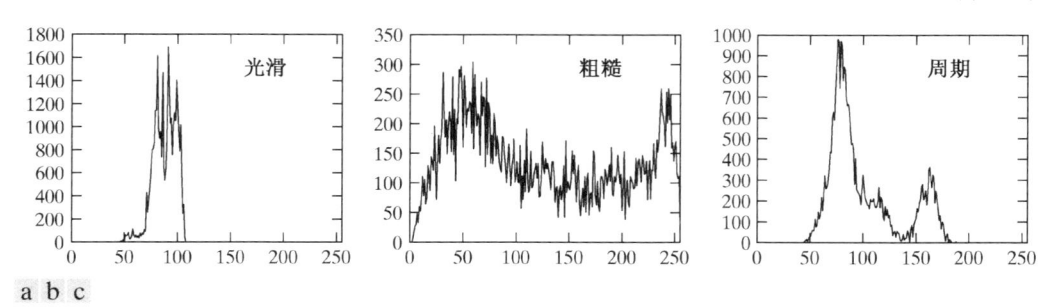

图 8.22 对应图 8.21 中各幅子图像的直方图

表 8.3 图 8.21 中由白框包围区域的纹理测度

纹　理	平均灰度	平均对比度	R	三　阶　矩	一　致　性	熵
平滑	87.02	11.17	0.002	−0.011	0.028	5.367
粗糙	119.93	73.89	0.078	2.074	0.005	7.842
周期	98.48	33.50	0.017	0.557	0.014	6.517

仅使用直方图计算得到的纹理测度不携带像素之间的相对位置的信息。在描述纹理时，这很重要，并且将这种类型的信息集成到纹理分析过程中的一种方法是不仅要考虑灰度的分布，而且要考虑图像中像素的相对位置。

令 O 是定义两个像素彼此相对位置的一个算子,并考虑一幅具有 L 个可能灰度级的图像 f。令 G 为一个矩阵,其元素 g_{ij} 是灰度为 z_i 和 z_j 的像素对出现在 f 中由 O 指定的位置的次数,其中 $1 \le i, j \le L$。按这种方法形成的矩阵称为灰度级(或灰度)共生矩阵。通常,G 简单地称为一个共生矩阵。

图 8.23 显示了使用 $L = 8$ 和一个位置算子 O(定义为右侧紧靠的一个像素)来构建一个共生矩阵的例子。左侧的数组是所考虑的图像,右侧的数组是矩阵 G。我们看到,G 的元素(1, 1)是 1,因为在 f 中右侧像素也为 1 的 1 值像素仅出现了 1 次。类似地,G 的元素(6, 2)是 3,因为在 f 中右侧像素为 2 的 6 值像素出现了 3 次。按照这种方式,可计算出 G 的其他元素。例如,若已将 O 定义为"右边一个像素和上面一个像素",则 G 中的位置(1, 1)会是 0,因为在 f 内由 O 指定的位置不存在右边一个 1 和上面一个 1 的情形。另一方面,G 中的位置(1, 3)、(1, 5)和(1, 7)都是 1,因为在 f 内由 O 定义的位置,右侧像素分别为 3、5 和 7 的 1 值像素都出现了 1 次。

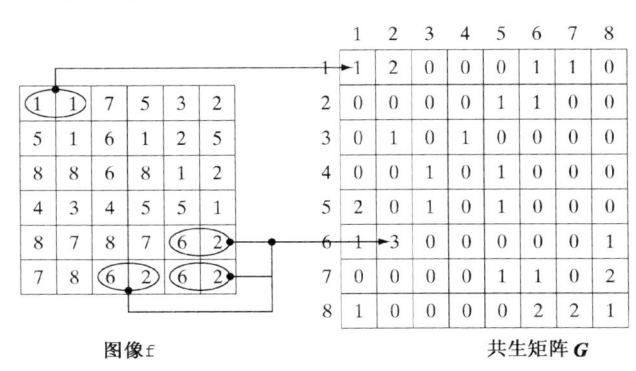

图 8.23 生成一个共生矩阵

图像中可能的灰度级数决定了矩阵 G 的大小。对于一幅 8 比特图像(256 个可能的灰度级),G 的大小为 256×256。处理一个矩阵时,不会出现问题,但我们很快就会看到,有时会使用共生矩阵序列。在这种情况下,G 的大小从计算开销的观点来看就很重要。为了保持 G 的大小,用于减少计算量的一种方法是把灰度量化为几段。例如,在 256 级灰度的情形下,通过令前 32 个灰度级等于 1,令接下来的 32 个灰度级等于 2,以此类推,可完成这种量化工作。这将得到一个大小为 8×8 的共生矩阵。

满足 O 的像素对的总数 n,等于 G 的元素之和(在上例中 $n = 30$)。因此,

$$p_{ij} = g_{ij} / n$$

是满足 O 的一个值为 (z_i, z_j) 的点的概率估计。这些概率的取值范围为[0, 1],且它们的和为 1:

$$\sum_{i=1}^{K} \sum_{j=1}^{K} p_{ij} = 1$$

式中,K 是方阵 G 的行(或列)数。归一化共生矩阵由用 n 除它的每一项形成:

$$G_n = \frac{1}{n} G$$

由此,我们看到,G_n 的每一项都是 p_{ij}。

图像处理工具箱中的函数 graycomatrix 计算共生矩阵。我们感兴趣的语法是

```
[GS, FS] = graycomatrix(f, 'NumLevels', n, 'Offset', offsets)
```

其中，f 是任何有效类的一幅图像。该语法生成一系列存储在 GS 中的共生矩阵。所生成的矩阵数取决于 q×2 矩阵 offsets 中的行数。该矩阵的每行的形式均为[row_offset, col_offset]，其中 row_offset 指定感兴趣像素及其相邻像素间的行数，col_offset 指定列数。例如，在图 8.23 的例子中，offsets = [0 1]。参数'NumLevels'指定将 f 的灰度分为"类"的级数，如前面解释的那样（默认值是 8），FS 是结果图像，它用该函数来生成 GS。例如，我们按如下方式生成图 8.23 中的共生矩阵：

```
>> f = [1 1 7 5 3 2;
        5 1 6 1 2 5;
        8 8 6 8 1 2;
        4 3 4 5 5 1;
        8 7 8 7 6 2;
        7 8 6 2 6 2];
>> f = mat2gray(f);
>> offsets = [0 1];
>> [GS, IS] = graycomatrix(f, 'NumLevels', 8, 'Offset',...
                          offsets)

GS =
    1  2  0  0  0  1  1  0
    0  0  0  0  1  1  0  0
    0  1  0  1  0  0  0  0
    0  0  1  0  1  0  0  0
    2  0  1  0  1  0  0  0
    1  3  0  0  0  0  0  1
    0  0  0  0  1  1  0  2
    1  0  0  0  0  2  2  1

IS =
    1  1  7  5  3  2
    5  1  6  1  2  5
    8  8  6  8  1  2
    4  3  4  5  5  1
    8  7  8  7  6  2
    7  8  6  2  6  2
```

虽然生成图 8.23 所需的 NumLevels 值与默认值相同，但为了教学目的，我们这里再次对其进行明确的说明。

使用共生矩阵进行纹理描述的方法基于这样一个事实：因为 **G** 依赖于 **O**，通过选择合适的位置算子并分析得到的 **G** 中的元素来检测现有的灰度纹理模式。工具箱使用函数 graycoprops 来生成描述子：

$$\text{stats} = \text{graycoprops}(\text{GS, properties})$$

其中，stats 是一个结构，该结构的字段是表 8.4 中的属性。例如，若对 properties 指定了'Correlation'或'All'，则字段 stats.Correlation 给出计算相关描述子的结果（例 8.11 中将说明这一问题）。

相关描述子中所用的量如下：

$$m_r = \sum_{i=1}^{K} iP(i)$$

$$m_c = \sum_{j=1}^{K} jP(j)$$

$$\sigma_r^2 = \sum_{i=1}^{K}(i-m_r)^2 P(i)$$

$$\sigma_c^2 = \sum_{j=1}^{K}(j-m_c)^2 P(j)$$

其中，

$$p(i) = \sum_{j=1}^{K} p_{ij} \quad 和 \quad p(j) = \sum_{i=1}^{K} p_{ij}$$

m_r 是沿 G 的行计算的均值，m_c 是沿列计算的均值。类似地，σ_r 和 σ_c 是分别沿行和列计算的标准差。这些项中的每项都是与 G 的大小无关的一个标量。

表 8.4 函数 graycoprops 支持的属性。概率 p_{ij} 是 G/n 的第 ij 个元素，其中 n 等于 G 的元素之和

属性	描述	公式
'Contrast'	返回整幅图像上一个像素及其相邻像素间的灰度对比度的测度，取值范围为[0 (size(G, 1) - 1) ^ 2]，对于恒定图像，Contrast 为 0	$\sum_{i=1}^{K}\sum_{j=1}^{K}(i-j)^2 p_{ij}$
'Correlation'	返回整幅图像上一个像素如何与其邻像素相关的一个测度，取值范围为[-1 1]，对于完全正相关或负相关的图像，Correlation 分别为 1 和 -1。对于一幅恒定图像，相关是 NaN	$\sum_{i=1}^{K}\sum_{j=1}^{K}\frac{(i-m_r)(j-m_c)p_{ij}}{\sigma_r \sigma_c}$ $\sigma_r \neq 0, \sigma_c \neq 0$
'Energy'	返回 G 中的方形元素之和，取值范围为[0 1]，对于恒定图像，Energy 为 1	$\sum_{i=1}^{K}\sum_{j=1}^{K} p_{ij}^2$
'Homogeneity'	返回一个值，该值度量 G 中的元素分布与 G 的对角线元素的紧密度，取值范围为[0 1]，对于对角 G，Homogeneity 为 1	$\sum_{i=1}^{K}\sum_{j=1}^{K}\frac{p_{ij}}{1+|i-j|}$
'All'	计算所有的属性	

两个可以直接由 G_n 的元素计算的测度是最大概率(用于度量共生矩阵的最强响应)：

$$最大概率 = \max_{i,j}(p_{ij})$$

和熵，即随机性测度为

$$熵 = -\sum_{i=1}^{K}\sum_{j=1}^{K} p_{ij} \log_2 p_{ij}$$

例 8.11 基于共生矩阵的纹理描述子。

图 8.24(a) 至图 8.24(c) 分别显示了由随机纹理、水平周期纹理和混合纹理组成的图像。本例的目的是说明：(1)如何使用各个共生矩阵进行纹理描述；(2)如何使用共生矩阵序列"发现"图像中的纹理模式。我们将对一幅图像(周期纹理)说明该过程，并对另外两幅图像列出结果。

首先使用最简单的水平位置算子 offsets = [0 1] 来计算共生矩阵，这是默认的(本例中我们感兴趣的纹理模式是水平的)。我们用所有的灰度级数(对 uint8 类图像是 256)来得到描述子中可能最好的区分：

```
>> f2 = imread('Fig.8.24(b).tif');
>> G2 = graycomatrix(f2,'NumLevels', 256);
>> G2n = G2/sum(G2(:)); % Normalized matrix.
>> stats2 = graycoprops(G2, 'all'); % Descriptors.
```

接着，计算并列出所有的描述子，包括用 G2n 的元素计算的两个描述子：

```
>> maxProbability2 = max(G2n(:));
>> contrast2 = stats2.Contrast;
>> corr2 = stats2.Correlation;
>> energy2 = stats2.Energy;
>> hom2 = stats2.Homogeneity;
>> for I = 1:size(G2n, 1);
       sumcols(I) = sum(-G2n(I,1:end).*log2(G2n(I,1:end)...
                        + eps));
   end
>> entropy2 = sum(sumcols);
```

这些描述子的值列在表 8.5 的第二行中。另外两行是使用其他两幅图像按相同的步骤生成的。表中的各项与研究图 8.24 时预计的各项是一致的。例如，考虑表 8.5 中的"最大概率"列。最大概率对应于第三个共生矩阵，这告诉我们该矩阵与其他两个矩阵相比具有最高的计数（相对于 O 中位置的图像内出现最大数量的像素对）。考察图 8.24(c)，我们看到，在水平方向存在由低灰度变化来表征的大区域，因此可以预料 G_3 中有较高的计数。

第二列指出，最高的相关对应于 G_2。这告诉我们，在第二幅图像中灰度是高度相关的。图 8.24(b) 中周期图案的重复说明了这一原因。注意，G_1 的相关基本是 0，这表明相邻像素间实际不相关，如图 8.24(a) 中的随机图像的特性那样。对比度描述子对于 G_1 是最高的，对于 G_2 是最低的。图像越不随机，其对比度就越低。尽管 G_1 有最低的最大概率，但其他两个矩阵有更多的零概率或近于零的概率。记住，归一化共生矩阵值的和是 1，因此很容易了解对比度描述子为随机性递增函数的原因。

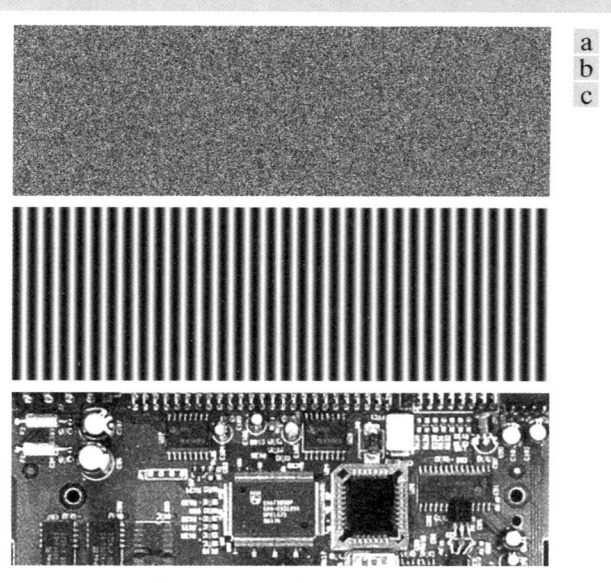

图 8.24　像素显示出(a)随机、(b)周期和(c)混合纹理模式的图像。所有图像的大小都是 263×800 像素

余下的三个描述子可按类似的方式解释。能量随概率平方值的增加而增加。这样，一幅图像中的随机性越小，一致性描述子就越高，如表 8.5 中的第五列所示。同质性度量 G 值相对于主对角线的集中度。描述子分母项的值对所有三个共生矩阵都是相同的，并且随着 i 和 j 值的减小其值变得更为接近（即更接近主对角线）。这样，接近主对角线的具有最高概率值的矩阵将有最高的同质性值。这样的矩阵对应于具有丰富灰度级内容和慢变化灰度值的区域。表 8.5 中第六列的各项与这一解释一致。

表中最后一列中的各项是共生矩阵中的随机性测度，它依次转换成对应图像中的随机性测度。如预计的那样，G_1 有最高的值，因为源于 G_1 的图像完全是随机的。另外两项的含义一目了然。

表 8.5 对于图 8.24 中的图像，基于各个共生矩阵的纹理描述子

归一化共生矩阵	描绘子					
	最大概率	相 关	对 比 度	能 量	同 质 性	熵
G_1/n_1	0.00006	−0.0005	10838	0.00002	0.0366	15.75
G_2/n_2	0.01500	0.9650	570	0.01230	0.0824	6.43
G_3/n_3	0.05894	0.9043	1044	0.00360	0.2005	13.63

迄今为止，我们已经处理了各幅图像及它们的共生矩阵。假定我们(不通过研究图像)想要"发现"这些图像中是否存在包含重复分量(周期纹理)的部分。完成这一目标的一种方法是对一系列共生矩阵考察相关描述子，这些共生矩阵是通过增大相邻像素间的距离得到的。如之前提及的那样，为减小矩阵尺寸和相应的计算开销，通常需要处理共生矩阵序列来量化灰度级数。下面的结果是使用默认值 8 级灰度得到的。如之前那样，我们使用周期图像来说明这一过程：

```
>> % Look at 50 increments of 1 pixel to the right.
>> offsets = [zeros(50,1) (1:50)']; %
>> G2 = graycomatrix(f2, 'Offset', offsets);
>> % G2 is of size 8-by-8-by-50.
>> stats2 = graycoprops(G2, 'Correlation');
>> % Plot the results.
>> figure, plot([stats2.Correlation]);
>> xlabel('Horizontal Offset')
>> ylabel('Correlation')
```

其他两幅图像使用相同的方法处理。图 8.25 显示了相关描述子与水平偏移关系的图形。图 8.25(a)表明所有的相关值都趋近于零，这说明在随机图像中未找到相关的模式。图 8.25(b)中的相关形状清楚地表明，输入图像在水平方向是周期的。注意，相关函数从一个较高的值开始，然后随相邻像素间距离的增大而下降，接着再重复其自身。

图 8.25(c)表明，与电路板图像相关联的相关描述子最初是下降的，但在 16 个像素的偏移距离处有一个强峰值。对图 8.24(c)中图像的分析表明，上面的焊接头形成了约 16 个像素间隔的重复模式。下一个主峰位于 32 处，它是由同一模式导致的。这个峰的幅度较低，因为在这个距离处的重复次数要比 16 个像素数处的小。类似的观察可解释 48 个像素偏移处的更小峰。

a b c

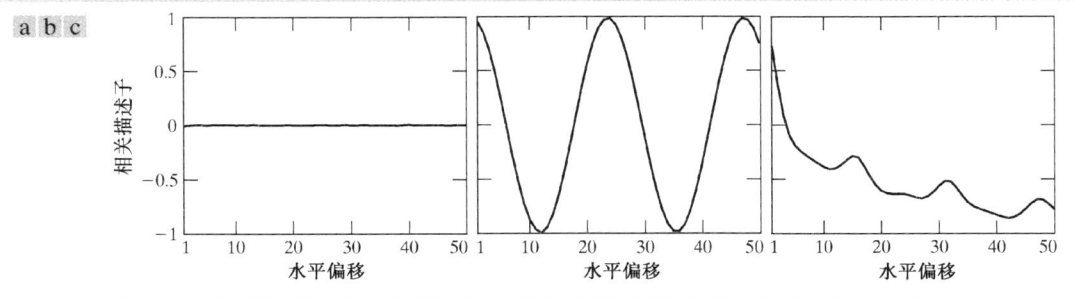

图 8.25 相关描述子的值与水平偏移(相邻像素间的距离)的关系曲线，图(a)、图(b)和图(c)分别对应于图 8.24 中的噪声图像、正弦图像和电路板图像

纹理的频谱度量

纹理的频谱度量基于傅里叶谱，傅里叶谱对于描述图像中周期或近似周期的二维模式的方向性是非常合适的。这些全局的纹理模式在突变的高能量谱中很容易辨识，通常，因为这些技术的局限性，用空间域方法检测是十分困难的。因此，纹理的频谱对于判别周期纹理和非周期纹理模式非常有用，进而对量化周期模式间的差别也非常有用。

用极坐标表示频谱来得到函数 $S(r,\theta)$ 可以简化频谱特性的解释，其中 S 是频谱函数，r 和 θ 是极坐标系的自变量。对于每个方向的 θ，$S(r,\theta)$ 是一个一维函数，它可以写成 $S_\theta(r)$。类似地，对于每个频率 r，$S(r,\theta)$ 可以表示为 $S_r(\theta)$。将 θ 视为固定值来分析 $S_\theta(r)$，可以得到原点的径向频谱状况（例如峰的出现），而将 r 视为固定值来分析 $S_r(\theta)$，可以得到以原点为圆心的一个圆的频谱特性。

> 这里所说的原点指频率矩阵的中心。

通过对这些函数积分（求离散变量的和），可得到全局描述：

$$S(r) = \sum_{\theta=0}^{\pi} S_\theta(r) \quad \text{和} \quad S(\theta) = \sum_{r=1}^{R_0} S_r(\theta)$$

式中，R_0 是以原点为圆心的圆的半径。

这两个公式的结果对于每个坐标对 (r,θ) 构成了一对值 $[S(r), S(\theta)]$。通过改变这些坐标值，可以生成两个一维函数 $S(r)$ 和 $S(\theta)$，它们构成了一整幅图像或区域的纹理频谱能量的描述。此外，为了在数量上表征它们的特性，这些函数自身的描述子是可计算的。用于这一目的的典型描述子是最高值的位置、幅度和轴向变化的均值与方差，以及均值和函数最高值间的距离。

函数 specxture（清单见附录 C）可用于计算前两个纹理测度。其语法为

[srad, sang, S] = specxture(f)

>> specxture

其中，srad 是 $S(r)$，sang 是 $S(\theta)$，S 是频谱图像（如第 3 章说明的那样，使用了对数显示）。

例 8.12 计算频谱纹理。

图 8.26(a)显示了一幅具有随机分布的目标的图像，图 8.26(b)显示了包含相同目标的图像，但这些目标是周期性排列的。使用函数 specxture 计算的相应傅里叶谱示如图 8.26(c)和图 8.26(d)所示。因为在粗糙背景材质上火柴的摆放形成周期纹理，所以在两个方向的傅里叶谱上，能量周期沿四边形扩展。在图 8.26(c)的频谱中，其他分量是由图 8.26(a)中任意排列的强边缘导致的。相比较之下，图 8.26(d)中与背景无关的主要能量是沿水平轴分布的，它对应于图 8.26(b)中的较强垂直边缘。

图 8.27(a)和图 8.27(b)是随机排列火柴的 $S(r)$ 曲线和 $S(\theta)$ 曲线，类似地，图 8.36(c)和图 8.36(d)是有序排列火柴的 $S(r)$ 曲线和 $S(\theta)$ 曲线。它们都是用函数 specxture 计算的。这些图形是使用命令 plot(srad) 和 plot(sang) 得到的。使用 2.3.1 节中讨论过的命令

```
>> axis([horzmin horzmax vertmin vertmax])
```

以及由图 8.27(a)得到的最大值和最小值，缩放了图 8.27(a)和图 8.27(c)中的轴。

a b
c d

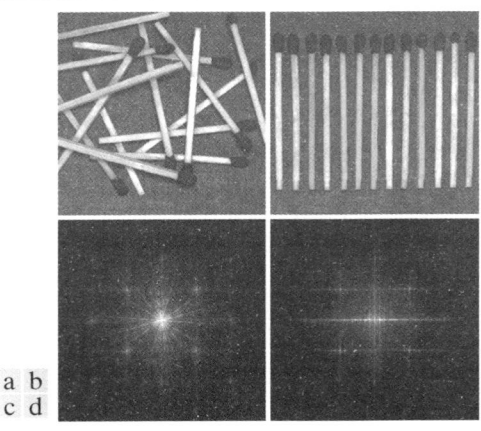

图 8.26 (a)随机分布的火柴图像；(b)有序排列的火柴图像；(c)图(a)的傅里叶谱；(d)图(b)的傅里叶谱

随机排列火柴的 $S(r)$ 曲线表明没有较强的周期分量[即在频谱中，除直流分量的起始位置有一个峰外没有其他的峰]。相反，有序排列火柴的 $S(r)$ 曲线，在 $r=15$ 附近显示了一个较强的尖峰，而在 $r=25$ 附近显示了一个较小的尖峰。类似地，图 8.26(c) 中的能量突变的随机特性，在图 8.27(b) 所示的 $S(\theta)$ 曲线中十分明显。对比可知，图 8.27(d) 所示图形在靠近原点、90°和180°的区域显示了很强的能量分量。这与图 8.26(d) 中的能量分布是一致的。

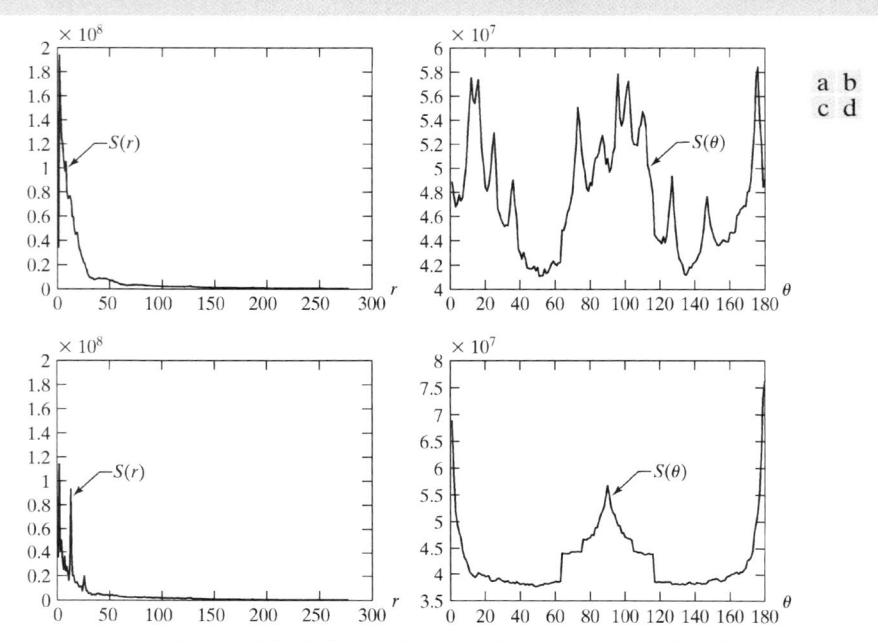

图 8.27 (a) 和(b) 为图 8.26(a) 中随机图像的 $S(r)$ 和 $S(\theta)$ 曲线；(c) 和(d)) 为有序排列图像的 $S(r)$ 和 $S(\theta)$ 曲线

8.4.3 不变矩

大小为 $M \times N$ 的数字图像 $f(x,y)$ 的二维 $p+q$ 阶矩定义为

$$m_{pq} = \sum_{x=0}^{M-1} \sum_{y=0}^{N-1} x^p y^q f(x,y)$$

式中，$p=0,1,2,\cdots$ 和 $q=0,1,2,\cdots$ 是整数。相应的 $p+q$ 阶中心矩定义为

$$\mu_{pq} = \sum_{x=0}^{M-1} \sum_{y=0}^{N-1} (x-\bar{x})^p (y-\bar{y})^q f(x,y)$$

式中 $p=0,1,2,\cdots$ 和 $q=0,1,2,\cdots$，$\bar{x} = \dfrac{m_{10}}{m_{00}}$ 和 $\bar{y} = \dfrac{m_{01}}{m_{00}}$。

$p+q$ 阶的归一化中心矩定义为

$$\eta_{pq} = \frac{\mu_{pq}}{\mu_{00}^{\gamma}}$$

式中，$\gamma = \dfrac{p+q}{2} + 1$，$p+q = 2,3,\cdots$。

对于平移、缩放、镜像和旋转都不敏感的 7 个二维不变矩的集合，可以由这些公式推导出来[①]，它们列在表 8.6 中。

表 8.6　7 个二维不变矩的集合

矩　阶	表　达　式
1	$\phi_1 = \eta_{20} + \eta_{02}$
2	$\phi_2 = (\eta_{20} - \eta_{02})^2 + 4\eta_{11}^2$
3	$\phi_3 = (\eta_{30} - 3\eta_{12})^2 + (3\eta_{21} - \eta_{03})^2$
4	$\phi_4 = (\eta_{30} + \eta_{12})^2 + (\eta_{21} + \eta_{03})^2$
5	$\phi_5 = (\eta_{30} - 3\eta_{12})(\eta_{30} + \eta_{12})\left[(\eta_{30} + \eta_{12})^2 - 3(\eta_{21} + \eta_{03})^2\right] + (3\eta_{21} - \eta_{03})(\eta_{21} + \eta_{03})\left[3(\eta_{30} + \eta_{12})^2 - (\eta_{21} + \eta_{30})^2\right]$
6	$\phi_6 = (\eta_{20} - \eta_{02})\left[(\eta_{30} + \eta_{12})^2 - (\eta_{21} + \eta_{03})^2\right] + 4\eta_{11}(\eta_{30} + \eta_{12})(\eta_{21} + \eta_{03})$
7	$\phi_7 = (3\eta_{21} - \eta_{03})(\eta_{30} + \eta_{12})[(\eta_{30} + \eta_{12})^2 - 3(\eta_{21} + \eta_{03})^2] + (3\eta_{12} - \eta_{30})(\eta_{21} + \eta_{03})\left[3(\eta_{30} + \eta_{12})^2 - (\eta_{21} + \eta_{03})^2\right]$

自定义 M 函数 invmoments 可实现这 7 个公式。语法如下（其代码见附录 C）：

```
phi = invmoments(f)
```

其中，f 为输入图像，phi 是一个 7 元素的行向量，它包含刚才定义的不变矩。

例 8.13 不变矩。

图 8.28(a)中的图像是使用如下命令由一幅 400×400 像素的原图像获得的：

```
>> f = imread('Fig8.28(a).tif');
>> fp = padarray(f, [84 84], 'both'); % Padded for display.
```

该图像经过了零填充，目的是使得所有显示的图像的尺寸与占有最大区域(568×568 像素)的图像一致，如下面讨论的那样，它是旋转 45°后的图像。这种填充仅是为了显示目的，并不用于矩的计算。使用如下命令创建了一幅平移后的图像：

```
>> ftrans = zeros(568, 568, 'uint8');
>> ftrans(151:550,151:550) = f;
```

半大图像和相应的填充图像用如下指令得到：

```
>> fhs = f(1:2:end, 1:2:end);
>> fhsp = padarray(fhs, [184 184], 'both');
```

使用函数 fliplr 得到了一幅镜像图像：

```
>> fm = fliplr(f);
>> fmp = padarray(fm, [84 84], 'both'); % Padded for display.
```

为旋转图像，使用函数 imrotate：

```
g = imrotate(f, angle, method, 'crop')
```

该函数沿逆时针方向将 f 旋转 angle 度。参数 method 可以是如下选项之一：

- 'nearest' 使用最近邻内插；
- 'bilinear'使用双线性内插(通常是较好的选择)；
- 'bicubic' 使用双三次内插。

为匹配图像的旋转，图像大小会被填充以自动地增大。若参数中包含'crop'，则旋转后的图像的中心部分会被裁剪为与原图像相同的尺寸。默认情形下仅指定 angle，此时使用'nearest'内插，不会发生图像裁剪。

[①] 这些结果的推导所涉及的概念超出了这里讨论的范围。Bell[1965]所著的书和 Hu[1962]发表的论文中包含了这些概念的详细讨论。生成比 7 阶更高的不变矩的方法，见 Flusser[2000]。不变矩可推广到 n 维情形(见 Mamistvalov[1998])。

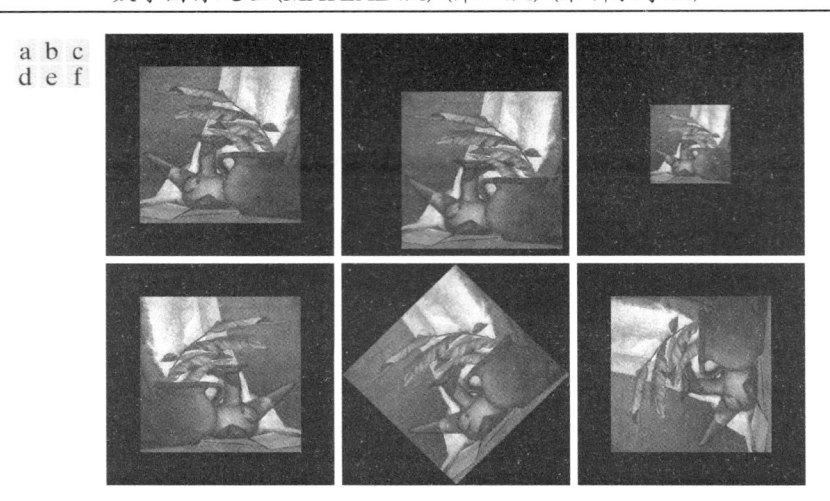

图 8.28 (a)填充后的原图像；(b)平移后的图像；(c)半大图像；
(d)镜像图像；(e)旋转 45°后的图像；(f)旋转 90°后的图像

如下命令可生成例子中旋转后的图像：

```
>> fr45 = imrotate(f, 45, 'bilinear');
>> fr90 = imrotate(f, 90, 'bilinear');
>> fr90p = padarray(fr90, [84 84], 'both');
```

第一幅图像未要求填充，因为它是图像集中最大的图像。fr45 中的 0 是由 imrotate 自动生成的。

可以使用函数 invmoments 计算不变矩：

```
>> phi = invmoments(f);
```

这是原图像的不变矩。通常，如我们看到的那样，不变矩的值很小，且按几个幅度的数量级变化：

```
>> format short e
>> phi
phi =
    1.3610e-003   7.4724e-008   3.8821e-011   4.2244e-011
    4.3017e-022   1.1437e-014  -1.6561e-021
```

通过使用 log10 变换来降低它们的动态范围，即将这些数变换到另一个易于分析的取值范围。我们还希望保持原始量的符号：

```
>> format short
>> phinorm = -sign(phi).*(log10(abs(phi)))
phinorm =
    2.8662   7.1265  10.4109  10.3742   21.3674  13.9417  -20.7809
```

其中，abs 是必需的，因为这些数之一是负数。可使用-sign(phi)来保留这些原始数的符号，其中使用负号的原因是所有数都是分数，因此在计算 log10 时会给出一个负值。中心思想是，我们感兴趣的是这些数的不变性，而不是它们的实际值。符号需要保留，因为它在 ϕ_7 中用于检测图像是否被镜像。

对图 8.28 中的所有图像应用前述方法，给出了表 8.7 中的结果。我们观察到这些很接近的值表明了高度的不变性。这非常明显，考虑图像中的变化即可看出这一点，尤其是在相对于其他图像的半大图像和旋转图像中。如预计的那样，镜像图像的符号不同于其他图像。

表 8.7　图 8.28 中图像的 7 个不变矩。所显示的值已用 sgn(ϕ_i)log$_{10}$(|ϕ_i|)
标定到可处理的范围，同时保留了每个矩的原始符号

不变矩	原图像	平移后的图像	半大图像	镜像图像	旋转 45° 后的图像	旋转 90° 后的图像
ϕ_1	2.8662	2.8662	2.8664	2.8662	2.8661	2.8662
ϕ_2	7.1265	7.1265	7.1257	7.1265	7.1266	7.1265
ϕ_3	10.4109	10.4109	10.4047	10.4109	10.4115	10.4109
ϕ_4	10.3742	10.3742	10.3719	10.3742	10.3742	10.3742
ϕ_5	21.3674	21.3674	21.3924	21.3674	21.3663	21.3674
ϕ_6	13.9417	13.9417	13.9383	13.9417	13.9417	13.9417
ϕ_7	−20.7809	−20.7809	−20.7724	20.7809	−20.7813	−20.7809

8.5　使用主分量进行描述

假设我们有 n 幅已在空间上配准的图像，这些图像的"堆叠"方式如图 8.29 所示。对于任意给定的坐标对 (i, j)，都有 n 个像素，其中每幅图像中的该位置有 1 个像素。这些像素以列向量形式排列：

$$\boldsymbol{x} = \begin{bmatrix} x_1 \\ x_2 \\ \vdots \\ x_n \end{bmatrix}$$

若这些图像的尺寸是 $M \times N$，则在 n 幅图像中，包含所有像素的 n 维向量共有 MN 个。

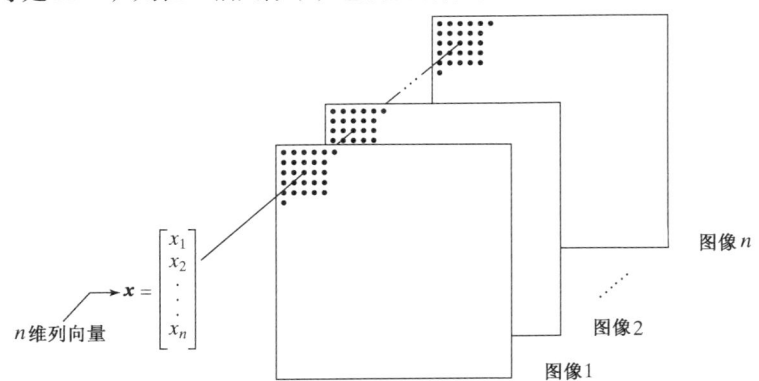

图 8.29　相同大小图像的堆叠中，对应像素形成一个向量

一个向量群的平均向量 $\boldsymbol{m}_x$ 可以通过样本的平均值来近似：

$$\boldsymbol{m}_x = \frac{1}{K}\sum_{k=1}^{K}\boldsymbol{x}_k$$

式中，$K = MN$。类似地，该向量群的 $n \times n$ 维协方差矩阵 $\boldsymbol{C}_x$ 可由下式近似：

$$\boldsymbol{C}_x = \frac{1}{K-1}\sum_{k=1}^{K}(\boldsymbol{x}_k - \boldsymbol{m}_x)(\boldsymbol{x}_k - \boldsymbol{m}_x)^{\mathrm{T}}$$

其中，为了由样本获得 $\boldsymbol{C}_x$ 的无偏估计，使用 $K-1$ 代替了 K。

主分量变换 [也称为霍特林 (Hotelling) 变换] 由下式给出：

$$\boldsymbol{y} = \boldsymbol{A}(\boldsymbol{x} - \boldsymbol{m}_x)$$

矩阵 $\boldsymbol{A}$ 的行是 $\boldsymbol{C_x}$ 的已归一化到单位长度的特征向量。因为 $\boldsymbol{C_x}$ 是一个实对称矩阵，所以这些向量形成了一个正交向量集。可以证明 (Gonzalez and Woods[2008])

$$\boldsymbol{m_y} = \boldsymbol{0} \quad \text{和} \quad \boldsymbol{C_y} = \boldsymbol{A}\boldsymbol{C_x}\boldsymbol{A}^\mathrm{T}$$

矩阵 $\boldsymbol{C_y}$ 是对角矩阵，其沿主对角线的元素是 $\boldsymbol{C_x}$ 的特征值。$\boldsymbol{C_y}$ 的第 i 行中的主对角线元素是向量元素 y_i 的方差，非对角线元素 (j, k) 是元素 y_j 和 y_k 间的协方差。$\boldsymbol{C_y}$ 的非对角线元素是 0，这表明变换向量 $\boldsymbol{y}$ 的元素是不相关的。

因为矩阵 $\boldsymbol{A}$ 的行是正交的，所以其逆矩阵等于其转置矩阵。因此，可以执行如下反变换来恢复 $\boldsymbol{x}$：

$$\boldsymbol{x} = \boldsymbol{A}^\mathrm{T}\boldsymbol{y} + \boldsymbol{m_x}$$

仅使用 q 个特征向量时 ($q < n$)，主分量变换的重要性就非常明显，此时矩阵 $\boldsymbol{A}$ 变为一个 $q \times n$ 矩阵 $\boldsymbol{A_q}$。现在，重建是一个近似值：

$$\hat{\boldsymbol{x}} = \boldsymbol{A_q}^\mathrm{T}\boldsymbol{y} + \boldsymbol{m_x}$$

$\boldsymbol{x}$ 的精确值和重建近似值之间的均方差由下式给出：

$$e_{\mathrm{ms}} = \sum_{j=1}^{n} \lambda_j - \sum_{j=1}^{q} \lambda_j = \sum_{j=q+1}^{n} \lambda_j$$

该公式的第一行表明，若 $q = n$（也就是说，若在反变换中使用所有的特征向量），则该误差为零。该式还表明，通过为 $\boldsymbol{A_q}$ 选取对应于最大特征值的 q 个特征向量，可以使该误差最小。这样，在向量 $\boldsymbol{x}$ 及其近似值之间的最小均方误差情况下，主分量变换是最佳的。主分量变换就得名于它使用了对应于协方差矩阵的最大（主要）特征值的特征向量。本节后面给出的例子进一步阐明了这一概念。

使用如下命令，一组 n 幅已配准的图像（每幅图像的大小均为 $M \times N$）被转换为图 8.29 所示的堆叠形式：

```
>> S = cat(3, f1, f2,..., fn);
```

使用下面的自定主函数（代码见附录 C），这个大小为 $M \times N \times n$ 的图像堆叠数组转换为一个数组，该数组的行是 n 维向量：

```
[X, R] = imstack2vectors(S, MASK)
```

imstack2vectors

其中，S 是堆叠的图像，X 是使用图 8.29 中的方法从 S 中提取的向量数组。输入 MASK 是一个大小为 $M \times N$ 的逻辑或数值数组，该数组中在用于形成 X 的 S 元素的位置处元素非零，在被忽略的位置，元素为零。例如，为了仅使用堆叠图像右上象限中的向量，在该象限中将 MASK 设置为 1，而在其他位置将 MASK 设置为 0。默认的 MASK 都是 1，这意味着所有的图像位置都用于形成 X。最后，R 是一个列向量，它包含从 S 中提取的向量位置的线性索引。

下面的自定义函数计算 X 中向量的平均向量和协方差矩阵：

```
function [C, m] = covmatrix(X)
%COVMATRIX Computes the covariance matrix and mean vector.
%   [C, M] = COVMATRIX(X) computes the covariance matrix C and the
%   mean vector M of a vector population organized as the rows of
%   matrix X. This matrix is of size K-by-N, where K is the number
%   of samples and N is their dimensionality. C is of size N-by-N
%   and M is of size N-by-1. If the population contains a single
%   sample, this function outputs M = X and C as an N-by-N matrix of
%   NaN's because the definition of an unbiased estimate of the
%   covariance matrix divides by K - 1.

K = size(X, 1);
X = double(X);
```

covmatrix

```
% Compute an unbiased estimate of m.
m = sum(X, 1)/K;
% Subtract the mean from each row of X.
X = X - m(ones(K, 1), :);
% Compute an unbiased estimate of C. Note that the product is X'*X
% because the vectors are rows of X.
C = (X'*X)/(K - 1);
m = m'; % Convert to a column vector.
```

下面的函数实现本节到目前为止所讨论的概念。注意，其中使用了结构来简化输出参数。

```
function P = principalcomps(X, q)
%PRINCIPALCOMPS Principal-component vectors and related quantities.
%   P = PRINCIPALCOMPS(X, Q) Computes the principal-component
%   vectors of the vector population contained in the rows of X, a
%   matrix of size K-by-n where K (assumed to be > 1)is the number
%   of vectors and n is their dimensionality. Q, with values in the
%   range [0, n], is the number of eigenvectors used in constructing
%   the principal-components transformation matrix. P is a structure
%   with the following fields:
%
%     P.Y     K-by-Q matrix whose columns are the principal-
%             component vectors.
%     P.A     Q-by-n principal components transformation matrix
%             whose rows are the Q eigenvectors of Cx corresponding
%             to the Q largest eigenvalues.
%     P.X     K-by-n matrix whose rows are the vectors
%             reconstructedfrom the principal-component vectors.
%             P.X and P.Y are identical if Q = n.
%     P.ems   The mean square error incurred in using only the Q
%             eigenvectors corresponding to the largest
%             eigenvalues. P.ems is 0 if Q = n.
%     P.Cx    The n-by-n covariance matrix of the population in X.
%     P.mx    The n-by-1 mean vector of the population in X.
%     P.Cy    The Q-by-Q covariance matrix of the population in
%             Y. The main diagonal contains the eigenvalues (in
%             descending order) corresponding to the Q
%             eigenvectors.

K = size(X. 1);
X = double(X);
% Obtain the mean vector and covariance matrix of the vectors in X.
[P.Cx, P.mx] = covmatrix(X);
P.mx = P.mx'; % Convert mean vector to a row vector.

% Obtain the eigenvectors and corresponding eigenvalues of Cx.  The
% eigenvectors are the columns of n-by-n matrix V.  D is an n-by-n
% diagonal matrix whose elements along the main diagonal are the
% eigenvalues corresponding to the eigenvectors in V, so that X*V =
% D*V.
[V, D] = eig(P.Cx);

% Sort the eigenvalues in decreasing order.  Rearrange the
% eigenvectors to match.
d = diag(D);
[d, idx] = sort(d);
d = flipud(d);
idx = flipud(idx);
D = diag(d);
V = V(:, idx);

% Now form the q rows of A from the first q columns of V.
P.A = V(:, 1:q)';
```

> [V, D] = eig(A)将 A 的特征向量返回为矩阵 V 的列，以及沿对角矩阵 D 的主对角线的相应特征值。

```
% Compute the principal component vectors.
Mx = repmat(P.mx, K, 1); % M-by-n matrix.  Each row = P.mx.
P.Y = P.A*(X - Mx)'; % q-by-K matrix.

% Obtain the reconstructed vectors.
P.X = (P.A'*P.Y)' + Mx;

% Convert P.Y to a K-by-q array and P.mx to n-by-1 vector.
P.Y = P.Y';
P.mx = P.mx';

% The mean square error is given by the sum of all the
% eigenvalues minus the sum of the q largest eigenvalues.
d = diag(D);
P.ems = sum(d(q + 1:end));

% Covariance matrix of the Y's:
P.Cy = P.A*P.Cx*P.A';
```

例 8.14 使用主分量。

图 8.30 显示了 6 幅大小为 512×512 像素的多光谱卫星图像,这些图像对应于 6 个波段:可见蓝光(450~520nm)、可见绿光(520~600nm)、可见红光(630~690nm)、近红外(760~900nm)、中红外(1550~1750nm)和热红外(10400~12500nm)。本例的目的是说明如何使用函数 principalcomps 来进行主分量描述。如之前讨论的那样,第一步是把 6 幅图像的元素组织成大小为 512×512×6 像素的堆叠图像:

```
>> S = cat(3, f1, f2, f3, f4, f5, f6);
```

其中,f1 到 f6 分别对应于 6 幅多光谱图像。然后把堆叠图像组织为数组 X:

```
>> X = imstack2vectors(S);
```

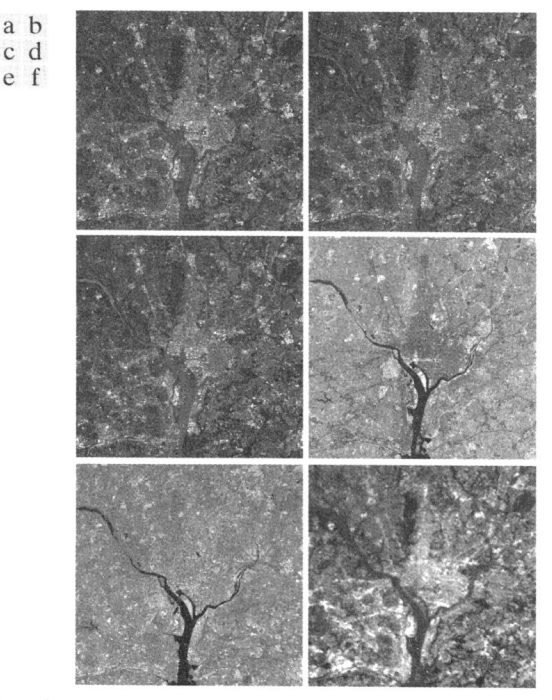

图 8.30 6 幅多光谱图像: (a)可见蓝光波段; (b)可见绿光波段; (c)可见红光波段; (d)近红外波段; (e)中红外波段; (f) 热红外波段(图像由 NASA 提供)

接下来，我们在函数 principalcomps 中使用 q = 6 来获得 6 幅主分量图像：

```
>> P = principalcomps(X, 6);
```

第一幅分量图像是使用如下命令生成并显示的：

```
>> g1 = P.Y(:, 1);
>> g1 = reshape(g1, 512, 512);
>> imshow(g1, [ ])
```

其他 5 幅图像以相同的方式得到并显示。特征值是沿 P.Cy 的主对角线的元素，所以使用

```
>> d = diag(P.Cy);
```

其中，d 是一个六维列向量，因为在函数中使用了 q = 6。

图 8.31 显示了 6 幅刚刚计算的主分量图像。最明显的特征是对比度细节的主要部分包含于前两幅图像中，且这两幅图像之后的几幅图像的对比度迅速下降。观察一下特征值就很容易解释其原因。如表 8.8 所示，前两个特征值与其他特征值相比要大很多。因为特征值是向量 y 的元素的方差，而该方差是对比度的测度，因此可以预计对应于主要特征值的图像会显示更高的对比度。

假设使用一个较小的 q 值，比如说 q = 2。然后，仅基于两幅主分量图像来进行图像的重建。对每幅图像使用

> 使用一些分量图像来描述更大的图像集合，是一种数据压缩形式。

```
>> P = principalcomps(X, 2);
```

和形式为

```
>> h1 = P.X(:, 1);
>> h1 = mat2gray(reshape(h1, 512, 512));
```

a b
c d
e f

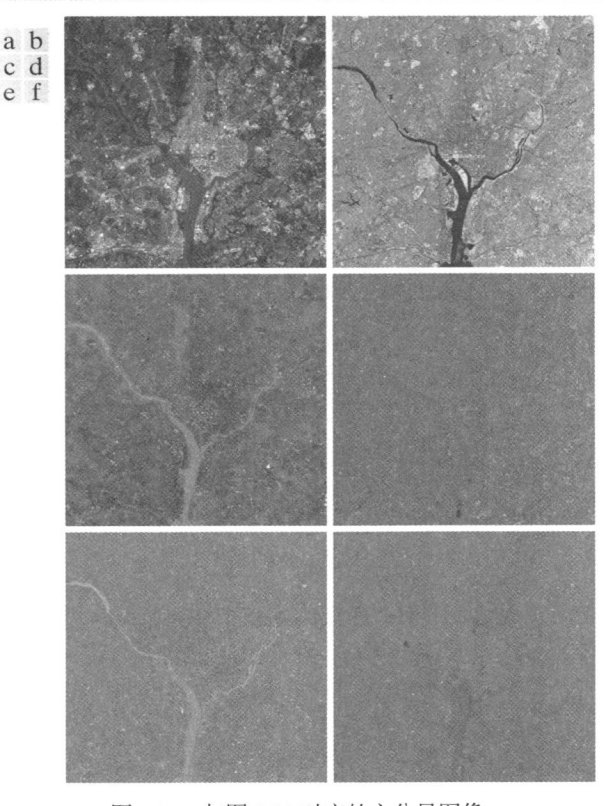

图 8.31　与图 8.30 对应的主分量图像

的语句，将生成图 8.32 中的重建图像。这些图像看起来与图 8.30 中的原图像十分接近。事实上，甚至几幅差值图像也只显示了少许的退化。例如，为比较原图像和重建的波段 1 的图像，可以写出如下命令：

```
>> D1 = tofloat(f1) - h1;
>> imshow(D1, [])
```

图 8.33(a) 显示了结果。这幅图像的低对比度表明，仅使用两个主分量图像来重建原图像时，只丢失了不多的可视数据。图 8.33(b) 显示波段 6 的图像的差。该差更为明显，因为波段 6 的原图像确实很模糊。但在重建中使用的两幅主分量图像很清晰，它们对重建有很大的影响。仅使用两幅主分量图像时引起的均方误差由如下命令给出：

```
P.ems
ans =
     1.7311e+003
```

它是表 8.7 中 4 个较小特征值的和。

表 8.8 q = 6 时 P.Cy 的特征值

λ_1	λ_2	λ_3	λ_4	λ_5	λ_6
10352	2959	1403	203	94	31

a b
c d
e f

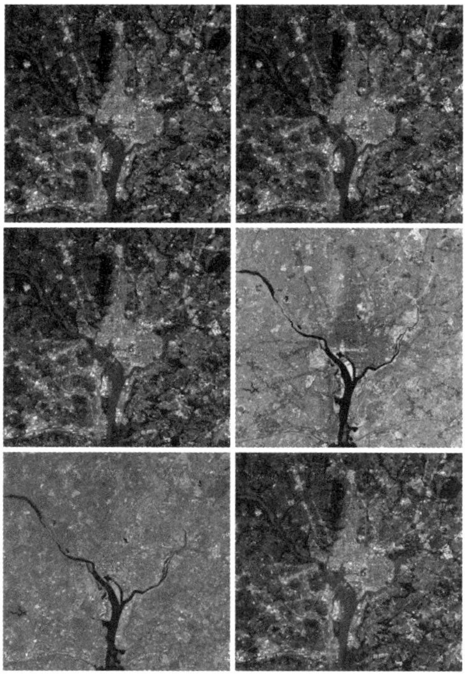

图 8.32　仅使用具有最大方差的两幅主分量图像重建的多光谱图像。请与图 8.30 中的原图像进行比较

在结束本节的讨论之前，我们来说明如何使用函数 `principalcomps` 按(对应于主要特征值的)特征向量的方向来对齐目标[①]。如之前说明的那样，特征值与方差(数据的扩展度)是成比例的。通过由目标的二维坐标来形成 X，该方法的基本思想是，沿目标的主要数据扩展方向在空间上对齐这些目标。下面用一个例子来说明这一方法。

---

① 如何使用主分量对齐二维数据的详细介绍，见 Gonzalez and Woods[2008]。

图 8.33 (a)图 8.30(a)与图 8.32(a)的差；(b)图 8.30(f)与图 8.32(f)的差。两幅图像都标定到了 8 比特灰度级的整个取值范围[0, 255]

例 8.15 使用主分量调整目标。

图 8.34 中的第一行显示了方向随机的三幅字符图像。本例的目的是使用主分量垂直调整这些字符。该过程是在自动图像分析中用于估计目标方向的典型技术，目的是简化后续的目标识别任务。接下来，我们解决图 8.34(a)中的细节。剩余的图像采用相同的方法进行处理。

先将数据转换为二值形式。也就是说，对第一幅图像，我们执行如下运算：

```
>> f = im2bw(imread('Fig 8.34(a).tif'));
```

下一步是提取所有 1 值像素的坐标，

```
>> [x1 x2] = find(f);
```

然后，由这些坐标形成数组 X，

```
>> X = [x1 x2];
```

应用函数 principalcomps，

```
>> P = principalcomps(X, 2);
```

并使用变换矩阵 *A* 把输入坐标变换为输出坐标：

```
>> A = P.A;
>> Y = (A*(X'))';
```

图 8.34 第一行：原始字符；第二行：使用主分量对齐后的字符

其中，所示的转置是必要的，因为 X 的所有元素是作为一个整体来处理的，这与原始公式不同，那时所有元素是由单个向量声明的。还要注意，如原始表达式那样，我们并未减去均值向量。原因是减去均值只是简单地改变了坐标原点。我们的兴趣是把输出放在类似于输入的位置，而通过从数据中直接提取位置信息来这样做非常容易。这样做的命令如下：

```
>> miny1 = min(Y(:, 1));
>> miny2 = min(Y(:, 2));
>> y1 = round(Y(:, 1) - miny1 + min(x1));
>> y2 = round(Y(:, 2) - miny2 + min(x2));
```

其中，最后两条命令移动了坐标，以便最小坐标约等于变换前原始数据的坐标。

最后一步是由变换数据(Y)形成输出图像：

```
>> idx = sub2ind(size(f), y1, y2);
>> fout = false(size(f)); % Same size as input image.
>> fout(idx) = 1;
```

第一条命令由变换后的坐标形成一个线性索引，最后一条语句将这些坐标设置为 1。从 X 到 Y 的变换，以及用于形成 y1 和 y2 时所用的四舍五入

函数 sub2ind 用于确定相等的一个索引，该索引对应于一组给定的下标值。

运算，通常会在输出目标的区域中产生小间隙(0值像素)。这些间隙可以使用一个3×3像素的结构元先膨胀后腐蚀来填充：

```
>> fout = imclose(fout, ones(3));
```

最后，这幅图像显示时字符A颠倒了。一般来说，主分量变换会沿数据的主要扩展方向来排列数据，但不保证该排列不是相反方向的180°。要保证这一点，就需要在该处理中植入一些"智能"，而这超出了当前讨论的范围，因此我们使用肉眼分析来旋转数据，以便字符的方向是正确的：

```
>> fout = rot90(fout, 2);
>> imshow(fout) % Figure 8.34(d).
```

如图 8.34(d) 中的结果所示，这种方法确实沿目标的主方向合理地排列了目标。图 8.34(a) 中的坐标是 (x_1, x_2)，而图 8.34(d) 中的坐标是 (y_1, y_2)。刚才讨论的方法的一个重要特征是在形成用于得到输出的变换矩阵时，它使用了输入中的(X中包含的)所有坐标点。因此，该方法对局外值相当不敏感。图 8.34(e) 和图 8.34(f) 中的结果是使用类似的方式生成的。

小结

表示和描述从图像中分割出的目标或区域，是为后续的自动应用准备图像数据的前一步。本章涵盖的描述子组成了目标识别算法的输入。前几节中开发的自定义函数明显提升了图像处理工具箱进行图像表示和描述的能力。具体选择哪种类型的描述子，很大程度上取决于所遇到的问题。这是求解图像处理问题时要借助于灵活的原型环境的原因之一，因为在原型环境中可将已有的函数集成到新代码中，进而得到更大的灵活性并减少开发时间。本章的内容是如何构建这种环境的基础。

附录 A   M 函数汇总

概述

本附录的 A.1 节按名称列出了图像处理工具箱中的所有函数，以及前面几章中开发的所有新（自定义）函数。这些自定义函数称为 DIPUM 函数，该名称是本书标题的首字母缩写。A.2 节列出了全书中所用的 MATLAB 函数。还列出了在本书中引用这些函数时的节号，以指出一个函数首次使用和说明的位置。在有些情形下，根据应用还给出了多个位置，从而指出函数可用不同的方法来说明。参考节号中的短线"—"表示本书中未使用的工具箱函数；关于这些函数的信息，可在产品的文档中找到。本书中使用了 A.2 节列出的所有 MATLAB 函数。该节中的每个节号标识了第一次使用所指 MATLAB 函数的位置。下面的函数按类似于图像处理工具箱文档中的分类方式，进行了初步分类。

A.1 图像处理工具箱和 DIPUM 函数

下面的函数以类似于图像处理工具箱中建立的不太严密的分类方式来分组。

函数类别和名称	描述	节号
图像显示和浏览		
ice (DIPUM)	交互彩色编辑器	5.4
immovie	由多帧图像组成的电影	—
implay	播放电影、视频或图像序列	6.6.1
imshow	以处理图形的方式显示图像	—
imtool	以图像工具的方式显示图像	—
montage	以矩形蒙太奇显示多帧图像	6.6.1
rgbcube (DIPUM)	在 MATLAB 桌面上显示一个 RGB 立方体	5.1.1
subimage	以单幅图形方式显示多幅图像	—
warp	像纹理映射表面那样显示图像	—
图像文件 I/O		
analyze75info	从 Mayo Analyze 7.5 数据集的头文件中读取元数据	—
analyze75read	从 Mayo Analyze 7.5 数据集的头文件中读取图像文件	—
dicomanon	匿名 DICOM 文件	—
dicomdict	得到或设置激活的 DICOM 数据字典	—
dicominfo	从 DICOM 消息中读取元数据	—
dicomlookup	在 DICOM 数据字典中查找属性	—
dicomread	读取 DICOM 图像	—

dicomuid	生成 DICOM 唯一标识符	—
dicomwrite	将图像写为 DICOM 文件	—
hdrread	读取 Radiance HDR 图像	—
hdrwrite	写 Radiance HDR 图像	—
makehdr	创建高动态范围图像	—
interfileinfo	从归档文件中读取元数据	—
interfileread	从归档文件中读取图像	—
isnitf	检查文件是否是 NITF	—
movie2tifs (DIPUM)	从 MATLAB 电影创建一个多帧 TIFF 文件	6.6.1
nitfinfo	从 NITF 文件中读取元数据	—
nitfread	读取 NITF 图像	—
seq2tifs (DIPUM)	从 MATLAB 序列创建一个多帧 TIFF 文件	6.6.1
tifs2movie (DIPUM)	从多帧 TIFF 文件创建一部 MATLAB 电影	6.6.1
tifs2seq (DIPUM)	从多帧 TIFF 文件创建一个 MATLAB 序列	6.6.1

图像算术

imabsdiff	两幅图像的绝对差	—
imcomplement	图像求补	5.2.5
imlincomb	图像的线性组合	—
ippl	检查 Intel Performance Primitives Library（IPPL）是否存在	—

几何变换

checkerboard	创建棋盘图像	4.5
findbounds	为空间变换寻找输出边界	—
fliptform	转换 TFORM 结构的输入和输出	—
imcrop	裁剪图像	—
impyramid	以金字塔形式缩减和扩展图像	—
imresize	调整图像大小	—
imrotate	旋转图像	8.4.3
imtransform	对图像施以二维空间变换	—
imtransform2 (DIPUM)	固定输出位置的二维图像变换	—
makeresampler	创建重取样结构	—
maketform	创建空间变换结构（TFORM）	—
pixeldup (DIPUM)	在两个方向复制图像像素	4.5
pointgrid (DIPUM)	排列在网格上的点	—
reprotate (DIPUM)	重复旋转图像	—
tformarray	对 N 维数组施以空间变换	—
tformfwd	应用正向空间变换	—
tforminv	应用反向空间变换	—
vistform (DIPUM)	点集的可视化变换效果	—

图像配准

cpstruct2pairs	把 CPSTRUCT 转换为控制点对	—

cp2tform	由控制点对推断空间变换	—
cpcorr	用互相关调整控制点位置	—
cpselect	控制点选取工具	—
normxcorr2	归一化二维互相关	—
visreg (DIPUM)	视觉上配准的图像	—

像素值和统计

corr2	二维相关系数	—
imcontour	创建图像数据的轮廓图	—
imhist	显示图像数据的直方图	2.3.1
impixel	像素彩色值	—
improfile	沿着线段剖面的像素值	—
localmean (DIPUM)	计算局部均值数组	2.3.6
mean2	矩阵元素的平均或均值	2.2.4
regionprops	度量图像区域(团块分析)的特性	7.3.6
statmoments (DIPUM)	计算图像直方图的统计中心矩	4.2.4
std2	矩阵元素的标准差	—

图像分析

bound2eight (DIPUM)	把4连通边界转换为8连通边界	8.1.3
bound2four (DIPUM)	把8连通边界转换为4连通边界	8.1.3
bound2im (DIPUM)	把一个边界转换为一幅图像	8.1.1
bsubsamp (DIPUM)	对边界进行子取样	8.1.3
bwboundaries (DIPUM)	追踪二值图像中的区域边界	8.1.1
bwtraceboundary	追踪二值图像中的物体	—
colorgrad (DIPUM)	计算 RGB 图像的向量梯度	5.6.1
colorseg (DIPUM)	执行彩色图像的分割	5.6.2
connectpoly (DIPUM)	连接多边形的顶点	8.1.3
cornermetric	由图像创建角点度量矩阵	8.3.5
cornerprocess (DIPUM)	处理函数 cornermetric 的输出	8.3.5
diameter (DIPUM)	度量图像区域的直径和相关的属性	8.3.1
edge	寻找灰度图像的边缘	7.1.3
fchcode (DIPUM)	计算边界的弗雷曼链码	7.1.3
frdescp (DIPUM)	计算傅里叶描绘子	8.3.3
ifrdescp (DIPUM)	计算反傅里叶描绘子	8.3.3
im2minperpoly (DIPUM)	最小周长多边形	8.2.2
imstack2vectors (DIPUM)	从图像堆叠提取向量	8.5
invmoments (DIPUM)	计算图像的不变矩	8.4.3
hough	霍夫变换	7.2.2
houghlines	基于霍夫变换的线段提取	7.2.2
houghpeaks	识别霍夫变换的峰值	7.2.2
localthresh (DIPUM)	局部阈值处理	7.3.6
mahalanobis (DIPUM)	计算马氏距离	5.6.2

movingthresh (DIPUM)	使用移动平均阈值的图像分割	7.3.7
otsuthresh (DIPUM)	给定直方图的 Otsu 最佳阈值	7.3.3
principalcomps (DIPUM)	主分量向量和相关量	8.5
qtdecomp	4 叉树分解	7.4.3
qtgetblk	得到 4 叉树分解中的块值	7.4.3
qtsetblk	设置 4 叉树分解中的块值	—
regiongrow (DIPUM)	用区域生长方法实现分割	7.4.2
signature (DIPUM)	计算边界的标记	8.2.3
specxture (DIPUM)	计算图像的频谱纹理	8.4.2
splitmerge (DIPUM)	用分离与聚合算法分割图像	7.4.3
statxture (DIPUM)	计算一幅图像中纹理的统计测度	8.4.2
x2majoraxis (DIPUM)	将坐标 x 与区域的长轴对齐	8.3.3

图像压缩

compare (DIPUM)	计算和显示两个矩阵的误差	6.1
cv2tifs (DIPUM)	对 TIFS2CV 压缩图像序列解码	6.6.2
huff2mat (DIPUM)	对霍夫曼编码矩阵解码	6.2.3
huffman (DIPUM)	对一个符号源建立变长霍夫曼码	6.2.1
im2jpeg (DIPUM)	用 JPEG 近似压缩一幅图像	6.5.1
im2jpeg2k (DIPUM)	用 JPEG 2000 近似压缩一幅图像	6.5.2
imratio (DIPUM)	计算两幅图像/变量的字节比率	6.1
jpeg2im (DIPUM)	对 IM2JPEG 压缩图像解码	6.5.1
jpeg2k2im (DIPUM)	对 IM2JPEG2K 压缩图像解码	6.5.2
lpc2mat (DIPUM)	解压缩无损预测编码矩阵	6.3
mat2huff (DIPUM)	对一个矩阵进行霍夫曼编码	6.2.2
mat2lpc (DIPUM)	用一维有损预测编码压缩一个矩阵	6.3
ntrop (DIPUM)	计算矩阵的熵的一阶估计	6.2
quantize (DIPUM)	量化 uint8 类矩阵的元素	6.4
showmo (DIPUM)	显示一个压缩图像序列的运动向量	6.6.2
tifs2cv (DIPUM)	压缩多帧 TIFF 图像序列	6.6.2
unravel (DIPUM)	对一个变长比特流解码	6.2.3

图像去模糊

deconvblind	用盲去卷积对图像去模糊	4.8
deconvlucy	用 Lucy-Richardson 方法对图像去模糊	—
deconvreg	用正则滤波器对图像去模糊	—
deconvwnr	用维纳滤波器对图像去模糊	4.7
edgetaper	用点扩散函数渐变边缘	4.7
otf2psf	把光传递函数转换为点扩散函数	—
psf2otf	把点扩散函数转换为光传递函数	—

图像增强

adapthisteq	有限对比度的自适应直方图均衡化(CLAHE)	2.3.4

adpmedian (DIPUM)	执行自适应中值滤波	4.3.2
decorrstretch	用去相关拉伸多通道图像	—
gscale (DIPUM)	标定输入图像的灰度	2.2.4
histeq	用直方图均衡化增强对比度	2.3.2
imadjust	调整图像灰度值或彩色图	2.2.1
medfilt2	二维中值滤波	—
ordfilt2	二维统计顺序滤波	2.5.2
stretchlim	寻找对比度拉伸一幅图像的极限	2.2.2
intlut	用查找表转换整数值	—
intrans (DIPUM)	执行灰度(灰度级)变换	2.2.4
wiener2	二维自适应去噪滤波	—

图像噪声

imnoise	对图像添加噪声	4.2.1
imnoise2 (DIPUM)	用规定的 PDF 生成一个随机数数组	4.2.2
imnoise3 (DIPUM)	产生周期噪声	4.2.3

线性滤波

convmtx2	二维卷积矩阵	—
dftfilt (DIPUM)	执行频率域滤波	3.3.3
fspecial	创建预定义的二维滤波器	2.5
imfilter	多维图像的 N 维滤波	2.4.1
spfilt (DIPUM)	执行线性和非线性空间滤波	4.3

线性二维滤波器设计

bandfilter (DIPUM)	计算频率域带通滤波器	3.6.2
cnotch (DIPUM)	产生循环对称陷波滤波器	—
freqz2	二维频率响应	3.4
fsamp2	使用频率取样的二维 FIR 滤波器	—
ftrans2	使用频率变换的二维 FIR 滤波器	—
fwind1	使用一维开窗方法的二维 FIR 滤波器	—
fwind2	使用二维开窗方法的二维 FIR 滤波器	—
hpfilter (DIPUM)	计算频率域高通滤波器	3.6.1
lpfilter (DIPUM)	计算频率域低通滤波器	4.2.3, 5.3.2
recnotch (DIPUM)	产生矩形陷波(轴)滤波器	—

模糊逻辑

aggfcn (DIPUM)	模糊系统的归并函数	—
approxfcn (DIPUM)	近似函数	—
bellmf (DIPUM)	钟形隶属度函数	—
defuzzify (DIPUM)	模糊系统的输出	—
fuzzyfilt (DIPUM)	模糊边缘检测器	—
fuzzysysfcn (DIPUM)	模糊系统函数	—

implfcns (DIPUM)	模糊系统的隐含函数	—
lambdafcns (DIPUM)	模糊规则集的 Lambda 函数	—
makefuzzyedgesys (DIPUM)	生成 FUZZYFILT 所用 MAT 文件的脚本	—
onemf (DIPUM)	常数隶属度函数(1)	—
sigmamf (DIPUM)	Sigma 隶属度函数	—
smf (DIPUM)	S 形隶属度函数	—
trapezmf (DIPUM)	梯形隶属度函数	—
triangmf (DIPUM)	三角形隶属度函数	—
truncgaussmf (DIPUM)	高斯截尾的隶属度函数	—
zeromf (DIPUM)	常数隶属度函数(0)	—

图像变换

dct2	二维离散余弦变换	—
dctmtx	离散余弦变换矩阵	—
fan2para	把扇形射束投影转换为平行射束	4.8.8
fanbeam	扇形射束变换	4.8.8
idct2	二维离散余弦反变换	—
ifanbeam	反扇形射束变换	4.8.8
iradon	反雷登变换	4.8.7
para2fan	把平行射束投影转换为扇形射束	4.8.8
phantom	创建头部幻影图像	4.8.6
radon	雷登变换	4.8.6

邻域和块处理

bestblk	块处理的最佳块尺寸	—
blkproc	处理图像的不同块	6.5.1
col2im	把矩阵列重排为块	6.5.1
colfilt	对应列邻域运算	2.4.2
im2col	把图像块重排为列	6.5.1
nlfilter	普通邻域滑动运算	—

形态学运算(灰度和二值图像)

conndef	默认的连接性数组	—
imbothat	底帽滤波	—
imclearborder	抑制连接到图像边框的明亮结构	—
imclose	形态学图像闭运算	—
imdilate	膨胀图像	—
imerode	腐蚀图像	—
imextendedmax	最大扩展变换	—
imextendedmin	最小扩展变换	7.5.3
imfill	填充图像区域和孔洞	8.1.2
imhmax	最大 H 变换	—
imhmin	最小 H 变换	—

imimposemin	强迫最小	7.5.3
imopen	形态学图像开运算	—
imreconstruct	形态学重建	—
imregionalmax	区域最大	—
imregionalmin	区域最小	7.5.3
imtophat	顶帽滤波	—
watershed	分水岭变换	7.5.1

形态学运算(二值图像)

applylut	用查找表的邻域运算	—
bwarea	二值图像中物体的面积	—
bwareaopen	二值图像的形态学开运算(删除小物体)	—
bwdist	二值图像的距离变换	7.5.1
bweuler	二值图像的欧拉数	—
bwhitmiss	二值击中-击不中运算	—
bwlabel	在二维二值图像中标记连通分量	—
bwlabeln	在 N 维二值图像中标记连通分量	—
bwmorph	对二值图像的形态学运算	—
bwpack	打包二值图像	—
bwperim	求二值图像中物体的周长	8.1.1
bwselect	选取二值图像中的物体	—
bwulterode	最终腐蚀	—
bwunpack	拆包二值图像	—
endpoints (DIPUM)	计算二值图像的端点	—
makelut	创建 APPLYLUT 所用的查找表	—

结构元(STREL)创建和运算

getheight	得到 STREL 的高度	—
getneighbors	得到 STREL 邻居的偏移位置和高度	—
getnhood	得到 STREL 的邻域	—
getsequence	得到分解的 STREL 序列	—
isflat	对平坦的 STREL 为真	—
reflect	关于其中心反射 STREL	—
strel	创建形态学结构元(STREL)	—
translate	平移 STREL	—

纹理分析

entropy	灰度图像的熵	—
entropyfilt	灰度图像的局部熵	—
graycomatrix	创建灰度级共生矩阵	8.4.2
graycoprops	灰度级共生矩阵的特性	8.4.2
rangefilt	图像的局部范围	—
specxture (DIPUM)	计算图像的谱纹理	8.4.2

函数	说明	章节
statxture (DIPUM)	计算图像中的纹理统计测度	8.4.2
stdfilt	图像的局部标准差	7.3.6

基于区域的处理

函数	说明	章节
histroi (DIPUM)	计算一幅图像中 ROI（感兴趣区域）的直方图	4.2.4
poly2mask	把感兴趣区域多边形转换为模板	—
roicolor	基于颜色选取感兴趣区域	—
roifill	填充灰度图像中的规定区域	—
roifilt2	对感兴趣区域滤波	—
roipoly	选择感兴趣多边形区域	4.2.4

小波

函数	说明	章节
appcoef2	提取二维近似系数	—
detcoef2	提取二维细节系数	—
dwtmode	离散小波变换扩展模式	—
waveback (DIPUM)	计算多级分解的反快速小波变换	—
wavecopy (DIPUM)	提取小波分解结构的系数	—
wavecut (DIPUM)	小波分解结构的迫零系数	—
wavedec2	多级二维小波分解	—
wavedisplay (DIPUM)	显示小波分解系数	—
wavefast (DIPUM)	计算"三维扩展的"二维数组的快速小波变换	—
wavefilter (DIPUM)	创建小波分解和重建滤波器	—
wavefun	一维小波和尺度函数	—
waveinfo	小波信息	—
waverec2	多级二维小波重建	—
wavework (DIPUM)	用于编辑小波分解的结构	—
wavezero (DIPUM)	小波变换的迫零细节系数	—
wfilters	小波滤波器	—
wthcoef2	二维小波系数阈值处理	—

颜色映射运算

函数	说明	章节
cmpermute	在颜色映射中重新安排颜色	—
cmunique	在索引图像的颜色映射中去除不需要的颜色	—
imapprox	用较少颜色的一种图像来近似索引图像	5.1.2

彩色空间转换

函数	说明	章节
applycform	应用设备无关彩色空间变换	5.2.6
hsi2rgb (DIPUM)	把 HSI 图像转换为 RGB 图像	5.2.5
iccfind	使用描述搜索 ICC 剖面	—
iccread	读取 ICC 彩色剖面	5.2.6
iccroot	寻找系统 ICC 剖面容器	—
iccwrite	写 ICC 彩色剖面	—
isicc	对完整的剖面结构为真	—
lab2double	把 L*a*b*彩色值转换为 double 型	—

lab2uint16	把 L*a*b* 彩色值转换为 uint16 型	—
lab2uint8	把 L*a*b* 彩色值转换为 uint8 型	—
makecform	创建设备无关彩色空间变换结构(CFORM)	5.2.6
ntsc2rgb	把 NTSC 彩色值转换到 RGB 彩色空间	5.2.2
rgb2hsi (DIPUM)	把 RGB 图像转换为 HSI 图像	5.2.5
rgb2ntsc	把 RGB 彩色值转换到 NTSC 彩色空间	5.2.2
rgb2ycbcr	把 RGB 彩色值转换到 YCbCr 彩色空间	5.2.2
whitepoint	标准照明的 XYZ 彩色值	—
xyz2double	把 XYZ 彩色值转换为 double 型	—
xyz2uint16	把 XYZ 彩色值转换为 uint16 型	—
ycbcr2rgb	把 YCbCr 彩色值转换到 RGB 彩色空间	5.2.2

数组运算

dftuv (DIPUM)	计算网格频率矩阵	3.5.1
padarray	填充数组	2.4.2
paddedsize (DIPUM)	针对基于 FFT 的滤波计算填充的有效尺寸	3.3.1

图像类型和类型转换

demosaic	把 Bayer 模式的编码图像转换为真彩色图像	—
dither	用抖动转换图像	5.1.3
gray2ind	把灰度图像转换为索引图像	5.1.3
grayslice	通过阈值处理从灰度图像创建索引图像	5.1.3
graythresh	使用 Otsu 方法的全局图像阈值处理	7.3.3
im2bw	通过阈值处理把图像转换为二值图像	—
im2double	把图像转换为双精度	—
im2int16	把图像转换为 16 比特带符号整数	—
im2java2d	把图像转换为 Java 缓存图像	—
im2single	把图像转换为单精度	—
im2uint8	把图像转换为 8 比特无符号整数	—
im2uint16	把图像转换为 16 比特无符号整数	—
ind2gray	把索引图像转换为灰度图像	5.1.3
label2rgb	把标记矩阵转换为 RGB 图像	—
mat2gray	把矩阵转换为灰度图像	—
rgb2gray	把 RGB 图像或彩色图转换为灰度图像	5.1.3
rgb2ind	把 RGB 图像转换为索引图像	5.1.3
tofloat (DIPUM)	把图像转换为浮点数	—
tonemap	为观看目的渲染高动态范围图像	—

工具箱首选项

iptgetpref	得到图像处理工具箱首选项	—
iptsetpref	设置图像处理工具箱首选项	—

工具箱实用函数

getrangefromclass	得到基于图像类的图像动态范围	—

intline	绘制整数坐标线	8.2.1
iptcheckconn	检查连接性参量的有效性	—
iptcheckinput	检查数组的有效性	—
iptcheckmap	检查颜色映射的有效性	—
iptchecknargin	检查输入参量的数量	—
iptcheckstrs	检查文本字符串的有效性	—
iptnum2ordinal	把正整数转换为序数字符串	—

组件式交互工具

imageinfo	图像信息工具	—
imcontrast	调整对比度的工具	—
imdisplayrange	显示范围的工具	—
imdistline	可拖动的距离工具	—
imgetfile	打开图像对话框	—
impixelinfo	像素信息工具	—
impixelinfoval	无文本标记的像素信息工具	—
impixelregion	像素区域工具	—
impixelregionpanel	像素区域工具面板	—
imputfile	保存图像对话框	—
imsave	保存图像工具	—

图像滚动面板的导航工具

imscrollpanel	用于交互式图像导航的滚动面板	—
immagbox	滚动面板的放大框	—
imoverview	在滚动面板中显示图像的纵览工具	—
imoverviewpanel	在滚动面板中显示图像的纵览工具面板	—

针对交互工具的实用函数

axes2pix	把轴坐标转换为像素坐标	—
getimage	从轴得到图像数据	—
getimagemodel	从图像目标得到图像模型目标	—
imagemodel	图像模型目标	—
imattributes	关于图像属性的信息	—
imhandles	得到所有图像的句柄	—
imgca	得到包含图像的当前轴的句柄	—
imgcf	得到包含图像的当前图形的句柄	—
imellipse	创建可拖动、可调尺寸的椭圆	—
imfreehand	创建可拖动的手绘区域	—
imline	创建可拖动、可调尺寸的直线	—
impoint	创建可拖动的点	—
impoly	创建可拖动、可调尺寸的多边形	—
imrect	创建可拖动、可调尺寸的矩形	—
iptaddcallback	将函数句柄添加到回调列表	—

iptcheckhandle	检查句柄的有效性	—
iptgetapi	得到句柄的应用程序接口(API)	—
iptGetPointerBehavior	在 HG 对象中恢复指针行为	—
ipticondir	包含 IPT 和 MATLAB 图标的目录	—
iptPointerManager	在图形中安装鼠标指针管理器	—
iptremovecallback	从回调列表中删除函数句柄	—
iptSetPointerBehavior	在 HG 对象中存储指针行为	—
iptwindowalign	对齐图形窗口	—
makeConstrainToRectFcn	创建矩形有界位置约束函数	—
truesize	调整图像的显示尺寸	—

交互式鼠标实用函数

getline	用鼠标选择折线	—
getpts	用鼠标选择择点	—
getrect	用鼠标选择矩形	—

辅助函数

conwaylaws (DIPUM)	对单个像素应用康威遗传定律	—
i2percentile (DIPUM)	计算给定灰度值的百分数	7.3.5
iseven (DIPUM)	确定数组中的哪些元素是偶数	—
isodd (DIPUM)	确定数组中哪些元素是奇数	—
manualhist (DIPUM)	交互式地产生双模直方图	2.3.3
timeit (DIPUM)	度量运行函数所需的时间	—
percentile2i (DIPUM)	计算给定百分位的灰度值	7.3.5
tofloat (DIPUM)	把输入转换为单精度浮点数	—
twomodegauss (DIPUM)	生成一个双模高斯函数	2.3.3

A.2 MATLAB 函数

下面按字母顺序列出的 MATLAB 函数是本书中所用的函数。

MATLAB 函数	描述	节号
A		
abs	绝对值	3.2
angle	相角	3.2
annotation	创建一个注释对象	2.3.3
atan2	四象限反正切	3.2
autumn	红和黄彩色图的深浅	5.1.3
axis	控制轴的缩放和外观	2.3.1
B		
bar	条形图	2.3.1
bin2dec	把二进制字符串转换为十进制整数	6.2.2

bone	用蓝彩色图对灰度级映射	5.1.3
break	终止 while 或 for 循环的执行	1.7.8

C

cart2pol	把笛卡儿坐标变换为极坐标	8.23
cat	连接数组	5.1.1
catch	开始 CATCH 块	1.7.8
ceil	接近正无穷大	3.2
cell	创建单元数组	6.2.1
celldisp	显示单元数组内容	6.2.1
cellplot	显示单元数组的图形描述	6.2.1
char	创建字符数组(串)	6.2.2
circshift	循环移位数组	8.1.3
colon	形成向量和索引的冒号运算符(:)	1.7.8
colorcube	增强的彩色立方体彩色图	5.1.3
colormap	彩色查找表	5.1.3
continue	将控制传递到 for 或 while 循环的下一次迭代	1.7.8
cool	青和品红彩色图的深浅	5.1.3
copper	线性铜色调彩色图	5.1.3
cumsum	元素的累加和	2.3.2

D

dec2bin	把十进制整数转换为二进制字符串	6.2.2
diag	对角矩阵和矩阵的对角化	5.6.2
dither	用抖动转换图像	5.1.3
double	转换为双精度	1.7.7

E

edit	编辑 M 文件	1.7.8
eig	特征值和特征向量	8.5
else	与 if 结合使用	1.7.8
elseif	if 语句条件	1.7.8
end	for、while、switch、try 和 if 语句的终止范围	1.7.8

F

false	假数组	7.4.3
fft2	二维离散傅里叶变换	3.2
fftshift	把零频率分量移到谱的中心	3.2
figure	创建图形窗口	1.7.7
filter	一维数字滤波器	7.3.7
find	寻找非零元素的索引	4.2.2
flag	交替的红、白、蓝和黑彩色图	5.1.3
fliplr	左/右方向翻转矩阵	4.8.6

函数	说明	章节
flipud	上/下方向翻转矩阵	4.8.6
floor	近似于负无穷大	3.2
for	以规定次数重复语句	1.7.8
fplot	绘图函数	2.3.1

G

函数	说明	章节
gca	得到当前轴的句柄	2.3.1
get	得到目标的属性	5.4
global	定义全局变量	6.2.1
gray	线性灰度彩色图	5.1.3
grid	网格线	3.5.3

H

函数	说明	章节
help	在命令窗口显示帮助文本	1.7.8
hist	直方图	4.2.3
histc	直方图计数	6.2.2
hold	保持当前的图	2.3.2
hot	黑-红-黄-白彩色图	5.1.3
hypot	平方和开方的近似计算	3.5.1

I

函数	说明	章节
if	条件执行语句	1.7.8
ifft2	二维离散傅里叶反变换	3.3
ifftshift	IFFT 移位	3.2
im2frame	把索引图像转换为电影格式	6.6.1
imag	复数的虚部	3.2
imread	从图形文件读取图像	1.7.6
imwrite	把图像写到图形文件中	1.7.6, 6.6.1
ind2rgb	把索引图像转换为 RGB 图像	5.1.3
inpolygon	对内部点或多边形区域为真	8.2.2
int16	转换为有符号 16 比特整数	1.7.7
int32	转换为有符号 32 比特整数	1.7.7
int8	转换为有符号 8 比特整数	1.7.7
interp1	一维内插（表查找）	2.2.3
interp1q	快速一维线性内插	5.4
islogical	对逻辑数组为真	1.7.7

J

函数	说明	章节
jet	HSV 的变形	5.1.3

L

函数	说明	章节
length	向量的长度	2.2.4
lines	带有线条颜色的彩色图	5.1.3
log	自然对数	2.2.2

log10	常用对数(以 10 为底)	2.2.2
log2	以 2 为底的对数和分解浮点数	2.2.2
logical	把数值转换为逻辑值	1.7.7
lookfor	用关键字搜索所有 M 文件	1.7.8

M

max	最大分量	2.2.2
mean	平均值或均值	1.7.8
median	中值	2.5.2
mesh	三维网格曲面	3.5.3
meshgrid	三维图形的 X 和 Y 数组	1.7.8
min	最小分量	2.2.2
movie2avi	从 MATLAB 电影创建 AVI 电影	6.6.1

N

nargchk	输入参量的有效个数	2.2.4
nargin	函数输入参量的个数	2.2.4
nargout	函数输出参量的个数	2.2.4
ndims	维数	5.2.6
nextpow2	2 的下一次幂	3.3.1
numel	数组或下标数组表达式中的元素个数	1.7.8

P

pi	π，即 3.14…	2.3.3
pink	品红彩色图的清淡色彩	5.1.3
plot	线性图	2.3.1
pol2cart	把极坐标变换为笛卡儿坐标	8.2.3
pow2	基 2 的幂和标度浮点数	6.2.2
print	打印图或模型。以图像或 M 文件保存到磁盘	5.1.1
prism	棱柱体彩色图	5.1.3
prod	元素的积	2.4.2

R

rand	均匀分布的伪随机数	4.2.2
randn	正态分布的伪随机数	4.2.2
real	复数的实部	3.2
reshape	改变尺寸	6.2.2
return	返回调用函数	1.7.8
rgb2hsv	把红-绿-蓝彩色转换为色调-饱和度-值	5.1.3
round	舍入为最接近的整数	4.2.2
rot44	把矩阵旋转 44°	2.4.1

S

set	设置目标特性	2.3.1

shading	彩色阴影模式	3.6
single	转换为单精度	1.7.7
size	数组大小	1.7.8
sort	升序和降序排列	6.2.1
sortrows	以升序排列行	8.1.3
spline	三次样条数据内插	5.4
spring	品红和黄彩色图的色调浓淡	5.1.3
stem	离散序列或茎叶图	2.3.1
strcmp	比较字符串	2.2.4
strcmpi	忽略某些事实来比较字符	6.4
sum	元素之和	1.7.8
summer	绿和黄彩色图的色调浓淡	5.1.3
surf	三维彩色曲面	3.5.3
switch	基于表达式在几种情形间切换	1.7.8

T

text	文本注释	2.3.1
tic	开始秒表计时器	1.7.8
title	图题	2.3.1
toc	读秒表计时器	1.7.8
transpose	转置	1.7.8
true	真数组	7.4.3
try	开始 TRY 块	1.7.8

U

uint16	转换为无符号 16 比特整数	1.7.7
uint32	转换为无符号 32 比特整数	1.7.7
uint8	转换为无符号 8 比特整数	1.7.7
unique	设置唯一	8.1.2

V

varargin	变长输入参量列表	2.2.4
varargout	变长输出参量列表	2.2.4
view	三维图形视点规范	3.5.3

W

while	无限次数地重复语句	1.7.8
white	所有的白色彩色图	5.1.3
whitebg	改变轴的背景颜色	5.1.2
winter	蓝和绿彩色图的浓淡色调	5.1.3

X

xlabel	X 轴标记	2.3.1
xlim	X 的界限	2.3.1

Y

ylabel	Y 轴标记	2.3.1
ylim	Y 的界限	2.3.1

Z

zeros	迫零数组	1.7.8

附录 B ICE 和 MATLAB 图形用户界面

前言

在本附录中，我们开发第 5 章中介绍的 ice 交互彩色编辑(ICE)函数。这里假设部分读者已熟悉 5.4 节的内容。5.4 节提供了许多使用 ice 的例子，如伪彩色和全彩色图像处理(例 5.5 到例 5.9)，且描述了 ice 的调用语法、输入参数和图形界面要素(它们总结在表 5.7 到表 5.9 中)。ice 的功能是让用户交互式地以图形方式来生成彩色变换曲线，同时在图像上以实时或近实时的方式显示生成的变换效果。

B.1 创建 ICE 的图形用户界面

MATLAB 的图形用户界面开发环境(GUIDE)以 M 函数的形式为组织图形用户界面(GUI)提供了一组丰富的工具。使用 GUIDE，可以方便地将(1) GUI 布局(如按钮、弹出菜单等)和(2) GUI 操作的编程分为两个易于管理且相对独立的任务。生成的图形 M 函数由两个名称相同(不考虑扩展名)的文件组成：

1. 带有扩展名.fig 的文件，称为 FIG 文件，它包含所有函数的 GUI 对象/元素及它们的空间排列的完整图像描述。FIG 文件中包含有二进制数据，在执行相关的基于 GUI 的 M 函数时，不需要解析这些二进制数据。针对 ICE 的 FIG 文件(ice.fig)将在本节稍后描述。
2. 带有扩展名.m 的文件，称为 GUI M 文件，它包含了控制 GUI 操作的代码。该文件中包含在 GUI 启动和退出时被调用的函数，以及用户与 GUI 对象交互(如按下一个按钮)时执行的回调函数。针对 ICE 的 GUI M 文件(ice.m)将在下一节中描述。

要从 MATLAB 命令窗口启动 GUIDE，可键入

```
guide filename
```
guide

其中，filename 是当前路径上一个已有的 FIG 文件名。若省略 filename，则 GUIDE 打开一个新窗口(空窗口)。

图 B.1 显示了进行 CIE 布局设计的 GUIDE 布局编辑器(在 MATLAB 提示符>>处输入 guide ice 可启动它)。布局编辑器用于选取、放置、调整尺寸、对齐和操纵开发用户界面模型上的图形对象。其左侧的按钮形成了一个组件面板，其中包含了所支持的 GUI 对象——按钮、滑动条、单选按钮、复选框、编辑文本、静态文本、弹出菜单、列表框、触发按钮、表、轴、面板、按钮组和 ActiveX 控件。每个对象的特性类似于 Windows 中的相应对象。这些对象的任何组合，可添加到布局编辑器右侧布局区域的图形对象中。注意，ICE GUI 中包含复选框(Smooth、Clamp Ends、Show PDF、Show CDF、Map Bars 和 Map Image)、静态文本("Component:", "Input:", ⋯)、描绘曲线控件的一个面板、两个按钮(Reset 和 Reset All)、一个选取彩色变换曲线的弹出菜单、显示所选曲线(带有相关联的控制点)及曲线对灰度条和色度条的效果的三个 axes 对象。组成 ICE 元素的分层列表(单击布局编辑器顶部任务栏中的"对象浏览器"按钮得到)如图 B.2(a)所示。注意，每个元素都已给定唯一的名称或标签。例如，用于显示曲线(在列表的顶部)的轴对象被赋予了标识符 curve_axes[标识符是图 B.2(a)中左括号内的第一项]。

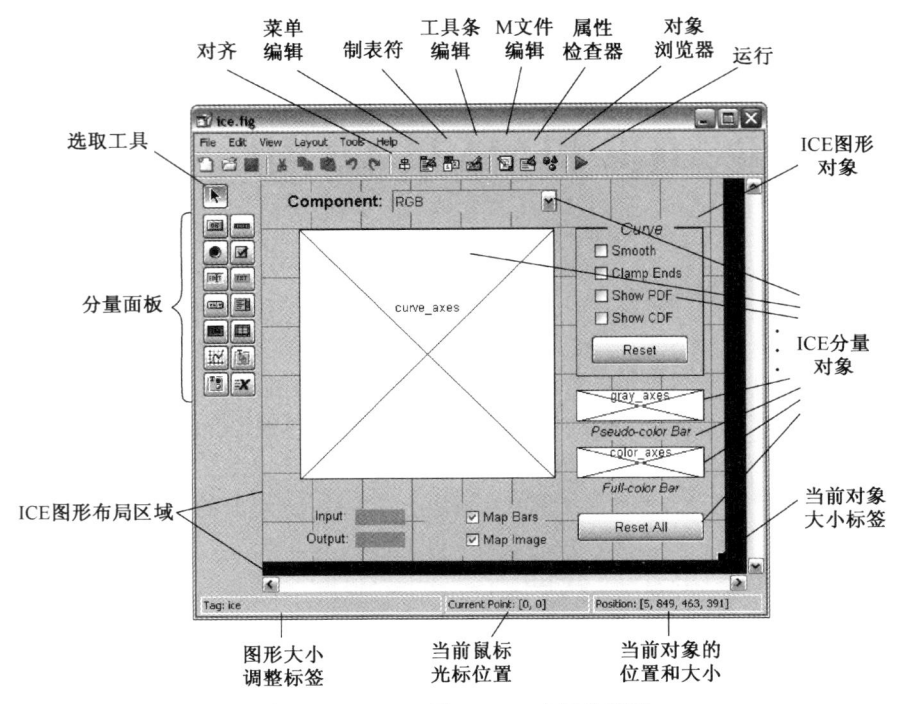

图 B.1 ICE GUI 的 GUIDE 布局编辑器

标签是所有 GUI 对象的几个常见属性之一。表征某个特定对象的属性的滚动列表，可通过如下方式得到：首先 [在图 B.2(a) 的对象浏览器列表中或图 B.1 的布局区域使用选取工具] 选取该对象，然后单击布局编辑器任务栏上的"属性检查器"按钮。图 B.2(b) 显示了选取图 B.2(a) 的 figure 对象时，所生成的列表。注意 figure 对象的 Tag 属性 [图 B.2(b) 中已突出显示] 是 ice。该属性非常重要，因为 GUIDE 使用它来自动地生成 figure 回调函数名。例如，使用鼠标按钮在图形窗口上方单击时，可滚动属性检查器窗口底部的 WindowButtonDownFcn 属性将被赋予名称 ice_WindowButtonDownFcn。回顾可知，回调函数只不过是用户与 GUI 对象交互时所执行的 M 函数。(对所有 GUI 对象而言)其他值得注意的属性包括 Position 和 Units，它们定义了对象的尺寸和位置。

> GUIDE 生成的 figure 对象是界面中所有其他对象的一个容器。

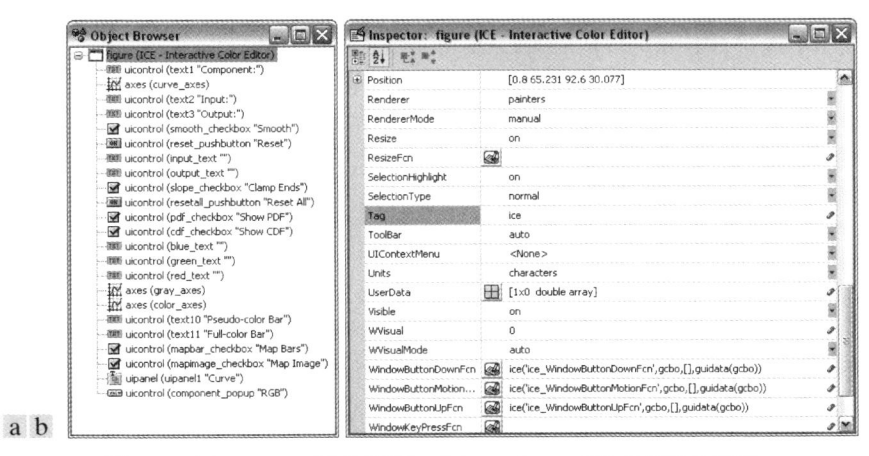

图 B.2 (a) GUIDE 对象浏览器；(b) ICE figure 对象的属性检测器

最后，我们注意到，某些属性对特殊对象是唯一的。例如，一个按钮对象具有如下两个属性：Callback 属性，它定义按下该按钮时所执行的函数；String 属性，确定该按钮的标签。ICE Reset 按钮的 Callback 属性是 `reset_pushbutton_Callback`［注意，在回调函数名中合并了图 B.2(a) 中的 Tag 属性］；其 String 属性是 "Reset"。但要注意的是，Reset 按钮没有 WindowButtonMotionFcn 属性；该属性专用于 figure 对象。

B.2 ICE 界面编程

当首次保存前一节的 ICE FIG 文件或首次运行 GUI 时［单击布局编辑器的任务栏上的"运行"按钮］，GUIDE 产生一个名为 `ice.m` 的起始 GUI M 文件，可用标准文本编辑器或 MATLAB 的 M 文件编辑器修改这个文件，该文件决定了界面响应用户动作的方式。为 ICE 自动生成的 GUI M 文件如下：

> 要启用 M 文件生成，可选择 **Tools** 和 **GUI Options...**，并选中 **Generate FIG-file and M-file** 选项。

```
function varargout = ice(varargin)
% Begin initialization code - DO NOT EDIT
gui_Singleton = 1;
gui_State = struct('gui_Name',        mfilename, ...
                   'gui_Singleton',   gui_Singleton, ...
                   'gui_OpeningFcn',  @ice_OpeningFcn, ...
                   'gui_OutputFcn',   @ice_OutputFcn, ...
                   'gui_LayoutFcn',   [], ...
                   'gui_Callback',    []);
if nargin & ischar(varargin{1})
   gui_State.gui_Callback = str2func(varargin{1});
end

if nargout
   [varargout{1:nargout}] = gui_mainfcn(gui_State, varargin{:});
else
   gui_mainfcn(gui_State, varargin{:});
end
% End initialization code - DO NOT EDIT

function ice_OpeningFcn(hObject, eventdata, handles, varargin)
handles.output = hObject;
guidata(hObject, handles);
% uiwait(handles.figure1);

function varargout = ice_OutputFcn(hObject, eventdata, handles)
varargout{1} = handles.output;
function ice_WindowButtonDownFcn(hObject, eventdata, handles)
function ice_WindowButtonMotionFcn(hObject, eventdata, handles)
function ice_WindowButtonUpFcn(hObject, eventdata, handles)
function smooth_checkbox_Callback(hObject, eventdata, handles)
function reset_pushbutton_Callback(hObject, eventdata, handles)
function slope_checkbox_Callback(hObject, eventdata, handles)
function resetall_pushbutton_Callback(hObject, eventdata, handles)
function pdf_checkbox_Callback(hObject, eventdata, handles)
function cdf_checkbox_Callback(hObject, eventdata, handles)
function mapbar_checkbox_Callback(hObject, eventdata, handles)
function mapimage_checkbox_Callback(hObject, eventdata, handles)
function component_popup_Callback(hObject, eventdata, handles)
function component_popup_CreateFcn(hObject, eventdata, handles)
if ispc && isequal(get(hObject,'BackgroundColor'), ...
        get(0,'defaultUicontrolBackgroundColor'))
    set(hObject,'BackgroundColor','white');
end
```

> GUIDE 生成的起始 M 文件。

> ice

> ispc
> PC(Windows) 版本的 MATLAB 返回 1，其他版本返回 0。

对于开发功能完整的 ice 界面，这个自动生成的文件是一个有用的起点或原型(注意，为了节省篇幅，我们去除了 GUIDE 生成的许多注释)。在接下来的几节中，我们把代码分成 4 个基本部分：(1) 两个 "DO NOT EDIT" 注释行之间的初始化代码，(2) 图形打开和输出函数 (ice_OpeningFcn 和 ice_OutputFcn)，(3) 图形回调函数 (ice_WindowButtonDownFcn、ice_WindowButtonMotionFcn 和 ice_WindowButtonUpFcn)，(4) 对象回调函数 (reset_pushbutton_Callback)。考虑每部分时，将给出包含在该部分中的函数 ice 的完整开发版本，并且讨论重点放在大多数 GUI M 文件开发人员普遍感兴趣的特征上。每部分中引入的代码不统一整理到 ice.m 的完整清单中，而以代码片断的形式引入。

ice 的操作已在 5.4 节中描述。在下面的帮助文本块中，我们还将以完整开发 M 函数 ice.m 的角度对之进行总结：

```
%ICE Interactive Color Editor.
%
%    OUT = ICE('Property Name', 'Property Value', ...) transforms an
%    image's color components based on interactively specified mapping
%    functions. Inputs are Property Name/Property Value pairs:
%
%    Name           Value
%    ----------     ----------------------------------------------
%    'image'        An RGB or monochrome input image to be
%                   transformed by interactively specified
%                   mappings.
%    'space'        The color space of the components to be
%                   modified. Possible values are 'rgb', 'cmy',
%                   'hsi', 'hsv', 'ntsc' (or 'yiq'), 'ycbcr'. When
%                   omitted, the RGB color space is assumed.
%    'wait'         If 'on' (the default), OUT is the mapped input
%                   image and ICE returns to the calling function
%                   or workspace when closed. If 'off', OUT is the
%                   handle of the mapped input image and ICE
%                   returns immediately.
%
%    EXAMPLES:
%      ice OR ice('wait', 'off')          % Demo user interface
%      ice('image', f)                    % Map RGB or mono image
%      ice('image', f, 'space', 'hsv')    % Map HSV of RGB image
%      g = ice('image', f)                % Return mapped image
%      g = ice('image', f, 'wait', 'off');  % Return its handle
%
%    ICE displays one popup menu selectable mapping function at a
%    time. Each image component is mapped by a dedicated curve (e.g.,
%    R, G, or B) and then by an all-component curve (e.g., RGB). Each
%    curve's control points are depicted as circles that can be moved,
%    added, or deleted with a two- or three-button mouse:
%
%    Mouse Button     Editing Operation
%    ------------     ----------------------------------------------
%    Left             Move control point by pressing and dragging.
%    Middle           Add and position a control point by pressing
%                     and dragging. (Optionally Shift-Left)
%    Right            Delete a control point. (Optionally
%                     Control-Left)
%
%    Checkboxes determine how mapping functions are computed, whether
%    the input image and reference pseudo- and full-color bars are
%    mapped, and the displayed reference curve information (e.g.,
%    PDF):
%
%    Checkbox       Function
%    ----------     ----------------------------------------------
%    Smooth         Checked for cubic spline (smooth curve)
%                   interpolation. If unchecked, piecewise linear.
```

最终版本的帮助文本块。

```
%       Clamp Ends       Checked to force the starting and ending curve
%                        slopes in cubic spline interpolation to 0. No
%                        effect on piecewise linear.
%       Show PDF         Display probability density function(s) [i.e.,
%                        histogram(s)] of the image components affected
%                        by the mapping function.
%       Show CDF         Display cumulative distributions function(s)
%                        instead of PDFs.
%                        <Note: Show PDF/CDF are mutually exclusive.>
%       Map Image        If checked, image mapping is enabled; else
%                        not.
%       Map Bars         If checked, pseudo- and full-color bar mapping
%                        is enabled; else display the unmapped bars (a
%                        gray wedge and hue wedge, respectively).
%
% Mapping functions can be initialized via pushbuttons:
%
%       Button           Function
%       ------           --------
%       Reset            Init the currently displayed mapping function
%                        and uncheck all curve parameters.
%       Reset All        Initialize all mapping functions.
```

B.2.1 初始化代码

在起始 GUI M 文件中(在 B.2 节开始处)，代码的打开部分是一个 GUIDE 生成的标准初始化代码块。其目的是使用 M 文件伴随的 FIG 文件(见 B.1 节)来构建和显示 ICE 的 GUI，并控制对所有内部 M 文件函数的访问。如 "DO NOT EDIT"注释行指出的那样，初始化代码不应被修改。每调用 ice 一次，初始化块都建立一个名为 gui_State 的结构，它包含访问函数 ice 的信息。例如，命名字段 gui_Name(即 gui_State.gui_Name)包含 MATLAB 函数 mfilename，它返回当前执行 M 文件的名称。以类似的方法，字段 gui_OpeningFcn 和 gui_OutputFcn 使用 ice 的打开和输出函数的 GUIDE 生成名称来加载(在下一节中讨论)。若 ICE GUI 对象被用户激活(如按下了一个按钮)，则该对象的回调函数的名称将作为字段 gui_Callback 来添加 [回调的名称将作为 varargin(1) 中的一个字符串来传递]。

结构 gui_State 形成后，将作为一个输入参量与 varargin(:) 一起传递给函数 gui_mainfcn。这个 MATLAB 函数处理 GUI 的创建、布局和回调分派。对于 ice，该函数构建和显示用户界面，并对其打开、输出和回调函数生成所有需要的调用。因为旧版本 MATLAB 中可能不包含这个函数，因此通过从 **File** 菜单中选择 **Export**…，GUIDE 能够生成独立版的普通 GUI M 文件(即无 FIG 文件的版本)。在独立版中，函数 gui_mainfcn 和包括 ice_LayoutFcn 和 local_openfig 在内的几个支持程序，被添加到了与 M 文件相关的 FIG 文件中。ice_LayoutFcn 的作用是创建 ICE GUI。在独立版的 ice 中，它包含如下语句：

> 为选择一种兼容模式，可先选择 **File** 和 **Preferences**…，后选择 **General** 和 **MAT-Files**，再选择一种 MAT 文件保存格式。

```
h1 = figure(...
'Units','characters',...
'Color',[0.87843137254902 0.874509803921569 0.890196078431373],...
'Colormap',[0 0 0.5625;0 0 0.625;0 0 0.6875;0 0 0.75;...
            0 0 0.8125;0 0 0.875;0 0 0.9375;0 0 1;0 0.0625 1;...
            0 0.125 1;0 0.1875 1;0 0.25 1;0 0.3125 1;0 0.375 1;...
            0 0.4375 1;0 0.5 1;0 0.5625 1;0 0.625 1;0 0.6875 1;...
            0 0.75 1;0 0.8125 1;0 0.875 1;0 0.9375 1;0 1 1;...
            0.0625 1 1;0.125 1 0.9375;0.1875 1 0.875;...
```

```
                     0.25 1 0.8125;0.3125 1 0.75;0.375 1 0.6875;...
                     0.4375 1 0.625;0.5 1 0.5625;0.5625 1 0.5;...
                     0.625 1 0.4375;0.6875 1 0.375;0.75 1 0.3125;...
                     0.8125 1 0.25;0.875 1 0.1875;0.9375 1 0.125;...
                     1 1 0.0625;1 1 0;1 0.9375 0;1 0.875 0;1 0.8125 0;...
                     1 0.75 0;1 0.6875 0;1 0.625 0;1 0.5625 0;1 0.5 0;...
                     1 0.4375 0;1 0.375 0;1 0.3125 0;1 0.25 0;...
                     1 0.1875 0;1 0.125 0;1 0.0625 0;1 0 0;0.9375 0 0;...
                     0.875 0 0;0.8125 0 0;0.75 0 0;0.6875 0 0;0.625 0 0;...
                     0.5625 0 0],...
         'IntegerHandle', 'off',...
         'InvertHardcopy', get(0, 'defaultfigureInvertHardcopy'),...
         'MenuBar', 'none',...
         'Name', 'ICE - Interactive Color Editor',...
         'NumberTitle', 'off',...
         'PaperPosition', get(0, 'defaultfigurePaperPosition'),...
         'Position', [0.8 65.2307692307693 92.6 30.0769230769231],...
         'Renderer', get(0, 'defaultfigureRenderer'),...
         'RendererMode', 'manual',...
         'WindowButtonDownFcn', 'ice(''ice_WindowButtonDownFcn'', gcbo, [],...
                                   guidata(gcbo))',...
         'WindowButtonMotionFcn', 'ice(''ice_WindowButtonMotionFcn'', gcbo,...
                                   [], guidata(gcbo))',...
         'WindowButtonUpFcn', 'ice(''ice_WindowButtonUpFcn'', gcbo, [],...
                                   guidata(gcbo))',...
         'HandleVisibility', 'callback',...
         'Tag', 'ice',...
         'UserData',[],...
         'CreateFcn', {@local_CreateFcn, blanks(0), appdata} );
```

创建主图形窗口，用下列语句添加 GUI 对象：

```
         h11 = uicontrol(...
         'Parent',h1,...
         'Units','normalized',...
         'Callback',mat{5},...
         'FontSize',10,...
         'ListboxTop',0,...
         'Position',[0.710583153347732 0.508951406649616 0.211663066954644
         0.0767263427109974],...
         'String','Reset',...
         'Tag','reset_pushbutton',...
         'CreateFcn', {@local_CreateFcn, blanks(0), appdata} );
```

> 函数 uicontrol('Proper-Name1', Value1, ...)使用指定的属性在当前窗口中创建一个用户界面控件，并为其返回一个句柄。

以上代码在图中添加一个 Reset 按钮。注意，这些语句明确地指定了最初使用 GUIDE 布局编辑器的属性检查器定义的属性。最后，我们注意到，函数 figure 已在 1.7.6 节中引入；uicontrol 基于属性名称/值对（如'Tag'加'reset_pushbutton'）在当前图像窗口创建一个用户界面控件（即 GUI 对象），并为其返回一个句柄。

B.2.2 打开和输出函数

在 B.2 节开始处的起始 GUI M 文件中，初始化块之后的前两个函数称为打开和输出函数。它们包含了用户见到 GUI 前及 GUI 将其输出返回到命令行或调用子程序时要执行的代码。参量 hObject、eventdata 和 handles 都被传递给两个函数（这些参量还是下两节中回调函数的输入）。输入 hObject 是一个图形对象句柄，eventdata 留做将来使用，handles 是一个结构，它为界面对象和任何特定应用或用户定义的数据提供句柄。要实现所期望的 ICE 界面（见 Help 文本）功能，ice_OpeningFcn 和 ice_OutputFcn 必须在 GUI M 文件中被扩展到"骨干"版本之外的范围。扩展的代码如下：

```
%------------------------------------------------------------------%
function ice_OpeningFcn(hObject, eventdata, handles, varargin)
%   When ICE is opened, perform basic initialization (e.g., setup
%   globals, ...) before it is made visible.

% Set ICE globals to defaults.
handles.updown = 'none';            % Mouse updown state
handles.plotbox = [0 0 1 1];        % Plot area parameters in pixels
handles.set1 = [0 0; 1 1];          % Curve 1 control points
handles.set2 = [0 0; 1 1];          % Curve 2 control points
handles.set3 = [0 0; 1 1];          % Curve 3 control points
handles.set4 = [0 0; 1 1];          % Curve 4 control points
handles.curve = 'set1';             % Structure name of selected curve
handles.cindex = 1;                 % Index of selected curve
handles.node = 0;                   % Index of selected control point
handles.below = 1;                  % Index of node below control point
handles.above = 2;                  % Index of node above control point
handles.smooth = [0; 0; 0; 0];      % Curve smoothing states
handles.slope = [0; 0; 0; 0];       % Curve end slope control states
handles.cdf = [0; 0; 0; 0];         % Curve CDF states
handles.pdf = [0; 0; 0; 0];         % Curve PDF states
handles.output = [];                % Output image handle
handles.df = [];                    % Input PDFs and CDFs
handles.colortype = 'rgb';          % Input image color space
handles.input = [];                 % Input image data
handles.imagemap = 1;               % Image map enable
handles.barmap = 1;                 % Bar map enable
handles.graybar = [];               % Pseudo (gray) bar image
handles.colorbar = [];              % Color (hue) bar image

% Process Property Name/Property Value input argument pairs.
wait = 'on';
if (nargin > 3)
    for i = 1:2:(nargin - 3)
        if nargin - 3 == i
            break;
        end
        switch lower(varargin{i})
        case 'image'
            if ndims(varargin{i + 1}) == 3
                handles.input = varargin{i + 1};
            elseif ndims(varargin{i + 1}) == 2
                handles.input = cat(3, varargin{i + 1}, ...
                                    varargin{i + 1}, varargin{i + 1});
            end
            handles.input = double(handles.input);
            inputmax = max(handles.input(:));
            if inputmax > 255
                handles.input = handles.input / 65535;
            elseif inputmax > 1
                handles.input = handles.input / 255;
            end
        case 'space'
            handles.colortype = lower(varargin{i + 1});
            switch handles.colortype
            case 'cmy'
                list = {'CMY' 'Cyan' 'Magenta' 'Yellow'};
            case {'ntsc', 'yiq'}
                list = {'YIQ' 'Luminance' 'Hue' 'Saturation'};
                handles.colortype = 'ntsc';
            case 'ycbcr'
                list = {'YCbCr' 'Luminance' 'Blue' ...
                        'Difference'  'Red Difference'};
```

来自最终的 M 文件。

```
            case 'hsv'
                list = {'HSV' 'Hue' 'Saturation' 'Value'};
            case 'hsi'
                list = {'HSI' 'Hue' 'Saturation' 'Intensity'};
            otherwise
                list = {'RGB' 'Red' 'Green' 'Blue'};
                handles.colortype = 'rgb';
            end
            set(handles.component_popup, 'String', list);
        case 'wait'
            wait = lower(varargin{i + 1});
        end
    end
end

% Create pseudo- and full-color mapping bars (grays and hues). Store
% a color space converted 1x128x3 line of each bar for mapping.
xi = 0:1/127:1;        x = 0:1/6:1;        x = x';
y = [1 1 0 0 0 1 1; 0 1 1 1 0 0 0; 0 0 0 1 1 1 0]';
gb = repmat(xi, [1 1 3]);        cb = interp1q(x, y, xi');
cb = reshape(cb, [1 128 3]);
if ~strcmp(handles.colortype, 'rgb')
    gb = eval(['rgb2' handles.colortype '(gb)']);
    cb = eval(['rgb2' handles.colortype '(cb)']);
end
gb = round(255 * gb);        gb = max(0, gb);        gb = min(255, gb);
cb = round(255 * cb);        cb = max(0, cb);        cb = min(255, cb);
handles.graybar = gb;        handles.colorbar = cb;

% Do color space transforms, clamp to [0, 255], compute histograms
% and cumulative distribution functions, and create output figure.
if size(handles.input, 1)
    if ~strcmp(handles.colortype, 'rgb')
        handles.input = eval(['rgb2' handles.colortype ...
                              '(handles.input)']);
    end
    handles.input = round(255 * handles.input);
    handles.input = max(0, handles.input);
    handles.input = min(255, handles.input);
    for i = 1:3
        color = handles.input(:, :, i);
        df = hist(color(:), 0:255);
        handles.df = [handles.df; df / max(df(:))];
        df = df / sum(df(:));        df = cumsum(df);
        handles.df = [handles.df; df];
    end
    figure;        handles.output = gcf;
end

% Compute ICE's screen position and display image/graph.
set(0, 'Units', 'pixels');        ssz = get(0, 'Screensize');
set(handles.ice, 'Units', 'pixels');
uisz = get(handles.ice, 'Position');
if size(handles.input, 1)
    fsz = get(handles.output, 'Position');
    bc = (fsz(4) - uisz(4)) / 3;
    if bc > 0
        bc = bc + fsz(2);
    else
        bc = fsz(2) + fsz(4) - uisz(4) - 10;
    end
    lc = fsz(1) + (size(handles.input, 2) / 4) + (3 * fsz(3) / 4);
    lc = min(lc, ssz(3) - uisz(3) - 10);
```

> 函数 eval(s)中的 s 是一个字符串，MATLAB 将字符串当做表达式或语句来执行。

附录 B ICE 和 MATLAB 图形用户界面

```
      set(handles.ice, 'Position', [lc bc 463 391]);
   else
      bc = round((ssz(4) - uisz(4)) / 2) - 10;
      lc = round((ssz(3) - uisz(3)) / 2) - 10;
      set(handles.ice, 'Position', [lc bc uisz(3) uisz(4)]);
   end
   set(handles.ice, 'Units', 'normalized');
   graph(handles);     render(handles);

   % Update handles and make ICE wait before exit if required.
   guidata(hObject, handles);
   if strcmpi(wait, 'on')
      uiwait(handles.ice);
   end

%-------------------------------------------------------------------%
function varargout = ice_OutputFcn(hObject, eventdata, handles)
%  After ICE is closed, get the image data of the current figure
%  for the output. If 'handles' exists, ICE isn't closed (there was
%  no 'uiwait') so output figure handle.
if max(size(handles)) == 0
   figh = get(gcf);
   imageh = get(figh.Children);
   if max(size(imageh)) > 0
      image = get(imageh.Children);
      varargout{1} = image.CData;
   end
else
   varargout{1} = hObject;
end
```

<small>ice_OutputFcn
来自最后的 M 文件。</small>

我们并不研究这些函数的细节(这些细节可参阅代码的注释并查阅附录 A, 或查阅特定函数的帮助索引), 而只注意多数 GUI 打开和输出函数的如下共性:

1. handles 结构(由其代码中的大量引用即可看到)在大多数 GUI M 文件中有着重要作用。它服务于两个重要的函数。因为它为界面中的所有图形对象提供句柄, 所以可用于访问和修改对象属性。例如, ice 打开函数使用

```
          set(handles.ice, 'Units', 'pixels');
          uisz = get(handles.ice, 'Position');
```

存储 ICE GUI 的大小和位置(单位为像素)。这是通过设置 ice 图形的 Units 属性完成的, 其句柄在 handles.ice 中对 'pixels' 是可用的, 然后读入图的 Position 属性(使用 get 函数)。返回与图形对象相关联的属性值的函数 get, 也通过打开函数末尾的 ssz=get(0,'Screensize') 语句来得到计算机的显示区。这里, 0 是计算机显示的句柄(即根图形), 而 'Screensize' 是包含其宽度的属性。

除能访问 GUI 对象外, handles 结构也是共享应用数据的强大管道。注意, 它能保存 23 个全局 ice 参数(范围从 handles.updown 中的鼠标状态到 handles.input 中的全部输入图像)的默认值。它们必须在每次 ice 调用时激活, 并且在 ice_OpeningFcn 的开始处加到 handles 上。例如, 全局 handles.set1 是由如下语句创建的:

```
          handles.set1 = [0 0; 1 1]
```

其中, set1 是命名字段, 它包含被加到 handles 结构的彩色映射函数的控制点, [0 0; 1 1]是其默认值[曲线的端点是(0,0)和(1,1)]。在退出一个函数前, 函数中的 handles 被修改, 必须调用

```
          guidata(hObject, handles)
```

<small>guidata</small>

来存储可变的 handles，就像具有句柄 hObject 的图形的应用数据那样。

> 函数 guidata(H, DATA) 在图形的应用数据中存储指定的数据。H 是标识该图形的一个句柄——它可以是该图形本身或该图中包含的任何对象。

2. 像许多内置的图形函数那样，ice_OpeningFcn 以属性名和值对的形式处理输入参量（hObject、eventdata 和 handles 除外）。存在多于 3 个输入参量时（如 nargin > 3），就执行跳过输入参数对的循环［for i = 1:2:(nargin – 3)］。对于每对输入，第一步是用来驱动 switch 结构，

```
switch lower(varargin{i})
```

这会适当地处理第二个参数。例如，对于 case 'space'，语句

```
handles.colortype = lower(varargin{i + 1});
```

将命名字段 colortype 设置为输入对的第二个参量的值。然后，该值用于设置 ICE 的彩色分量弹出选项（即对象 component_popup 的 String 属性）。再后，通过如下命令，用于将输入图像分量变换为期望的映射空间：

```
handles.input = eval(['rgb2' ...
    handles.colortype '(handles.input)']);
```

其中，内置函数 eval(s) 会导致 MATLAB 像表达式或语句那样执行串 S。例如，若 handles.input 是 'hsv'，则 eval 参量 ['rgb2' 'hsv' '(handles.input)'] 将变为级联字符串 'rgb2hsv (handles.input)'，该字符串将作为一个标准的 MATLAB 表达式来执行，把输入图像的 RGB 分量变换到 HSV 彩色空间（见 5.2.3 节）。

> 函数 eval 可以计算包含 MATLAB 表达式的一个字符串。

3. 起始 GUI M 文件中的语句

```
% uiwait(handles.figure1);
```

被转换为最终版本 ice_OpeningFcn 中的条件语句

```
if strcmpi(wait, 'on') uiwait(handles.ice); end
```

一般来说，

```
uiwait(fig)
```

> uiwait
> uiresume
> gcf

会阻止 MATLAB 代码流的执行，直到执行了一个 uiresume 或破坏（关闭）了图形 fig［不带输入参量时，uiwait 与 uiwait(gcf) 相同，其中 MATLAB 函数 gcf 返回当前图形的句柄］。当 ice 未按预期返回一幅输入图像的映射版本但其却立即返回时（如在关闭 ICE GUI 前），必须在调用中包含输入属性名称/值对 'wait'/'off'。否则，在 ICE 被关闭前，都不会返回到调用子程序或命令行——也就是说，直到用户与界面（及彩色映射函数）完成了交互之后。在这种情形下，函数 ice_OutputFcn 不能由 handles 结构得到映射后的图像数据，因为在 GUI 关闭以后它已不存在。正像在函数的最终版本中看到的那样，ICE 会从继续存在的映射图像输出图的 CData 属性中提取图像数据。如果一幅映射后的输出图像未被 ice 返回，那么 ice_OpeningFcn 中的 uiwait 语句将不被执行，在打开函数之后，立即调用 ice_OutputFcn（离 GUI 关闭还有很长一段时间），并将映射后的图像输出图的句柄返回给调用子程序或命令行。

最后，我们注意到，ice_OpeningFcn 调用了一些内部函数。下面列出了这些函数和所有其他的 ice 内部函数。注意，它们提供了证明 MATLAB GUI 中的 handles 结构有用的其他例子。例如，内部函数 graph 和 render 中的语句

```
nodes = getfield(handles, handles.curve)
```

和

附录 B ICE 和 MATLAB 图形用户界面

```
                nodes = getfield(handles, ['set' num2str(i)])
```
语句分别用于交互式地存取定义 ICE 的各种彩色映射曲线的控制点。在其标准形式中，

$$F = \text{getfield}(S, \text{'field'})$$

将来自结构 S 的命名字段'field'的内容返回给 F。

内部函数。

```
%-----------------------------------------------------------------%
function graph(handles)
%   Interpolate and plot mapping functions and optional reference
%   PDF(s) or CDF(s).

nodes = getfield(handles, handles.curve);
c = handles.cindex;        dfx = 0:1/255:1;
colors = ['k' 'r' 'g' 'b'];

% For piecewise linear interpolation, plot a map, map + PDF/CDF, or
% map + 3 PDFs/CDFs.
if ~handles.smooth(handles.cindex)
   if (~handles.pdf(c) && ~handles.cdf(c)) || ...
         (size(handles.df, 2) == 0)
      plot(nodes(:, 1), nodes(:, 2), 'b-', ...
           nodes(:, 1),  nodes(:, 2), 'ko', ...
           'Parent', handles.curve_axes);
   elseif c > 1
      i = 2 * c - 2 - handles.pdf(c);
      plot(dfx, handles.df(i, :), [colors(c) '-'], ...
           nodes(:, 1), nodes(:, 2), 'k-', ...
           nodes(:, 1), nodes(:, 2), 'ko', ...
           'Parent', handles.curve_axes);
   elseif c == 1
      i = handles.cdf(c);
      plot(dfx, handles.df(i + 1, :), 'r-', ...
           dfx, handles.df(i + 3, :), 'g-', ...
           dfx, handles.df(i + 5, :), 'b-', ...
           nodes(:, 1), nodes(:, 2), 'k-', ...
           nodes(:, 1), nodes(:, 2), 'ko', ...
           'Parent', handles.curve_axes);
   end

% Do the same for smooth (cubic spline) interpolations.
else
   x = 0:0.01:1;
   if ~handles.slope(handles.cindex)
      y = spline(nodes(:, 1), nodes(:, 2), x);
   else
      y = spline(nodes(:, 1), [0; nodes(:, 2); 0], x);
   end
   i = find(y > 1);      y(i) = 1;
   i = find(y < 0);      y(i) = 0;
   if (~handles.pdf(c) && ~handles.cdf(c)) || ...
         (size(handles.df, 2) == 0)
      plot(nodes(:, 1), nodes(:, 2), 'ko',  x, y, 'b-', ...
           'Parent', handles.curve_axes);
   elseif c > 1
      i = 2 * c - 2 - handles.pdf(c);
      plot(dfx, handles.df(i, :), [colors(c) '-'], ...
           nodes(:, 1), nodes(:, 2), 'ko', x, y, 'k-', ...
           'Parent', handles.curve_axes);
   elseif c == 1
      i = handles.cdf(c);
      plot(dfx, handles.df(i + 1, :), 'r-', ...
           dfx, handles.df(i + 3, :), 'g-', ...
           dfx, handles.df(i + 5, :), 'b-', ...
```

```
                  nodes(:, 1), nodes(:, 2), 'ko', x, y, 'k-', ...
                  'Parent', handles.curve_axes);
      end
end

% Put legend if more than two curves are shown.
s = handles.colortype;
if strcmp(s, 'ntsc')
    s = 'yiq';
end
if (c == 1) && (handles.pdf(c) || handles.cdf(c))
   s1 = ['-- ' upper(s(1))];
   if length(s) == 3
      s2 = ['-- ' upper(s(2))];        s3 = ['-- ' upper(s(3))];
   else
      s2 = ['-- ' upper(s(2)) s(3)];   s3 = ['-- ' upper(s(4)) s(5)];
   end
else
   s1 = '';    s2 = '';    s3 = '';
end
set(handles.red_text, 'String', s1);
set(handles.green_text, 'String', s2);
set(handles.blue_text, 'String', s3);

%-------------------------------------------------------------------%
function [inplot, x, y] = cursor(h, handles)
%   Translate the mouse position to a coordinate with respect to
%   the current plot area, check for the mouse in the area and if so
%   save the location and write the coordinates below the plot.
set(h, 'Units', 'pixels');
p = get(h, 'CurrentPoint');
x = (p(1, 1) - handles.plotbox(1)) / handles.plotbox(3);
y = (p(1, 2) - handles.plotbox(2)) / handles.plotbox(4);
if x > 1.05 || x < -0.05 || y > 1.05 || y < -0.05
   inplot = 0;
else
   x = min(x, 1);      x = max(x, 0);
   y = min(y, 1);      y = max(y, 0);
   nodes = getfield(handles, handles.curve);
   x = round(256 * x) / 256;
   inplot = 1;
   set(handles.input_text, 'String', num2str(x, 3));
   set(handles.output_text, 'String', num2str(y, 3));
end
set(h, 'Units', 'normalized');

%-------------------------------------------------------------------%
function y = render(handles)
%   Map the input image and bar components and convert them to RGB
%   (if needed) and display.
set(handles.ice, 'Interruptible', 'off');
set(handles.ice, 'Pointer', 'watch');
ygb = handles.graybar;          ycb = handles.colorbar;
yi = handles.input;             mapon = handles.barmap;
imageon = handles.imagemap & size(handles.input, 1);

for i = 2:4
   nodes = getfield(handles, ['set' num2str(i)]);
   t = lut(nodes, handles.smooth(i), handles.slope(i));
   if imageon
      yi(:, :, i - 1) = t(yi(:, :, i - 1) + 1);
   end
   if mapon
      ygb(:, :, i - 1) = t(ygb(:, :, i - 1) + 1);
```

```
        ycb(:, :, i - 1) = t(ycb(:, :, i - 1) + 1);
    end
end
t = lut(handles.set1, handles.smooth(1), handles.slope(1));
if imageon
    yi = t(yi + 1);
end
if mapon
    ygb = t(ygb + 1);       ycb = t(ycb + 1);
end
if ~strcmp(handles.colortype, 'rgb')
    if size(handles.input, 1)
        yi = yi / 255;
        yi = eval([handles.colortype '2rgb(yi)']);
        yi = uint8(255 * yi);
    end
    ygb = ygb / 255;         ycb = ycb / 255;
    ygb = eval([handles.colortype '2rgb(ygb)']);
    ycb = eval([handles.colortype '2rgb(ycb)']);
    ygb = uint8(255 * ygb);      ycb = uint8(255 * ycb);
else
    yi = uint8(yi);    ygb = uint8(ygb);    ycb = uint8(ycb);
end
if size(handles.input, 1)
    figure(handles.output);      imshow(yi);
end
ygb = repmat(ygb, [32 1 1]);     ycb = repmat(ycb, [32 1 1]);
axes(handles.gray_axes);         imshow(ygb);
axes(handles.color_axes);        imshow(ycb);
figure(handles.ice);
set(handles.ice, 'Pointer', 'arrow');
set(handles.ice, 'Interruptible', 'on');

%-----------------------------------------------------------------%
function t = lut(nodes, smooth, slope)
% Create a 256 element mapping function from a set of control
% points. The output values are integers in the interval [0, 255].
% Use piecewise linear or cubic spline with or without zero end
% slope interpolation.

t = 255 * nodes;      i = 0:255;
if ~smooth
    t = [t; 256 256];    t = interp1q(t(:, 1), t(:, 2), i');
else
    if ~slope
        t = spline(t(:, 1), t(:, 2), i);
    else
        t = spline(t(:, 1), [0; t(:, 2); 0], i);
    end
end
t = round(t);      t = max(0, t);         t = min(255, t);

%-----------------------------------------------------------------%
function out = spreadout(in)
% Make all x values unique.

% Scan forward for non-unique x's and bump the higher indexed x--
% but don't exceed 1. Scan the entire range.
nudge = 1 / 256;
for i = 2:size(in, 1) - 1
    if in(i, 1) <= in(i - 1, 1)
        in(i, 1) = min(in(i - 1, 1) + nudge, 1);
    end
end
```

```
      % Scan in reverse for non-unique x's and decrease the lower indexed
      % x -- but don't go below 0. Stop on the first non-unique pair.
      if in(end, 1) == in(end - 1, 1)
         for i = size(in, 1):-1:2
            if in(i, 1) <= in(i - 1, 1)
               in(i - 1, 1) = max(in(i, 1) - nudge, 0);
            else
               break;
            end
         end
      end

      % If the first two x's are now the same, init the curve.
      if in(1, 1) == in(2, 1)
         in = [0 0; 1 1];
      end
      out = in;

      %-------------------------------------------------------------------%
      function g = rgb2cmy(f)
      %   Convert RGB to CMY using IPT's imcomplement.
      g = imcomplement(f);

      %-------------------------------------------------------------------%
      function g = cmy2rgb(f)
      %   Convert CMY to RGB using IPT's imcomplement.
      g = imcomplement(f);
```

B.2.3 图形回调函数

在 B.2 节开始处的起始 GUI M 文件中，紧随在 ICE 的打开和关闭函数之后的三个函数是图形回调函数 ice_WindowButtonDownFcn、ice_WindowButtonMotionFcn 和 ice_WindowButtonUpFcn。在自动生成的 M 文件中，它们是函数存根，即没有支持代码的 MATLAB 函数定义语句。这三个函数的完整版本如下所示，它们的任务是处理鼠标事件(在 ICE 的 curve_axes 对象上，对映射函数控制点的单击和拖动)：

```
      %-------------------------------------------------------------------%
      function ice_WindowButtonDownFcn(hObject, eventdata, handles)
      %   Start mapping function control point editing. Do move, add, or
      %   delete for left, middle, and right button mouse clicks ('normal',
      %   'extend', and 'alt' cases) over plot area.
      set(handles.curve_axes, 'Units', 'pixels');
      handles.plotbox = get(handles.curve_axes, 'Position');
      set(handles.curve_axes, 'Units', 'normalized');
      [inplot, x, y] = cursor(hObject, handles);
      if inplot
         nodes = getfield(handles, handles.curve);
         i = find(x >= nodes(:, 1));       below = max(i);
         above = min(below + 1, size(nodes, 1));
         if (x - nodes(below, 1)) > (nodes(above, 1) - x)
            node = above;
         else
            node = below;
         end
         deletednode = 0;
         switch get(hObject, 'SelectionType')
         case 'normal'
            if node == above
               above = min(above + 1, size(nodes, 1));
            elseif node == below
```

图形回调。

```
                below = max(below - 1, 1);
            end
            if node == size(nodes, 1)
                below = above;
            elseif node == 1
                above = below;
            end
            if x > nodes(above, 1)
                x = nodes(above, 1);
            elseif x < nodes(below, 1)
                x = nodes(below, 1);
            end
            handles.node = node;       handles.updown = 'down';
            handles.below = below;     handles.above = above;
            nodes(node, :) = [x y];
        case 'extend'
            if ~any(nodes(:, 1) == x)
                nodes = [nodes(1:below, :); [x y]; nodes(above:end, :)];
                handles.node = above;    handles.updown = 'down';
                handles.below = below;   handles.above = above + 1;
            end
        case 'alt'
            if (node ~= 1) && (node ~= size(nodes, 1))
                nodes(node, :) = [];    deletednode = 1;
            end
            handles.node = 0;
            set(handles.input_text, 'String', '');
            set(handles.output_text, 'String', '');
    end
    handles = setfield(handles, handles.curve, nodes);
    guidata(hObject, handles);
    graph(handles);
    if deletednode
        render(handles);
    end
end

%----------------------------------------------------------------%
function ice_WindowButtonMotionFcn(hObject, eventdata, handles)
% Do nothing unless a mouse 'down' event has occurred. If it has,
% modify control point and make new mapping function.
if ~strcmpi(handles.updown, 'down')
    return;
end
[inplot, x, y] = cursor(hObject, handles);
if inplot
    nodes = getfield(handles, handles.curve);
    nudge = handles.smooth(handles.cindex) / 256;
    if (handles.node ~= 1) && (handles.node ~= size(nodes, 1))
        if x >= nodes(handles.above, 1)
            x = nodes(handles.above, 1) - nudge;
        elseif x <= nodes(handles.below, 1)
            x = nodes(handles.below, 1) + nudge;
        end
    else
        if x > nodes(handles.above, 1)
            x = nodes(handles.above, 1);
        elseif x < nodes(handles.below, 1)
            x = nodes(handles.below, 1);
        end
    end
    nodes(handles.node, :) = [x y];
    handles = setfield(handles, handles.curve, nodes);
```

> 函数 S = setfield(S, 'field', V) 将指定字段的内容设置为值 V。返回更改后的结构。

```
        guidata(hObject, handles);
        graph(handles);
    end

%-------------------------------------------------------------------%
function ice_WindowButtonUpFcn(hObject, eventdata, handles)
%   Terminate ongoing control point move or add operation. Clear
%   coordinate text below plot and update display.
    update = strcmpi(handles.updown, 'down');
    handles.updown = 'up';       handles.node = 0;
    guidata(hObject, handles);
    if update
        set(handles.input_text, 'String', '');
        set(handles.output_text, 'String', '');
        render(handles);
    end
```

一般来说，图形回调的启动只响应于与图形对象或窗口的交互，而不响应于激活的 uicontrol 对象。更为特别的是，

- 当用户使用光标单击图形而非激活的 uicontrol(如一个按钮或弹出菜单)上方时，执行 WindowButtonDownFcn。
- 当用户在图形的内部移动压下的鼠标按钮时，执行 WindowButtonMotionFcn。
- 当用户已在图形的内部而非激活的 uicontrol 上方按下鼠标按钮后，再松开鼠标按钮时，将执行 WindowButtonUpFcn。

ice 的图形回调的目的和行为在编码中都有记载。关于最终的实现，我们做出如下的一般性观察：

1. 因为 ice_WindowButtonDownFcn 是在 ice 图形中单击所有按钮后调用的(除激活图形对象外)，所以回调函数的第一项工作是了解光标是否在 ice 的绘图区域(即 curve_axes 对象的范围内)。如果光标在这个区域之外，那么应忽略鼠标动作。这一测试由内部函数 cursor 执行，该函数的清单已在上节提供。在光标中，语句

$$p = get(h, 'CurrentPoint');$$

   返回当前光标的坐标。变量 h 通过 ice_WindowButtonDownFcn 来传递，如输入参量 hObject 那样产生。在所有的图回调中，hObject 是请求服务的图形的句柄。属性 'CurrentPoint' 包含光标相对于图形的位置，它是一个两元素行向量$[x\ y]$。

2. 因为 ice 是针对两按钮或三按钮鼠标设计的，因此 ice_WindowButtonDownFcn 必须确定哪个按钮引起哪个回调。如我们在代码中看到的那样，这一任务是由一个 switch 结构使用 'SelectionType' 属性来完成的。'normal'、'extent'和'alt'情况分别对应于三按钮鼠标的左按钮单击、中按钮单击和右按钮单击(或对应于两按钮鼠标的左按钮单击、Shift+左按钮单击和 Ctrl+左按钮单击)，且分别用于触发添加控制点、移动控制点和删除控制点操作。

3. 所显示的 ICE 映射函数在每次控制点被修改时都会被更新(通过内部函数 graph)，但句柄存储在 handles.output 中的输出图形仅在松开鼠标按钮时才被更新。这是因为输出图像的计算(由内部函数 render 执行)非常耗时。它涉及单独地映射输入图像的三个彩色分量，由"全部分量"曲线重映射每个分量，并把映射后的分量转换到 RGB 彩色空间以便显示。注意，如果没有足够的预防措施，那么在这一漫长的输出映射处理期间，映射函数的控制点很可能会被修改。

   为预防这种情况，ice 控制了其各种回调的可中断性。所有的 MATLAB 图形对象都有一个 Interruptible 属性，该属性决定它们的回调是否能被中断。每个对象的'Interruptible'属性的默认值是'on'，这意味着对象回调可被中断。如果切换到'off'，那么当前不可中断回调的执行期间所出现的回调不是被忽略(即取消)，就是被放置到事件队列中以便以后处理。中断回调这种安

排由被中断对象的'BusyAction'特性确定。如果'BusyAction'是'cancel'，那么放弃回调；如果是'queue'，那么该回调将在非中断回调完成后来处理。

函数 ice_WindowButtonUpFcn 使用刚才讨论的机理暂时(即输入图像计算期间)终止用户操纵映射函数控制点的能力。内部函数 render 中的命令序列

```
set(handles.ice, 'Interruptible', 'off');
set(handles.ice, 'Pointer', 'watch');

set(handles.ice, 'Pointer', 'arrow');
set(handles.ice, 'Interruptible', 'on');
```

在输出图像和伪彩色及全彩色条映射期间，会将 ice 图形窗口的'Interruptible'属性设置为'off'。这会防止用户在映射被执行期间修改映射函数控制点。还要注意，图形的'Pointer'特性被设置为'watch'，它直观地表明 ice 正忙，且在输出计算完成时，重新设置为'arrow'。

B.2.4 对象回调函数

B.2 节开始处的起始 GUI M 文件的最后 14 行是对象回调函数的存根。类似于前一节自动生成的图形回调，它们最初的代码是空的。下面是该函数开发后的完整版。注意，每个函数使用一个不同的 ice uicontrol 对象(按钮等)来处理用户交互，并通过将其 Tag 属性与字符串'_Callback'连接起来命名。例如，负责处理所选择的显示映射函数命名为 component_popup_Callback。当用户激活(即单击)弹出选项时，它将被调用。还要注意，输入参量 hObject 是弹出图形对象的句柄，而不是 ice 图形的句柄(就如前一节的图形回调那样)。ICE 的对象回调所涉及的代码很少，且是自我解释的。因为 ice 不使用上下文敏感的(即右键单击引起的)菜单，函数存根 component_popup_CreateFcn 保持为其初始的空状态。它是在对象创建期间执行的一个回调子程序。

```
%---------------------------------------------------------------%
function smooth_checkbox_Callback(hObject, eventdata, handles)
% Accept smoothing parameter for currently selected color
% component and redraw mapping function.

if get(hObject, 'Value')
   handles.smooth(handles.cindex) = 1;
   nodes = getfield(handles, handles.curve);
   nodes = spreadout(nodes);
   handles = setfield(handles, handles.curve, nodes);
else
   handles.smooth(handles.cindex) = 0;
end
guidata(hObject, handles);
set(handles.ice, 'Pointer', 'watch');
graph(handles);      render(handles);
set(handles.ice, 'Pointer', 'arrow');

%---------------------------------------------------------------%
function reset_pushbutton_Callback(hObject, eventdata, handles)
% Init all display parameters for currently selected color
% component, make map 1:1, and redraw it.

handles = setfield(handles, handles.curve, [0 0; 1 1]);
c = handles.cindex;
handles.smooth(c) = 0;   set(handles.smooth_checkbox, 'Value', 0);
handles.slope(c) = 0;    set(handles.slope_checkbox, 'Value', 0);
handles.pdf(c) = 0;      set(handles.pdf_checkbox, 'Value', 0);
```

```
handles.cdf(c) = 0;    set(handles.cdf_checkbox, 'Value', 0);
guidata(hObject, handles);
set(handles.ice, 'Pointer', 'watch');
graph(handles);     render(handles);
set(handles.ice, 'Pointer', 'arrow');

%-------------------------------------------------------------------%
function slope_checkbox_Callback(hObject, eventdata, handles)
% Accept slope clamp for currently selected color component and
% draw function if smoothing is on.

if get(hObject, 'Value')
   handles.slope(handles.cindex) = 1;
else
   handles.slope(handles.cindex) = 0;
end
guidata(hObject, handles);
if handles.smooth(handles.cindex)
   set(handles.ice, 'Pointer', 'watch');
   graph(handles);     render(handles);
   set(handles.ice, 'Pointer', 'arrow');
end

%-------------------------------------------------------------------%
function resetall_pushbutton_Callback(hObject, eventdata, handles)
% Init display parameters for color components, make all maps 1:1,
% and redraw display.
for c = 1:4
   handles.smooth(c) = 0;    handles.slope(c) = 0;
   handles.pdf(c) = 0;       handles.cdf(c) = 0;
   handles = setfield(handles, ['set' num2str(c)], [0 0; 1 1]);
end
set(handles.smooth_checkbox, 'Value', 0);
set(handles.slope_checkbox, 'Value', 0);
set(handles.pdf_checkbox, 'Value', 0);
set(handles.cdf_checkbox, 'Value', 0);
guidata(hObject, handles);
set(handles.ice, 'Pointer', 'watch');
graph(handles);     render(handles);
set(handles.ice, 'Pointer', 'arrow');

%-------------------------------------------------------------------%
function pdf_checkbox_Callback(hObject, eventdata, handles)
% Accept PDF (probability density function or histogram) display
% parameter for currently selected color component and redraw
% mapping function if smoothing is on. If set, clear CDF display.

if get(hObject, 'Value')
   handles.pdf(handles.cindex) = 1;
   set(handles.cdf_checkbox, 'Value', 0);
   handles.cdf(handles.cindex) = 0;
else
   handles.pdf(handles.cindex) = 0;
end
guidata(hObject, handles);     graph(handles);

%-------------------------------------------------------------------%
function cdf_checkbox_Callback(hObject, eventdata, handles)
% Accept CDF (cumulative distribution function) display parameter
% for selected color component and redraw mapping function if
% smoothing is on. If set, clear CDF display.

if get(hObject, 'Value')
   handles.cdf(handles.cindex) = 1;
   set(handles.pdf_checkbox, 'Value', 0);
   handles.pdf(handles.cindex) = 0;
```

```matlab
else
    handles.cdf(handles.cindex) = 0;
end
guidata(hObject, handles);       graph(handles);

%-----------------------------------------------------------------%
function mapbar_checkbox_Callback(hObject, eventdata, handles)
% Accept changes to bar map enable state and redraw bars.
handles.barmap = get(hObject, 'Value');
guidata(hObject, handles);       render(handles);

%-----------------------------------------------------------------%
function mapimage_checkbox_Callback(hObject, eventdata, handles)
% Accept changes to the image map state and redraw image.
handles.imagemap = get(hObject, 'Value');
guidata(hObject, handles);       render(handles);

%-----------------------------------------------------------------%
function component_popup_Callback(hObject, eventdata, handles)
% Accept color component selection, update component specific
% parameters on GUI, and draw the selected mapping function.
c = get(hObject, 'Value');
handles.cindex = c;
handles.curve = strcat('set', num2str(c));
guidata(hObject, handles);
set(handles.smooth_checkbox, 'Value', handles.smooth(c));
set(handles.slope_checkbox, 'Value', handles.slope(c));
set(handles.pdf_checkbox, 'Value', handles.pdf(c));
set(handles.cdf_checkbox, 'Value', handles.cdf(c));
graph(handles);

%-----------------------------------------------------------------%
% --- Executes during object creation, after setting all properties.
function component_popup_CreateFcn(hObject, eventdata, handles)
% hObject    handle to component_popup (see GCBO)
% eventdata  reserved - to be defined in a future version of MATLAB
% handles    empty - handles not created until all CreateFcns called
% Hint: popupmenu controls usually have a white background on Windows.
%       See ISPC and COMPUTER.
if ispc && isequal(get(hObject,'BackgroundColor'), ...
        get(0,'defaultUicontrolBackgroundColor'))
    set(hObject,'BackgroundColor','white');
end
```

附录 C 附加的自定义 M 函数

引言

本附录包含了本书前面未列出的所有 M 函数的清单。函数是按字母顺序组织的。为方便查找并阅读其概要说明，每个函数的前两行以粗体字印刷。作为本书的一部分，下面列出的所有函数均受版权保护，且只授权给拥有本书纸质版的用户使用。在未得到出版机构的书面授权时，任何类型的传播，包括借助于任何方式（如本地服务器和互联网）进行复制和/或粘贴，都将违反国内和国际版权法。

A

```matlab
function f = adpmedian(g, Smax)
%ADPMEDIAN Perform adaptive median filtering.
%   F = ADPMEDIAN(G, SMAX) performs adaptive median filtering of
%   image G.  The median filter starts at size 3-by-3 and iterates
%   up to size SMAX-by-SMAX. SMAX must be an odd integer greater
%   than 1.

% SMAX must be an odd, positive integer greater than 1.
if (Smax <= 1) || (Smax/2 == round(Smax/2)) || (Smax ~= round(Smax))
   error('SMAX must be an odd integer > 1.')
end

% Initial setup.
f = g;
f(:) = 0;
alreadyProcessed = false(size(g));

% Begin filtering.
for k = 3:2:Smax
   zmin = ordfilt2(g, 1, ones(k, k), 'symmetric');
   zmax = ordfilt2(g, k * k, ones(k, k), 'symmetric');
   zmed = medfilt2(g, [k k], 'symmetric');

   processUsingLevelB = (zmed > zmin) & (zmax > zmed) & ...
       ~alreadyProcessed;
   zB = (g > zmin) & (zmax > g);
   outputZxy  = processUsingLevelB & zB;
   outputZmed = processUsingLevelB & ~zB;
   f(outputZxy) = g(outputZxy);
   f(outputZmed) = zmed(outputZmed);

   alreadyProcessed = alreadyProcessed | processUsingLevelB;
   if all(alreadyProcessed(:))
      break;
   end
end

% Output zmed for any remaining unprocessed pixels. Note that this
% zmed was computed using a window of size Smax-by-Smax, which is
% the final value of k in the loop.
```

```
f(~alreadyProcessed) = zmed(~alreadyProcessed);


function av = average(A)
%AVERAGE Computes the average value of an array.
%   AV = AVERAGE(A) computes the average value of input array, A,
%   which must be a 1-D or 2-D array.

% Check the validity of the input. (Keep in mind that
% a 1-D array is a special case of a 2-D array.)
if ndims(A) > 2
   error('The dimensions of the input cannot exceed 2.')
end

% Compute the average
av = sum(A(:))/length(A(:));
```

B

```
function rc_new = bound2eight(rc)
%BOUND2EIGHT Convert 4-connected boundary to 8-connected boundary.
%   RC_NEW = BOUND2EIGHT(RC) converts a four-connected boundary to an
%   eight-connected boundary. RC is a P-by-2 matrix, each row of
%   which contains the row and column coordinates of a boundary
%   pixel. RC must be a closed boundary; in other words, the last
%   row of RC must equal the first row of RC. BOUND2EIGHT removes
%   boundary pixels that are necessary for four-connectedness but not
%   necessary for eight-connectedness. RC_NEW is a Q-by-2 matrix,
%   where Q <= P.

if ~isempty(rc) && ~isequal(rc(1, :), rc(end, :))
   error('Expected input boundary to be closed.');
end

if size(rc, 1) <= 3
   % Degenerate case.
   rc_new = rc;
   return;
end

% Remove last row, which equals the first row.
rc_new = rc(1:end - 1, :);

% Remove the middle pixel in four-connected right-angle turns. We
% can do this in a vectorized fashion, but we can't do it all at
% once. Similar to the way the 'thin' algorithm works in bwmorph,
% we'll remove first the middle pixels in four-connected turns where
% the row and column are both even; then the middle pixels in the all
% the remaining four-connected turns where the row is even and the
% column is odd; then again where the row is odd and the column is
% even; and finally where both the row and column are odd.

remove_locations = compute_remove_locations(rc_new);
field1 = remove_locations & (rem(rc_new(:, 1), 2) == 0) & ...
        (rem(rc_new(:, 2), 2) == 0);
rc_new(field1, :) = [];

remove_locations = compute_remove_locations(rc_new);
field2 = remove_locations & (rem(rc_new(:, 1), 2) == 0) & ...
        (rem(rc_new(:, 2), 2) == 1);
rc_new(field2, :) = [];

remove_locations = compute_remove_locations(rc_new);
```

```
field3 = remove_locations & (rem(rc_new(:, 1), 2) == 1) & ...
    (rem(rc_new(:, 2), 2) == 0);
rc_new(field3, :) = [];

remove_locations = compute_remove_locations(rc_new);
field4 = remove_locations & (rem(rc_new(:, 1), 2) == 1) & ...
    (rem(rc_new(:, 2), 2) == 1);
rc_new(field4, :) = [];

% Make the output boundary closed again.
rc_new = [rc_new; rc_new(1, :)];
%-----------------------------------------------------------------%
function remove = compute_remove_locations(rc)

% Circular diff.
d = [rc(2:end, :); rc(1, :)] - rc;

% Dot product of each row of d with the subsequent row of d,
% performed in circular fashion.
d1 = [d(2:end, :); d(1, :)];
dotprod = sum(d .* d1, 2);

% Locations of N, S, E, and W transitions followed by
% a right-angle turn.
remove = ~all(d, 2) & (dotprod == 0);

% But we really want to remove the middle pixel of the turn.
remove = [remove(end, :); remove(1:end - 1, :)];

function rc_new = bound2four(rc)
%BOUND2FOUR Convert 8-connected boundary to 4-connected boundary.
%   RC_NEW = BOUND2FOUR(RC) converts an eight-connected boundary to a
%   four-connected boundary.  RC is a P-by-2 matrix, each row of
%   which contains the row and column coordinates of a boundary
%   pixel.  BOUND2FOUR inserts new boundary pixels wherever there is
%   a diagonal connection.

if size(rc, 1) > 1
    % Phase 1: remove diagonal turns, one at a time until they are
    % all gone.
    done = 0;
    rc1 = [rc(end - 1, :); rc];
    while ~done
        d = diff(rc1, 1);
        diagonal_locations = all(d, 2);
        double_diagonals = diagonal_locations(1:end - 1) & ...
            (diff(diagonal_locations, 1) == 0);
        double_diagonal_idx = find(double_diagonals);
        turns = any(d(double_diagonal_idx, :) ~= ...
            d(double_diagonal_idx + 1, :), 2);
        turns_idx = double_diagonal_idx(turns);
        if isempty(turns_idx)
            done = 1;
        else
            first_turn = turns_idx(1);
            rc1(first_turn + 1, :) = (rc1(first_turn, :) + ...
                rc1(first_turn + 2, :)) / 2;
            if first_turn == 1
                rc1(end, :) = rc1(2, :);
            end
        end
    end
    rc1 = rc1(2:end, :);
```

```
end

% Phase 2: insert extra pixels where there are diagonal connections.

rowdiff = diff(rc1(:, 1));
coldiff = diff(rc1(:, 2));

diagonal_locations = rowdiff & coldiff;
num_old_pixels = size(rc1, 1);
num_new_pixels = num_old_pixels + sum(diagonal_locations);
rc_new = zeros(num_new_pixels, 2);

% Insert the original values into the proper locations in the new RC
% matrix.
idx = (1:num_old_pixels)' + [0; cumsum(diagonal_locations)];
rc_new(idx, :) = rc1;

% Compute the new pixels to be inserted.
new_pixel_offsets = [0 1; -1 0; 1 0; 0 -1];
offset_codes = 2 * (1 - (coldiff(diagonal_locations) + 1)/2) + ...
    (2 - (rowdiff(diagonal_locations) + 1)/2);
new_pixels = rc1(diagonal_locations, :) + ...
    new_pixel_offsets(offset_codes, :);

% Where do the new pixels go?
insertion_locations = zeros(num_new_pixels, 1);
insertion_locations(idx) = 1;
insertion_locations = ~insertion_locations;

% Insert the new pixels.
rc_new(insertion_locations, :) = new_pixels;

function image = bound2im(b, M, N)
%BOUND2IM Converts a boundary to an image.
%   IMAGE = BOUND2IM(b) converts b, an np-by-2 array containing the
%   integer coordinates of a boundary, into a binary image with 1s
%   in the locations of the coordinates in b and 0s elsewhere. The
%   height and width of the image are equal to the Mmin + H and Nmin
%   + W, where Mmin = min(b(:,1)) - 1, N = min(b(:,2)) - 1, and H
%   and W are the height and width of the boundary. In other words,
%   the image created is the smallest image that will encompass the
%   boundary while maintaining the its original coordinate values.
%
%   IMAGE = BOUND2IM(b, M, N) places the boundary in a region of
%   size M-by-N. M and N must satisfy the following conditions:
%
%       M >= max(b(:,1)) - min(b(:,1)) + 1
%       N >= max(b(:,2)) - min(b(:,2)) + 1
%
%   Typically, M = size(f, 1) and N = size(f, 2), where f is the
%   image from which the boundary was extracted. In this way, the
%   coordinates of IMAGE and f are registered with respect to each
%   other.

% Check input.
if size(b, 2) ~= 2
    error('The boundary must be of size np-by-2')
end

% Make sure the coordinates are integers.
 b = round(b);

% Defaults.
```

```
if nargin == 1
   Mmin = min(b(:,1)) - 1;
   Nmin = min(b(:,2)) - 1;
   H = max(b(:,1)) - min(b(:,1)) + 1; % Height of boundary.
   W = max(b(:,2)) - min(b(:,2)) + 1; % Width of boundary.
   M = H + Mmin;
   N = W + Nmin;
end

% Create the image.
image = false(M, N);
linearIndex = sub2ind([M, N], b(:,1), b(:,2));
image(linearIndex) = 1;
```

function [dir, x0 y0] = boundarydir(x, y, orderout)
```
%BOUNDARYDIR Determine the direction of a sequence of planar points.
%   [DIR] = BOUNDARYDIR(X, Y) determines the direction of travel of
%   a closed, nonintersecting sequence of planar points with
%   coordinates contained in column vectors X and Y. Values of DIR
%   are 'cw' (clockwise) and 'ccw' (counterclockwise). The direction
%   of travel is with respect to the image coordinate system defined
%   in Chapter 2 of the book.
%
%   [DIR, X0, Y0] = BOUNDARYDIR(X, Y, ORDEROUT) determines the
%   direction DIR of the input sequence, and also outputs the
%   sequence with its direction of travel as specified in ORDEROUT.
%   Valid values of this parameter as 'cw' and 'ccw'. The
%   coordinates of the output sequence are column vectors X0 and Y0.
%
%   The input sequence is assumed to be nonintersecting, and it
%   cannot have duplicate points, with the exception of the first
%   and last points possibly being the same, a condition often
%   resulting from boundary-following functions, such as
%   bwboundaries.
% Preliminaries.
% Make sure coordinates are column vectors.
x = x(:);
y = y(:);

% If the first and last points are the same, delete the last point.
% The point will be restored later.
restore = false;
if x(1) == x(end) && y(1) == y(end)
   x = x(1:end-1);
   y = y(1:end-1);
   restore = true;
end
% Check for duplicate points.
if length([x y]) ~= length(unique([x y],'rows'))
   error('No duplicate points except first and last are allowed.')
end

% The topmost, leftmost point in the sequence is always a convex
% vertex.
x0 = x;
y0 = y;
cx = find(x0 == min(x0));
cy = find(y0 == min(y0(cx)));
x1 = x0(cx(1));
y1 = y0(cy(1));
% Scroll data so that the first point in the sequence is (x1, y1),
% the guaranteed convex point.
I = find(x0 == x1 & y0 == y1);
```

```
x0 = circshift(x0, [-(I - 1), 0]);
y0 = circshift(y0, [-(I - 1), 0]);

% Form the matrix needed to check for travel direction. Only three
% points are needed: (x1, y1), the point before it, and the point
% after it.
A = [x0(end) y0(end) 1; x0(1) y0(1) 1; x0(2) y0(2) 1];
dir = 'cw';
if det(A) > 0
   dir = 'ccw';
end

% Prepare outputs.
if nargin == 3
   x0 = x; % Reuse x0 and y0.
   y0 = y;
   if ~strcmp(dir, orderout)
      x0(2:end) = flipud(x0(2:end)); % Reverse order of travel.
      y0(2:end) = flipud(y0(2:end));
   end
   if restore
      x0(end + 1) = x0(1);
      y0(end + 1) = y0(1);
   end
end
```

function [s, sUnit] = bsubsamp(b, gridsep)
%BSUBSAMP Subsample a boundary.
```
%   [S, SUNIT] = BSUBSAMP(B, GRIDSEP) subsamples the boundary B by
%   assigning each of its points to the grid node to which it is
%   closest.  The grid is specified by GRIDSEP, which is the
%   separation in pixels between the grid lines. For example, if
%   GRIDSEP = 2, there are two pixels in between grid lines. So, for
%   instance, the grid points in the first row would be at (1,1),
%   (1,4), (1,6), ..., and similarly in the y direction. The value
%   of GRIDSEP must be an integer. The boundary is specified by a
%   set of coordinates in the form of an np-by-2 array.  It is
%   assumed that the boundary is one pixel thick and that it is
%   ordered in a clockwise or counterclockwise sequence.
%
%   Output S is the subsampled boundary. Output SUNIT is normalized
%   so that the grid separation is unity.  This is useful for
%   obtaining the Freeman chain code of the subsampled boundary. The
%   outputs are in the same order (clockwise or counterclockwise) as
%   the input. There are no duplicate points in the output.

% Check inputs.
[np, nc] = size(b);
if np < nc
   error('b must be of size np-by-2.');
end
if isinteger(gridsep)
   error('gridsep must be an integer.')
end

% Find the maximum span of the boundary.
xmax = max(b(:, 1)) + 1;
ymax = max(b(:, 2)) + 1;

% Determine the integral number of grid lines with gridsep points in
% between them that encompass the intervals [1,xmax], [1,ymax].
GLx = ceil((xmax + gridsep)/(gridsep + 1));
GLy = ceil((ymax + gridsep)/(gridsep + 1));
```

```
% Form vector of grid coordinates.
I = 1:GLx;
J = 1:GLy;
% Vector of grid line locations intersecting x-axis.
X(I) = gridsep*I + (I - gridsep);
% Vector of grid line locations intersecting y-axis.
Y(J) = gridsep*J + (J - gridsep);
[C, R] = meshgrid(Y, X); % See CH 02 regarding function meshgrid.
% Vector of grid all coordinates, arranged as Nunbergridpoints-by-2
% array to match the horizontal dimensions of b. This allows
% computation of distances to be vectorized and thus be much more
% efficient.
V = [C(1:end); R(1:end)]';

% Compute the distance between every element of b and every element
% of the grid.  See Chapter 13 regarding distance computations.
p = np;
q = size(V, 1);
D = sqrt(sum(abs(repmat(permute(b, [1 3 2]), [1 q 1])...
        - repmat(permute(V, [3 1 2]), [p 1 1])).^2, 3));

% D(i, j) is the distance between the ith row of b and the jth
% row of V. Find the min between each element of b and V.
new_b = zeros(np, 2); % Preallocate memory.
for I = 1:np
   idx = find(D(I,:) == min(D(I,:)), 1); % One min in row I of D.
   new_b(I, :) = V(idx, :);
end

% Eliminate duplicates and keep same order as input.
[s, m] = unique(new_b, 'rows');
s = [s, m];
s = fliplr(s);
s = sortrows(s);
s = fliplr(s);
s = s(:, 1:2);

% Scale to unit grid so that can use directly to obtain Freeman
% chain codes.  The shape does not change.
sUnit = round(s./gridsep) + 1;
```

C

```
function image = changeclass(class, varargin)
%CHANGECLASS changes the storage class of an image.
%   I2 = CHANGECLASS(CLASS, I);
%   RGB2 = CHANGECLASS(CLASS, RGB);
%   BW2 = CHANGECLASS(CLASS, BW);
%   X2 = CHANGECLASS(CLASS, X, 'indexed');

%   Copyright 1993-2002 The MathWorks, Inc.  Used with permission.
%   $Revision: 211 $  $Date: 2006-07-31 14:22:42 -0400 (Mon, 31 Jul
2006) $

switch class
case 'uint8'
   image = im2uint8(varargin{:});
case 'uint16'
   image = im2uint16(varargin{:});
case 'double'
   image = im2double(varargin{:});
otherwise
   error('Unsupported IPT data class.');
```

end

```matlab
function H = cnotch(type, notch, M, N, C, DO, n)
%CNOTCH Generates circularly symmetric notch filters.
%   H = CNOTCH(TYPE, NOTCH, M, N, C, DO, n) generates a notch filter
%   of size M-by-N. C is a K-by-2 matrix with K pairs of frequency
%   domain coordinates (u, v) that define the centers of the filter
%   notches (when specifying filter locations, remember that
%   coordinates in MATLAB run from 1 to M and 1 to N). Coordinates
%   (u, v) are specified for one notch only. The corresponding
%   symmetric notches are generated automatically. DO is the radius
%   (cut-off frequency) of the notches. It can be specified as a
%   scalar, in which case it is used in all K notch pairs, or it can
%   be a vector of length K, containing an individual cutoff value
%   for each notch pair. n is the order of the Butterworth filter if
%   one is specified.
%
%       Valid values of TYPE are:
%
%           'ideal'     Ideal notchpass filter. n is not used.
%
%           'btw'       Butterworth notchpass filter of order n. The
%                       default value of n is 1.
%
%           'gaussian'  Gaussian notchpass filter. n is not used.
%
%       Valid values of NOTCH are:
%
%           'reject'    Notchreject filter.
%
%           'pass'      Notchpass filter.
%
%       One of these two values must be specified for NOTCH.
%
%   H is of floating point class single. It is returned uncentered
%   for consistency with filtering function dftfilt. To view H as an
%   image or mesh plot, it should be centered using Hc = fftshift(H).

% Preliminaries.
if nargin < 7
    n = 1; % Default for Butterworth filter.
end

% Define tha largest array of odd dimensions that fits in H. This is
% required to preserve symmetry in the filter. If necessary, a row
% and/or column is added to the filter at the end of the function.
MO = M;
NO = N;
if iseven(M)
    MO = M - 1;
end
if iseven(N)
    NO = N - 1;
end

% Center of the filter:
center = [floor(MO/2) + 1, floor(NO/2) + 1];

% Number of notch pairs.
K = size(C, 1);
% Cutoff values.
if numel(DO) == 1
        DO(1:K) = DO; % All cut offs are the same.
```

```
end

% Shift notch centers  so that they are with respect to the center
% of the filter (and the frequency rectangle).
center = repmat(center, size(C,1), 1);
C = C - center;

% Begin filter computations. All filters are computed as notchreject
% filters. At the end, they are changed to notchpass filters if it
% is so specified in parameter NOTCH.
H = rejectFilter(type, MO, NO, DO, K, C, n);

% Finished. Format the output.
H = processOutput(notch, H, M, N, center);

%-----------------------------------------------------------------%
function H = rejectFilter(type, MO, NO, DO, K, C, n)
% Initialize the filter array to be an "all pass" filter. This
% constant filter is then multiplied by the notchreject filters
% placed at the locations in C with respect to the center of the
% frequency rectangle.
H = ones(MO, NO, 'single');

% Generate filter.
for I = 1:K
   % Place a notch at each location in delta. Function hpfilter
   % returns the filters uncentered. Use fftshit to center the
   % filter at each location. The filters are made larger than
   % M-by-N to simplify indexing in function placeNotches.
   Usize = MO + 2*abs(C(I, 1));
   Vsize = NO + 2*abs(C(I, 2));
   filt = fftshift(hpfilter(type, Usize , Vsize, DO(I), n));
   % Insert FILT in H.
   H = placeNotches(H, filt, C(I,1), C(I,2));
end

%-----------------------------------------------------------------%
function P = placeNotches(H, filt, delu, delv)
% Places in H the notch contained in FILT.

[M N] = size(H);
U = 2*abs(delu);
V = 2*abs(delv);

% The following calculations are to determine the (common) area of
% overlap between array H and the notch filter FILT.
if delu >= 0 && delv >= 0
   filtCommon = filt(1:M, 1:N); % Displacement is in Q1.
elseif delu < 0 && delv >= 0
   filtCommon = filt(U + 1:U + M, 1:N); % Displacement is in Q2.
elseif delu < 0 && delv < 0
   filtCommon = filt(U + 1:U + M, V + 1:V + N); % Q3
elseif delu >= 0 && delv <= 0
   filtCommon = filt(1:M, V + 1:V + N); % Q4
end

% Compute the product of H and filtCommon. They are registered.
P = ones(M, N).*filtCommon;

% The conjugate notch location is determined by rotating P 180
% degress. This is the same as flipping P left-right and up-down.
% The product of P and its rotated version contain FILT and its
% conjugate.
```

```
P = P.*(flipud(fliplr(P)));
P = H.*P; % A new notch and its conjugate were inserted.


%-----------------------------------------------------------------%
function Hout = processOutput(notch, H, M, N, center)
% At this point, H is an odd array in both dimensions (see comments
% at the beginning of the function). In the following, we insert a
% row if M is even, and a column if N is even. The new row and
% column have to be symmetric about their center to preserve
% symmetry in the filter. They are created by duplicating the first
% row and column of H and then making them symmetric.
centerU = center(1,1);
centerV = center(1,2);
newRow = H(1,:);
newRow(1:centerV - 1) = fliplr(newRow(centerV+1:end)); %Symmetric now.
newCol = H(:,1);
newCol(1:centerU - 1) = flipud(newCol(centerU+1:end)); %Symmetric.
% Insert the new row and/or column if appropriate.
if iseven(M) && iseven(N)
   Hout = cat(1, newRow, H);
   newCol = cat(1, H(1,1), newCol);
   Hout = cat(2, newCol, Hout);
elseif iseven(M) && isodd(N)
   Hout = cat(1, newRow, H);
elseif isodd(M) && iseven(N)
   Hout = cat(2, newCol, H);
else
   Hout = H;
end

% Uncenter the filter, as required for filtering with dftfilt.
Hout = ifftshift(Hout);

% Generate a pass filter if one was specified.
if strcmp(notch, 'pass')
   Hout = 1 - Hout;
end

function [VG, A, PPG]= colorgrad(f, T)
%COLORGRAD Computes the vector gradient of an RGB image.
%   [VG, VA, PPG] = COLORGRAD(F, T) computes the vector gradient, VG,
%   and corresponding angle array, VA, (in radians) of RGB image
%   F. It also computes PPG, the per-plane composite gradient
%   obtained by summing the 2-D gradients of the individual color
%   planes. Input T is a threshold in the range [0, 1]. If it is
%   included in the argument list, the values of VG and PPG are
%   thresholded by letting VG(x,y) = 0 for values <= T and VG(x,y) =
%   VG(x,y) otherwise. Similar comments apply to PPG.  If T is not
%   included in the argument list then T is set to 0. Both output
%   gradients are scaled to the range [0, 1].

if (ndims(f) ~= 3) || (size(f, 3) ~= 3)
   error('Input image must be RGB.');
end

% Compute the x and y derivatives of the three component images
% using Sobel operators.
sh = fspecial('sobel');
sv = sh';
Rx = imfilter(double(f(:, :, 1)), sh, 'replicate');
Ry = imfilter(double(f(:, :, 1)), sv, 'replicate');
Gx = imfilter(double(f(:, :, 2)), sh, 'replicate');
Gy = imfilter(double(f(:, :, 2)), sv, 'replicate');
```

```
Bx = imfilter(double(f(:, :, 3)), sh, 'replicate');
By = imfilter(double(f(:, :, 3)), sv, 'replicate');

% Compute the parameters of the vector gradient.
gxx = Rx.^2 + Gx.^2 + Bx.^2;
gyy = Ry.^2 + Gy.^2 + By.^2;
gxy = Rx.*Ry + Gx.*Gy + Bx.*By;
A = 0.5*(atan(2*gxy./(gxx - gyy + eps)));
G1 = 0.5*((gxx + gyy) + (gxx - gyy).*cos(2*A) + 2*gxy.*sin(2*A));

% Now repeat for angle + pi/2. Then select the maximum at each point.
A = A + pi/2;
G2 = 0.5*((gxx + gyy) + (gxx - gyy).*cos(2*A) + 2*gxy.*sin(2*A));
G1 = G1.^0.5;
G2 = G2.^0.5;
% Form VG by picking the maximum at each (x,y) and then scale
% to the range [0, 1].
VG = mat2gray(max(G1, G2));

% Compute the per-plane gradients.
RG = sqrt(Rx.^2 + Ry.^2);
GG = sqrt(Gx.^2 + Gy.^2);
BG = sqrt(Bx.^2 + By.^2);
% Form the composite by adding the individual results and
% scale to [0, 1].
PPG = mat2gray(RG + GG + BG);

% Threshold the result.
if nargin == 2
    VG = (VG > T).*VG;
    PPG = (PPG > T).*PPG;
end

function I = colorseg(varargin)
%COLORSEG Performs segmentation of a color image.
%   S = COLORSEG('EUCLIDEAN', F, T, M) performs segmentation of color
%   image F using a Euclidean measure of similarity. M is a 1-by-3
%   vector representing the average color used for segmentation (this
%   is the center of the sphere in Fig. 6.26 of DIPUM). T is the
%   threshold against which the distances are compared.
%
%   S = COLORSEG('MAHALANOBIS', F, T, M, C) performs segmentation of
%   color image F using the Mahalanobis distance as a measure of
%   similarity. C is the 3-by-3 covariance matrix of the sample color
%   vectors of the class of interest. See function covmatrix for the
%   computation of C and M.
%
%   S is the segmented image (a binary matrix) in which 0s denote the
%   background.

% Preliminaries.
% Recall that varargin is a cell array.
f = varargin{2};
if (ndims(f) ~= 3) || (size(f, 3) ~= 3)
    error('Input image must be RGB.');
end
M = size(f, 1); N = size(f, 2);
% Convert f to vector format using function imstack2vectors.
f = imstack2vectors(f);
f = double(f);
% Initialize I as a column vector.  It will be reshaped later
% into an image.
I = zeros(M*N, 1);
```

```
T = varargin{3};
m = varargin{4};
m = m(:)'; % Make sure that m is a row vector.

if length(varargin) == 4
   method = 'euclidean';
elseif length(varargin) == 5
   method = 'mahalanobis';
else
   error('Wrong number of inputs.');
end

switch method
case 'euclidean'
   % Compute the Euclidean distance between all rows of X and m. See
   % Section 12.2 of DIPUM for an explanation of the following
   % expression. D(i) is the Euclidean distance between vector X(i,:)
   % and vector m.
   p = length(f);
   D = sqrt(sum(abs(f - repmat(m, p, 1)).^2, 2));
case 'mahalanobis'
   C = varargin{5};
   D = mahalanobis(f, C, m);
otherwise
   error('Unknown segmentation method.')
end

% D is a vector of size MN-by-1 containing the distance computations
% from all the color pixels to vector m. Find the distances <= T.
J = find(D <= T);

% Set the values of I(J) to 1.  These are the segmented
% color pixels.
I(J) = 1;

% Reshape I into an M-by-N image.
I = reshape(I, M, N);


function c = connectpoly(x, y)
%CONNECTPOLY Connects vertices of a polygon.
%   C = CONNECTPOLY(X, Y) connects the points with coordinates given
%   in X and Y with straight lines. These points are assumed to be a
%   sequence of polygon vertices organized in the clockwise or
%   counterclockwise direction. The output, C, is the set of points
%   along the boundary of the polygon in the form of an nr-by-2
%   coordinate sequence in the same direction as the input. The last
%   point in the sequence is equal to the first.

v = [x(:), y(:)];

% Close polygon.
if ~isequal(v(end, :), v(1, :))
   v(end + 1, :) = v(1, :);
end

% Connect vertices.
segments = cell(1, length(v) - 1);
for I = 2:length(v)
   [x, y] = intline(v(I - 1, 1), v(I, 1), v(I - 1, 2), v(I, 2));
   segments{I - 1} = [x, y];
end

c = cat(1, segments{:});
```

```matlab
function cp = cornerprocess(c, T, q)
%CORNERPROCESS Processes the output of function cornermetric.
%   CP = CORNERPROCESS(C, T, Q) postprocesses C, the output of
%   function CORNERMETRIC, with the objective of reducing the
%   number of irrelevant corner points (with respect to threshold T)
%   and the number of multiple corners in a neighborhood of size
%   Q-by-Q. If there are multiple corner points contained within
%   that neighborhood, they are eroded morphologically to one corner
%   point.
%
%   A corner point is said to have been found at coordinates (I, J)
%   if C(I,J) > T.
%
%   A good practice is to normalize the values of C to the range [0
%   1], in im2double format before inputting C into this function.
%   This facilitates interpretation of the results and makes
%   thresholding more intuitive.

% Peform thresholding.
cp = c > T;

% Dilate CP to incorporate close neighbors.
B = ones(q);
cp = imdilate(cp, B);

% Shrink connnected components to single points.
cp = bwmorph(cp, 'shrink','Inf');

function cv2tifs(y, f)
%CV2TIFS Decodes a TIFS2CV compressed image sequence.
%   Y = CV2TIFS(Y, F) decodes compressed sequence Y (a structure
%   generated by TIFS2CV) and creates a multiframe TIFF file F.
%
%   See also TIFS2CV.

% Get the number of frames, block size, and reconstruction quality.
fcnt = double(y.frames);
m = double(y.blksz);
q = double(y.quality);

% Reconstruct the first image in the sequence and store.
if q == 0
    r = double(huff2mat(y.video(1)));
else
    r = double(jpeg2im(y.video(1)));
end
imwrite(uint8(r), f, 'Compression', 'none', 'WriteMode', 'overwrite');

% Get the frame size and motion vectors.
fsz = size(r);
mvsz = [fsz/m 2 fcnt];
mv = int16(huff2mat(y.motion));
mv = reshape(mv, mvsz);

% For frames except the first, get a motion conpensated prediction
% residual and add to the proper reference subimages.
for i = 2:fcnt
    if q == 0
        pe = double(huff2mat(y.video(i)));
    else
        pe = double(jpeg2im(y.video(i)) - 255);
    end
    peC = im2col(pe, [m m], 'distinct');
```

```
        for col = 1:size(peC, 2)
            u = 1 + mod(m * (col - 1), fsz(1));
            v = 1 + m * floor((col - 1) * m / fsz(1));
            rx = u - mv(1 + floor((u - 1)/m), 1 + floor((v - 1)/m), ...
                1, i);
            ry = v - mv(1 + floor((u - 1)/m), 1 + floor((v - 1)/m), ...
                2, i);

            subimage = r(rx:rx + m - 1, ry:ry + m - 1);
            peC(:, col) = subimage(:) - peC(:, col);
        end

        r = col2im(double(uint16(peC)), [m m], fsz, 'distinct');
        imwrite(uint8(r), f, 'Compression', 'none', ...
            'WriteMode', 'append');
end
```

D

```
function s = diameter(L)
%DIAMETER Measure diameter and related properties of image regions.
%   S = DIAMETER(L) computes the diameter, the major axis endpoints,
%   the minor axis endpoints, and the basic rectangle of each labeled
%   region in the label matrix L. Positive integer elements of L
%   correspond to different regions. For example, the set of elements
%   of L equal to 1 corresponds to region 1; the set of elements of L
%   equal to 2 corresponds to region 2; and so on. S is a structure
%   array of length max(L(:)). The fields of the structure array
%   include:
%
%     Diameter
%     MajorAxis
%     MinorAxis
%     BasicRectangle
%
%   The Diameter field, a scalar, is the maximum distance between any
%   two pixels in the corresponding region.
%
%   The MajorAxis field is a 2-by-2 matrix.  The rows contain the row
%   and column coordinates for the endpoints of the major axis of the
%   corresponding region.
%
%   The MinorAxis field is a 2-by-2 matrix.  The rows contain the row
%   and column coordinates for the endpoints of the minor axis of the
%   corresponding region.
%
%   The BasicRectangle field is a 4-by-2 matrix.  Each row contains
%   the row and column coordinates of a corner of the
%   region-enclosing rectangle defined by the major and minor axes.
%
%   For more information about these measurements, see Section 11.2.1
%   of Digital Image Processing, by Gonzalez and Woods, 2nd edition,
%   Prentice Hall.

s = regionprops(L, {'Image', 'BoundingBox'});

for k = 1:length(s)
    [s(k).Diameter, s(k).MajorAxis, perim_r, perim_c] = ...
        compute_diameter(s(k));
    [s(k).BasicRectangle, s(k).MinorAxis] = ...
        compute_basic_rectangle(s(k), perim_r, perim_c);
end
```

```
%-------------------------------------------------------------------%
function [d, majoraxis, r, c] = compute_diameter(s)
%   [D, MAJORAXIS, R, C] = COMPUTE_DIAMETER(S) computes the diameter
%   and major axis for the region represented by the structure S. S
%   must contain the fields Image and BoundingBox.  COMPUTE_DIAMETER
%   also returns the row and column coordinates (R and C) of the
%   perimeter pixels of s.Image.

% Compute row and column coordinates of perimeter pixels.
[r, c] = find(bwperim(s.Image));
r = r(:);
c = c(:);
[rp, cp] = prune_pixel_list(r, c);

num_pixels = length(rp);
switch num_pixels
case 0
   d = -Inf;
   majoraxis = ones(2, 2);

case 1
   d = 0;
   majoraxis = [rp cp; rp cp];

case 2
   d = (rp(2) - rp(1))^2 + (cp(2) - cp(1))^2;
   majoraxis = [rp cp];

otherwise
   % Generate all combinations of 1:num_pixels taken two at at time.
   % Method suggested by Peter Acklam.
   [idx(:, 2) idx(:, 1)] = find(tril(ones(num_pixels), -1));
   rr = rp(idx);
   cc = cp(idx);

   dist_squared = (rr(:, 1) - rr(:, 2)).^2 + ...
       (cc(:, 1) - cc(:, 2)).^2;
   [max_dist_squared, idx] = max(dist_squared);
   majoraxis = [rr(idx,:)' cc(idx,:)'];

   d = sqrt(max_dist_squared);

   upper_image_row = s.BoundingBox(2) + 0.5;
   left_image_col = s.BoundingBox(1) + 0.5;

   majoraxis(:, 1) = majoraxis(:, 1) + upper_image_row - 1;
   majoraxis(:, 2) = majoraxis(:, 2) + left_image_col - 1;
end

%-------------------------------------------------------------------%
function [basicrect, minoraxis] = compute_basic_rectangle(s, ...
                                                perim_r, perim_c)
%   [BASICRECT,MINORAXIS] = COMPUTE_BASIC_RECTANGLE(S, PERIM_R,
%   PERIM_C) computes the basic rectangle and the minor axis
%   end-points for the region represented by the structure S.  S must
%   contain the fields Image, BoundingBox, MajorAxis, and
%   Diameter. PERIM_R and PERIM_C are the row and column coordinates
%   of perimeter of s.Image. BASICRECT is a 4-by-2 matrix, each row
%   of which contains the row and column coordinates of one corner of
%   the basic rectangle.

% Compute the orientation of the major axis.
theta = atan2(s.MajorAxis(2, 1) - s.MajorAxis(1, 1), ...
```

```
                  s.MajorAxis(2, 2) - s.MajorAxis(1, 2));

% Form rotation matrix.
T = [cos(theta) sin(theta); -sin(theta) cos(theta)];

% Rotate perimeter pixels.
p = [perim_c perim_r];
p = p * T';

% Calculate minimum and maximum x- and y-coordinates for the rotated
% perimeter pixels.
x = p(:, 1);
y = p(:, 2);
min_x = min(x);
max_x = max(x);
min_y = min(y);
max_y = max(y);

corners_x = [min_x max_x max_x min_x]';
corners_y = [min_y min_y max_y max_y]';

% Rotate corners of the basic rectangle.
corners = [corners_x corners_y] * T;

% Translate according to the region's bounding box.
upper_image_row = s.BoundingBox(2) + 0.5;
left_image_col = s.BoundingBox(1) + 0.5;

basicrect = [corners(:, 2) + upper_image_row - 1, ...
             corners(:, 1) + left_image_col - 1];

% Compute minor axis end-points, rotated.
x = (min_x + max_x) / 2;
y1 = min_y;
y2 = max_y;
endpoints = [x y1; x y2];

% Rotate minor axis end-points back.
endpoints = endpoints * T;

% Translate according to the region's bounding box.
minoraxis = [endpoints(:, 2) + upper_image_row - 1, ...
             endpoints(:, 1) + left_image_col - 1];

%-------------------------------------------------------------------%
function [r, c] = prune_pixel_list(r, c)
%   [R, C] = PRUNE_PIXEL_LIST(R, C) removes pixels from the vectors
%   R and C that cannot be endpoints of the major axis. This
%   elimination is based on geometrical constraints described in
%   Russ, Image Processing Handbook, Chapter 8.

top = min(r);
bottom = max(r);
left = min(c);
right = max(c);

% Which points are inside the upper circle?
x = (left + right)/2;
y = top;
radius = bottom - top;
inside_upper = ( (c - x).^2 + (r - y).^2 ) < radius^2;

% Which points are inside the lower circle?
```

```matlab
y = bottom;
inside_lower = ( (c - x).^2 + (r - y).^2 ) < radius^2;

% Which points are inside the left circle?
x = left;
y = (top + bottom)/2;
radius = right - left;
inside_left = ( (c - x).^2 + (r - y).^2 ) < radius^2;

% Which points are inside the right circle?
x = right;
inside_right = ( (c - x).^2 + (r - y).^2 ) < radius^2;

% Eliminate points that are inside all four circles.
delete_idx = find(inside_left & inside_right & ...
                  inside_upper & inside_lower);
r(delete_idx) = [];
c(delete_idx) = [];
```

F
```matlab
function c = fchcode(b, conn, dir)
%FCHCODE Computes the Freeman chain code of a boundary.
%   C = FCHCODE(B) computes the 8-connected Freeman chain code of a
%   set of 2-D coordinate pairs contained in B, an np-by-2 array. C
%   is a structure with the following fields:
%
%     c.fcc    = Freeman chain code (1-by-np)
%     c.diff   = First difference of code c.fcc (1-by-np)
%     c.mm     = Integer of minimum magnitude from c.fcc (1-by-np)
%     c.diffmm = First difference of code c.mm (1-by-np)
%     c.x0y0   = Coordinates where the code starts (1-by-2)
%
%   C = FCHCODE(B, CONN) produces the same outputs as above, but
%   with the code connectivity specified in CONN. CONN can be 8 for
%   an 8-connected chain code, or CONN can be 4 for a 4-connected
%   chain code. Specifying CONN = 4 is valid only if the input
%   sequence, B, contains transitions with values 0, 2, 4, and 6,
%   exclusively. If it does not, an error is issued. See table
%   below.
%
%   C = FHCODE(B, CONN, DIR) produces the same outputs as above,
%   but, in addition, the desired code direction is specified.
%   Values for DIR can be:
%
%     'same'    Same as the order of the sequence of points in b.
%               This is the default.
%
%     'reverse' Outputs the code in the direction opposite to the
%               direction of the points in B.  The starting point
%               for each DIR is the same.
%
%   The elements of B are assumed to correspond to a 1-pixel-thick,
%   fully-connected, closed boundary. B cannot contain duplicate
%   coordinate pairs, except in the first and last positions, which
%   is a common feature of boundary tracing programs.
%
%   FREEMAN CHAIN CODE REPRESENTATION The table on the left shows
%   the 8-connected Freeman chain codes corresponding to allowed
%   deltax, deltay pairs. An 8-chain is converted to a 4-chain if
%   (1) conn = 4; and (2) only transitions 0, 2, 4, and 6 occur in
%   the 8-code.  Note that dividing 0, 2, 4, and 6 by 2 produce the
%   4-code. See Fig. 12.2 for an explanation of the directional 4-
```

```
%      and 8-codes.
%
%      -----------------------   ----------------
%      deltax | deltay | 8-code  corresp 4-code
%      -----------------------   ----------------
%         0       1       0          0
%        -1       1       1
%        -1       0       2          1
%        -1      -1       3
%         0      -1       4          2
%         1      -1       5
%         1       0       6          3
%         1       1       7
%      -----------------------   ----------------
%
%      The formula z = 4*(deltax + 2) + (deltay + 2) gives the
%      following sequence corresponding to rows 1-8 in the preceding
%      table: z = 11,7,6,5,9,13,14,15. These values can be used as
%      indices into the table, improving the speed of computing the
%      chain code. The preceding formula is not unique, but it is based
%      on the smallest integers (4 and 2) that are powers of 2.

% Preliminaries.
if nargin == 1
   dir = 'same';
   conn = 8;
elseif nargin == 2
   dir = 'same';
elseif nargin == 3
   % Nothing to do here.
else
   error('Incorrect number of inputs.')
end
[np, nc] = size(b);
if np < nc
   error('B must be of size np-by-2.');
end

% Some boundary tracing programs, such as bwboundaries.m, output a
% sequence in which the coordinates of the first and last points are
% the same. If this is the case, eliminate the last point.
if isequal(b(1, :), b(np, :))
   np = np - 1;
   b = b(1:np, :);
end

% Build the code table using the single indices from the formula
% for z given above:
C(11)=0; C(7)=1; C(6)=2; C(5)=3; C(9)=4;
C(13)=5; C(14)=6; C(15)=7;

% End of Preliminaries.

% Begin processing.
x0 = b(1, 1);
y0 = b(1, 2);
c.x0y0 = [x0, y0];

% Check the curve for out-of-order points or breaks.
% Get the deltax and deltay between successive points in b. The
% last row of a is the first row of b.
a = circshift(b, [-1, 0]);
```

```matlab
% DEL = a - b is an nr-by-2 matrix in which the rows contain the
% deltax and deltay between successive points in b. The two
% components in the kth row of matrix DEL are deltax and deltay
% between point (xk, yk) and (xk+1, yk+1).  The last row of DEL
% contains the deltax and deltay between (xnr, ynr) and (x1, y1),
% (i.e., between the last and first points in b).
DEL = a - b;

% If the abs value of either (or both) components of a pair
% (deltax, deltay) is greater than 1, then by definition the curve
% is broken (or the points are out of order), and the program
% terminates.
if any(abs(DEL(:, 1)) > 1) || any(abs(DEL(:, 2)) > 1);
   error('The input curve is broken or points are out of order.')
end

% Create a single index vector using the formula described above.
z = 4*(DEL(:, 1) + 2) + (DEL(:, 2) + 2);

% Use the index to map into the table. The following are
% the Freeman 8-chain codes, organized in a 1-by-np array.
fcc = C(z);

% Check if direction of code sequence needs to be reversed.
if strcmp(dir, 'reverse')
   fcc = coderev(fcc); % See below for function coderev.
end

% If 4-connectivity is specified, check that all components
% of fcc are 0, 2, 4, or 6.
if conn == 4
   if isempty(find(fcc == 1 || fcc == 3 || fcc == 5 ...
                    || fcc ==7 , 1))
       fcc = fcc./2;
   else
       error('The specified 4-connected code cannot be satisfied.')
   end
end

% Freeman chain code for structure output.
c.fcc = fcc;

% Obtain the first difference of fcc.
c.diff = codediff(fcc,conn); % See below for function codediff.

% Obtain code of the integer of minimum magnitude.
c.mm = minmag(fcc); % See below for function minmag.

% Obtain the first difference of fcc
c.diffmm = codediff(c.mm, conn);

%-----------------------------------------------------------------%
function cr = coderev(fcc)
%   Traverses the sequence of 8-connected Freeman chain code fcc in
%   the opposite direction, changing the values of each code
%   segment. The starting point is not changed. fcc is a 1-by-np
%   array.

% Flip the array left to right.  This redefines the starting point
% as the last point and reverses the order of "travel" through the
% code.
cr = fliplr(fcc);
```

```
% Next, obtain the new code values by traversing the code in the
% opposite direction. (0 becomes 4, 1 becomes 5, ... , 5 becomes 1,
% 6 becomes 2, and 7 becomes 3).
ind1 = find(0 <= cr & cr <= 3);
ind2 = find(4 <= cr & cr <= 7);
cr(ind1) = cr(ind1) + 4;
cr(ind2) = cr(ind2) - 4;

%-----------------------------------------------------------------%
function z = minmag(c)
%       Finds the integer of minimum magnitude in a given
%       4- or 8-connected Freeman chain code, C. The code is assumed to
%       be a 1-by-np array.

% The integer of minimum magnitude starts with min(c), but there
% may be more than one such value. Find them all,
I = find(c == min(c));
% and shift each one left so that it starts with min(c).
J = 0;
A = zeros(length(I), length(c));
for k = I;
   J = J + 1;
   A(J, :) = circshift(c,[0 -(k - 1)]);
end

% Matrix A contains all the possible candidates for the integer of
% minimum magnitude. Starting with the 2nd column, succesively find
% the minima in each column of A. The number of candidates decreases
% as the seach moves to the right on A.  This is reflected in the
% elements of J.  When length(J) = 1, one candidate remains.  This
% is the integer of minimum magnitude.
[M, N] = size(A);
J = (1:M)';
D(J, 1) = 0; % Reserve memory space for loop.
for k = 2:N
   D(1:M, 1) = Inf;
   D(J, 1) = A(J, k);
   amin = min(A(J, k));
   J = find(D(:, 1) == amin);
   if length(J)==1
      z = A(J, :);
      return
   end
end

%-----------------------------------------------------------------%
function d = codediff(fcc, conn)
%   Computes the first difference of code, FCC. The code FCC is
%   treated as a circular sequence, so the last element of D is the
%   difference between the last and first elements of FCC.  The
%   input code is a 1-by-np vector.

% The first difference is found by counting the number of direction
% changes (in a counter-clockwise direction) that separate two
% adjacent elements of the code.
sr = circshift(fcc, [0, -1]); % Shift input left by 1 location.
delta = sr - fcc;
d = delta;
I = find(delta < 0);

type = conn;
switch type
```

```
case 4 % Code is 4-connected
   d(I) = d(I) + 4;
case 8 % Code is 8-connected
   d(I) = d(I) + 8;
end
```

G

```
function v = gmean(A)
%GMEAN Geometric mean of columns.
%   V = GMEAN(A) computes the geometric mean of the columns of A.  V
%   is a row vector with size(A,2) elements.
%
%   Sample M-file used in Chapter 3.

m = size(A, 1);
v = prod(A, 1) .^ (1/m);


function g = gscale(f, varargin)
%GSCALE Scales the intensity of the input image.
%   G = GSCALE(F, 'full8') scales the intensities of F to the full
%   8-bit intensity range [0, 255].  This is the default if there is
%   only one input argument.
%
%   G = GSCALE(F, 'full16') scales the intensities of F to the full
%   16-bit intensity range [0, 65535].
%
%   G = GSCALE(F, 'minmax', LOW, HIGH) scales the intensities of F to
%   the range [LOW, HIGH]. These values must be provided, and they
%   must be in the range [0, 1], independently of the class of the
%   input. GSCALE performs any necessary scaling. If the input is of
%   class double, and its values are not in the range [0, 1], then
%   GSCALE scales it to this range before processing.
%
%   The class of the output is the same as the class of the input.

if length(varargin) == 0 % If only one argument it must be f.
   method = 'full8';
else
   method = varargin{1};
end

if strcmp(class(f), 'double') & (max(f(:)) > 1 || min(f(:)) < 0)
   f = mat2gray(f);
end

% Perform the specified scaling.
switch method
case 'full8'
   g = im2uint8(mat2gray(double(f)));
case 'full16'
   g = im2uint16(mat2gray(double(f)));
case 'minmax'
   low = varargin{2}; high = varargin{3};
   if low > 1 || low < 0 || high > 1 || high < 0
      error('Parameters low and high must be in the range [0, 1].')
   end
   if strcmp(class(f), 'double')
      low_in = min(f(:));
      high_in = max(f(:));
   elseif strcmp(class(f), 'uint8')
      low_in = double(min(f(:)))./255;
      high_in = double(max(f(:)))./255;
```

```matlab
   elseif strcmp(class(f), 'uint16')
      low_in = double(min(f(:)))./65535;
      high_in = double(max(f(:)))./65535;
   end
   % imadjust automatically matches the class of the input.
   g = imadjust(f, [low_in high_in], [low high]);
otherwise
   error('Unknown method.')
end
```

```matlab
function P = i2percentile(h, I)
%I2PERCENTILE Computes a percentile given an intensity value.
%   P = I2PERCENTILE(H, I) Given an intensity value, I, and a
%   histogram, H, this function computes the percentile, P, that I
%   represents for the population of intensities governed by
%   histogram H. I must be in the range [0, 1], independently of the
%   class of the image from which the histogram was obtained. P is
%   returned as a value in the range [0 1]. To convert it to a
%   percentile multiply it by 100. By definition, I = 0 represents
%   the 0th percentile and I = 1 represents 100th percentile.
%
%   Example:
%
%   Suppose that h is a uniform histogram of an uint8 image. Typing
%
%       P = i2percentile(h, 127/255)
%
%   would return P = 0.5, indicating that the input intensity
%   is in the 50th percentile.
%
%   See also function percentile2i.

% Normalized the histogram to unit area. If it is already normalized
% the following computation has no effect.
h = h/sum(h);

% Calculations.
K = numel(h) - 1;
C = cumsum(h); % Cumulative distribution.
if I < 0 || I > 1
    error('Input intensity must be in the range [0, 1].')
elseif I == 0
    P = 0; % Per the definition of percentile.
elseif I == 1
    P = 1; % Per the definition of percentile.
else
    idx = floor(I*K) + 1;
    P = C(idx);
end
```

```matlab
function [X, Y, R] = im2minperpoly(B, cellsize)
%IM2MINPERPOLY Minimum perimeter polygon.
%   [X, Y, R] = IM2MINPERPOLY(B, CELLSIZE) outputs in column vectors
%   X and Y the coordinates of the vertices of the minimum perimeter
%   polygon circumscribing a single binary region or a
%   (nonintersecting) boundary contained in image B. The background
%   in B must be 0, and the region or boundary must have values
%   equal to 1. If instead of an image, B, a list of ordered
%   vertices is available, link the vertices using function
%   connectpoly and then use function bound2im to generate a binary
```

```
%   image B containing the boundary.
%
%   R is the region extracted from the image, from which the MPP
%   will be computed (see Figs. 12.5(c) and 12.6(e)). Displaying
%   this region is a good approach to determine interactively a
%   satisfactory value for CELLSIZE. Parameter CELLSIZE is the size
%   of the square cells that enclose the boundary of the region in
%   B. The value of CELLSIZE must be a positive integer greater than
%   1. See Section 12.2.2 in the book for further details on this
%   parameter, as well as a description and references for the
%   algorithm.

% Preliminaries.
if cellsize <= 1
    error('cellsize must be an integer > 1.');
end
% Check to see that there is only one object in B.
[B, num] = bwlabel(B);
if num > 1
    error('Input image cannot contain more than one region.')
end

% Extract the 4-connected region encompassed by the cellular
% complex. See Fig. 12.6(e) in DIPUM 2/e.
R = cellcomplex(B, cellsize);

% Find the vertices of the MPP.
[X Y] = mppvertices(R, cellsize);

%-----------------------------------------------------------------%
function R = cellcomplex(B, cellsize)
% Computes the cellular complex surrounding a single object in
% binary image B, and outputs in R the region bpounded by the
% cellular complex, as explained in DIPUM/2E Figs. 12.5(c) and
% 12.6(e). Parameter CELLSIZE is as explained earlier.

% Fill the image in case it has holes and compute the 4-connected
% boundary of the result. This guarantees that will be working with
% a single 4-connected boundary, as required by the MPP algorithm.
% Recall that in function bwperim connectivity is with respect to
% the background; therefore, we specify a connectivity of 8 to get a
% connectivity of 4 in the boundary.
B = imfill(B, 'holes');
B = bwperim(B, 8);
[M, N] = size(B);

% Increase image size so that the image is of size K-by-K
% with (a) K >= max(M,N), and (b)  K/cellsize = a power of 2.
K = nextpow2(max(M, N)/cellsize);
K = (2^K)*cellsize;

% Increase image size to the nearest integer power of 2, by
% appending zeros to the end of the image. This will allow
% quadtree  decompositions as small as cells of size 2-by-2,
% which is the smallest allowed value of cellsize.
M1 = K - M;
N1 = K - N;
B = padarray(B, [M1 N1], 'post'); % B is now of size K-by-K

% Quadtree decomposition.
Q = qtdecomp(B, 0, cellsize);

% Get all the subimages of size cellsize-by-cellsize.
```

```
[vals, r, c] = qtgetblk(B, Q, cellsize);

% Find all the subimages that contain at least one black pixel.
% These will be the cells of the cellular complex enclosing the
% boundary.
I = find(sum(sum(vals(:, :, :)) >= 1));
LI = length(I);
x = r(I);
y = c(I);

% [x', y'] is an LI-by-2 array.  Each member of this array  is the
% left, top corner of a black cell of size cellsize-by-cellsize.
% Fill the cells with black to form a closed border of black cells
% around interior points. These are the cells are the cellular
% complex.
for k = 1:LI
   B(x(k):x(k) + cellsize - 1, y(k):y(k) + cellsize - 1) = 1;
end
BF = imfill(B, 'holes');

% Extract the points interior to the cell border. This is the
% region, R, around which the MPP will be found.
B = BF & (~B);
R = B(1:M, 1:N); % Remove the padding and output the region.

%-------------------------------------------------------------------%
function [X, Y] = mppvertices(R, cellsize)
%   Outputs in column vectors X and Y the coordinates of the
%   vertices of the minimum-perimeter polygon that circumscribes
%   region R. This is the region bounded by the cellular complex. It
%   is assumed that the coordinate system used is as defined in
%   Chapter 2 of the book, in which the origin is at the top, left,
%   the positive x-axis extends vertically down from the origin and
%   the positive y-axis extends horizontally to the right. No
%   duplicate vertices are allowed. Parameter CELLSIZE is as
%   explained earlier.

% Extract the 4-connected boundary of the region. Reuse variable B.
% It will be a boundary now. See Fig. 12.6(f) in DIPUM 2/e.
B = bwboundaries(R, 4, 'noholes');
B = B{1};
% Function bwboundaries outputs the last coordinate pair equal
% to the first.  Delete it.
B = B(1:end - 1, :);

% Obtain the xy coordinates of the boundary. These are column
% vectors.
x = B(:, 1);
y = B(:, 2);

% Format the vertices in the form required by the algorithm.
L = vertexlist(x, y, cellsize);
NV = size(L, 1); % Number of vertices in L.
count = 1;     % Index for the vertices in the list.
k = 1;         % Index for vertices in the MPP.
X(1) = L(1,1); % 1st vertex, known to be an MPP vertex.
Y(1) = L(1,2);

% Find the vertices of the MPP.
% Initialize.
cMPPV = [L(1,1), L(1,2)]; % Current MPP vertex.
cV = cMPPV;               % Current vertex.
classV = L(1,3);          % Class of current vertex (+1 for convex).
```

```
        cWH = cMPPV;              % Current WHITE crawler.
        cBL = cMPPV;              % Current BLACK crawler.

        % Process the vertices. This is the core of the MPP algorithm.
        % Note: Cannot preallocate memory for X and Y because their length
        % is variable.
        while true
           count = count + 1;
           if count > NV + 1
              break;
           end
           % Process next vertex.
           if count == NV + 1 % Have arrived at first vertex again.
              cV = [L(1,1), L(1,2)];
              classV = L(1,3);
           else
              cV = [L(count, 1), L(count, 2)];
              classV = L(count, 3);
           end
           [I, newMPPV, W, B] = mppVtest(cMPPV, cV, classV, cWH, cBL);
           if I == 1 % New MPP vertex found;
              cMPPV = newMPPV;
              K = find(L(:,1) == newMPPV(:, 1) & L(:,2) == newMPPV(:, 2));
              count = K; % Restart at current location of MPP vertex.
              cWH = newMPPV;
              cBL = newMPPV;
              k = k + 1;
              % Vertices of the MPP just found.
              X(k) = newMPPV(1,1);
              Y(k) = newMPPV(1,2);
           else
              cWH = W;
              cBL = B;
           end
        end
        % Convert to columns.
        X = X(:);
        Y = Y(:);

        %------------------------------------------------------------------%
        function L = vertexlist(x, y, cellsize)
        %   Given a set of coordinates contained in vectors X and Y, this
        %   function outputs a list, L, of the form L = [X(k) Y(k) C(k)]
        %   where C(k) determines whether X(k) and Y(k) are the coordinates
        %   of the apex of a convex, concave, or 180-degree angle. That is,
        %   C(k) = 1 if the coordinates (x(k - 1) y(k - 1), (x(k), y(k)) and
        %   (x(k + 1), y(k + 1)) form a convex angle; C(k) = -1 if the angle
        %   is concave; and C(k) = 0 if the three points are collinear.
        %   Concave angles are replaced by their corresponding convex angles
        %   in the outer wall for later use in the minimum-perimeter polygon
        %   algorithm, as explained in the book.

        % Preprocess the input data. First, arrange the the points so that
        % the first point is the top, left-most point in the sequence. This
        % guarantees that the first vertex of the polygon is convex.
        cx = find(x == min(x));
        cy = find(y == min(y(cx)));
        x1 = x(cx(1));
        y1 = y(cy(1));
        % Scroll data so that the first point in the sequence is (x1, y1)
        I = find(x == x1 & y == y1);
        x = circshift(x, [-(I - 1), 0]);
        y = circshift(y, [-(I - 1), 0]);
```

```
% Next keep only the points at which a change in direction takes
% place. These are the only points that are polygon vertices. Note
% that we cannot preallocate memory for the loop because xnew and
% ynew are of variable length.
J = 1;
K = length(x);
xnew(1) = x(1);
ynew(1) = y(1);
x(K + 1) = x(1);
y(K + 1) = y(1);
for k = 2:K
   s = vsign([x(k - 1),y(k - 1)], [x(k),y(k)], [x(k + 1),y(k + 1)]);
   if s ~= 0
      J = J + 1;
      xnew(J) = x(k); %#ok<AGROW>
      ynew(J) = y(k); %#ok<AGROW>
   end
end
% Reuse x and y.
x = xnew;
y = ynew;

% The mpp algorithm works with boundaries in the ccw direction.
% Force the sequence to be in that direction. Output dir is the
% direction of the original boundary. It is not used in this
% function.
[dir, x, y] = boundarydir(x, y, 'ccw');

% Obtain the list of vertices.
% Initialize.
K = length(x);
L(:, :, :) = [x(:) y(:) zeros(K,1)]; % Initialize the list.
C = zeros(K, 1); % Preallocate memory for use in a loop later.

% Do the first and last vertices separately.
% First vertex.
s = vsign([x(K) y(K)], [x(1) y(1)], [x(2) y(2)]);
if s > 0
   C(1) = 1;
elseif s < 0
   C(1) = -1;
   [rx ry] = vreplacement([x(K) y(K)], [x(1) y(1)],...
                          [x(2) y(2)], cellsize);
   L(1, 1) = rx;
   L(1, 2) = ry;
else
   C(1) = 0;
end
% Last vertex.
s = vsign([x(K - 1) y(K - 1)], [x(K) y(K)], [x(1) y(1)]);
if s > 0
   C(K) = 1;
elseif s < 0
   C(K) = -1;
   [rx ry] = vreplacement([x(K - 1) y(K - 1)], [x(K) y(K)], ...
                          [x(1) y(1)], cellsize);
   L(K, 1) = rx;
   L(K, 2) = ry;
else
   C(K) = 0;
end

% Process the rest of the vertices.
```

```
for k = 2:K - 1
    s = vsign([x(k - 1) y(k - 1)], [x(k) y(k)], [x(k + 1) y(k + 1)]);
    if s > 0
        C(k) = 1;
    elseif s < 0
        C(k) = -1;
        [rx ry] = vreplacement([x(k - 1) y(k - 1)], [x(k) y(k)], ...
                    [x(k + 1) y(k + 1)], cellsize);
        L(k, 1) = rx;
        L(k, 2) = ry;
    else
        C(k) = 0;
    end
end

% Update the list with the C's.
L(:, 3)= C(:);

%-----------------------------------------------------------------%
function s = vsign(v1, v2, v3)
%   This function etermines whether a vertex V3 is on the
%   positive or the negative side of straight line passing through
%   V1 and V2, or whether the three points are colinear.  V1, V2,
%   and V3 are 1-by-2 or 2-by-1 vectors containing the [x  y]
%   coordinates of the vertices.  If V3 is on the positive side of
%   the line passing through V1 and V2, then the sign is positive (S
%   > 0), if it is on the negative side of the line the sign is
%   negative (S < 0).  If the points are collinear, then S = 0.
%   Another important interpretation is that if the triplet (V1, V2,
%   V3) form a counterclockwise sequence, then S > 0; if the points
%   form a clockwise sequence then S < 0; if the points are
%   collinear, then S = 0.
%
%   The coordinate system is assumed to be the system is as defined
%   in Chapter 2 of the book.
%
%   This function is based in the result from matrix theory that if
%   we arrange the coordinates of the vertices as the matrix
%
%       A = [V1(1) V1(2) 1; V2(1) V2(2) 1; V3(1) V3(2) 1]
%
%   then, S = det(A) has the properties described above, assuming
%   the stated coordinate system and direction of travel.

% Form the matrix on which the test if based:
A = [v1(1) v1(2) 1; v2(1) v2(2) 1; v3(1), v3(2), 1];
% Compute the determinant.
s = det(A);

%-----------------------------------------------------------------%
function [rx ry] = vreplacement(v1, v, v2, cellsize)
%   This function replaces the coordinates V(1) and V(2) of concave
%   vertex V by its diagonal mirror coordinates [RX, RY]. The values
%   RX and RY depend on the orientation of the triplet (V1, V, V2).
%   V1 is the vertex preceding V and V2 is the vertex following it.
%   All Vs are 1-by-2 or 2-by-1 arrays containing the coordinates of
%   the vertices.  It is assumed that the triplet (V1, V, V2) was
%   generated by traveling in the counterclockwise direction, in the
%   coordinate system defined in Chapter 2 of the book, in which the
%   origin is at the top left, the positive x-axis extends down and
%   the positive y-axis extends to the right. Parameter CELLSIZE is
%   as explained earlier.
```

```
% Perform the replacement.

if v(1)>v1(1) && v(2) == v1(2) && v(1) == v2(1) && v(2)>v2(2)
    rx = v(1) - cellsize;
    ry = v(2) - cellsize;
elseif v(1) == v1(1) && v(2) > v1(2) && v(1) < v2(1) && ...
        v(2) == v2(2)
    rx = v(1) + cellsize;
    ry = v(2) - cellsize;
elseif v(1) < v1(1) && v(2) == v1(2) && v(1) == v2(1) &&...
        v(2) < v2(2)
    rx = v(1) + cellsize;
    ry = v(2) + cellsize;
elseif v(1) == v1(1) && v(2) < v1(2) && v(1) > v2(1) &&...
        v(2)== v2(2)
    rx = v(1) - cellsize;
    ry = v(2) + cellsize;
else
    % Only the preceding forms are valid arrangements of vertices.
    error('Vertex configuration is not valid.')
end

%-------------------------------------------------------------------%
function [I, newMPPV, W, B] = mppVtest(cMPPV, cV, classcV, cWH, cBL)
%      This function performs tests for existence of an MPP vertex.
%      The parameters are as follows (all except I and class_c_V) are
%      coordinate pairs of the form [x y]).
%      cMPPV       Current MPP vertex (the last MPP vertex found).
%      cV          Current vertex in the sequence.
%      classcV     Class of current vertex (+1 for convex
%                  and -1 for concave).
%      cWH         The current WHITE (convex) vertex.
%      cBL         The current BLACK (concave) vertex.
%      I           If I = 1, a new MPP vertex was found
%      newMPPV     Next MPP vertex (if I = 1).
%      W           Next coordinates of WHITE.
%      B           Next coordinates of BLACK.
%
%      The details of the test are explained in Chapter 12 of the book.
% Preliminaries
I = 0;
newMPPV = [0 0];
W = cWH;
B = cBL;
sW = vsign(cMPPV, cWH, cV);
sB = vsign(cMPPV, cBL, cV);

% Perform test.
if sW > 0
    I = 1; % New MPP vertex found.
    newMPPV = cWH;
    W = newMPPV;
    B = newMPPV;
elseif sB < 0
    I = 1; % New MPP vertex found.
    newMPPV = cBL;
    W = newMPPV;
    B = newMPPV;
elseif (sW <= 0) && (sB >= 0)
    if classcV == 1
        W = cV;
    else
        B = cV;
```

```
      end
end

function [p, pmax, pmin, pn] = improd(f, g)
%IMPROD Compute the product of two images.
%   [P, PMAX, PMIN, PN] = IMPROD(F, G) outputs the element-by-element
%   product of two input images, F and G, the product maximum and
%   minimum values, and a normalized product array with values in the
%   range [0, 1]. The input images must be of the same size. They
%   can be of class uint8, unit16, or double. The outputs are of
%   class double.
%
%   Sample M-file used in Chapter 2.

fd = double(f);
gd = double(g);
p = fd.*gd;
pmax = max(p(:));
pmin = min(p(:));
pn = mat2gray(p);


function [X, R] = imstack2vectors(S, MASK)
%IMSTACK2VECTORS Extracts vectors from an image stack.
%   [X, R] = imstack2vectors(S, MASK) extracts vectors from S, which
%   is an M-by-N-by-n stack array of n registered images of size
%   M-by-N each (see Fig. 12.29). The extracted vectors are arranged
%   as the rows of array X. Input MASK is an M-by-N logical or
%   numeric image with nonzero values (1s if it is a logical array)
%   in the locations where elements of S are to be used in forming X
%   and 0s in locations to be ignored. The number of row vectors in
%   X is equal to the number of nonzero elements of MASK. If MASK is
%   omitted, all M*N locations are used in forming X.  A simple way
%   to obtain MASK interactively is to use function roipoly.
%   Finally, R is a column vector that contains the linear indices
%   of the locations of the vectors extracted from S.

% Preliminaries.
[M, N, n] = size(S);
if nargin == 1
   MASK = true(M, N);
else
   MASK = MASK ~= 0;
end

% Find the linear indices of the 1-valued elements in MASK. Each
% element of R identifies the location in the M-by-N array of the
% vector extracted from S.
R = find(MASK);

% Now find X.

% First reshape S into X by turning each set of n values along the
% third dimension of S so that it becomes a row of X. The order is
% from top to bottom along the first column, the second column, and
% so on.
Q = M*N;
X = reshape(S, Q, n);

% Now reshape MASK so that it corresponds to the right locations
% vertically along the elements of X.
MASK = reshape(MASK, Q, 1);
```

```matlab
% Keep the rows of X at locations where MASK is not 0.
X = X(MASK, :);


function [x, y] = intline(x1, x2, y1, y2)
%INTLINE Integer-coordinate line drawing algorithm.
%   [X, Y] = INTLINE(X1, X2, Y1, Y2) computes an
%   approximation to the line segment joining (X1, Y1) and
%   (X2, Y2) with integer coordinates.  X1, X2, Y1, and Y2
%   should be integers.  INTLINE is reversible; that is,
%   INTLINE(X1, X2, Y1, Y2) produces the same results as
%   FLIPUD(INTLINE(X2, X1, Y2, Y1)).

dx = abs(x2 - x1);
dy = abs(y2 - y1);
% Check for degenerate case.
if ((dx == 0) && (dy == 0))
   x = x1;
   y = y1;
   return;
end

flip = 0;
if (dx >= dy)
   if (x1 > x2)
      % Always "draw" from left to right.
      t = x1; x1 = x2; x2 = t;
      t = y1; y1 = y2; y2 = t;
      flip = 1;
   end
   m = (y2 - y1)/(x2 - x1);
   x = (x1:x2).';
   y = round(y1 + m*(x - x1));
else
   if (y1 > y2)
      % Always "draw" from bottom to top.
      t = x1; x1 = x2; x2 = t;
      t = y1; y1 = y2; y2 = t;
      flip = 1;
   end
   m = (x2 - x1)/(y2 - y1);
   y = (y1:y2).';
   x = round(x1 + m*(y - y1));
end

if (flip)
   x = flipud(x);
   y = flipud(y);
end


function phi = invmoments(F)
%INVMOMENTS Compute invariant moments of image.
%   PHI = INVMOMENTS(F) computes the moment invariants of the image
%   F. PHI is a seven-element row vector containing the moment
%   invariants as defined in equations (11.3-17) through (11.3-23) of
%   Gonzalez and Woods, Digital Image Processing, 2nd Ed.
%
%   F must be a 2-D, real, nonsparse, numeric or logical matrix.

if (ndims(F) ~= 2) || issparse(F) || ~isreal(F) || ...
         ~(isnumeric(F) || islogical(F))
   error(['F must be a 2-D, real, nonsparse, numeric or logical' ...
          'matrix.']);
end
```

```
F = double(F);

phi = compute_phi(compute_eta(compute_m(F)));

%------------------------------------------------------------------%
function m = compute_m(F)

[M, N] = size(F);
[x, y] = meshgrid(1:N, 1:M);

% Turn x, y, and F into column vectors to make the summations a bit
% easier to compute in the following.
x = x(:);
y = y(:);
F = F(:);

% DIP equation (11.3-12)
m.m00 = sum(F);
% Protect against divide-by-zero warnings.
if (m.m00 == 0)
   m.m00 = eps;
end
% The other central moments:
m.m10 = sum(x .* F);
m.m01 = sum(y .* F);
m.m11 = sum(x .* y .* F);
m.m20 = sum(x.^2 .* F);
m.m02 = sum(y.^2 .* F);
m.m30 = sum(x.^3 .* F);
m.m03 = sum(y.^3 .* F);
m.m12 = sum(x .* y.^2 .* F);
m.m21 = sum(x.^2 .* y .* F);

%------------------------------------------------------------------%
function e = compute_eta(m)

% DIP equations (11.3-14) through (11.3-16).

xbar = m.m10 / m.m00;
ybar = m.m01 / m.m00;

e.eta11 = (m.m11 - ybar*m.m10) / m.m00^2;
e.eta20 = (m.m20 - xbar*m.m10) / m.m00^2;
e.eta02 = (m.m02 - ybar*m.m01) / m.m00^2;
e.eta30 = (m.m30 - 3 * xbar * m.m20 + 2 * xbar^2 * m.m10) / ...
          m.m00^2.5;
e.eta03 = (m.m03 - 3 * ybar * m.m02 + 2 * ybar^2 * m.m01) / ...
          m.m00^2.5;
e.eta21 = (m.m21 - 2 * xbar * m.m11 - ybar * m.m20 + ...
          2 * xbar^2 * m.m01) / m.m00^2.5;
e.eta12 = (m.m12 - 2 * ybar * m.m11 - xbar * m.m02 + ...
          2 * ybar^2 * m.m10) / m.m00^2.5;

%------------------------------------------------------------------%
function phi = compute_phi(e)

% DIP equations (11.3-17) through (11.3-23).

phi(1) = e.eta20 + e.eta02;
phi(2) = (e.eta20 - e.eta02)^2 + 4*e.eta11^2;
phi(3) = (e.eta30 - 3*e.eta12)^2 + (3*e.eta21 - e.eta03)^2;
phi(4) = (e.eta30 + e.eta12)^2 + (e.eta21 + e.eta03)^2;
phi(5) = (e.eta30 - 3*e.eta12) * (e.eta30 + e.eta12) * ...
```

```
                  ( (e.eta30 + e.eta12)^2 - 3*(e.eta21 + e.eta03)^2 ) + ...
                  (3*e.eta21 - e.eta03) * (e.eta21 + e.eta03) * ...
                  ( 3*(e.eta30 + e.eta12)^2 - (e.eta21 + e.eta03)^2 );
phi(6) = (e.eta20 - e.eta02) * ( (e.eta30 + e.eta12)^2 - ...
                                (e.eta21 + e.eta03)^2 ) + ...
         4 * e.eta11 * (e.eta30 + e.eta12) * (e.eta21 + e.eta03);
phi(7) = (3*e.eta21 - e.eta03) * (e.eta30 + e.eta12) * ...
                  ( (e.eta30 + e.eta12)^2 - 3*(e.eta21 + e.eta03)^2 ) + ...
                  (3*e.eta12 - e.eta30) * (e.eta21 + e.eta03) * ...
                  ( 3*(e.eta30 + e.eta12)^2 - (e.eta21 + e.eta03)^2 );
```

function E = iseven(A)
%ISEVEN Determines which elements of an array are even numbers.
%   E = ISEVEN(A) returns a logical array, E, of the same size as A,
%   with 1s (TRUE) in the locations corresponding to even numbers
%   in A, and 0s (FALSE) elsewhere.

%   STEVE: Needs copyright text block. Ralph

E = 2*floor(A/2) == A;

function D = isodd(A)
%ISODD Determines which elements of an array are odd numbers.
%   D = ISODD(A) returns a logical array, D, of the same size as A,
%   with 1s (TRUE) in the locations corresponding to odd numbers in
%   A, and 0s (FALSE) elsewhere.

D = 2*floor(A/2) ~= A;

M

function D = mahalanobis(varargin)
%MAHALANOBIS Computes the Mahalanobis distance.
%   D = MAHALANOBIS(Y, X) computes the Mahalanobis distance between
%   each vector in Y to the mean (centroid) of the vectors in X, and
%   outputs the result in vector D, whose length is size(Y, 1). The
%   vectors in X and Y are assumed to be organized as rows. The
%   input data can be real or complex. The outputs are real
%   quantities.
%
%   D = MAHALANOBIS(Y, CX, MX) computes the Mahalanobis distance
%   between each vector in Y and the given mean vector, MX. The
%   results are output in vector D, whose length is size(Y, 1). The
%   vectors in Y are assumed to be organized as the rows of this
%   array. The input data can be real or complex. The outputs are
%   real quantities. In addition to the mean vector MX, the
%   covariance matrix CX of a population of vectors X must be
%   provided also. Use function COVMATRIX (Section 11.5) to compute
%   MX and CX.

%   Reference: Acklam, P. J. [2002]. "MATLAB Array Manipulation Tips
%   and Tricks," available at
%   home.online.no/~pjacklam/matlab/doc/mtt/index.html
%   or in the Tutorials section at
%   www.imageprocessingplace.com

param = varargin; % Keep in mind that param is a cell array.
Y = param{1};

if length(param) == 2
   X = param{2};

```
    % Compute the mean vector and covariance matrix of the vectors
    % in X.
    [Cx, mx] = covmatrix(X);
elseif length(param) == 3 % Cov. matrix and mean vector provided.
    Cx = param{2};
    mx = param{3};
else
    error('Wrong number of inputs.')
end
mx = mx(:)'; % Make sure that mx is a row vector for the next step.

% Subtract the mean vector from each vector in Y.
Yc = bsxfun(@minus, Y, mx);

% Compute the Mahalanobis distances.
D = real(sum(Yc/Cx.*conj(Yc), 2));


function movie2tifs(m, file)
%MOVIE2TIFS Creates a multiframe TIFF file from a MATLAB movie.
%   MOVIE2TIFS(M, FILE) creates a multiframe TIFF file from the
%   specified MATLAB movie structure, M.

% Write the first frame of the movie to the multiframe TIFF.
imwrite(frame2im(m(1)), file, 'Compression', 'none', ...
    'WriteMode', 'overwrite');
% Read the remaining frames and append to the TIFF file.
for i = 2:length(m)
    imwrite(frame2im(m(i)), file, 'Compression', 'none', ...
        'WriteMode', 'append');
end
```

P

```
function I = percentile2i(h, P)
%PERCENTILE2I Computes an intensity value given a percentile.
%       I = PERCENTILE2I(H, P) Given a percentile, P, and a histogram,
%       H, this function computes an intensity, I, representing the
%       Pth percentile and returns the value in I. P must be in the
%       range [0, 1] and I is returned as a value in the range [0, 1]
%       also.
%
%   Example:
%
%   Suppose that h is a uniform histogram of an 8-bit image.  Typing
%
%       I = percentile2i(h, 0.5)
%
%   would output I = 0.5. To convert to the (integer) 8-bit range
%   [0, 255], we let I = floor(255*I).
%
%   See also function i2percentile.

% Check value of P.
if P < 0 || P > 1
    error('The percentile must be in the range [0, 1].')
end

% Normalized the histogram to unit area. If it is already normalized
% the following computation has no effect.
h = h/sum(h);

% Cumulative distribution.
```

```
C = cumsum(h);

% Calculations.
idx = find(C >= P, 1, 'first');
% Subtract 1 from idx because indexing starts at 1, but intensities
% start at 0. Also, normalize to the range [0, 1].
I = (idx - 1)/(numel(h) - 1);
```

function B = pixeldup(A, m, n)
```
%PIXELDUP Duplicates pixels of an image in both directions.
%   B = PIXELDUP(A, M, N) duplicates each pixel of A M times in the
%   vertical direction and N times in the horizontal direction.
%   Parameters M and N must be integers.  If N is not included, it
%   defaults to M.

% Check inputs.
if nargin < 2
   error('At least two inputs are required.');
end
if nargin == 2
   n = m;
end

% Generate a vector with elements 1:size(A, 1).
u = 1:size(A, 1);

% Duplicate each element of the vector m times.
m = round(m); % Protect against nonintegers.
u = u(ones(1, m), :);
u = u(:);

% Now repeat for the other direction.
v = 1:size(A, 2);
n = round(n);
v = v(ones(1, n), :);
v = v(:);
B = A(u, v);
```

function flag = predicate(region)
```
%PREDICATE Evaluates a predicate for function splitmerge
%   FLAG = PREDICATE(REGION) evaluates a predicate for use in
%   function splitmerge for Example 11.14 in Digital Image
%   Processing Using MATLAB, 2nd edition. REGION is a subimage, and
%   FLAG is set to TRUE if the predicate evaluates to TRUE for
%   REGION; FLAG is set to FALSE otherwise.

% Compute the standard deviation and mean for the intensities of the
% pixels in REGION.
sd = std2(region);
m = mean2(region);

% Evaluate the predicate.
flag = (sd > 10) & (m > 0) & (m < 125);
```

R

function H = recnotch(notch, mode, M, N, W, SV, SH)
```
%RECNOTCH Generates rectangular notch (axes) filters.
%   H = RECNOTCH(NOTCH, MODE, M, N, W, SV, SH) generates an M-by-N
%   notch filter consisting of symmetric pairs of rectangles of
%   width W placed on the vertical and horizontal axes of the
%   (centered) frequency rectangle. The vertical rectangles start at
%   +SV and -SV on the vertical axis and extend to both ends of the
```

```
%   axis. Horizontal rectangles similarly start at +SH and -SH and
%   extend to both ends of the axis. These values are with respect
%   to the origin of the axes of the centered frequency rectangle.
%   For example, specifying SV = 50 creates a rectangle of width W
%   that starts 50 pixels above the center of the vertical axis and
%   extends up to the first row of the filter. A similar rectangle
%   is created starting 50 pixels below the center and extending to
%   the last row. W must be an odd number to preserve the symmetry
%   of the filtered Fourier transform.
%
%       Valid values of NOTCH are:
%
%           'reject'    Notchreject filter.
%
%           'pass'      Notchpass filter.
%
%
%       Valid values of MODE are:
%
%           'both'          Filtering on both axes.
%
%           'horizontal'    Filtering on horizontal axis only.
%
%           'vertical'      Filtering on vertical axis only.
%
%       One of these three values must be specified in the call.
%
%   H = RECNOTCH(NOTCH, MODE, M, N) sets W = 1, and SV = SH = 1.
%
%   H is of floating point class single. It is returned uncentered
%   for consistency with filtering function dftfilt. To view H as an
%   image or mesh plot, it should be centered using Hc = fftshift(H).

% Preliminaries.
if nargin == 4
   W = 1;
   SV = 1;
   SH = 1;
elseif nargin ~= 7
   error('The number of inputs must be 4 or 7.')
end
% AV and AH are rectangle amplitude values for the vertical and
% horizontal rectangles: 0 for notchreject and 1 for notchpass.
% Filters are computed initially as reject filters and then changed
% to pass if so specified in NOTCH.
if strcmp(mode, 'both')
   AV = 0;
   AH = 0;
elseif strcmp(mode, 'horizontal')
   AV = 1; % No reject filtering along vertical axis.
   AH = 0;
elseif strcmp(mode, 'vertical')
   AV = 0;
   AH = 1; % No reject filtering along horizontal axis.
end
if iseven(W)
   error('W must be an odd number.')
end

% Begin filter computation. The filter is generated as a reject
% filter. At the end, it are changed to a notchpass filter if it
% is so specified in parameter NOTCH.
```

```
H = rectangleReject(M, N, W, SV, SH, AV, AH);

% Finished computing the rectangle notch filter. Format the
% output.
H = processOutput(notch, H);

%-----------------------------------------------------------------%
function H = rectangleReject(M, N, W, SV, SH, AV, AH)
% Preliminaries.
H = ones(M, N, 'single');
% Center of frequency rectangle.
UC = floor(M/2) + 1;
VC = floor(N/2) + 1;
% Width limits.
WL = (W - 1)/2;
% Compute rectangle notches with respect to center.
% Left, horizontal rectangle.
H(UC-WL:UC+WL, 1:VC-SH) = AH;
% Right, horizontal rectangle.
H(UC-WL:UC+WL, VC+SH:N) = AH;
% Top vertical rectangle.
H(1:UC-SV, VC-WL:VC+WL) = AV;
% Bottom vertical rectangle.
H(UC+SV:M, VC-WL:VC+WL) = AV;

%-----------------------------------------------------------------%
function H = processOutput(notch, H)
% Uncenter the filter to make it compatible with other filters in
% the DIPUM toolbox.
H = ifftshift(H);
% Generate a pass filter if one was specified.
if strcmp(notch, 'pass')
   H = 1 - H;
end
```

S

```
function seq2tifs(s, file)
%SEQ2TIFS Creates a multi-frame TIFF file from a MATLAB sequence.

% Write the first frame of the sequence to the multiframe TIFF.
imwrite(s(:, :, :, 1), file, 'Compression', 'none', ...
     'WriteMode', 'overwrite');

% Read the remaining frames and append to the TIFF file.
for i = 2:size(s, 4)
     imwrite(s(:, :, :, i), file, 'Compression', 'none', ...
        'WriteMode', 'append');
end

function v = showmo(cv, i)
%SHOWMO Displays the motion vectors of a compressed image sequence.
%   SHOWMO(CV, I) displays the motion vectors for frame I of a
%   TIFS2CV compressed sequence of images.
%
%   See also TIFS2CV and CV2TIFS.

frms = double(cv.frames);
m = double(cv.blksz);
q = double(cv.quality);

if q == 0
   ref = double(huff2mat(cv.video(1)));
```

```
    else
        ref = double(jpeg2im(cv.video(1)));
    end

    fsz = size(ref);
    mvsz = [fsz/m 2 frms];
    mv = int16(huff2mat(cv.motion));
    mv = reshape(mv, mvsz);
    v = zeros(fsz, 'uint8') + 128;

    % Create motion vector image.
    for j = 1:mvsz(1) * mvsz(2)

        x1 = 1 + mod(m * (j - 1), fsz(1));
        y1 = 1 + m * floor((j - 1) * m / fsz(1));

        x2 = x1 - mv(1 + floor((x1 - 1) / m), ...
            1 + floor((y1 - 1) / m), 1, i);
        y2 = y1 - mv(1 + floor((x1 - 1) / m), ...
            1 + floor((y1 - 1) / m), 2, i);

        [x, y] = intline(x1, double(x2), y1, double(y2));
        for k = 1:length(x) - 1
            v(x(k), y(k)) = 255;
        end
        v(x(end), y(end)) = 0;
    end

    imshow(v);

function [dist, angle] = signature(b, x0, y0)
%SIGNATURE Computes the signature of a boundary.
%   [DIST, ANGLE, XC, YC] = SIGNATURE(B, X0, Y0) computes the
%   signature of a given boundary. A signature is defined as the
%   distance from (X0, Y0) to the boundary, as a function of angle
%   (ANGLE). B is an np-by-2 array (np > 2) containing the (x, y)
%   coordinates of the boundary ordered in a clockwise or
%   counterclockwise direction. If (X0, Y0) is not included in the
%   input argument, the centroid of the boundary is used by default.
%   The maximum size of arrays DIST and ANGLE is 360-by-1,
%   indicating a maximum resolution of one degree. The input must be
%   a one-pixel-thick boundary obtained, for example, by using
%   function bwboundaries.
%
%   If (X0, Y0) or the default centroid is outside the boundary, the
%   signature is not defined and an error is issued.

% Check dimensions of b.
[np, nc] = size(b);
if (np < nc || nc ~= 2)
    error('b must be of size np-by-2.');
end

% Some boundary tracing programs, such as boundaries.m, result in a
% sequence in which the coordinates of the first and last points are
% the same. If this is the case, in b, eliminate the last point.
if isequal(b(1, :), b(np, :))
    b = b(1:np - 1, :);
    np = np - 1;
end

% Compute the origin of vector as the centroid, or use the two
% values specified. Use the same symbol (xc, yc) in case the user
```

```
% includes (xc, yc) in the output call.
if nargin == 1
   x0 = sum(b(:, 1))/np; % Coordinates of the centroid.
   y0 = sum(b(:, 2))/np;
end

% Check to see that (xc, yc) is inside the boundary.
IN = inpolygon(x0, y0, b(:, 1), b(:, 2));
if ~IN
   error('(x0, y0) or centroid is not inside the boundary.')
end

% Shift origin of coordinate system to (x0, y0).
b(:, 1) = b(:, 1) - x0;
b(:, 2) = b(:, 2) - y0;

% Convert the coordinates to polar.  But first have to convert the
% given image coordinates, (x, y), to the coordinate system used by
% MATLAB for conversion between Cartesian and polar cordinates.
% Designate these coordinates by (xcart, ycart). The two coordinate
% systems are related as follows:  xcart = y and ycart = -x.
xcart = b(:, 2);
ycart = -b(:, 1);
[theta, rho] = cart2pol(xcart, ycart);

% Convert angles to degrees.
theta = theta.*(180/pi);

% Convert to all nonnegative angles.
j = theta == 0; % Store the indices of theta = 0 for use below.
theta = theta.*(0.5*abs(1 + sign(theta)))...
        - 0.5*(-1 + sign(theta)).*(360 + theta);
theta(j) = 0; % To preserve the 0 values.

% Round theta to 1 degree increments.
theta = round(theta);

% Keep theta and rho together for sorting purposes.
tr = [theta, rho];

% Delete duplicate angles.  The unique operation also sorts the
% input in ascending order.
[w, u] = unique(tr(:, 1));
tr = tr(u,:); % u identifies the rows kept by unique.

% If the last angle equals 360 degrees plus the first angle, delete
% the last angle.
if tr(end, 1) == tr(1) + 360
   tr = tr(1:end - 1, :);
end

% Output the angle values.
angle = tr(:, 1);

% Output the length values.
dist = tr(:, 2);
function [srad, sang, S] = specxture(f)
%SPECXTURE Computes spectral texture of an image.
%   [SRAD, SANG, S] = SPECXTURE(F) computes SRAD, the spectral energy
%   distribution as a function of radius from the center of the
%   spectrum, SANG, the spectral energy distribution as a function of
%   angle for 0 to 180 degrees in increments of 1 degree, and S =
%   log(1 + spectrum of f), normalized to the range [0, 1]. The
```

```
%     maximum value of radius is min(M,N), where M and N are the number
%     of rows and columns of image (region) f. Thus, SRAD is a row
%     vector of length = (min(M, N)/2) - 1; and SANG is a row vector of
%     length 180.

% Obtain the centered spectrum, S, of f. The variables of S are
% (u, v), running from 1:M and 1:N, with the center (zero frequency)
% at [M/2 + 1, N/2 + 1] (see Chapter 4).
S = fftshift(fft2(f));
S = abs(S);
[M, N] = size(S);
x0 = M/2 + 1;
y0 = N/2 + 1;

% Maximum radius that guarantees a circle centered at (x0, y0) that
% does not exceed the boundaries of S.
rmax = min(M, N)/2 - 1;

% Compute srad.
srad = zeros(1, rmax);
srad(1) = S(x0, y0);
for r = 2:rmax
   [xc, yc] = halfcircle(r, x0, y0);
   srad(r) = sum(S(sub2ind(size(S), xc, yc)));
end

% Compute sang.
[xc, yc] = halfcircle(rmax, x0, y0);
sang = zeros(1, length(xc));
for a = 1:length(xc)
   [xr, yr] = radial(x0, y0, xc(a), yc(a));
   sang(a) = sum(S(sub2ind(size(S), xr, yr)));
end

% Output the log of the spectrum for easier viewing, scaled to the
% range [0, 1].
S = mat2gray(log(1 + S));

%-----------------------------------------------------------------%
function [xc, yc] = halfcircle(r, x0, y0)
%     Computes the integer coordinates of a half circle of radius r and
%     center at (x0,y0) using one degree increments.
%
%     Goes from 91 to 270 because we want the half circle to be in the
%     region defined by top right and top left quadrants, in the
%     standard image coordinates.

theta=91:270;
theta = theta*pi/180;
[xc, yc] = pol2cart(theta, r);
xc = round(xc)' + x0; % Column vector.
yc = round(yc)' + y0;

%-----------------------------------------------------------------%
function [xr, yr] = radial(x0, y0, x, y)
%     Computes the coordinates of a straight line segment extending
%     from (x0, y0) to (x, y).
%
%     Based on function intline.m.  xr and yr are returned as column
%     vectors.

[xr, yr] = intline(x0, x, y0, y);
```

```
function [v, unv] = statmoments(p, n)
%STATMOMENTS Computes statistical central moments of image histogram.
%   [W, UNV] = STATMOMENTS(P, N) computes up to the Nth statistical
%   central moment of a histogram whose components are in vector
%   P. The length of P must equal 256 or 65536.
%
%   The program outputs a vector V with V(1) = mean, V(2) = variance,
%   V(3) = 3rd moment, . . . V(N) = Nth central moment. The random
%   variable values are normalized to the range [0, 1], so all
%   moments also are in this range.
%
%   The program also outputs a vector UNV containing the same moments
%   as V, but using un-normalized random variable values (e.g., 0 to
%   255 if length(P) = 2^8). For example, if length(P) = 256 and V(1)
%   = 0.5, then UNV(1) would have the value UNV(1) = 127.5 (half of
%   the [0 255] range).

Lp = length(p);
if (Lp ~= 256) && (Lp ~= 65536)
   error('P must be a 256- or 65536-element vector.');
end
G = Lp - 1;

% Make sure the histogram has unit area, and convert it to a
% column vector.
p = p/sum(p); p = p(:);

% Form a vector of all the possible values of the
% random variable.
z = 0:G;

% Now normalize the z's to the range [0, 1].
z = z./G;

% The mean.
m = z*p;

% Center random variables about the mean.
z = z - m;

% Compute the central moments.
v = zeros(1, n);
v(1) = m;
for j = 2:n
   v(j) = (z.^j)*p;
end

if nargout > 1
   % Compute the uncentralized moments.
   unv = zeros(1, n);
   unv(1)=m.*G;
   for j = 2:n
      unv(j) = ((z*G).^j)*p;
   end
end

function t = statxture(f, scale)
%STATXTURE Computes statistical measures of texture in an image.
%   T = STATXURE(F, SCALE) computes six measures of texture from an
%   image (region) F. Parameter SCALE is a 6-dim row vector whose
%   elements multiply the 6 corresponding elements of T for scaling
%   purposes. If SCALE is not provided it defaults to all 1s.  The
%   output T is 6-by-1 vector with the following elements:
```

```
%     T(1) = Average gray level
%     T(2) = Average contrast
%     T(3) = Measure of smoothness
%     T(4) = Third moment
%     T(5) = Measure of uniformity
%     T(6) = Entropy

if nargin == 1
   scale(1:6) = 1;
else % Make sure it's a row vector.
   scale = scale(:)';
end

% Obtain histogram and normalize it.
p = imhist(f);
p = p./numel(f);
L = length(p);

% Compute the three moments. We need the unnormalized ones
% from function statmoments. These are in vector mu.
[v, mu] = statmoments(p, 3);

% Compute the six texture measures:
% Average gray level.
t(1) = mu(1);
% Standard deviation.
t(2) = mu(2).^0.5;
% Smoothness.
% First normalize the variance to [0 1] by
% dividing it by (L - 1)^2.
varn = mu(2)/(L - 1)^2;
t(3) = 1 - 1/(1 + varn);
% Third moment (normalized by (L - 1)^2 also).
t(4) = mu(3)/(L - 1)^2;
% Uniformity.
t(5) = sum(p.^2);
% Entropy.
t(6) = -sum(p.*(log2(p + eps)));

% Scale the values.
t = t.*scale;

function s = subim(f, m, n, rx, cy)
%SUBIM Extract subimage.
%   S = SUBIM(F, M, N, RX, CY) extracts a subimage, S, from the input
%   image, F. The subimage is of size M-by-N, and the coordinates of
%   its top, left corner are (RX, CY).
%
%   Sample M-file used in Chapter 2.

s = zeros(m, n);
rowhigh = rx + m - 1;
colhigh = cy + n - 1;
xcount = 0;
for r = rx:rowhigh
   xcount = xcount + 1;
   ycount = 0;
   for c = cy:colhigh
      ycount = ycount + 1;
      s(xcount, ycount) = f(r, c);
   end
end
```

```
function m = tifs2movie(file)
%TIFS2MOVIE Create a MATLAB movie from a multiframe TIFF file.
%   M = TIFS2MOVIE(FILE) creates a MATLAB movie structure from a
%   multiframe TIFF file.

% Get file info like number of frames in the multi-frame TIFF
info = imfinfo(file);
frames = size(info, 1);

% Create a gray scale map for the UINT8 images in the MATLAB movie
gmap = linspace(0, 1, 256);
gmap = [gmap' gmap' gmap'];

% Read the TIFF frames and add to a MATLAB movie structure.
for i = 1:frames
    [f, fmap] = imread(file, i);
    if (strcmp(info(i).ColorType, 'grayscale'))
        map = gmap;
    else
        map = fmap;
    end
    m(i) = im2frame(f, map);
end

function s = tifs2seq(file)
%TIFS2SEQ Create a MATLAB sequence from a multi-frame TIFF file.

% Get the number of frames in the multi-frame TIFF.
frames = size(imfinfo(file), 1);

% Read the first frame, preallocate the sequence, and put the first
% in it.
i = imread(file, 1);
s = zeros([size(i) 1 frames], 'uint8');
s(:,:,:,1) = i;

% Read the remaining TIFF frames and add to the sequence.
for i = 2:frames
    s(:,:,:,i) = imread(file, i);
end

function [out, revertclass] = tofloat(in)
%TOFLOAT Convert image to floating point
%   [OUT, REVERTCLASS] = TOFLOAT(IN) converts the input image IN to
%   floating-point. If IN is a double or single image, then OUT
%   equals IN. Otherwise, OUT equals IM2SINGLE(IN). REVERTCLASS is
%   a function handle that can be used to convert back to the class
%   of IN.

identity = @(x) x;
tosingle = @im2single;

table = {'uint8',   tosingle, @im2uint8
    'uint16',  tosingle, @im2uint16
    'int16',   tosingle, @im2int16
    'logical', tosingle, @logical
    'double',  identity, identity
    'single',  identity, identity};

classIndex = find(strcmp(class(in), table(:, 1)));
```

```matlab
if isempty(classIndex)
   error('Unsupported input image class.');
end

out = table{classIndex, 2}(in);

revertclass = table{classIndex, 3};
```

X

```matlab
function [C, theta] = x2majoraxis(A, B)
%X2MAJORAXIS Aligns coordinate x with the major axis of a region.
%   [C, THETA] = X2MAJORAXIS(A, B) aligns the x-coordinate
%   axis with the major axis of a region or boundary. The y-axis is
%   perpendicular to the x-axis.  The rows of 2-by-2 matrix A are
%   the coordinates of the two end points of the major axis, in the
%   form A = [x1 y1; x2 y2]. Input B is either a binary image (i.e.,
%   an array of class logical) containing a single region, or it is
%   an np-by-2 set of points representing a (connected) boundary. In
%   the latter case, the first column of B must represent
%   x-coordinates and the second column must represent the
%   corresponding y-coordinates. Output C contains the same data as
%   the input, but aligned with the major axis. If the input is an
%   image, so is the output; similarly the output is a sequence of
%   coordinates if the input is such a sequence. Parameter THETA is
%   the initial angle between the major axis and the x-axis. The
%   origin of the xy-axis system is at the bottom left; the x-axis
%   is the horizontal axis and the y-axis is the vertical.
%
%   Keep in mind that rotations can introduce round-off errors when
%   the data are converted to integer (pixel) coordinates, which
%   typically is a requirement.  Thus, postprocessing (e.g., with
%   bwmorph) of the output may be required to reconnect a boundary.

% Preliminaries.
if islogical(B)
   type = 'region';
elseif size(B, 2) == 2
   type = 'boundary';
   [M, N] = size(B);
   if M < N
      error('B is boundary. It must be of size np-by-2; np > 2.')
   end
   % Compute centroid for later use. c is a 1-by-2 vector.
   % Its 1st component is the mean of the boundary in the x-direction.
   % The second is the mean in the y-direction.
   c(1) = round((min(B(:, 1)) + max(B(:, 1))/2));
   c(2) = round((min(B(:, 2)) + max(B(:, 2))/2));

   % It is possible for a connected boundary to develop small breaks
   % after rotation. To prevent this, the input boundary is filled,
   % processed as a region, and then the boundary is re-extracted.
   % This guarantees that the output will be a connected boundary.
   m = max(size(B));
   % The following image is of size m-by-m to make sure that there
   % there will be no size truncation after rotation.
   B = bound2im(B,m,m);
   B = imfill(B,'holes');
else
   error('Input must be a boundary or a binary image.')
end
```

```
% Major axis in vector form.
v(1) = A(2, 1) - A(1, 1);
v(2) = A(2, 2) - A(1, 2);
v = v(:);   % v is a col vector

% Unit vector along x-axis.
u = [1; 0];

% Find angle between major axis and x-axis. The angle is
% given by acos of the inner product of u and v divided by
% the product of their norms. Because the inputs are image
% points, they are in the first quadrant.
nv = norm(v);
nu = norm(u);
theta = acos(u'*v/nv*nu);
if theta > pi/2
   theta = -(theta - pi/2);
end
theta = theta*180/pi;   % Convert angle to degrees.

% Rotate by angle theta and crop the rotated image to original size.
C = imrotate(B, theta, 'bilinear', 'crop');

% If the input was a boundary, re-extract it.
if  strcmp(type, 'boundary')
   C = boundaries(C);
   C = C{1};
   % Shift so that centroid of the extracted boundary is
   % approx equal to the centroid of the original boundary:
   C(:, 1) = C(:, 1) - min(C(:, 1)) + c(1);
   C(:, 2) = C(:, 2) - min(C(:, 2)) + c(2);
end
```

参考文献

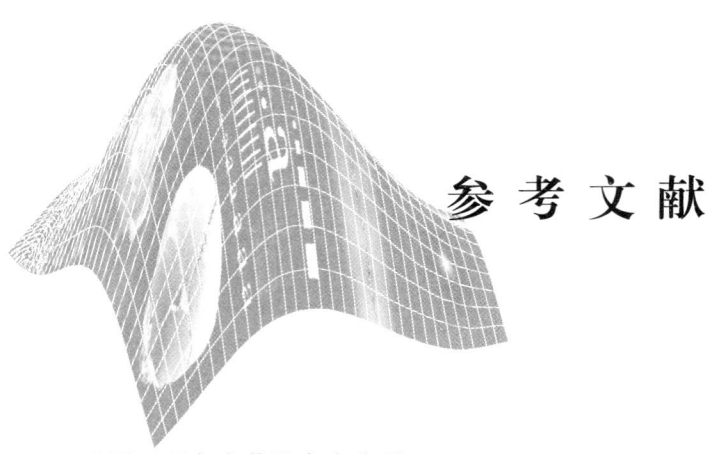

适用于所有章节的参考文献：

Gonzalez, R. C. and Woods, R. E. [2008]. *Digital Image Processing*, 3rd ed., Prentice Hall, Upper Saddle River, NJ.

Hanselman, D. and Littlefield, B. R. [2005]. *Mastering MATLAB 7*, Prentice Hall, Upper Saddle River, NJ.

Image Processing Toolbox, Users Guide, Version 6.2. [2008], The MathWorks, Inc., Natick, MA.

Using MATLAB, Version 7.7 [2008], The MathWorks, Inc., Natick, MA

其他参考文献：

Acklam, P. J. [2002]. "MATLAB Array Manipulation Tips and Tricks." Available for download at http://home.online.no/~pjacklam/matlab/doc/mtt/ and also from the Tutorials section at www.imageprocessingplace.com.

Bell, E.T, [1965]. Men of Mathematics, Simon & Schuster, NY.

Brigham, E. O. [1988]. *The Fast Fourier Transform and its Applications*, Prentice Hall, Upper Saddle River, NJ.

Bribiesca, E. [1981]. "Arithmetic Operations Among Shapes Using Shape Numbers," *Pattern Recog.*, vol. 13, no. 2, pp. 123–138.

Bribiesca, E., and Guzman, A. [1980]. "How to Describe Pure Form and How to Measure Differences in Shape Using Shape Numbers," *Pattern Recog.*, vol. 12, no. 2, pp. 101–112.

Brown, L. G. [1992]. "A Survey of Image Registration Techniques," *ACM Computing Surveys*, vol. 24, pp. 325–376.

Canny, J. [1986]. "A Computational Approach for Edge Detection," *IEEE Trans. Pattern Anal. Machine Intell.*, vol. 8, no. 6, pp. 679–698.

CIE [2004]. *CIE 15:2004. Technical Report: Colorimetry*, 3rd ed. (can be obtained from www.techstreet.com/ciegate.tmpl)

Dempster, A. P., Laird, N. M., and Ruben, D. B. [1977]. "Maximum Likelihood from Incomplete Data via the EM Algorithm," *J. R. Stat. Soc. B*, vol. 39, pp. 1–37.

Di Zenzo, S. [1986]. "A Note on the Gradient of a Multi-Image," *Computer Vision, Graphics and Image Processing*, vol. 33, pp. 116–125.

Eng, H.-L. and Ma, K.-K. [2001]. "Noise Adaptive Soft-Switching Median Filter," IEEE Trans. Image Processing, vol.10, no. 2, pp. 242–251.

Fischler, M. A. and Bolles, R. C. [1981]. "Random Sample Consensus: A Paradigm for Model Fitting with Application to Image Analysis and Automated Cartography," *Comm. of the ACM*, vol. 24, no. 6, pp. 381–395.

Floyd, R. W. and Steinberg, L. [1975]. "An Adaptive Algorithm for Spatial Gray Scale," *International Symposium Digest of Technical Papers, Society for Information Displays*, 1975, p. 36.

Foley, J. D., van Dam, A., Feiner S. K., and Hughes, J. F. [1995]. *Computer Graphics: Principles and Practice in C*, Addison-Wesley, Reading, MA.

Flusser, J. [2000]. "On the Independence of Rotation Moment Invariants," Pattern Recog., vol. 33, pp. 1405–1410.

Gardner, M. [1970]. "Mathematical Games: The Fantastic Combinations of John Conway's New Solitare Game 'Life'," *Scientific American*, October, pp. 120–123.

Gardner, M. [1971]. "Mathematical Games On Cellular Automata, Self-Reproduction, the Garden of Eden, and the Game 'Life'," *Scientific American*, February, pp. 112–117.

Goshtasby, A. A. [2005]. *2-D and 3-D Image Registration*, Wiley Press., NY

Hanisch, R. J., White, R. L., and Gilliland, R. L. [1997]. "Deconvolution of Hubble Space Telescope Images and Spectra," in *Deconvolution of Images and Spectra*, P. A. Jansson, ed., Academic Press, NY, pp. 310–360.

Haralick, R. M. and Shapiro, L. G. [1992]. *Computer and Robot Vision*, vols. 1 & 2, Addison-Wesley, Reading, MA.

Harris, C. and Stephens, M. [1988]. "A Combined Corner and Edge Detector," *Proc. 4th Alvey Vision Conference*, pp. 147–151.

Holmes, T. J. [1992]. "Blind Deconvolution of Quantum-Limited Incoherent Imagery," *J. Opt. Soc. Am. A*, vol. 9, pp. 1052–1061.

Holmes, T. J., et al. [1995]. "Light Microscopy Images Reconstructed by Maximum Likelihood Deconvolution," in *Handbook of Biological and Confocal Microscopy*, 2nd ed., J. B. Pawley, ed., Plenum Press, NY, pp. 389–402.

Hough, P.V.C. [1962]. "Methods and Means for Recognizing Complex Patterns." U.S. Patent 3,069,654.

Hu, M. K. [1962]. "Visual Pattern Recognition by Moment Invariants," *IRE Trans. Info. Theory*, vol. IT-8, pp. 179–187.

ICC [2004]. *Specification ICC.1:2004-10 (Profile version 4.2.0.0): Image Technology Colour Management—Architecture, Profile Format, and Data Structure*, International Color Consortium.

ISO [2004]. *ISO 22028-1:2004(E). Photography and Graphic Technology—Extended Colour Encodings for Digital Image Storage, Manipulation and Interchange. Part 1: Architecture and Requirements.* (Can be obtained from www.iso.org.)

Jansson, P. A., ed. [1997]. *Deconvolution of Images and Spectra*, Academic Press, NY.

Keys, R. G. [1983]. "Cubic Convolution Interpolation for Digital Image Processing," *IEEE Trans. on Acoustics, Speech, and Signal Processing*, vol. ASSP-29, no. 6, pp. 1153–1160.

Kim, C. E. and Sklansky, J. [1982]. "Digital and Cellular Convexity," *Pattern Recog.*, vol. 15, no. 5, pp. 359–367.

Klete, R. and Rosenfeld, A. [2004]. Digital Geometry—Geometric Methods for Digital Picture Analysis, Morgan Kaufmann, San Francisco.

Leon-Garcia, A. [1994]. *Probability and Random Processes for Electrical Engineering*, 2nd. ed., Addison-Wesley, Reading, MA.

Lucy, L. B. [1974]. "An Iterative Technique for the Rectification of Observed Distributions," *The Astronomical Journal*, vol. 79, no. 6, pp. 745–754.

Mamistvalov, A. [1998]. "n-Dimensional Moment Invariants and Conceptual Mathematical Theory of Recognition [of] n-Dimensional Solids," *IEEE Trans. Pattern Anal. Machine Intell.*, vol.20, no. 8. pp. 819–831.

McNames, J. [2006]. "An Effective Color Scale for Simultaneous Color and Gray-scale Publications," *IEEE Signal Processing Magazine*, vol. 23, no. 1, pp. 82–96.

Meijering, E. H. W. [2002]. "A Chronology of Interpolation: From Ancient Astronomy to Modern Signal and Image Processing," *Proc. IEEE*, vol. 90, no. 3, pp. 319–342.

Meyer, F. [1994] . "Topographic Distance and Watershed Lines," *Signal Processing*, vol. 38, pp. 113-125.

Moravec, H. [1980]. "Obstacle Avoidance and Navigation in the Real World by a Seeing Robot Rover," *Tech. Report CMU-RI-TR-3*, Carnegie Mellon University, Robotics Institute, Pittsburgh, PA.

Morovic, J. [2008]. *Color Gamut Mapping*, Wiley, NY.

Noble, B. and Daniel, J. W. [1988]. *Applied Linear Algebra*, 3rd ed., Prentice Hall, Upper Saddle River, NJ.

Otsu, N. [1979] "A Threshold Selection Method from Gray-Level Histograms," *IEEE Trans. Systems, Man, and Cybernetics*, vol. SMC-9, no. 1, pp. 62–66.

Peebles, P. Z. [1993]. *Probability, Random Variables, and Random Signal Principles*, 3rd ed., McGraw-Hill, NY.

Prince, J. L. and Links, J. M. [2006]. *Medical Imaging Signals and Systems*, Prentice Hall, Upper Saddle River, NJ.

Poynton, C. A. [1996]. *A Technical Introduction to Digital Video*, Wiley, NY.

Ramachandran, G. N. and Lakshminarayanan, A. V. [1971]. "Three-Dimensional Reconstruction from Radiographs and Electron Micrographs: Applications of Convolution instead of Fourier Transforms," *Proc. Natl. Aca. Sc.*, vol. 68, pp. 2236–2240.

Richardson, W. H. [1972]. "Bayesian-Based Iterative Method of Image Restoration," *J. Opt. Soc. Am.*, vol. 62, no. 1, pp. 55–59.

Rogers, D. F. [1997]. *Procedural Elements of Computer Graphics*, 2nd ed., McGraw-Hill, NY.

Russ, J. C. [2007]. *The Image Processing Handbook*, 4th ed., CRC Press, Boca Raton, FL.

Sharma, G. [2003]. *Digital Color Imaging Handbook*, CRC Press, Boca Raton, FL.

Shep, L. A. and Logan, B. F. [1974]. "The Fourier Reconstruction of a Head Section," *IEEE Trans. Nuclear Sci.*, vol. NS-21, pp. 21–43.

Shi, J. amd Tomasi, C. [1994]. "Good Features to Track," *IEEE Conf. Computer Vision and Pattern Recognition* (CVPR94), pp. 593–600.

Sklansky, J., Chazin, R. L., and Hansen, B. J. [1972]. "Minimum-Perimeter Polygons of Digitized Silhouettes," *IEEE Trans. Computers*, vol. C-21, no. 3, pp. 260–268.

Sloboda, F., Zatko, B., and Stoer, J. [1998]. "On Approximation of Planar One-Dimensional Continua," in *Advances in Digital and Computational Geometry*, R. Klette, A. Rosenfeld, and F. Sloboda (eds.), Springer, Singapore, pp. 113–160.

Soille, P. [2003]. *Morphological Image Analysis: Principles and Applications*, 2nd ed., Springer-Verlag, NY.

Stokes, M., Anderson, M., Chandrasekar, S., and Motta, R. [1996]. "A Standard Default Color Space for the Internet—sRGB," available at http://www.w3.org/Graphics/Color/sRGB..

Sze, T. W. and Yang, Y. H. [1981]. " A Simple Contour Matching Algorithm," *IEEE Trans. Pattern Anal. Machine Intell.*, vol. PAMI-3, no. 6, pp. 676–678.

Szeliski, R. [2006]. "Image Alignment and Stitching: A Tutorial," *Foundations and Trends in Computer Graphics and Vision*, vol. 2, no. 1, pp. 1–104.

Trucco, E. and Verri, A. [1998]. *Introductory Techniques for 3-D Computer Vision*, Prentice Hall, Upper Saddle River, NJ.

Ulichney, R. [1987], *Digital Halftoning*, The MIT Press, Cambridge, MA.

Hu, M. K. [1962]. "Visual Pattern Recognition by Moment Invariants," *IRE Trans. Inform. Theory*, vol. IT-8, pp. 179–187.

Van Trees, H. L. [1968]. Detection, Estimation, and Modulation Theory, Part I, Wiley, NY.

Vincent, L. [1993], "Morphological Grayscale Reconstruction in Image Analysis: Applications and Efficient Algorithms, " *IEEE Trans. on Image Processing* vol. 2, no. 2, pp. 176–201.

Vincent, L. and Soille, P. [1991]. "Watersheds in Digital Spaces: An Efficient Algorithm Based on Immersion Simulations, " *IEEE Trans. Pattern Anal. Machine Intell.*, vol. 13, no. 6, pp. 583–598.

Wolbert, G. [1990]. *Digital Image Warping*, IEEE Computer Society Press, Los Alamitos, CA.

Zadeh, L. A. [1965]. "Fuzzy Sets," *Inform and Control*, vol. 8, pp. 338–353.

Zitová B. and Flusser J. [2003]. "Image Registration Methods: A Survey," *Image and Vision Computing*, vol. 21, no. 11, pp. 977–1000.

索 引

符号
4 连通性　4.8.3
8 连通性　4.8.3
:　（MATLAB 中的冒号）　1.8
.　（点）　2.2.4
...　（较长公式中的省略号）　1.7.8
.mat　见 MAT-file
@　运算符　2.4
>>　（提示符）　1.7.1
;　（MATLAB 中的分号）　1.7.7

A
abs　3.2
adapthisteq　2.3.4
adpmedian　4.4
aggfcn　2.6.4
AND　"与"运算　2.3.2
　　elementwise　对应元素　2.3.2
　　scalar　标量　2.3.2
angle　3.2
annotation　2.3.2
ans　2.3.2
applycform　5.2.5
Arctangent　反正切　5.6.1
　　four quadrant　四象限　3.1, 也见 atan2
Array　数组　1.7.7, 也见 Matrix
　　operations　运算　2.3
　　preallocating　预分配　2.4.1
　　selecting dimension　选择维度　2.2.4
　　standard　标准　2.2.4
　　vs matrix　与矩阵的比较　1.7.5
atan2　3.2
Average image power　平均图像功率　4.7
axis　2.3.1
axis ij　（移动坐标轴的原点）　2.3.1
axis off　3.5.3
axis on　3.5.3
axis xy　（移动坐标轴的原点）　2.3.1

B
Background　背景　7.3
　　nonuniform　不均匀　7.3
bandfilter　3.7.1
bar　2.3.1
bellmf　2.6.4
Binary image　二值图像，见 Image
bin2dec　8.2.2
Bit depth　比特深度，见 Color image processing
Blind deconvolution　盲去卷积，见 Image restoration
blkproc　8.5.1
Book web site　本书网站　1.6
Border　边界，见 Boundary, Region
bound2eight　8.1.3
bound2four　8.1.3
bound2im　8.1.1
Boundaries　边界
　　functions for extracting　提取边界的函数　8.1.1
Boundary　边界　8.1.1, 也见 Region
　　axis (major, minor)　轴（长轴，短轴）　8.3.2
　　basic rectangle　基本矩形　8.3.2
　　changing direction of　改变边界的方向　8.1.1
　　connecting　连接　8.1.3
　　defined　边界的定义　8.1.1
　　diameter　直径　8.3.1
　　eccentricity　偏心率　8.3.1
　　length　长度　8.3.1
　　minimally connected　极小连通边界　8.1.1
　　minimum-perimeter polygons　最小周长多边形　8.2.2
　　ordering a random sequence of boundary points　随机顺序边界点排序　8.1.3
　　segments　线段　8.2.4
break　1.7.8
bsubsamp　8.1.3
bwboundaries　8.1.1
bwdist　7.5.1

C
cart2pol　8.2.3
Cassini spacecraft　卡西尼宇宙飞船　3.7.2
cat　5.1.1
CDF　累积分布函数，见 Cumulative distribution function
ceil　3.2
cell　6.2.1
Cell arrays　单元数组　1.7.8
celldisp　6.2.1
cellplot　6.2.1
Cellular complex　细胞复杂度　8.2.2
Center of frequency rectangle　频率矩形的中心　3.2
Center of mass　质心　8.4.1
cform structure　cform 结构　5.2.6
Chain codes　链码，见 Representation and description
char　1.7.7
checkerboard　4.5
circshift　8.1.3
Circular convolution　循环卷积，见 Convolution
Classes　类，也见 Image classes
converting between　类间转换　1.7.7
　　list　清单　1.7.7
　　terminology　术语　1.7.7
Classification　分类，见 Recognition
clc　1.7.2
clear　1.7.3
Clipping　修剪，夹断　1.7.7
C MEX-file　C MEX 文件　6.2.3
cnotch　3.7.1
Code　代码，编码，也见 Function, Programming
　　long lines　长行　1.7.7
　　modular　模块　4.2.2
　　optimization　优化　1.7.8
　　preallocation　预分配　1.7.8
　　vectorization　向量化　1.7.8
col2im　6.5.1
colfilt　2.4.2
colon　1.7.7
colorgrad　5.6.1
Colon notation　冒号记法，见 Notation

Color image processing 彩色图像处理
　basics of 彩色图像处理基础 5.3
　brightness 亮度 5.2.6
　chromaticity 色度 5.2.6
　chromaticity diagram 色度图 5.2.6
　CIE 5.2.6
　color balancing 彩色平衡 5.4
　color correction 彩色校正 5.4
　color edge detection 彩色边缘检测 5.6
　color editing 彩色编辑 5.4
　color gamut 色域 5.2.6
　color image segmentation 彩色图像分割 5.6.2
　color map 彩色图 5.1.2
　color map matrix 彩色映射矩阵 5.1.2
　color maps 彩色图 5.1.3
　color profile 彩色剖面 5.2.4
　color space 彩色空间
　　CMY 5.2.4
　　CMYK 5.2.4
　　device independent 设备无关 5.2.6
　　HSI 5.2.4
　　HSV 5.2.3
　　L*a*b* 5.2.6
　　L*ch 5.2.6
　　NTSC 5.2.2
　　RGB 5.1.2
　　sRGB 5.2.6
　　u'v'L 5.2.6
　　uvL 5.2.6
　　xyY 5.2.6
　　XYZ 5.2.6
　　YCbCr 5.2.4
　color transformations 彩色变换 5.3
　converting between CIE and sRGB CIE 和 sRGB 间的转换 5.2.6
　converting between color spaces 彩色空间之间的转换 5.2.6
　converting between RGB, indexed, and gray-scale images RGB、索引和灰度图像间的转换 5.1.3
　converting HSI to RGB 将 HSI 转换到 RGB 5.2.5
　converting RGB to HSI 将 RGB 转换到 HIS 5.2.5
　dithering 抖动 5.1.3
　extracting RGB component images 提取 RGB 分量图像 5.1.1
　full-color transformation 全彩色变换 5.4
　gamut mapping 色域映射 5.2.6
　gradient of a vector 向量的梯度 5.6.1
　gradient of image 图像的梯度 5.6.1
　graphical user interface (GUI) 图形用户界面 5.4
　gray-level slicing 灰度切片 5.1.3
　gray-scale map 灰度映射 5.1.2
　histogram equalization 直方图均衡化 5.4
　hue 色调 5.2.2
　ICC color profiles ICC 彩色剖面 5.2.6
　image sharpening 图像锐化 5.5.2
　image smoothing 图像平滑 5.5.1
　indexed images 索引图像 5.1.2
　intensity 灰度 5.2.4
　luminance 照度 5.1.2
　line of purples 紫色线 5.2.6
　manipulating RGB and indexed images 操纵 RGB 和索引图像 5.1.2
　perceptual uniformity 感知一致性 5.2.6
　primaries of light 原色光 5.1.2
　pseudocolor mapping 伪彩色映射 5.4
　RGB color cube RGB 彩色立方体 5.1.2
　RGB color image RGB 彩色图像 5.1.2
　RGB values of colors 彩色的 RGB 值 5.1.2
　saturation 饱和度 5.2.4
　secondaries of light 二次色 5.1.2
　shade 阴影 5.2.3
　soft proofing 软打样 5.2.6
　spatial filtering 空间滤波 5.5
　tint 色泽 5.2.4
　tone 色调 5.2.4
　trichromatic coefficients 三原色系数 5.2.6
　tristimulus values 三激励值 5.2.6
colormap 3.5.2 5.1.3
colorseg 5.6.2
Column vector 列向量，见 Vector
compare 6.1
Conjugate transpose 共轭转置 1.7.8
Connected 连通
　component 分量 8.1
　　pixels 像素 8.1
　　set 集合 8.1.1
connectpoly 8.1.3
continue 1.7.8
Contour 轮廓，见 Boundary
Contrast 对比度
　enhancement 增强，见 Image enhancement
　measure of 对比度测度 8.5
　stretching 拉伸，见 Image enhancement
Control points 控制点，见 Geometric transformations
converting between linear and subscript 在线性和下标间转换 1.7.8
Convex 凸
　deficiency 凸缺 8.2.4
　hull 凸壳 8.2.4
　vertex 顶点 8.2.2
Convolution 卷积
　circular 循环 3.3.1
　expression 表达式 2.4.1
　filter 滤波器 2.4.1
　frequency domain 频率域 3.3.1
　kernel 核 2.4.1
　mask 模板 2.4.1
　mechanics 原理 2.4.1
　spatial 空间 2.1
　theorem 定理 3.3.1
Convolution theorem 卷积定理 3.3.1
Coordinates 坐标 1.7.5
Cartesian 笛卡儿 3.5.3
　image 图像 1.7.5
　pixel 像素 1.7.5
　polar 极坐标 4.8.3
　row and column 行和列 1.7.5
　spatial 空间坐标 1.7.5
copper 5.1.3
Corner 角点 8.3.4
Corner detection 角点检测，见 Representation and description
cornermetric 8.3.5
cornerprocess 8.3.5
Correlation 相关 2.4.1
　expression 表达式 2.4.1
　mechanics 原理 2.4.1
　spatial 空间相关 2.4.1
　theorem 定理 4.7
Correlation coefficient 相关系数，见 Correlation
Covariance matrix 协方差矩阵
　approximation 近似 8.5
　function for computing 用于计算相关的函数 8.5
covmatrix 8.5
CT 4.8
cumsum 2.3.2
Cumulative distribution function 累积分布函数 2.3.2 4.2.2
　transformation 变换 2.3.2
　table of 累积分布函数表 4.2.2
Current directory 当前目录，见 MATLAB
Curvature，见 Representation and description
Custom function 自定义函数 1.1

cv2tifs 6.6.2
Cygnus Loop 天鹅星座环 7.4.3

D
dc component 直流分量 3.1
dec2bin 6.2.2
Deconvolution 去卷积，见 Image restoration
deconvwnr 4.7
defuzzify 2.6.4
Descriptor 描述子，见 Representation and description
DFT 离散傅里叶变换，见 Discrete Fourier transform
dftfilt 3.3.3
dftuv 3.5.1
diag 5.6.2
diameter 直径 8.3.1
Digital image 数字图像，见 Image
Digital image processing, definition 数字图像处理，定义 1.1
Directory 目录 1.7.7
Discrete cosine transform (DCT) 离散余弦变换 6.5.1
Discrete Fourier transform (DFT) 离散傅里叶变换
    centering 居中 3.1
    computing 计算 3.1
    defined DFT 的定义 3.1
    filtering 滤波，见 Frequency domain filtering
    periodicity 周期性 3.1
    phase angle 相角 3.1
    power spectrum 功率谱 3.1
    scaling issues 标定问题 3.2
    spectrum 频谱 3.1
    visualizing 可视化 3.1
    wraparound error 折叠误差 3.3.1
Displacement variable 偏移变量 2.4.1
Distance 距离 5.6.2
    Euclidean 欧氏 5.6.2
    Mahalanobis 马氏 5.6.2
dither 5.1.3
Division by zero 被零除 1.7.7
doc 1.7.4
Dots per inch 点/英寸，见 Dpi
double 1.7.7
Dpi 1.7.7

E
edge 7.1.3
Edge detection 边缘检测，见 Image segmentation 分割
edgetaper 4.7
edit 1.7.7
eig 8.5
Eigenvalues 特征值 8.5
    for corner detection 用于角点检测的特征值 8.3.5
Electromagnetic spectrum 电磁谱 1.2
Elementwise operation 对应像素运算，见 Operation
else 1.7.8
elseif 1.7.8
end 1.7.8
Entropy 熵 8.4.2
eval 8.4.2
Extended minima transform 扩展极小变换 7.2

F
Faceted shading 小面描影 3.5.3
false 7.4.3
fan2para 4.8.8
fanbeam 4.8.8
fchcode 8.2.1
Features 特征 8.3.1，也见 Representation and description
fft2 3.2

fftshift 3.2
Fields 字段，见 Structures
figure 1.7.7
filter 7.3.7
Filter(ing) 滤波
    frequency domain 频率域滤波，见 Frequency domain filtering
    morphological 形态学滤波，见 Morphology
    spatial 空间滤波，见 Spatial filtering
find 4.2.2
fix 2.6.4
fliplr 4.8.6
flipud 4.8.6
Floating point number 浮点数，见 Number
floor 3.2
for 1.7.8
Foreground 背景 7.3.1 8.1.1
Fourier 傅里叶
    coefficients 系数 3.1
    descriptors 描述子 8.3.3
    Slice theorem 切片定理 4.8.3
    spectrum 频谱 3.1
    transform 变换，见 Discrete Fourier transform (DFT)
fplot 2.3.1 2.6.5
frdescp 8.3.3
Freeman chain codes 弗雷曼链码，见 Representation and description
Frequency 频率
    domain 域 3.1
    convolution 卷积 3.3.1
    rectangle 矩形 3.1
    rectangle center 矩形中心 3.2
    variables 变量 3.1
Frequency domain filtering 频率域滤波
    bandpass 带通 3.7.1
    bandreject 带阻 3.7.1
    basic steps 基本步骤 3.3.2
    constrained least squares 约束最小二乘 4.8
    convolution 卷积 3.3.1
    direct inverse 直接逆（滤波） 4.6
    fundamentals 基础 3.3.1
    high-frequency emphasis 高频强调 3.6.2
    highpass 高通 3.6.1
    lowpass 低通 3.5.2
    M-function for 用于频率域滤波的 M 函数 3.3.3
    periodic noise reduction 周期性噪声降低 4.4
    steps 步骤 3.3.2
    Wiener 维纳 4.6
Frequency domain filters 频率域滤波器，也见 Frequency domain filtering
    Butterworth highpass 巴特沃斯高通（滤波器） 3.6.1
    Butterworth lowpass 巴特沃斯低通（滤波器） 3.5.2
    constrained least squares 约束最小二乘 4.8
    converting to spatial filters 转换到空间滤波器 3.4
    from spatial filters 从空间滤波器转换到 3.4
    Gaussian highpass 高斯高通 3.6.1
    Gaussian lowpass 高斯低通 3.5.2
    generating directly 直接生成 3.5
    high-frequency emphasis 高频强调 3.6.2
    highpass 高通 3.6.1
    ideal bandreject 理想带阻 3.6.2
    ideal highpass 理想高通 3.6.1
    ideal lowpass 理想低通 3.5.2
    padding 填充 3.3.1
    periodic noise reduction 周期性噪声降低 4.4
    plotting 绘图 3.5.3
    pseudoinverse 伪逆，见 Image restoration
    Ram-Lak 4.8.5
    sharpening 锐化 3.6.1
    smoothing 平滑 3.5.2
    transfer function 传递函数 3.3.1

zero-phase-shift 零相移 3.3.3
freqz2 3.4
fspecial 2.5.1
Function 函数 1.7.8
    body 主体 1.7.8
    comments 注释 1.7.8
    custom 自定义 1.7
    H1 line H1 行 1.7.8
    handle 句柄 1.7.8 2.4.2
        anonymous 匿名 1.7.8
        named 命名 1.7.8
        simple 简单 1.7.8
    help text 帮助文本 1.7.8
    M-file M 文件 1.3
        components of 分量 1.7.8
    M-function M 函数 1.7.8
    programming 编程，见 Programming
    subfunction 子函数 1.7.8
    windowing 加窗，见 Windowing functions
Fuzzy processing 模糊处理

G
gca 2.3.1
Generalized delta functions 广义 δ 函数，见 Image reconstruction
Geometric transformations 几何变换
    1-D 一维内插 5.2.6
    2-D 二维内插 5.2.6
    bicubic 双三次内插 5.2.6
    bilinear 双线性内插 5.2.6
    comparing methods 内插方法比较 5.2.6
    cubic 三次内插 5.2.6
    kernels 核 5.2.6
    linear 线性 5.2.6
    nearest-neighbor 线性最邻近 5.2.6
    resampling 重取样 5.2.6
get 2.3.3 6.4
global 6.2.1
Gradient 梯度
    defined 定义 5.6.1
    used for edge detection 用于边缘检测，见 Image segmentation
Graphical user interface (GUI) 图形用户界面 5.4
gray2ind 5.1.3
graycomatrix 8.4.2
graycoprops 8.4.2
Gray level 灰度级，也见 Intensity
    definition 定义 1.2 1.7.8
    transformation function 变换函数 2.2
grayslice 5.1.3
graythresh 7.3.3
grid off 3.5.3
grid on 3.5.3
gscale 2.2.4

H
H1 line H1 行 2.2.4
Handle 句柄，见 Function handle
help 2.2.4
hilb 2.2.2
Hilbert matrix 希尔伯特矩阵 2.2.2
hist 4.2.3
histc 6.2.2
histeq 2.3.2
Histogram 直方图，也见 Image enhancement
    bimodal 双峰 7.3.1
    contrast-limited 对比度受限 2.3.4
    equalization 均衡化 2.3.2
    equalization of color images 彩色图像均衡化
    matching 匹配 2.3.3
    normalized 归一化 2.3.1
    plotting 绘图 2.3.1
    specification 详细说明 2.3.3
    unimodal 单峰 7.3.1
histroi 4.2.4
hold on 2.3.1
Hole 孔洞，也见 Morphology, Region
    definition 定义 8.1.1
Hotelling transform 霍特林变换 8.5
hough 7.2.2
Hough transform 霍夫变换，也见 Image segmentation
    accumulator cells 累加单元 7.2.2
    functions for computing 用于计算霍夫变换的函数 7.2.2
    line detection 线检测 7.2.2
    line linking 线连接 7.2.2
    parameter space 参数空间 7.2.1
houghlines 7.2.2
houghpeaks 7.2.2
hpfilter 3.6.1
hsi2rgb 5.2.5
hsv2rgb 5.2.4
huff2mat 6.2.3
huffman 6.2.1
hypot 3.5.2

I
i2percentile 7.3.5
ICC，见 International Color Consortium
    color profiles 彩色剖面 5.2.6
iccread 5.2.6
ice 5.4
Icon notation 图符，也见 Notation
    custom function 自定义函数 1.6
    Image Processing Toolbox 图像处理工具箱 1.6
IDFT，见 Inverse discrete Fourier transform
if 1.7.8
IF-THEN rule IF-THEN 规则，见 Fuzzy processing
ifanbeam 4.8.8
ifft2 3.3
ifftshift 3.2
ifrdescp 8.3.3
Illumination bias 偏光照明 7.3.7
im2col 6.5.1
im2double 2.4.1
im2frame 6.6.1
im2jpeg 6.5.1
im2jpeg2k 6.5.2
im2minperpoly 8.2.2
im2single 2.4.1
im2uint8 2.2.2
im2uint16 2.2.4
imadjust 2.2.1
imag 3.2
Image 图像 1.2
    amplitude 幅度 1.2
    analysis 分析 1.2
    as a matrix 作为矩阵 1.7.5
    average power 平均功率
    binary 二值
    classes 类 1.7.7
        converting between 类间转换 1.7.7
    columns 列 1.7.5
    coordinates 坐标 1.7.5
    definition 定义 1.2
    description 描述，见 Representation and description
    digital 数字 1.2
    displaying 显示 1.7.6
    dithering 抖动 5.1.3

element 元素 1.2
format extensions 格式扩展 1.7.6
formats 格式 1.7.6
gray level 灰度级, 见 Intensity
gray-scale 灰度 1.7.7
indexed 索引 1.7.7
intensity 灰度
interpolation 内插, 见 Geometric transformations
monochrome 单色 1.7.5
multispectral 多光谱 8.5
origin 原点 1.7.5
padding 填充
picture element 图片元素 1.2
representation 表示, 见 Representation and description
resolution 分辨率 1.7.7
RGB 1.7.5
rows 行 1.7.5
size 尺寸 1.7.5
spatial coordinates 空间坐标 1.2
types 类型 1.7.7
understanding 理解 1.2
writing 编写 1.7.7
Image compression 图像压缩
　　background 背景 6.1
　　coding redundancy 编码冗余 6.2
　　compression ratio 压缩比 6.1
　　decoder 解码器 6.1
　　encoder 编码器 6.1
　　error free 无误差 6.1
　　Huffman 霍夫曼 6.2.1
　　　　code 编码 6.2.1
　　　　　　block code 块编码 6.2.1
　　　　　　decodable 可解码的 6.2.1
　　　　　　instantaneous 瞬时 6.2.1
　　　　codes 编码 6.2.1
　　　　decoding 解码 6.2.3
　　　　encoding 编码 6.2.2
　　improved gray-scale (IGS) 改进的灰度
　　　　quantization 量化 6.4
　　information preserving 信息保持 6.1
　　inverse mapper 逆映射器 6.2.1
　　irrelevant infomation 不相关信息 6.4
　　JPEG 2000 compression JPEG 2000 压缩 6.5.2
　　　　coding system 编码系统 6.5.2
　　　　subbands 子带 6.5.2
　　JPEG compression JPEG 压缩
　　　　discrete cosine transform (DCT) 离散余弦变换 6.5.1
　　　　JPEG standard JPEG 标准 6.5.1
　　lossless 无损 6.1
　　lossless predictive coding 无损预测编码 6.3
　　predictor 预测器 6.3
　　quantization 量化 6.4
　　quantizer 量化器 6.2.1
　　reversible mappings 可逆映射 6.3
　　root mean square error 均方根误差 6.1
　　spatial redundancy 空间冗余 6.3
　　　　interpixel redundancy 像素间冗余 6.2.3
　　symbol coder 符号编码器 6.2.1
　　symbol decode 符号解码 6.2.1
　　video compression 视频压缩 6.6
　　　　image sequences in MATLAB MATLAB 中的图像序列 6.6.1
　　　　motion compensation 运动补偿 6.6.2
　　　　movies in MATLAB MATLAB 中的电影 6.6.1
　　　　multiframe TIFF files 多帧 TIFF 文件 6.6
　　　　temporal redundancy 时间冗余 6.6.2
　　　　video frames 视频帧 6.6
Image enhancement 图像增强 3.1
　　color 彩色, 见 Color image processing

contrast enhancement, stretching 对比度增强, 拉伸 2.2.2
frequency domain filtering 频率域滤波 3.1
　　high-frequency emphasis 高频强调 3.6.2
　　periodic noise removal 周期去噪 3.7.2
　　sharpening 锐化 3.6.1
　　smoothing 平滑 3.5.2
histogram 直方图
　　adaptive equalization 自适应均衡化 2.3.4
　　equalization 均衡化 2.3.2
　　matching (specification) 匹配(规定化) 2.3.3
　　processing 处理 2.3
intensity transformations 灰度变换 2.2
　　arbitrary 任意的 2.2.3
　　contrast-stretching 对比度拉伸 2.2.2
　　functions for computing 用于计算灰度变换的函数 2.2.1
　　logarithmic 对数 2.2.2
spatial filtering 空间滤波
　　geometric mean 几何均值 2.4.2
　　noise reduction 降噪 2.5.2
　　smoothing (blurring) 平滑(模糊) 2.4.1
using fuzzy sets 使用模糊集的图像增强 2.6.5
Image reconstruction 图像重建
　　absorption profile 吸收剖面 4.8.1
　　background 背景 4.8.1
　　backprojection 反投影 4.8.1
　　center ray 中心射线 4.8.8
　　computed tomography 计算机断层成像 4.8
　　fan-beam 扇形束 4.8.5
　　fan-beam data 扇形束数据 4.8.8
　　filter implementation 滤波器实现 4.8.4
　　filtered projection 滤波后的投影 4.8.4
　　Fourier slice theorem 傅里叶切片定理 4.8.3
　　generalized delta functions 广义 δ 函数 4.8.3
　　parallel-ray beam 平行射线束 4.8.2
　　Radon transform 雷登变换 4.8.2
　　Ram-Lak filter Ram-Lak 滤波器 4.8.7
　　ray sum 射线和
　　Shepp-Logan filter Shepp-Logan 滤波器 4.8.5
　　Shepp-Logan head phantom Shepp-Logan 头部幻影 4.8.6
　　sinogram 正弦图 4.8.7
　　slice 切片 4.8.1
　　windowing functions 窗函数, 见 Windowing functions
Image registration 图像配准
Image restoration 图像复原
　　adaptive spatial filters 自适应空间滤波器 4.3.2
　　deconvolution 去卷积 4.1
　　　　blind 盲 4.5
　　direct inverse filtering 直接逆滤波 4.7
　　linear 线性 4.1
　　model 模型 4.1
　　noise models 噪声模型 4.2, 也见 Noise
　　noise only 仅噪声 4.3.1
　　optical transfer function 光转换函数 4.1
　　parametric Wiener filter 参量维纳滤波器 4.7
　　periodic noise reduction 周期性噪声降低 4.4
　　point spread function 点扩散函数 4.1
　　pseudoinverse 伪逆 4.6
　　spatial noise filters 空间噪声滤波器, 也见 Spatial filters
　　　　regularized filtering 正则滤波 4.8
　　Wiener filtering 维纳滤波 4.7
Image segmentation 图像分割
　　Edge detection 边缘检测 7.1.3
　　　　Canny detector 坎尼检测器 7.1.3
　　　　double edges 双边缘 7.1.3
　　　　gradient angle 梯度角 7.1.3
　　　　gradient magnitude 梯度幅度 7.1.3
　　　　gradient vector 梯度向量 7.1.3
　　　　Laplacian 拉普拉斯 7.1.3

Laplacian of a Gaussian (LoG) 高斯拉普拉斯算子
    detector 检测器 7.1.3
    location 位置 7.1.3
    masks 模板 7.1.3
    Prewitt detector Prewitt 检测器 7.1.3
    Roberts detector Roberts 检测器 7.1.3
    Sobel detector Sobel 检测器 7.1.3
    using function edge 使用函数边缘 7.1.3
    zero crossings 过零点 7.1.3
    zero-crossings detector 过零点检测器 7.1.3
image thresholding 图像阈值处理
    using local statistics 使用局部统计 7.3.6
line detection 线检测 7.1.2
    masks 模板 7.1.2
    using the Hough transform 使用霍夫变换 7.2
nonmaximal suppression 非最大抑制 7.1.3
oversegmentation 过分割 7.5.5
point detection 点检测 7.1.1
region-based 基于区域 7.4.2
    logical predicate 逻辑谓词 7.4.2
    region growing 区域生长 7.4.2
    region splitting and merging 区域分离与聚合 7.4.2
edge map 边缘图 7.2
thresholding 阈值处理 7.3.1
    background point 背景点 7.3.1
    basic global thresholding 基本全局阈值处理 7.3.2
    hysteresis 滞后 7.1.3
    local statistics 局部统计 7.3.6
    object (foreground) point 物体(前景)点 7.3.1
    Otsu's (optimum) method Otsu(最佳)方法 7.3.3
    separability measure 可分性测度 7.3.3
    types of 类型 7.3.1
    using edges 使用边缘 7.3.5
    using image smoothing 使用图像平滑 7.3.4
    using moving averages 使用移动平均 7.3.7
using watersheds 使用分水岭 7.5
    catchment basin 集水盆地 7.5
    marker-controlled 标记控制 7.5.3
    using gradients 使用梯度 7.5.2
    using the distance transform 使用距离变换 7.5.2
    watershed 分水岭 7.5.2
    watershed transform 分水岭变换 7.5.2
imapprox 5.1.2
imcomplement 2.2.1
imextendedmin 7.5.3
imfilter 2.4.1
imfill 8.1.2
imfinfo 6.6.1
imhist 2.6.5
imimposemin 7.5.3
imnoise 2.5.2 4.2.1
imnoise2 4.2.2
imnoise3 4.2.3
implay 6.6.1
imratio 6.1
imread 1.7.6
imregionalmin 7.5.3
imrotate 8.4.3
imshow 1.7.6
imstack2vectors 8.5
imwrite 1.7.7
ind2gray 5.1.3
ind2rgb 5.1.3
Indexing 索引 1.7.8
    linear 线性 1.7.8
    logical 逻辑 1.7.8
    matrix 矩阵 1.7.8
    row-column 行列 1.7.8

    single colon 单冒号 1.7.8
    subscript 下标 1.7.8
    vector 向量 1.7.8
Inf 1.7.8
inpolygon 8.2.2
int8 1.7.7
int16 1.7.7
int32 1.7.7
    definition 定义 1.7.7
    scaling 缩放 2.2.4
    transformation function 变换函数 2.2
        arbitrary 任意 2.2.3
        contrast-stretching 对比度拉伸 2.2.2
        logarithmic 对数 2.2.2
        thresholding 阈值处理 2.2.2
        utility M-functions 实用 M 函数 2.2.4
    transformations 变换 2.1
International Color Consortium 国际彩色协会 5.2.6
Interpolation 内插，见 Geometric transformations
interp1 2.2.3
interp1q 5.4
intline 8.2.1
intrans 2.2.3
invmoments 8.4.3
iradon 4.8.7
ischar 3.3.1
isempty 2.2.4
isfield 6.2.3
isfloat 2.2.4
isinteger 6.5.1
islogical 1.7.7
isnumeric 6.5.1
isreal 6.5.1
isstruct 6.2.3
Inverse discrete Fourier transform 离散傅里叶反变换 3.1

J
jpeg2im 6.5.1
jpeg2k2im 6.5.2
JPEG compression JPEG 压缩 6.5

L
Laplacian 拉普拉斯
    defined 定义 2.5.1
    mask for 模板 2.5.1
    of a Gaussian (LoG) 高斯，见 Image segmentation
    of color images 彩色图像 5.5.2
    of vectors 向量 5.5.2
    used for edge detection 用于边缘检测，见 Image segmentation 分割
Laplacian of a Gaussian (LoG) 高斯拉普拉斯算子 7.1.3
LaTeX-style notation LaTeX 样式记法 7.2.2
length 2.2.4
Line 线
    detection 检测，见 Image segmentation, Hough transform
    linking 连接，见 Hough transform
    normal representation 正规表示 7.2.1
    slope-intercept representation 斜截式表示 7.2.1
Line detection 线检测，见 Image segmentation
linspace 2.2.4
load 1.7.5
localmean 7.3.6
localthresh 7.3.6
log 2.2.2
log2 2.2.2
log10 2.2.2
logical 1.7.7
Logical 逻辑

array 数组 1.7.7
class 类 1.7.7
indexing 索引 1.7.8
mask 模板 2.5.2 4.2.4
operator 运算符 1.7.8
Long lines 长线，见 Code
lookfor 1.7.8
Lookup table 查找表 2.2.4
lpc2mat 6.3
lpfilter 3.5.2

M
mahalanobis 5.6.2
makecform 5.2.6
Mammogram 乳房 X 射线照片 2.2.1
manualhist 2.3.3
Marker image 标记图像 7.3.5 7.5.3
Mask 模板，见 Logical mask, Spatial mask, Morphological reconstruction
mat2gray 1.7.7
mat2huff 6.2.2
Matching 匹配，见 Recognition
MAT-file MAT 文件 1.7.5
MATLAB 1.1
   background 背景 1.3
   command history 命令历史 1.7.2
   command window 命令窗口 1.7.1
   coordinate convention 坐标约定 1.7.5
   current directory 当前目录 1.7.1
   current directory field 当前目录字段 1.7.1
   definition 定义 1.3
   desktop 桌面 1.7.1
   desktop tools 桌面工具 1.7.2
   editor/debugger 编辑器/调试器 1.7.4
   function plotting 函数绘图 2.3
   help 帮助 1.7.4
   help browser 帮助浏览器 1.7.4
   M-file M 文件，见 Function
   M-function M 函数，见 Function
   nested functions 嵌套函数，见 Function
   plotting 绘图 3.5.3
   prompt 提示符 1.7.6
   retrieving work 检索操作 1.7.5
   saving work 存储操作 1.7.5
   search path 搜索路径 1.7.3
   toolboxes 工具箱 1.3
   workspace 工作空间 1.7.1
   workspace browser 工作空间浏览器 1.7.1
Matrix 矩阵
   as an image 作为图像 1.7.5
   interval 间隔，见 Morphology
   operations 运算 1.7.8
   array 阵列 1.7.5
Matrix vs array 矩阵与阵列的比较 1.7.5
max 2.2.2
mean 1.7.8
mean2 1.7.8 2.2.4
   approximation 近似 8.5
   function for computing 针对计算的函数 8.5
medfilt2 2.5.2
Median 中值 2.5.2
mesh 3.5.3
meshgrid 1.7.8
mexErrMsgTxt 6.2.3
MEX-file MEX 文件 6.2.3
min 2.2.2
Minimum-perimeter polygons 最小周长多边形，也见 Representation and description 8.2.2
Moment(s) 矩

about the mean 关于平均 4.2.4
central 中心 4.2.4
invariants 不变 8.4.3
statistical 统计 8.3.4
used for texture analysis 用于纹理分析 8.4.2
Monospace characters 等宽体字符 1.7.6
montage 6.6.1
Morphology, Morphological 形态学
   4-connectivity 4 连通 7.3.2
   8-connectivity 8 连通 7.3.2
   closing 闭运算 7.1.3
   combining dilation and erosion 膨胀与腐蚀相结合 7.1.3
   connected component 连通分量 7.3.3
      definition 定义 7.3.3
      labeling 标记 7.3.3
      label matrix 标记矩阵 7.3.3
   dilation 膨胀 7.1.1
   erosion 腐蚀 7.1.3
   filtering 滤波 7.3.5
   gradient 梯度 7.3.5
   gray-scale morphology 灰度形态学
      alternating sequential filtering 交替顺序滤波 7.3.6
      close-open filtering 闭-开滤波 7.3.6
      closing 闭运算 7.3.5
      dilation 膨胀 7.3.5
      erosion 腐蚀 7.3.5
movie2avi 6.6.1
movingthresh 7.3.7
movie2tifs 6.6.1
MPP，见 Minimum-perimeter polygons 多边形
mxArray 4.2.3
mxCalloc 4.2.3
mxCreate 4.2.3
mxGet 4.2.3

N
NaN 1.7.8
nargchk 2.2.4
nargin 2.2.4
nargout 2.2.4
Neighborhood processing 邻域处理 2.1 2.4.1
Nested function 嵌套函数，见 Function
nextpow2 3.3.1
nlfilt 2.2.4
Noise 噪声
   adding 添加 4.2.1
   application areas 应用领域 4.2.2
   average power 平均功率 4.7
   density 密度 4.2.2
   Erlang 爱尔兰 4.2.2
   parameter 参数
      estimating 估计 4.2.3
      scaling 缩放 4.2.2
   exponential 指数 4.2.2
   filters 滤波器，见 Filter(ing)
   gamma 伽马，见 Erlang
   Gaussian 高斯 4.2.2
   lognormal 对数正态 4.2.2
   models 模型 4.2.1
   multiplicative 相乘 4.2.1
   periodic 周期 4.2.3
   Poisson 泊松 4.2.1
   Rayleigh 瑞利 4.2.2
   salt and pepper 椒盐 4.2.2
   speckle 4.2.1
   uniform 均匀 4.2.2
   with specified distribution 具有指定分布 4.2.2

Noise-to-signal power ratio 噪信功率比 4.7
Norm，见 Vector norm
Normalized cross-correlation 归一化互相关，见 Correlation
Notation 记法
    function listing 函数清单 1.6
    icon 图标 1.6
    LaTeX-style LaTeX 样式 7.2.2
ntrop 6.2
ntsc2rgb 5.2.2
numel 1.7.8

O

Object recognition 物体识别，见 Recognition
Operation 运算
    array 数组 1.7.8
    elementwise 对应元素 1.7.8
    matrix 矩阵 1.7.8
Operator 运算符
    arithmetic 算术
    logical 逻辑 1.7.8
    relational 关系 1.7.8
OR 1.7.8
    elementwise 对应元素 1.7.8
    scalar 标量 1.7.8
ordfilt2 2.5.2
Ordering boundary points 边界点排序 7.5.3
OTF (optical transfer function) 光传递函数 4.1
otf2psf 4.1
otsuthresh 7.3.3

P

padarray 2.4.2
paddedsize 3.3.1
Padding 填充，见 Image padding
Panning 平移 8.1.3
para2fan 4.8.8
patch 5.1.1
Pattern recognition 模式识别，见 Recognition
PDF 概率密度函数，见 probability density function
Pel 像素，也见 Pixel 1.2
Percentile 百分位 7.3.6
percentile2i 7.3.6
phantom 4.8.6
pi 2.3.3
Picture element 图片元素 1.2
Pixel 像素
    coordinates 坐标 1.7.5
    definition 定义 1.7.5
pixeldup 4.5
    connecting 连接 8.1.3
    ordering along a boundary 沿边界排序 8.1.3
    straight digital line between two points 两点间的数字直线 8.1.3
Pixels(s) 像素
    orientation of triplets 三元组的方向 8.2.2
plot 2.3.1
Plotting 绘图 2.3.1
    surface 表面 3.5.3
    wireframe 线框图 3.5.3
Point detection 点检测，见 Image segmentation
pol2cart 8.2.3
Polymersome cells 聚合细胞 7.3.3
pow2 6.2.2
Preallocating arrays 预分配数组 1.7.8
Predicate 谓词 7.4.1
    function 函数 7.4.3
    logical 逻辑 7.4.1
Principal components 主分量
    for data compression 数据压缩 8.5

for object alignment 对于物体对齐 8.5
    transform 变换 8.5
principalcomps 8.5
print 5.1.1
Probability 概率，也见 Histogram
    density function 密度函数 2.3.2
        for equalization 用于均衡化 2.3.2
        specified 规定的 2.3.3
        table of 表 4.2.2
    of intensity level 灰度级 2.3.1
prod 2.4.2
Programming 编程，也见 Code, Function
    break 1.7.8
    code optimization 代码优化 1.7.8
    commenting code 注释代码 1.7.8
    continue 1.7.8
    flow control 流程控制 1.7.8
    function body 函数体 1.7.8
    function definition line 函数定义行 1.7.8
    H1 line H1 行 1.7.8
    Help text 帮助文本 1.7.8
    if construct if 结构 1.7.8
    M-Function M 函数 1.7.8
    switch 1.7.8
    variable number of inputs and outputs 输入和输出的变量数 2.2.4
    vectorizing 向量化 1.7.8
Prompt 提示符 1.7.1
PSF (point spread function) 点扩散函数 4.1
psf2otf 4.1

Q

qtdecomp 7.4.3
qtgetblk 7.4.3
Quadimages 四分图像 7.4.3
Quadregions 四分区域 7.4.3
Quadtree 四叉树 7.4.3
Quantization 量化 1.7.5
quantize 6.4

R

radon 4.8.5
Radon transform 雷登变换 4.8.2
rand 4.2.2
randn 4.2.2
Random 随机
    variable 随机变量 4.2.1
    number generator 随机数生成器 4.2.2
real 实 3.2
Region 区域
    adjacent 相邻 7.4
    background points 背景点 8.1.1
    border 边框 8.1.1
    boundary 边界 8.1.1
    contour 轮廓 8.1.1
    functions for extracting 用于提取的函数 8.1.1
    interior point 内部点 8.1.1
    of interest 感兴趣 4.2.4
Regional descriptors 区域描述子，见 Representation and description
regiongrow 7.4.2
Region growing 区域生长，见 Image segmentation
Region merging 区域聚合，见 Image segmentation
regionprops 8.4.1
Region splitting 区域分离，见 Image segmentation
Representation and description 表示和描述
    background 背景 8.1
    description approaches 描述方法 8.3.1
        boundary descriptors 边界描述子 8.3.1
            axis (major, minor) 轴(长轴，短轴) 8.3.2

basic rectangle　基本矩形　8.3.2
　　　corners　角点　8.3.5
　　　diameter　直径　8.3.2
　　　Fourier descriptors　傅里叶描述子　8.3.2
　　　length　长度　8.3.1
　　　shape numbers　形状数　8.2
　　　statistical moments　统计矩　8.3.4
　　regional descriptors　区域描述子
　　　co-occurrence matrices　共生矩阵　8.4.2
　　　function regionprops　函数 regionprops　8.4.1
　　　moment invariants　不变矩　8.4.3
　　　principal components　主分量　8.5
　　　texture　纹理　8.4.2
　region and boundary extraction　区域和边界提取　8.1.1
　representation approaches　表示方法
　　boundary segments　边界线段　8.2.4
　　chain codes　链码　8.2.1
　　　Freeman chain codes　弗雷曼链码　8.2.1
　　　　normalizing　归一化　8.2.1
　　　minimum-perimeter polygons　最小周长多边形　8.2.2
　　　normalizing chain codes　归一化链码　8.2.1
　　signatures　标记　8.2.3
Resolution　分辨率，见 Image
return　1.7.8
rgb2gray　5.1.3
rgb2hsi　5.2.5
rgb2hsv　5.2.4
rgb2ind　5.1.3
rgb2ntsc　5.2.1
rgb2ycbcr　5.2.2
rgbcube　5.1.1
Ringing　振铃　3.5.2
ROI　感兴趣区域，见 Region of interest
roipoly　4.2.4
rot44　2.4.1
round　4.2.2
Row vector　行向量，见 Vector

S
Sampling　取样
　　definition　定义　1.7.5
save　1.7.5
Scalar　标量　1.7.6
Scripts　脚本　1.7.8
Scrolling　滚动　8.1.3
seq2tifs　6.6.1
set　2.3.1
Set　集合
shading interp　3.5.3
Shape　形状，也见 Representation and description　8.1　8.2.5
showmo　6.6.2
Sifting　取样　2.4.1　4.8.2
signature　8.2.3
Signatures　标记　8.2.3
size　1.7.8
Skeleton　骨骼　8.2.5
　medial axis transformation　中轴变换　8.2.5
　morphological　形态学　8.2.5
Soft proofing　软打样　5.2.6
sort　6.2.1
sortrows　8.1.3
Spatial　空间
　convolution　卷积，见 Convolution
　coordinates　坐标　1.7.5
　correlation　相关，见 Correlation
　domain　域　3.1
　filter　滤波器，见 Spatial filters
　kernel　核　2.4.1

　　mask　模板　2.4.1
　　neighborhood　邻域　2.2
　　template　模板　2.4.1
Spatial filtering　空间滤波　2.4.1
　linear　线性　2.4.1
　mechanics　原理　2.4.1
　morphological　形态学，见 Morphology
　nonlinear　非线性　2.4.2
　of color images　彩色图像的　6.5
Spatial filters　空间滤波器，也见 Spatial filtering
　adaptive　自适应　4.3.2
　adaptive median　自适应中值　4.3.2
　alpha-trimmed mean　修正的 α 均值　4.3.1
　arithmetic mean　算术中值　4.3.1
　average　平均　2.5.1
　contraharmonic mean　逆调和均值　4.3.1
　converting to frequency domain　转换到频率域
　filters　滤波器　3.4
　disk　磁盘　2.5.1
　gaussian　高斯　2.5.1
　geometric mean　几何平均　4.3.1
　harmonic mean　调和平均　4.3.1
　laplacian　拉普拉斯　2.5.1，也见 Laplacian
　linear　线性　2.5.1
　log　对数　2.5.1
　max　最大值　2.5.2　4.3.1
　median　中值　2.5.2　4.3.1
　midpoint　中点　4.3.1
　min　最小值　4.3.1
　motion　运动　2.5.1
　morphological　形态学，见 Morphology
　noise　噪声　4.3.1
　order statistic　排序统计　2.5.2，也见 ordfilt2
　prewitt　2.5.1
　rank　阶　2.5.2，也见 ordfilt2
　sobel　2.5.1
　unsharp　钝化　2.5.1
Spectrum　频谱，见 Fourier spectrum
specxture　8.4.2
spfilt　4.3.1
spline　5.4
splitmerge　7.4.3
sqrt　3.5.2
Square brackets　方括号　1.7.8
statmoments　8.4.2
statxture　7.3.6
stdfilt　2.2.4
strcmp　6.4
strcmpi　6.4
Strings　字符串，见 Recognition
stretchlim　2.2.2
Structure　结构　1.7.8
　example　例子　1.7.8
　fields　字段　1.7.8
Structuring element　结构元，见 Morphology
sub2ind　8.5
Subscript　下标　7.8
sum　1.7.8
surf　3.5.3
switch　1.7.8

T
Template matching　模板匹配，见 Recognition
text　2.3.1
Texture　纹理，也见 Regional descriptors
　spectral measures of　纹理的频谱测度　8.4.2
　statistical approaches　统计方法　8.4.2
tofloat　2.2.4

Thresholding 阈值处理，见 Image segmentation
tic 1.7.8
tifs2cv 6.6.2
tifs2movie 6.6.1
tifs2seq 6.6.1
timeit 1.7.8
title 2.3.1
toc 1.7.8
Transfer function 传递函数，见 Frequency domain filters
Transformation function 变换函数，见 Intensity
transpose 1.7.8
true 7.4.3
try...catch 1.7.8
twomodegauss 2.3.3
Types 类型，见 Image types

U
uint8 1.7.7
uint16 1.7.7
uint32 1.7.7
unique 8.1.3
unravel.c 6.2.3
unravel.m 6.2.3

V
varargin 2.4.4
varargout 2.2.4
Vector 向量
    column 列向量 1.7.6
    row 行向量 1.7.6
Vertex 顶点
    concave 凹顶点 8.2.2
    convex 凸顶点 8.2.2
    of minimum-perimeter polygon 最小周长多边形 8.2.2
view 3.5.3
Vision 视觉 1.2

computer 计算机视觉 1.2
    high-level 高级 1.2
    human 人类 1.2
    low-level 低级 1.2
    mid-level 中级 1.2

W
watershed 7.5.2
while 1.7.8
whitebg 5.1.2
whos 6.1
Windowing functions 窗函数
    cosine 4.8.5
    Hamming 汉明 4.8.5
    Hann 汉宁 4.8.5
    Ram-Lak 4.8.5
    Shep-Logan 4.8.5
    sinc 4.8.5
Wraparound error 折叠误差，见 Discrete Fourier transform

X
x2majoraxis 8.3.3
xlabel 2.3.1
xlim 2.3.1
xtick 2.3.1

Y
ycbcr2rgb 5.2.2
ylabel 2.3.1
ylim 2.3.1
ytick 2.3.1

Z
zeros 1.7.8
Zero-phase-shift filters 零相移滤波器，见 Frequency domain filters